제 3 판

디지털 공학

DIGITAL ENGINEERING

| 김선형 · 이두성 지음 |

淸文閣

머리말

디지털 정보화 사회가 시작되면서 주변에서 디지털이란 용어가 자주 사용되어 일반인들도 디지털 기술의 중요성을 인식하게 되었고, 컴퓨터를 중심으로 하여 계측, 통신, 정보처리 등 광범위하게 확산되어 가고 있는 디지털 기술은 다가오는 시대를 주도하는 기술로 부각되고 있다.

이 책은 이러한 시대적 요구에 부응해서 전기, 전자, 컴퓨터, 정보통신 분야의 관련 학문을 전공하고자 하는 학생들을 위한 기초 학문으로서 디지털공학의 기초를 공고히 하고, 그 이론을 쉽게 터득할 수 있도록 함으로써 새로운 디지털 기술을 용이하게 수용할 수 있는 능력을 함양할 수 있도록 디지털의 개념과 불대수 그리고 논리회로의 구성방법과 동작원리 및 설계방법에 이르기까지 상세하게 설명하였다.

1장에서는 아날로그와 디지털 신호, 펄스, 디지털전자회로, 스위칭 소자에 대하여 기술하였다.

2장에서는 2, 8, 16진수 등 다양한 수체계에 대하여 기술하였으며, 이들 수체계 사이의 변환에 대하여 알아보고, 컴퓨터 연산의 기본이 되는 보수에 대하여 설명하였다.

3장에서는 8421코드 등 기본적인 코드와 에러 검출과 정정에 이용되는 코드들에 대하여 설명하였다.

4장에서는 불대수에 관한 내용과 AND, OR, NOT 등의 기본적인 논리게이트의 성질과 연산에 대하여 설명하였다.

5장에서는 논리함수의 표준형, 코드변환논리회로, 논리함수의 간소화 방법에 대하여 설명하였다.

6장에서는 기본 게이트회로, TTL, COS, TTL과 CMOS의 인터페이스 등에 대하여 설명하였다.

7장에서는 open collector 회로, 결선논리(wired logic), 3-상태 회로, Schmitt 트리거 회로, exclusive OR와 exclusive NOR에 대하여 설명하였다.

8장에서는 가/감산회로, 4비트 전가산기, BCD 가산, 연산논리장치에 대하여 설명하였다.

9장에서는 멀티플렉서와 디멀티플렉서의 기본 동작에 대하여 설명하였으며, 이를 기본으로 하여 다양한 응용에 대하여 기술하였다.

10장에서는 인코더와 디코더의 기본 동작에 대하여 설명하였으며, 각종 코드 변환에 대하여 설명하였다.

11장에서는 ROM, RAM을 비롯한 여러 가지 메모리 소자의 특성과 동작에 대하여 설명하였으며, 플래시 메모리에 대해서도 기술하였다.

12장에서는 프로그램 논리소자(PLD)의 동작 원리 및 PLD를 이용한 논리회로 설계방법에 대하여 설명하였다.

13장에서는 현재의 입력과 과거의 입력에 따른 출력에 의해서 현재의 출력이 결정되는 회로로서 내부에 기억 기능을 가지고 있는 여러 가지 종류의 플립플롭 동작 원리와 응용에 대하여 설명하였다.

14장에서는 단안정 멀티바이브레이터와 555의 동작 원리 및 응용에 대하여 기술하였다.

15장에서는 카운터의 기본 원리에 대하여 설명하였고, 비동기식과 동기식 카운터의 설계방법에 대하여 설명하였다.

16장에서는 레지스터를 구성하는 각 플립플롭의 기억 정보를 좌로 혹은 우로 자리 이동할 수 있도록 만든 시프트레지스터의 원리와 동작에 대하여 설명하였다.

17장에서는 기본적인 순서회로의 설계방법, 상태축소 등에 대하여 설명하였고, 카운터 설계방법에 대하여 설명하였다.

18장에서는 OP Amp. D/A변환기의 기본 회로, 사다리형 D/A변환기, D/A 변환기의 특성에 대하여 설명하였다.

19장에서는 기본적인 A/D 변환기의 구성과 각종 A/D 변환기에 대하여 설명하였다.

디지털공학을 전공하려는 학생들이 흥미를 갖고 공부할 수 있도록 구성하였으나 뜻하지 않은 오류가 있을 것으로 사료되며, 계속해서 미비한 점을 보완하고자 하니 많은 지도 편달이 있기를 바라는 바이다.

끝으로 이 책의 출판에 도움을 주신 청문각의 김홍석 회장님 이하 편집부 여러분께 감사를 드린다.

2010년 8월

저자 일동

차 례

18장 D/A 변환기 497

19장 A/D 변환기 519

Digital Engineering

1장 개 요

디지털 전자공학은 영국의 배비지(C. Babbage)가 제안한 이론을 기초로 하여 1946년에 발명된 ENIAC(Electronic Numerical Integrated And Computer)의 탄생에서부터 활성화되기 시작하여 주로 계산기 시스템에 응용되어 왔다. 최근에는 이러한 디지털 방식을 채택한 응용이 전자공학의 여러 분야, 예를 들면 전신 · 전화 시스템, 원격제어 시스템, 데이터 시스템, HDTV, 위성통신 등과 같은 첨단분야에서 이용되고 있다. 이처럼 광범위하게 확산되어 가고 있는 디지털 전자공학 기술은 앞으로의 정보화 시대를 주도하는 하나의 기술 분야로서 미래의 전기, 전자 관련 산업의 중추적 역할을 담당할 것이 확실하다.

디지털 전자공학은 단지 두 가지 상태만을 이용한 회로들을 취급하며, 이 두 가지 상태는 서로 다른 두 개의 전압 레벨로 구분되어 전자회로 내에서 두 가지 상태의 조합으로 숫자, 문자, 기호 등의 정보를 표현한다. 이때 입력 · 출력되는 물리적인 양이나 정보는 모두 불연속적인 2진 디지털 신호만을 사용하게 된다.

이처럼 전자회로 시스템을 구성하는 모든 회로의 입력 · 출력신호가 모두 디지털 신호로 되어 있어서 단지 디지털적으로만 표시되거나 조작되는 모든 장치들을 디지털 시스템이라고 한다. 이러한 디지털 시스템은 기존의 아날로그 신호를 입력 · 출력으로 사용하는 아날로그 시스템에 비해서 신뢰성이나 정확도면에서 우수한 특성을 갖고 있기 때문에 전자공학의 각 분야에서 그 응용이 급속히 신장되어 가고 있다.

그러면 디지털 신호와 아날로그 신호의 특징에 대하여 알아보기로 하자.

1.1 아날로그 신호와 디지털 신호

아날로그 신호란 온도, 전압, 수량, 압력, 속도 등과 같이 시간이 경과함에 따라 연속적

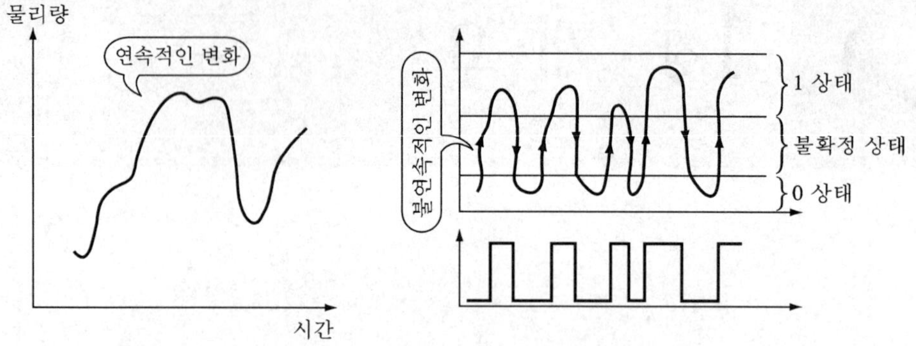

(a) 아날로그 신호 (b) 디지털 신호

그림 1.1 아날로그 신호와 디지털 신호

으로 변화해 가는 신호로서 대개 자연 상태의 정보 그 자체라고 할 수 있다. 이에 비해서 디지털 신호는 정수(…, −3, −2, −1, 0, 1, 2, …)와 같이 이산적인 값을 갖는 신호로서 불연속적으로 변화하는 신호를 말한다.

그림 1.1(a)의 아날로그 신호파형은 어떤 임의의 순간에 존재하는 신호의 크기 그 자체가 정보로서의 의미를 갖는 데 비해서, 그림 (b)의 디지털 신호파형은「전압이 높은 상태」와「전압이 낮은 상태」또는「1」과「0」의 신호 상태와 같은 두 가지 상태로 정보를 나타낸다.

1과 0을 나타내기 위하여 사용하는 전압을 논리레벨이라 하며, 실제로 디지털 회로에서 low와 high는 규정된 최소값과 최대값 사이의 임의의 전압을 나타낸다.

그림 1.1(b)는 디지털 회로의 일반적인 low와 high를 나타낸 것이다. 예를 들어, 디지털 회로에서 입력전압은 0~0.8 V가 low이고, 2~5 V가 high이다. 2~5 V의 전압인 경우 회로는 high로 인식되고, 0~0.8 V의 전압인 경우 low로 인식되며, 0.8~2 V의 전압인 경우 불확정 상태로 된다.

그리고 출력전압은 0~0.4 V가 low이고, 2.4~5 V가 high이다. 2.4~5 V의 전압인 경우 회로는 high로 인식되고, 0~0.4 V의 전압인 경우 low로 인식되며 0.4~2.4 V의 전압인 경우 불확정 상태로 된다.

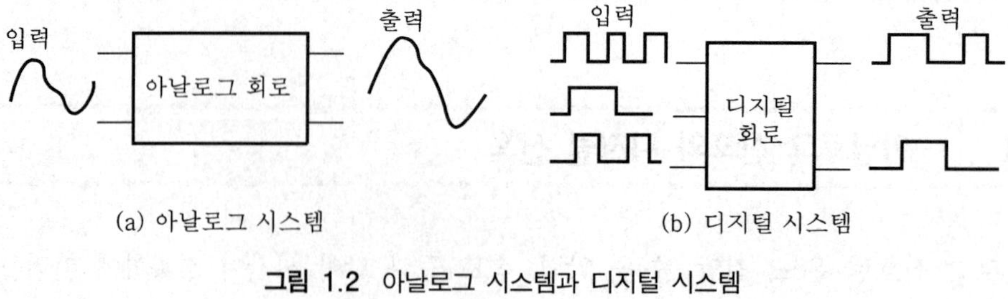

(a) 아날로그 시스템 (b) 디지털 시스템

그림 1.2 아날로그 시스템과 디지털 시스템

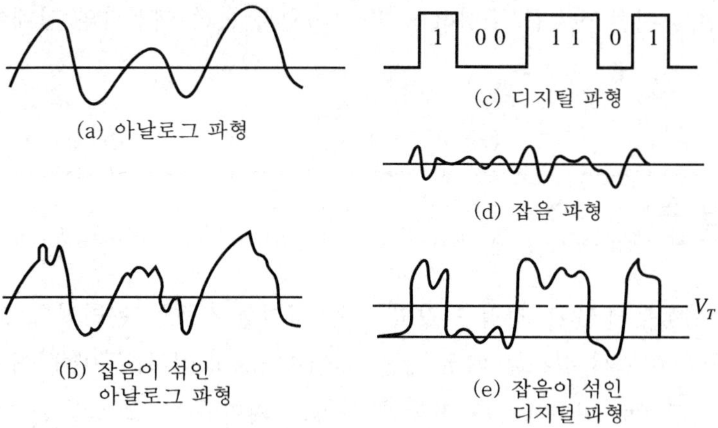

그림 1.3 신호에 대한 잡음의 영향

아날로그 시스템에서는 연속적인 신호를 취급하므로 신호 입력과 출력이 일정한 비례관계를 갖고 있다. 물론 비례관계라 함은 직선적인 관계뿐만 아니라 비직선적인 증폭, 감쇠 또는 변조 개념도 포함된 관계이다. 한편 디지털 시스템은 「1」과 「0」의 입력에 대하여 출력신호도 「0」과 「1」의 조합으로 나타나므로 회로의 특성이 논리적인 관계만 있고 비례적인 요소는 없다. 이러한 아날로그 시스템과 디지털 시스템의 차이를 나타낸 것이 그림 1.2이다.

한편 그림 1.3(a)와 같은 아날로그 신호에 잡음신호(d)가 인가된 경우에는 그림 (b)와 같이 되고, 이것으로부터 원래의 신호파형만을 추출하는 것은 불가능하다. 이에 비해서 디지털 신호의 경우에는 그림 1.3(e)와 같이 잡음신호가 혼입되어도 문턱전압(threshold voltage) V_T를 기준으로 하여 이보다 크면 「1」, 작으면 「0」이라고 판정하여 파형을 정형하므로 원래의 디지털 신호파형(c)을 간단히 재현할 수 있고, 잡음의 영향도 제거할 수 있는 장점을 갖는다.

앞에서 설명하였듯이 아날로그 신호에서는 잡음제거가 불가능하기 때문에 신호 대 잡음(S/N)비에 한계가 있지만, 디지털 신호에서는 파형정형에 의해서 높은 S/N비가 얻어지므로 신뢰성 있는 정보처리가 가능하다. 표 1.1에 이들 신호에 대한 차이점을 시간과 물리량의 개념으로 나타내었다.

▶표 1.1 아날로그 신호와 디지털 신호의 특성 비교

신 호	아날로그	디지털
시간(time: t)	연속(continuous)	불연속(discrete)
물리량[physical value: $f(t)$]	연속(continuous)	불연속(discrete)

그러면 이러한 디지털 신호를 구성하는 펄스 파형과 논리 레벨과의 관계에 대하여 알아보기로 하자.

1.2 펄 스

앞 절에서 설명했듯이 많은 장점을 갖고 있는 디지털 신호는 논리적으로 1과 0의 펄스 파형을 갖게 된다. 여기서 펄스란 매우 짧은 시간(수 msec 이하) 동안에 어떤 안정된 값에서 다른 안정된 값으로 변화해가는 전압의 파형을 의미하며, 펄스가 한 개만 존재할 때 단일펄스(one shot pulse)라 하고, 주기적 또는 비주기적으로 단속이 되풀이될 때 펄스열(pulse train)이라 한다.

펄스는 두 개의 전압값, 즉 논리적으로 「0」과 「1」 사이에서 변화하기 때문에 디지털 시스템에서는 물리적으로 높은 값의 양을 논리 레벨 「1」로 하는 정논리 시스템과 논리 레벨 「0」으로 하는 부논리 시스템이 모두 이용되고 있다. 일반적으로 정논리가 주로 사용되므로 이 책에서도 정논리의 관점에서 설명하기로 한다.

이처럼 펄스는 디지털 시스템에서 정보의 근간을 이루고 있으므로 펄스 파형에 대한 용어에 대하여 알아두는 것이 매우 중요하다. 그림 1.4는 펄스의 실제적인 파형을 나타낸 것이다.

▶**표 1.2** 정논리와 부논리

논 리 / 물리량	정 논 리	부 논 리
high	1	0
low	0	1

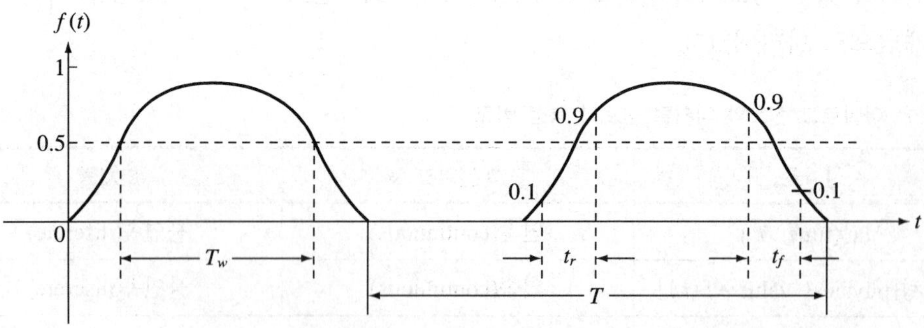

그림 1.4 실제적인 펄스파형

논리 「0」에서 논리 「1」로 변환되는 데 소요되는 시간을 상승시간(rise time : t_r), 논리 「1」에서 논리 「0」으로 변환되는 데 소요되는 시간을 하강시간(fall time : t_f)이라 한다. 실제로 펄스 진폭의 10%에서 90%까지 올라가는 데 소요되는 시간을 상승시간이라 하고, 90%에서 10%까지 떨어지는 데 소요되는 시간을 하강시간이라 하며, 그때의 모서리(edge)를 각기 상승구간(rising edge 또는 leading edge)과 하강구간(falling edge 또는 trailing edge)이라고 한다. 그리고 펄스폭이 매우 작은 펄스를 임펄스(impulse)라고 하며, 구형파는 펄스폭이 비교적 큰 펄스를 말한다. 여기서 펄스폭(pulse width) T_w는 펄스의 지속기간으로서 그림 1.4에서와 같이 상승구간과 하강구간에서 각기 50%가 되는 두 점 사이의 시간으로 정의한다. 그리고 T를 펄스의 반복주기(period)라 한다.

1.3 디지털 전자회로

디지털 시스템은 전자회로적인 측면에서 보면 스위칭회로의 형태를 취하고 있다. 따라서 하나 또는 다수의 디지털 입력과 출력을 가지며, 기능적으로는 크게 조합논리회로와 순서논리회로로 구별된다. 조합논리회로(combinational logic circuit)는 현재의 출력이 단순히 현재의 입력에만 관계되는 가장 간단한 형태의 디지털 전자회로로 그림 1.5와 같이 n개의 입력 변수가 들어오면 2^n개의 조합에 따른 고정된 하나의 신호가 출력된다.

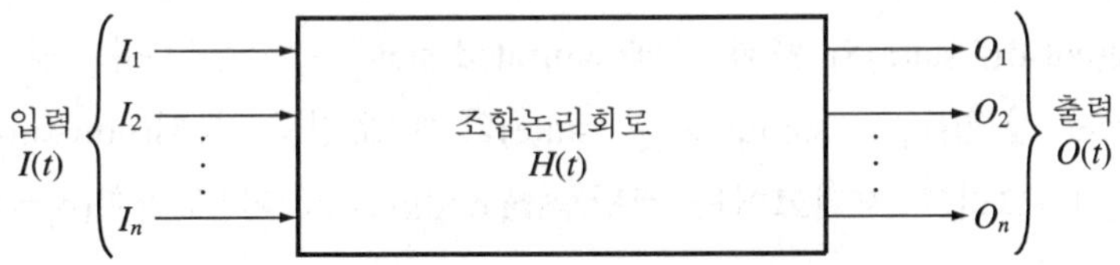

그림 1.5 조합논리회로

그리고 순서논리회로(sequential logic circuit)는 현재의 출력이 현재의 입력과 과거의 입력에 따른 출력에 의해서 결정되는 회로로서 가장 일반적인 회로 형태가 계수기 회로이며, 그 대표적인 것이 디지털 컴퓨터이다. 이러한 순서논리회로의 구성도를 그림 1.6에 나타내었다.

그림 1.6에서와 같이 순서논리회로는 조합논리회로에 기억장치가 결합된 디지털 전자회로로 구성되고, 출력이 현재의 입력뿐만 아니라 과거의 출력 상태까지 반영하게 되므로 순서논리 동작을 수행하기 위해서는 입력신호에 대한 입력순서가 명시되어야 한다.

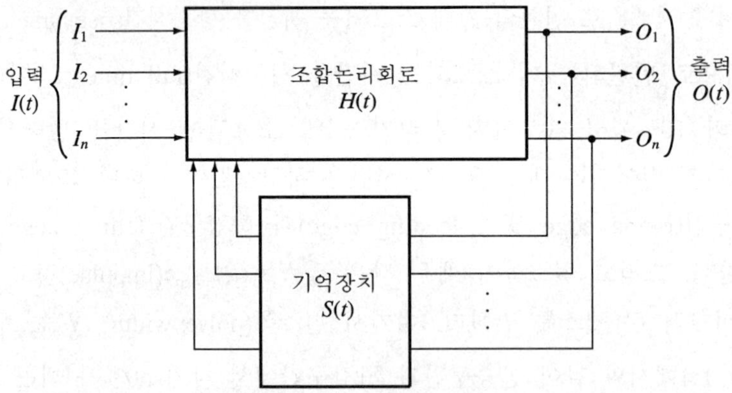

그림 1.6 순서논리회로

1.4 스위칭 소자

스위칭 소자란 두 개의 안정된 상태를 갖는 2진 소자, 즉 출력이 두 개의 서로 다른 불연속적인(discrete) 값을 갖는 소자를 말한다. 이러한 스위칭 소자로서는 계전기(relay), 다이오드(diode), 트랜지스터(transistor), 클라이스트론(klystron), 자기 코어(magnetic core) 등이 있다. 계전기는 두 가지 상태, 즉「닫힌 상태」와「열린 상태」로서 전원이 공급되고 안 되고 하는 것을 나타내며[그림 1.7(a)], 다이오드는 도전 상태(conducting state)와 차단 상태(non-conducting state)로 구분된다[그림 1.7(b)]. 트랜지스터는 high와 low의 출력전압에 따라 차단 상태(cut-off state)와 포화 상태(saturated state)로 구분되며[그림 1.7(c)], 클라이스트론은 초전도 상태(super conducting state)와 비초전도 상태(non-super conducting state)로 구분된다. 그리고 자기코어는 좌방향(one direction)과 우방향(opposite direction)으로 구분된다.

이처럼 스위칭 소자의 출력이 두 개의 서로 다른 값을 가지므로 이를 응용한 디지털 시스템에서는 2진수(binary number)의 수체계를 사용하고 있고, 이의 해석이 필요한 것은 당연하다.

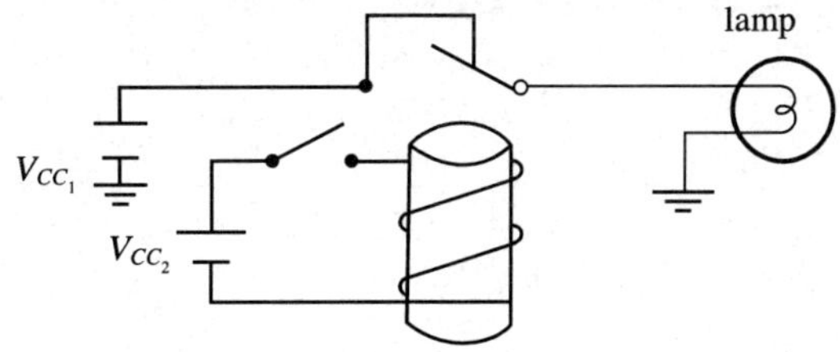

(a) 계전기를 이용한 스위칭 소자

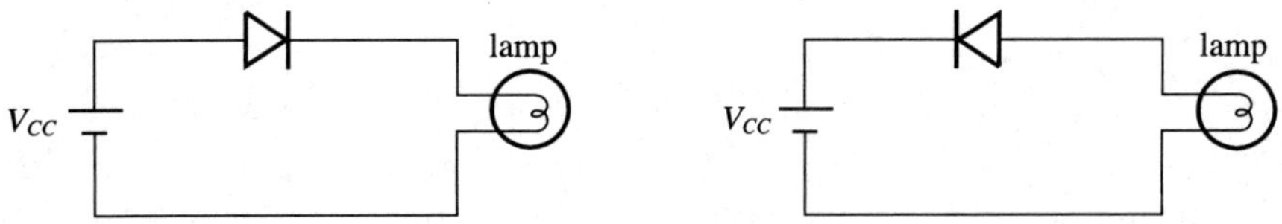

(b) 다이오드를 이용한 스위칭 소자

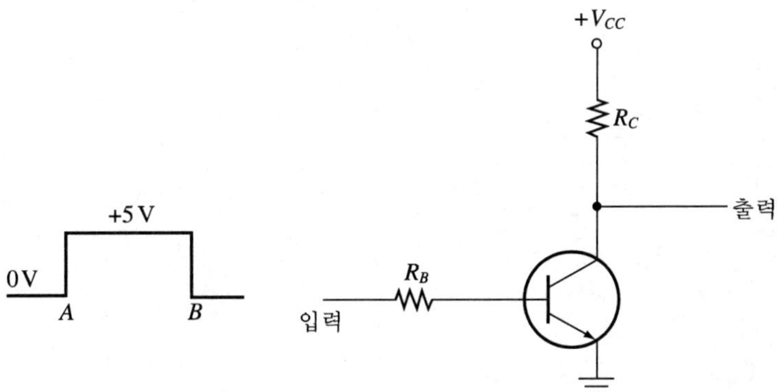

(c) 트랜지스터를 이용한 스위칭 소자

그림 1.7 스위칭 소자의 간단한 회로

2장 수체계

우리가 일상 사용하고 있는 10진수가 10개의 손가락에서 비롯되었음은 주지의 사실이다. 그리고 이 10진수는 우리에게 매우 익숙해져 있으므로 다른 수체계를 사용하지는 않지만, 앞 장에서 설명하였듯이 디지털 시스템과 컴퓨터 등의 기기에서는 2진수가 가장 효율적인 수체계로 사용되고 있다.

이 장에서는 우선 2진수에 대하여 설명하고, 다음에 2진수와 관계가 깊은 8진수와 16진수와의 상호 진수변환방법, 10진수와의 관계, 그리고 음수의 표시방법에 대하여 설명한다.

2.1 2진수

2진수를 배우기 전에 우리가 일상 사용하는 10진수(decimal number system)에 대하여 검토해 보자.

10진수에서는 「0～9」의 10개 기호를 기본적인 수의 요소로 사용하고 있으며, 각 자리의 위치에 따라 그 자리의 자릿값(weight)을 갖는 가중치 수체계(weighted number system)를 유지하고 있다.

예를 들어, 7136_{10}이라는 수는

$$(7\times1000)+(1\times100)+(3\times10)+6=7\times10^3+1\times10^2+3\times10^1+6\times10^0$$

이라는 수가 된다. 여기서 숫자 뒤에 있는 첨자는 진수의 기수를 의미한다. 결국 4자릿수의 임의의 10진수 N을 일반적인 형태로 나타내면,

$$N=d_3\cdot10^3+d_2\cdot10^2+d_1\cdot10^1+d_0\cdot10^0$$

이라는 수열의 합이 된다.

이 경우 10^3, 10^2, 10^1, 10^0은 각 자리 위치의 자릿값이라 하고, 이들 자릿값이 모두 10의 승수로 되어 있으므로 이를 기수(radix, base)가 10인 수체계 또는 10진수라 한다. 또한 각각의 자릿값에는 「0~9」까지의 임의의 숫자, 즉 디지트(digit)를 갖는 d_3, d_2, d_1, d_0가 곱해져 있는데 이들 임의의 숫자 중 가장 큰 자릿값을 갖는 d_3를 MSD(Most Significant Digit: 제일 윗자리 숫자)라 하고, 가장 작은 값을 갖는 d_0를 LSD(Least Significant Digit: 제일 아랫자리 숫자)라 한다.

따라서 가중치 수체계에서는 임의의 숫자 N을 10진수로 표현한 것과 마찬가지 형태로 임의의 Y진수에 대하여 이와 같은 표현이 가능하므로 2진수나 8진수 또는 16진수에서도 이와 같은 표현이 가능하다. 예를 들어, 2진수 1011012은

$$(1\times2^5)+(0\times2^4)+(1\times2^3)+(1\times2^2)+(0\times2^1)+(1\times2^0)$$

으로 표현되며, 이 2진수의 값은 10진수로 45의 값을 갖게 된다.

2진수의 임의의 숫자들을 각각 비트(binary digit)라 하며, 이들 2진수의 각 자리의 위치에 대한 자릿값을 아래에 나타낸다.

2진 자릿값	…	8	4	2	1	$\frac{1}{2}$	$\frac{1}{4}$	$\frac{1}{8}$	…
2의 승수	…	2^3	2^2	2^1	2^0	2^{-1}	2^{-2}	2^{-3}	…

그리고 10진수와 2진수의 대응관계를 표 2.1에 나타낸다.

▶표 2.1 10진수와 2진수의 대응관계

10진수	2진수	10진수	2진수
0	0	11	1011
1	1	12	1100
2	10	13	1101
3	11	14	1110
4	100	15	1111
5	101	16	10000
6	110	17	10001
7	111	18	10010
8	1000	19	10011
9	1001	20	10100
10	1010	21	10101

예제 2.1 2진수 101111을 10진수로 변환하라.

풀이 6자리의 2진수이므로 MSD의 자릿값은 2^5이고, 그 이하는 2^4, 2^3, 2^2, 2^1, 2^0으로 된다. 따라서 자릿값을 곱한 숫자의 합은

$$1\times2^5+0\times2^4+1\times2^3+1\times2^2+1\times2^1+1\times2^0$$
$$=32+8+4+2+1=47_{10}$$

이 된다. ■

예제 2.2 2진 소수점 수 1010.1101을 10진수로 변환하라.

풀이 정수부는 4자리의 2진수이므로 MSD의 자릿값은 2^3이다. 따라서 $1\times2^3+0\times2^2+1\times2^1+0\times2^2=10_{10}$이고, 소수부는 $1\times2^{-1}+1\times2^{-2}+0\times2^{-3}+1\times2^{-4}=0.8125_{10}$가 되므로, 이것을 합하면 10.8125_{10}가 된다. ■

2.2 2진수의 4칙연산

2진수의 연산은 10진수와 같은 방법으로 수행하면 되고, 다음에 2진수의 4칙연산방법을 나타낸다.

1. 덧셈 규칙

$0+0=0 \qquad 1+0=1$

$0+1=1 \qquad 1+1=0\cdots$(자리올림 1)

다음에 주어진 예를 풀어보자.

$$\begin{array}{r} 15_{10} \\ +\ 20_{10} \\ \hline 35_{10} \end{array} \quad \cdots \quad \begin{array}{r} 1111_{2} \\ +\ 10100_{2} \\ \hline 100011_{2} \end{array} \qquad \begin{array}{r} 3\frac{3}{4}_{10} \\ +6\frac{1}{4}_{10} \\ \hline 10_{10} \end{array} \quad \cdots \quad \begin{array}{r} 11.11_{2} \\ +\ 110.01_{2} \\ \hline 1010.00_{2} \end{array}$$

2. 뺄셈 규칙

$$0-0=0 \qquad 1-1=0$$

$$1-0=1 \qquad 10-1=1 \cdots (\text{자리내림 } 1)$$

다음에 주어진 예를 풀어보자.

$$\begin{array}{r} 17_{10} \\ +\ \ 4_{10} \\ \hline 13_{10} \end{array} \cdots \begin{array}{r} 10001_2 \\ +\ \ 100_2 \\ \hline 1101_2 \end{array} \qquad \begin{array}{r} 9\frac{3}{4}_{10} \\ +\ 2\frac{1}{2}_{10} \\ \hline 7\frac{1}{4}_{10} \end{array} \cdots \begin{array}{r} 1001.11_2 \\ -\ \ 10.1_2 \\ \hline 111.01_2 \end{array}$$

3. 곱셈 규칙

$$0\times 0=0 \qquad 1\times 0=0$$

$$0\times 1=0 \qquad 1\times 1=1$$

다음에 주어진 예를 풀어보자.

$$\begin{array}{r} 15_{10} \\ \times\ 12_{10} \\ \hline 30 \\ +\ \ 15 \\ \hline 180_{10} \end{array} \cdots \begin{array}{r} 1111_2 \\ \times\ 1100_2 \\ \hline 0000 \\ 0000 \\ 1111 \\ +\ 1111 \\ \hline 10110100_2 \end{array}$$

$$\begin{array}{r} 10.25_{10} \\ \times\ \ 5.5_{10} \\ \hline 5125 \\ +\ 5125 \\ \hline 56.375_{10} \end{array} \cdots \begin{array}{r} 1010.01_2 \\ \times\ \ 101.1_2 \\ \hline 101001 \\ 101001 \\ 000000 \\ +\ 101001 \\ \hline 111000.011_2 \end{array}$$

4. 나눗셈 규칙

10진수의 경우에서와 같이 0으로 나누는 것은 의미가 없기 때문에 다음의 두 가지 경우만 고려하면 된다.

$$0\div 1=0 \qquad 1\div 1=1$$

다음에 주어진 예를 풀어보자.

$$
\begin{array}{r}
7_{10} \\
5\,\overline{)\,35} \\
\underline{35} \\
0
\end{array}
\qquad \cdots \qquad
\begin{array}{r}
111_{2} \\
101\,\overline{)\,100011} \\
\underline{101} \\
111 \\
\underline{101} \\
101 \\
\underline{101} \\
0
\end{array}
$$

$$
\begin{array}{r}
8.75_{10} \\
4\,\overline{)\,35} \\
\underline{35} \\
30 \\
\underline{28} \\
20 \\
\underline{20} \\
0
\end{array}
\qquad \cdots \qquad
\begin{array}{r}
1000.11_{2} \\
100\,\overline{)\,100011} \\
\underline{100} \\
110 \\
\underline{100} \\
100 \\
\underline{100} \\
0
\end{array}
$$

2.3 8진수와 16진수

1. 8진수

(1) 8진수에서 10진수로의 변환

컴퓨터에서 주로 사용되는 수체계로 8진수(octal number)와 16진수(hexadecimal number)가 있다. 8진수는 8을 기수로 하여 8개의 기호, 즉 「0~7」을 사용하며, 자리값은 기수 8의 승수로 나타낸다. 그리고 8진수 역시 2진수와 같은 가중치 수체계(weighted number system)이므로 2진수 연산의 경우와 같다.

예를 들어, 1067_8이라는 수는

$$(1\times 8^3)+(0\times 8^2)+(6\times 8^1)+(7\times 8^0)=512+48+7=567_{10}$$

이 된다.

8진수에서도 2진수나 10진수와 같이 정수부와 소수부를 구분하는 데 소수점을 이용한다. 다음에 8진수에서의 각 자리에 대한 자리값을 나타낸다.

8진 자릿값	…	512	64	8	1	$\frac{1}{8}$	$\frac{1}{64}$	$\frac{1}{512}$	…
8의 승수	…	8^3	8^2	8^1	8^0	8^{-1}	8^{-2}	8^{-3}	…

예제 2.3 8진수 536.42를 10진수로 변환시켜라.

풀이 정수부에서의 MSD 자리값부터 차례로 8^2, 8^1, 8^0, 8^{-1}, 8^{-2} 이 되므로 각 자리의 숫자에 자리값을 곱한 값의 합은

$$
\begin{aligned}
&(5\times 8^2)+(3\times 8^1)+(6\times 8^0)+(4\times 8^{-1})+(2\times 8^{-2})\\
&=320+24+6+0.5+0.03125\\
&=350.53125_{10}
\end{aligned}
$$

가 된다. ■

(2) 2진수와 8진수 사이의 진법변환

2진수와 8진수 사이의 진법변환을 알아보기 위하여 2진수와 8진수 사이의 대응관계를 표 2.2에 나타내었다.

표 2.2와 같이 가중치수 상호간에는 진법변환이 성립함을 보여주고 있는데, 특히 2진수와 8진수 사이의 진법변환이 매우 간단함을 알 수 있다. 즉, 표 2.2에서 알 수 있듯이 8진수 「0~7」 8개의 상태를 2진수로 나타내려면 3개의 비트가 요구되며, 「000~111」 8개의 상태를 갖는다. 따라서 2진수를 8진수로 변환시키는 방법은 단순히 주어진 2진수의 소수점을 기준으로 해서 좌우로 3자리씩 묶어서 각 그룹(group)마다 8진수 「0~7」의 상태값을 대응시켜서 나타내면 된다.

▶**표 2.2** 2진수와 8진수

10진수	2진수	8진수	10진수	2진수	8진수	10진수	2진수	8진수
0	0	0	8	1000	10	16	10000	20
1	1	1	9	1001	11	17	10001	21
2	10	2	10	1010	12	18	10010	22
3	11	3	11	1011	13	19	10011	23
4	100	4	12	1100	14	20	10100	24
5	101	5	13	1101	15	21	10101	25
6	110	6	14	1110	16	22	10110	26
7	111	7	15	1111	17	23	10111	27

예를 들어, 2진수 101111101.11011을 8진수로 변환시키면,

$$\underbrace{101}_{5}\ \underbrace{111}_{7}\ \underbrace{101}_{5}.\underbrace{110}_{6}\ \underbrace{110_2}_{6} \Rightarrow 575.66_8$$

이 된다.

이와 반대로 8진수를 2진수로 변환시키려면 단순히 8진수의 각 자릿수를 3비트의 2진수로 각각 변환시키면 된다. 예를 들어, 8진수 765.13을 2진수로 나타내면

$$\underbrace{7}_{111}\ \underbrace{6}_{110}\ \underbrace{5}_{101}.\underbrace{1}_{001}\ \underbrace{3}_{011}{}_{8}{}_{2} \Rightarrow 111110101.001011_2$$

이 된다.

따라서 8진수를 이용하면 긴 자릿수를 갖는 2진수의 표현이 용이한 이점이 있다.

2. 16진수

(1) 16진수에서 10진수로의 변환

16진수도 컴퓨터에서 주로 사용되는 수체계로서 8비트(이것을 1byte라 한다)를 데이터의 기준으로 사용하는 컴퓨터 등에서 이 데이터를 4비트씩 두 개의 그룹으로 나누어 16진수로 나타냄으로써 매우 편리하게 사용할 수 있는 이점이 있다. 물론 16진수의 기수는 16이고, 임의의 숫자를 나타내는 데 0~9, A, B, C, D, E, F의 16개 기호를 이용하며, 자리값은 기수의 승수로 나타낸다.

예를 들어, 16진수 9FB.5는

$$(9\times16^2)+(15\times16^1)+(11\times16^0)+(5\times16^{-1})=2304+240+11+0.3125$$
$$=2555.3125_{10}$$

가 된다.

(2) 2진수와 16진수 사이의 진법변환

앞에서 설명한 2진수와 8진수 사이의 진법변환과 같은 원리에 의해서 2진수와 16진수 사이의 대응관계를 표 2.3에 나타낸다.

예를 들어, 2진수 101011010111010을 16진수로 나타내려면 LSD를 기준으로 하여 4비트씩 묶어서 나누고, 이 각각의 그룹을 16진수로 읽으면 된다.

▶표 2.3 2진수와 16진수

10진수	2진수	16진수	10진수	2진수	16진수
0	0	0	16	10000	10
1	1	1	17	10001	11
2	10	2	18	10010	12
3	11	3	19	10011	13
4	100	4	20	10100	14
5	101	5	21	10101	15
6	110	6	22	10110	16
7	111	7	23	10111	17
8	1000	8	24	11000	18
9	1001	9	25	11001	19
10	1010	A	26	11010	1A
11	1011	B	27	11011	1B
12	1100	C	28	11100	1C
13	1101	D	29	11101	1D
14	1110	E	30	11110	1E
15	1111	F	31	11111	1F

즉,

$$\underbrace{101}_{5}\,\underbrace{0110}_{6}\,\underbrace{1011}_{B}\,\underbrace{1010}_{A}{}_2 \Rightarrow 56BA_{16}$$

가 된다.

이와 반대로 16진수를 2진수로 변환시키려면 16진수의 각 자릿수를 4비트의 2진수로 각각 변환시키면 된다. 예를 들어, 16진수 ABC를 2진수로 변환하면

$$\overbrace{1010}^{A}\,\overbrace{1011}^{B}\,\overbrace{1100}^{C}{}_{16} \Rightarrow 101010111100_2$$

이 된다.

예제 2.4 16진수 F7D.E를 10진수 및 2진수로 변환시켜라.

풀이 $(15 \times 16^2) + (7 \times 16^1) + (13 \times 16^0) + (14 \times 16^{-1})$

$= 3840 + 112 + 13 + 0.875 = 3965.875_{10}$

$$\underbrace{F}_{1111}\ \underbrace{7}_{0111}\ \underbrace{D}_{1101}\ .\ \underbrace{E}_{1110}{}_{16} \Rightarrow 111101111101.111_2$$

■

2.4 10진수에서 다른 기수로의 진법변환

지금까지 2진수나 8진수, 16진수를 10진수로 변환하는 방법과 2진수와 8진수 또는 16진수 사이의 진법변환에 대하여 공부하였다. 이 절에서는 10진수와 기수가 다른 수 사이의 변환에 대하여 설명한다.

1. 10진수에서 2진수로의 변환

10진수를 2진수로 변환하는 가장 자연스러운 방법은 주어진 10진수 중에서 2의 승수에 해당하는 값을 찾아내어 이것을 큰 것부터 차례로 빼가는 방법이다.

예제 2.5 10진수 67을 2진수로 변환시켜라.

풀이 먼저 67_{10}에 포함되어 있는 최대 2의 승수값은 $2^6 = 64_{10}$이다. 따라서 감산하면 $67_{10} - 64_{10} = 3_{10}$이 된다.

다음 3_{10}에 포함된 최대 2의 승수값은 $2^1 = 2$이므로 감산하면 $3_{10} - 2_{10} = 1_{10}$이 되고, $1_{10} - 2^0 = 0$이 된다. 이상의 계산과정에서 나오지 않은 2의 승수인 2^5, 2^4, 2^3, 2^2에 대한 임의의 숫자는 「0」으로 놓고, 2^6, 2^1, 2^0에 대한 임의의 숫자를 「1」로 놓으면 된다. 따라서 67_{10}을 기수의 승수로 풀어서 나타내면 다음과 같다.

$$67_{10} = (1\times2^6) + (0\times2^5) + (0\times2^4) + (0\times2^3) + (0\times2^2) + (1\times2^1) + (1\times2^0)$$

따라서 $67_{10} = 1000011_2$이 된다.

그러나 이러한 방법은 수치가 큰 10진수를 변환시키는 경우 그 2의 승수의 큰 값을 기억해 두기가 어려운 것은 물론이고, 이를 발견할 때마다 감산을 반복해야 하는 작업 역시 매우 번거롭다. 그래서 실제로는 다음에 제시한 변환방법이 이용되고 있고, 이것은 10진수를 8진수나 16진수로 변환시킬 때도 그대로 응용할 수 있다. 이 방법이란 10진수를 반복해서 2로 나누어서 그때마다 나머지를 써두고, 그 몫을 다시 2로 나누는 방법을 몫이 「0」이 될 때까지 반복한 후 아래에서부터 위로 나머지를 읽어가는 방법이다. 예를 들어, 10진수 103을 2진수로 변환해 보자.

$$
\begin{aligned}
103 \div 2 &= 51 + \text{나머지 } 1 \ \text{(LSD)} \\
51 \div 2 &= 25 + \text{나머지 } 1 \\
25 \div 2 &= 12 + \text{나머지 } 1 \\
12 \div 2 &= 6 + \text{나머지 } 0 \\
6 \div 2 &= 3 + \text{나머지 } 0 \\
3 \div 2 &= 1 + \text{나머지 } 1 \\
1 \div 2 &= 0 + \text{나머지 } 1 \ \text{(MSD)}
\end{aligned}
$$

따라서 $103_{10} = 1100111_2$이 된다. ■

그러면 10진수의 소수값 0.125_{10}를 2진수로 변환시키는 방법에 대하여 알아보자. 우선 주어진 소수값에 2를 곱한 다음 그 결과값이 1을 넘으면 1을 써두고, 1을 넘지 않으면 0을 써둔 다음 그 나머지 소수값에 다시 2를 곱한다. 이것을 소수값이 없어질 때까지 반복한 다음에 써둔 결과를 위에서부터 읽어 내려간다.

즉,

$$
\begin{aligned}
0.125 \times 2 &= 0.25 \ \cdots \ \text{정수값}(0) \ \text{(MSD)} \\
0.25 \times 2 &= 0.5 \ \cdots \ \text{정수값}(0) \\
0.5 \times 2 &= 1.0 \ \cdots \ \text{정수값}(1) \ \text{(LSD)}
\end{aligned}
$$

따라서 $0.125_{10} = 0.001_2$이 된다.

예제 2.6 10진수 56.375를 2진수로 변환시켜라.

풀이 우선 정수부 5610을 2진수로 변환한다. 그리고 소수부 0.375를 2진수로 변환시켜 이들을 합하면 된다.

```
2 )56
2 )28  ……  0  (LSD)
2 )14  ……  0
2 ) 7  ……  0
2 ) 3  ……  1
2 ) 1  ……  1
    0  ……  1  (MSD)
```

따라서 $56_{10} = 111000_2$이 된다.

이어서 소수부를 2진수로 변환하면

$$
\begin{array}{ccc}
\quad 0.375 & \quad 0.75 & \quad 0.5 \\
\times \quad\ 2 & \times\ 2 & \times\ 2 \\
\hline
0.75 & 1.5 & 1.0 \\
\downarrow & \downarrow & \downarrow \\
0 & 1 & 1
\end{array}
$$

따라서 $0.375_{10} = 0.011_2$이 된다.

그러므로 정수부와 소수부를 합하면 $56.375_{10} = 111000.011_2$이 된다. ■

2. 10진수에서 8진수로의 변환

10진수에서 2진수로의 변환과 동일한 방법에 의하여 10진수에서 8진수로의 변환이 얻어진다. 예를 들어, 10진수에서 2진수를 구할 때는 10진수를 2로 나누었지만 8진수로의 변환에서는 8로 나눈다는 것만 다르다. 마찬가지로 10진수의 소수값을 8진수로 나타내려면 소수값에 8을 곱한다는 것이 다를 뿐이다.

예제 2.7 10진수 634를 8진수로 변환시켜라.

풀이 정수부

$$
\begin{array}{rrcll}
8\,) & 634 & & & \\
8\,) & 79 & \cdots\cdots & 2 & \text{(LSD)} \uparrow \\
8\,) & 9 & \cdots\cdots & 7 & \\
8\,) & 1 & \cdots\cdots & 1 & \\
 & 0 & \cdots\cdots & 1 & \text{(MSD)}
\end{array}
$$

따라서 $634_{10} = 1172_8$가 된다. ■

예제 2.8 10진수 0.1875를 8진수로 변환시켜라.

풀이

$$
\begin{array}{cc}
\quad 0.1875 & \quad 0.5 \\
\times \qquad 8 & \times\ \ 8 \\
\hline
1.5 & 4.0 \\
\downarrow & \downarrow \\
1 & 4
\end{array}
$$

따라서 $0.1875_{10} = 0.14_8$가 된다. ■

예제 2.9 10진수 49.21875를 8진수로 변환시켜라.

풀이 정수부

$$\begin{array}{r|l} 8 & 49 \\ \hline 8 & 6 \;\cdots\cdots\; 1 \uparrow \\ \hline & 0 \;\cdots\cdots\; 6 \end{array}$$

$\therefore\ 49_{10} = 61_8$

소수부

$$\begin{array}{r} 0.21875 \\ \times \quad\quad 8 \\ \hline 1.75 \\ \downarrow \\ 1 \end{array} \qquad \begin{array}{r} 0.75 \\ \times \quad 8 \\ \hline 6.00 \\ \downarrow \\ 6 \end{array}$$

$\therefore\ 0.21875_{10} = 0.16_8$

따라서 $49.21875_{10} = 61.16_8$이 된다. ■

2.5 음수의 표시

음수를 나타내는 가장 표준적인 방법은 숫자 앞에 (−)부호를 붙이는 것인데, 예를 들어 39의 음수는 −39라고 쓰는 것이다.

그런데 0과 1의 2진수를 사용하는 컴퓨터에서 음수를 표시하려면 어떻게 할까? 컴퓨터에서는 단지 0과 1로써 양(+), 음(−)을 표현할 수밖에 없다. 예를 들어, 5비트로 구성된 2진수의 데이터가 있을 때 제일 윗자리를 부호 비트로 하고, 나머지 4개의 비트를 수치 데이터로 하여 부호 비트가 「0」인 경우는 양(+), 「1」인 경우는 음(−)이라고 정하는 것이다. 이러한 표시법의 일례를 그림 2.1에 나타낸다. 이러한 표시방법을 (부호+절대값)표시법이라 하며, 알아보기는 쉽지만 실제 컴퓨터로 연산을 수행할 때는 매우 불편하다.

더욱이 컴퓨터 시스템에서는 논리회로 기능면에서 볼 때 부정(negation)과 덧셈(addition) 그리고 자리이동(shift) 기능만 주어지기 때문에 대수적인 뺄셈이 불가능하므로 보수(complement)

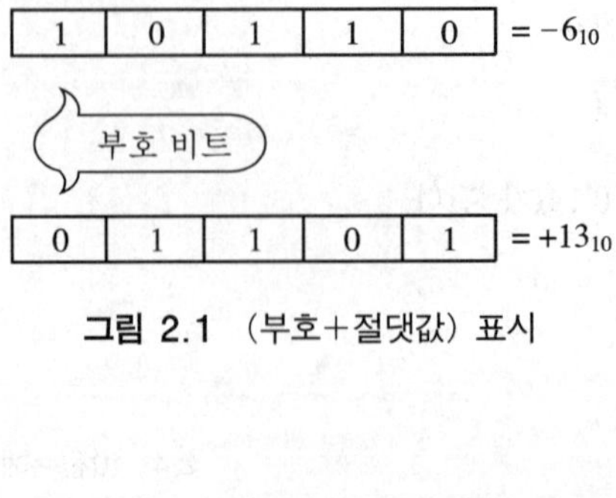

그림 2.1 (부호+절댓값) 표시

를 이용한 덧셈방법에 의하여 뺄셈을 수행하는 방법이 이용되고 있다. 따라서 컴퓨터로 음수를 취급하는 경우 다음에 설명하는 「1의 보수」 표시방법이나 「2의 보수」 표시방법을 이용하여 나타낸다. 그러면 우선 보수개념에 대하여 알아보기로 하자.

1. 9의 보수와 10의 보수에 의한 음수 표시

10진수의 보수방법에는 「10의 보수」와 「9의 보수」 두 가지 종류가 있는데, 어떤 10진 숫자의 「9의 보수」란 각 자리마다 9에서 그 숫자를 뺀 것을 말한다. 예를 들어, 23_{10}의 「9의 보수」는 $99-23=76_{10}$이 된다. 그리고 어떤 10진 숫자의 「10의 보수」란 「9의 보수」에 1을 더한 값을 말한다. 예를 들어, 23_{10}의 「10의 보수」는 $100-23=77_{10}$이 된다. 이와 같이 보수를 이용하여 음수를 대신 나타내는 것이다.

그러면 보수를 이용한 감산방법에 대하여 알아보자.

(일반적인 계산법) (10의 보수를 이용한 계산법)

$$\begin{array}{r} 98 \\ -\ 37 \\ \hline 61 \end{array} \qquad \begin{array}{r} 100 \\ -\ 37 \\ \hline 63 \\ \uparrow \end{array} \qquad \begin{array}{r} 98 \\ +63 \\ \hline 161 \\ \uparrow \end{array} \quad \therefore\ 61$$

37의 10의 보수 자리올림 무시

위에서 보듯이 10의 보수계산에서는 자리올림을 무시하도록 되어 있으므로 답은 61이 된다.

이번에는 같은 계산을 9의 보수를 이용하여 풀어보기로 하자.

(일반적인 계산법) (9의 보수를 이용한 계산법)

$$\begin{array}{r} 98 \\ -\ 37 \\ \hline 61 \end{array} \qquad \begin{array}{r} 99 \\ -\ 37 \\ \hline 62 \\ \uparrow \end{array} \qquad \begin{array}{r} 98 \\ +\ 62 \\ \hline 160 \\ +\hookrightarrow 1 \\ \hline 61 \end{array} \quad \therefore\ 61$$

37의 9의 보수 (순환자리올림)

위에서 보듯이 9의 보수계산에서는 자리올림이 생기면 이를 다시 감산결과의 제일 아랫자리(LSD)에 더해 주어야 한다. 따라서 이 자리올림을 순환자리올림(end around carry)이라고 한다. 10진수 이외에도 8진수, 16진수, 2진수 등에도 각각 두 가지 종류의 보수 표시방법이 있는데, 이를 일반화된 표기로 나타내면 「기수」의 보수 표시방법과 「기수 −1」의 보수 표시방법으로 표현된다.

그러면 2진수의 음수 표현방법에 대하여 알아보자.

2. 1의 보수에 의한 음수표시

1의 보수표현의 경우 정수는 (부호+절대값)에 의한 표시법과 같은 형태로 표현된다. 즉, 제일 윗자리(MSD)의 「0」이 (+)부호를 나타내고, 나머지 비트가 크기를 나타내고 있다. 그리고 MSD의 「1」이 (−)부호를 나타낸다는 점도 같다. 단, 음수의 크기를 나타내는 데 「1의 보수」를 이용하는 것이다. 표 2.4에 4비트로 표현된 1의 보수를 나타낸다.

2진수의 1의 보수를 구해보면 결국 각 자리의 1은 0으로, 0은 1로 교환한 것과 같게 된다. 예를 들어, 4비트의 (−)부호가 있는 수 0101(5_{10})의 1의 보수는 1111−0101=1010(-5_{10})이고, 0111(7_{10})의 1의 보수는 1111−0111 = 1000(-7_{10})이 된다. 표 2.4에서 알 수 있듯이 「1의 보수」 표현을 이용하면 「0」은 「0000」과 「1111」의 두 가지 형태로 표현되므로 4비트로 표현되는 수는 −7∼+7까지가 된다. 그리고 1의 보수를 이용한 연산에서는 MSD의 부호를 나타내는 0 또는 1은 수로 취급된다.

그러면 1의 보수를 이용한 감산에 대하여 알아보자.

▶표 2.4 4비트의 2진수 양·음 표시

10진수	부호+절댓값	1의 보수	2의 보수
−8			1000
−7	1111	1000	1001
−6	1110	1001	1010
−5	1101	1010	1011
−4	1100	1011	1100
−3	1011	1100	1101
−2	1010	1101	1110
−1	1001	1110	1111
0	0000	{1111, 0000}	0000
1	0001	0001	0001
2	0010	0010	0010
3	0011	0011	0011
4	0100	0100	0100
5	0101	0101	0101
6	0110	0110	0110
7	0111	0111	0111

(1) 자리올림이 발생하는 경우

```
(10진수)  (일반적인 계산법)  (1의 보수를 이용한 계산법)

   7          0111               0111
 - 4        - 0100             + 1011   (0100의 1의 보수)
 ----       ------             ------
   3          0011             [1]0010
                                 |
                               + └──→1   (순환자리올림)
                               ------
                                 0011
```

(2) 자리올림이 발생하지 않는 경우

```
(10진수)          (일반적인 계산법 : 부호 + 절댓값)

   3                  0110      (큰 수)
 - 6                - 0011      (작은 수)
 ----               ------
 - 3                  0011
                       ↓        부호 비트를 바꾼다.
                      1011      [-3₁₀의 (부호+절댓값) 표현]
```

(1의 보수를 이용한 계산법)

```
                  0011
                + 1001     (0110의 1의 보수)
                ------
no carry ←□ 1100     (-3₁₀의 1의 보수)
                  ↓↓↓↓
              (-) 0011     (1의 보수를 취하고 (-)부호를 붙인다.)
```

위에서 보듯이 그 결과가 음수가 되면 자리올림이 발생하지 않으므로 이를 다시 1의 보수표현으로 바꾼 뒤 (−)부호를 붙인다.

예제 2.10 0.1011 − 0.0110을 1의 보수를 이용하여 구하라.

풀이 0.0110의 1의 보수는 0.1001이다.

```
   0.1011
 + 0.1001    (0.0110의 1의 보수)
 --------
   1.0100
 +  └──→1    (순환자리올림)
 --------
   0.0101
```

■

3. 2의 보수에 의한 음수 표시

2의 보수표현에서도 표 2.4에서 알 수 있듯이 정수는 (부호 + 절대값)에 의한 표시방법과 같다. 또한 부호 비트인 MSD가 「0」이면 (+)부호이고, 「1」이면 (−)부호를 나타내는 것도 1의 보수표현과 같지만, 음수의 크기는 「2의 보수」로 나타낸다.

2진수의 2의 보수를 구하는 방법은 1의 보수에 1을 더하거거나 LSD로부터 좌측으로 가면서 첫 번째 1이 나올 때까지는 그대로 쓰고, 그 다음부터 1은 0으로, 0은 1로 교환해 주면 된다. 예를 들어, 4비트의 (−)부호가 있는 수 0101(5_{10})의 2의 보수는 1011(-5_{10})이고, 0111(7_{10})의 2의 보수는 1001(-7_{10})이다.

표 2.4에서 알 수 있듯이 0의 표현이 「0000」의 한 가지 형태로만 표시되므로 4비트로 표시되는 수의 범위는 2의 보수의 경우 −8 ~ +7까지가 되고, 8비트에서는 −128 ~ +127까지가 된다. 그러면 1의 보수 계산법과 비교해서 2의 보수를 이용한 계산방법에 대해서 알아보기로 하자.

(1) 자리올림이 발생하는 경우

```
(10진수)   (일반적인 계산법)   (1의 보수 계산법)

    7           0111              0111
  - 4         - 0100            + 1011
  ----        ------            ------
    3           0011            [1]0010
                ↑                 │
             부호 비트            +└──→1    (순환자리올림)
                                ------
                                  0011
                                  ↑
                               부호 비트
```

```
            (2의 보수 계산법)

                    0111
                  + 1100
                  ------
carry 삭제 → [1]  0011
                  ↑
               부호 비트
```

이와 같이 2의 보수에 의한 감산에서는 부호 비트에서의 자리올림(carry)은 무시된다. 위의 예에서 부호 비트는 「0」이기 때문에 결과는 양의 정수인 $+3_{10}$이 된다.

(2) 자리올림이 발생하지 않는 경우

```
(10진수)              (1의 보수 계산법)

   3                         0011
 − 6                       + 1001   (0110의 1의 보수)
 ────                     ────────
 − 3             no carry □1100   (−3₁₀의 1의 보수표현)
                       (−) 0011   (1의 보수를 취한 다음 (−)부호를 붙인다.)
```

(2의 보수 계산법)

```
     0011
   + 1010   (0110의 2의 보수)
  ────────
     1101   (−3₁₀의 2의 보수표현)
 (−) 0011   (2의 보수를 취한 다음 (−)부호를 붙인다.)
```

예제 2.11 10000−101을 2의 보수를 이용하여 구하라.

풀이 피감수와 감수의 자릿수가 맞지 않는 경우 자릿수를 맞춘다.

```
   10000
 − 00101
 ───────
```

감수의 2의 보수를 구하여 피감수에 더하면 다음과 같다.

```
                  10000
                + 11011
                ───────
carry 삭제 → [1] 01011
```

■

앞에서의 예로부터 두 가지 보수방법에 따른 뺄셈 계산시의 방법을 요약하면 다음과 같다.

① 자리올림이 발생하는 경우

2의 보수방법에서는 자리올림을 삭제하고, 1의 보수방법에서는 자리올림을 순환 자리올림한다.

② 자리올림이 발생하지 않는 경우

두 가지 방법 모두 계산된 결과값에 다시 자신의 보수방법으로 보수를 취한 뒤에 (−)부호를 붙인다.

그러므로 컴퓨터에서는 뺄셈계산이 빠르고, −0과 +0의 표현이 같게 표시되는 2의 보수방법을 채택하여 이용하고 있다.

연습문제

1. 다음의 2진수를 10진수로 변환하라.

① 1101 ② 11011 ③ 0.1101
④ 101101.1011 ⑤ 10101.1101101

2. 다음의 8진수를 10진수로 변환하라.

① 75 ② 634 ③ 0.75
④ 32.45 ⑤ 143.25

3. 다음의 16진수를 10진수로 변환하라.

① AF ② 9B ③ 0.BC
④ 4D.E5 ⑤ 1A7.25

4. 다음의 10진수를 2진수로 변환하라.

① 29 ② 157 ③ 0.375
④ 96.5625 ⑤ $3\frac{1}{8}$

5. 다음의 10진수를 8진수로 변환하라.

① 21 ② 326 ③ 0.625
④ 345.5 ⑤ 26.25

6. 다음의 10진수를 16진수로 변환하라.

① 35 ② 476 ③ 0.25
④ 12.125 ⑤ 137.5

7. 다음의 2진수를 8진수로 변환하라.

① 110101 ② 1101010111 ③ 101111011.11010011
④ 11.0101 ⑤ 100.10101

8. 다음의 2진수를 16진수로 변환하라.

① 10101 ② 11011011 ③ 0.10101101
④ 11011.10101101 ⑤ 1011111.01101011

9. 다음의 8진수를 2진수로 변환하라.
① 65 ② 2475 ③ 0.64
④ 32.74 ⑤ 526.15

10. 다음의 16진수를 2진수로 변환하라.
① AF ② 9D ③ 0.BC
④ 4A1.D7 ⑤ 10F.42

11. 다음의 2진수를 더하라.
① 1010.1+0110.11 ② 1110111+1001101
③ 0.10111+0.110101 ④ 1011.101+101.11

12. 다음의 2진수를 빼라.
① 11011−10101 ② 101110−100101
③ 1010.01−1011.1 ④ 1011.11−110.1

13. 다음의 곱셈과 나눗셈을 2진수로 계산하라.
① 15×7 ② 9.5×1.75
③ $18\div2$ ④ $48\div8$

14. 다음의 10진수를 9의 보수와 10의 보수로 표현하라.
① 18 ② 1992
③ 0.127 ④ 95.36

15. 다음의 뺄셈을 9의 보수를 이용하여 구하라.
① 18−14 ② 37.3−24.7
③ 27−84 ④ 17.1−29.4

16. 다음의 뺄셈을 10의 보수를 이용하여 구하라.
① 295−136 ② 1.5−0.27
③ 179−436 ④ 13.4−27.9

17. 다음의 2진수를 1의 보수와 2의 보수로 표현하라.
① 1010 ② 100101
③ 1001.101 ④ 0.101101

18. 다음의 2진수 뺄셈을 1의 보수를 이용하여 구하라.

① 1101－1001 ② 1011－1100

③ 0.1101－0.1001 ④ 0.101101－0.110011

19. 다음의 2진수 뺄셈을 2의 보수를 이용하여 구하라.

① 10110－10001 ② 11001－11111

③ 0.11101－0.10101 ④ 10001－110

20. 다음의 10진수 뺄셈을 2의 보수를 이용하여 구하라.

① 37－19 ② 23－47

③ 28－72 ④ 125－84

Digital Engineering

3장 코 드(code)

앞 장에서는 디지털 시스템에서 사용되는 2진수 연산을 위한 수치자료의 표현방법에 대하여 설명하였다. 이 장에서는 코드의 개념, 특성 및 변환방법에 대하여 설명하기로 한다.

코드란 우리가 일상 사용하는 정보, 즉 10진수, 문자, 기호 등을 디지털 시스템 등에서 입력으로 받아 처리할 수 있도록 약속된 다른 진수나 기호로 변환하여 나타내는 것을 말한다.

이와 같이 다른 진법으로 바꾸는 것을 변환이라고 하는데, 우리가 일상 사용하는 어떤 10진수를 2진수로 변환하는 것을 부호화(encoding), 이를 다시 10진수로 변환하는 것을 복호화(decoding)라 한다. 이때 사용되는 코드로는 2진 부호화 10진수(BCD) 코드가 있는데, 그 대표적인 것이 8421코드이다.

2진 부호의 최소단위인 0, 1을 비트라 하고, 이 비트로 코드를 구성하여 어떤 정보를 표현하는데, 이 코드가 4비트로 구성되면 니블(nibble), 8비트로 구성되면 바이트(byte)라 한다. 그리고 2진 코드가 자리의 위치에 따라 일정한 값을 갖고 있으면 가중코드(weighted code)라 하고, 일정한 값을 갖고 있지 않으면 비가중코드(unweighted code)라 한다. 예를 들어, BCD코드인 8421코드는 가중코드이고, 컴퓨터에서 숫자, 문자, 기호 등을 나타내기 위하여 표준부호로 사용하고 있는 ASCII코드나 EBCDIC코드 등은 비가중코드가 된다.

3.1 8421코드

앞에서 설명한 것과 같이 2진수가 컴퓨터와 같은 디지털 시스템에서는 좋을지 모르지만 사람이 사용하는 데는 불편하다. 따라서 10진수의 형태로 사용하면 편하기 때문에 창안된 것이 바로 BCD(Binary Coded Decimal)코드이다. BCD코드는 2진수 0과 1을 이용하여 10진수를 나타낼 수 있고, 컴퓨터와 인간과의 정보전달의 교량역할을 해주는 코드라 할 수 있다.

그리고 BCD코드는 10진수 0~9의 각 자리를 2진수 4자리로 나타낼 수 있는데, 예를 들어 10진수 437을 BCD코드의 대표적인 8421코드로 나타내면 다음과 같다.

$$437_{10} \rightarrow \underbrace{0100}_{4}\ \ \underbrace{0011}_{3}\ \ \underbrace{0111}_{7}\ \cdots\ \text{8421코드}$$

이와 같이 8421코드는 10진수 1자리를 4비트의 2진수로 나타낸 것이다. 8421코드와 10진수의 대응관계를 표 3.1에 나타낸다.

▶표 3.1 10진수와 8421코드

10진수	8421코드	10진수	8421코드
0	0000	10	00010000
1	0001	11	00010001
2	0010	12	00010010
3	0011	13	00010011
4	0100	14	00010100
5	0101	15	00010101
6	0110	16	00010110
7	0111	17	00010111
8	1000	18	00011000
9	1001	19	00011001

8421코드의 한 자리는 4비트를 사용하고 있는데, 원래 4비트의 2진수는 0~15까지의 16개 상태를 나타내기 때문에 8421코드에서는 6개의 사용하지 않는 수(즉, 1010~1510)가 있게 된다.

또 8421코드의 각 비트의 자릿값은 MSD에서부터 차례로 8, 4, 2, 1로 되기 때문에 가중코드라 한다. 예를 들어, 10진 세 자리 8421코드의 자릿값은 그림 3.1과 같다.

또한 3초과 코드(excess-3 code)나 그레이 코드(gray code)도 2진수로 나타낸 코드이지만 각 비트에 자릿값이 없다는 점에서 8421코드와 구별된다.

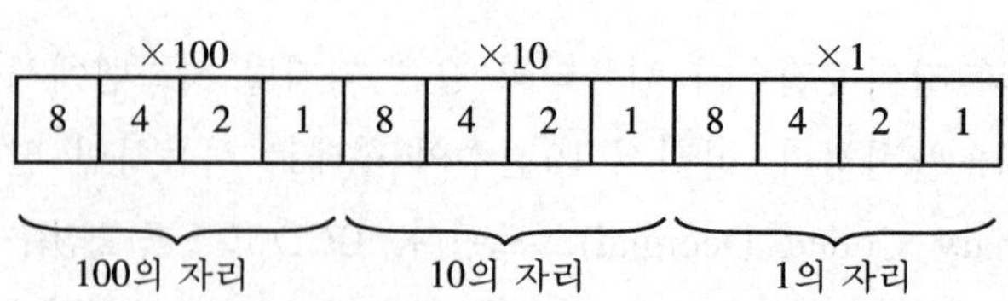

그림 3.1 10진 세 자리 8421코드 각 자리의 자릿값

예제 3.1 10진수 375를 8421코드로 변환시켜라.

풀이

$$\underbrace{0011}_{3}\ \underbrace{0111}_{7}\ \underbrace{0101}_{5} \Rightarrow 001101110101$$

■

1. 8421코드의 가산

8421코드에서의 연산방법에 대하여 알아보기로 하자. 8421코드에서의 연산은 2진수의 연산규칙을 사용하지 않는다. 예를 들어, 10진수 25와 47을 8421코드를 사용해서 더해 보자.

$$\begin{array}{r} 25_{10} \\ +\ 47_{10} \\ \hline 72_{10} \end{array} \Rightarrow \begin{array}{r} 0010\ \ 0101 \\ +\ 0100\ \ 0111 \\ \hline 0110\ \ 1100 \end{array} \Rightarrow 6 \quad 12 \ ?$$

답은 당연히 72_{10}로 되어야 하지만 8421코드의 연산 결과는 틀린 답이 나왔다. 이는 8421코드에서는 0000~1001까지의 조합만 사용하는데 1100과 같은 사용하지 않는 수가 존재하기 때문이다.

이와 같이 8421코드에서 사용하지 않는 1010~1111(10_{10}~15_{10})의 수가 가산 결과에 나타나면 상위자리로 자리올림이 생기도록 연산 결과를 보정(6_{10}을 더한다)해야 한다.

$$\begin{array}{r} 25_{10} \\ +\ 47_{10} \\ \hline 72_{10} \end{array} \Rightarrow \begin{array}{r} 0010\ \ 0101 \\ +\ 0100\ \ 0111 \\ \hline 0110\ \ 1100 \\ +\ 0000\ \ 0110 \\ \hline 0111\ \ 0010 \end{array} \begin{array}{l} \\ \\ \\ (\text{결과가 } 10_{10}\sim15_{10}\text{일 때 6을 더한다.}) \\ \Rightarrow 72_{10} \end{array}$$

답이 정확하게 72_{10}로 되었다. 그러면 다음에는 10진수 39와 57을 8421코드를 사용해서 더해 보자.

$$\begin{array}{r} 39_{10} \\ +\ 57_{10} \\ \hline 96_{10} \end{array} \Rightarrow \begin{array}{r} 0011\ \ 1001 \\ +\ 0101\ \ 0111 \\ \hline 1001\ \ 0000 \end{array} \Rightarrow 90 \ ?$$

역시 이 계산 결과도 잘못되었다. 이것은 8421코드 하위자리의 계산 결과가 자리올림이 생겨서 15_{10}를 넘기 때문에 이 경우도 6_{10}을 더하여 보정해야만 한다.

$$
\begin{array}{rcrl}
39_{10} & & 0011\ \ 1001 & \\
+\ 57_{10} & \Rightarrow & +\ 0101\ \ 0111 & \\
\hline
96_{10} & & 1001\ \ 0000 & \\
 & & +\ 0000\ \ 0110 & \text{(자리올림이 발생했을 때 6을 더한다.)} \\
\hline
 & & 1001\ \ 0110 & \Rightarrow 96_{10}
\end{array}
$$

이상과 같이 (1) 10_{10}~15_{10}일 때, (2) 15_{10}를 넘었을 때의 두 가지 경우에 대해서 보정이 요구되는데 이것을 10진 보정이라 한다.

2. 8421코드의 감산

8421코드에 의한 감산에 대하여 알아보자. 예를 들어, 43_{10}에서 29_{10}를 빼는 경우를 생각해 보자.

처음에 29_{10}의 10의 보수 01110001(=71_{10})을 구하여 이것을 43_{10}에 더하면 상위자리의 결과가 10을 넘으므로 6_{10}을 더한다. 이 최종 결과에서 자리올림이 발생하고 있으므로 답은 (+)값으로 판단할 수 있다.

$$
\begin{array}{rcrl}
43_{10} & & 0100\ \ 0011 & \\
-\ 29_{10} & \Rightarrow & +\ 0111\ \ 0001 & (29_{10}\text{의 10의 보수}) \\
\hline
14_{10} & & 1011\ \ 0100 & \\
 & & +\ 0110\qquad\ & \text{(상위자리에 6을 더한다.)} \\
\hline
 & & 10001\ \ 0100 & \Rightarrow 14_{10}\ \text{(답)} \\
 & & & \text{(자리올림이 발생했으므로 (+)값)}
\end{array}
$$

앞에서 설명한 바와 같이 8421코드에서의 덧셈은 그 덧셈 결과가 10_{10}보다 작으면 그대로 2진수의 덧셈과 같으며, 자리올림을 포함해서 10_{10} 이상이면 2진수의 덧셈 결과에 0110_2, 즉 6_{10}을 더해 주어야 한다. 뺄셈은 2진수의 보수방법으로 덧셈을 수행하는데, 자리올림(carry)이 없으면 다시 10의 보수를 취하고, (−)부호를 붙인다.

다음에 29_{10}에서 43_{10}을 빼는 경우를 생각해 보자.

$$
\begin{array}{rcrl}
29_{10} & & 0010\ \ 1001 & \\
-\ 43_{10} & \Rightarrow & +\ 0101\ \ 0111 & \text{(43의 10의 보수)} \\
\hline
-\ 14_{10} & & 1000\ \ 0000 & \\
 & & +\qquad\ \ 0110 & \text{(하위자리에 6을 더한다.)} \\
\hline
 & & 1000\ \ 0110 & (14_{10}\text{의 10의 보수}) \\
 & & & \text{(자리올림이 없으므로 답은 (−)의 값)}
\end{array}
$$

으로 된다.

3.2 3초과 코드(excess-3 code)

앞에서 설명한 8421코드는 알기 쉽고 편리한 코드이지만, 보수를 만들기가 힘들다는 단점이 있다. 즉, 감산일 때는 우선 10의 보수를 만들 필요가 있고, 감산 결과가 음수인 경우에는 다시 보수를 구해야 크기를 알 수 있다. 이러한 문제를 해결하기 위해서 여러 가지 코드가 개발되었는데 그 중 하나가 3초과 코드이다.

이것은 8421코드에 $3_{10}=0011_2$을 더하여 구할 수 있으며, 3초과라는 이름은 8421코드보다 3만큼 크기 때문에 붙여진 이름이다. 예를 들어, 10진수 6은 8421코드로 0110_2이지만 여기에 0011_2을 더하면 3초과 코드인 1001_2로 되는 것을 알 수 있다. 표 3.2에 3초과 코드와 10진수와의 관계를 나타낸다.

표 3.2에서 알 수 있듯이 3초과 코드는 코드 자신의 각 비트를 반전시키면 쉽게 9의 보수를 얻을 수 있으므로 자기보수코드라 한다. 예를 들어, $1001_2(6_{10})$을 반전하면 $0110_2(3_{10})$이 되어 9의 보수가 된다는 것을 알 수 있다.

이처럼 보수를 간단히 구하기 위해서 고안된 것이 바로 3초과 코드이다. 그리고 3초과 코드는 비가중코드이며, 0000, 0001, 0010, 1101, 1110, 1111과 같이 사용되지 않는 6개 상태의 수가 존재한다. 따라서 만약, 이 코드를 사용하는 기기에 사용되지 않는 상태의 수가 나타나면 에러가 발생하게 된다.

▶표 3.2 3초과 코드

10진수	3초과 코드	9의 보수
0	0011	1100
1	0100	1011
2	0101	1010
3	0110	1001
4	0111	1000
5	1000	0111
6	1001	0110
7	1010	0101
8	1011	0100
9	1100	0011

예제 3.2 375_{10}, 926_{10}을 3초과 코드로 나타내어라.

풀이 10진수 각 자리에 3을 더한 후 4자리의 2진수로 변환한다.

3 7 5		
+ 3 3 3		
6 10 8	⇨	0110 1010 1000
9 2 6		
+ 3 3 3		
12 5 9	⇨	1100 0101 1001

■

3초과 코드의 가산법에 대하여 알아보자.

(1) 가산한 결과 자리올림이 없을 때 결과가 6초과 수가 되기 때문에 0011(3_{10})을 빼주어야 한다.

2	0101	(2의 3초과 코드)	43	0111 0110	(43의 3초과 코드)
+ 5	+ 1000	(5의 초과 코드)	+ 36	+ 0110 1001	(36의 3초과 코드)
	1101	(7의 6초과 코드)		1101 1111	(79의 6초과 코드)
	− 0011	(−3)		− 0011 − 0011	(−3)
	1010	(7의 3초과 코드)		1010 1100	(79의 3초과 코드)

(2) 가산한 결과 자리올림이 생기면 상위 자리에 더하고, 자리올림이 생긴 자리의 수에는 3을 더해 주어야 한다. 왜냐하면 8421코드로 되기 때문이다.

3	0110	(3의 3초과 코드)	36	0110 1001	(36의 3초과 코드)
+ 9	+ 1100	(9의 3초과 코드)	+ 29	+ 0101 1100	(29의 3초과 코드)
	1 0010	(12의 8421코드)		1100 0101	
	+ 0011 + 0011			− 0011 + 0011	
	0100 0101	(12의 3초과 코드)		1001 1000	(65의 3초과 코드)

3.3 그레이 코드(gray code)

그레이 코드는 비가중코드로서 일명 교번코드라고도 한다. 이 코드는 연산동작에는 부적당하지만 입·출력 정보를 나타내는 코드로 사용할 때 에러가 적기 때문에 A/D 변환기,

▶표 3.3 그레이 코드

10진수	그레이 코드	2진수
0	0000	0000
1	0001	0001
2	0011	0010
3	0010	0011
4	0110	0100
5	0111	0101
6	0101	0110
7	0100	0111
8	1100	1000
9	1101	1001
10	1111	1010
11	1110	1011
12	1010	1100
13	1011	1101
14	1001	1110
15	1000	1111

입출력장치, 기타 주변장치용 코드로 이용된다. 표 3.3은 10진수와 그레이 코드 및 2진수와의 관계를 나타낸 것이다.

표 3.3에서 알 수 있듯이 그레이 코드의 장점은 1비트 변화 코드, 즉 계속되는 수의 변화가 단지 1비트만 변화시켜주면 다른 비트들의 변화 없이 그 다음 수로 넘어가게 만든 코드이다.

예를 들면, 7_{10}에서 8_{10}로 넘어갈 때 2진수에서는 0111_2에서 1000_2으로 4비트가 모두 변화되어야 하지만, 그레이 코드에서는 0100에서 1100으로 1비트만 변화한다.

이와 같은 그레이 코드의 장점은 입·출력 정보를 나타내는 코드로 사용할 때 에러가 적다는 이점이 있다.

1. 2진수를 그레이 코드로 변환하는 방법

2진수를 그레이 코드로 변환하는 방법은 다음과 같다.

(1) 2진수의 MSD는 그대로 그레이 코드의 MSD로 된다.

(2) 2진수의 MSD와 다음 비트를 배타적 논리합(exclusive OR)하여, 그레이 코드의 다음 비트값으로 한다. 이와 같은 동작을 반복 수행한다.

예제 3.3 다음의 2진수를 그레이 코드로 변환하라.

(a) 1101　　　　　　(b) 1011010111

풀이

(a)
```
 ⊕⊕⊕
1 1 0 1    : 2진수
↓ ↓ ↓ ↓
1 0 1 1    : 그레이 코드
```

(b)
```
 ⊕⊕⊕⊕⊕⊕⊕⊕⊕
1 0 1 1 0 1 0 1 1 1    : 2진수
↓ ↓ ↓ ↓ ↓ ↓ ↓ ↓ ↓ ↓
1 1 1 0 1 1 1 1 0 0    : 그레이 코드
```
■

2. 그레이 코드를 2진수로 변환하는 방법

그레이 코드를 2진수로 변환하는 방법은 다음과 같다.

(1) 그레이 코드의 MSD는 그대로 2진수의 MSD로 된다.

(2) 2진수의 MSD와 그레이 코드의 두 번째 수를 배타적 논리합(exclusive OR)하여 그것을 2진수의 다음 비트값으로 한다. 이와 같은 동작을 반복 수행한다.

예제 3.4 다음의 그레이 코드를 2진수로 변환하라.

(a) 11010　　　　　　(b) 1011110101

풀이

(a)
```
1    1    0    1    0    : 그레이 코드
↓⊕↗↓⊕↗↓⊕↗↓⊕↗↓
1    0    0    1    1    : 2진수
```

(b)
```
1    0    1    1    1    1    0    1    0    1    : 그레이 코드
↓⊕↗↓⊕↗↓⊕↗↓⊕↗↓⊕↗↓⊕↗↓⊕↗↓⊕↗↓⊕↗↓
1    1    0    1    0    1    1    0    0    1    : 2진수
```
■

3.4 에러 검출 및 교정용 코드

1. 패리티 비트(parity bit)

디지털 시스템에서는 0과 1의 에러가 발생하였을 때 이것을 검출하기 위하여 패리티 비트를 사용하는데, 예를 들어 컴퓨터에서 자기테이프나 디스크로부터 정확한 정보를 판독(reading)하기 위해서 패리티 검출 코드를 사용한다.

패리티 비트에는 홀수 패리티와 짝수 패리티가 있으며, 짝수 패리티를 만들려면 한 코드 내의 1의 개수를 세어서 짝수이면 0, 홀수이면 1의 비트를 붙이고, 홀수 패리티를 만들려면 한 코드 내의 1의 개수가 홀수이면 0, 짝수이면 1의 비트를 추가한다.

예제 3.5 10진수 592를 8421코드로 바꾸고, 홀수 패리티 비트를 붙여라.

풀이

```
5     9     2         … 10진수
0101  1001  0010      … 8421코드
0101  1001  0010 0    … 홀수 패리티
                 ↑
            패리티 비트
```

■

2. 패리티 워드(parity word)

패리티 비트는 에러 검출에 사용되지만 한 워드 내에서 두 개 이상의 에러가 동시에 나왔을 때는 에러를 검출할 수가 없다. 자기테이프 등에서는 하나의 에러를 검출하여 정정할 수 있도록 패리티 비트 외에 패리티 워드를 사용한다. 하나의 워드는 패리티 비트까지 합하여 8개의 비트로 구성되고, 패리티 워드를 포함한 8개의 워드가 하나의 워드 그룹(word group)을 구성한다.

그러면 패리티 워드로 구성된 전송 데이터 블록의 구성도인 그림 3.2를 보고, 짝수 패리티에 의한 에러 검출방법에 대하여 알아보자.

송신측에서 에러가 발생하여 패리티 비트나 패리티 워드에서 1비트 에러가 발생하면 비트 에러 감지와 함께 수정을 할 수 있고, 또 동시에 2개의 비트 에러가 발생하면 비트 에러 감지만 가능하다. 그러나 그림 3.2와 같이 4개의 비트에서 동시에 에러가 발생하면 에러를 검출할 수 없게 된다.

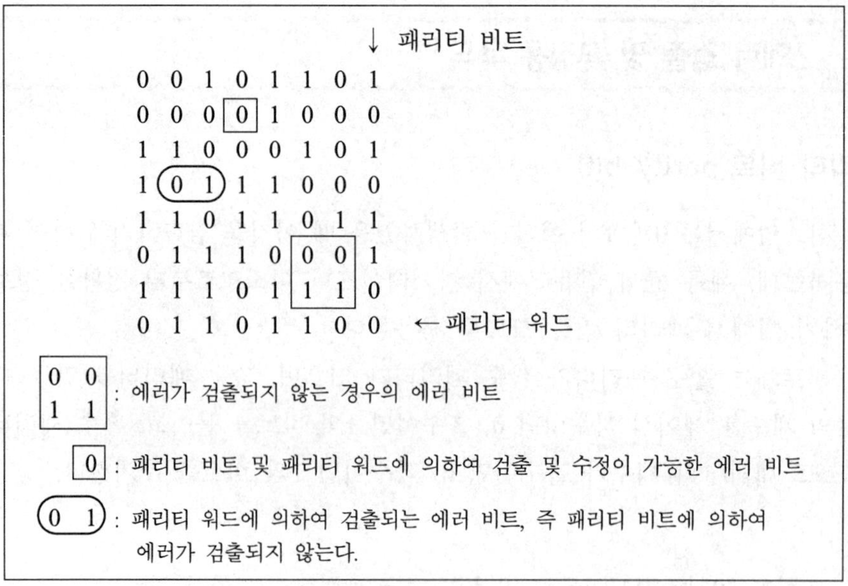

그림 3.2 짝수 패리티 비트와 짝수 패리티 워드에 의한 에러 검출

3.5 해밍 코드(Hamming code)

이 절에서는 에러 검출과 함께 교정을 할 수 있는 해밍 코드에 대하여 알아보기로 한다. 해밍 코드는 패리티 비트를 정보 비트의 개수에 따라 필요한 수만큼 사용하여 그 코드 그룹의 적당한 장소에 놓고, 이 패리티 비트의 조합에 의하여 에러 검출 및 교정을 수행하게 하는 코드이다.

1. 정보 비트가 4비트인 경우 해밍 코드 구성방법

정보 비트가 4비트인 경우 해밍 코드 구성방법에 대하여 알아보자. 우선 정보 비트가 4비트일 때 패리티 비트가 몇 개 필요한지를 구한다.

패리티 비트의 소요 개수를 p라 하고, 정보 비트의 개수를 n이라 하면 $n+p \leq 2^p-1$의 관계식을 만족해야 한다. 여기서, $n=4$이므로 $p=3$이어야 함을 알 수 있다. 따라서 $n=4$, $p=3$인 경우 해밍 코드는 $n+p=7$로부터 7비트로 구성되는데, 여기서 패리티 비트의 위치 선정은 2^p자리, 즉 1, 2, 4, 8 … 등에 대응되는 수의 자리에 놓이게 되므로 결국 해밍 코드화된 워드 구성은 표 3.4와 같이 된다.

▶표 3.4 해밍 코드 구성도

해밍 코드 비트 자리	H_1	H_2	H_3	H_4	H_5	H_6	H_7
비트 표시	P_1	P_2	D_1	P_4	D_2	D_3	D_4
2진수	001	010	011	100	101	110	111

표 3.4와 같이 구성된 해밍 코드는 짝수 패리티와 홀수 패리티로 구성할 수 있는데 가령 해밍 코드 짝수 패리티를 취한다고 할 때의 해밍 코드 구성 H_1, H_2, H_3, H_4, H_5, H_6, H_7에서 에러를 검사하기 위한 비트들을 선정하는 방법을 표 3.5에 나타내었다.

▶표 3.5 검사 비트와 에러 비트 선정표

패리티 비트 / 비트 자리	P_4	P_2	P_1	비트 검사에 의한 에러 비트 위치
0	0	0	0	에러 없음
1	0	0	1	비트 1 에러
2	0	1	0	비트 2 에러
3	0	1	1	비트 3 에러
4	1	0	0	비트 4 에러
5	1	0	1	비트 5 에러
6	1	1	0	비트 6 에러
7	1	1	1	비트 7 에러

표 3.5에서 보듯이 P_1 패리티 비트값 결정을 위한 검사 비트들은 H_1, H_3, H_5, H_7이고, P_2 패리티 비트에서는 H_2, H_3, H_6, H_7이며, P_4 패리티 비트에서는 H_4, H_5, H_6, H_7이 된다. 따라서 데이터 비트가 1111일 때 해밍 코드 구성은 P_1 P_2 1 P_4 111에서 비트 검사 방법에 따라 짝수 패리티이므로, P_1은 비트 자리 1, 3, 5, 7에서 P_1, 1, 1, 1이므로 P_1은 1이 되고, 마찬가지로 $P_2 = 1$, $P_4 = 1$이 된다. 따라서 데이터 1111에 대한 해밍 코드 결과는 1111111이 됨을 알 수 있다.

그리고 이 1111111 데이터를 전송해서 수신측에서 1111110을 받았다고 했을 때 수신측에서는 표 3.5와 같은 에러 검사방법에 따라 수행되는데 짝수 패리티가 되면 0(true), 그렇지 않으면 1(false)로 하여 다음과 같은 결과를 얻게 된다.

수신된 해밍 코드 : H_1 H_2 H_3 H_4 H_5 H_6 H_7

1 1 1 1 1 1 0 (짝수 패리티)

P_1 : 1 (false) (검사 비트 : 1, 3, 5, 7)

P_2 : 1 (false) (검사 비트 : 2, 3, 6, 7)

P_4 : 1 (false) (검사 비트 : 4, 5, 6, 7)

따라서 $P_4\ P_2\ P_1 = 111$임을 알 수 있고, 비트 에러 위치에 따라 주어진 가중값을 구하면 그 값에 따라 에러 발생 여부와 함께 에러 위치를 나타내게 된다.

즉,

$$\begin{aligned} P_4 P_2 P_1 &= 111 \\ &= 1\times 2^2 + 1\times 2^1 + 1\times 2^0 \\ &= 7 \end{aligned}$$

그러므로 7번째 비트가 에러임을 알 수 있고, 수신측에서 이 데이터를 수정하여 1111111로 받아들일 수 있게 된다. 이처럼 해밍 코드는 스스로 에러를 수정할 수 있으므로 에러 교정 코드(error correcting code)라고 한다. 앞에서 설명한 방법은 1비트의 에러를 검사하여 교정할 수 있는 코딩방법이지만, 이 방법은 2비트 이상의 에러 교정에도 확장·적용할 수 있고, 그런 경우에는 더 많은 여분의 패리티 비트가 소요된다.

예제 3.6 다음에 짝수 패리티로 구성된 해밍 코드를 수신하였더니 그 수신된 디짓이 1100010이었다. 에러가 발생하였는지 조사하고, 만일 에러가 있으면 이를 정정해서 나타내어라.

풀이 3개의 패리티 검사 비트 그룹으로 짝수 패리티를 검사하면

수신된 해밍 코드 : H_1 H_2 H_3 H_4 H_5 H_6 H_7

P_1 P_2 D_1 P_4 D_2 D_3 D_4

1 1 0 0 0 1 0

P_1 : 1 + 3 + 5 + 7 = 1 + 0 + 0 + 0 : 1

P_2 : 2 + 3 + 6 + 7 = 1 + 0 + 1 + 0 : 0

P_4 : 4 + 5 + 6 + 7 = 0 + 0 + 1 + 0 : 1

즉, $P_4\ P_2\ P_1 = 101_2$로 되어 비트 5가 에러이다. 그러므로 수정된 해밍 코드는 1100110이다. ■

2. 정보 비트가 5비트인 경우 해밍 코드 구성방법

정보 비트가 5비트인 경우 해밍 코드 구성방법을 예를 들어 알아보자.

예제 3.7 홀수 패리티를 사용하여 데이터 비트가 10110일 때 해밍 코드를 구성하라.

풀이 1) 요구되는 패리티 비트의 수를 결정한다.

$n+p \leqq 2^p-1$의 관계식을 만족해야 한다. 여기서 $n=5$이므로 $p=4$여야 함을 알 수 있다. 따라서 $n=5$, $p=4$인 경우 해밍 코드는 $n+p=9$이므로 9비트로 구성되는데 패리티 비트의 위치 선정은 2^p 자리, 즉 1, 2, 4, 8에 대응되는 수의 자리에 놓이게 된다.

▶ 해밍 코드의 구성도

해밍 코드의 비트 자리	H_1	H_2	H_3	H_4	H_5	H_6	H_7	H_8	H_9
비트 표시	P_1	P_2	D_1	P_4	D_2	D_3	D_4	P_8	D_5
2진수	0001	0010	0011	0100	0101	0110	0111	1000	1001
정보 비트			1		0	1	1		0
패리티 비트	1	0		1				1	

2) 다음과 같이 패리티 비트를 결정한다.

- P_1은 비트 자리 1, 3, 5, 7, 9를 점검하고, 이 그룹에서 1을 홀수개 갖도록 하기 위해서 1을 가져야만 한다.
- P_2는 비트 자리 2, 3, 6, 7을 점검하고, 이 그룹에서 1을 홀수개 갖도록 하기 위해서 0을 가져야만 한다.
- P_4는 비트 자리 4, 5, 6, 7을 점검하고, 이 그룹에서 1을 홀수개 갖도록 하기 위해서 1을 가져야만 한다.
- P_8은 비트 자리 8, 9를 점검하고, 이 그룹에서 1을 홀수개 갖도록 하기 위해서 1을 가져야만 한다.

따라서 데이터 10110에 대한 해밍 코드 결과는 101101110임을 알 수 있다. ■

예제 3.8 다음에 홀수 패리티로 구성된 해밍 코드를 수신하였더니 그 수신된 디짓이 101101010이었다. 에러가 발생하였는지 조사하고, 만일 에러가 있으면 이를 정정해서 나타내어라.

풀이 4개의 패리티 검사 비트 그룹으로 홀수 패리티를 검사하면

수신된 해밍 코드: $H_1\ H_2\ H_3\ H_4\ H_5\ H_6\ H_7\ H_8\ H_9$

$P_1\ P_2\ D_1\ P_4\ D_2\ D_3\ D_4\ P_8\ D_5$

1 0 1 1 0 1 0 1 0

$P_1 : 1+3+5+7+9 = 1+1+0+0+0 : 1$

$P_2 : 2+3+6+7 = 0+1+0+1 : 1$

$P_4 : 4+5+6+7 = 1+0+1+0 : 1$

$P_8 : 8+9 = 1+0 : 0$

즉, $P_8P_4P_2P_1 = 0111_2$로 되어 비트 7이 에러이므로 수정된 해밍 코드는 101101110이다.

■

3.6 기타 BCD코드

1. 다른 4비트 BCD코드

현재 많은 4비트 BCD코드가 알려져 있는데 표 3.6에 나타낸 코드는 모두 자릿값이 주어져 있는 가중코드(weighted code)로서 각각의 비트 위치에 따라 각기 그 코드명칭이 의미하는, 즉 그 명칭에 의해 주어진 자릿값을 가지고 있다.

표 3.6의 코드에서 사용하는 4비트 2진수에 대응하는 10진수값은 2진수에서 자리 위치에 대한 + 또는 −의 자릿값들로부터 구해진다. 예를 들어, 2*421코드에서 1111은 10진

▶표 3.6 weight를 가진 4비트 가중 BCD코드

10진수	5421코드	2*421코드	7421코드	$74\bar{2}\bar{1}$코드
0	0000	0000	0000	0000
1	0001	0001	0001	0111
2	0010	0010	0010	0110
3	0011	0011	0011	0101
4	0100	0100	0100	0100
5	1000	1011	0101	1010
6	1001	1100	0110	1001
7	1010	1101	1000	1000
8	1011	1110	1001	1111
9	1100	1111	1010	1110

수의 값으로는

$$1\times2+1\times4+1\times2+1\times1=9$$

가 되고, $74\bar{2}\,\bar{1}$코드에서 1111은 10진수의 값으로는

$$1\times7+4\times1+1\times(-2)+1\times(-1)=8$$

이 된다.

그리고 2*421코드는 3초과 코드와 같은 자기보수 코드이며, 동시에 자기반사 코드이다.

2. 5비트 BCD코드

BCD코드 중에는 단순히 앞에서 설명한 4비트 BCD코드에 패리티 비트를 부가해서 만든 5비트 BCD코드기 있는데 이 경우 여분의 패리티 비트가 비트 에러 검출의 특수기능을 담당한다. 즉, 5개의 비트 중 4개의 비트는 0~9까지의 10진 숫자를 2진화한 BCD코드이고, 나머지 비트가 에러 검출용으로 사용되는 것이다.

예를 들어, 8421 짝수 패리티 코드, 자체 코드 내에 짝수 패리티 기능을 가진 5 중 2(2 out of 5) 코드, 자기보수의 성질을 갖는 51111코드, 그리고 전자회로 구성이 용이한 시프트 카운터 코드(Johnson code) 등이 대표적인 5비트 BCD코드들이다.

이들에 대한 코드 구성도를 표 3.7에 나타내었다. 여기서 5 중 2코드는 비가중코드로서 각 10진수를 나타내는 데 5개의 비트 중 1의 개수를 단 2개씩만 사용하여 구성함으로써

▶표 3.7 5비트 비가중 BCD코드

10진수	5 중 2코드	51111코드	시프트 카운터 코드	8421 짝수 패리티
0	00011	00000	00000	00000
1	00101	00001	00001	00011
2	00110	00011	00011	00101
3	01001	00111	00111	00110
4	01010	01111	01111	01001
5	01100	10000	11111	01010
6	10001	11000	11110	01100
7	10010	11100	11100	01111
8	10100	11110	11000	10001
9	11000	11111	10000	10010

에러 검출이 용이한 특징이 있다. 그리고 51111코드는 가중코드로서 10진수 0~4까지는 1의 개수가 오른쪽에서 왼쪽으로 하나씩 증가하다가 5~9까지는 1의 개수가 왼쪽에서 오른쪽으로 하나씩 증가함을 알 수 있다.

또한 Johnson 코드는 비가중코드로서 0~5까지는 1이 오른쪽에서 왼쪽으로 하나씩 증가하다가 6~9까지는 0이 오른쪽에서 왼쪽으로 하나씩 증가함을 알 수 있다.

3. 5비트보다 큰 코드

10진수 0에서 9까지를 2진화하기 위해서 필요한 4비트 외에 여분의 비트를 더하면 그 코드군에 대한 에러가 쉽게 검출되고, 또 동작이 용이하게 되는 코드의 특징이 생겨난다.

이러한 코드의 예로서 2-5진(biquinary) 코드와 ring 카운터 코드가 있다. biquinary 코드의 bi는 2를 의미하고, quinary는 5를 의미한다. 이 코드는 7개의 비트로 되어 있는데 그 비트 중에서 1의 개수는 2개로 되어 있다. 즉, 각 코드 그룹당 1의 개수는 1개이다.

이 코드는 위치가 나타내는 값에 의한 자릿값을 가지고 있으므로 이 코드를 5043210코드라고 부르기도 한다. 각 코드의 그룹에 1을 가지는 비트가 꼭 2개 있기 때문에 에러 검출이 가능하다. 예를 들어, 각 코드의 그룹에서 1의 개수가 2개보다 많으면 에러가 검출된다.

그리고 이 코드에서는 10진수 0이 전송되어도 그 0을 나타내는 코드의 그룹에서 각각 1의 비트가 2개 존재한다.

링(ring) 카운터 코드의 장점은 전자회로를 사용하여 해독하는 것이 매우 쉽다는 것이다. 표 3.8을 보면 10비트의 각 코드 그룹 중에서 1을 갖는 비트는 단 1개가 있을 뿐이므로

▶표 3.8 biquinary와 링 카운터 코드

10진수	biquinary 5043210	링 카운터 9876543210
0	0100001	0000000001
1	0100010	0000000010
2	0100100	0000000100
3	0101000	0000001000
4	0110000	0000010000
5	1000001	0000100000
6	1000010	0001000000
7	1000100	0010000000
8	1001000	0100000000
9	1010000	1000000000

이 코드에서 10진수로 변화시킬 경우에는 오른쪽 끝자리로부터 왼쪽으로 오면서 자릿값을 0, 1, 2, …, 9로 주어진 1의 비트값을 구하면 된다.

링 카운터 회로는 전자적으로 ring 모양의 폐쇄회로 중에서 1의 비트를 한 번씩 자리 이동시키고 있다. 따라서 1의 비트가 제일 왼쪽 끝에 온 후에는 다음 카운트(count)는 1의 비트를 0의 자리로 돌려서 0에서 9까지의 카운트를 반복한다. 이 코드는 10개의 자리 위치를 필요로 하지만 이것은 코드에서 에러 검출과 코드를 만들기 위한 전자회로의 구성이 용이한 장점이 있다.

예제 3.9 10진수 285를 다음 코드로 나타내어라.

(a) 2 out of 5 코드
(b) 51111코드
(c) Johnson 코드

풀이 (a) $(285)_{10}$ = 00110 10100 01100
(b) $(285)_{10}$ = 00011 11110 10000
(c) $(285)_{10}$ = 00011 11000 11111 ■

3.7 영문자 숫자 코드

지금까지 10진 숫자를 2진화하는 BCD코드의 여러 가지 방법에 대하여 공부하였다. 그러나 정보는 숫자 외에 문자나 기호 등도 포함되기 때문에 이런 모든 정보를 함께 나타내는 코드를 영문자 숫자(alphanumeric) 코드라 한다. 이들 중 널리 이용되고 있는 코드에는 ASCII(American Standard Code for Information Interchange)코드가 있으며, 이것은 컴퓨터 시스템의 입출력 장치에 사용되는 표준 코드로 되어 있다. 이 코드는 7개의 비트로 구성되는데 표 3.9와 같이 10진수는 011을 앞에 먼저 놓고, 이후 4개의 비트가 BCD코드로 나타내어진다. 예를 들어, 숫자 9는 0111001이 된다. 그리고 문자 A는 1000001이 된다. 또다른 코드로는 EBCDIC(Extended Binary Coded Decimal Interchange Code)코드가 사용되고 있는데, 이 코드는 표 3.10과 같이 확장된 2진 부호화 10진 코드의 형태를 가지며 영문자, 숫자에 대한 코드의 그룹 분류가 ASCII코드와는 다른 형식을 취하고 있는데 이러한 EBCDIC코드 형식의 예는 다음과 같다. 즉, 11000110은 영문자 F를 나타낸다.

▶표 3.9 ASCII코드

MSD / LSD	0 000	1 001	2 010	3 011	4 100	5 101	6 110	7 111
0 0000	NUL	DLE	SP	0	@	P	‘	p
1 0001	SOH	DC1	!	1	A	Q	a	q
2 0010	STX	DC2	”	2	B	R	b	r
3 0011	ETX	DC3	#	3	C	S	c	s
4 0100	EOT	DC4	$	4	D	T	d	t
5 0101	END	NAK	%	5	E	U	e	u
6 0110	ACK	SYN	&	6	F	V	f	v
7 0111	BEL	ETB	’	7	G	W	g	w
8 1000	BS	CAN	(	8	H	X	h	x
9 1001	HT	EM	)	9	I	Y	i	y
A 1010	LF	SUB	*	:	J	Z	j	z
B 1011	VT	ESC	+	;	K	[	k	{
C 1100	FF	FS	,	<	L	\	l		
D 1101	CR	GS	—	=	M	]	m	}
E 1110	SO	RS	·	>	N	∧	n	~
F 1111	SI	US	/	?	O	—	o	DEL

Control Characters		
NUL NULL	FF Form feed	ETB End of transmission block
SOH Start of heading	CR Carriage return	
STX Start of text	SO Shift out	CAN Cancel
ETX End of text	SI Shift in	EM End of medium
EOT End of transmission	SP Space	SUB Substitute
ENQ Enquiry	DLE Data link escape	ESC Escape
ACK Acknowledge	DC1 Device control 1	FS File separator
BEL Bell	DC2 Device control 2	GS Group separator
BS Backspace	DC3 Device control 3	RS Record separator
HT Horizontal tab	DC4 Device control 4	US Unit separator
LF Line feed	NAK Negative acknowledge	DEL Delete
VT Vertical tab	SYN Synchronous idle	

▶표 3.10 EBCDIC코드

2진수	16진수	알파뉴메릭 캐 릭 터	2진수	16진수	알파뉴메릭 캐 릭 터
1000 0001	81	a	· ·	·	·
1000 0010	82	b	· ·	·	·
1000 0011	83	c	· ·	·	·
1000 0100	84	d	1101 0000	D0	·
1000 0101	85	e	1101 0001	D1	J
1000 0110	86	f	1101 0010	D2	K
1000 0111	87	g	1101 0011	D3	L
1000 1000	88	h	1101 0100	D4	M
1000 1001	89	i	1101 0101	D5	N
· ·	·	·	1101 0110	D6	O
1001 0111	97	p	1101 0111	D7	P
1001 1000	98	q	1101 1000	D8	Q
1001 1001	99	r	1101 1001	D9	R
· ·	·	·	1110 0010	E2	S
1010 0000	A0		1110 0011	E3	T
1010 0001	A1		1110 0100	E4	U
1010 0010	A2	s	1110 0101	E5	V
1010 0011	A3	t	1110 0110	E6	W
1010 0100	A4	u	1110 0111	E7	X
1010 0101	A5	v	1110 1000	E8	Y
1010 0110	A6	w	1110 1001	E9	Z
· ·	·	·	· ·	·	·
· ·	·	·	· ·	·	·
1100 0000	C0		· ·	·	·
1100 0001	C1	A	1111 0000	F0	0
1100 0010	C2	B	1111 0001	F1	1
1100 0011	C3	C	1111 0010	F2	2
1100 0100	C4	D	1111 0011	F3	3
1100 0101	C5	E	1111 0100	F4	4
1100 0110	C6	F	1111 0101	F5	5
1100 0111	C7	G	1111 0110	F6	6
1100 1000	C8	H	1111 0111	F7	7
1100 1001	C9	I	1111 1000	F8	8
· ·	·	·	1111 1001	F9	9
· ·	·	·	· ·	·	·
· ·	·	·	· ·	·	·
			· ·	·	·

연습문제

1. 다음의 10진수를 8421코드로 변환하라.

① 945 ② 376

③ 19.47 ④ 218.167

2. 다음의 8421코드를 10진수로 변환하라.

① 01101001 ② 100000101001

③ 1001.011 ④ 00010110.00101001

3. 8421코드를 사용하여 더하라.

① $25_{10}+63_{10}$ ② $82_{10}+47_{10}$

③ $39_{10}+47_{10}$ ④ $76_{10}+98_{10}$

4. 8421코드의 빼기를 10의 보수를 사용하여 구하라.

① $89_{10}-47_{10}$ ② $174_{10}-189_{10}$

③ $36_{10}-94_{10}$ ④ $215_{10}-194_{10}$

5. 다음의 10진수를 3초과 수로 변환하라.

① 25 ② 937

③ 0.416 ④ 36.83

6. 다음의 3초과 수를 10진수로 변환하라.

① 11000110 ② 100001001011

③ 101100110110 ④ 1011.11001001

7. 10진수를 3초과 수로 변환하여 그 합을 구하라.

① 15+20 ② 95+47

③ 326+724 ④ 107+294

8. 2진수를 그레이 코드로 변환하라.

① 10101 ② 100001

③ 1101101 ④ 1011011

9. 그레이 코드를 2진수로 변환하라.

① 11111 ② 100000

③ 1010101 ④ 10011101

10. 다음의 각 바이트에 짝수 패리티를 붙여라.

① 10110011 ② 01110111

③ 11010101 ④ 00100110

11. 잘못된 비트를 찾아내어라.

①	②
01111001	01111110
00000111	10100101
10001111	10001110
01101110	00010010
00111001	10110101
01011000	10010101
11110001	01110010
11111000	00010111

12. 다음의 코드에서 에러를 검출하여 교정하라. 각 코드는 정보 비트와 짝수 패리티 비트를 포함하고 있다.

① 1101000 ② 0001101

③ 1100000 ④ 0010000

⑤ 1100010 ⑥ 1011110

13. 다음의 코드에서 에러를 검출하여 교정하라. 각 코드는 정보 비트와 홀수 패리티 비트를 포함하고 있다.

① 101100010 ② 011001010

③ 100010101 ④ 110110101

14. 다음의 5421코드를 10진수로 변환하라.

① 101101000011 ② 110010011000

15. 다음의 2*421코드를 10진수로 변환하라.

① 111110110011 ② 111000101100

16. 다음의 $74\bar{2}\bar{1}$코드를 10진수로 변환하라.

① 111110000101 ② 011101001001

17. 10진수 724를 다음의 코드 형태로 변환하라.

① 2 out of 5 ② 51111코드

18. 다음의 ASCII 코드를 디코딩하라.

1010011 1010100 1010101 1000100 1011001 0100000

1000100 1001001 1000111 1001001 1010100 1000001 1001100

19. 문제 18의 메시지를 16진수로 표현하라.

20. 다음의 컴퓨터 프로그램 문을 ASCII 코드로 표현하라.

10 INPUT X, Y

Digital Engineering

4장 불대수와 논리게이트

불대수는 1847년 영국의 수학자 불(G. Boole)이 〈논리와 확률의 수학적 이론의 기초가 되는 사상법칙의 연구〉라는 논문에서 제시한 용어로서 논리대수의 의미를 내포하고 있다.

불대수 응용에 의한 디지털 논리회로의 해석과 설계는 1938년 섀넌(C. Shannon)의 〈릴레이와 스위치 회로의 기호적 해석〉이란 연구논문을 통하여 릴레이와 스위치로 구성된 회로는 어떤 회로라도 수학적 표현으로 나타낼 수 있음을 보여주었다.

이 장에서는 이러한 불대수의 공리 및 이에 수반되는 각종 정리에 대해서 설명하고, 이를 이용한 불대수식의 간소화 방법에 대하여 기술한다. 그리고 불대수식, 즉 불함수의 간소화 방법에는 여러 가지가 있지만 이 장에서는 진리표나 스위치 회로에 의한 간소화 방법, 불대수의 각종 정리를 이용한 수식적 표기에 의한 불함수의 간소화 방법 및 게이트 IC에 대하여 설명한다.

4.1 불대수의 연산

불대수는 어떤 집합영역 안에 연산자가 열려 있고, 닫혀 있는 상태 그리고 식에 대해서 항등원이며, 교환, 분배, 결합법칙 등의 가설을 토대로 구성된 논리대수이다. 우리가 일상 사용하는 어떤 수학적 해석을 위한 대수방정식, 예를 들어 $2x+5y=z$에서 변수 x, y, z의 값을 구할 때 그 변수의 집합영역, 즉 정수, 실수, 복소수 등을 고려하여 해석을 하게 되지만 불대수식 $A+B=C$에서는 변수 A, B, C가 수학적으로 처리 가능한 논리적 기능을 갖는 스위칭대수 영역의 집합이라는 특이한 성격을 갖고 있으므로 단순히 2개의 논리값인 「0」, 「1」을 가지고 해석하게 된다. 이러한 논리사고 개념은 불대수 연산의 정의에 그대로 적용된다.

1. 불대수의 덧셈

불 덧셈기호(+)를 이용한 논리합 $X+Y=Z$라는 불대수식에서 입력변수 X, Y는 「0」 또는 「1」의 값 중 어느 하나의 값만을 가지며, 그 출력변수 Z도 「0」 또는 「1」의 값을 가지므로 논리변수 X, Y, Z의 논리합에 따른 관계식에서 다음의 공리가 성립함을 알 수 있다.

$$X+Y=Z$$

$$\left.\begin{aligned} &(1)\ 0+0=0 \\ &(2)\ 0+1=1 \\ &(3)\ 1+0=1 \\ &(4)\ 1+1=1 \end{aligned}\right\} \tag{4.1}$$

식 (4.1)의 (1)~(3)까지는 통상 2진수의 덧셈 결과와 같지만 (4)는 그 결과가 틀림을 알 수 있다. 이것을 스위치회로로 나타내면 그 차이점을 확연하게 알 수 있고, 이것을 그림 4.1에 나타내었다. 스위치회로에서 스위치 변수 X, Y의 상태를 기호 「0」은 스위치 개방, 기호 「1」은 스위치 단락의 2진 상태로 하고, 출력회로인 램프 변수 Z의 상태는 기호 「0」은 불꺼짐, 기호 「1」은 불켜짐으로 가정하고 회로를 구성하면 논리합은 스위치회로에서 병렬회로가 됨을 알 수 있고, 식 (4.1)의 (4)가 성립됨을 알 수 있다.

따라서 불대수식 $X+Y=Z$는 「X plus Y equal Z」라고 읽지 않고, 「X OR Y equal Z」라고 읽으며, 불대수에서의 논리합은 논리적 OR함수가 된다. 그리고 이러한 개념을 부각시키기 위하여 논리합(+) 기호 대신 집합론에서 사용되는 ∪, ∨ 등으로 표현하기도 한다.

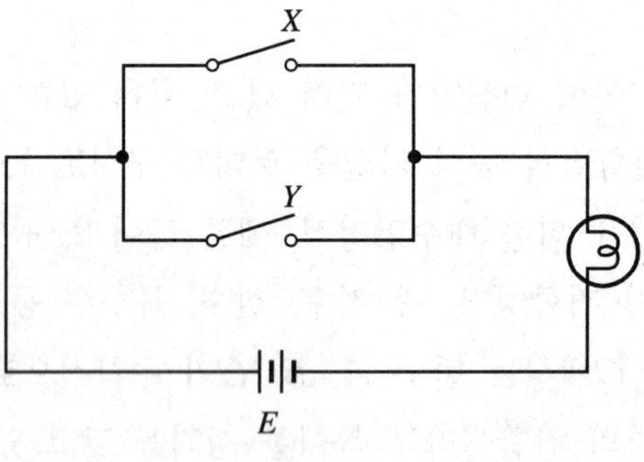

그림 4.1 논리합의 스위치회로

2. 불대수의 곱셈

불 곱셈기호(·)를 이용한 논리곱 $X \cdot Y = Z$라는 불대수식에서 논리변수 X, Y, Z의 수치영역 또한 논리합과 같으므로 논리곱에 따른 관계식에서도 다음의 공리가 성립함을 알 수 있다.

$$X \cdot Y = Z$$

$$\left.\begin{array}{l} (1)\ 0 \cdot 0 = 0 \\ (2)\ 0 \cdot 1 = 0 \\ (3)\ 1 \cdot 0 = 0 \\ (4)\ 1 \cdot 1 = 1 \end{array}\right\} \qquad (4.2)$$

식 (4.2)를 살펴보면 2진수의 곱셈과 같다. 이것을 스위치회로로 나타내면 그림 4.2와 같이 직렬회로가 됨을 알 수 있고, 식 (4.2)가 성립됨을 알 수 있다.

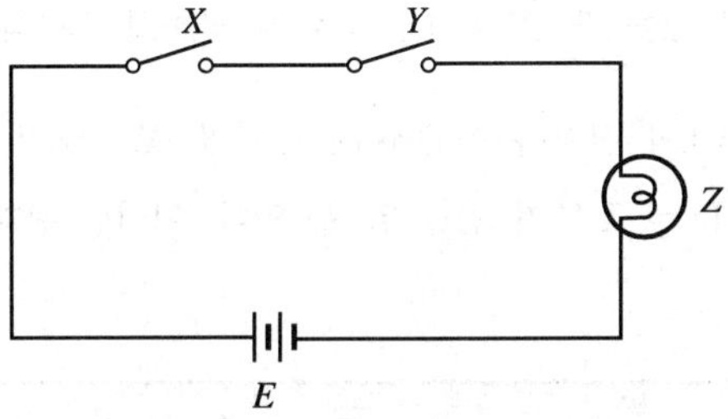

그림 4.2 논리곱의 스위치회로

그리고 불대수식 $X \cdot Y = Z$는 논리곱이지 통상의 대수적인 곱셈이 아니므로 「X AND Y equal Z」라고 읽고, 이를 논리적 AND함수라 한다. 그리고 이러한 개념을 부각시키기 위하여 논리곱(·) 대신 집합론에서 사용되는 ∩, ∧ 등으로 표현하기도 한다. 흔히 변수 간의 논리곱에는 기호(·)를 사용하지 않는다.

3. 불대수의 부정

어떤 변수 X의 보수 역시 1 또는 0값 중 하나의 값만을 갖는 특수한 성질을 가지므로 다음의 공리가 성립하며, 보수값에는 변수 위에 bar (¯)를 붙여서 나타낸다.

$$\overline{X} = Y$$

$$\left.\begin{array}{l} (1)\ \overline{0} = 1 \\ (2)\ \overline{1} = 0 \end{array}\right\} \qquad (4.3)$$

예제 4.1 논리변수 X, Y가 있을 때 $\overline{X}$, $\overline{Y}$를 구하고, 이 결과를 이용하여 $\overline{X}+\overline{Y}$와 $Y(\overline{X}+\overline{Y})$의 값을 구하라.

풀이 X와 Y의 모든 조합은 네 가지 상태가 있다. 이들 각각에 대하여 $\overline{X}$와 $\overline{Y}$를 구한 후, 논리합과 논리곱의 공리인 식 (4.1)과 (4.2)를 이용하여 구하면 표 4.1과 같이 된다.

▶표 4.1

X	Y	$\overline{X}$	$\overline{Y}$	$\overline{X}+\overline{Y}$	$Y(\overline{X}+\overline{Y})$
0	0	1	1	1	0
0	1	1	0	1	1
1	0	0	1	1	0
1	1	0	0	0	0

■

예제 4.2 논리변수 X, Y가 있을 때 $\overline{X}+\overline{Y}$, $\overline{XY}$를 구하고, 2개의 결과가 같은 것을 확인하라.

풀이 $\overline{X}+\overline{Y}$는 예제 4.1의 결과를 이용하고, 논리곱 $X \cdot Y$의 보수 $\overline{XY}$는 표 4.2와 같이 구해지므로 $\overline{X}+\overline{Y}=\overline{XY}$가 됨을 알 수 있다. 이러한 관계식을 De-Morgan정리라 한다.

▶표 4.2

X	Y	$\overline{X}+\overline{Y}$	XY	$\overline{XY}$
0	0	1	0	1
0	1	1	0	1
1	0	1	0	1
1	1	0	1	0

■

4.2 불대수의 정리

앞에서 설명한 불대수의 공리로부터 얻어지는 기존 정리들을 표 4.3에 나타내었다. 표 4.3에 있는 기본 정리들은 직접 논리변수에 「1」 또는 「0」을 대입하거나, 각각의 논리변수 상태에 따른 출력 결과를 나타내는 진리표를 작성하거나, 집합론에서 사용되는 Venn diagram으로 간단히 증명할 수 있다.

▶표 4.3 불대수의 법칙과 정리

ㄱ) 교환법칙	
1) $X+Y=Y+X$	2) $X \cdot Y=Y \cdot X$
ㄴ) 결합법칙	
3) $(X+Y)+Z=X+(Y+Z)$	4) $(X \cdot Y) \cdot Z=X \cdot (Y \cdot Z)$
ㄷ) 분배법칙	
5) $X(Y+Z)=XY+XZ$	6) $X+YZ=(X+Y) \cdot (X+Z)$
ㄹ) 동일의 법칙 또는 일치성의 법칙	
7) $X+X=X$	8) $X \cdot X=X$
ㅁ) 흡수법칙	
9) $X+(X \cdot Y)=X$	10) $X \cdot (X+Y)=X$
11) $0+X=X$	12) $1 \cdot X=X$
13) $1+X=1$	14) $0 \cdot X=0$
15) $(X+\overline{Y}) \cdot Y=XY$	16) $X\overline{Y}+Y=X+Y$
ㅂ) 부정의 법칙	
17) $(\overline{X})=\overline{X}$	
ㅅ) 대합성의 법칙	
18) $(\overline{\overline{X}})=X$	
ㅇ) 보수성의 법칙	
19) $X+\overline{X}=1$	20) $X \cdot \overline{X}=0$
ㅈ) 드 모르간의 정리	
21) $\overline{X+Y}=\overline{X} \cdot \overline{Y}$	22) $\overline{X \cdot Y}=\overline{X}+\overline{Y}$

예를 들어, 흡수법칙의 정리 $1+X=1$에서 $X=1$이면 $1+1=1$, $X=0$이면 $1+0=1$이 되므로 $1+X=1$임을 알 수 있다.

예제 4.3 $(X+Y)(X+Z)=X+YZ$로 되는 것을 증명하라.

풀이 $(X+Y)(X+Z)=XX+XZ+XY+YZ$ ⋯⋯ 분배법칙

$=X+XZ+XY+YZ$ ⋯⋯ 정리(8)

$=X+XY+XZ+YZ$ ⋯⋯ 정리(1)

$=X(1+Y)+Z(X+Y)$ ⋯⋯ 정리(5)

$=X+Z(X+Y)$ ⋯⋯ 정리(13), (12)

$=X+ZX+ZY$ ⋯⋯ 정리(5)

$$= X(1+Z) + YZ \cdots\cdots \text{정리(13), (12)}$$
$$= X + YZ \cdots\cdots \text{정리(13), (12), (2)} \quad ■$$

예제 4.4 $XY + \overline{Y}Z + XZ = XY + \overline{Y}Z$로 되는 것을 증명하라.

풀이 우변을 변형하여 좌변과 같이 되면 증명되는 것이다.

$$XY + \overline{Y}Z = XY(1+Z) + \overline{Y}Z(1+X) \cdots\cdots \text{정리(13), (12)}$$
$$= XY + XYZ + \overline{Y}Z + X\overline{Y}Z \cdots\cdots \text{정리(1)}$$
$$= XY + \overline{Y}Z + XZ(Y + \overline{Y}) \cdots\cdots \text{정리(5)}$$
$$= XY + \overline{Y}Z + XZ \quad ■$$

1. 쌍대(duality)관계

표 4.3에 제시한 정리들의 좌, 우에 있는 불대수식을 잘 살펴보면 표 4.4와 같은 관계가 성립하는데 이때 좌, 우의 불대수식 사이에는 쌍대관계가 있다고 하며, 좌측에 있는 불대수식을 우측에 있는 불대수식의 쌍대라 한다.

즉, 쌍대란 불대수식에서 0과 1 그리고 +와 ·를 동시에 교환한 식은 반드시 성립한다는 것이다.

▶**표 4.4** 쌍대관계

모든 불대수식에서 1) 모든 ·를 +로 변환 2) 모든 +를 ·로 변환 3) 모든 1을 0으로 변환 4) 모든 0을 1로 변환 5) 각 논리변수는 그대로 둔다.

예를 들어, 표 4.3에서 제시한 정리 $1+X=1$의 쌍대는 $0 \cdot X = 0$이 됨을 알 수 있다. 이것을 일반화된 형태로 나타내면

$$[f(X_1, X_2, \cdots, X_n, 1, 0, +, \cdot)]^D = f(X_1, X_2, \cdots, X_n, 0, 1, \cdot, +)$$

와 같이 된다.

2. 드 모르간(De Morgan)의 정리

드 모르간의 정리는 논리학자이며 수학자인 드 모르간이 제안한 정리로, 앞에서 설명한 쌍대관계에 부정의 개념을 조합시켜 불대수식 사이에 논리합과 논리곱의 상호 교환이 가능하도록 한 정리로서 불대수식의 부정을 간단하게 구할 수 있다.

또한 논리회로 구성 시 매우 중요한 '불대수식의 간소화나 변환' 등에 많이 이용되는 정리로서 섀넌에 의해 표 4.5와 같이 일반화된 정리로 정착하게 되었다. 이를 간단히 설명하면 논리합으로 구성된 불대수식의 부정은 각각의 논리변수를 부정한 변수의 논리곱과 같고, 논리곱으로 구성된 불대수식의 부정은 각각의 논리변수를 부정한 변수의 논리합과 같다는 것이다.

▶**표 4.5** 일반화된 드 모르간의 정리

불대수식에서 그 부정의 불대수식은
1) 모든 ·를 +로 변환
2) 모든 +를 ·로 변환
3) 모든 1을 0으로 변환
4) 모든 0을 1로 변환
5) 각 논리변수의 부정을 취한다.

예를 들어, 불대수식 $(1 \cdot X + \overline{Y} \cdot Z)$의 부정은

$$\begin{aligned}\overline{1 \cdot X + \overline{Y} \cdot Z} &= (0 + \overline{X}) \cdot (\overline{\overline{Y}} + \overline{Z}) \\ &= (0 + \overline{X}) \cdot (Y + \overline{Z})\end{aligned}$$

가 된다.

이것을 일반화된 형태로 표현하면,

$$\overline{f(X_1, X_2, \cdots, X_n, 0, 1, +, \ \cdot\ )} = f(\overline{X}_1, \overline{X}_2, \cdots, \overline{X}_n, 1, 0, \ \cdot\ , +)$$

와 같이 된다.

예제 4.5 불대수식 $\overline{W}X + Y\overline{Z}$의 부정을 구하라.

풀이 1) 우선 +를 ·로, ·를 +로 바꾼다.

$$(\overline{W} + X) \cdot (Y + \overline{Z})$$

2) 다음에 각 변수의 부정을 취한다.

$(\overline{\overline{W}}+\overline{X})\cdot(\overline{Y}+\overline{\overline{Z}})$

결국, $(W+\overline{X})\cdot(\overline{Y}+Z)$가 된다. ■

예제 4.6 불대수식 $(\overline{A}+\overline{B}+\overline{C})\cdot(\overline{A}+B+\overline{C})$의 부정을 구하라.

풀이 1) 우선 +를 ·로, ·를 +로 바꾼다.

$(\overline{A}\cdot\overline{B}\cdot\overline{C})+(\overline{A}\cdot B\cdot\overline{C})$

2) 다음에 각 변수의 부정을 취한다.

$(\overline{\overline{A}}\cdot\overline{\overline{B}}\cdot\overline{\overline{C}})+(\overline{\overline{A}}\cdot\overline{B}\cdot\overline{\overline{C}})$

결국, $A\cdot B\cdot C+A\cdot\overline{B}\cdot C$가 된다. ■

3. 컨센서스(consensus) 정리

이 정리는 앞의 정리와 함께 불대수식을 간소화하는 데 매우 유용한 정리로서 그 개념은 어떤 불대수식이 주어졌을 때 그 대수식 내의 두 개 항에서 어떤 변수가 한 항에는 그 변수로, 다른 항에는 그 변수의 보수 형태로 주어졌을 경우, 그 두 개의 항에서 그 변수와 그 변수의 보수를 제거한 후 그 두 개의 항에서 남은 변수들을 곱해서 생긴 항을 컨센서스항이라 하며, 이러한 항이 불대수식에 존재하면 제거할 수 있다는 것이다.

예를 들어, $\overline{x}y$와 xz의 컨센서스항은 yz가 되고, abd와 $\overline{b}d\overline{e}$의 컨센서스항은 $(ad)(d\overline{e})=ad\overline{e}$가 된다는 것이다. 이러한 컨센서스 정리를 불대수의 기본 정리를 이용하여 증명하여 보자.

예를 들어, 불대수식 $XY+\overline{X}Z+YZ$는 컨센서스 정리로부터 $XY+\overline{X}Z$가 되고, 이를 불대수의 기본 정리를 이용하여 증명하면

$$
\begin{aligned}
XY+\overline{X}Z+YZ &= XY+\overline{X}Z+(X+\overline{X})YZ \\
&= (XY+XYZ)+(\overline{X}Z+\overline{X}YZ) \\
&= XY(1+Z)+\overline{X}Z(1+Y) \\
&= XY+\overline{X}Z
\end{aligned}
$$

가 되어 컨센서스 정리가 성립됨을 알 수 있다.

위의 예에서처럼 컨센서스 정리는 불대수식에서 중복된 항을 제거하기 위하여 사용된다.

이러한 컨센서스 정리에 쌍대의 관계를 적용하면 위의 예에서 증명한 대수식은

$$(X+Y)(\overline{X}+Z)(Y+Z)=(X+Y)(\overline{X}+Z)$$

의 형태가 되므로, 이로부터 다음과 같은 설명이 가능하다. 즉, 먼저 하나의 변수가 포함된 항과 이 변수의 보수가 포함된 항을 대수식으로부터 찾아서, 그 변수와 그 변수의 보수를 항들로부터 제거한다. 그리고 두 개 항의 나머지 변수를 합해서 생긴 항이 바로 컨센서스항이 되고, 그 항은 제거가 가능하다는 것이다. 예를 들어, 불대수식 $(a+b+\overline{c})(a+b+\overline{d})(b+c+\overline{d})$에서 변수 c와 보수 $\overline{c}$가 두 개의 항에 존재하므로 그 나머지 변수로 이루어진 항, 즉 $(a+b)+(b+\overline{d})=a+b+\overline{d}$는 컨센서스항이 되므로 위 대수식은 $(a+b+\overline{c})(b+c+\overline{d})$가 된다.

그런데 다음 예제 4.7의 경우처럼 불대수식에 컨센서스 정리를 적용해서 얻어지는 결과가 항들이 제거되는 순서에 따라 달라질 수도 있다는 것이다.

예제 4.7 다음의 불대수식 $\overline{A}\,\overline{C}D+\overline{A}BD+BCD+ABC+AC\overline{D}$를 간소화시켜라.

풀이 먼저 $\overline{A}BD$와 ABC의 컨센서스항은 $BD\cdot BC=BCD$가 되므로, 이것을 함수로부터 제거한다. 그런 다음 나머지 항들에서는 컨센서스항이 없으므로, $\overline{A}\,\overline{C}D+\overline{A}BD+ABC+AC\overline{D}$가 된다.

그러나 이번에는 먼저 $\overline{A}\,\overline{C}D$와 BCD의 컨센서스항인 $\overline{A}D\cdot BD=\overline{A}BD$와 BCD와 $AC\overline{D}$의 컨센서스항인 $BC\cdot AC=ABC$를 불대수식에서 제거하였다. 그러면 앞에서 처럼 BCD는 더 이상 컨센서스항이 될 수 없으므로 결국, $\overline{A}\,\overline{C}D+BCD+AC\overline{D}$가 된다. 즉, BCD를 컨센서스항으로 하여 제거하면 불대수식은 네 개의 항으로 간소화되고, BCD를 제거하지 않으면 세 개의 항으로 간소화된다. ■

위의 예제에서처럼 컨센서스항을 제거하여 간소화시키기도 하지만, 이 컨센서스항을 불대수식에서 첨가시켜서 불대수식을 간소화시킬 수도 있다.

예제 4.8 다음의 불대수식 $ABCD+\overline{B}CDE+\overline{A}\,\overline{B}+BC\overline{E}$를 간소화시켜라.

풀이 위의 불대수식에서는 제거될 수 있는 컨센서스항을 갖고 있지 않으므로 컨센서스항 $ABCD$와 $\overline{B}CDE$로부터 생기는) $ACDE$를 불대수식에 첨가시키면 다음과 같이 된다.

$$ABCD + \overline{B}CDE + \overline{A}\,\overline{B} + BC\overline{E} + ACDE$$

그리고 여기에 컨센서스 정리를 적용하면 $ABCD$와 $\overline{B}CDE$를 제거할 수 있게 되므로 결국 $\overline{A}\,\overline{B} + BC\overline{E} + ACDE$가 된다.

이때 $ACDE$는 더 이상 컨센서스항이 아니며, 이 식에서 제거될 수 없다. ■

앞에서 설명한 불대수의 정리를 이용하여 불대수식을 간소화하는 대수적인 방법을 요약하여 설명하면, 항들을 결합하거나 제거하여 간소화하는 방법과 문자들을 제거하는 방법 그리고 중복된 항들을 첨가하여 간소화시키는 방법이 있다.

그러나 이러한 간소화 방법은 불함수를 간소화해 나갈 때 어느 것이 최저 개수의 항을 가지며 또는 최저 개수의 문자를 갖는지를 결정할 수는 없다. 최적의 곱의 합과 합의 곱 형태를 만드는 체계적인 방법은 다음 장에서 설명하도록 한다.

4.3 불대수식의 작성

앞에서 설명한 불대수의 공리 및 정리들을 이용하면 어떤 불대수식이라도 간소화시킬 수 있다는 것을 알았다. 이러한 불대수식의 간소화는 논리게이트 소자를 이용하여 실제로 논리회로를 구성할 때 그 회로 구성의 경제성이나 회로의 단순한 구성을 도모하기 위하여 수행되는 과정이다. 이러한 수행과정의 하나인 진리표를 이용한 불대수식의 작성방법에 대하여 먼저 알아보기로 한다.

1. 진리표

어떤 논리함수 $f(X, Y, Z, \cdots)$가 있을 때 입력변수 $X, Y, Z, \cdots$의 모든 조합에 대하여 출력 $f(X, Y, Z, \cdots)$가 어떻게 되는지 조사하는 표를 만들면 알기 쉽다. 이것을 진리표라 하며, 입력변수가 두 개면 4가지, 입력변수가 세 개면 8가지 조합으로 되며, 입력변수가 많아지면 진리표는 커지게 된다.

따라서 불대수식을 이용하여 어떤 문제를 해결하려고 하는 경우에 우선 진리표를 만드는 것이 선결과제이므로 다음 두 가지를 고려하여야 한다.

(1) 문제의 조건에 따라 주어지는 입력변수의 수를 결정한다.

(2) 각 변수의 두 가지 값(0과 1)에 각각의 의미를 부여한다.

그러면 다음 예제를 통하여 진리표 작성방법과 불대수식을 구해보기로 하자.

예제 4.9 세 개의 문이 있는데 이 중 두 개 이상의 문이 동시에 닫힐 때만 불이 켜지는 회로가 있다. 이것을 진리표로 나타내어라.

풀이 문을 각각 A, B, C라 하면 이 중 두 개 이상의 문이 닫힐 때(1의 상태)만 불이 켜지는 상태(1의 상태)를 진리표로 나타내면 표 4.6과 같다.

▶표 4.6

행	입 력			출 력
	A	B	C	D
1	0	0	0	0
2	0	0	1	0
3	0	1	0	0
4	0	1	1	1
5	1	0	0	0
6	1	0	1	1
7	1	1	0	1
8	1	1	1	1

■

앞에서 설명하였듯이 1이나 0 또는 ON이나 OFF로 주어지는 여러 가지 입력조건이 만족되었을 때 어떤 기능을 수행하는 장치를 만들려면 먼저 진리표를 만들고, 이것으로부터 불대수식을 유도해 내어서 이를 간소화시키게 되는 것이다.

2. 불대수식의 작성

그러면 예제 4.9에서 작성한 진리표를 이용해서 불대수식을 만들어 보자. 이를 위해서는 표 4.6에 기입할 난을 1열 더 추가할 필요가 있는데, 이것이 표 4.7의 우측 열로서, 각 입력변수 A, B, C의 「0」과 「1」에 대응하여 각 변수의 「그 변수의 보수」와 「그 변수」의 논리곱으로 구성된 항이 기입되어 있다. 이것을 논리곱 항(product term)이라 한다.

표 4.7에서 D가 1로 되는 것은 4, 6, 7, 8행째의 입력조건이 갖추어져 있을 때이기 때문에 논리식 D는 다음과 같이 4개의 곱의 합(sum of product)으로 나타낼 수 있다.

$$D = \overline{A}BC + A\overline{B}C + AB\overline{C} + ABC$$

이와 같이 곱의 합으로 된 일반적인 형식은 불대수식의 표준형식(canonical form)에 의한 형태로서, 그 각 항을 최소항(min-term)이라 한다.

▶표 4.7

A	B	C	D	곱의 항
0	0	0	0	$\overline{A}\,\overline{B}\,\overline{C}$
0	0	1	0	$\overline{A}\,\overline{B}C$
0	1	0	0	$\overline{A}B\overline{C}$
0	1	1	1	$\overline{A}BC$
1	0	0	0	$A\overline{B}\,\overline{C}$
1	0	1	1	$A\overline{B}C$
1	1	0	1	$AB\overline{C}$
1	1	1	1	ABC

이것을 간소화하면 다음과 같다.

$$
\begin{aligned}
D &= (ABC+\overline{A}BC)+(ABC+A\overline{B}C)+(ABC+AB\overline{C}) \\
&= BC(A+\overline{A})+AC(B+\overline{B})+AB(C+\overline{C}) \\
&= BC+AC+AB \qquad (4.4) \\
&= A(B+C)+BC = B(A+C)+AC = C(A+B)+AB \qquad (4.5)
\end{aligned}
$$

예제 4.10 다음의 표 4.8에 나타낸 진리표로부터 불대수식을 작성하라.

▶표 4.8

X	Y	Z	A
0	0	0	1
0	0	1	0
0	1	0	1
0	1	1	0
1	0	0	1
1	0	1	0
1	1	0	1
1	1	1	0

풀이 출력함수 A가 1일 때 입력변수 X, Y, Z의 곱의 합 함수 A를 만들면

$$A = \overline{X}\,\overline{Y}\,\overline{Z} + \overline{X}Y\overline{Z} + X\overline{Y}\,\overline{Z} + XY\overline{Z}$$

로 된다. 여기서 출력함수 A를 불함수라 하고, 이 불함수를 간소화하면 다음과 같다.

$$
\begin{aligned}
A &= \overline{X}\,\overline{Z}(Y+\overline{Y})+X\overline{Z}(Y+\overline{Y}) \\
&= \overline{X}\,\overline{Z}+X\overline{Z} \\
&= \overline{Z}(\overline{X}+X) \\
&= \overline{Z}
\end{aligned}
$$

■

이상의 예에서는 곱의 합(sum of product)을 진리표에서 추출하여 불대수식을 만든 것이었다. 또한 합의 곱(product of sum)을 추출하여 불대수식을 만드는 방법도 있는데, 예를 들어 표 4.9와 같은 진리표가 있다고 하자. 이 출력함수 Z의 불대수식은 다음과 같이 나타낼 수 있다.

(1) 입력변수 X, Y의 「0」과 「1」에 대응하여 「0」이면 「그 변수」, 「1」이면 「그 변수의 보수」와 논리합의 항을 만든다.

(2) 출력함수가 「0」인 항만을 추출하여 이들의 논리곱을 만든다.

이 방법에 의하면 표 4.9의 출력함수 Z는 다음과 같다.

$$Z=(X+\overline{Y})(\overline{X}+Y) \tag{4.6}$$

이와 같이 합의 곱으로 된 일반적인 형식은 불대수식의 또다른 표준형식이 되며, 그 각 항을 최대항(max-term)이라 한다. 식 (4.6)은 앞에서 설명한 것과 같이 진리표에서 곱항의 합을 취하여 만든 불대수식과 그 결과는 일치해야 한다. 그것을 확인하기 위해서 표 4.10과 같이 곱의 항을 만들면 출력 Z는

$$Z=\overline{X}\,\overline{Y}+XY \tag{4.7}$$

로 된다.

▶표 4.9

X	Y	Z	합의 항
0	0	1	$(X+Y)$
0	1	0	$(X+\overline{Y})$
1	0	0	$(\overline{X}+Y)$
1	1	1	$(\overline{X}+\overline{Y})$

▶표 4.10

X	Y	Z	곱의 항
0	0	1	$\overline{X}\,\overline{Y}$
0	1	0	$\overline{X}Y$
1	0	0	$X\overline{Y}$
1	1	1	XY

한편 식 (4.6)에 분배법칙을 적용하면 식 (4.7)과 일치하는 것을 알 수 있다.

$$Z = X\overline{X} + XY + \overline{X}\,\overline{Y} + Y\overline{Y}$$
$$= XY + \overline{X}\,\overline{Y}$$

예제 4.11 표 4.8의 진리표로부터 합의 곱 형식에 의한 불대수식을 작성하라.

풀이 합의 항을 만들면 표 4.11과 같이 되고, 이것으로부터 합의 곱(product of sum)을 만들기 위해서 출력함수 A가 「0」인 항을 추출하여 이들의 논리곱을 만든다.

$$A = (X + Y + \overline{Z})(X + \overline{Y} + \overline{Z})(\overline{X} + Y + \overline{Z})(\overline{X} + \overline{Y} + \overline{Z})$$

이 불대수식을 간소화하기 위해서 De Morgan의 정리를 이용하여 불함수 A의 부정을 취하면

$$\overline{A} = \overline{X}\,\overline{Y}Z + \overline{X}YZ + X\overline{Y}Z + XYZ$$
$$= \overline{X}Z(Y + \overline{Y}) + XZ(Y + \overline{Y})$$
$$= \overline{X}Z + XZ$$
$$= Z(X + \overline{X})$$
$$= Z$$

$$\therefore\ \overline{\overline{A}} = A = \overline{Z}$$

▶표 4.11

X	Y	Z	A	합의 항
0	0	0	1	$(X + Y + Z)$
0	0	1	0	$(X + Y + \overline{Z})$
0	1	0	1	$(X + \overline{Y} + Z)$
0	1	1	0	$(X + \overline{Y} + \overline{Z})$
1	0	0	1	$(\overline{X} + Y + Z)$
1	0	1	0	$(\overline{X} + Y + \overline{Z})$
1	1	0	1	$(\overline{X} + \overline{Y} + Z)$
1	1	1	0	$(\overline{X} + \overline{Y} + \overline{Z})$

■

4.4 게이트 IC

지금까지 설명한 불대수식은 게이트 IC나 릴레이를 이용하여 실제의 논리회로로 치환할 수 있다. 릴레이는 고출력의 회로에 사용되는 데 반하여 디지털 회로나 컴퓨터와 같은 소전력 회로에는 게이트 IC가 이용된다.

일반적으로 IC는 1개의 package 속에 여러 개의 논리회로가 들어 있으며, IC는 릴레이보다 소형이고, 동작속도가 빠르고, 가격이 싸고, 신뢰성이 좋고, 소비전력이 적다는 특징이 있다. 따라서 현재 IC를 사용하여 논리회로를 만드는 것이 보편화되어 있다.

게이트(gate)는 논리 0과 1 레벨(level)을 조합하여 사용하는 회로이며, 이 절에서는 IC화된 기본 게이트회로인 인버터(inverter), 버퍼(buffer), AND, OR, NAND, NOR 등에 대하여 설명한다.

1. 인버터(inverter)

인버터는 NOT 게이트(gate)라고도 하며, 반전 연산을 수행하는 논리회로이다. 즉, 0은 1로, 1은 0으로 변환시킨다. 인버터에 대한 표준 논리기호를 그림 4.3에 나타내었다.

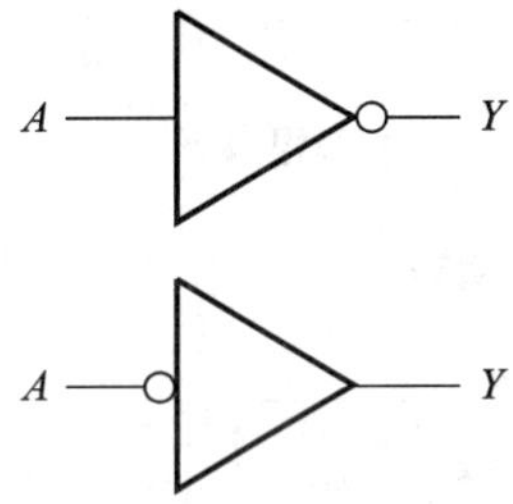

그림 4.3 인버터의 표준 논리기호

인버터 입력에 1을 인가하였을 때 출력은 0이 되고, 입력에 0을 인가하였을 때 출력은 1이 된다. 표 4.12는 인버터에 대한 진리표이다.

▶표 4.12 인버터에 대한 진리표

A	Y
0	1
1	0

그림 4.4는 펄스 입력에 대한 인버터의 출력을 나타낸 것으로 입력이 0일 때 출력은 1이 되고, 입력이 1일 때 출력은 0이 된다.

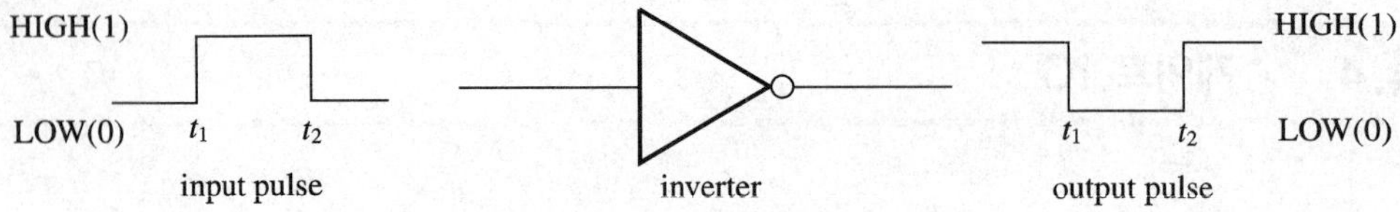

그림 4.4 인버터의 동작 예

타이밍 선도(timing diagram)는 입력과 출력파형의 시간 관계를 나타낸 그래프이다. 입력 펄스에 대한 출력 펄스의 시간 관계는 에지(edge)의 발생 시점이 적절하게 나타나도록 펄스를 정렬시킨 간단한 타이밍 선도로 나타낼 수 있다. 입력 펄스의 상승 에지와 출력 펄스의 하강 에지는 동시에 발생하며, 입력 펄스의 하강 에지와 출력 펄스의 상승 에지도 동시에 발생한다. 타이밍 선도는 여러 개의 펄스로 구성된 디지털 파형들의 관계를 나타내는 데 매우 유용하다.

예제 4.12 그림 4.5의 펄스 파형이 인버터에 인가되었을 때 출력을 구하고, 타이밍 선도를 그려라.

그림 4.5

풀이 타이밍 선도는 그림 4.6과 같다.

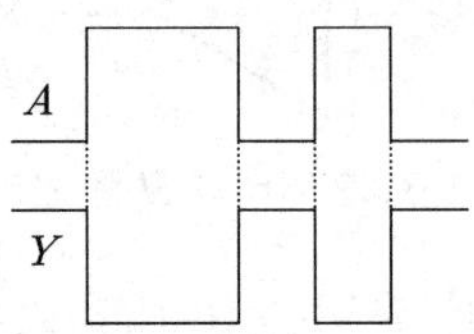

그림 4.6 ■

불대수는 모든 변수를 문자로 표현하고, 변수의 보수는 문자 위에 (¯)를 붙여 나타내며, 각 변수는 0이나 1의 값을 갖는다.

인버터의 연산은 입력변수를 A, 출력변수를 Y라 할 때 다음과 같이 표현할 수 있다.

$$Y = \overline{A}$$

이러한 표현은 출력이 입력의 보수임을 나타내므로 $A=0$이면 $Y=1$이고, $A=1$이면

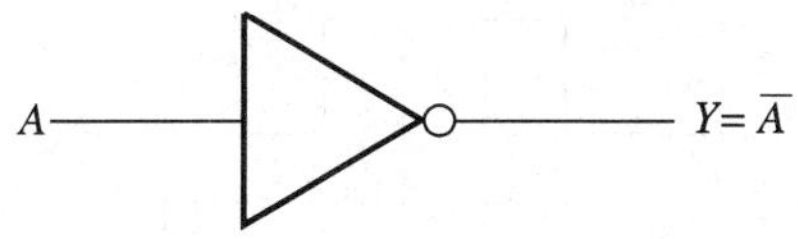

그림 4.7 인버터의 불대수식

$Y=0$이다. $\overline{A}$는 A bar라고 읽는다.

인버터는 2진수의 1의 보수를 구하는 데 유용하게 사용된다.

2. 버퍼(buffer)

버퍼는 인버터와는 반대로 입력과 출력의 상태가 동일하게 나타나는 논리회로이다. 즉, 입력에 1을 인가하였을 때 출력은 1이 되고, 입력에 0을 인가하였을 때 출력은 0이 된다. 버퍼는 디지털 회로에서 데이터 전송 중에 한 회로와 다른 회로 사이에 데이터를 그대로 보존한 상태에서 완충 목적으로 삽입하여 사용되며, 인터페이스시 전압레벨이 맞지 않는 경우나 자체 구동전류 능력이 부족하여 큰 구동전류가 필요한 경우 등에 사용된다.

버퍼의 표준 논리기호는 그림 4.8과 같으며, 진리표는 표 4.13과 같다.

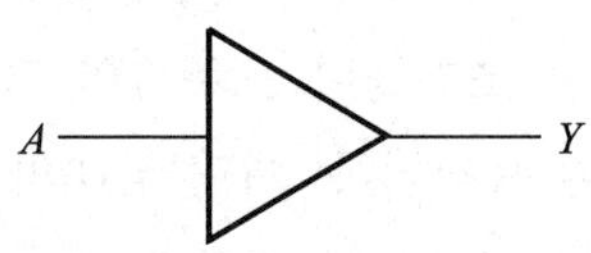

그림 4.8 버퍼의 표준 논리기호

▶표 4.13 버퍼에 대한 진리표

A	Y
0	0
1	1

버퍼의 연산은 입력변수를 A, 출력변수를 Y라 할 때 다음과 같이 표현할 수 있다.

$$Y=A$$

표 4.13에서 알 수 있듯이 버퍼는 입력과 출력이 같으며, 그림 4.9와 같이 입력파형과 출력파형이 항상 같게 된다.

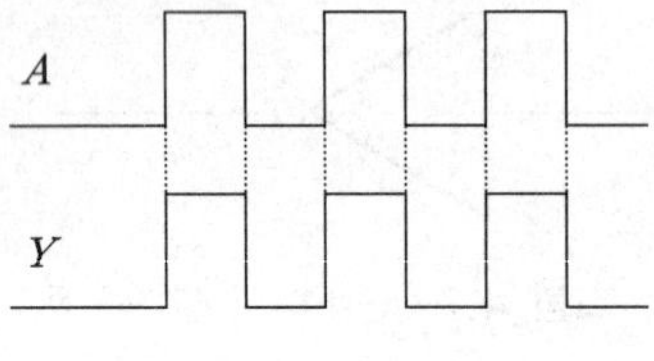

그림 4.9 버퍼의 펄스 연산

3. AND 게이트

AND 게이트는 모든 논리 기능을 구축하는 데 필요한 기본 게이트 중의 하나로 두 개 이상의 입력을 가지며, 논리곱을 수행한다. AND 게이트는 두 개 이상의 입력과 하나의 출력으로 구성되어 있으며, 표준 논리기호는 그림 4.10과 같다.

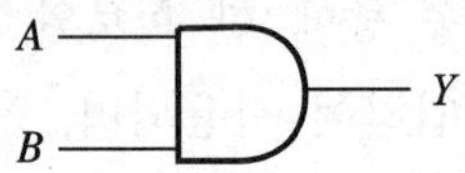

그림 4.10 2입력 AND 게이트의 표준 논리기호

AND 게이트는 입력이 모두 1일 때만 출력이 1이 되고, 입력 중 하나라도 0이면 출력은 0이 된다. AND 게이트는 어떤 조건들이 모두 1인 경우를 판단하여 이것을 나타내기 위하여 1을 출력시키는 것이 기본 목적이다. 그림 4.10의 2입력 AND 게이트에서 입력을 A와 B, 출력을 Y라 할 때 AND 게이트의 연산은 다음과 같다.

2입력 AND 게이트 연산에서 A와 B가 모두 1이면 Y는 1이 되고, A 또는 B가 0이거나 A와 B가 모두 0이면 Y는 0이다.

2입력 AND 게이트에 대한 진리표는 표 4.14와 같으며, 입력이 더 많을 경우에도 쉽게 확장할 수 있다.

▶표 4.14 2입력 AND 게이트에 대한 진리표

A	B	Y
0	0	0
0	1	0
1	0	0
1	1	1

AND 게이트의 논리연산을 생각하면서 펄스 입력을 갖는 AND 게이트의 연산에 대하여 알아보자. 예를 들어 그림 4.11에서 t_1 시간 동안 입력 A와 B가 모두 1이므로 출력은 1이 되고, t_2 시간 동안 입력 A와 B가 모두 0이므로 출력은 0이 되고, t_3 시간 동안 입력 A와 B가 모두 1이므로 출력은 1이 되고, t_4 시간 동안 입력 A는 1, 입력 B는 0이므로 출력은 0이 된다.

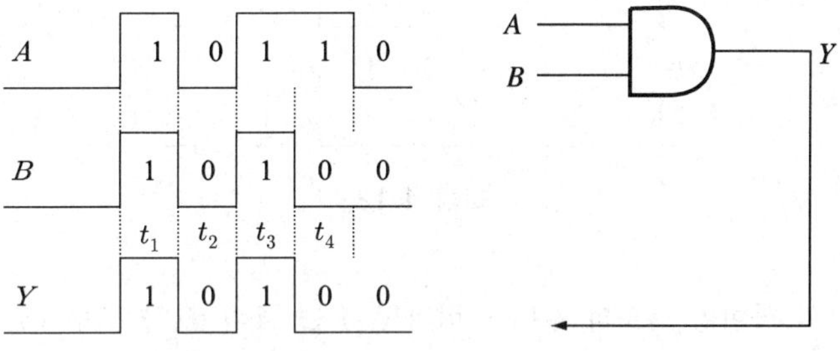

그림 4.11 2입력 AND 게이트의 펄스 연산

예제 4.13 3입력 AND 게이트에 대한 진리표를 작성하라.

풀이 3입력 AND 게이트의 경우 8개의 입력조합이 가능하고, 입력이 모두 1일 때만 출력이 1이 된다.

▶**표 4.15**

A	B	C	Y
0	0	0	0
0	0	1	0
0	1	0	0
0	1	1	0
1	0	0	0
1	0	1	0
1	1	0	0
1	1	1	1

■

예제 4.14 그림 4.12에 나타낸 파형 A와 B가 AND 게이트 입력에 인가될 때 출력파형을 구하라.

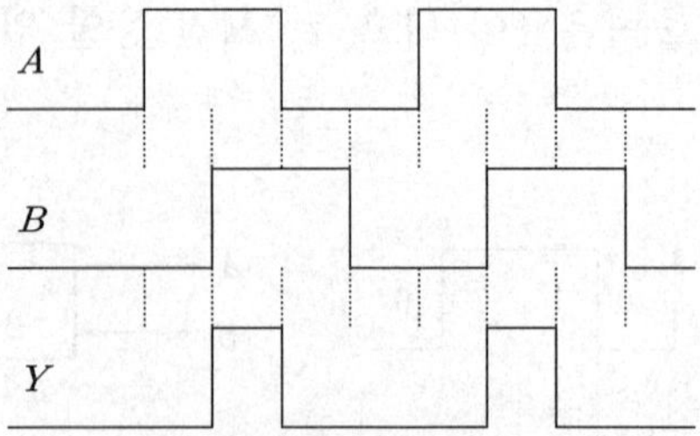

그림 4.12

풀이 그림 4.12의 타이밍 선도와 같이 출력파형 Y는 A와 B가 모두 1일 때만 1이 된다. ■

두 변수의 논리 AND 기능은 ·기호를 사용하여 $A \cdot B$와 같이 표현하거나 점 없이 AB로 표현되며, 불대수에서 곱셈은 다음과 같은 기본 규칙을 따른다.

$$0 \cdot 0 = 0$$
$$0 \cdot 1 = 0$$
$$1 \cdot 0 = 0$$
$$1 \cdot 1 = 1$$

2입력 AND 게이트의 연산은 입력변수를 A와 B, 출력변수를 Y라 할 때

$$Y = AB$$

와 같이 표현할 수 있다. 그림 4.13은 입력변수와 출력변수가 문자로 표시된 AND 게이트의 논리기호를 나타낸 것이다.

그림 4.13 AND 게이트의 불대수식

입력변수가 두 개 이상인 경우 각 변수에 새로운 문자를 사용함으로써 AND 표현식을 확장할 수 있다.

4. OR 게이트

OR 게이트는 모든 논리기능을 구축하는 데 필요한 기본 게이트 중의 하나로 두 개 이상의 입력을 가지며, 논리합을 수행한다. OR 게이트는 두 개 이상의 입력과 하나의 출력으로 구성되어 있으며, 논리기호는 그림 4.14와 같다.

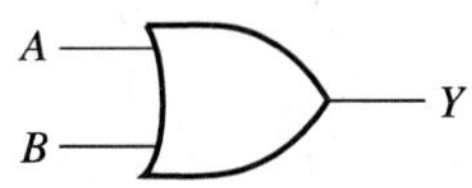

그림 4.14 2입력 OR 게이트의 표준 논리기호

OR 게이트에서 입력 중 어느 하나라도 1이면 출력은 1이 되고, 입력이 모두 0일 때만 출력은 0이 된다.

그림 4.14에서 2입력 OR 게이트의 입력을 A와 B, 출력을 Y라 할 때 OR 게이트의 연산은 다음과 같다.

2입력 OR 게이트 연산에서 A 또는 B가 1이거나 A와 B가 모두 1이면 Y는 1이고, A와 B가 모두 0이면 Y는 0이다.

2입력 OR 게이트의 논리연산을 표 4.16에 나타냈으며, 이 진리표는 두 개 이상의 입력에 대해서도 확장할 수 있다. OR 게이트는 입력의 수에 관계없이 입력 중 어느 하나라도 1이면 출력이 1이 된다.

▶**표 4.16** 2입력 OR 게이트에 대한 진리표

A	B	Y
0	0	0
0	1	1
1	0	1
1	1	1

예제 4.15 3입력 OR 게이트에 대한 진리표를 작성하라.

풀이 3입력 OR 게이트의 경우 8개의 입력조합이 가능하고, 입력이 모두 0일 때를 제외한 출력은 모두 1이 된다.

▶표 4.17

A	B	C	Y
0	0	0	0
0	0	1	1
0	1	0	1
0	1	1	1
1	0	0	1
1	0	1	1
1	1	0	1
1	1	1	1

■

OR 게이트의 논리연산을 생각하면서 펄스 입력을 갖는 OR 게이트의 연산에 대하여 알아보자. 예를 들어 그림 4.15에서 t_1 시간 동안 입력 A와 B가 모두 1이므로 출력은 1이 되고, t_2 시간 동안 입력 A는 0이고 입력 B는 1이므로 출력은 1이 되고, t_3 시간 동안 입력 A는 1이고 입력 B는 0이므로 출력은 1이 되고, t_4 시간 동안 입력 A와 B가 모두 0이므로 출력은 0이 되고, t_5 시간 동안 입력 A는 0이고 입력 B는 1이므로 출력은 1이 되고, t_6 시간 동안 입력 A와 B가 모두 1이므로 출력은 1이 된다.

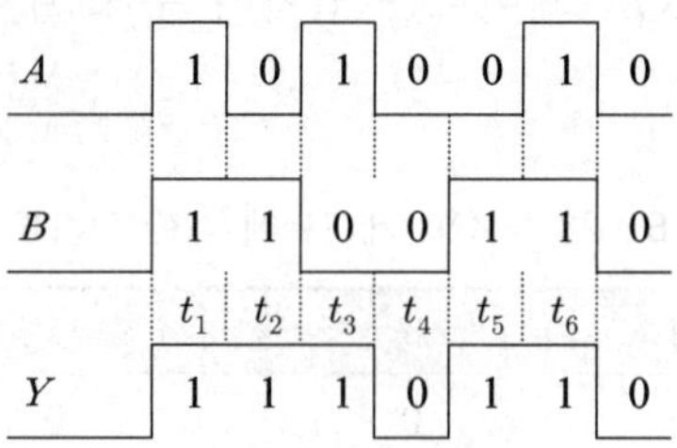

그림 4.15

예제 4.16 그림 4.16에 나타낸 파형 A와 B가 OR 게이트 입력에 인가될 때 출력파형을 구하라.

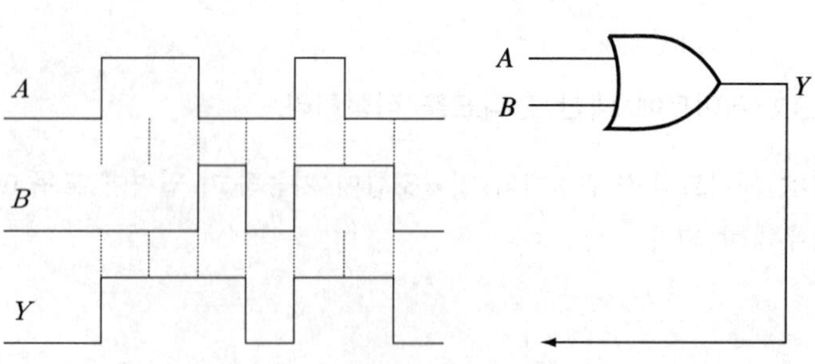

그림 4.16

풀이 타이밍 선도에 나타낸 것처럼 2입력 OR 게이트의 출력파형 Y는 입력 중 하나라도 1이면 출력은 1이 된다. ■

두 변수의 논리 OR 기능은 (+)기호를 사용하여 $A+B$와 같이 표현되며, 불대수에서 덧셈은 다음과 같은 기본 규칙을 따른다.

$$0+0=0$$
$$0+1=1$$
$$1+0=1$$
$$1+1=1$$

불대수의 덧셈은 OR 기능과 같다. 2입력 OR 게이트의 연산은 입력변수를 A와 B, 출력변수를 Y라 할 때

$$Y=A+B$$

와 같이 표현할 수 있다. 그림 4.17은 입력변수와 출력변수가 문자로 표시된 OR 게이트의 논리기호를 나타낸 것이다.

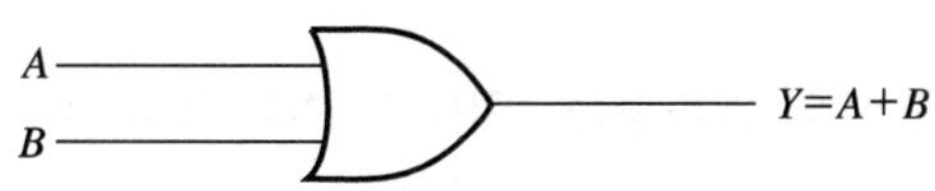

그림 4.17 OR 게이트의 불대수식

입력변수가 두 개 이상인 경우 각 변수에 새로운 문자를 사용함으로써 OR 표현식을 확장할 수 있다.

5. NAND 게이트

NAND 게이트는 자체의 조합만으로도 AND, OR, 인버터 등의 논리연산을 수행할 수 있는 매우 유용한 범용의 논리소자이다.

NAND는 NOT AND의 약자로서 AND 연산의 출력이 반전되는 것을 의미하며, 그림 4.18에 NAND 게이트의 표준 논리기호를 나타내었다.

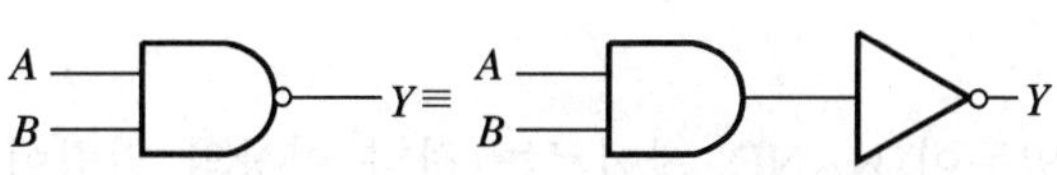

그림 4.18 NAND 게이트의 표준 논리기호

NAND 게이트는 입력이 모두 1일 때만 출력이 0이 되고, 입력 중 하나라도 0이면 출력은 1이 된다. 그림 4.18에 나타낸 2입력 NAND 게이트의 입력을 A와 B, 출력을 Y라 할 때 NAND 게이트의 연산은 다음과 같다.

2입력 NAND 게이트 연산에서 A와 B가 모두 1이면 Y는 0이고, A 또는 B가 0이거나 A와 B가 모두 0이면 Y는 1이다. 이 연산의 출력은 AND 게이트의 출력과 반대이며, 표 4.18에 2입력 NAND 게이트의 진리표를 나타내었다.

▶**표 4.18** 2입력 NAND 게이트에 대한 진리표

A	B	Y
0	0	1
0	1	1
1	0	1
1	1	0

NAND 게이트의 논리연산을 생각하면서 펄스 입력을 갖는 NAND 게이트의 연산을 예제를 통하여 알아보자.

예제 4.17 그림 4.19와 같은 A와 B파형을 2입력 NAND 게이트에 인가하였을 때 출력파형을 구하라.

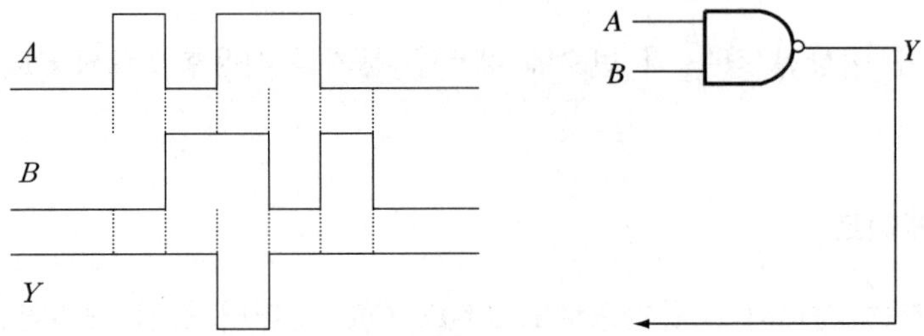

그림 4.19

풀이 그림 4.19의 하단에 나타낸 것과 같이 A와 B가 모두 1인 구간에서만 출력 Y는 0이 된다. ■

표 4.18에서 알 수 있듯이 NAND 게이트는 하나 이상의 입력이 0일 때 1이 출력되는 OR 연산에 사용할 수 있다. 이와 같은 동작 모드를 인버트 OR(invert OR)라 하며, 여기

서 인버트는 0 상태가 활성 입력을 나타낸다.

NAND 게이트가 모든 입력이 1인 경우보다는 하나 이상의 0 입력이 있는 경우를 찾아내어 쓰는 경우 NAND 게이트는 인버트 OR로 동작하며, 표준 논리기호는 그림 4.20과 같다.

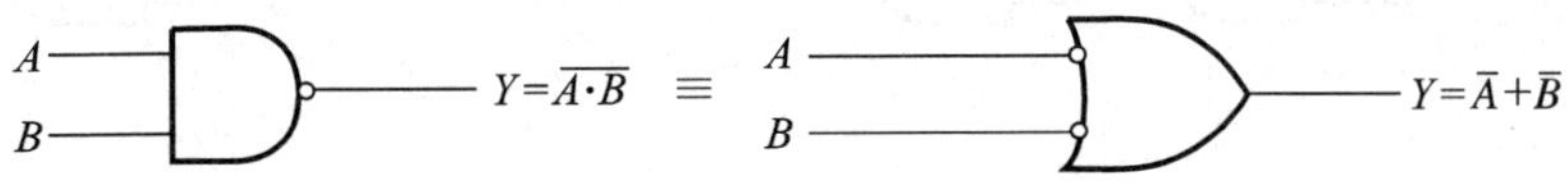

그림 4.20 NAND 게이트의 등가 연산

2입력 NAND 게이트의 출력에 대한 불대수식은

$$Y = \overline{A \cdot B}$$

이다. AND 위에 부정이 있는 것은 두 개의 입력변수가 먼저 AND된 후에 보수가 되는 것을 뜻하며, 두 개의 입력을 갖는 NAND 게이트 연산을 방정식 형태로 나타낸 논리 표현이다. 두 입력변수의 가능한 모든 조합에 대하여 계산한 결과는 다음과 같다.

$$\overline{A \cdot B} = Y$$

$$\overline{0 \cdot 0} = \overline{0} = 1$$

$$\overline{0 \cdot 1} = \overline{0} = 1$$

$$\overline{1 \cdot 0} = \overline{0} = 1$$

$$\overline{1 \cdot 1} = \overline{1} = 0$$

주어진 기능에 대한 표현식이 구해지면 변수들의 가능한 모든 조합에 대한 연산 결과를 알 수 있다. 연산 결과로부터 각 입력조건에 대한 논리회로의 출력을 정확히 알 수 있고, 회로의 논리연산을 파악할 수 있다. 변수가 두 개 이상인 경우에도 각 변수에 새로운 문자를 사용함으로써 NAND 게이트 표현식을 구할 수 있다.

NAND 게이트가 범용의 논리소자인 이유는 NOT, AND, OR, NOR 연산을 수행할 수 있기 때문이다. NOT 연산은 그림 4.21(a)와 같이 모든 입력을 연결시켜 하나의 입력으로 만들어 주면 된다. AND 연산은 그림 4.21(b)와 같이, OR 연산은 그림 4.21(c)와 같이, 그리고 NOR 연산은 그림 4.21(d)와 같이 NAND 게이트만을 사용하여 수행할 수 있다.

그림 4.21(b)에서 NOT 게이트는 NAND 게이트의 출력을 반전시키므로 다음과 같이 AND 연산이 수행된다.

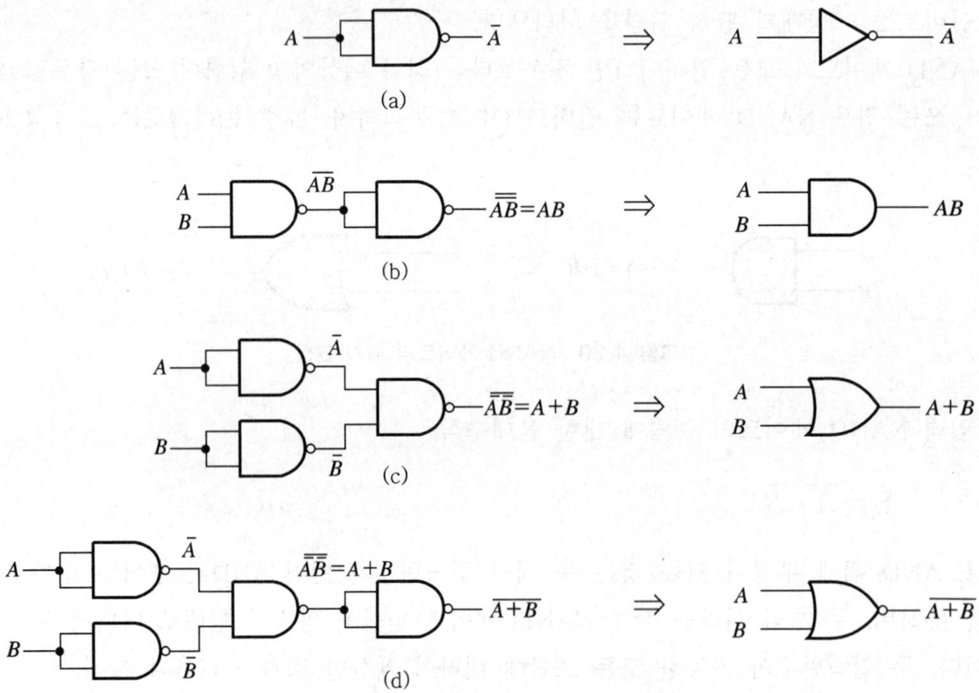

그림 4.21 NAND 게이트의 범용성

$$Y = \overline{\overline{AB}} = AB$$

그림 4.21(c)에서 두 개의 입력변수 A와 B는 NOT 게이트에 의해 반전된 후 NAND 게이트에 입력되므로 드 모르간의 정리(De-Morgan's theorem)에 의해 다음과 같이 OR 연산이 수행된다.

$$Y = \overline{\bar{A}\,\bar{B}} = A+B$$

그림 4.21(d)에서 NOT 게이트는 그림 4.21(c)의 출력을 반전시키므로 다음과 같이 NOR 연산을 수행한다.

$$Y = \overline{\overline{\bar{A}\,\bar{B}}} = \overline{A+B}$$

6. NOR 게이트

NOR 게이트는 자체의 조합만으로도 OR, AND, 인버터 등의 연산을 수행할 수 있는 매우 유용한 범용의 논리소자이다.

NOR는 NOT OR의 약자로서 OR 연산의 출력이 반전되는 것을 의미하며, 그림 4.22에 NOR 게이트의 표준 논리기호를 나타내었다.

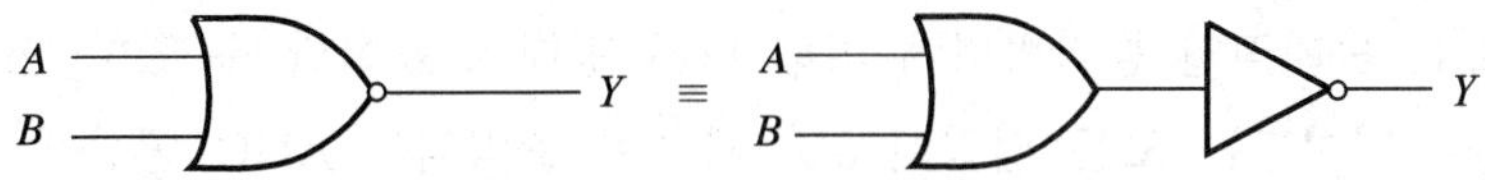

그림 4.22 NOR 게이트의 표준 논리기호

NOR 게이트는 여러 개의 입력 중 하나라도 1이면 출력은 0이 되고, 입력이 모두 0일 때만 출력이 1이 된다. 그림 4.22에 나타낸 2입력 NOR 게이트의 입력을 A와 B, 출력을 Y라 할 때 NOR 게이트의 연산은 다음과 같다.

2입력 NOR 게이트 연산에서 A 또는 B가 1, 또는 A, B가 모두 1이면 출력 Y는 0이고, A와 B가 모두 0이면 출력 Y는 1이다.

이 연산의 출력은 OR 게이트의 출력과 반대이며, 표 4.19에 2입력 NOR 게이트의 진리표를 나타내었다.

▶표 4.19 2입력 NOR 게이트에 대한 진리표

A	B	Y
0	0	1
0	1	0
1	0	0
1	1	0

NOR 게이트의 논리 연산을 생각하면서 펄스 입력을 갖는 NOR 게이트의 연산을 예제를 통하여 알아보자.

예제 4.18 그림 4.23과 같은 파형이 2입력 NOR 게이트에 인가될 때 출력파형을 구하라.

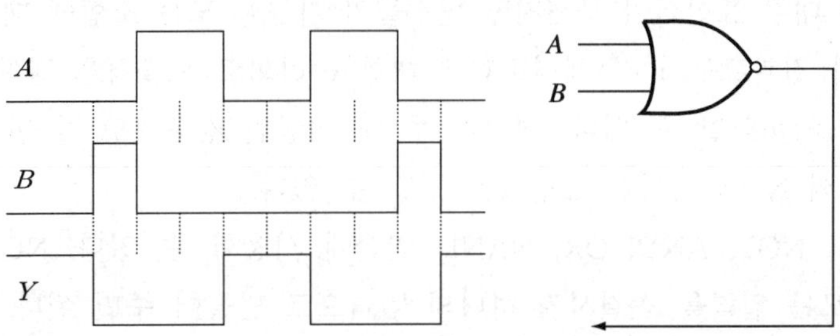

그림 4.23

풀이 그림 4.23의 하단에 나타낸 것과 같이 하나의 입력이라도 1이 되면 출력 Y는 0이 된다. ■

NOR 게이트는 논리적인 동작방법에 의해 다른 형태로 표현할 수 있다. 표 4.19에서 알 수 있듯이 NOR 게이트는 모든 입력이 0일 때 1이 출력되는 AND 연산에 사용할 수 있다. 이와 같은 동작 모드를 인버트 AND(invert AND)라 하며, 여기서 인버트는 0 상태가 활성 입력을 나타낸다.

NOR 게이트가 하나 이상의 1입력이 있는 경우보다는 모든 입력이 0인 경우를 찾아내어 쓰는 경우 NOR 게이트는 인버트 AND로 동작하며, 표준 논리기호는 그림 4.24와 같다.

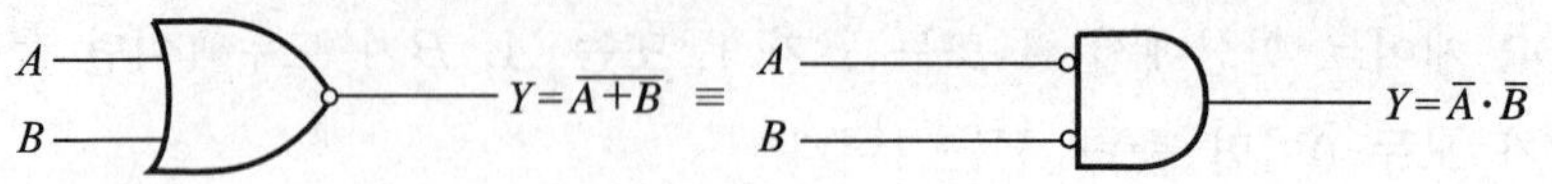

그림 4.24 NOR 게이트의 등가 연산

2입력 NOR 게이트의 출력에 대한 불대수식은

$$Y=\overline{A+B}$$

이다. OR 위에 부정이 있는 것은 두 개의 입력변수가 먼저 OR된 후에 보수가 되는 것을 뜻하며, 두 개의 입력을 갖는 NOR 게이트 연산을 방정식 형태로 나타낸 논리 표현이다. 두 입력변수의 가능한 모든 조합에 대하여 계산한 결과는 다음과 같다.

$$\overline{A+B}=Y$$
$$\overline{0+0}=\overline{0}=1$$
$$\overline{0+1}=\overline{1}=0$$
$$\overline{1+0}=\overline{1}=0$$
$$\overline{1+1}=\overline{1}=0$$

주어진 기능에 대한 표현식이 구해지면 변수들의 가능한 모든 조합에 대한 연산 결과를 알 수 있다. 연산 결과로부터 각 입력조건에 대한 논리회로의 출력을 정확히 알 수 있고, 회로의 논리연산을 파악할 수 있다. 변수가 두 개 이상인 경우에도 각 변수에 새로운 문자를 사용함으로써 NOR 게이트 표현식을 구할 수 있다.

NOR 게이트도 NOT, AND, OR, NAND 연산에 사용할 수 있다. NOT 연산은 그림 4.25(a)와 같이 모든 입력을 연결시켜 하나의 입력으로 만들어 주면 된다. OR 연산은 그림 4.25(b)와 같이, AND 연산은 그림 4.25(c)와 같이, 그리고 NAND 연산은 그림 4.25(d)

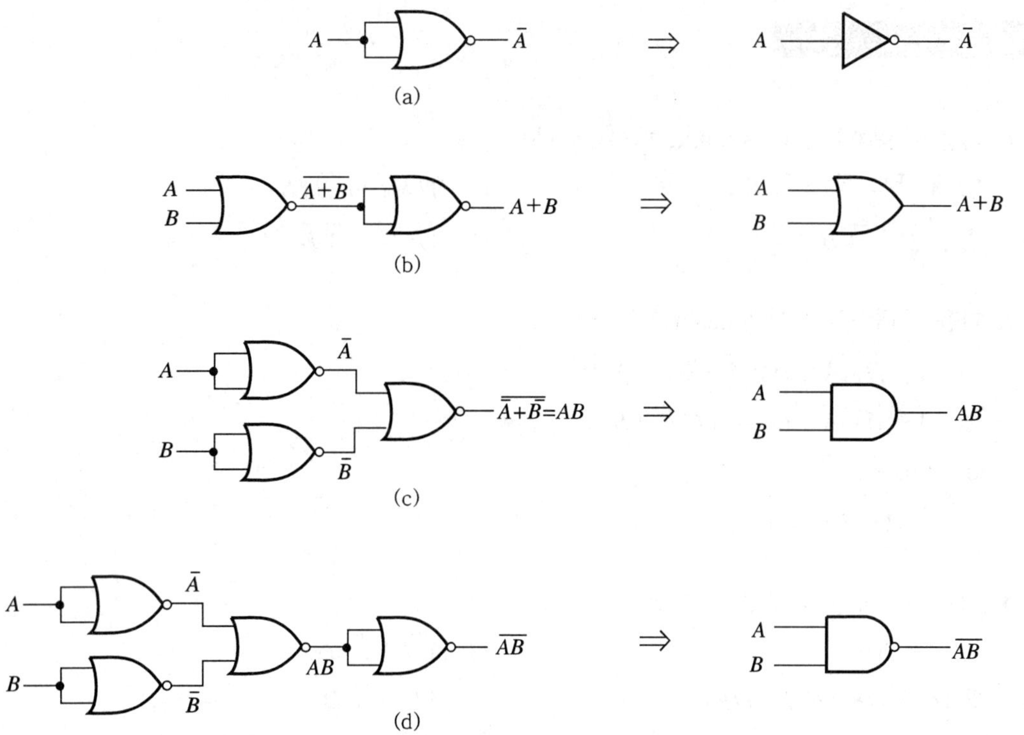

그림 4.25 NOR 게이트의 범용성

와 같이 NOR 게이트만을 사용하여 수행할 수 있다.

그림 4.25(b)에서 NOT 게이트는 NOR 게이트의 출력을 반전시키므로 다음과 같이 OR 연산이 수행된다.

$$Y = \overline{\overline{A+B}} = A+B$$

그림 4.25(c)에서 두 개의 입력변수 A와 B는 NOT 게이트에 의해 반전된 후 NOR 게이트에 입력되므로 드 모르간의 정리(De-Morgan's theorem)에 의해 다음과 같이 AND 연산이 수행된다.

$$Y = \overline{\bar{A}+\bar{B}} = AB$$

그림 4.25(d)에서 NOT 게이트는 그림 4.25(c)의 출력을 반전시키므로 다음과 같이 NAND 연산을 수행한다.

$$Y = \overline{\overline{\bar{A}+\bar{B}}} = \overline{AB}$$

연습문제

1. 다음의 불대수식을 진리표로 나타내어라.

① $A(\overline{B}+\overline{C})+\overline{A}B$　　② $A(B\overline{C}+\overline{B}C)$

③ $A\overline{B}+\overline{A}B$　　④ $AB\overline{C}+\overline{A}\,\overline{B}$

2. 다음 불대수식의 쌍대(duality)를 구하라.

① $(A+B)(A+\overline{B})(\overline{A}+B)(\overline{A}+\overline{B})=0$

② $(A+B)(\overline{A}+C)=AC+\overline{A}B$

③ $\overline{A}\,\overline{B}+A\overline{B}$

④ $1\cdot A+\overline{B}C+0$

3. 다음 불대수식의 부정을 구하라.

① $\overline{A}+B+C$　　② $A\overline{B}+\overline{A}B$

③ $(C+DE)(CE+DF)$　　④ $AB+\overline{A}\,\overline{B}$

4. 다음의 불대수식을 간소화시켜라.

① $AB+ABC+AB\overline{C}$　　② $A\overline{B}+BC+AC$

③ $\overline{(\overline{CD}+A)}+A+CD+AB$　　④ $(A+\overline{B})(B+C)(A+C)$

⑤ $A\overline{B}\,\overline{C}+\overline{A}\,\overline{B}\,\overline{C}+\overline{A}B\overline{C}+\overline{A}\,\overline{B}C$　　⑥ $AB+A\overline{B}+\overline{A}C+\overline{A}\,\overline{C}$

5. 다음의 정리를 진리표를 이용하여 증명하라.

① $(A+\overline{B})(\overline{A}+B)=AB+\overline{A}\,\overline{B}$　　② $A(\overline{A}+B)=AB$

③ $A\overline{B}+\overline{A}B=(A+B)(\overline{A}+\overline{B})$　　④ $(A+B)(\overline{A}+\overline{C})=\overline{A}B+A\overline{C}$

6. 다음의 불함수를 consensus 이론을 이용하여 간소화하라.

① $A\overline{B}+\overline{B}C+B\overline{C}+\overline{A}B$

② $B\overline{C}\,\overline{D}+AB\overline{C}+A\overline{C}D+A\overline{B}D+\overline{A}B\overline{D}$

③ $(B+C+D)(A+B+C)(\overline{A}+C+D)(\overline{B}+\overline{C}+\overline{D})$

7. AND 게이트와 OR 게이트를 사용하여 $Y=AB+BCD$의 논리회로를 만들어라.

8. Inverter, AND 게이트, OR 게이트를 사용하여 $Y=A+\overline{B}C$의 논리회로를 만들어라.

9. 4입력 NAND 게이트와 inverter를 사용하여 10입력 NAND 회로를 만들어라.

10. NAND 게이트만을 사용하여 $Y = A\overline{B} + \overline{A}B$의 연산을 수행하는 논리회로를 구성하라.

11. NOR 게이트만을 사용하여 $Y = (A+B)(C+D)$의 논리회로를 만들어라.

12. 불함수의 논리회로를 그려라.

① $(\overline{A} + \overline{B})(E+F)CD$ ② $\overline{(\overline{AB})(\overline{CD})E}$

13. $Y = AB + CD$의 논리회로를

① AND와 OR 게이트를 이용하여 그려라.

② NAND 게이트만을 이용하여 그려라.

③ NOR 게이트만을 이용하여 그려라.

14. 표 4.20에 나타낸 대로 불대수식 F를 작성하고, 이것을 간소화하라.

▶표 4.20

A	B	C	F
0	0	0	1
0	0	1	1
0	1	0	0
0	1	1	0
1	0	0	1
1	0	1	1
1	1	0	1
1	1	1	0

15. 표 4.21에 나타낸 대로 불대수식 F_1, F_2, F_3를 작성하고, 이것을 간소화하라.

▶표 4.21

A	B	C	F_1	F_2	F_3
0	0	0	0	1	1
0	0	1	1	0	1
0	1	0	1	0	1
0	1	1	0	1	1
1	0	0	1	1	1
1	0	1	1	0	0
1	1	0	0	0	0
1	1	1	0	1	0

16. 어떤 기계가 4개의 제어장치에 의해 동작하고 있다. 이 제어장치 중 적어도 두 개가 정상으로 동작하고 있지 않으면 기계는 동작하지 않게 된다. 기계가 동작하지 않게 될 때 경보장치가 울리도록 하고 싶다. 진리표를 작성하고, 불대수식을 구하여 회로를 그려라.

17. 그림 4.26에 나타낸 회로의 출력 F를 구하라.

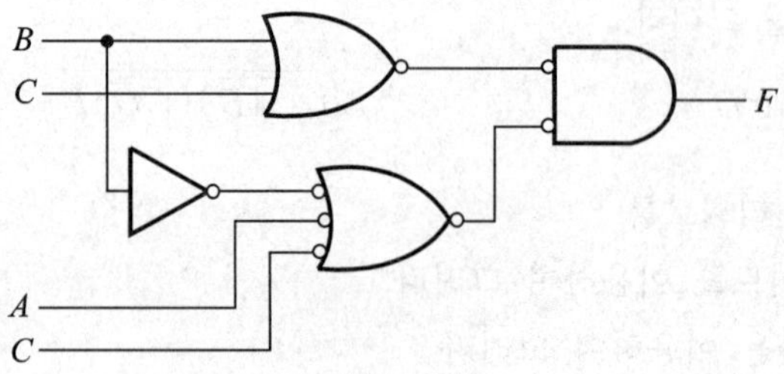

그림 4.26

18. 그림 4.27에 나타낸 회로의 출력 F를 구하라.

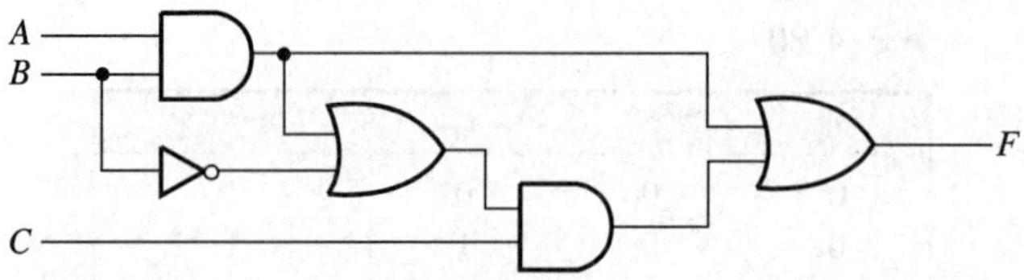

그림 4.27

19. 그림 4.28에 나타낸 회로의 출력 F를 구하라.

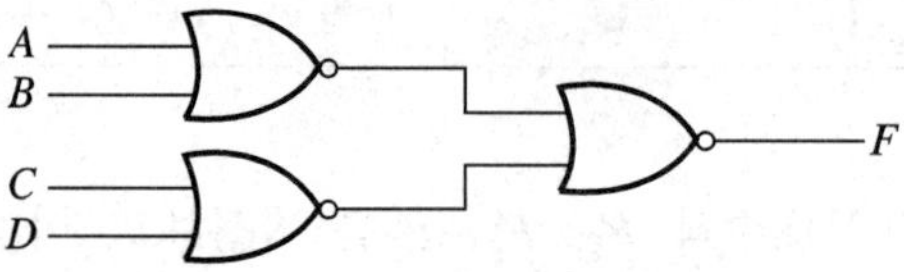

그림 4.28

20. 그림 4.29에 나타낸 회로의 출력 F를 구하라.

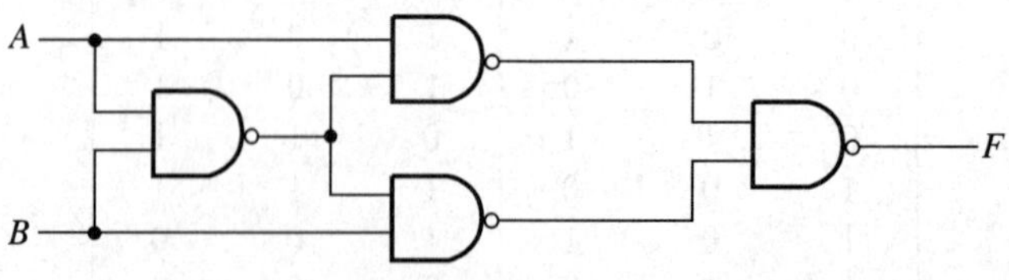

그림 4.29

5장 논리함수의 간소화

앞 장에서 설명한 불대수의 정리들을 이용하여 논리함수를 간소화하는 과정은 상당한 경험과 숙련이 뒤따라야 한다는 것을 느꼈을 것이다. 그것은 어떤 논리함수가 주어졌을 때, 간소화된 불대수식을 구하기 위하여, 그 논리함수를 불대수의 정리를 이용하여 간소화시키는 과정에서 어떤 정리를 사용해야 가장 간소화된 형태를 갖게 될 것인지 확신하기가 매우 어려운 일종의 시행착오방법(trial and error)이라는 데 있다.

따라서 이 장에서는 누구나 숙련을 필요로 하지 않고 그 결과에 만족할 수 있는 논리함수의 간소화 방법인 카르노도(Karnaugh map)에 의한 방법과 매클루스키(Q. McClusky)의 검표(tabular) 방법에 대하여 설명한다.

그에 앞서 논리함수를 표현하는 방법에 대하여 먼저 설명하도록 한다.

5.1 논리함수의 표준형

논리함수는 앞 장의 예에서 보았듯이 논리함수 내에 포함되어 있는 변수들의 다항식 표시형식인 최소항의 합이나 그 쌍대의 형태인 최대항의 곱으로 나타낼 수 있다는 것을 알았다.

여기서 n개 변수로 이루어지는 n변수의 최소항은 n개 문자들의 곱의 형태를 취하며, n변수의 최대항은 n개 문자들의 합의 형태를 취한다. 그리고 최소항이나 최대항의 각 변수는 그 변수나 그 변수의 보수형태로 단 한 번만 나타나며, 문자는 그 변수나 그 변수의 보수를 의미한다.

예를 들어, 세 변수 A, B, C로 이루어지는 최소항의 합의 형태와 최대항의 곱의 형태를 나타내면 다음과 같다.

(1) $f(A, B, C)=\overline{A}\,\overline{B}\,\overline{C}+\overline{A}BC+AB\overline{C}+ABC$ ········ 표준 논리곱의 합 형식

(2) $f(A, B, C)=(\overline{A}+\overline{B}+\overline{C})\cdot(\overline{A}+B+C)\cdot(A+B+\overline{C})\cdot(A+B+C)$

·· 표준 논리합의 곱 형식

따라서 이것을 각각 표준 SOP(sum of product) 형식, 표준 POS(product of sum) 형식이라 한다.

그리고 식 (1), (2)를 간소화하여 각각 다음의 식 (3)과 (4), 즉

(3) $f(A, B, C)=\overline{A}\,\overline{B}\,\overline{C}+AB+BC$ ···························· 논리곱의 합(SOP) 형식

(4) $f(A, B, C)=(\overline{A}+\overline{B}+\overline{C})\cdot(A+B)\cdot(B+C)$ ······ 논리합의 곱(POS) 형식

을 얻을 수 있다. 여기서 식 (3)의 두 번째, 세 번째 최소항과 식 (4)의 두 번째, 세 번째 최대항에는 변수 C와 A가 포함되어 있지 않은 것을 알 수 있다.

이와 같이 일부의 변수가 없는 논리식은 표준형식이 아니라 단순히 논리곱의 합(SOP) 형식과 논리합의 곱(POS) 형식이라 한다.

예제 5.1 논리함수 $f(A, B, C, D)=\overline{A}B$가 있다. 이것을 표준 SOP 형식으로 나타내어라.

풀이 $f(A, B, C, D)=\overline{A}B$ 중에는 C와 D의 변수가 포함되어 있지 않으므로 이것을 포함시키려면 $(C+\overline{C})(D+\overline{D})$와의 논리곱을 만들면 된다.

$$\begin{aligned}f(A, B, C, D) &= \overline{A}B(C+\overline{C})(D+\overline{D})\\ &= (\overline{A}BC+\overline{A}B\overline{C})(D+\overline{D})\\ &= \overline{A}BCD+\overline{A}BC\overline{D}+\overline{A}B\overline{C}D+\overline{A}B\overline{C}\,\overline{D}\end{aligned}$$ ■

예제 5.2 논리함수 $f(A, B, C, D)=(A+\overline{C}+\overline{D})(A+\overline{B})$가 있다. 이것을 표준 POS 형식으로 나타내어라.

풀이 첫 번째 괄호 안에는 변수 B가 포함되어 있지 않으므로 $B\overline{B}$와의 논리합을 만든 다음 분배법칙을 적용하면 다음과 같다.

$$(A+\overline{C}+\overline{D})+B\overline{B}=(A+B+\overline{C}+\overline{D})(A+\overline{B}+\overline{C}+\overline{D}) \tag{5.1}$$

그리고 두 번째 괄호 안에는 변수 C와 D가 포함되어 있지 않으므로 우선 $C\overline{C}$와의 논리합항을 만든 다음 분배법칙을 적용하고, 그 결과를 각각 $D\overline{D}$와의 논리합항을 만든 다음 분배법칙을 적용하면 다음과 같다.

$$(A+\overline{B})+C\overline{C}=(A+\overline{B}+C)(A+\overline{B}+\overline{C})$$
$$(A+\overline{B}+C)+D\overline{D}=(A+\overline{B}+C+D)(A+\overline{B}+C+\overline{D})$$
$$(A+\overline{B}+\overline{C})+D\overline{D}=(A+\overline{B}+\overline{C}+D)(A+\overline{B}+\overline{C}+\overline{D})$$

그러므로

$$A+\overline{B}=(A+\overline{B}+C+D)(A+\overline{B}+C+\overline{D})$$
$$(A+\overline{B}+\overline{C}+D)(A+\overline{B}+\overline{C}+\overline{D}) \quad (5.2)$$

이상의 결과로부터 식 (5.1)과 식 (5.2)의 논리곱을 만들면 표준 POS 형식으로 되지만 각각의 최종항 $(A+\overline{B}+\overline{C}+\overline{D})$는 공통이므로 이것은 하나면 된다.
결국

$$f(A,\ B,\ C,\ D)=(A+B+\overline{C}+\overline{D})(A+\overline{B}+\overline{C}+\overline{D})(A+\overline{B}+C+D)$$
$$(A+\overline{B}+C+\overline{D})(A+\overline{B}+\overline{C}+D) \quad (5.3)$$

가 된다. ■

그런데 앞에서와 같은 표준 SOP 형식이나 표준 POS 형식은 변수가 많아지게 되면 논리식이 길어져 틀리기 쉽다. 그래서 이것을 수치형식으로 나타내면 보기가 좋다.

예를 들어, 다음의 표준 SOP 형식의 논리식을 Σ를 이용하여 나타내면,

$$f(A,\ B,\ C,\ D)=\underbrace{\overline{A}B\overline{C}D}_{0101 \to 5}+\underbrace{\overline{A}BC\overline{D}}_{0110 \to 6}+\underbrace{A\overline{B}CD}_{1011 \to 11}+\underbrace{AB\overline{C}\,\overline{D}}_{1100 \to 12} \quad (5.4)$$

$$=\Sigma(5,\ 6,\ 11,\ 12) \quad (5.5)$$

가 된다. 이처럼 각 항의 변수가 보수이면 「0」, 보수가 아니면 「1」을 할당하여 이것을 2진수로 나타낸 후 Σ기호로 합한다는 의미를 갖게 하는 것이다.

또한 이것은 최소항(min-term)이라는 용어를 사용하여

$$f(A,\ B,\ C,\ D)=m_5+m_6+m_{11}+m_{12}$$

라고 표현할 수도 있다.

예제 5.3 다음의 논리함수 $f(A,\ B,\ C,\ D)=\Sigma(1,\ 5,\ 13,\ 15)$를 표준 SOP 형식으로 나타내어라.

풀이 $f(A, B, C, D) = \sum(1, 5, 13, 15) = m_1 + m_5 + m_{13} + m_{15}$

$$= 0001 + 0101 + 1101 + 1111$$
$$= \overline{A}\,\overline{B}\,\overline{C}D + \overline{A}B\overline{C}D + AB\overline{C}D + ABCD \quad ■$$

만약, 논리식이 표준형이 아닌 경우는 표준 SOP 형식으로 변환한 후 수치표현으로 고치면 된다.

이번에는 표준 POS 형식의 논리식을 수치형식으로 나타내는 방법을 생각해 보자. 예를 들어, 다음의 논리함수 $f(A, B, C, D)$를 Π기호를 이용하여 나타내면

$$f(A, B, C, D) = (\overline{A} + B + C + \overline{D})(A + \overline{B} + C + D) \tag{5.6}$$
$$\underbrace{1\ 0\ 0\ 1}_{9}\ \underbrace{0\ 1\ 0\ 0}_{4}$$
$$= \Pi(4, 9) \tag{5.7}$$

가 된다. 결국 각 항의 변수가 보수이면 「1」, 보수가 아니면 「0」을 할당하여 이것을 2진수로 나타낸 후 Π기호를 이용하여 나타내면 곱한다는 의미를 갖게 하는 것이다.

또한 이것을 최대항(max-term)이란 용어를 사용하여 $f(A, B, C, D) = M_4 \cdot M_9$이라고 표현할 수도 있다.

예제 5.4 다음의 논리함수 $f(A, B, C, D) = \Pi(0, 4, 7)$을 표준 POS 형식으로 나타내어라.

풀이 $f(A, B, C, D) = \Pi(0, 4, 7) = M_0 \cdot M_4 \cdot M_7$

$$= (0000)(0100)(0111)$$
$$= (A + B + C + D)(A + \overline{B} + C + D)(A + \overline{B} + \overline{C} + \overline{D}) \quad ■$$

예제 5.5 다음의 논리식 $f(A, B, C, D) = A + \overline{C}$를 POS 형식의 수치표현으로 변환하라.

풀이 우선 $f(A, B, C, D) = A + \overline{C}$를 표준 POS 형식으로 고친다.

$$f(A, B, C, D) = (A + B + \overline{C} + D)(A + B + \overline{C} + \overline{D})(A + \overline{B} + \overline{C} + D)(A + \overline{B} + \overline{C} + \overline{D})$$
$$\underbrace{0\ 0\ 1\ 0}_{2}\ \underbrace{0\ 0\ 1\ 1}_{3}\ \underbrace{0\ 1\ 1\ 0}_{6}\ \underbrace{0\ 1\ 1\ 1}_{7}$$
$$= \Pi(2, 3, 6, 7)$$
$$= M_2 \cdot M_3 \cdot M_6 \cdot M_7 \quad ■$$

앞의 예를 통해서 우리는 최소항의 표시가 최대항의 표시보다 직관적으로 알아보기 쉽다는 것을 알 수 있다.

여기서 최소항을 m_i, 최대항을 M_i로 나타냈을 때 3변수로 이루어지는 논리식의 최소항과 최대항과의 관계를 표 5.1에 나타내었다.

▶표 5.1

10진수(i)	변수$(A,\ B,\ C)$	최소항(m_i)	최대항(M_i)
0	000	$\overline{A}\,\overline{B}\,\overline{C}=m_0$	$A+B+C=M_0$
1	001	$\overline{A}\,\overline{B}C=m_1$	$A+B+\overline{C}=M_1$
2	010	$\overline{A}B\overline{C}=m_2$	$A+\overline{B}+C=M_2$
3	011	$\overline{A}BC=m_3$	$A+\overline{B}+\overline{C}=M_3$
4	100	$A\overline{B}\,\overline{C}=m_4$	$\overline{A}+B+C=M_4$
5	101	$A\overline{B}C=m_5$	$\overline{A}+B+\overline{C}=M_5$
6	110	$AB\overline{C}=m_6$	$\overline{A}+\overline{B}+C=M_6$
7	111	$ABC=m_7$	$\overline{A}+\overline{B}+\overline{C}=M_7$

그런데 최소항과 최대항 사이에는 쌍대의 관계가 성립하므로 표 5.1로부터 최대항과 최소항과의 관계를 알아보자.

1. 최소항의 부정은 최대항이 되고, 그 역도 성립한다. 즉,

$$\overline{m_i} = M_i$$
$$\overline{M_i} = m_i$$

가 성립한다. 예를 들어,

$$\overline{m_2} = \overline{\overline{A}B\overline{C}} = A+\overline{B}+C = M_2 \text{이고,}$$
$$\overline{M_5} = \overline{\overline{A}+B+\overline{C}} = A\overline{B}C = m_5 \text{가 되므로}$$

위의 관계가 성립된다.

2. 서로 다른 최소항과의 곱은 0이 되고, 서로 다른 최대항과의 합은 1이 된다. 즉,

$$m_i \cdot m_j = \begin{cases} 0\,(i \neq j) \\ m_i\,(i = j) \end{cases}$$

$$M_i + M_j = \begin{cases} 1\,(i \neq j) \\ M_i\,(i = j) \end{cases}$$

가 성립한다. 예를 들어,

$$\begin{aligned} m_2 \cdot m_4 &= (\overline{A}B\overline{C})(A\overline{B}\,\overline{C}) \\ &= A\overline{A}\ \ B\overline{B}\ \ \overline{C}\,\overline{C} \\ &= 0\text{이 되고,} \end{aligned}$$

$$\begin{aligned} M_2 + M_4 &= (A+\overline{B}+C)+(\overline{A}+B+C) \\ &= A+\overline{A}+\overline{B}+B+C+C \\ &= 1+1+C \\ &= 1\text{이 되므로} \end{aligned}$$

위의 관계가 성립한다.

3. 모든 최소항의 합은 1이 되고, 모든 최대항의 곱은 0이 된다. 즉,

$$\sum_{i=0}^{2^n-1} m_i = 1$$

$$\prod_{i=0}^{2^n-1} M_i = 0$$

이 성립한다. 예를 들어, 3변수인 경우 표 5.1에서 보듯이

$$\begin{aligned} (A+\overline{A})(B+\overline{B})(C+\overline{C}) &= ABC + AB\overline{C} + A\overline{B}C + A\overline{B}\,\overline{C} \\ &\quad + \overline{A}BC + \overline{A}B\overline{C} + \overline{A}\,\overline{B}C + \overline{A}\,\overline{B}\,\overline{C} \\ &= \sum_{i=0}^{7} m_i \\ &= 1 \end{aligned}$$

이 성립한다. 그리고 위의 논리식에 쌍대의 관계를 적용하면,

$$\begin{aligned} A\overline{A} + B\overline{B} + C\overline{C} &= (A+B+C)(A+B+\overline{C})(A+\overline{B}+C)(A+\overline{B}+\overline{C}) \\ &\quad (\overline{A}+B+C)(\overline{A}+B+\overline{C})(\overline{A}+\overline{B}+C)(\overline{A}+\overline{B}+\overline{C}) \\ &= \prod_{i=0}^{7} M_i \\ &= 0 \end{aligned}$$

이 성립한다.

예제 5.6 다음과 같이 3변수로 이루어지는 최대항 형식의 논리함수 $f = M_1 \cdot M_3 \cdot M_5$를 최소항 형식으로 변환하라.

풀이 $\overline{f}$를 구하면

$$\overline{f} = \overline{M_1 \cdot M_3 \cdot M_5} = \overline{M_1} + \overline{M_3} + \overline{M_5} = m_1 + m_3 + m_5$$

가 되고, 여기서 이 식의 부정을 다시 취하면

$$\overline{\overline{f}} = f = m_0 + m_2 + m_4 + m_6 + m_7$$

이 된다. 따라서 최대항 형식의 논리함수 $f = M_1 \cdot M_3 \cdot M_5$는 최소항 형식의 논리함수

$$f = m_0 + m_2 + m_4 + m_6 + m_7$$

이 성립한다. ■

그러면 최소항의 합 형식인 Σ 함수의 수치와 최대항의 곱 형식인 Π함수의 수치는 서로 어떤 관계에 있을까? 이들은 실제 상호 보수관계에 있으며, Σ 함수 속에 포함되어 있는 수치는 Π함수 속에는 포함되어 있지 않게 된다.

다음 예제를 통해서 이것을 증명해 보자.

예제 5.7 $f(A, B, C) = \Sigma(0, 2, 4, 5, 7)$인 논리함수가 있다. 이것을 $f(A, B, C) = \Pi(\quad)$ 형식으로 나타내어라.

풀이 우선 $f(A, B, C) = \Sigma(0, 2, 4, 5, 7)$로 진리표를 만들면 표 5.2와 같다.

▶표 5.2

10진수	A	B	C	f
0	0	0	0	1
1	0	0	1	0
2	0	1	0	1
3	0	1	1	0
4	1	0	0	1
5	1	0	1	1
6	1	1	0	0
7	1	1	1	1

표 5.2에서처럼 논리함수 f에 대한 SOP 형식은 Σ수치에 해당하는 행의 f를 1로 놓은 값이 된다.

한편 POS 형식인 Π의 수치는 진리표의 $f=0$인 행에 의해 결정되기 때문에

$$\overline{f}(A,\ B,\ C)=\overline{A}\,\overline{B}\,C+\overline{A}\,B\,C+A\,B\,\overline{C}$$

$$\overline{\overline{f}}(A,\ B,\ C)=f=\underbrace{(A+B+\overline{C})}_{\substack{0\ 0\ 1\\ 1}}\underbrace{(A+\overline{B}+\overline{C})}_{\substack{0\ 1\ 1\\ 3}}\underbrace{(\overline{A}+\overline{B}+C)}_{\substack{1\ 1\ 0\\ 6}}$$

$$f(A,\ B,\ C)=\Pi(1,\ 3,\ 6)$$

으로 되며, 이 수치는 Σ수치에 없는 것이다. ■

예제 5.8 $f(A,\ B,\ C)=\Sigma(0,\ 2,\ 4,\ 6)$을 SOP 형식의 논리식으로 나타내고, 또 POS 형식의 논리식으로도 나타내어라.

풀이

$$\begin{aligned} f(A,\ B,\ C)&=\Sigma(0,\ 2,\ 4,\ 6)\\ &=\overline{A}\,\overline{B}\,\overline{C}+\overline{A}B\overline{C}+A\overline{B}\,\overline{C}+AB\overline{C}\\ &=\overline{C} \end{aligned}$$

Σ의 수치 이외의 것을 선택하면 Π의 수치가 얻어지므로

$$\begin{aligned} f(A,\ B,\ C)&=\Pi(1,\ 3,\ 5,\ 7)\\ &=(A+B+\overline{C})(A+\overline{B}+\overline{C})(\overline{A}+B+\overline{C})(\overline{A}+\overline{B}+\overline{C})\\ &=\overline{C} \end{aligned}$$

■

5.2 NAND 게이트와 SOP 형식

SOP 형식으로 표현된 논리식은 AND 게이트와 이것에 연결되는 OR 게이트가 있으면 간단히 논리회로를 만들 수 있고, SOP 형식에서 NAND 게이트를 2단 이용하여 논리회로를 구성할 수도 있다. 1단은 AND 동작시키고, 2단째는 부논리 입력의 OR 동작을 시키는 것이다.

예제 5.9 논리식 $Y(A,\ B,\ C,\ D)=A+BD+ABC$가 있다.

(1) AND, OR 게이트를 이용하여 논리회로를 구성하라.

(2) NAND 게이트를 이용하여 논리회로를 구성하라.

풀이 그림 5.1 (a), (b)에 각각의 게이트로 실현한 회로를 나타내었다.
그림 (b)의 inverter는 NAND 게이트를 이용하여 실현할 수 있다.

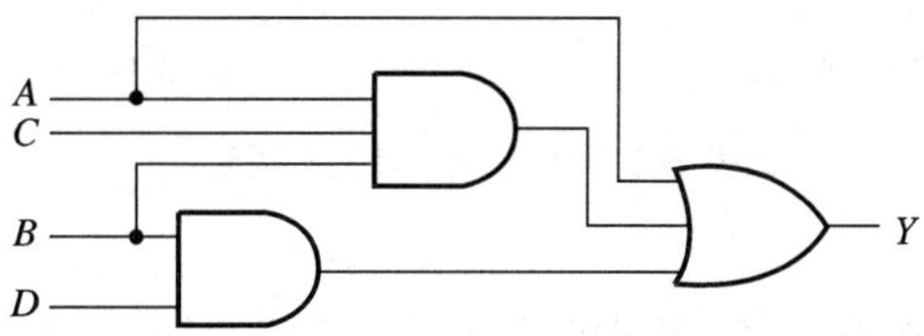

(a) AND-OR 구성

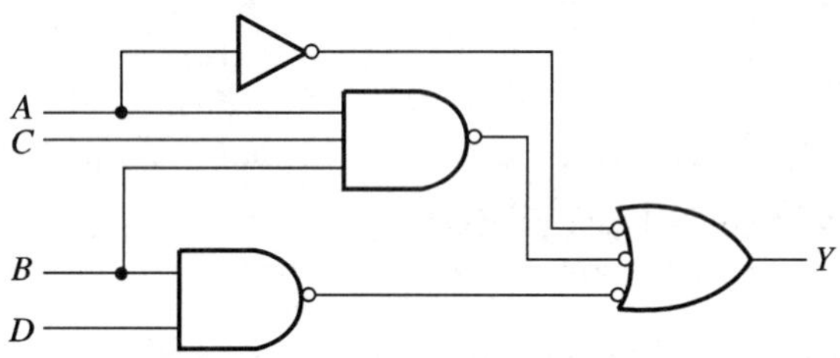

(b) NAND 2단 구성

그림 5.1 SOP 형식의 논리회로 ■

5.3 NOR 게이트와 POS 형식

POS 형식으로 표현된 논리식은 OR 게이트와 이것에 연결되는 AND 게이트를 이용하면 논리회로를 만들 수 있으나 NOR 게이트를 2단 이용하면 간단하다. 1단은 OR 동작시키고, 2단째는 부논리 입력의 AND 동작을 시키는 것이다.

예제 5.10 논리식 $Y(A, B, C, D) = (B + C)(A + C + D)$가 있다.

(1) OR, AND 게이트를 이용하여 논리회로를 구성하라.

(2) NOR 게이트를 이용하여 논리회로를 구성하라.

풀이 그림 5.2(a), (b)에 각각의 게이트를 이용하여 실현한 회로를 나타내었다.

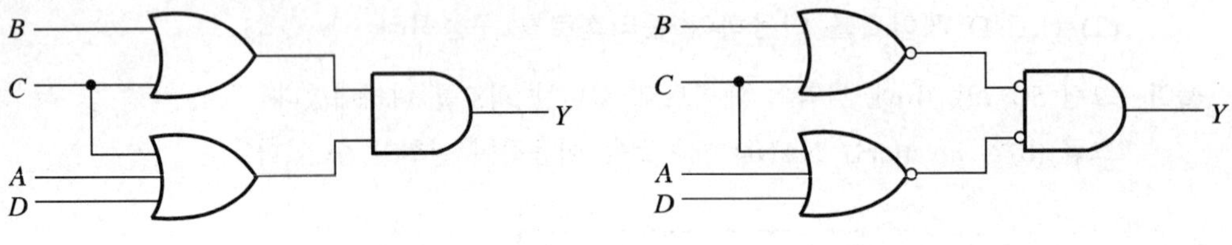

(a) OR-AND 구성　　(b) NOR 2단 구성

그림 5.2 POS 형식의 논리회로

이상과 같이 SOP 형식과 POS 형식의 논리식은 Σ와 Π를 사용하여 수치를 표현하면 간단하게 되고, 또한 이것을 회로로 실현하려면 NAND 게이트, NOR 게이트를 사용하면 된다.

5.4 카르노도(Karnaugh map)

카르노도는 논리함수를 간소화시키기 위한 기술적인 방법의 일환으로 고안된 것으로서, 그 맵 구성은 기하 구조적인 개념을 이용하여 각 입력 상태의 조합을 카르노도에 표시함에 있어서 인접한 항과의 관계에서 1비트의 변수만 변화되도록 구성하였다.

그리고 카르노도를 구성하는 각 항들은 반드시 인접된 항들을 갖고 있고, 이 항들은 각각 우리가 지구의를 펼쳐서 세계지도를 구성하였을 때 세계지도의 각 변들이 상호 연결되듯이 상호 인접되도록 기하구조적으로 구성된 기하 도표이다.

예를 들어, 1변수의 카르노도에서 그 하나의 변수 A가 취하는 값은 0과 1이므로 그림 5.3과 같이 두 개의 네모꼴, 즉 두 개의 인접된 항으로 구성된다.

또한 2변수의 카르노도에서는 두 개의 변수 A, B가 취하는 값 역시 각각 0과 1이고, 이들 변수의 가능한 결합방식은 $2^2=4$가지이므로 그림 5.4와 같이 4개의 인접된 항으로 구성되는 것을 알 수 있다.

여기에 각 입력조합의 상태에 따른 출력값 0과 1을 대입하여 카르노도를 구성하게 된다.

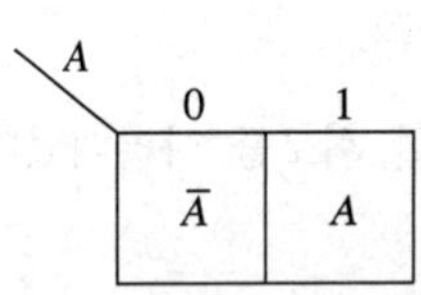

그림 5.3 1변수 카르노도

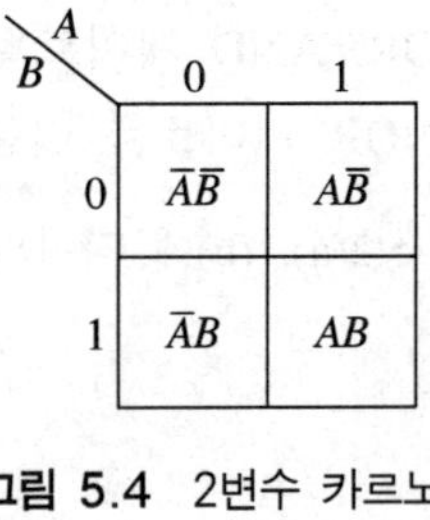

그림 5.4 2변수 카르노도

예를 들어, 불함수 $f=1$인 입력조합이 $f(A, B)=A\overline{B}+\overline{A}B$일 때의 카르노도는 그림 5.5와 같이 구성된다.

B \ A	0	1
0	0	1
1	1	0

그림 5.5

이것을 2변수 SOP 또는 POS 형식의 카르노도라 한다. 같은 방법으로 3변수, 4변수, 5변수 등도 구성할 수 있는데 이때도 앞에서 설명하였듯이 표준 SOP 형식이나 표준 POS 형식의 불함수를 만들어 진리표에서와 같이 함수를 구성하는 각 최소항에 대한 출력 결과(0 또는 1)를 카르노도에 기계적으로 기입하고, 함수에 포함된 인접항들 간에 $A+\overline{A}=1$의 정리를 적용함으로써 간단하게 간소화시킬 수 있는 방법이다.

이 방법은 특히 입력변수가 5변수 이하인 경우에 매우 효과적인 방법이며, 6변수가 넘게 되면 카르노도의 패턴을 인식할 수 있는 직관력이 떨어지게 되어 우리가 카르노도로부터 가장 간소화된 기본 형태를 취사 선택하기가 매우 어렵게 된다.

따라서 6변수 이상에서는 대개 $Q \cdot M$ 검표법을 사용한다. 다음에는 카르노도의 실제적인 구성방법과 간소화 방법에 대하여 설명하도록 한다.

1. 3변수 SOP 형식

3변수의 논리함수 $f(A, B, C)$의 카르노도에서는 입력조합이 $2^3=8$가지이므로 그림 5.6(a)에 나타낸 것처럼 8개의 인접항들이 존재한다. 여기서 8개의 각 항에는 각 변수마다 「0」과 「1」의 조합을 할당하는데 이때 BC항의 「0」과 「1」의 배열순서에 주의해야 한다.

BC \ A	0	1
00		
01		
11		
10		

(a) 3변수 카르노도

BC \ A	0	1
00	0	4
01	1	5
11	3	7
10	2	6

(b) 수치의 배열

BC \ A	0	1
00	1	1
01	1	1
11		
10	1	1

(c) $f(A, B, C)=\Sigma(0, 1, 2, 4, 5, 6)$

그림 5.6 3변수 카르노도의 사용방법

즉, 각 항 사이에는 1비트만 변화해야 하므로(gray code를 사용) 3번째 (11)과 4번째 (10)을 반대로 하지 않아야 한다. 그래서 변수 A를 MSB, 변수 C를 LSB로 하는 3비트의 2진수로 치환하면 그림 (b)와 같이 수치를 각 항에 기입할 수 있다. 이 수치는 SOP 형식의 $\Sigma(\quad)$ 속의 수치에 대응하는 것이다.

예를 들면, $f(A, B, C) = \sum(0, 1, 2, 4, 5, 6)$인 논리함수가 있을 때 이것을 카르노도에 기입하면 그림 5.6(c)와 같다.

불대수식을 카르노도로 간소화하는 순서는 다음과 같다.

(1) 표준 SOP 형식으로 나타낸다.

(2) 이것을 카르노도의 해당 칸에 「1」이라고 기입한다.

(3) 인접한 「1」의 항을 루프(loop)로 둘러싼다. 이 루프로 둘러싼 항의 수는 2의 승수이어야 하며 또 루프, 즉 인접 항들의 묶음은 최대가 되도록 한다.

(4) 항의 「1」은 여러 번 사용해도 좋지만 반드시 한 번은 모든 「1」을 사용해야 한다.

(5) 각각의 루프로부터 SOP 형식의 논리식을 구한다.

(6) 항의 「0」이 매우 적을 때는 SOP 형식보다 POS 형식을 이용하면 간단해진다.

그림 5.6(c)에 대해서 루프를 만들면 그림 5.7(a)와 같이 두 개의 루프가 된다. 위의 루프는 $\sum(0, 1, 4, 5) = \overline{A}\,\overline{B}\,\overline{C} + \overline{A}\,\overline{B}C + A\overline{B}\,\overline{C} + A\overline{B}C = \overline{B}$이며, 아래 루프는 $\sum(2, 6) = \overline{A}B\overline{C} + AB\overline{C} = B\overline{C}$이다. 따라서 $f(A, B, C) = \overline{B} + B\overline{C}$로 간소화된다.

그러나 루프의 선정방법은 그림 5.7(b)와 같이 해야 한다. 상단의 루프는 하단의 루프와 인접하고 있으며, 1행째의 $BC(0, 0)$과 A행째의 $BC(1, 0)$은 변수 B만 1비트가 변화하고 있으므로 $B + \overline{B} = 1$에서 이 루프는 $\sum(0, 2, 4, 6) = \overline{A}\,\overline{B}\,\overline{C} + \overline{A}B\overline{C} + A\overline{B}\,\overline{C} + AB\overline{C} = \overline{C}$로 된다. 따라서 $f(A, B, C) = \overline{B} + \overline{C}$로 간소화된다. 물론 그림 (a)보다 (b)가

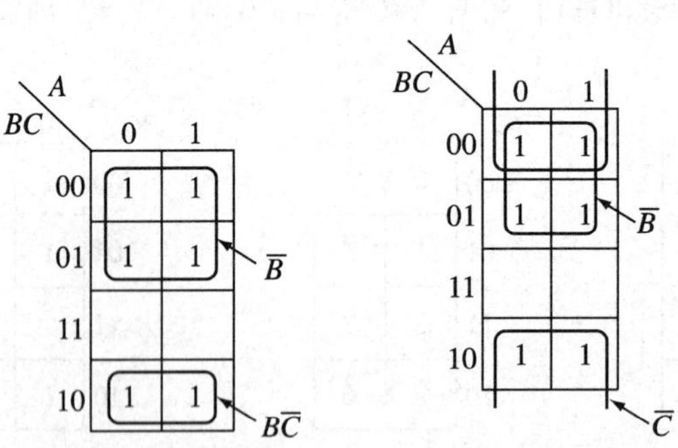

(a) $f = \overline{B} + B\overline{C}$ (b) $f = \overline{B} + \overline{C}$

그림 5.7 루프로 묶는 방법

더 간소화되는 것은 명백하다. 이 결과 루프는 가능한 한 크게 하는 것이 좋으며 루프는 octet(8), quad(4), pair(2)순으로 묶는다.

예제 5.11 논리식 $f(A, B, C) = AB\overline{C} + A\overline{B}\,\overline{C} + \overline{A}B\overline{C} + ABC + A\overline{B}C$가 있다. 이것을 카르노도를 이용하여 간소화하라.

풀이 논리식대로 카르노도에 기입하면 그림 5.8과 같이 루프가 두 개이므로 결과는 $f(A, B, C) = A + B\overline{C}$로 된다.

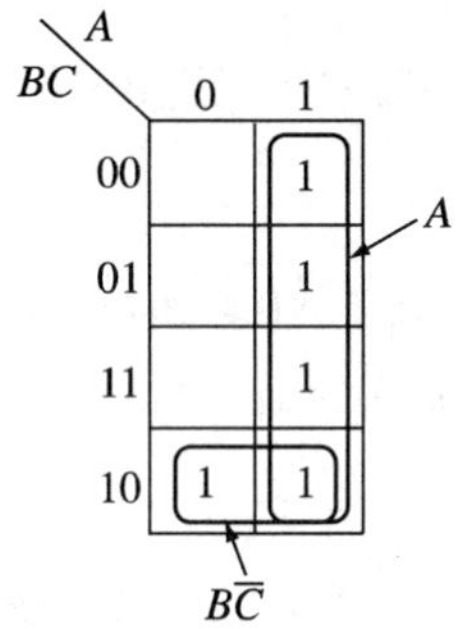

그림 5.8 카르노도 ■

예제 5.12 그림 5.9의 카르노도로부터 논리식을 구하라.

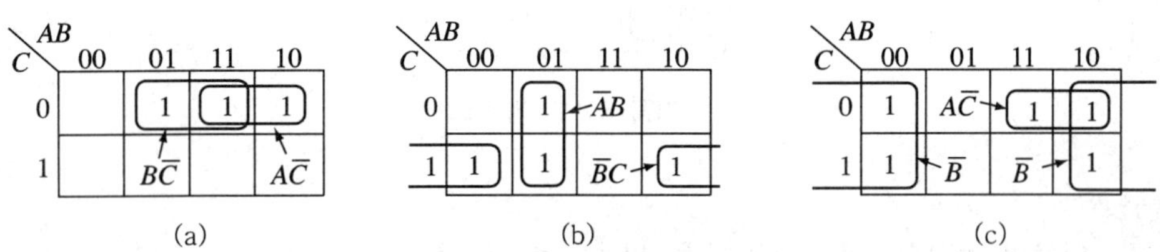

그림 5.9 카르노도

풀이 (a) $f(A, B, C) = B\overline{C} + A\overline{C} = \overline{C}(A + B)$

(b) $f(A, B, C) = \overline{A}B + \overline{B}C$

(c) $f(A, B, C) = A\overline{C} + \overline{B}$ ■

2. 4변수 SOP 형식

4변수의 논리함수 $f(A, B, C, D)$의 경우는 그림 5.10과 같이 $2^4 = 16$개의 항을 가진 카르노도가 필요하다. Σ 형식의 논리식이면 직접 그림에 나타낸 수치의 해당칸에 「1」을 기입하면 된다.

CD \ AB	00	01	11	10
00	0	4	12	8
01	1	5	13	9
11	3	7	15	11
10	2	6	14	10

그림 5.10 4변수 카르노도

예제 5.13 다음의 논리함수 $f(A, B, C, D) = \sum(0, 1, 2, 3, 13, 15)$를 카르노도를 이용하여 간소화하라.

풀이 그림 5.11과 같이 루프는 두 개가 된다. 좌측 루프는 $\sum(0, 1, 2, 3) = \overline{A}\,\overline{B}$, 우측 루프는 $\sum(13, 15) = ABD$이다. 따라서 $f(A, B, C, D) = \overline{A}\,\overline{B} + ABD$로 된다.

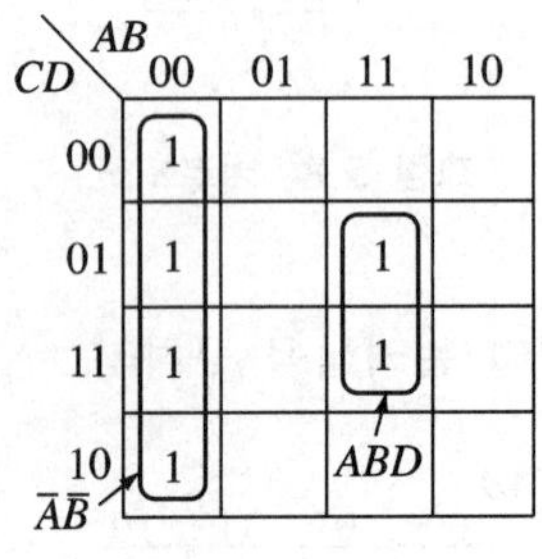

그림 5.11 카르노도

■

예제 5.14 다음의 논리함수를 카르노도를 이용하여 간소화하라.

(a) $f(A, B, C, D) = \overline{A}B\overline{C}D + \overline{A}BCD + ABCD + \overline{A}\,\overline{B}C\overline{D} + A\overline{B}C\overline{D}$

(b) $f(A, B, C, D) = \overline{A}B\overline{C}D + \overline{A}BCD + AB\overline{C}D + ABCD + A\overline{B}\,\overline{C}D$

(c) $f(A, B, C, D) = A\overline{B}\,\overline{C}\,\overline{D} + \overline{A}\,\overline{B}C\overline{D} + \overline{A}BC\overline{D} + ABC\overline{D} + A\overline{B}C\overline{D}$

풀이 그림 5.12와 같이 되므로 다음과 같이 간소화할 수 있다.

(a) $f(A, B, C, D) = \overline{A}BD + BCD + \overline{B}C\overline{D}$

(b) $f(A, B, C, D) = BD + A\overline{C}D$

(c) $f(A, B, C, D) = C\overline{D} + A\overline{B}\,\overline{D}$

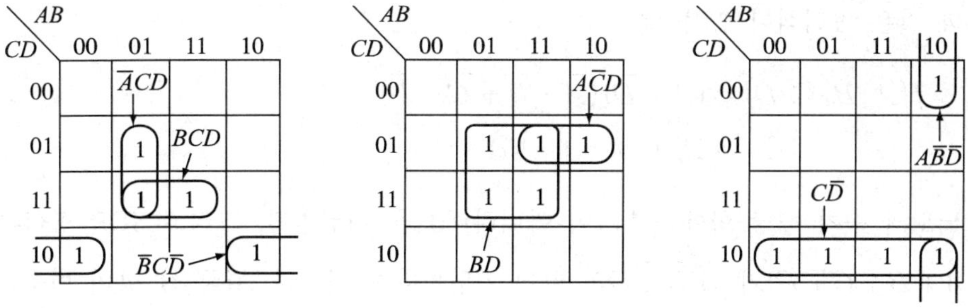

(a) (b) (c)

그림 5.12 카르노도 ■

예제 5.15 다음의 논리함수 $f(A, B, C, D) = \sum(0, 1, 2, 3, 4, 6, 8, 9, 10, 11, 15)$를 간소화하라.

풀이 그림 5.13과 같이 루프를 만들면 $f(A, B, C, D) = \overline{B} + \overline{A}\,\overline{D} + ACD$로 된다.

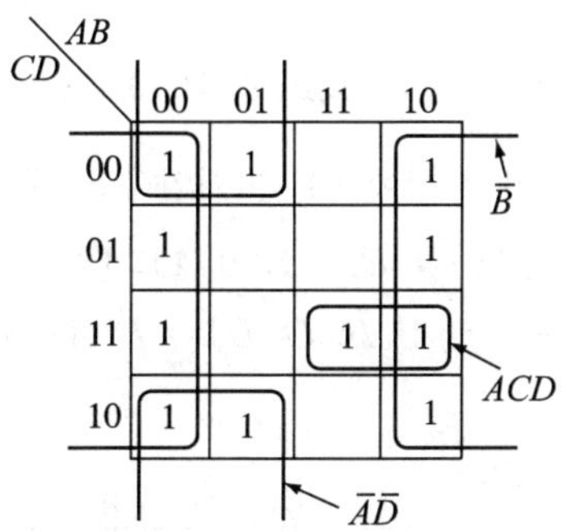

그림 5.13 카르노도 ■

3. 4변수 POS 형식

POS 형식의 논리함수 $f(A, B, C, D)$를 간소화하려면 그림 5.14에 나타낸 카르노도를 이용하면 된다.

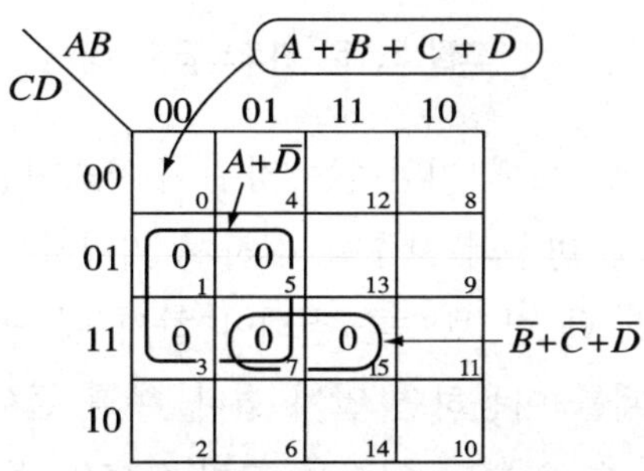

그림 5.14 POS 형식의 카르노도

다음과 같은 논리식이 있을 때

$$f(A, B, C, D) = (A+\overline{D})(\overline{A}+\overline{B}+\overline{C}+\overline{D})$$
$$= \Pi(1, 3, 5, 7, 15)$$

카르노도의 수치 해당 항에는 「1」이 아니라 「0」을 기입한다. 그리고 SOP 형식과 다른 것은 $(A+B+C+D)$가 $\overline{A}\,\overline{B}\,\overline{C}\,\overline{D}$의 항에 기입된다는 것이다. 결국 각 항의 변수를 반전시켜 논리곱으로 한 형태로 기입되는 것이다.

여기서 루프를 만들면,

$$\Pi(1, 3, 5, 7) = A+\overline{D}\text{와 } \Pi(7, 15) = \overline{B}+\overline{C}+\overline{D}$$

로 되기 때문에 간소화된 식은 $f(A, B, C, D) = (A+\overline{D})(\overline{B}+\overline{C}+\overline{D})$로 된다.

예제 5.16 $f(A, B, C, D) = \Pi(0, 1, 2, 3, 5, 8, 9, 10, 11, 13, 15)$를 간소화하라.

풀이 그림 5.15와 같이 수치 해당 항에 「0」을 기입하고, 루프를 만들면 3개의 루프가 생긴다. $\Pi(0, 1, 2, 3, 8, 9, 10, 11) = B$, $\Pi(9, 11, 13, 15) = \overline{A}+\overline{D}$, $\Pi(1, 5, 9, 13) = C+\overline{D}$로 되므로 결과는 $f(A, B, C, D) = B(\overline{A}+\overline{D})(C+\overline{D})$이다.

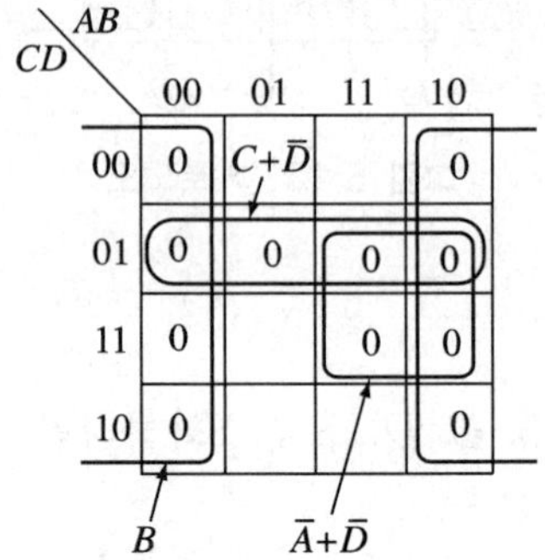

그림 5.15 카르노도 ■

이상과 같이 논리식을 카르노도에 기입하는 경우 수치표현인 Π( )형식이면 비교적 간단하지만 POS 형식에서는 각 변수의 보수를 취하여 기입하고, 이것을 간소화한 후 다시 POS 형식으로 표현할 때 또 한 번 보수를 취해야 하기 때문에 불편하다.

그러나 SOP 형식과의 관계를 이용하면 알기 쉽다. 예를 들어, 예제 5.16의 그림 5.15를 이용하면 그림 5.16을 그릴 수 있는데 이것은 그림 5.15와 등가이다. 이것으로부터 SOP

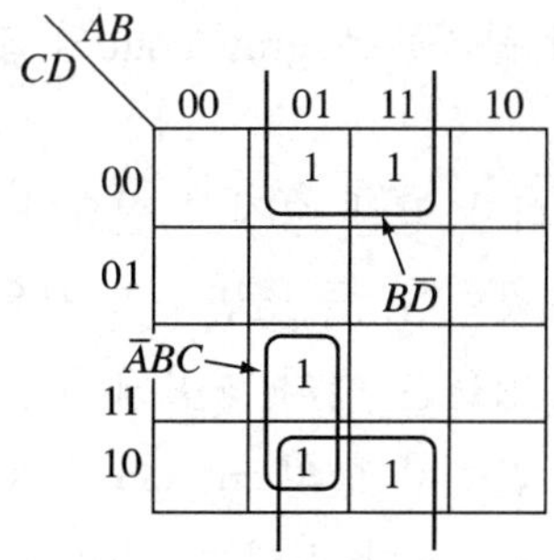

그림 5.16 카르노도

형식의 논리식을 다음과 같이 간소화할 수 있다. 즉,

$$f(A, B, C, D) = B\overline{D} + \overline{A}BC \tag{5.8}$$

이다. 이것이 예제 5.16의 결과와 같다는 것을 검토해 보면 쉽게 알 수 있다. 즉,

$$f(A, B, C, D) = B(\overline{A} + \overline{D})(C + \overline{D}) \tag{5.9}$$

이다.

4. 5변수 SOP 형식

4변수 이상의 카르노도는 인접된 항들의 수가 매우 많아지며 인접된 항들을 찾아내는 것도 쉽지 않다. 인접된 항들의 수는 언제나 최소항의 수와 일치하는데 5변수의 맵이면 32개의 인접된 항들이 있게 된다. 5변수의 맵을 그림 5.17에 나타내었다.

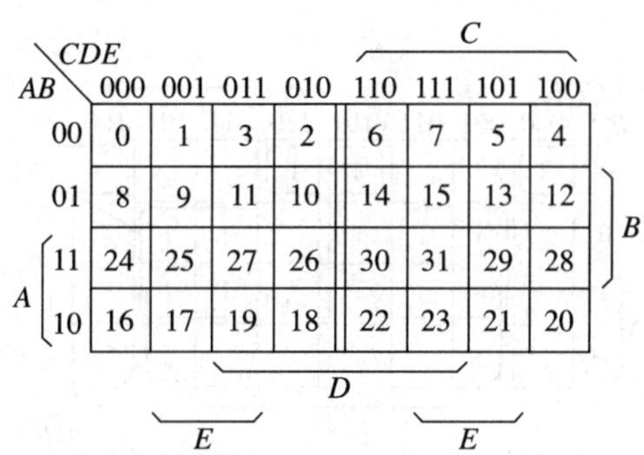

그림 5.17 5변수의 맵

각 행과 열은 gray code 순서로 적혀 있는데 각 항의 숫자는 최소항의 숫자와 같다. 예를 들면 4행 3열의 항의 숫자는 10011이 되며, 10진수로는 19가 된다. 그러므로 이 항의

최소항은 m_{19}이다. 또 각 변수의 문자들은 gray code의 값이 1인 곳에 그 변수로 표시되어 있다.

그림 5.17에서 인접된 항의 정의가 약간 수정될 필요가 있는데 그 이유는 몇 개의 변수가 두 부분으로 나누어져 있기 때문이다. 즉, 5변수의 맵은 두 개로 된 4변수 맵으로 나누어 생각해야 한다. 각각의 4변수 맵들은 맵의 중앙에 두 줄로 그어져 구분되어 있는데 각 4개 변수 맵마다 앞에서 정의한 인접된 항의 규칙이 적용된다. 그런데 알아두어야 할 것은 두 줄을 책을 접는 부분으로 생각해야 한다는 것이다. 즉, 책의 두 줄이 있는 곳을 접었을 때 서로 맞닿는 두 항도 인접된 항이 된다. 다시 말하면 최소항의 인접된 항들은 바로 주위의 4개 인접된 항뿐만 아니라 두 줄을 접을 때 맞닿는 반대편의 항들도 인접된 항들이 된다. 그러면 예제를 통하여 간소화 방법을 알아보자.

예제 5.17 다음의 논리함수를 간소화하라.

$$f(A, B, C, D, E) = \sum(0, 2, 4, 6, 9, 11, 13, 15, 17, 21, 25, 27, 29, 31)$$

풀이 이 함수의 맵을 그림 5.18에 나타내었다. 각 최소항들은 2진수로 바꿔어 해당 항에 1로 표시되어 있다. 가능한 한 최대 개수의 인접된 항들을 묶어 간소화해야 하는데 우측 반쪽 맵의 중앙 4개 인접된 항들은 책을 접었을 때와 같이 반대편의 4개 항과 인접된 항을 이루어 BE의 항으로 간소화된다. 제일 아래의 두 개의 1도 각각 바로 위의 항과 서로 합쳐져서 $A\overline{D}E$의 항이 된다. 제일 윗행의 4개의 1도 묶여서 $\overline{A}\,\overline{B}\,\overline{E}$로 된다. 그러므로 간소화된 논리함수는 다음과 같다.

$$f(A, B, C, D, E) = BE + A\overline{D}E + \overline{A}\,\overline{B}\,\overline{E}$$

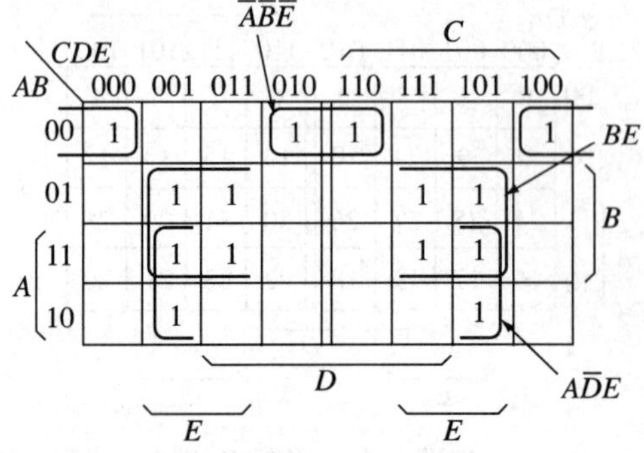

그림 5.18 카르노도 ■

5.5 게이트 회로의 선택

지금까지는 논리식을 어떻게 하면 간소화할 수 있는가를 중심으로 생각해 왔다. 그리고 설정조건으로부터 진리표를 만들어 SOP 형식이나 POS 형식으로 정리하여 이것을 카르노도를 이용하여 간소화해서 논리회로를 만들기 위해 NAND 게이트 또는 NOR 게이트를 사용하면 된다는 것도 설명하였다.

어떤 논리식에서는 SOP 형식보다도 POS 형식이 논리 게이트를 적게 그리고 경제적으로 구성할 수도 있고, 반대로 SOP 형식이 바람직한 경우도 있다. 어느 것이 좋은가의 우열은 가릴 수 없다. 그래서 설계자는 논리회로를 설계하기 전에 두 형식에 대해서 다음 사항을 검토하게 된다.

(1) 어느 형식이 게이트를 적게 할 수 있는가.

(2) 시판하고 있는 IC로 어느 형식이 만들기 쉬운가.

(3) 결선은 어느 형식이 적게 되는가.

예제 5.18 논리함수 $f(A, B, C, D) = \sum(5, 6, 7, 9, 10, 11, 13, 14, 15)$가 있다.

(a) SOP 형식과 POS 형식 각각의 방법으로 간소화하라.

(b) SOP 형식과 POS 형식 중 어느 것이 유리한가?

풀이 4변수 카르노도를 만들면 그림 5.19와 같다.

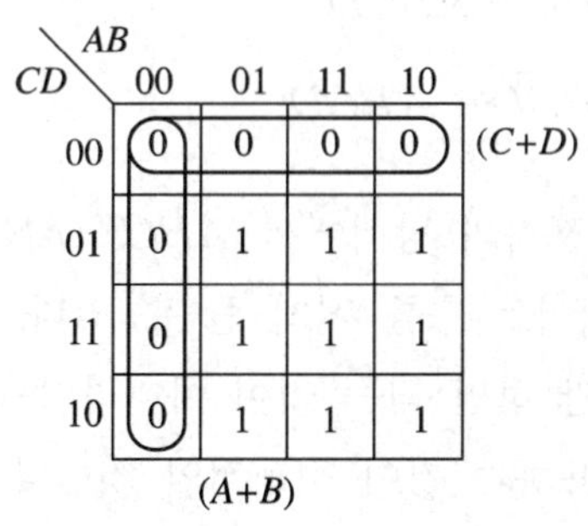

그림 5.19 카르노도

이것으로부터

(a) $f(A, B, C, D) = AD + BD + BC + AC$ ························ SOP 형식

$f(A, B, C, D) = (A + B)(C + D)$ ···································· POS 형식

(b) 두 식을 비교하면 분명히 POS 형식이 간단하고, 유리하다. ■

또 두 개 이상의 출력단자를 가진 논리회로인 경우에는 전체적으로 논리 게이트 수가 적게 되도록 공통부분을 이용하는 것이 유리하다.

예를 들면, $f_1(A, B, C, D) = \sum(4, 5, 12, 13, 15)$, $f_2(A, B, C, D) = \sum(6, 14, 15)$인 두 개의 논리회로를 만들 때 각각의 카르노도는 그림 5.20으로 된다.

CD \ AB	00	01	11	10
00		1	1	
01		1	1	
11			1	
10				

(a) f_1

CD \ AB	00	01	11	10
00				
01				
11			1	
10		1	1	

(b) f_2

그림 5.20 카르노도

여기서

$$f_1(A, B, C, D) = B\overline{C} + ABD \tag{5.10}$$

$$f_2(A, B, C, D) = BC\overline{D} + ABC \tag{5.11}$$

로 간소화하는 것이 아니라

$$f_1(A, B, C, D) = B\overline{C} + ABCD \tag{5.12}$$

$$f_2(A, B, C, D) = BC\overline{D} + ABCD \tag{5.13}$$

로 하는 것이 좋다. 왜냐하면 후자의 방식에서 $ABCD$(AND 게이트)를 공동으로 사용할 수 있기 때문에 전체적으로 게이트 수를 적게 할 수 있다.

이와 같이 단지 간소화하기만 하면 되는 것이 아니라 논리회로 전체를 잘 보아서 공통부분의 게이트를 공동으로 이용하는 것이 실리적인 것이다.

5.6 don't care에 의한 간소화

어떤 논리함수에서는 입력변수의 어떤 조합에 대응하는 출력이 BCD code의 경우처럼 절대로 생기지 않는 경우가 있다. BCD code는 표 5.3과 같이 입력변수 A, B, C, D의 조합이 $10_{10} \sim 15_{10}$으로 되는 조건은 발생하지 않는다. 따라서 그때의 논리 출력 f는 0과 1 어느 값이어도 상관없게 되므로, 이것을 don't care라 하며, d 또는 ×로 기입한다. don't care 「d」는 카르노도를 이용하여 간소화할 때 매우 융통성 있는 역할을 한다.

don't care를 포함한 불대수식을 간소화하는 방법은 다음과 같다.

(1) 실제값 1을 포함하여 루프가 최대가 되도록 d를 포함시킨다.

(2) d항만으로 루프를 만들 수 없다.

(3) 부정을 구할 때 0과 d를 사용한다.

(4) SOP 형식인 경우 루프 안의 d는 1, 루프 밖의 d는 0으로 취급하고, POS 형식인 경우 루프 안의 d는 0, 루프 밖의 d는 1로 취급한다.

▶표 5.3

10진	A	B	C	D	f
0	0	0	0	0	1
1	0	0	0	1	0
2	0	0	1	0	0
3	0	0	1	1	1
4	0	1	0	0	1
5	0	1	0	1	0
6	0	1	1	0	0
7	0	1	1	1	1
8	1	0	0	0	1
9	1	0	0	1	0
10	1	0	1	0	d
11	1	0	1	1	d
12	1	1	0	0	d
13	1	1	0	1	d
14	1	1	1	0	d
15	1	1	1	1	d

표 5.3을 카르노도로 그리면 그림 5.21이 된다. 항 10~15에 「d」라고 기입하면 되고, 이 「d」를 이용해서 $f(A, B, C, D) = CD + \overline{C}\,\overline{D}$로 간소화할 수 있다. 이때

$$\sum(11,\ 12,\ 15) = 1$$

로 간주하고,

$$\sum(10,\ 13,\ 14) = 0$$

으로 간주하게 된다. 「d」는 필요에 따라서 SOP 형식에서도, POS 형식에서도 자유로이 이용하면 된다.

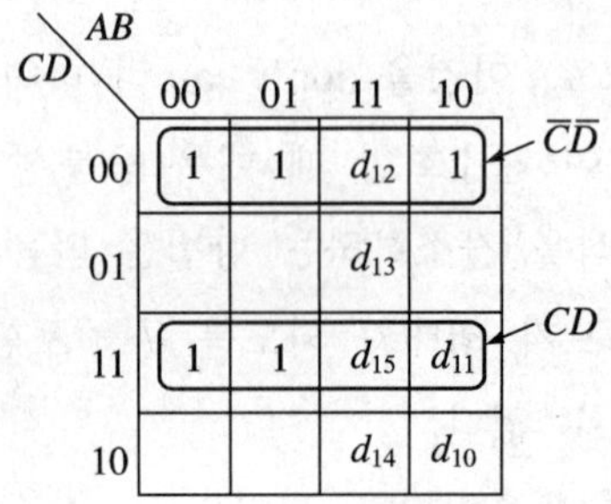

그림 5.21 don't care에 의한 간소화

예제 5.19 논리함수 $f(A,\ B,\ C,\ D) = \sum(0,\ 1,\ 2,\ 5,\ 8,\ 14) + d(4,\ 10,\ 13)$이 있다.

(a) SOP 형식으로 간소화하라.

(b) POS 형식으로 간소화하라.

(c) SOP 형식과 POS 형식의 논리식은 같은가?

풀이 (a) 그림 5.22(a)와 같이 「d」를 이용하면 루프를 크게 묶을 수 있다.

$$f(A,\ B,\ C,\ D) = \overline{A}\,\overline{C} + \overline{B}\,\overline{D} + A\,C\overline{D} \quad \cdots\cdots\cdots \text{SOP 형식}$$

(b) 그림 5.22(b)와 같이 루프를 묶으면 다음 식으로 된다.

$$f(A,\ B,\ C,\ D) = (\overline{A} + \overline{D})(\overline{C} + \overline{D})(\overline{B} + C + D)(A + \overline{B} + \overline{C}) \quad \text{POS 형식}$$

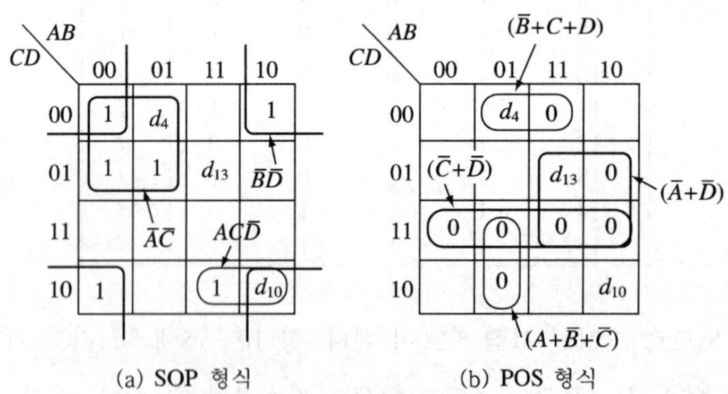

(a) SOP 형식 (b) POS 형식

그림 5.22 don't care에 의한 간소화

(c) don't care항을 이용할 때는 SOP 형식과 POS 형식은 다르다. 그것은 「d」의 사용 방법에 차이가 있기 때문이다.

SOP 형식에서는 $d(4, 10)$을 「1」로 간주하고 있는 데 반해 POS 형식에서는 $d(4, 13)$을 「0」으로 간주하고 있기 때문이다. ■

논리회로를 만드는 실제적인 방법으로는 NAND 게이트나 NOR 게이트를 사용하는 외에도, ROM 또는 PROM을 사용하는 방법, 멀티플렉서를 이용하는 방법, PLA(Programmable Logic Array)를 사용하는 방법 등이 있다.

5.7 논리식의 응용

지금까지 습득한 논리회로의 지식을 이용하여 실제문제를 해결해 보자. 그 순서를 정리해 보면 다음과 같다.

(1) 주어진 조건으로부터 진리표를 작성한다.

(2) 진리표로부터 SOP 형식 또는 POS 형식의 논리식을 만든다.

(3) 카르노도를 이용하여 논리식을 간소화한다.

(4) 가장 적절한 실용회로 방법을 선택한다.

예제 5.20 어느 공장의 기계가 4개의 센서로 작동하고 있다. 센서 S_1은 정상이고, 다른 세 개의 센서 중 적어도 두 개가 정상으로 작동하고 있을 때 기계가 작동한다.

(a) 기계가 작동하기 위한 조건을 진리표로 나타내어라.

(b) 진리표로부터 SOP 형식과 POS 형식의 논리식을 구하여 간소화하고, 어느 쪽이 유리한가 판단하라.

(c) 만약, 기계가 작동하지 않을 때 경보벨이 울리도록 하고자 한다. 그 논리식을 구하라.

풀이 진리표는 표 5.4와 같이 된다. 단, 센서 1, 2, 3, 4의 명칭을 S_1, S_2, S_3, S_4라 하고, 기계를 M이라 하자. 그리고 각 센서 및 기계가 정상으로 작동하는 경우를 「1」, 작동하지 않는 경우를 「0」이라고 하자.

이것으로부터 기계 M이 작동하는 논리함수 M은 $M(S_1, S_2, S_3, S_4) = \Sigma(11, 13, 14, 15)$이다.

즉, SOP 형식의 논리함수 M은

▶표 5.4

10진수	S_1	S_2	S_3	S_4	M
0	0	0	0	0	0
1	0	0	0	1	0
2	0	0	1	0	0
3	0	0	1	1	0
4	0	1	0	0	0
5	0	1	0	1	0
6	0	1	1	0	0
7	0	1	1	1	0
8	1	0	0	0	0
9	1	0	0	1	0
10	1	0	1	0	0
11	1	0	1	1	1
12	1	1	0	0	0
13	1	1	0	1	1
14	1	1	1	0	1
15	1	1	1	1	1

$$\begin{aligned} M(S_1, S_2, S_3, S_4) &= S_1\overline{S_2}S_3S_4 + S_1S_2\overline{S_3}S_4 + S_1S_2S_3\overline{S_4} + S_1S_2S_3S_4 \\ &= S_1S_2S_3 + S_1S_3S_4 + S_1S_2S_4 \end{aligned} \tag{5.14}$$

로 된다. 다음에 POS 형식의 M은

$$M(S_1, S_2, S_3, S_4) = \Pi(0, 1, 2, 3, 4, 5, 6, 7, 8, 9, 10, 12)$$

이기 때문에 그림 5.23의 카르노도로부터 정리하면

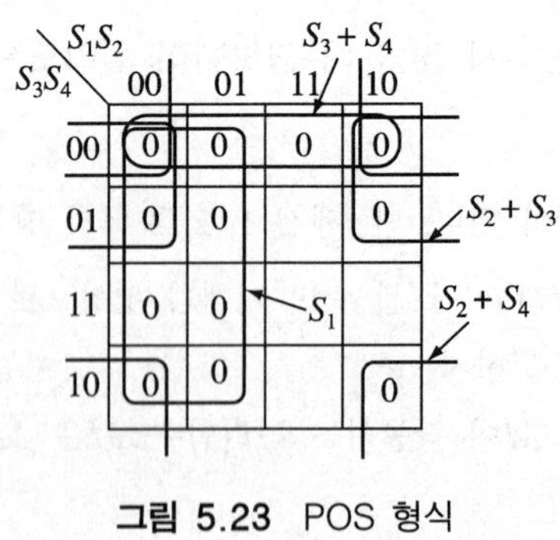

그림 5.23 POS 형식

$$M(S_1, S_2, S_3, S_4) = S_1(S_3 + S_4)(S_2 + S_4)(S_2 + S_3) \tag{5.15}$$

로 된다. SOP 형식에서는 AND 게이트 3개, OR 게이트 1개가 필요하고, POS 형식에서는 AND 게이트 1개, OR 게이트 3개가 필요하다.

따라서 이 예에서는 SOP 형식과 POS 형식의 우열은 없다.

다음에 기계가 작동하지 않을 때 경보벨 Z가 울리도록 하려면, $\overline{M}$ 출력을 이용하면 된다. 따라서 식 (5.15)로부터

$$\begin{aligned} Z = \overline{M}(S_1, S_2, S_3, S_4) &= \overline{S_1(S_3 + S_4)(S_2 + S_4)(S_2 + S_3)} \\ &= \overline{S_1} + \overline{S_3}\,\overline{S_4} + \overline{S_2}\,\overline{S_4} + \overline{S_2}\,\overline{S_3} \end{aligned} \tag{5.16}$$

로 되며, $Z = 1$일 때 경보벨이 울리는 조건이다. ■

5.8 코드 변환 논리회로

1. 8421코드에서 3초과 코드로의 변환

표 5.5는 8421코드와 3초과 코드를 대응시킨 진리표이다.

▶표 5.5

10진	*A* (8)	*B* (4)	*C* (2)	*D* (1)	3초과 코드 *W*	*X*	*Y*	*Z*
0	0	0	0	0	0	0	1	1
1	0	0	0	1	0	1	0	0
2	0	0	1	0	0	1	0	1
3	0	0	1	1	0	1	1	0
4	0	1	0	0	0	1	1	1
5	0	1	0	1	1	0	0	0
6	0	1	1	0	1	0	0	1
7	0	1	1	1	1	0	1	0
8	1	0	0	0	1	0	1	1
9	1	0	0	1	1	1	0	0

이것으로부터 SOP 형식의 표현은 다음과 같다.

$$W(A, B, C, D) = \sum(5, 6, 7, 8, 9)$$

$$X(A, B, C, D) = \sum(1, 2, 3, 4, 9)$$
$$Y(A, B, C, D) = \sum(0, 3, 4, 7, 8)$$
$$Z(A, B, C, D) = \sum(0, 2, 4, 6, 8)$$

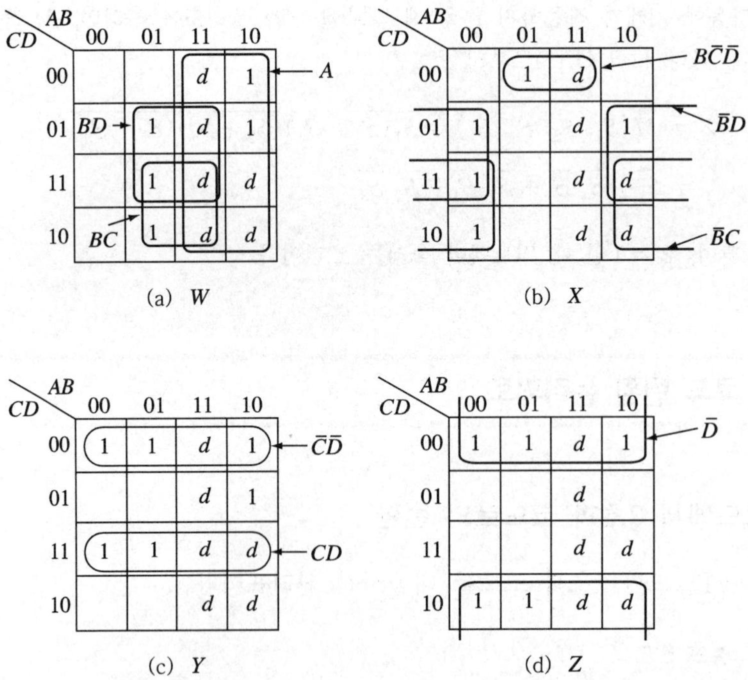

그림 5.24 8421-3초과 코드 변환 카르노도

여기서 카르노도를 사용하여 W, X, Y, Z를 A, B, C, D로 나타내면 되고, 이것을 종합한 것이 그림 5.24이다. 이 결과는 다음과 같이 매우 간단한 변환식으로 된다.

$$W = A + B(C + D)$$
$$X = B\overline{C}\overline{D} + \overline{B}(C + D) = B(\overline{C} + D) + \overline{B}(C + D)$$
$$Y = CD + \overline{C}\overline{D} = CD + (\overline{C} + D)$$
$$Z = \overline{D}$$

이것을 논리회로로 실현하면 그림 5.25와 같다.

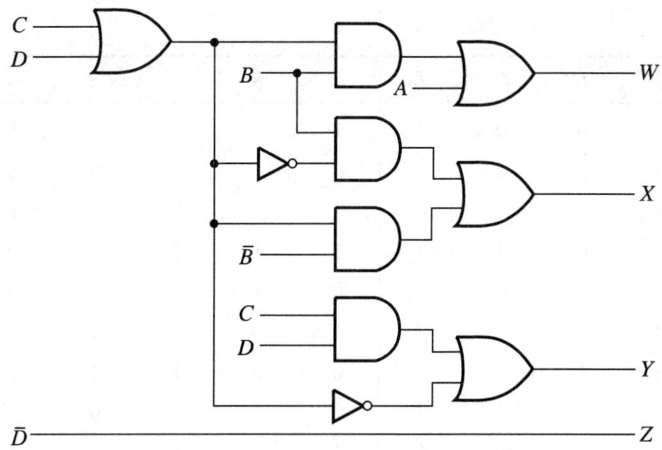

그림 5.25 8421-3초과 코드 변환회로

2. 7-segment 표시용 코드

7-segment 표시장치는 그림 5.26과 같이 7개의 표시용 소자의 절편을 적절히 결합하여 10진수의 숫자를 눈으로 직접 볼 수 있도록 만든 것이다.

디지털 회로에서 얻어진 4비트의 BCD값은 8421코드를 7개 출력선의 구동신호로 변환하여 등가적인 10진수를 표시할 수 있다. 표 5.6은 이때의 BCD코드와 7-segment 표시용 코드와의 대응관계를 나타낸 것이다.

이 변환회로는 4개의 입력과 7개의 출력을 갖고 있다. 표 5.6에서 출력은 다음과 같이 표시된다.

$$a(A, B, C, D) = \sum(0, 2, 3, 5, 7, 8, 9)$$
$$b(A, B, C, D) = \sum(0, 1, 2, 3, 4, 7, 8, 9)$$
$$c(A, B, C, D) = \sum(0, 1, 3, 4, 5, 6, 7, 8, 9)$$

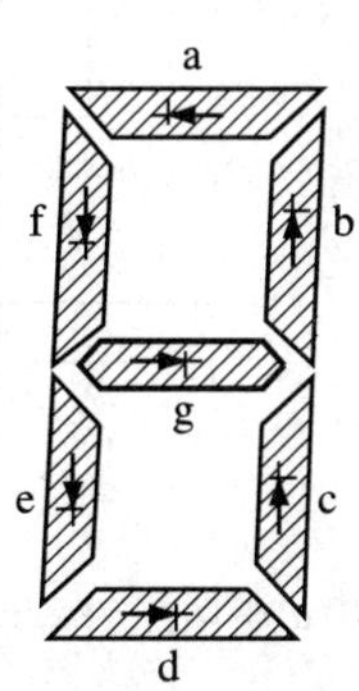

그림 5.26

▶표 5.6

Map 번호	A	B	C	D	a	b	c	d	e	f	g
0	0	0	0	0	1	1	1	1	1	1	0
1	0	0	0	1	0	1	1	0	0	0	0
2	0	0	1	0	1	1	0	1	1	0	1
3	0	0	1	1	1	1	1	1	0	0	1
4	0	1	0	0	0	1	1	0	0	1	1
5	0	1	0	1	1	0	1	1	0	1	1
6	0	1	1	0	0	0	1	1	1	1	1
7	0	1	1	1	1	1	1	0	0	0	0
8	1	0	0	0	1	1	1	1	1	1	1
9	1	0	0	1	1	1	1	0	0	1	1

1 = segment 표시(ON), 0 = segment 차단(OFF)

$$d(A, B, C, D) = \sum(0, 2, 3, 5, 6, 8)$$
$$e(A, B, C, D) = \sum(0, 2, 6, 8)$$
$$f(A, B, C, D) = \sum(0, 4, 5, 6, 8, 9)$$
$$g(A, B, C, D) = \sum(2, 3, 4, 5, 6, 8, 9)$$

이 함수 중에서 a를 카르노도상에 표시하면 그림 5.27(a)와 같이 되며, 여기서 얻어진 간소화된 출력 a를 논리회로로 표시하면 그림 5.27(b)와 같이 된다. 나머지 출력들도 같은 방법으로 하면 된다.

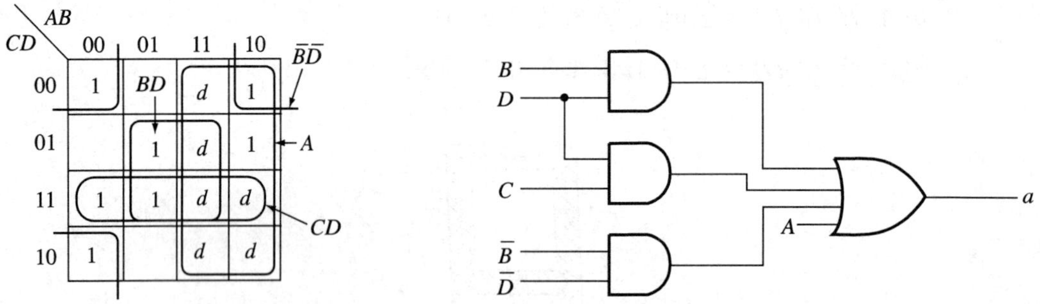

(a) 카르나도 (b) 논리회로

그림 5.27 출력 a에 대한 카르노도 및 논리회로

5.9 검표법(tabular method)

불대수의 간소화를 위해서 앞에서 설명한 불대수의 정리를 이용한 직관적인 해석방법은 그 연산과정을 체계적으로 어떤 규칙에 적용시키기가 어렵고, 최소해를 언제 얻게 될지 가늠하기가 어려운 면이 있다. 카르노도를 사용하는 방법은 그 기하 구조적인 특성 때문에 6개 이상의 변수에 대해서는 가능한 한 가장 간소한 루프를 선택했다고 확신하기가 어려운 한계에 봉착하게 된다. 따라서 이 절에서는 컴퓨터 프로그램으로도 응용할 수 있는 지정된 일련의 단계적인 대수형식, 즉 $A+\overline{A}=1$이라는 정리를 이용한 기계적인 계산 형태를 갖는 매클루스키의 검표법에 대하여 설명하고자 한다.

이에 대한 과정을 간략하게 설명하면 먼저 입력변수의 조합 형태에 따른 진리표를 만들고 각 최소항, 즉 $f=1$이 되는 최소항에 대하여 각 변수에 대한 2진형태에서 1의 사용개수에 따른 그룹을 만드는데, 1의 개수가 적은 것부터 차례로 그룹을 지어서 배열한다.

각 인접된 그룹 간에 1비트의 변수만 변화되는가를 살펴서 $A+\overline{A}=1$의 불대수 정리를 이용하여 변수를 간소화시키는 과정을 반복한다.

이러한 과정을 감축과정이라 하며, 이 감축과정에서 더 이상 감축되지 않는 항들을 주항(prime implicant)이라 하고, 이 주항들을 사용해서 진성주항(essential prime implicant)을 찾아내기 위한 선별표를 작성해 진성주항을 찾게 되는데 그것이 바로 간소화된 결과가 된다.

이러한 과정을 예를 통해서 습득해 보자.

예제 5.21 $f(A, B, C, D)=\Sigma(0, 4, 5, 6, 11, 12, 13, 14, 15)$의 논리함수를 간소화하라.

풀이 먼저 각 최소항에 대한 진리표를 만들어 보면 표 5.7과 같다.

▶**표 5.7**

10진수 \ 변수	A	B	C	D	f
0	0	0	0	0	1
4	0	1	0	0	1
5	0	1	0	1	1
6	0	1	1	0	1
11	1	0	1	1	1
12	1	1	0	0	1
13	1	1	0	1	1
14	1	1	1	0	1
15	1	1	1	1	1

위의 진리표로부터 $f=1$이 되는 각각의 최소항에 대하여 표 5.8과 같이 1의 개수에 따른 그룹으로 나눈다.

▶표 5.8 감축표

'1'의 개수에 따른 그룹	$f=1$ 최소항 배열				
	A	B	C	D	검표
0	0	0	0	0	∨
1	0	1	0	0	∨
2	0	1	0	1	∨
	0	1	1	0	∨
	1	1	0	0	∨
3	1	0	1	1	∨
	1	1	0	1	∨
	1	1	1	0	∨
4	1	1	1	1	∨

'1'의 그룹	제1감축항 배열				
	A	B	C	D	검표
0	0	−	0	0	○
1	0	1	0	−	∨
	0	1	−	0	∨
	−	1	0	0	∨
2	−	1	0	1	∨
	−	1	1	0	∨
	1	1	0	−	∨
	1	1	−	0	∨
3	1	−	1	1	○
	1	1	−	1	∨
	1	1	1	−	∨

'1'의 그룹	제2감축항 배열				
	A	B	C	D	검표
1	−	1	0	−	○
	−	1	−	0	○
2	1	1	−	−	○

주 : 1) 항 배열은 '1'의 개수에 따라 작은 것부터 차례로 그룹을 지어서 배열한다.

2) 인접된 그룹 사이에 하나의 변수만 변화되는 것끼리 묶어서 표 5.8과 같이 제1감축항 배열, 제2감축항 배열 등으로 도표화한다.

3) 표 5.8에서와 같이 주항(prime implicant)을 찾는다.

주항은 0−00, 1−11, −10−, −1−0, 11−−이 된다.

그런 다음 1의 개수가 적은 그룹의 첫 번째 최소항부터 1이 하나 더 많은 인접그룹의 항들과 각각 서로 비교하여 동일한 변수 중에서 하나의 변수만 변화한 항들의 쌍에는 각각 ∨ 표시를 하고, 변화한 변수는 제거하고 그 자리에 -로 채운 다음 제1감축항 배열에 다시 1의 개수에 따른 그룹별로 재배치한다.

이 때 ∨표를 받지 못한 항, 즉 감축에 참여하지 못한 항은 ○표를 하여 주항이란 표시를 한다.

예를 들어, 표 5.8에서 1이 없는 그룹의 최소항 0000과 1이 1개 있는 그룹의 최소항 0100을 비교해 보면 하나의 변수만 서로 다른 것을 알 수 있고 바로 그 변수자리는 $A+\overline{A}=1$의 정리에 의해 0−00항이 되어 제1감축항 배열란에 기재된다. 이때 0000항과 0100항은 감축에 참여했다는 의미로 최소항 배열의 검표란에 ∨ 표시를 한다.

같은 방법으로 1이 1개인 항들과 두 개인 항들을, 두 개인 항들과 세 개인 항들을 서로 비교하여 제1감축항 배열란에 기재한다.

만약, 감축된 항의 형태가 같은 항이 두 개 이상 나타나면 $X+X=X$의 정리를 이용하여 하나만 기재한다.

이러한 똑같은 과정을 제1감축항들에게도 적용시켜 제2감축항 배열을 얻게 되는데, 이 과정은 더 이상의 감축항이 나오지 않을 때까지 반복한다.

예를 들어, 제1감축항의 0−00과 1이 한 개인 그룹의 세 개 감축항과 비교했을 때 한 변수만 변화될 수 있는 항이 없으므로 0−00은 감축에 참여할 수 없는 주항이 되어 제1감축항 배열의 검표란에 ○표를 한다. 따라서 표 5.8에서 ○표가 있는 것은 모두 주항이 된다.

▶표 5.9 선별표

주항 \ 최소항					(0) 0000	(4) 0100	(5) 0101	(6) 0110	(11) 1011	(12) 1100	(13) 1101	(14) 1110	(15) 1111
	A	B	C	D	0	4	5	6	11	12	13	14	15
0, 4	0	−	0	0	⊗	×							
4, 6, 12, 14	−	1	−	0		×		⊗		×		×	
11, 15	1	−	1	1					⊗				×
4, 5, 12, 13	−	1	0	−		×	⊗			×	×		
12, 13, 14, 15	1	1	−	−						×	×	×	×

주 : 주항으로부터 선별표를 이용해서 진성주항을 찾는다. 즉, 여분의 주항을 제거한다.
선별표는 위에서 구한 주항과 감축에 관련된 원래의 최소항들을 나열하고, 서로 관련 있는 교차점은 '×' 표를 한다.
위의 선별표에서 동일한 열상에 (진성)주항의 행과 교차점이 2개 이상 있으면 이에 해당하는 주항은 절대 제거 가능 주항이 되어 최소화 선별과정에서 제거된다. 따라서 간소화된 함수 f는 ×가 하나인 행만의 주항(진성주항)만 존재하게 된다.
이때 구해진 최종의 진성주항들로부터 선별표에 참여한 모든 최소항들을 나타낼 수 있어야 한다.

다시 이 주항들을 효과적으로 축소 결합시키기 위해서 표 5.9와 같이 감축표에서 얻은 주항들과 이들 감축된 주항을 얻는 데 관련이 있는 최소항을 나열해서 상호 연관이 있는 교차점에 ×표를 한다. 이들을 모두 수행하여 작성한 것이 표 5.9이며, 이를 선별표라 한다.

즉, 이 표는 행의 왼쪽에 주항을 놓고, 주항 내에 포함된 −를 1과 0으로 바꾼 최소항들을 열의 왼쪽에 기입해 놓은 것이다.

선별표로부터 주항 안에 −가 포함되어 있지 않으면 오직 하나의 최소항과 교차하게 되며, −를 한 개 포함하면 두 개의 최소항과, n개 포함하면 2^n개의 최소항과 교차점을 갖게 된다.

어떤 최소항이 하나의 주항과만 교차할 때 이 주항을 진성주항이라 하고 ⊗로 표시한다. 그리고 주항에서 최소항과의 교차점들이 동일 열상에 있는 진성주항의 행과 비교해서 교차점이 하나 이상 있으면 이에 해당하는 주항은 절대 제거 가능 주항이 되며 이 주항은 진성주항이 되지 못하므로 간소화된 결과값에서 제거된다.

예를 들어, 표 5.9에서 주항 11−−가 여기에 속한다. 그런데 이때 얻어진 진성주항들은 간소화에 관여한 모든 최소항들을 포함해야 하고, 만일 그렇지 못하다면 절대 제거 가능 주항을 제외한 나머지 주항 중에서 포함되지 못한 최소항을 갖는 주항을 포함시킴으로써 불함수의 간소화된 결과, 즉 $f(A, B, C, D) = \overline{A}\,\overline{C}\,\overline{D} + B\overline{D} + ACD + B\overline{C}$를 얻게 되는 것이다. ■

그리고 don't care항들이 포함되어 있는 불함수에 대한 검표방법에 대하여 알아보자. don't care항들을 감축표에서 최소항의 배열에는 포함시키고, 선별표에서는 그 최소항 배열에서 제외시킨 뒤 앞에서 설명한 것과 동일한 방법으로 간소화를 수행한다.

이 과정을 다음의 예를 통하여 습득해 보자.

예제 5.22 $f(A, B, C, D) = \sum(2, 3, 7, 9, 11, 13) + d(1, 10, 15)$인 논리함수를 간소화하라.

풀이 don't care항은 주항을 구하기 위한 감축과정에 참여시키므로 표 5.10의 감축표의 최소항 배열에 포함된다.

▶표 5.10 감축표

'1'의 개수에 따른 그룹	$f=1$ 최소항 배열					'1'의 그룹	제1감축항 배열					'1'의 그룹	제2감축항 배열				
	A	B	C	D	검표		A	B	C	D	검표		A	B	C	D	검표
1	0	0	0	1	∨	1	0	0	−	1	∨	1	−	0	−	1	○
	0	0	1	0	∨		−	0	0	1	∨		−	0	1	−	○
2	0	0	1	1	∨		0	0	1	−	∨	2	−	−	1	1	○
	1	0	0	1	∨		−	0	1	0	∨		1	−	−	1	○
	1	0	1	0	∨	2	0	−	1	1	∨						
3	0	1	1	1	∨		−	0	1	1	∨						
	1	0	1	1	∨		1	0	−	1	∨						
	1	1	0	1	∨		1	−	0	1	∨						
4	1	1	1	1	∨		1	0	1	−	∨						
						3	−	1	1	1	∨						
							1	−	1	1	∨						
							1	1	−	1	∨						

위의 감축표로부터 구해진 주항에서 진성주항을 구하기 위하여 선별표를 작성한다. 이때 don't care항은 선별표의 최소항 배열에서 제외한다.

▶표 5.11 선별표

주항 \ 최소항	(2) 0010	(3) 0011	(7) 0111	(9) 1001	(11) 1011	(13) 1101
(1, 3, 9, 11) −0−1		×		×	×	
(2, 3, 10, 11) −01−	⊗	×			×	
(3, 7, 11, 15) −−11		×	⊗		×	
(9, 11, 13, 15) 1−−1				×	×	⊗

위의 선별표에서 동일한 열상에 진성주항의 행과 교차점이 두 개 이상 있으면 이에 해당하는 주항은 절대제거 가능 주항이 되므로 선별과정에서 제거된다. 따라서 간소화된 함수 f는 진성주항, 즉 ×가 하나 있는 행만의 주항만 존재하게 된다. 앞에서와 마찬가지로 이때 구해진 진성주항들은 선별표에 참여했던 모든 최소항들을 나타낼 수 있어야 올바로 간소화된 결과식이 된다. 즉,

$$f(A,\ B,\ C,\ D) = \overline{B}C + CD + AD$$

이다. ■

연습문제

1. 다음의 논리식을 표준 SOP 형식으로 나타내어라.

① $f(A, B, C) = \overline{A}B + C$

② $f(A, B, C) = \overline{A}\,\overline{C} + A\overline{B} + \overline{B}C$

③ $f(A, B, C, D) = A\overline{B} + BCD + \overline{A}\,\overline{C}D$

④ $f(A, B, C, D) = B + \overline{A}\,\overline{C} + A\overline{B}CD$

2. 문제 1을 $\Sigma(\ \ )$ 형식으로 나타내어라.

3. 문제 1을 $\Pi(\ \ )$ 형식으로 나타내어라.

4. 문제 3의 수치 표현을 표준 POS 형식으로 나타내어라.

5. 그림 5.28의 카르노도로부터 SOP 형식의 논리식을 구하라.

①

A \ BC	00	01	11	10
0	1		1	*d*
1	*d*		1	1

②

A \ BC	00	01	11	10
0		1	1	
1	1			1

③

A \ BC	00	01	11	10
0	*d*	1		
1	1		1	1

④

A \ BC	00	01	11	10
0	1		1	1
1	1			1

그림 5.28

6. 그림 5.29의 카르노도로부터 SOP 형식의 논리식을 구하라.

①

AB \ CD	00	01	11	10
00		1	1	1
01		1	1	
11		1		
10		1	1	1

②

AB \ CD	00	01	11	10
00				
01	1			1
11	1	1	1	1
10	1	1	1	1

③

AB \ CD	00	01	11	10
00			1	d
01			d	1
11			1	
10		d	1	d

④

AB \ CD	00	01	11	10
00	1			1
01		1	1	
11	d	d	d	d
10	1		d	d

그림 5.29

7. 카르노도를 이용하여 다음의 논리함수를 간단히 하라.

① $f(A, B, C, D) = \overline{A}\,\overline{B}C\overline{D} + \overline{A}\,\overline{B}\,\overline{C}\,\overline{D} + A\overline{B}\,\overline{C}\,\overline{D} + A\overline{B}C\overline{D} + A\overline{B}CD$

② $f(A, B, C, D) = \overline{A}\,\overline{C} + A\overline{B} + C\overline{D} + \overline{B}\,\overline{D}$

③ $f(A, B, C, D) = \overline{A}\,\overline{B}\,\overline{C}\,\overline{D} + \overline{A}\,\overline{B}\,\overline{C}D + \overline{A}\,\overline{B}C\overline{D} + \overline{A}B\overline{C}D + A\overline{B}\,\overline{C}D + A\overline{B}C\overline{D}$

④ $f(A, B, C, D) = \overline{A}B\overline{C}\,\overline{D} + B\overline{C}D + ACD + \overline{A}\,\overline{B}C + \overline{B}C\overline{D}$

8. 다음 식으로 주어진 논리함수 f의 부정 $\overline{f}$를 구하라.

① $f(A, B, C, D) = \overline{A}\,\overline{B}C + AD + \overline{D}(B + C) + A\overline{C} + \overline{A}\,\overline{D}$

② $f(A, B, C, D) = \overline{A}\,\overline{B}\,\overline{C}\,\overline{D} + \overline{A}\,\overline{B}\,\overline{C}D + \overline{A}\,\overline{B}C\overline{D} + \overline{A}B\overline{C}D + A\overline{B}\,\overline{C}\,\overline{D} + A\overline{B}\,\overline{C}D$
$+ A\overline{B}C\overline{D}$

9. 다음의 논리함수 f를 카르노도를 이용하여 간소화하라.

① $f(A, B, C, D) = \sum(0, 2, 3, 4, 8, 9, 10, 11, 15)$

② $f(A, B, C, D) = \sum(0, 2, 3, 5, 6, 7, 11, 14, 15)$

10. 그림 5.30의 카르노도로부터 POS 형식의 논리식을 구하라.

①

A \ BC	00	01	11	10
0	d	1		1
1	1			d

②

A \ BC	00	01	11	10
0		1	1	
1	1			1

③

A \ BC	00	01	11	10
0		1		
1	d	1	1	1

④

A \ BC	00	01	11	10
0		1	1	
1				

그림 5.30

11. 그림 5.31의 카르노도로부터 POS 형식의 논리식을 구하라.

①

AB \ CD	00	01	11	10
00		1	1	1
01				
11		1		
10		1	1	1

②

AB \ CD	00	01	11	10
00		1	1	
01	1	1	1	1
11	1			1
10	1			1

③

AB \ CD	00	01	11	10
00	1	*d*	1	*d*
01				
11	1	*d*		
10	*d*	1		1

④

AB \ CD	00	01	11	10
00		1	*d*	*d*
01	*d*	*d*	*d*	*d*
11			1	1
10	1		1	1

그림 5.31

12. 다음의 논리함수 f를 카르노도를 이용하여 간소화하라.

① $f(A, B, C, D) = \Pi(1, 5, 6, 7, 10, 12, 13, 14, 15)$

② $f(A, B, C, D) = \Pi(2, 3, 9, 10, 12, 15) + d(7, 11)$

13. 그림 5.29의 카르노도로부터 POS 형식의 논리식을 구하라.

14. 다음의 논리식으로부터 카르노도를 작성하고, SOP 형식과 POS 형식의 논리식을 각각 구하라.

$$f(A, B, C, D) = \Sigma(1, 10, 12, 13, 14) + d(8)$$

15. 그림 5.32의 카르노도로부터 SOP 형식의 논리식을 구하라.

AB \ CDE	000	001	011	010	110	111	101	100
00	1		1	1	1	1	1	1
01			1			1		
11			1			1		
10	1		1	1		1		

그림 5.32 카르노도

16. 입력변수 A, B, C, D에 대해서 f_1과 f_2 두 개의 출력을 가진 논리회로를 구성하는 데 효율적인 SOP 형식의 논리식을 구하라.

$$f_1(A, B, C, D) = \sum(3, 7, 9, 10, 11, 14, 15)$$

$$f_2(A, B, C, D) = \sum(0, 3, 4, 7, 8, 9, 12, 14, 15)$$

17. 논리함수 $f(A, B, C, D, E, F, G) = \sum(20, 28, 52, 60)$을 검표법으로 간소화하라.

18. 논리함수 $f(A, B, C, D) = \sum(0, 1, 2, 5, 6, 7, 8, 9, 10, 14)$를 검표법으로 간소화하라.

19. 논리함수 $f(A, B, C, D) = \sum(0, 1, 4, 8, 11) + d(5, 9, 10, 12, 13)$를 검표법으로 간소화하라.

20. 2*421코드를 8421코드로 변환시키는 회로를 구성하라.

6장 디지털 IC의 종류와 그 특성

다이오드를 이용한 RDL(Resistor Diode Logic) 회로는 논리적 AND 동작이나 OR 동작을 수행하는 가장 단순한 게이트 IC(Integrated Circuit)로 사용되어 왔으나 속도가 느리고, 증폭기능이 없다는 결함 때문에 1960년대 이후부터는 사용되지 않고, RTL(Resistor Transistor Logic) 회로로 치환되어 사용되다가 다시 DTL(Diode Transistor Logic) 회로로 대치되었다.

그러나 이들 역시 현재는 사용되지 않게 되었으며, 지금은 다음의 IC 패밀리가 주로 사용되고 있다.

1) TTL 패밀리
2) ECL 패밀리
3) CMOS 패밀리

이들은 각기 장 · 단점이 있지만 TTL이 가장 널리 사용되고 있으므로 이것을 중심으로 설명하였다. 그러나 CMOS는 소비전력이 적다는 특징을 갖고 있으며, ECL은 특히 고속연산을 필요로 하는 장치에 주로 사용되고 있다. 따라서 논리회로를 설계할 때 다음과 같은 항목을 기준으로 IC 패밀리를 선택하면 된다.

1) 동작속도
2) 소비전력
3) cost
4) fanout
5) 이용의 편리함

이 장에서는 기본 게이트 회로와 세 개의 IC 패밀리에 대해서 그 내부구조, 특징 및 전기적 특성을 알아본다.

6.1 기본 게이트 회로와 논리기호

게이트 회로는 구조적으로 저항, 다이오드, 트랜지스터, FET 등으로 구성되며, 이들은 오늘날 IC화되어 있어서 가격이 싸고, 사용하기 편리하다.

이 절에서는 기본적인 게이트 회로의 구성원리와 그 기호에 대하여 설명한다.

1. NOT 회로

그림 6.1(a)에 나타낸 회로는 저항과 트랜지스터만으로 구성된 RTL(Resistor Transistor Logic) 회로로서 가장 일반적인 NOT 회로이다.

이 회로는 트랜지스터의 동작원리에 의하여 입력신호가 low(0.8 V 이하)이면 콜렉터(collector) 전류가 흐르지 않으므로 출력전압은 high(약 5 V)로 된다. 입력신호가 high로 되면 콜렉터 전류가 흘러서 출력은 약 0.2 V가 된다. 따라서 그림 (b)의 동작표와 같이 입력논리와 출력논리가 역으로 되므로 NOT 회로 또는 인버터(inverter) 회로라고 한다.

인버터의 입력 X와 출력 Y의 관계를 수식으로 나타내면 $Y=\overline{X}$가 되며, 이것을 논리식이라 한다. $\overline{X}$의 bar($\overline{\ }$)기호는 부정의 의미이다. 인버터의 논리기호는 그림 (c)와 같이 삼각형에 작은 원을 붙인 형태로 나타내며, 삼각형은 증폭기를, 작은 원은 부정을 의미한다.

인버터를 그림 6.2와 같이 접속하면 초단 입력이 high일 때 첫 번째 출력은 low이고, 두 번째 출력은 high로 된다. 결국, 입력과 출력이 같은 논리로 된다. 이러한 회로는 보통 지연동작용이나 버퍼(buffer) 동작용 회로에 사용한다.

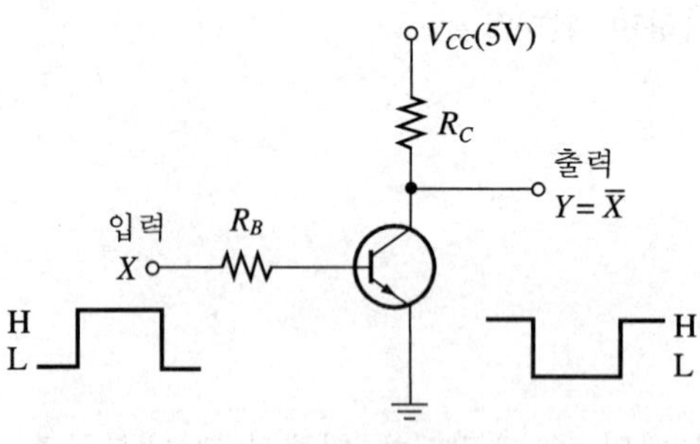

(a) NOT 회로

X	Y
H	L
L	H

(b) 동작표

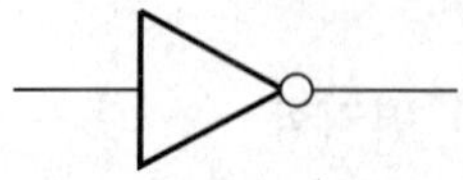

(c) NOT 회로의 기호

그림 6.1 NOT(인버터) 회로

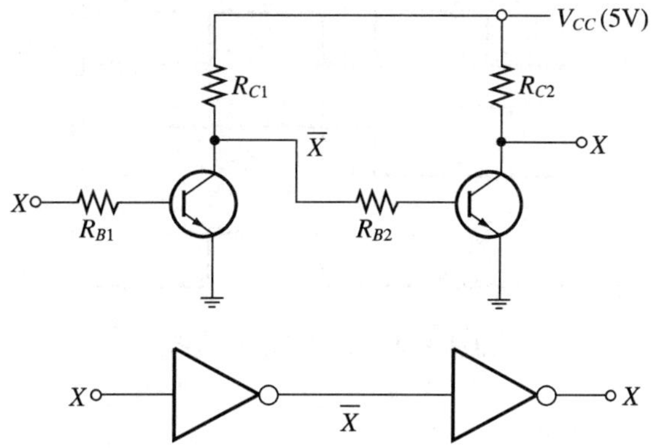

그림 6.2 inverter의 2단 접속

2. AND 회로

그림 6.3(a)에 나타낸 회로는 두 개의 다이오드(diode)와 저항으로 구성되는 AND 회로이며, 다이오드 AND 회로라고도 한다. 다이오드 동작원리에 의해 입력 X, Y 중 어느 하나가 low이면 V_{CC}에서 R을 통하여 low 입력인 다이오드로 전류가 흐르므로 출력 Z는 low(약 0.7 V)로 된다. 두 개의 입력 X, Y가 모두 high(5 V)일 때만 두 개의 다이오드 D_1, D_2는 차단되어 출력 Z는 high(5 V)로 된다. 그림 (b)는 그 동작을 나타낸 동작표이다. 만약 3입력 이상의 AND 회로이면 모든 입력이 high일 때만 출력이 high로 된다.

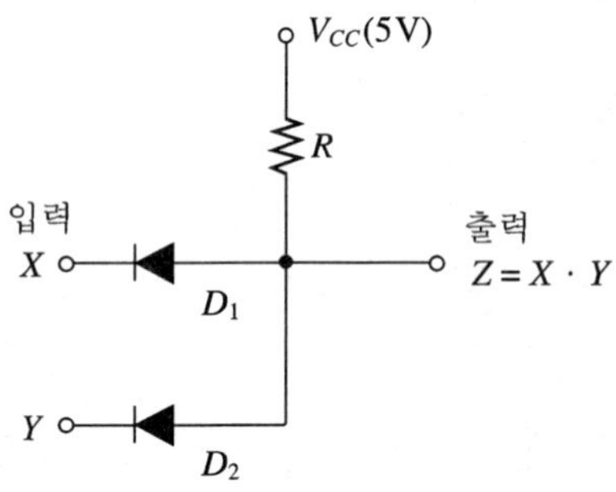

(a) 다이오드 AND 회로

X	Y	Z
L	L	L
L	H	L
H	L	L
H	H	H

(b) 동작표

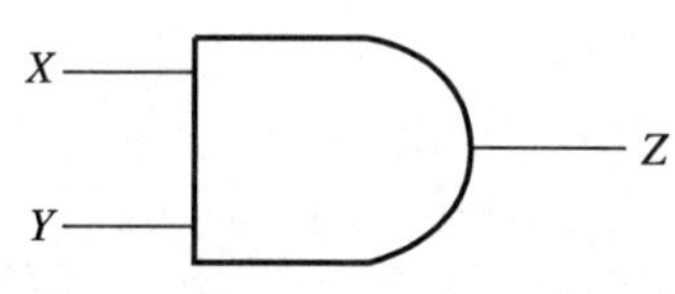

(c) AND 회로의 기호

그림 6.3 AND 회로

AND 회로의 논리기호를 그림 (c)에 나타내었다. 또 AND 동작을 논리식으로 나타내면 $Z = X \cdot Y$로 되며, 이것을 논리곱이라 한다.

이 AND 회로에 그림 6.4와 같이 시간적으로 변화하는 X, Y 입력을 인가하면 그 출력 Z는 X와 Y가 모두 high인 동안만 high로 된다.

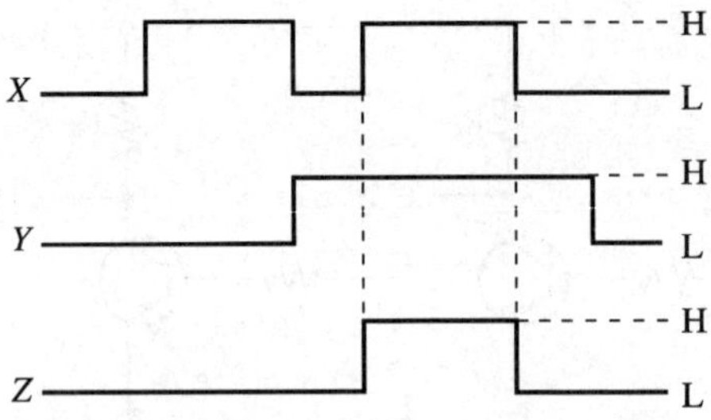

그림 6.4 AND 회로의 동작

예제 6.1 2입력 다이오드 AND 회로에 그림 6.5와 같은 입력을 인가하였을 때 출력을 도시하라.

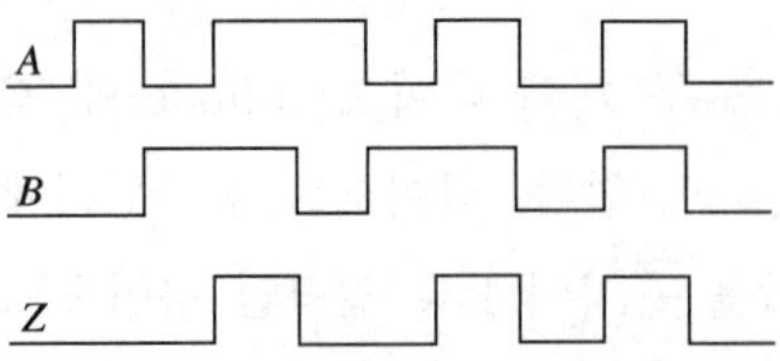

그림 6.5

풀이 A, B 입력이 모두 H일 때만 출력이 H로 된다. 이것을 그림 6.5의 하단 Z에 나타내었다. ■

예제 6.2 그림 6.6의 다이오드 AND 회로에서 출력전압을 구하라.

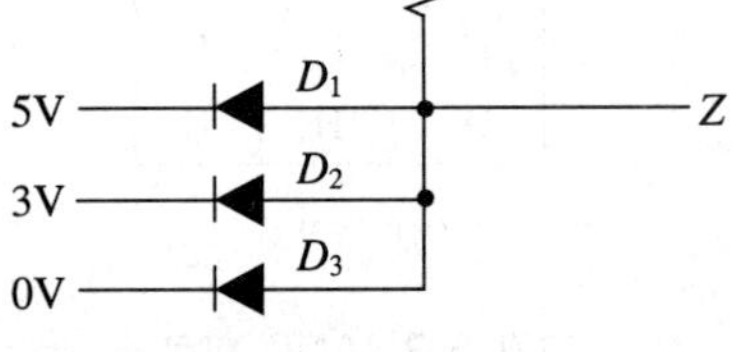

그림 6.6

풀이 공급전원(+5 V)과 입력전압과의 전위차가 제일 큰 쪽의 다이오드는 ON 상태가 된다. 즉, 0 V쪽의 다이오드가 ON되어 출력전압은 +0.7 V가 된다. 이 전압에 의하여 나머지 두 개의 다이오드는 역바이어스가 걸려 OFF된다. ■

3. OR 회로

OR 회로의 일례를 그림 6.7(a)에 나타내었다. 이 회로는 입력 X, Y 중 어느 하나가 high(5 V)이면, 출력 Z가 high(약 4.3 V)로 되고, X, Y가 모두 low(0 V)일 때만 다이오드는 차단되어 출력 Z는 low(0 V)로 된다. 따라서 그 동작은 그림 (b)와 같이 된다. 또 OR 동작을 논리식으로 나타내면 $Z = X + Y$로 되며, 이것을 논리합이라 한다.

입력이 3개 이상인 경우 입력 중 어느 하나라도 high이면, 출력이 high로 되는 것이 OR 회로의 성질이다.

OR 회로의 논리기호는 그림 (c)에 나타냈으며, OR 회로에 그림 6.8과 같이 시간적으로 변화하는 X, Y 입력을 인가하면, 그 출력 Z는 X와 Y 중 어느 하나가 high인 동안에 high로 동작한다.

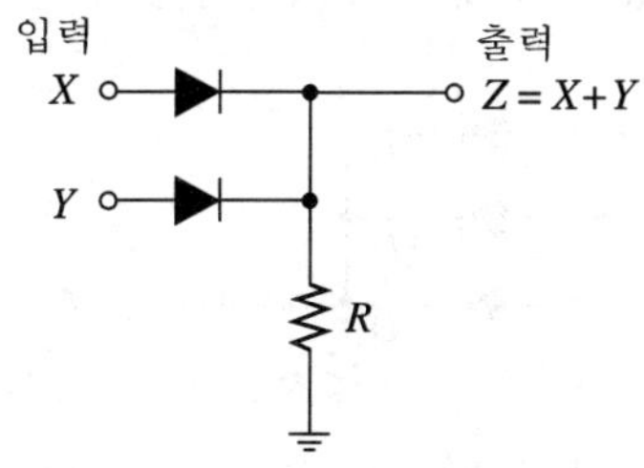

(a) 다이오드 OR 회로

X	Y	Z
L	L	L
L	H	H
H	L	H
H	H	H

(b) 동작표

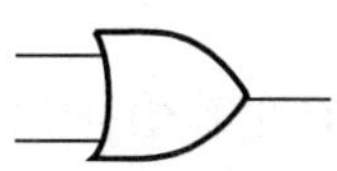

(c) OR의 기호

그림 6.7 OR 회로

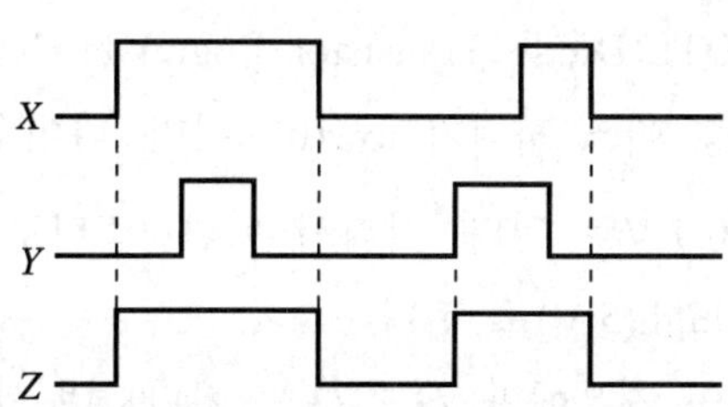

그림 6.8 OR 회로의 동작

예제 6.3 2입력 다이오드 OR 회로에 그림 6.9와 같은 입력을 인가하였을 때의 출력을 도시하라.

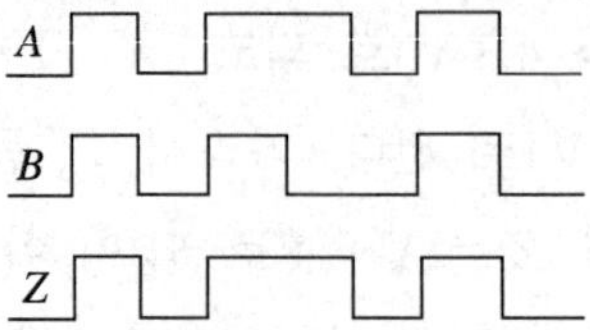

그림 6.9

풀이 A, B 입력 중 어느 하나라도 H이면 출력은 H로 된다. 이것을 그림 6.9의 하단 Z에 나타내었다. ■

예제 6.4 그림 6.10의 다이오드 OR 회로에서 출력전압을 구하라.

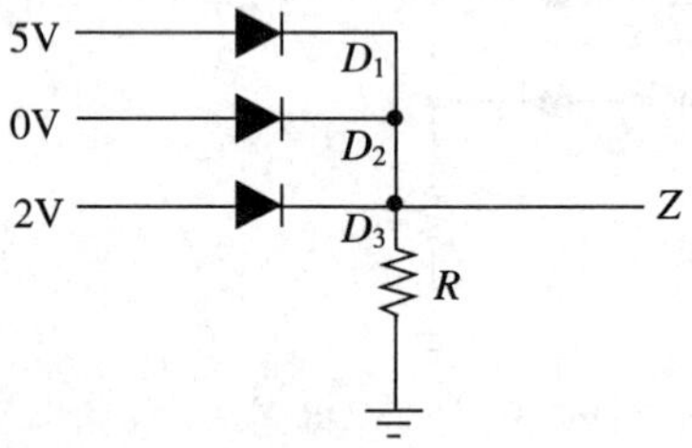

그림 6.10

풀이 입력전압과 공급전원(접지) 사이의 전위차가 제일 큰 입력전압 쪽의 다이오드가 ON으로 되어 출력전압은 4.3 V(5 V-다이오드의 전압 강하 0.7 V)가 된다. 이 출력전압에 의하여 나머지 두 개의 다이오드는 역바이어스가 걸려 OFF로 된다. ■

4. NAND 회로

그림 6.11에 나타낸 회로는 다이오드와 저항으로 구성된 다이오드 AND 회로와 트랜지스터 NOT 회로로 구성된 DTL(Diode Transistor Logic) NAND 회로이다.

동작원리는 입력 X, Y 중 어느 하나가 low(0V)이면, 다이오드 D_1, D_2 중 어느 하나가 도통(ON)하므로 a점은 0.7 V로 된다. 따라서 트랜지스터로 베이스(base) 전류가 흐르지 않아 그 콜렉터 출력은 high(5 V)로 된다.

입력 X, Y가 모두 high인 경우에만 D_1, D_2는 차단되며, V_{CC}에서 R_1을 통하여 D_3, D_4, 트랜지스터 베이스로 전류가 흐른다. 이것에 의해 콜렉터 출력은 low(0.2 V)로 되며,

이 동작은 그림 (b)와 같다.

NAND 회로는 AND 회로와 NOT 회로를 조합한 것이므로, 그 기호는 그림 6.8과 같이 AND 기호 뒤에 부정의 의미인 작은 원을 붙여 나타낸다.

또 NAND 동작의 논리식은 $Z = \overline{X \cdot Y}$ 이다.

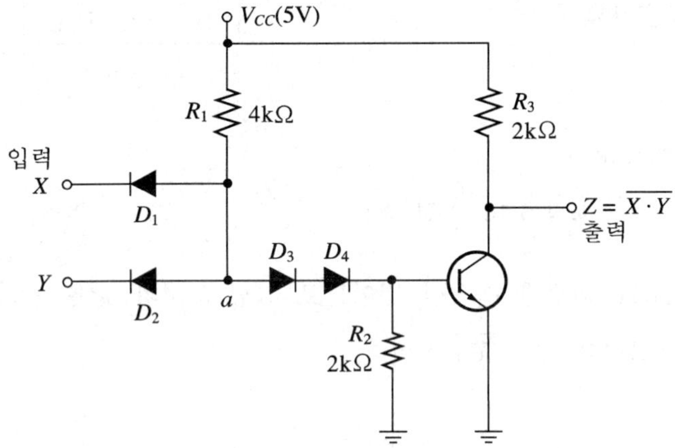

(a) DTL NAND

X	Y	Z
L	L	H
L	H	H
H	L	H
H	H	L

(b) 동작표

그림 6.11 NAND 회로

그림 6.12 NAND 회로의 기호

5. NOR 회로

그림 6.13에 나타낸 회로는 다이오드와 저항으로 구성된 다이오드 OR 회로와 트랜지스터 NOT 회로로 구성된 DTL NOR 회로이다.

동작원리는 입력 X, Y 중 어느 하나 이상이 high(5 V)이면, 그 콜렉터 출력은 low(0.2 V)이다. 즉, X가 high(5 V)이면 다이오드 D_1이 도통하므로 트랜지스터의 베이스에는 5 V가 걸리고, NPN 트랜지스터는 입력측이 순방향 바이어스(bias)가 되므로 베이스 전류가 흐른다. 따라서 출력 Z는 low(0.2 V)가 된다.

이 회로는 입력이 하나일 때는 NOT 회로가 되며, 입력이 2개 이상일 때는 NOR 회로로서 동작되는 것을 알 수 있다.

이 동작표는 그림 (b)와 같다.

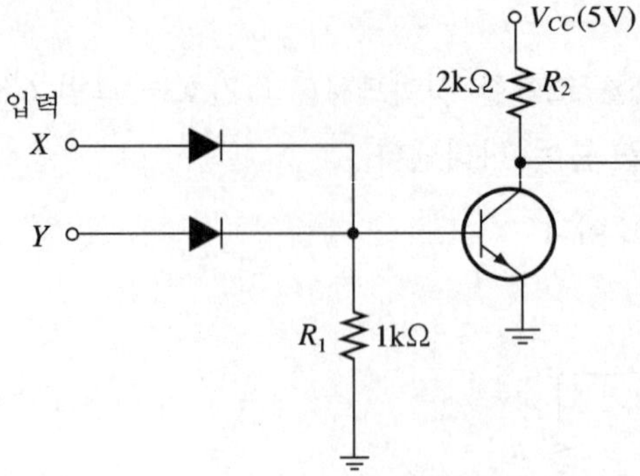

(a) DTL NOR

X	Y	Z
L	L	H
L	H	L
H	L	L
H	H	L

(b) 동작표

그림 6.13 NOR 회로

NOR 회로는 OR 회로에 NOT 회로를 접속한 것이므로 그림 6.14와 같은 논리기호로 나타낸다. 또 NOR 동작의 논리식은 $Z=\overline{X+Y}$이다.

그림 6.14 NOR 회로의 기호

6.2 게이트 IC의 평가

IC 패밀리를 선택하는 첫 번째 기준은 그 게이트 IC의 속도이다. 이것은 인버터 또는 NAND 게이트의 전파지연시간으로 결정되는데, 그림 6.15와 같은 구형파를 입력에 인가했을 때 출력파형의 시간적 지연을 관측하는 것이다. 입력파형의 진폭이 50%를 통과하는 시점에서부터 출력파형의 진폭이 50%로 변화할 때까지의 시간지연이 전파지연시간(t_{pd})이다. 그런데 이것은 실제로 그림 6.15와 같이 두 개의 지연시간이 있다. $t_{P_{LH}}$은 출력이 high에서 low 레벨로 변화할 때의 지연시간이고, $t_{P_{LH}}$는 출력이 low에서 high 레벨로 변화할 때의 지연시간이다. 통상 두 개의 평균($(t_{P_{HL}}+t_{P_{LH}})/2$)값을 그 IC 패밀리의 속도로 취하지만 설계자에 따라서는 그 IC 패밀리의 게이트로 만든 플립플롭의 최고 클록 동작주파수로 속도를 나타내기도 한다.

두 번째 기준은 IC의 전원 소비전력이다. 일반적으로 IC는 여러 개의 회로가 들어 있는데 그 대표적인 소비전력의 측정방법은 각 게이트 회로 동작 시간의 50%가 「1」이고,

50%가 「0」 상태일 때의 전원 소비전력이다. 물론 소비전력은 입력 주파수의 영향을 받는다. 예를 들면, CMOS 패밀리는 저주파에서 소비전력이 매우 적고, 고주파에서는 상당히 증대한다.

소비전력은 전원의 비용을 고가로 할 뿐만 아니라 IC가 발열한다는 점을 충분히 고려해야 한다. 따라서 과열은 전자회로 고장의 제일 큰 원인으로 되기 때문에 고장났을 때 수리와 보수 비용을 포함해 생각하면, 소비전력이 IC 선택의 중요한 요소로 되는 것을 알 수 있다.

세 번째 기준은 IC의 가격이다. 일반적으로 IC의 가격은 제조량에 의존하고 있다. 표준 TTL(Transistor Transistor Logic)은 대량으로 생산되고 있으므로 세 가지 중에서 가장 가격이 싸다. 그러나 IC 자체의 가격이 싸더라도 그 IC 패밀리를 사용할 때의 전체적인 비용이 높게 되면 가격이 싸다고 할 수 없다.

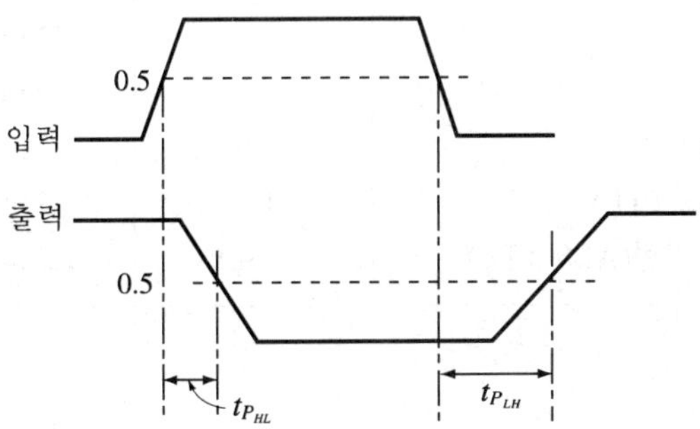

그림 6.15 게이트 IC의 전파지연시간

네 번째로 IC 선택의 기준은 IC의 fanout이다. fanout이란 1개의 IC 출력에 의해 구동가능한 부하 IC의 수를 말한다. 통상 fanout은 동일 패밀리의 다른 게이트 IC들을 몇 개까지 구동할 수 있는가 하는 능력으로 정한다. fanout이 크다고 하는 것은 구동회로를 필요로 하지 않고, 여러 개의 IC를 접속할 수 있다는 것으로 CMOS(Complementary Metal Oxide Semiconductor)가 가장 뛰어나다.

다섯 번째는 IC 사용의 편리함이다. 디지털 기술의 진보는 너무나도 빨리 발전하고 있으므로 특별한 부품을 급한 대로 쓸 수가 없기 때문에 범용성이라는 것도 매우 중요하다. 또한 다기종의 IC가 생산되고 있다는 것도 그 IC 패밀리를 선정하여 사용할 때 커다란 기준이 된다.

그 밖에도 사용 온도범위, 잡음에 대한 강도, 전원전압 등이 IC 선택의 중요한 요소가 된다.

6.3 TTL (Transistor Transistor Logic)

IC 패밀리 중에서 가장 많이 사용되고 있는 TTL은 TI사가 처음으로 개발한 것으로 5종류(표준형, 저전력형, 고속형, 쇼트키형, 저전력 쇼트키형) 외에도 고속화된 두 종류(advanced 쇼트키형, 저전력 advanced 쇼트키형)가 있다.

표 6.1에 그 동작속도(전파지연시간)와 소비전력을 나타내었다.

▶**표 6.1** TTL 시리즈 SN7400

TTL의 종류	전파지연시간	소비전력	예
표준형	10 ns	10 mW	SN7400
저전력형(L-TTL)	33 ns	1 mW	SN74L00
고속형(H-TTL)	6 ns	22 mW	SN74H00
쇼트키형(S-TTL)	3 ns	20 mW	SN74S00
저전력 쇼트키형(LS-TTL)	9.5 ns	2 mW	SN74LS00
Advanced 쇼트키형(AS-TTL)	1.7 ns	8 mW	SN74AS00
저전력 advanced 쇼트키형(ALS-TTL)	4 ns	1.2 mW	SN74ALS00

1. 표준형 TTL

표준형은 지금까지 생산된 IC 중에서 가장 널리 사용되고 있고, 다른 6종류의 TTL 시리즈는 표준형을 개량, 발전시킨 것이다.

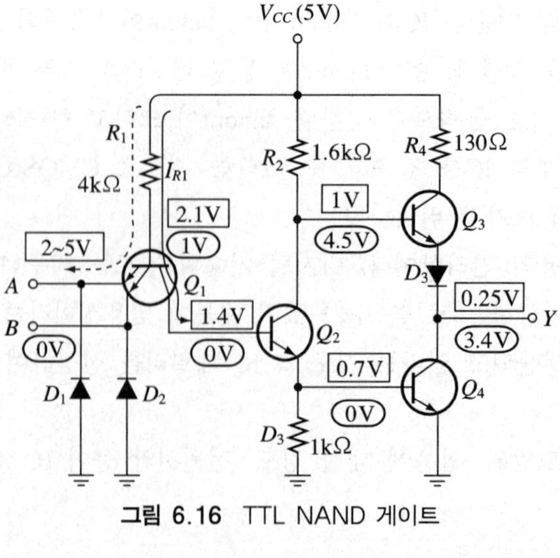

그림 6.16 TTL NAND 게이트

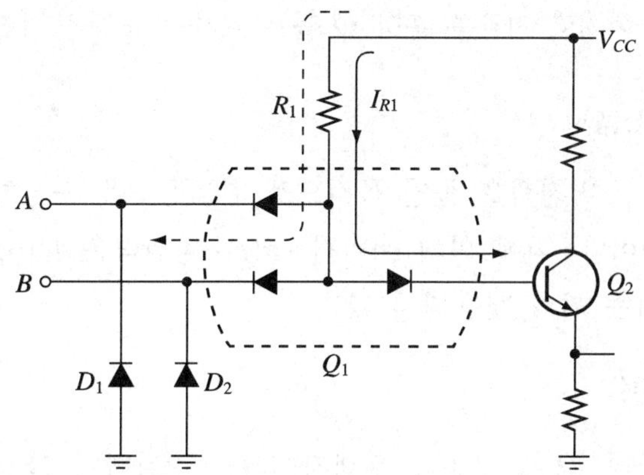

그림 6.17 TTL multi-emitter 트랜지스터 Q_1의 등가회로

그 기본 내부구조를 그림 6.16에 나타내었다. 이것은 4회로 2입력 NAND 게이트인 SN7400이다. 입력 A, B는 multi-emitter 트랜지스터인 Q_1에 인가된다. Q_1의 기본 동작은 등가적으로 그림 6.17의 다이오드 AND 게이트와 같다.

Q_1의 콜렉터로부터 트랜지스터 Q_2의 베이스에 전류가 흐르면 이것이 트랜지스터 Q_3와 Q_4를 구동한다. 그 동작은 다음과 같다.

① 입력 A, B가 모두 high(2~5 V)인 경우

전류 I_{R1}이 V_{CC}로부터 R_1(4 kΩ)을 거쳐서 그림 6.16의 실선과 같이 Q_1의 베이스로부터 콜렉터로 흘러 Q_2의 베이스 전류로 된다. 따라서 Q_2가 도통한다. 이때 Q_2의 베이스 전위는 약 1.4 V, Q_1의 베이스 전위는 약 2.1 V로 된다.

Q_2의 에미터 전류 중 일부는 Q_4의 베이스로 흘러들어 Q_4를 포화시킴과 동시에 Q_2의 콜렉터 전압, 즉 Q_3의 베이스 전압을 저하(0.9 V)시키므로 Q_3는 cutoff된다. 그 결과 출력 전압 Y는 low(0.2 V)로 된다. 각 부분의 전압을 □로 나타내고 있다.

주의할 것은 Q_4의 포화 콜렉터 전류는 출력단자 Y에 접속된 부하로부터 공급된다는 것이다. 이것을 sink 전류라 한다.

② 입력 A, B가 모두 low(0~0.8 V)인 경우

전류 I_{R1}은 V_{CC}로부터 R_1을 거쳐서 Q_1의 에미터로부터 입력이 low인 쪽으로 그림 6.16의 점선과 같이 흘러 Q_2와 Q_4는 cutoff되어버린다. 한편 Q_2의 콜렉터 전압이 높게(약 4.5 V) 되기 때문에 Q_3의 베이스 전류가 흘러서 Q_3는 도통하고, 출력전압은 high(약 3.4 V)로 된다.

각 부분의 전압을 ⬭로 나타내었다. 지금 입력단자의 다이오드 D_1, D_2는 입력신호가 부

전압으로 되어 있을 때 여기로 전류를 흘려 Q_1을 보호하는 동작을 가진 clamp 다이오드이다.

2. 저전력형 TTL(L형)

이것은 표준 TTL의 소비전력을 줄일 목적으로 회로정수를 수정하여 각 부분의 저항값을 10배로 크게 한 것이다. 이에 의해 소비전류와 소비전력은 1/10로 감소하지만 동작속도는 늦어진다. 최근에는 거의 사용되지 않는다.

3. 고속형 TTL(H형)

totem-pole 트랜지스터 Q_3에 구동용 트랜지스터를 추가하여 그 동작속도를 높인 것이지만 쇼트키형보다 속도가 늦고, 소비전력도 크기 때문에 거의 사용되지 않는다.

4. 쇼트키형 TTL(S형)

쇼트키형 TTL은 초기의 TTL 5종류 중에서 가장 고속이었다. 그것은 각 트랜지스터의 베이스-콜렉터 사이에 쇼트키 다이오드를 접속함으로써 트랜지스터의 포화를 피해 동작속도를 높였기 때문이다. 그 결과 전파지연시간은 3 ns로 줄어들어 가장 고속인 ECL에 가깝게 되었다.

5. 저전력 쇼트키형 TTL(LS형)

이것은 쇼트키 다이오드를 사용함으로써 고속화를 도모함과 동시에 각 부의 저항값을 높게 잡아 저소비 전력화한 것으로서 속도가 S형보다 느리고, 소비전력은 표준형의 1/5이다. 최근에는 이 LS형을 많이 사용하고 있다.

이 밖에 쇼트키형을 개량한 advanced 쇼트키형(AS-TTL), 저전력 쇼트키형을 개량한 저전력 advanced 쇼트키형(ALS-TTL)이 개발되어 보급되고 있다. 그리고 이들 7종류의 TTL은 모두 핀 배치가 같으므로 교환이 가능하다.

한편 IC제조업체에서는 IC가 파손되지 않도록 절대최대정격, 권장동작조건, 전기적 특성 등을 데이터북에 기재하고 있으므로 사용자는 이것을 지켜서 사용해야 한다.

절대최대정격이란 문자 그대로 IC를 사용할 때 절대로 이 값을 넘어서는 안 되며, 표 6.2와 같이 지시하고 있다. 단, 표 6.2는 표준형 TTL인 SN7400의 경우이다.

▶표 6.2 절대최대정격

전원전압 V_{CC}	7 V
입력전압 V_{IN}	−0.5 ~ 5.5 V
동작 시 주위온도 T_A	0 ~ 70°C
보존온도 T_{stg}	−65 ~ 150°C

권장동작조건이라는 것은 IC를 사용할 때 이 조건에 따르도록 IC제조업체가 권장하는 조건이다.

여기에는 표 6.3과 같이 전원전압, 출력특성, 사용 온도범위가 규정되어 있다. 여기서 주의할 것은 전원전압 V_{CC}로 TTL에서는 4.75~5.25 V의 전압범위에서 사용되어야 한다는 것이다.

▶**표 6.3** 권장동작조건

SN7400의 특성	min	typ	max
전원전압 V_{CC} [V]	4.75	5	5.25
H level 시의 출력전류 I_{OH} [mA]			0.4
L level 시의 출력전류 I_{OL} [mA]			16
동작시 주위온도 T_A [°C]	0		70

마지막으로 TTL SN7400의 주요한 특성을 종합해서 표 6.4에 나타내었다.

▶**표 6.4** TTL SN7400의 전기적 특성

항목 \ 종류	표준형	저전력형 (L)	고속형 (H)	쇼트키형 (S)	저전력 쇼트키형(LS)	개량쇼트키형 (AS)	개량저전력 쇼트키형(ALS)	단위
V_{CC}	5	5	5	5	5	5	5	V
V_{IH}(min)	2	2	2	2	2	2	2	V
V_{IL}(max)	0.8	0.7	0.8	0.8	0.8	0.8	0.8	V
V_{OH}(min)	2.4	2.4	2.4	2.7	2.7	2.5	2.5	V
V_{OL}(max)	0.4	0.4	0.4	0.5	0.5	0.5	0.4	V
I_{IH}(max)	0.04	0.01	0.05	0.05	0.02	0.02	0.02	mA
I_{IL}(max)	−1.6	−0.18	−2	−2	−0.4	−0.5	−0.1	mA
I_{OH}(max)	−0.4	−0.2	−0.5	−1	−0.4	−2	−0.4	mA
I_{OL}(max)	16	3.6	20	20	8	20	8	mA
I_{CC}	2	0.2	4.5	3.75	0.4	1.6	0.24	mA

주) V_{IH} : H level 시의 입력전압　　V_{IL} : L level 시의 입력전압
V_{OH} : H level 시의 출력전압　　V_{OL} : L level 시의 출력전압
I_{IH} : H level 시의 입력전류　　I_{IL} : L level 시의 입력전류
I_{OH} : H level 시의 출력전류　　I_{OL} : L level 시의 출력전류
I_{CC} : 게이트당 평균 소비전류

6. noise margin(잡음여유도)

잡음여유도란 논리 출력전압과 동일 논리라고 판정되는 입력전압과의 차이다. 구체적으로 말하면 그림 6.18에서 H인 출력전압의 최소값 $V_{OH\min}$(2.4V)와 입력전압의 최소값 $V_{IH\min}$(2V)와의 차이다. 즉, $V_{OH\min} - V_{IH\min} = 2.4\,V - 2\,V = 0.4\,V$이다.

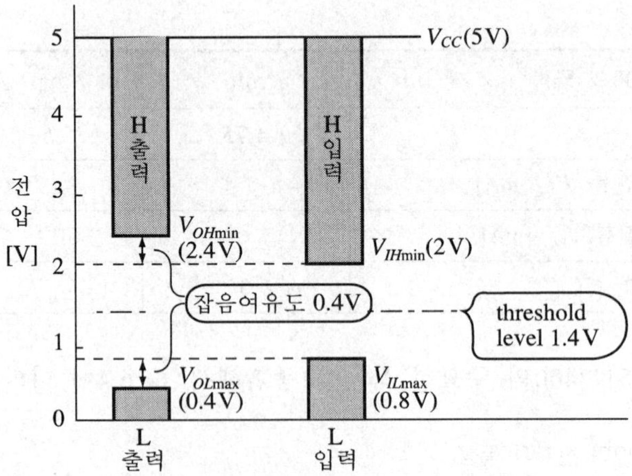

그림 6.18 표준 TTL의 전압 관계

또는 L 입력의 최대값 $V_{IL\max}$(0.8V)와 L 출력의 최대값 $V_{OL\max}$(0.4V)와의 차이다. 즉, $V_{IL\max} - V_{OL\max} = 0.8\,V - 0.4\,V = 0.4\,V$이다.

잡음여유도는 값이 클수록 그 IC가 잡음에 강하다는 것을 의미한다.

표준 TTL에서는 잡음여유도가 0.4 V이기 때문에 진폭이 0.4 V 이내인 잡음이 혼입되어도 논리동작은 정상적으로 된다.

예제 6.5 SN74S00의 H level과 L level의 잡음여유도를 구하라.

풀이 H level: $V_{OH\min} - V_{IH\min} = 2.7\,V - 2\,V = 0.7\,V$

L level: $V_{IL\max} - V_{OL\max} = 0.8\,V - 0.5\,V = 0.3\,V$ ■

예제 6.6 SN74AS00의 H level과 L level의 잡음여유도를 구하라.

풀이 H level: $V_{OH\min} - V_{IH\min} = 2.5\,V - 2\,V = 0.5\,V$

L level: $V_{IL\max} - V_{OL\max} = 0.8\,V - 0.5\,V = 0.3\,V$ ■

7. fanout(출력 분기수)

fanout이란 1개의 IC 출력으로 구동할 수 있는 부하 IC의 수이다. 만약 fanout보다 많은 수의 부하를 접속할 경우 buffer를 삽입하든지 부하를 분할할 필요가 있다.

표준 TTL을 예로 들면, 그림 6.19(a)에 나타낸 것과 같이 IC 출력은 H level인 경우 최대 $I_{OH\max}(400\,\mu\mathrm{A})$의 전류를 낼 수 있으므로 IC 입력측에서는 최대 $I_{IH\max}(40\,\mu\mathrm{A})$의 전류를 공급하게 되는 셈이다. 즉, fanout은 $I_{OH\max}/I_{IH\max} = 400\,\mu\mathrm{A}/40\,\mu\mathrm{A} = 10$이므로 10개의 부하까지 접속할 수 있다.

다음에 그림 6.19(b)와 같이 IC 출력이 L level인 경우에는 최대 $I_{OL\max}(16\ \mathrm{mA})$의 전류를 흡입할 수 있으므로 IC 입력측은 최대 $I_{IL\max}(1.6\ \mathrm{mA})$의 전류를 낼 수 있다. 따라서 L level의 fanout은 $I_{OL\max}/I_{IL\max} = 16\ \mathrm{mA}/1.6\,\mathrm{mA} = 10$으로 된다.

표준형 TTL에서는 H level과 L level의 fanout이 같은 것과 같지 않은 것이 있다. 최악인 것은 저전력형 L-TTL 뒤에 S-TTL이나 H-TTL 등을 접속하는 경우에 fanout은 1로 되는 것에 주의하라.

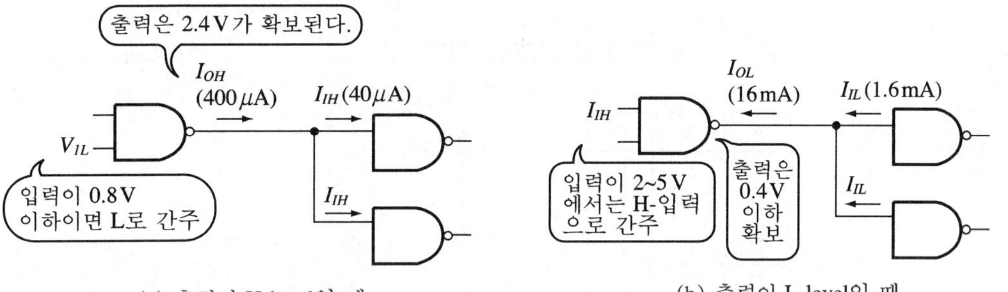

그림 6.19 표준 TTL의 전류 관계

예제 6.7 L-TTL은 표준형 TTL을 몇 개 구동할 수 있는가?

풀이 L-TTL은 $I_{OL\max} = 3.6\,\mathrm{mA}$, 표준형 TTL은 $I_{IL\max} = 1.6\,\mathrm{mA}$ 이기 때문에 fanout $= I_{OL\max}/I_{IL\max} = 3.6\,\mathrm{mA}/1.6\,\mathrm{mA} = 2$이다. 결국 3개 이상의 표준형 TTL을 출력에 접속할 경우에는 buffer가 필요하다. ■

예제 6.8 표준형 TTL은 LS-TTL을 몇 개 구동할 수 있는가?

풀이 H level: $I_{OH\max}/I_{IH\max} = 400\,\mu\mathrm{A}/20\,\mu\mathrm{A} = 20$

L level: $I_{OL\max}/I_{IL\max} = 16\,\mathrm{mA}/0.4\,\mathrm{mA} = 40$

H level과 L level의 출력 분기 수가 다르기 때문에 이러한 경우 적은 것이 출력 분기 수가 된다. 즉, 출력 분기수는 20개이다. ■

6.4 ECL (Emitter Coupled Logic)

ECL은 TTL보다 고속이기 때문에 고속성이 요구되는 회로에 이용되고 있다. ECL의 기본회로는 그림 6.20에 나타낸 것과 같이 차동증폭기이며, 트랜지스터를 포화시키지 않고 이용하는 것이 특징이다.

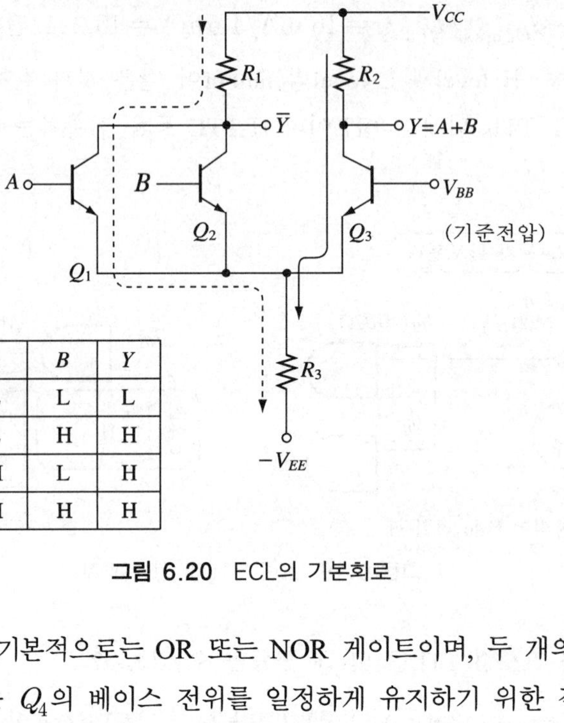

A	B	Y
L	L	L
L	H	H
H	L	H
H	H	H

그림 6.20 ECL의 기본회로

ECL은 TTL과 달리 기본적으로는 OR 또는 NOR 게이트이며, 두 개의 출력단자를 갖고 있는 것이 많다. V_{BB}는 Q_4의 베이스 전위를 일정하게 유지하기 위한 직류 기준전압이다.

그러면 그림 6.20의 회로에 대한 동작을 살펴보자.

1. 입력전압 *A*, *B*가 모두 L level인 경우

Q_1, Q_2는 OFF로 되지만 Q_3는 바이어스용 전원 V_{BB}가 인가되고 있기 때문에 ON으로 된다. Q_3의 에미터 전류는 실선으로 나타낸 것과 같이 R_E를 지나 $-V_{EE}$로 흐른다. 그 결과 Q_3의 콜렉터 전압, 즉 Y 출력은 R_2의 전압 강하에 의해 L 상태로 된다.

2. 입력 *A*, *B* 중 하나가 H level인 경우

예를 들어, A입력이 H 레벨, B입력이 L 레벨이라고 하면 Q_1의 베이스 전류가 흘러 콜렉터 전류는 그림 6.20에 점선으로 나타낸 것과 같이 R_E를 지나 $-V_{EE}$로 흡입된다. 그러면 에미터 전위가 상승하여 Q_3는 OFF로 되기 때문에 콜렉터 전압, 즉 Y 출력은 H 레벨로 된다.

이상을 종합하면 그림 6.20의 동작표와 같이 OR 동작을 하고 있는 것을 알 수 있다. 또 Q_1의 콜렉터 전압은 Q_3의 콜렉터 전압과 항상 역위상으로 되기 때문에 $\overline{Y}$ 출력으로 되는 것도 알 수 있다.

한편 실제의 ECL에서는 그림 6.21과 같이 V_{CC1}과 V_{CC2}를 접지하고, 부전원인 $-V_{EE}$ (−5.2 V)만을 사용하는 이유는 이 방법이 잡음에 강하기 때문이다.

기준전압 V_{BB}(−1.29 V)는 다이오드 D_1, D_2 및 트랜지스터 Q_5에 의해 만들어지며, 이것을 Q_4의 베이스에 인가하고 있다.

Q_6와 Q_7은 에미터 follower회로이고, 버퍼로 동작하고 있다. 그리고 Q_7의 에미터가 OR 출력 Y, Q_6의 에미터가 NOR 출력 $\overline{Y}$로 된다.

기본회로에서 H level과 L 레벨에서의 논리동작을 설명했지만 실제 ECL에서는 −0.9 V를 「1」로 하고, −1.75 V를 「0」으로 하는 정논리로 동작하고 있다.

그림 6.21의 각 부분 전압은 A, B, C 입력에 H(−0.9 V)를 인가했을 경우의 값이고, 이것에 의해 에미터 전압은 −1.6 V로 된다.

한편 Q_4의 베이스 전압 V_{BB} (−1.29 V)는 일정하므로 Q_4는 OFF되고, 콜렉터 전압은 거의 접지 전위인 −0.15 V로 된다.

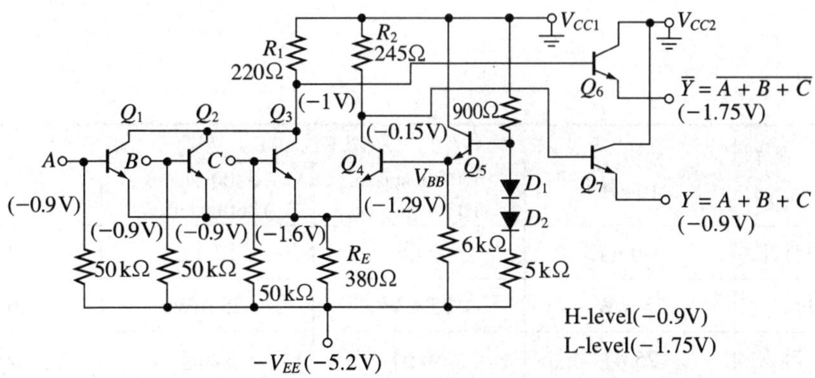

그림 6.21 ECL OR NOR 게이트(MECL 10 k)

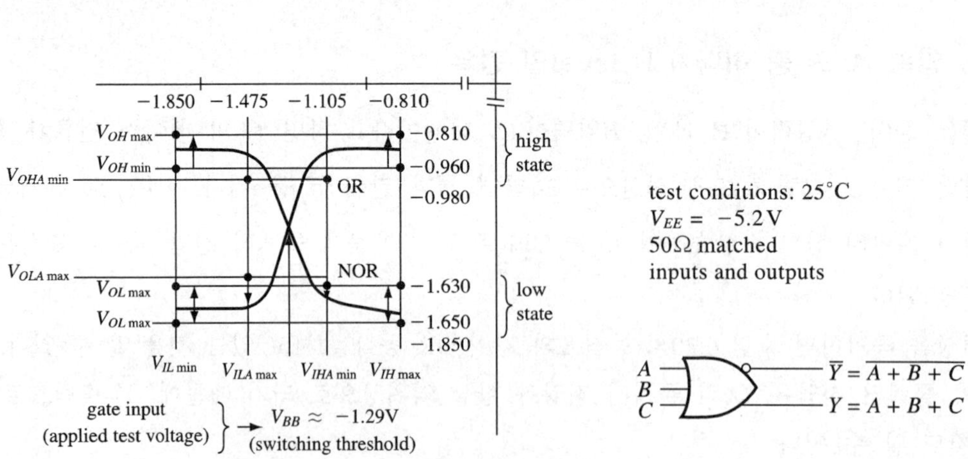

그림 6.22 ECL 전달특성과 그 기호

이것이 Q_7의 베이스 전압이 되므로 Q_7의 에미터 출력 Y는 H(−0.9 V)이다. 동시에 Q_1, Q_2, Q_3의 콜렉터 전압은 −1 V로 되고, 이것이 Q_6의 베이스 전압으로 되므로 Q_6의 에미터 출력은 L(−1.75 V)로 된다.

ECL의 입출력 전달특성과 논리기호를 그림 6.22에 나타내었다. ECL은 그림 6.21을 보아도 알 수 있듯이 OR 출력과 NOR 출력이 함께 얻어지도록 구성된 것이 많고, 출력회로는 에미터 개방회로로 되어 있기 때문에 wired-OR에 의해 논리회로를 만들기 쉽다는 이점이 있으나 외부저항이 필요하다. 또 TTL이나 CMOS가 정전원으로 동작하는 것에 반해 ECL은 부전원이므로 결합회로(interface)를 만들 때 불편하다.

ECL은 1962년 Motolora사가 MECL I을 만들고, 그 후 MECL II, MECL III로 발전하여 MECL 10 K, MECL 10 KH를 개발해 왔다. 이들의 전파지연시간, 소비전력, 전력속도적을 표 6.5에 나타내었다. TTL에 비하여 동작속도는 빠르지만 소비전력이 큰 것을 알 수 있다.

▶표 6.5

항목 \ 종류	MECL 10 kH	MECL 10 k		MECL III
		10100 series 10500 series	10200 series 10600 series	
전파지연시간	1.0 ns	2 ns	1.5 ns	1 ns
소비전력	25 mW	25 mW	25 mW	60 mW
전력속도적	25 pJ	50 pJ	37 pJ	60 pJ

다음에 그림 6.18의 특성으로부터

$$V_{OH\min} = -0.96\,\mathrm{V}, \qquad V_{IH\min} = -1.105\,\mathrm{V}$$
$$V_{IL\max} = -1.475\,\mathrm{V}, \qquad V_{OL\max} = -1.65\,\mathrm{V}$$

로 되기 때문에 잡음여유도를 구하면 다음과 같다.

H level : $V_{OH\min} - V_{IH\min} = -0.96\,\mathrm{V} - (-1.105\,\mathrm{V}) = 0.145\,\mathrm{V}$

L level : $V_{IL\max} - V_{OL\max} = -1.475\,\mathrm{V} - (-1.65\,\mathrm{V}) = 0.175\,\mathrm{V}$

6.5 CMOS

CMOS(Complementary Metal Oxide Semiconductor)는 동작속도가 느리다는 단점이 있지만 소비전력이 적고, 잡음 여유도가 크고, 그리고 게이트의 집적도가 높다는 장점이 있다. 현재는 고속 CMOS(74HC 시리즈)가 개발되어 74LS 시리즈와 같은 정도의 속도가 얻어질 수 있게 되었기 때문에 널리 이용되고 있다.

CMOS는 p-channel과 n-channel 두 종류의 MOS FET(Field Effect Transistor)를 조합하여 만든 게이트 IC이다. 그리고 각각의 MOS FET는 enhancement mode를 이용하고 있으며, 그 특성과 기호를 그림 6.23에 나타냈다.

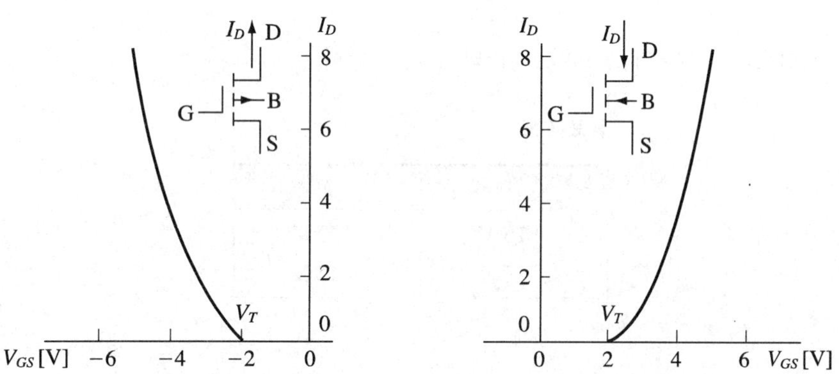

(a) p-channel MOS FET (b) n-channel MOS FET

그림 6.23 enhancement mode MOS FET의 기호 및 전달 특성

그림 6.23(a)는 p-channel MOS FET의 특성으로 $V_{GS} \fallingdotseq -2\,\mathrm{V}$에서 드레인(drain) 전류가 흐르기 시작하므로 이 전압을 threshold voltage V_T라 한다. 즉, 게이트(gate)와 소스

(source) 사이의 전위차가 -2 V 이상이 되면 OFF 상태가 되고, -2 V 이하가 되면 ON 상태가 된다. 그림 6.23(b)는 n-channel MOS FET의 특성으로 $V_{GS} \fallingdotseq 2$ V에서 드레인 전류가 흐르기 시작한다. 즉, 게이트와 소스 사이의 전위차가 2 V 이상이 되면 ON 상태가 되고, 2 V 이하가 되면 OFF 상태가 된다.

예제를 통하여 pMOS와 nMOS의 동작에 대하여 알아보자.

예제 6.9 그림 6.24와 같은 pMOS 회로의 기능은 무엇일까?

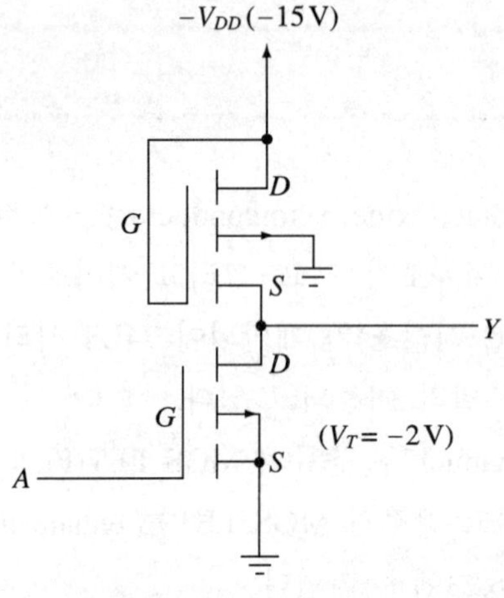

그림 6.24 pMOS inverter

풀이 진리표는 표 6.6과 같으며, 인버터 동작을 한다.

▶표 6.6

A	Y
-15 V	0 V
0 V	-15 V

■

예제 6.10 그림 6.25와 같은 nMOS 회로의 기능은 무엇일까?

풀이 진리표는 표 6.7과 같으며, NAND 게이트 동작을 한다.

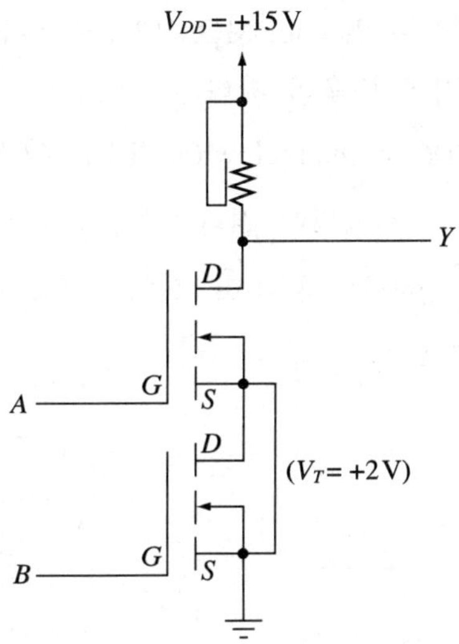

그림 6.25 nMOS NAND

▶표 6.7

A	B	Y
0 V	0 V	+15 V
0 V	+15 V	+15 V
+15 V	0 V	+15 V
+15 V	+15 V	0 V

1. CMOS inverter

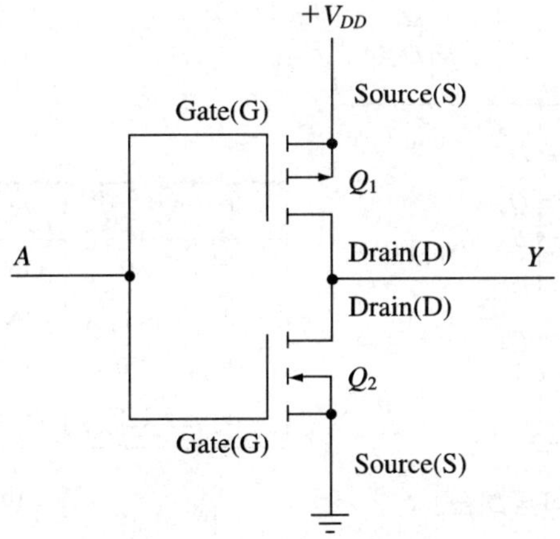

그림 6.26 CMOS inverter

그림 6.26에 나타낸 것과 같이 p-channel MOS FET와 n-channel MOS FET를 연결하면 CMOS 인버터가 되며, 그 동작은 다음과 같다.

입력 A에 $+V_{DD}$를 인가하면 p-channel MOS FET Q_1은 OFF되고, n-channel MOS FET Q_2는 ON되면서 출력 Y가 접지되어 결과적으로 0을 출력한다. 입력 A에 0 V를 인가하면 Q_2는 OFF되고, Q_1은 ON되면서 출력 Y가 $+V_{DD}$로 연결되어 결과적으로 H를 출력한다. 그림 6.27에 이들의 동작 상태를 나타냈다.

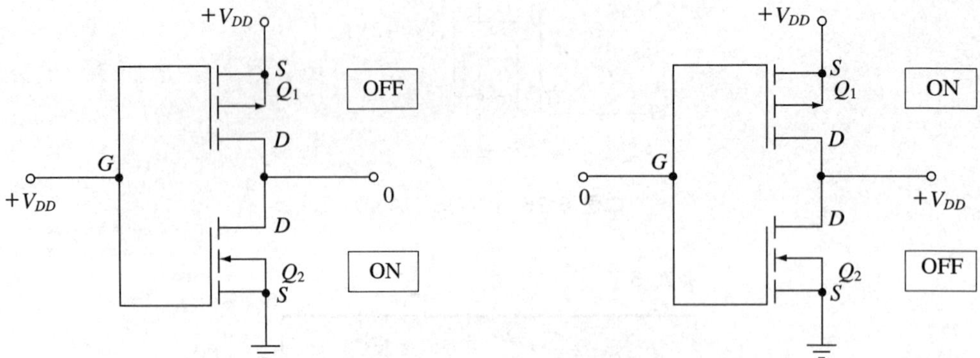

(a) 입력이 $+V_{DD}$일 때 (b) 입력이 0일 때

그림 6.27 CMOS 인버터의 동작

2. CMOS NAND 게이트

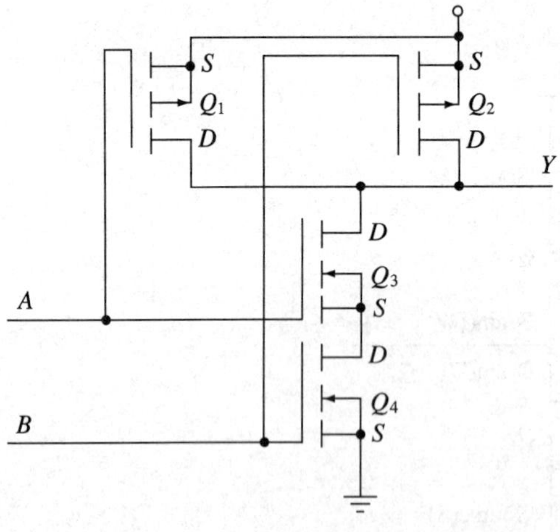

(a) CMOS NAND 게이트 회로

A	B	Q_1	Q_2	Q_3	Q_4	Y
0	0	ON	ON	OFF	OFF	$+V_{DD}$
0	$+V_{DD}$	ON	OFF	OFF	ON	$+V_{DD}$
$+V_{DD}$	0	OFF	ON	ON	OFF	$+V_{DD}$
$+V_{DD}$	$+V_{DD}$	OFF	OFF	ON	ON	0

(b) 동작표

그림 6.28 CMOS NAND 게이트의 회로와 동작표

그림 6.28은 2입력 CMOS NAND 게이트이며, 두 가지 종류의 MOS FET 연결에 유의하여 회로의 동작을 알아보자.

두 개의 입력 A와 B가 모두 $+V_{DD}$일 때 Q_1과 Q_2는 OFF 상태, Q_3와 Q_4는 ON 상태로 되어 출력 Y는 0 V로 된다. 그러나 A 또는 B 중 어느 하나가 0 V일 때 $A=+V_{DD}$, $B=0\text{V}$인 경우 Q_1은 OFF, Q_2는 ON, Q_3는 ON, Q_4는 OFF로 되어 출력 Y는 $+V_{DD}$로 된다. $A=0\text{V}$, $B=+V_{DD}$인 경우 Q_1은 ON, Q_2는 OFF, Q_3는 OFF, Q_4는 ON으로 되어 출력 Y는 $+V_{DD}$로 된다. 두 개의 입력 A와 B가 모두 0 V일 때 Q_1과 Q_2는 ON 상태, Q_3와 Q_4는 OFF 상태로 되어 출력 Y는 $+V_{DD}$로 된다. NAND 게이트의 동작 상태를 그림 6.28(b)에 나타냈다.

3. CMOS NOR 게이트

그림 6.29는 2입력 CMOS NOR 게이트이며, 두 가지 종류의 MOS FET 연결에 유의하여 회로의 동작을 알아보자.

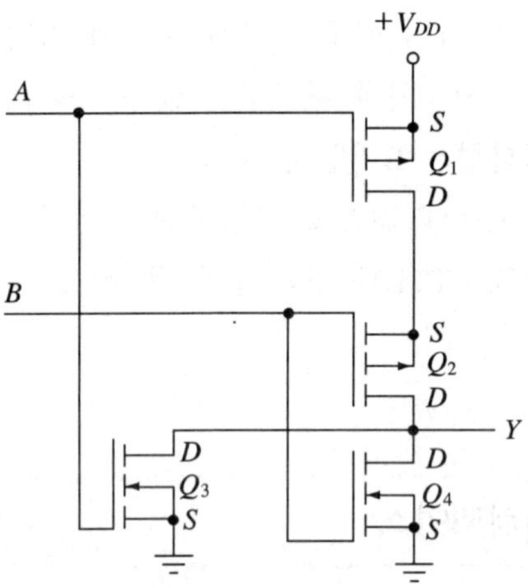

(a) CMOS NOR 게이트 회로

A	B	Q_1	Q_2	Q_3	Q_4	Y
0	0	ON	ON	OFF	OFF	$+V_{DD}$
0	$+V_{DD}$	ON	OFF	OFF	ON	0
$+V_{DD}$	0	OFF	ON	ON	OFF	0
$+V_{DD}$	$+V_{DD}$	OFF	OFF	ON	ON	0

(b) 동작표

그림 6.29 CMOS NOR 게이트의 회로와 동작표

두 개의 입력 A와 B가 모두 $+V_{DD}$일 때 Q_1과 Q_2는 OFF 상태, Q_3와 Q_4는 ON 상태가 되어 출력 Y는 0 V로 된다. 그리고 A 또는 B 중 어느 하나가 0 V일 때 $A=+V_{DD}$, $B=0\text{V}$인 경우 Q_1은 OFF, Q_2는 ON, Q_3는 ON, Q_4는 OFF로 되어 출력 Y는 0 V로 된다. $A=0\text{V}$, $B=+V_{DD}$인 경우 Q_1은 ON, Q_2는 OFF, Q_3는 OFF, Q_4는 ON으로 되어 출력 Y는 0 V로 된다. 두 개의 입력 A와 B가 모두 0 V일 때 Q_1과 Q_2는 ON 상태, Q_3와 Q_4는 OFF 상태로 되어 출력 Y는 $+V_{DD}$로 된다. NOR 게이트의 동작

상태를 그림 6.29(b)에 나타냈다.

CMOS는 MC14000 시리즈, CD4000 시리즈 외에 TTL 74 시리즈와 같은 핀 접속, 형번호의 74C 시리즈와 고속 CMOS인 74HC 시리즈가 있다. 표 6.8에 표준 CMOS의 절대 최대정격과 권장동작조건을 나타내었다.

▶표 6.8

(a) 절대최대정격

전원전압 V_{DD}	−0.5~+18V
입력전류(1pin)	10 mA
동작시의 주위온도	−40~85°C
보존온도	−65~150°C

(b) 권장동작조건

항 목	최소	최대
전원전압 V_{DD} [V]	3	18
입력전압 $V_{\in}$ [V]	0	V_{DD}
동작시의 주위온도 T [°C]	−40	85

표 6.8을 보면 전원전압은 3~18 V의 넓은 범위로 사용할 수 있음을 알 수 있고, 이것은 TTL이 4.75~5.25 V의 전압 범위로 사용되는 것에 비하여 매우 유리하다.

CMOS의 동작 속도는 TTL과 달리 입력 임피던스가 크기 때문에 부하 용량에 의해 크게 좌우된다. 또 CMOS는 출력 회로에 버퍼를 내장한 B타입과 내장하지 않은 UB타입의 두 종류가 있으며, 속도는 UB타입이 빠르지만 출력파형은 B타입이 좋다.

CMOS의 동작속도는 TTL에 비하여 매우 느리기 때문에 저속의 디지털 시스템에 사용되었다. 그러나 고속의 CMOS 74HC 시리즈가 나와 LS-TTL과 거의 같은 동작속도를 얻을 수 있게 되었다.

6.6 MOS 회로와 bipolar 회로의 인터페이스

MOS 회로와 bipolar 회로를 같이 사용할 경우에는 그 사이의 인터페이스가 문제가 되는데 여기서는 가장 많이 사용되는 TTL과 CMOS 회로의 인터페이스 회로에 대하여 설명한다.

1. CMOS와 TTL의 인터페이스

CMOS로 TTL을 구동할 경우 CMOS는 전류 sink, 전류 source로 동작할 필요가 있다. 즉, 그림 6.30(a)에 나타낸 것과 같이 CMOS의 출력이 낮은 레벨인 경우 CMOS는 전류 sink로 되나 이 때 흐르는 전류 I_{OL}은 0.4 mA 정도이다. 이 때 TTL의 입력 트랜지스터를 순방향 능동 상태로 할 필요가 있으며, 이 전류는 수 mA 정도로 할 필요가 있다. 이 때문에 수 mA 정도의 전류를 흘릴 수 있는 CMOS 버퍼를 중간에 삽입하는 방법을 취한다. 한편 CMOS가 높은 레벨일 때는 그림 6.30(b)와 같이 CMOS는 전류원으로 작용하고, TTL의 입력 트랜지스터를 역방향 능동 상태로 구동하는 전류가 필요한데, 이 값은 수십 mA이고, CMOS의 높은 레벨시 출력전류 $I_{OH} = -0.5$ mA 정도이므로 5~10개의 TTL은 구동 가능하다.

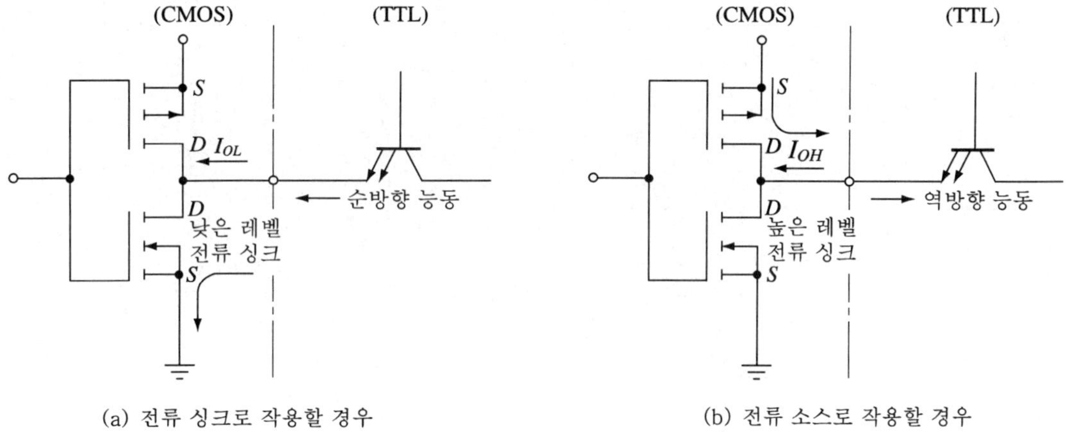

그림 6.30 CMOS와 TTL의 interface

2. TTL과 CMOS의 interface

CMOS는 전압구동 소자이므로 불과 10 pA 정도의 전류로 구동할 수 있으므로 전류구동 능력은 문제되지 않으나 CMOS의 입력 threshold 전압은 $V_{IL} = 1.5\text{V}$ 및 $V_{IH} = 3.5\text{V}$이고, 구동 TTL은 $V_{OL} \le 1.5\text{V}$, $V_{OH} \ge 3.5\text{V}$를 만족하여야 한다.

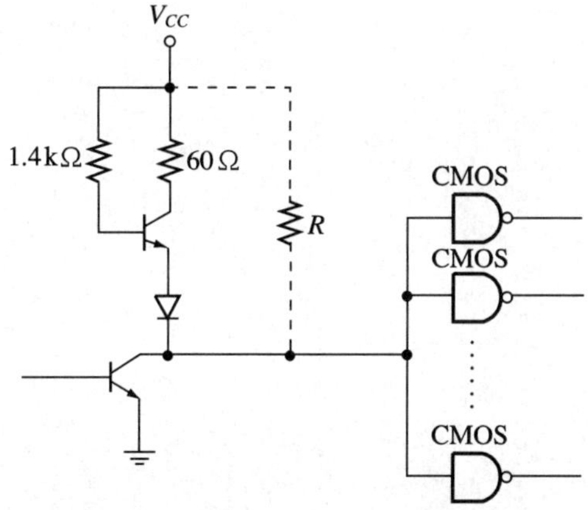

그림 6.31 TTL과 CMOS의 interface

통상 TTL의 낮은 레벨출력 V_{OL}은 0.5 V 정도이므로 $V_{OL} \leq 1.5\,\mathrm{V}$의 조건은 만족된다. V_{OH}는 3.0~3.4 V 정도이므로 $V_{OH} \geq 3.5\,\mathrm{V}$는 만족되지 않는다. 이 때문에 그림 6.31에 점선으로 표시한 것과 같은 V_{CC}와 출력 사이에 외부저항 R을 bridge함으로써 V_{OH}(TTL) $\geq 3.5\,\mathrm{V}$로 하는 방법이 취해지고 있다. R의 값은 보통 2~6 kΩ 이다.

연습문제

1. 그림 6.32의 다이오드 AND 회로에서 $X = 3.5\,V$, $Y = 2\,V$의 입력이 인가되었을 때 출력전압 Z는 얼마인가? 단, 다이오드의 순방향 전압 강하를 0.7 V로 한다.

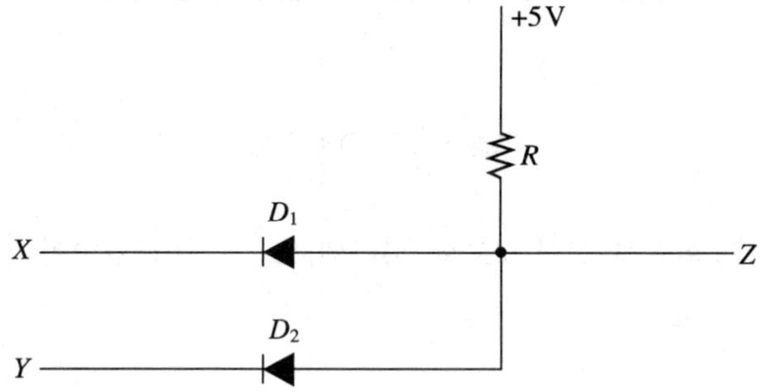

그림 6.32

2. 그림 6.32의 AND 회로에 그림 6.33에 나타낸 X, Y 논리입력이 인가되었을 때 논리출력 Z를 도시하라.

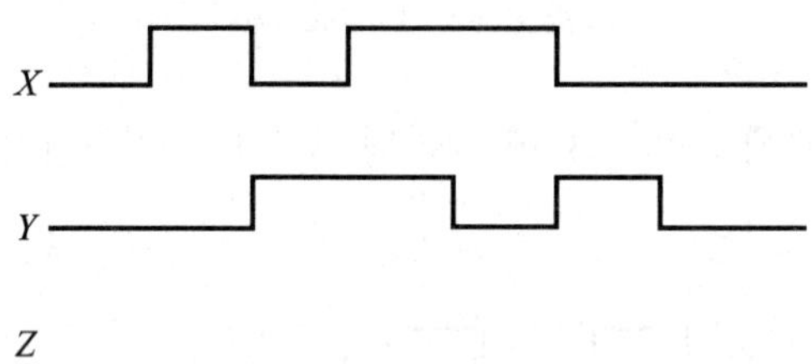

그림 6.33 AND 동작

3. 그림 6.34의 다이오드 OR 회로에서 $X = 3\,V$, $Y = 0.5\,V$의 입력이 인가되었을 때 출력전압 Z는 얼마인가? 단, 다이오드의 순방향 전압 강하를 0.7 V로 한다.

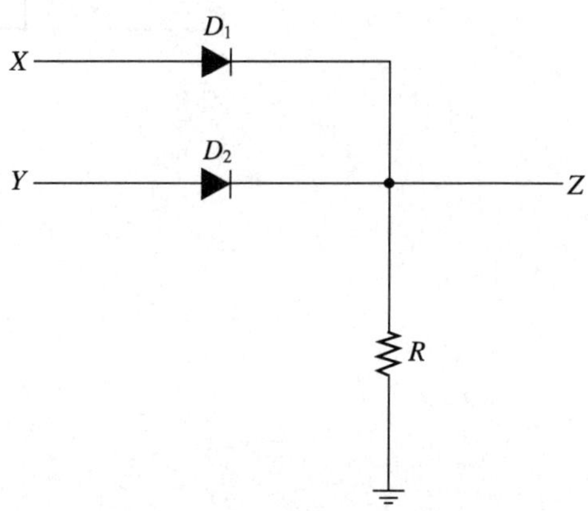

그림 6.34

4. 그림 6.34의 OR 회로에 그림 6.35에 나타낸 X, Y 논리입력이 인가되었을 때 논리출력 Z를 도시하라.

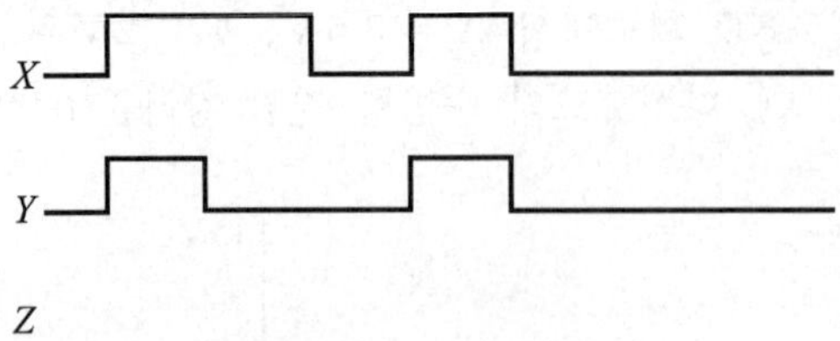

그림 6.35 OR 동작

5. 그림 6.11의 NAND 회로에 그림 6.36에 나타낸 X, Y 논리입력이 인가되었을 때 논리출력 Z를 도시하라.

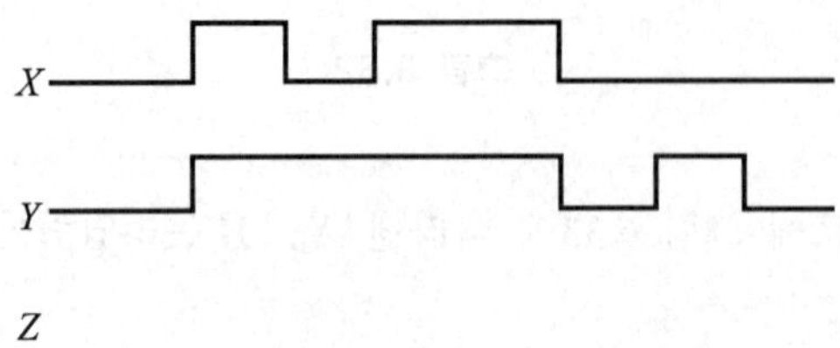

그림 6.36 NAND 동작

6. 그림 6.13의 NOR 회로에 그림 6.37에 나타낸 X, Y 논리입력이 인가되었을 때 논리출력 Z를 도시하라.

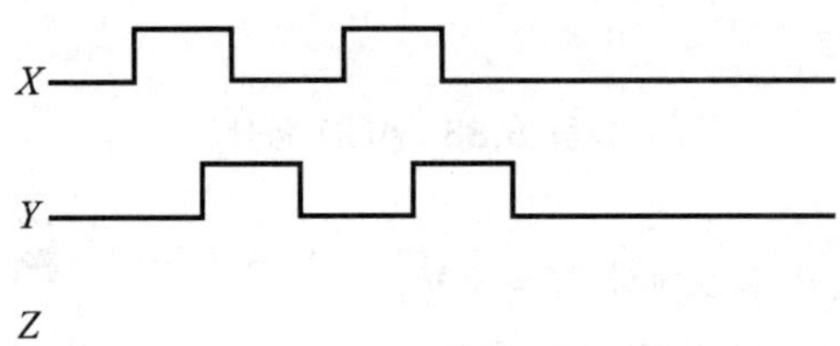

그림 6.37

7. 그림 6.38의 다이오드 회로에서 출력은 몇 V 인가?

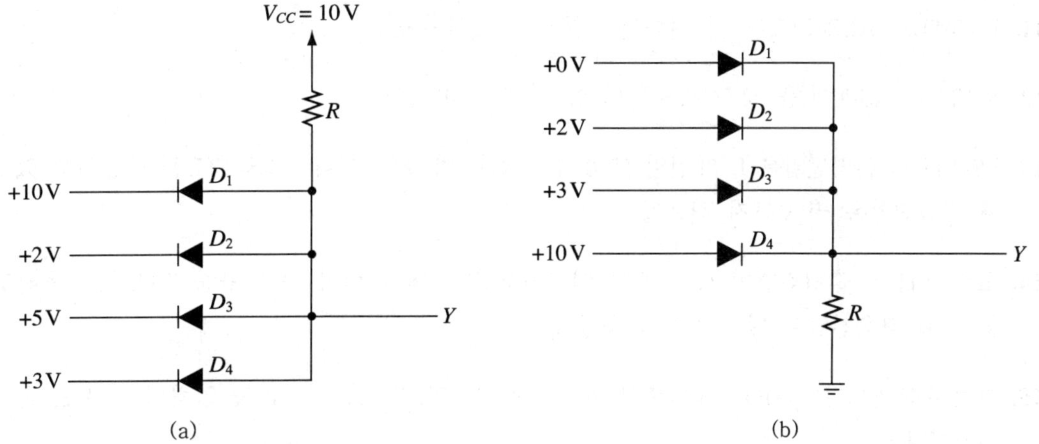

그림 6.38

8. 그림 6.39의 OR-AND 회로에서 $A = 6$ V, $B = 6$ V, $C = 0$ V일 때 출력은? (단, 순방향 전압강하는 0.7 V 이다)

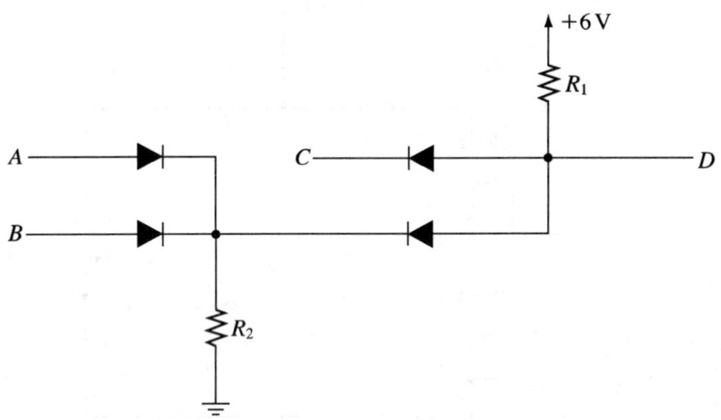

그림 6.39

9. 그림 6.40의 회로에서 잡음여유도를 구하라. 여기서, $R_1 = 2\ \text{k}\Omega$, $R_2 = 10\ \text{k}\Omega$이다.

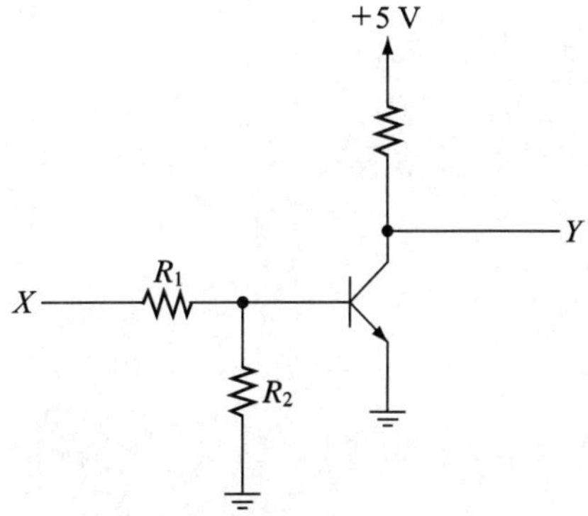

그림 6.40

10. 표준 TTL로 LS-TTL을 몇 개까지 구동할 수 있는가?

11. LS-TTL로 ALS-TTL을 몇 개까지 구동할 수 있는가?

12. S-TTL로 AS-TTL을 몇 개까지 구동할 수 있는가?

13. LS-TTL의 출력전압은 L 레벨일 때 0.15 V였다. 이 출력이 다른 LS-TTL을 구동하고 있을 때 잡음전압은 몇 V까지 허용될까?

14. 표준 TTL의 출력전압이 H 레벨일 때 3.9 V였다. 이 출력이 다른 표준 TTL을 구동하고 있을 때 잡음전압은 몇 V까지 허용될까?

15. 그림 6.41과 같은 pMOS 게이트의 동작을 설명하라.(단, A, B, C는 입력이고, Y는 출력 단자이다.)

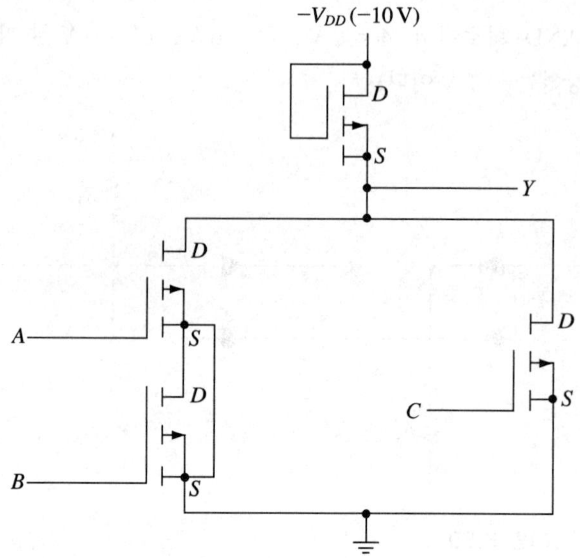

그림 6.41

7장 기본 TTL 게이트 회로

AND, OR, NAND 등의 기본적인 게이트 IC에 대해서는 이미 4, 6장에서 설명하였다. 이 장에서는 그 밖에 자주 이용되는 중요한 게이트 IC를 취급하고자 한다.

게이트 IC의 대부분은 TTL 74 시리즈를 통해서 지식을 습득하게 되는데, 그것은 TTL 회로를 배우면서 얻은 지식과 경험이 CMOS를 사용할 때도 거의 그대로 응용될 수 있기 때문이다. 실제적으로 CMOS는 TTL과 비교할 때 기능적으로나 핀 배치면에서 같기 때문에 TTL에서 배운 회로를 그대로 CMOS에 적용할 수 있다.

이 장에서는 open collector 회로, wired logic 회로, 3-state 회로, schmitt trigger 회로, exclusive OR gate를 중심으로 한 회로의 기능과 동작원리에 대하여 설명한다.

7.1 open collector 회로

RTL(Resistor Transistor Logic)에서는 간단하게 AND/OR 논리회로를 구성할 수 있지만, 순수 TTL 회로에서는 AND/OR 회로를 만들 수 없기 때문에 이런 문제를 해결하기 위해서 고안된 것이 open collector IC이다.

이러한 open collector IC는 표준 TTL계 IC보다 출력전류나 출력전압을 높게 사용할 수 있으므로 부하가 적은 릴레이(relay) 회로의 구동용으로 직접 사용할 수 있는 장점이 있다. 기존의 구동용 IC라는 것도 바로 이러한 open collector 회로를 채택한 것이다. 이외에도 open collector IC는 직접 open collector 출력을 pull-up 저항을 이용하여 결선시킴으로써 AND/OR 게이트를 직접 사용하지 않고도 AND/OR 기능을 수행시킬 수 있는 장점이 있다.

이러한 open collector IC의 출력 구조와 표준 TTL 출력 구조와의 차이점을 비교한 것이 그림 7.1이다.

그림 7.1(a)는 수동소자에서 직접 출력을 얻게 된 것이고, 그림 (b)는 토템폴 방식의 출

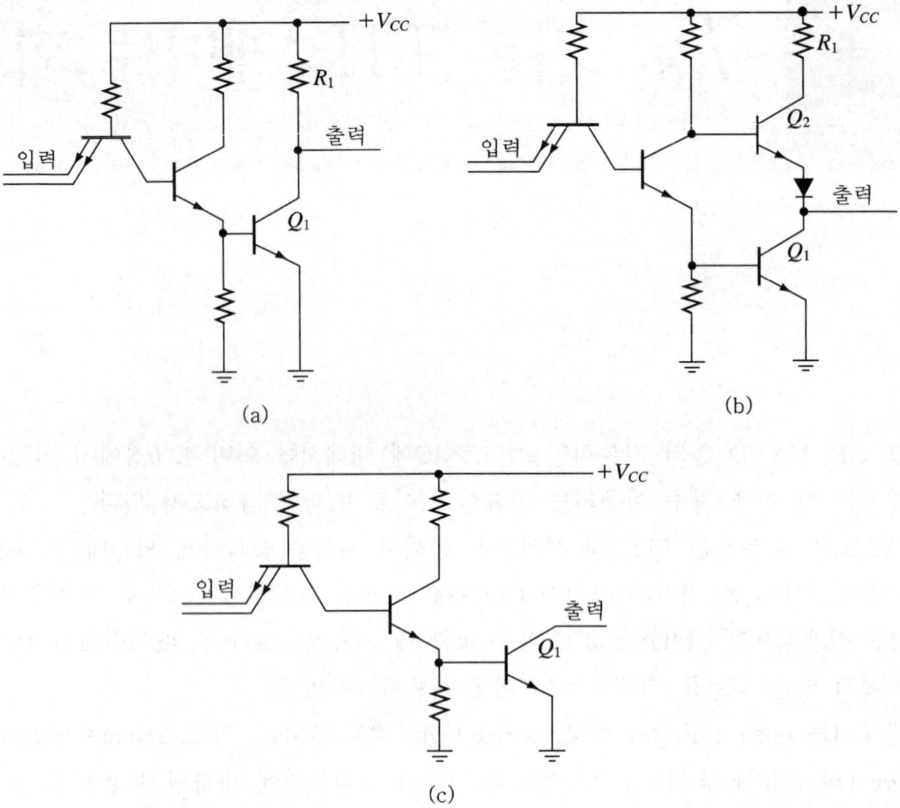

그림 7.1 여러 가지 출력회로

력회로이다. 그림 (c)는 개방 콜렉터 출력방식을 나타낸 것이다. 그림 (a)와 같이 직접 출력단자를 만든 경우에는 트랜지스터 Q_1이 전도 상태로 되었을 때의 출력은 낮은 전압 상태(즉, '0' 상태)가 되며, Q_1이 차단 상태로 되면 수동소자 R_1을 통하여 높은 전압 상태의 출력신호를 얻는 데 출력저항 R_1을 통하여 배선 및 회로의 커패시터가 충전됨에 따라 출력전압은 서서히 상승한다.

그림 (b)는 토템폴 결선방식이며, 능동소자인 트랜지스터 Q_1을 통하여 낮은 출력전압('0' 상태)을 능동소자인 트랜지스터 Q_2를 통하여 빠른 전환속도로서 높은 전압 상태('1' 상태)의 출력신호를 얻을 수 있다. 토템폴 트랜지스터(Q_1과 Q_2)는 낮은 출력 임피던스를 주므로 다른 TTL 게이트를 연결했을 때 과부하가 걸리는 것을 막아준다. 또한 출력저항이 낮으면 출력측에 연결된 다른 부하 커패시터나 표류(floating) 커패시터 등과 결합된 CR 시정수가 작아져서 출력전압이 빠르게 변화된다. 저항 R_1은 상태전환 동안의 전류를 제한하기 위한 것으로 낮은 값을 취한다.

그림 (c)는 콜렉터 개방형의 TTL 게이트 출력회로이다. 이 출력회로는 결선형 OR(wired

OR) 또는 결선형 AND(wired AND) 회로에서 유용하다. 그림 (c)에서 Q_1의 콜렉터는 개방되었으므로 저항(pull-up resistor) R_1을 외부적으로 연결하지 않는 한 적절한 동작을 할 수 없다. 그러나 이들 콜렉터 출력들을 서로 연결하여 한 개의 저항에 연결하면 따로 게이트를 사용하지 않고도 AND/OR 동작을 할 수 있다.

7.2 결선 논리(wired logic)

open collector IC를 이용해서 그림 7.2와 같이 세 개의 TTL 인버터 출력을 직접 결선하면 어떠한 논리동작을 할까?

입력 A, B, C 중 어느 하나가 1이면 출력은 0으로 되고, 입력이 모두 0일 때만 출력은 1로 되기 때문에 이 회로가 NOR 동작을 하고 있는 것을 알 수 있다. 결국 입력을 정논리, 출력을 부논리하고 생각하면 OR 동작을 하고 있다고 생각해도 된다.

이와 같이 하면 OR 게이트를 사용하지 않아도 결선에 의해 OR 동작을 시킬 수 있으므로 이 방법을 wired OR이라 한다.

그러나 바꾸어 생각하면 출력단자 $\overline{A}$, $\overline{B}$, $\overline{C}$ 출력이 결선에 의해 $\overline{A+B+C}=$

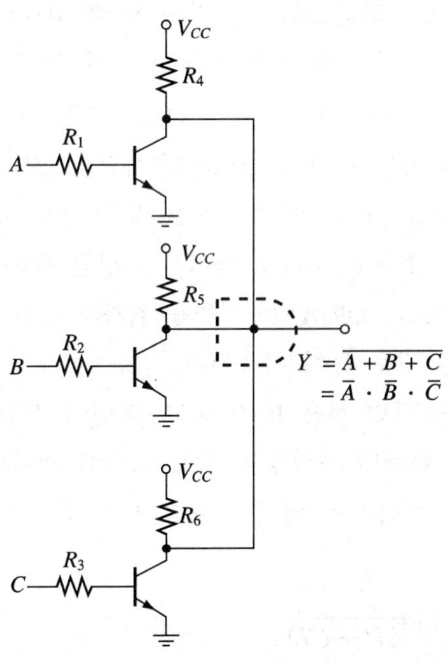

그림 7.2 wired OR 회로

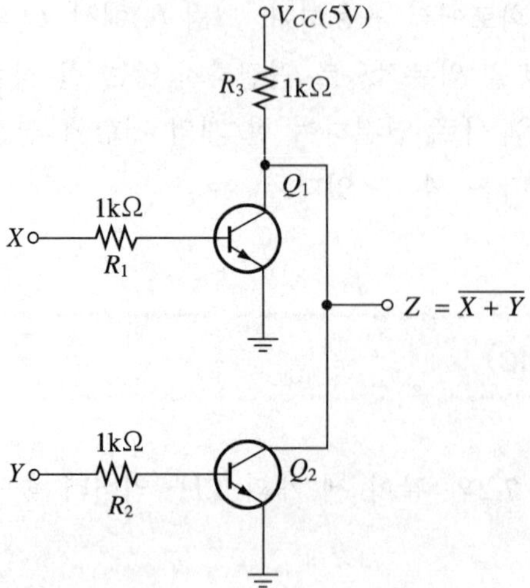

(a) wried OR 회로

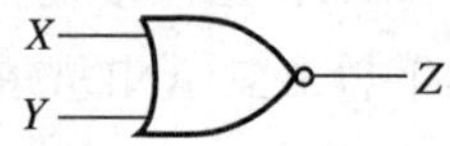

X	Y	Z
0	0	1
0	1	0
1	0	0
1	1	0

(b) 동작표

그림 7.3 NOR 회로

$\overline{A}\cdot\overline{B}\cdot\overline{C}$의 동작을 하고 있기 때문에 $\overline{A}$, $\overline{B}$, $\overline{C}$가 AND 동작을 하고 있다고 생각해도 좋으므로 wired AND 회로라고도 한다.

그리고 인버터를 두 개 이용하여 그림 7.3과 같이 Q_1과 Q_2의 콜렉터를 접속하고, 부하저항 R_3를 공통으로 하여 접속하면 2입력을 갖는 NOR 회로로서 동작시킬 수 있다.

동작원리는 그림 7.3에서 입력 X와 Y가 모두 1일 때 두 트랜지스터가 도통하여 콜렉터 출력 Z는 0으로 되고, 또 X와 Y 중 어느 하나가 1일 때도 출력 Z는 0으로 된다.

입력 X와 Y가 모두 0일 때만 두 트랜지스터는 차단되므로 출력 Z는 1로 된다. 이 논리동작을 종합하면 그림 (b)로 되며, 이 회로는 NOR 동작을 하고 있는 것을 알 수 있다.

이와 같이 open collector 출력을 하나로 묶어서 저항을 통하여 pull-up한 결선을 wired OR/AND라 하며, 많은 게이트의 OR/AND 기능을 취하는 경우 또는 배선만으로 OR/AND 접속을 계속 늘려가고 싶은 경우 등에 사용된다.

이러한 wired logic을 사용하면 사용 IC가 줄고, 배선이 간편하다는 장점이 있다. 예를 들어서 SN7403 IC와 같은 콜렉터 개방형의 TTL NAND 게이트를 그림 7.4와 같이 결선한 회로에서 출력단자 Z의 논리식과 이에 드모르간 정리를 적용한 논리식은 다음과 같이 된다.

$$Z = (\overline{AB})(\overline{CD}) = \overline{AB+CD}$$

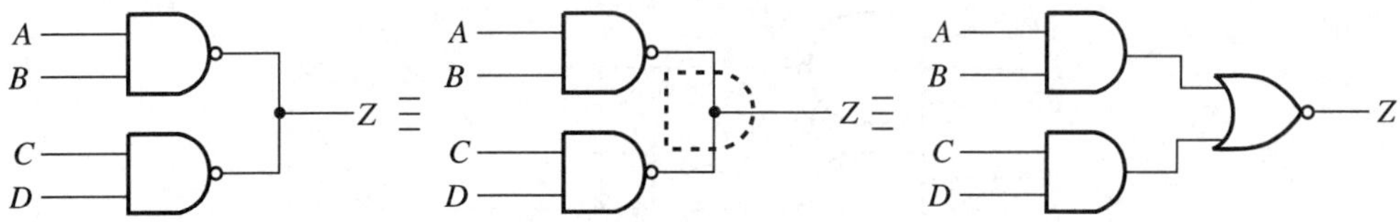

(a) (b) wired AND (c)

그림 7.4 콜렉터 개방형 NAND 게이트를 이용한 결선 논리

이것은 두 개의 NAND 게이트 출력의 결선이 그들 개개의 입력신호를 AND-OR-Invert 한 것과 같은 기능을 갖는다는 것을 의미한다.

그림 7.4와 같은 결선회로를 자주 보게 되는데 여기서 점선으로 표시된 기호는 NAND 게이트 출력의 결선이 그들 개개 신호의 AND 결선과 같음을 강조하기 위한 기호이다. 그래서 두 출력을 함께 묶는 것을 wired AND라 한다. 그리고 변화된 논리식에서도 알 수 있듯이 NAND 게이트의 출력을 함께 결선한 것은 AND화된 입력들을 각 게이트에서 OR화하고, 전체의 OR 출력을 다시 반전시켜 만들어진 논리 출력으로 볼 수 있다. 이 형식은 그림 7.4(c)에 나타낸다.

한편 open collector형 NOR 게이트에서는 다음과 같이 나타낼 수 있다.

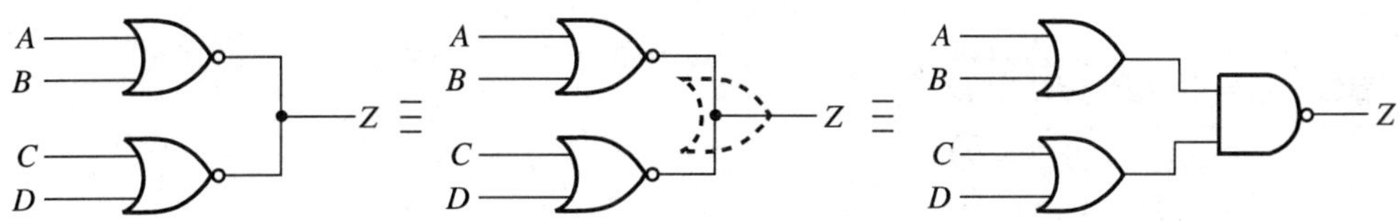

(a) (b) wired OR (c)

그림 7.5 콜렉터 개방형 NOR 게이트를 이용한 wired logic

이런 wired logic 회로는 잡음이 많고, 시스템 속도에 있어서 표준 TTL보다도 늦으며, 회로 내 에러를 찾아내기가 어렵다는 문제점이 있으므로 IC가 많이 소요되는 대형 시스템에서는 사용하지 않고, 대신에 3-state 회로가 주로 사용된다.

예제 7.1 다음 논리회로에 대한 논리식을 구하라.

풀이 wired AND 회로이므로 $Z=(\overline{A\overline{B}\,\overline{C}})(\overline{A\overline{B}C})(\overline{\overline{B}\,\overline{C}})$이고, 이것을 드모르간 정리를 이용하여 등가적으로 나타내면 다음과 같다.

$$Z=\overline{A\overline{B}\,\overline{C}+A\overline{B}C+\overline{B}\,\overline{C}}$$

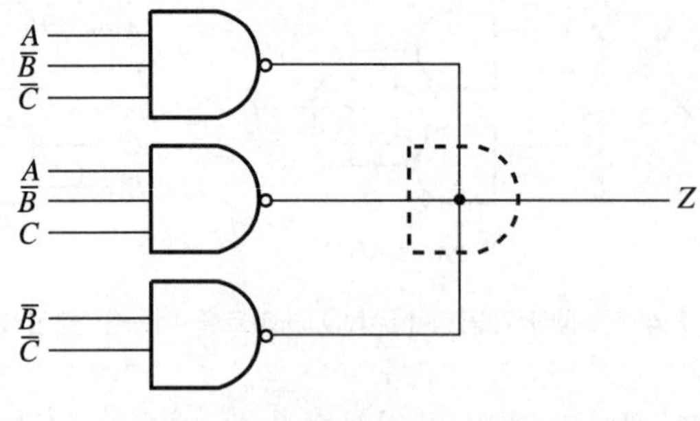

그림 7.6

■

예제 7.2 다음 논리회로에 대한 논리식을 구하라.

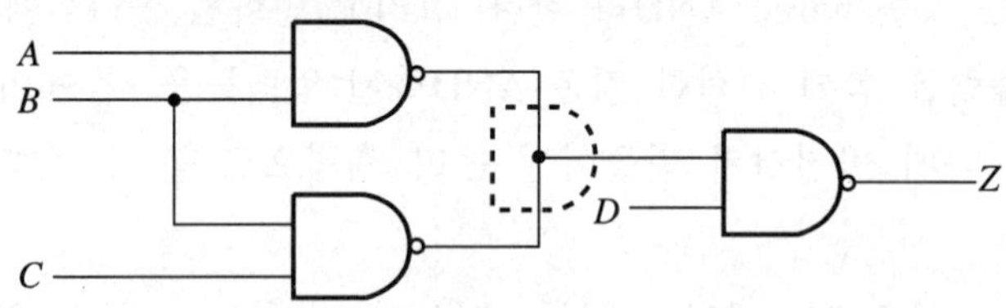

그림 7.7

풀이 $Z = \overline{[(\overline{AB})(\overline{BC})]\,D}$

$= \overline{\overline{AB}} \cdot \overline{\overline{BC}} + \overline{D}$

$= AB + BC + \overline{D}$

■

7.3 3-상태 회로(3-state circuit)

3-상태 회로는 제한된 속도, 낮은 잡음 여유도, 유지보수의 어려움 등의 wired logic이 갖는 단점을 해결하기 위해 고안된 회로로 이것은 totem-pole과 open collector의 특징을 하나의 회로에 통합해서 3-상태의 출력을 갖게 만든 논리 게이트 IC이다.

이것은 문자 그대로 1 상태, 0 상태 그리고 high 임피던스(impedance)의 세 가지 상태를 갖고 있다. 여기서 high 임피던스란 그 IC의 출력이 open되어 있음을 의미한다. 즉, 그 IC의 출력이 전기적으로 내부에서 분리되어 소위 절연 상태에 있는 것이다. 따라서 출력은 그 자신의 1이나 0 상태로는 되지 못하고, 오로지 외부에서 주어진 상태를 따르게 된다.

3-상태 출력 IC는 그림 7.8과 같이 통상의 입력 외에 제어입력단자 C를 갖고 있다. C

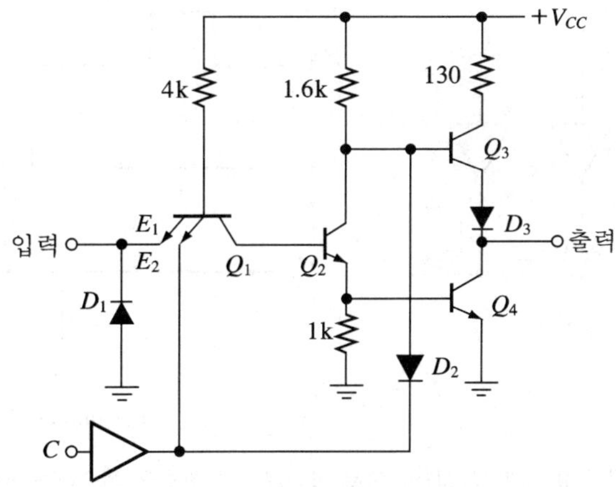

(a) 3-상태 인버터

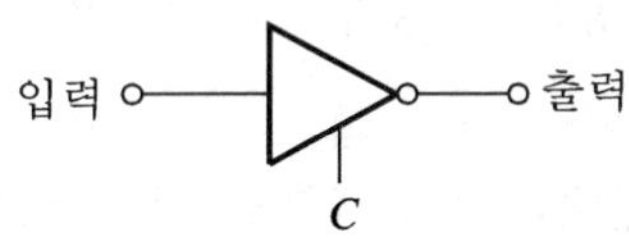

(b) 3-상태 인버터의 기호

그림 7.8 3-상태 인버터

입력이 능동 상태(enable)일 때 IC는 인버터 동작을 하지만 C입력이 차단 상태(disable)로 되면 출력은 high 임피던스 상태로 된다.

그러면 그림 7.8(a)에 대해서 동작을 살펴보자.

1. 제어입력 C가 H 레벨인 경우

Q_1의 에미터 E_2에는 H 입력이 인가되며, 또 다이오드 D_2는 역바이어스 상태가 되므로 회로에 영향을 주지 않고, 입력단자에 인가된 논리입력은 반전되어 출력에 나타난다. 즉, 인버터 동작을 한다.

2. 제어입력 C가 L 레벨인 경우

Q_1의 에미터 E_2가 L 레벨로 되기 때문에 Q_2는 OFF 상태로 되어 그 콜렉터 전압은 높아지지만 다이오드 D_2에 의해 Q_2의 콜렉터 전위는 L 레벨로 억제되어 버린다. 그 결과 totem-pole 트랜지스터 Q_3와 Q_4가 모두 차단 상태로 되며, 출력단자는 내부와 격리되어 high 임피던스로 된다.

그림 7.8(b)는 3-상태 인버터 회로의 기호이다. 3-상태 출력은 memory나 bus driver, 멀

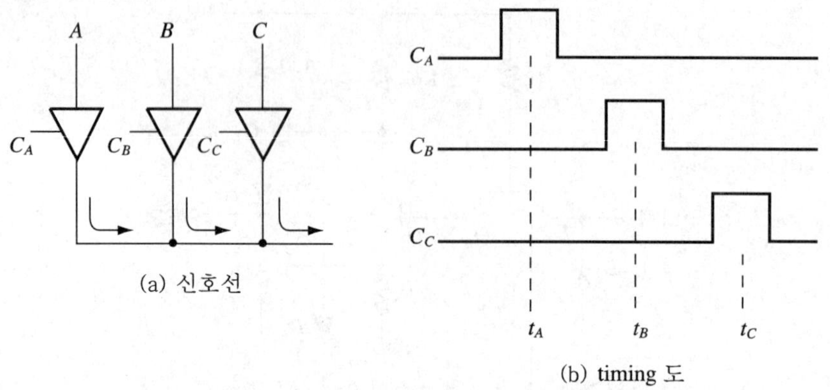

그림 7.9 1개의 신호선으로 A, B, C 신호를 전송하는 방법

티플렉서와 같은 장치에 널리 이용되고 있다. 그 이점은 많은 신호를 전송할 때 하나의 신호선을 공용할 수 있기 때문이다.

그림 7.9(a)는 A, B, C 각 신호를 시간적으로 나누어 한 개의 신호선만 이용하여 전송하는 회로이다. 그림 (b)와 같은 timing으로 제어입력 C_A, C_B, C_C를 인가하면 시간 t_A에서는 A입력이 신호선으로 출력되고, 시각 t_B에서는 B입력이 신호선상으로 출력된다.

그리고 A신호가 신호선에 출력되고 있는 시각에는 다른 B, C의 제어입력 C_B와 C_C는 L 레벨이므로 B와 C는 high 임피던스 상태로 회로와는 격리된 상태에 있다.

이와 같이 3-state IC를 이용하면 다수의 신호를 시간적으로 분할함으로써 1개의 신호선만으로 전송하는 것이 가능하다.

7.4 Schmitt 트리거 회로

Schmitt 트리거 회로는 잡음(noise)을 포함하고 있는 펄스나 상승이 늦은 펄스를 파형정형하여 첨예한 펄스로 변환하는 역할을 하는 회로로 내부의 증폭도가 크기 때문에 변화가 가파르다는 이점 외에 다음의 특징이 있다.

그림 7.10(a)와 같이 잡음을 포함한 펄스 전압이 인가되어도 입력전압이 V_{T+} 또는 V_{T-}가 될 때까지 반전하지 않고, V_{T+} 이상 또는 V_{T-} 이하가 되는 순간 반전한다.

그림 7.10과 같이 Schmitt 트리거 회로는 상위 threshold 전압 V_{T+}와 하위 threshold 전압 V_{T-}, 두 개의 threshold 값을 갖고 있다. 이 두 값의 차, 즉 $(V_{T+} - V_{T-})$를 히스테리시스라 하고 이러한 성질이 잡음을 포함한 신호, 상승이 늦은 전압을 파형정형하는 데

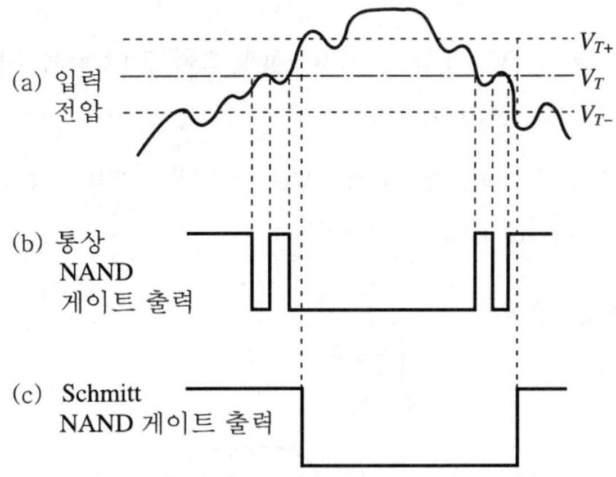

그림 7.10 Schmitt 트리거 회로의 동작

유용하다.

이렇게 하여 Schmitt NAND 게이트의 출력전압은 그림 7.10(c)와 같이 깨끗한 파형으로 된다. 입력전압이 V_{T+} 이하에서 출력전압은 H 레벨이고, 입력전압에 포함되는 잡음은 모두 영향을 주지 않는 것을 알 수 있다. 이에 반하여 NAND 게이트 출력은 그림 (b)와 같이 V_T 부근의 잡음이 민감하게 출력에 나타나 잡음의 영향이 크게 된다.

Schmitt 트리거 게이트 IC는 일반적인 게이트 IC와 구별하기 위해서 게이트 속에 히스테리시스 기호 (⎍)를 기입한다. Schmitt 트리거 동작을 하는 IC에는 2회로 4입력 NAND 게이트인 SN7413, 6회로 인버터인 SN7414, 4회로 2입력 NAND 게이트인 SN 74132 등이 있으며, 모두 $V_{T+} = 1.7\text{ V}$, $V_{T-} = 0.9\text{ V}$이다. SN7414의 전달 특성을 그림 7.11에 나타낸다.

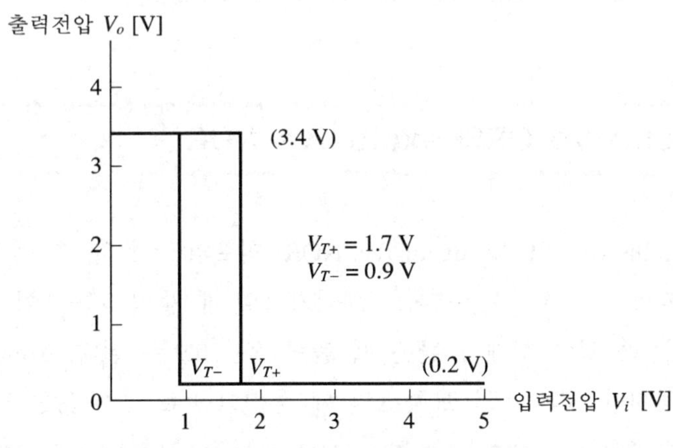

그림 7.11 SN7414의 전달 특성

예제 7.3 SN7414($V_{T+} = 1.7$ V, $V_{T-} = 0.9$ V)에 그림 7.12(a)에 나타낸 입력전압을 인가했을 때 출력파형을 그려라.

풀이 그림 7.12(b)와 같이 된다. 입력이 1.7 V를 넘으면 출력은 L 레벨로 되고, 입력이 0.9 V보다 작으면 H 레벨(3.4 V)로 되돌아간다.

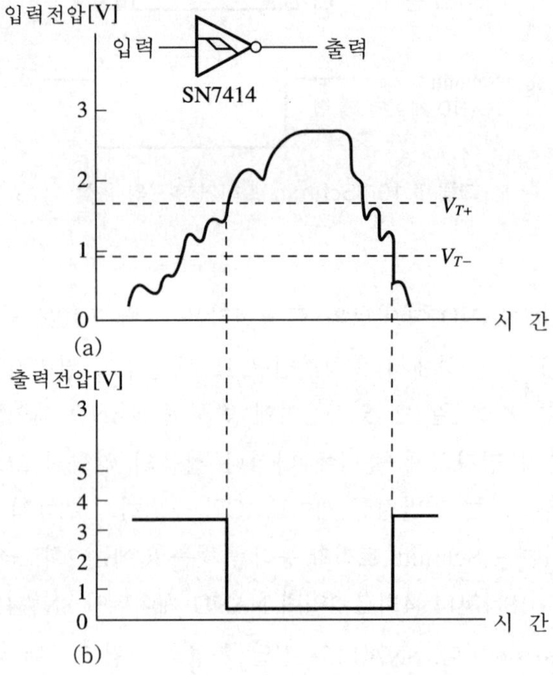

그림 7.12 Schmitt 트리거 IC 동작

7.5 exclusive OR와 exclusive NOR

그림 7.13에 exclusive OR 및 exclusive NOR 회로의 기호와 그 동작표를 나타냈다. exclusive OR 회로에서는 X, Y 중 어느 하나가 1일 때 출력 Z는 1이 되나 X, Y가 모두 1 또는 0일 때, 즉 입력 상태가 같은 때 출력 Z는 0으로 된다. exclusive OR 동작은 OR 동작과 유사하지만 X와 Y가 모두 1일 때 출력이 1로 되지 않는 점이 다르다.

exclusive OR 동작의 논리식은 $Z = X \oplus Y$라고 쓰며, 이것은 $Z = X\overline{Y} + \overline{X}Y$와 같다. 따라서 이것을 배타적 논리합 또는 반일치회로라고 한다.

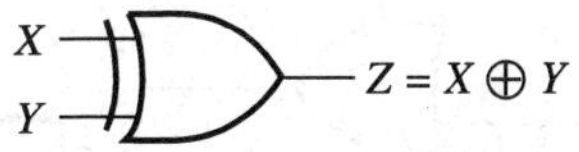

X	Y	Z
0	0	0
0	1	1
1	0	1
1	1	0

(a) 2입력 exclusive OR 기호와 진리표

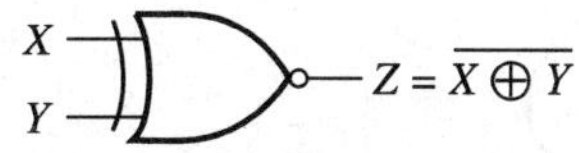

X	Y	Z
0	0	1
0	1	0
1	0	0
1	1	1

(b) 2입력 exclusive NOR 기호와 진리표

그림 7.13 exclusive OR, NOR의 회로 기호와 진리표

exclusive NOR 회로는 exclusive OR 회로의 부정이기 때문에 $Z=\overline{X\oplus Y}=X\odot Y$라고 쓰며, 이것은 $Z=XY+\overline{X}\,\overline{Y}$와 같다. 그래서 이것을 일치회로라 한다.

예제 7.4 $Z=X\overline{Y}+\overline{X}Y$를 변형하여 exclusive OR 회로를 그려라.

풀이 $\overline{\overline{Z}}=\overline{\overline{X\overline{Y}+\overline{X}Y}}=\overline{(\overline{X\overline{Y}})(\overline{\overline{X}Y})}$ ······ (a)

$=\overline{(\overline{X}+Y)(X+\overline{Y})}$ ······ (b)

$=\overline{XY+\overline{X}\,\overline{Y}}$ ······ (c)

$=(\overline{XY})(X+Y)$ ······ (d)

$=X(\overline{XY})+Y(\overline{XY})$ ······ (e)

$=(\overline{X}+\overline{Y})(X+Y)$ ······ (f)

$=X\overline{Y}+\overline{X}Y$ ······ (g)

$=X\oplus Y$ ······ (h)

이것을 그림 7.14에 나타낸다.

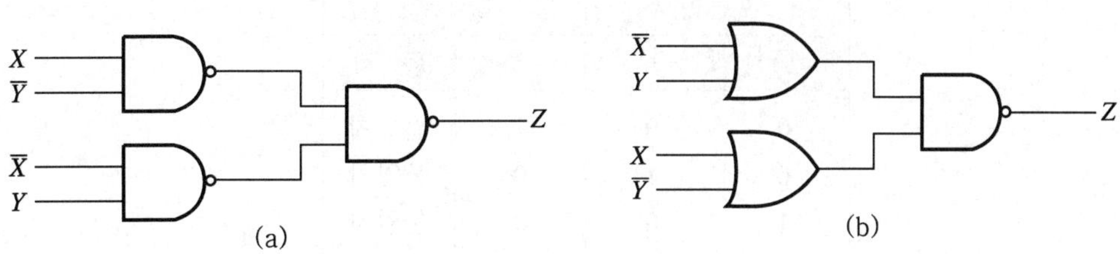

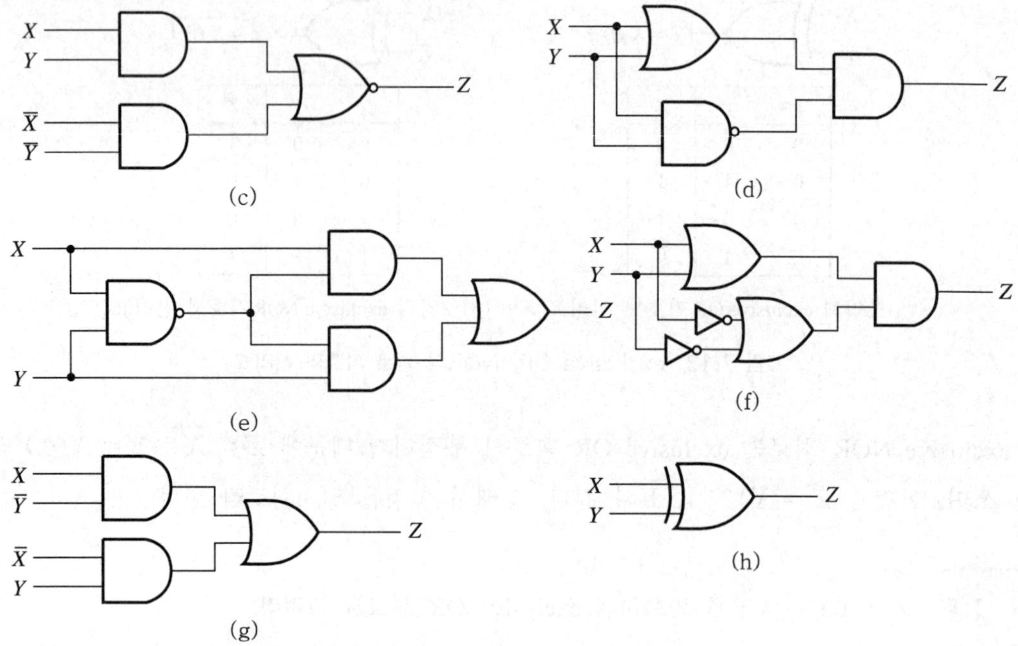

그림 7.14 각종 exclusive OR 회로

1. 일치회로

일치회로란 두 개의 데이터 A, B를 비교해서 같은가, 다른가를 판정하는 회로이다. 넓은 의미로는 비교회로에 포함되지만 exclusive OR 게이트를 이용하면 간단히 구성할 수 있다.

우선 간단한 예로서 1비트인 두 개의 데이터 A, B가 서로 같은가의 여부를 판정하는 회로를 생각해 보자. 이에 따른 진리표를 만들면 표 7.1과 같다.

▶표 7.1 일치회로

입 력		출 력	
A	B	X	동 작
0	0	1	일 치
0	1	0	불일치
1	0	0	불일치
1	1	1	일 치

A와 B가 일치하는 경우란 A와 B가 모두 0이든지, 모두 1로 될 때 출력 X가 1로 되는 회로이다. 여기서 exclusive OR의 동작은 표 7.2와 같다.

▶표 7.2 exclusive OR 동작

입 력		출 력	
A	B	Y	동 작
0	0	0	일 치
0	1	1	불일치
1	0	1	불일치
1	1	0	일 치

표 7.1과 표 7.2를 비교하면 알 수 있듯이 exclusive OR 게이트의 출력함수 Y의 부정이 일치회로의 출력함수 X로 되어 있다. 결국 $X=\overline{Y}$가 된다. 이 관계를 나타낸 것이 그림 7.15이다.

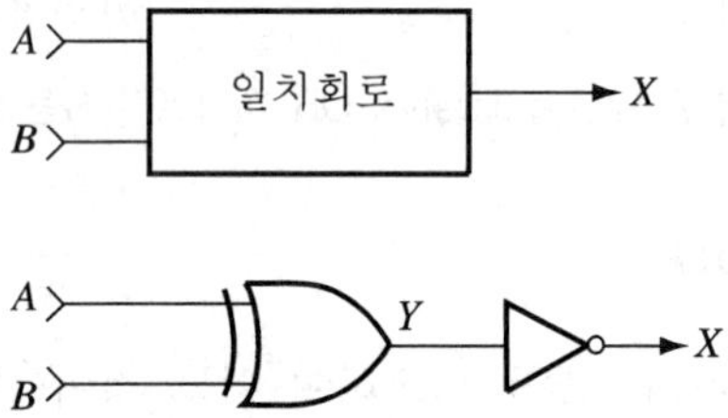

그림 7.15 일치회로를 exclusive OR 게이트로 구성

다음에 2진수 2비트 A, B의 일치회로에 대하여 생각해 보자. 여기에는 두 개의 데이터 A, B의 2^0자리와 2^1자리가 모두 일치하고 있는가를 조사하면 된다. 따라서 그림 7.16과 같은 회로이면 된다.

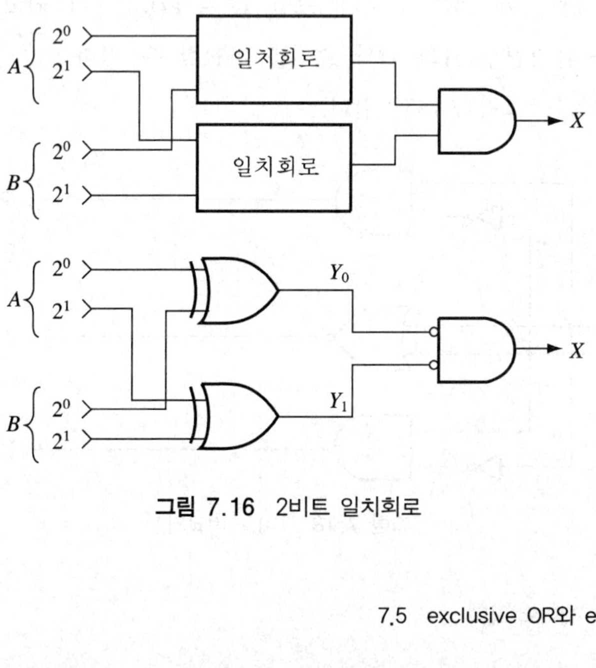

그림 7.16 2비트 일치회로

한편 exclusive OR 게이트의 동작표인 표 7.2를 다시 한 번 관찰해 보자. 이 회로는 A와 B가 일치하지 않을 때 출력이 나오는 회로인 것을 알 수 있다.

그러면 exclusive OR 게이트 두 개의 입력 중 한 개를 제어입력으로 사용해 보자. 즉, 그림 7.17과 같이 B단자를 제어용으로 하고, A단자를 데이터 입력용으로 사용하면 제어단자 B가 1일 때 $Y=\overline{A}$, 즉 인버터로 되고, 그림 (b)와 같이 제어단자 B를 0으로 하면 $Y=A$, 즉 버퍼로 되는 것을 알 수 있다.

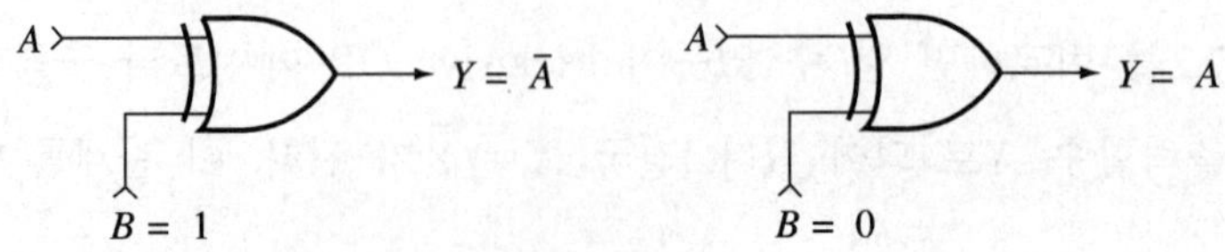

그림 7.17 exclusive OR 게이트의 사용방법

2. 비교회로(comparator)

비교회로란 두 개의 데이터 A, B를 비교하여 어느 것이 큰가 또는 같은가를 판정하는 회로이다. 비교기는 exclusive NOR 회로(일치회로)를 사용하면 쉽게 구성할 수 있다.

즉, exclusive NOR 회로는 $Z=\overline{A\overline{B}+\overline{A}B}$이다. 이 식에서

$Z=1$이면 $A=B$이고,
$Z=0$이면 $A\neq B$이다.

A와 B가 같지 않을 때 A가 B보다 크면 $C=A\overline{B}$가 1이 되고, B가 A보다 크면 $D=\overline{A}B$가 1이 되어 2진수 A와 B의 크기를 비교할 수 있다.

비교기의 기본회로는 그림 7.18과 같다.

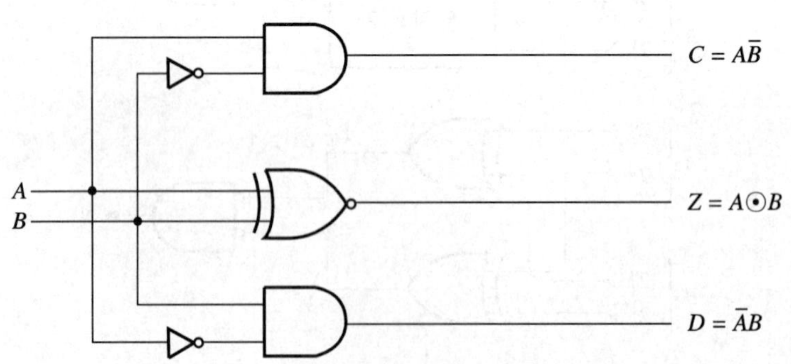

그림 7.18 1비트 비교기

예제 7.5 2비트의 데이터 A, B가 있을 때 $A>B$인가, $A<B$인가, $A=B$인가를 판정하는 비교회로를 구성하라.

풀이 그림 7.19와 같이 각각의 출력을 내는 것이 2비트 비교회로이다.

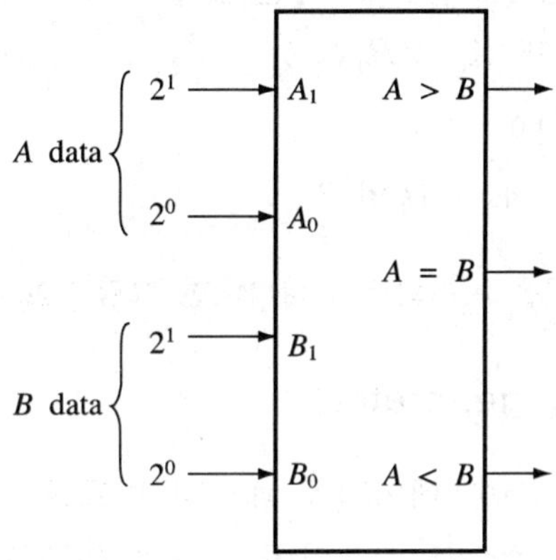

그림 7.19 2비트 비교회로의 구성

그러면 이러한 비교회로는 어떻게 만들면 될까?
2비트 데이터 A, B를 비교하는 경우의 조건을 생각하면 다음과 같다.

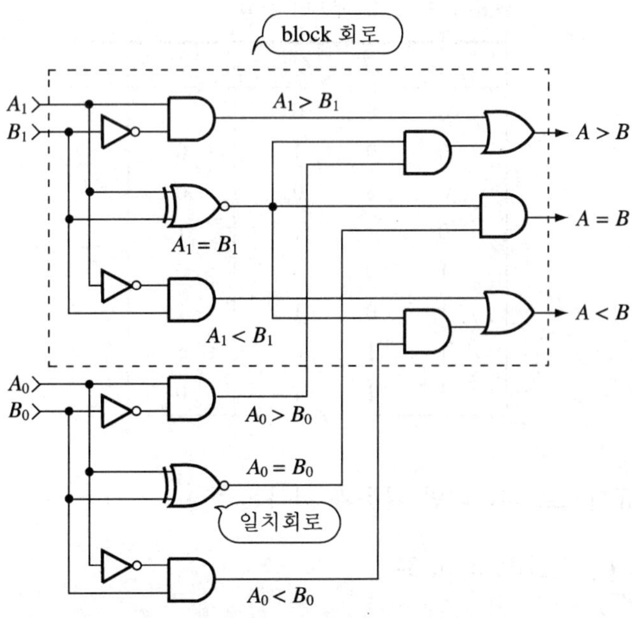

그림 7.20 2비트 비교회로

1) $A > B$로 되는 경우

① $A_1 > B_1$일 것. A_0와 B_0는 상관 없다.

② $A_1 = B_1$이고 또 $A_0 > B_0$일 것.

2) $A < B$로 되는 경우

① $A_1 < B_1$일 것. A_0와 B_0는 상관 없다.

② $A_1 = B_1$이고 또 $A_0 < B_0$일 것.

3) $A = B$로 되는 경우

$A_1 = B_1$이고 또 $A_0 = B_0$일 것.

이상의 세 가지 조건을 논리회로로 나타내면 그림 7.20과 같다. ■

3. 패리티 발생기(parity generator)

데이터 전송에서 전송측은 전송 데이터에 패리티 비트를 추가하여 전송하고, 수신측에서는 전송받은 데이터의 1의 개수를 이용하여 에러의 유무를 검사하게 된다. 전송측에서 패리티 비트를 발생하는 회로를 패리티 발생기(parity generator)라 한다.

표 7.3은 3개의 비트와 함께 홀수 패리티 비트를 전송하는 예를 나타낸 것이다. 표에서 A, B, C는 입력변수이고, P는 전송 데이터 중에서 1의 개수가 홀수가 되도록 하였다.

▶표 7.3 홀수 패리티 발생

A	B	C	P
0	0	0	1
0	0	1	0
0	1	0	0
0	1	1	1
1	0	0	0
1	0	1	1
1	1	0	1
1	1	1	0

표 7.3을 수치 표현으로 나타내면 다음과 같다.

$$P(A, B, C) = \Sigma(0, 3, 5, 6)$$

이 논리함수는 카르노도로 간소화할 수 없으며, 정리하여 변형하면 다음과 같다.

$$
\begin{aligned}
P(A, B, C) &= \overline{A}\,\overline{B}\,\overline{C} + \overline{A}BC + A\overline{B}C + AB\overline{C} \\
&= (\overline{A}\,\overline{B} + AB)\overline{C} + (\overline{A}B + A\overline{B})C \\
&= \overline{(A \oplus B)}\,\overline{C} + (A \oplus B)C \\
&= \overline{(A \oplus B) \oplus C} \\
&= (A \oplus B) \odot C
\end{aligned}
$$

3입력에 대한 홀수 패리티 발생 회로는 exclusive OR 게이트와 exclusive NOR 게이트로 구성할 수 있으며, 그림 7.21은 3입력 홀수 패리티 발생기의 논리도를 나타낸 것이다.

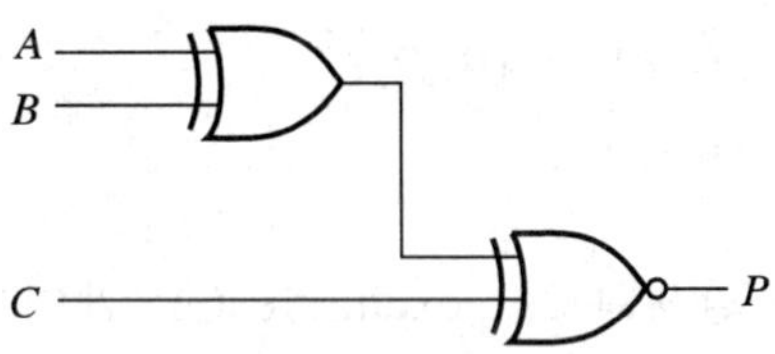

그림 7.21 3입력 홀수 패리티 발생기

예제 7.6 3입력 홀수 패리티 발생기에서 ABC가 111일 때 출력 P가 0이 되는 것을 확인하라.

풀이 그림 7.22에 나타낸 것과 같이 0인 것을 확인할 수 있다.

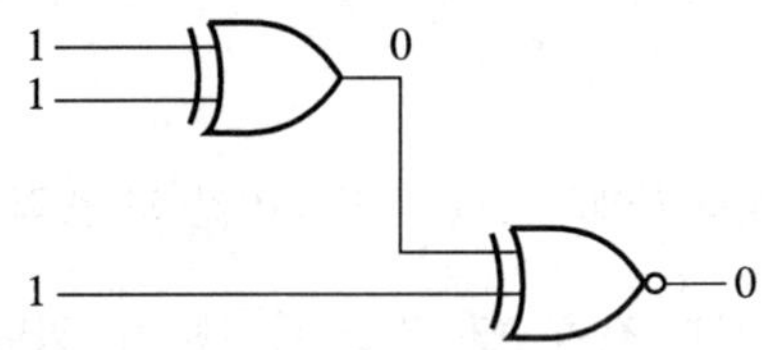

그림 7.22 ■

▶표 7.4 짝수 패리티 발생

A	B	C	P
0	0	0	0
0	0	1	1
0	1	0	1
0	1	1	0
1	0	0	1
1	0	1	0
1	1	0	0
1	1	1	1

표 7.4는 3입력에 대한 짝수 패리티를 나타낸 것이다. 표에서 A, B, C는 입력변수이고, P는 전송 데이터 중에서 1의 개수가 짝수가 되도록 하였다.

표 7.4를 수치 표현으로 나타내면 다음과 같다.

$$P(A, B, C) = \sum(1, 2, 4, 7)$$

이 논리함수는 카르노도로 간소화할 수 없으며, 정리하여 변형하면 다음과 같다.

$$\begin{aligned} P(A, B, C) &= \overline{A}\,\overline{B}C + \overline{A}B\overline{C} + A\overline{B}\,\overline{C} + ABC \\ &= (\overline{A}\,\overline{B} + AB)C + (\overline{A}B + A\overline{B})\overline{C} \\ &= \overline{(A \oplus B)}C + (A \oplus B)\overline{C} \\ &= A \oplus B \oplus C \end{aligned}$$

3입력에 대한 짝수 패리티 발생회로는 exclusive OR 게이트로 구성할 수 있으며, 그림 7.23은 3입력 짝수 패리티 발생기의 논리도를 나타낸 것이다.

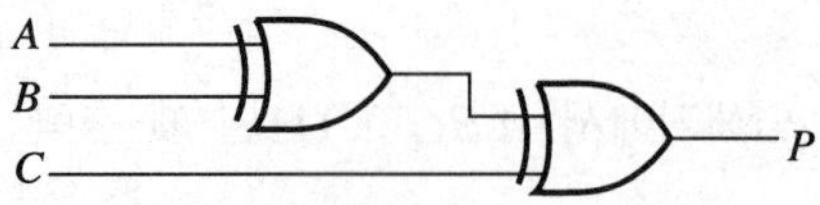

그림 7.23 3입력 짝수 패리티 발생기

예제 7.7 3입력 짝수 패리티 발생기에서 ABC가 110일 때 출력 P가 0이 되는 것을 확인하라.

풀이 그림 7.24에 나타낸 것과 같이 0인 것을 확인할 수 있다.

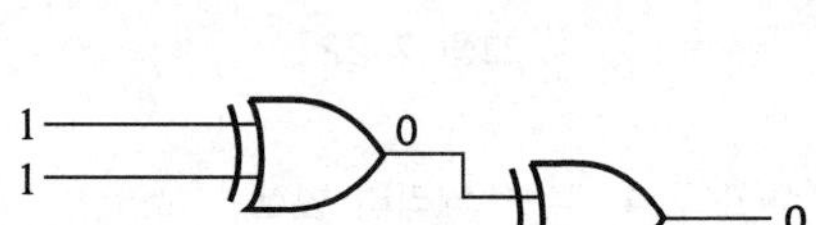

그림 7.24 ■

4. 패리티 검사기

전송측에서는 그림 7.21이나 그림 7.23과 같은 패리티 발생기에서 패리티를 발생시켜 데이터와 함께 수신측으로 데이터를 전송한다. 수신측은 전송받은 데이터에서 에러의 유무를 검사할 때 전송측에서 보낸 패리티 비트를 검사하여 확인한다. 이때 패리티 비트를 검사하는 회로를 패리티 검사기(parity checker)라 한다.

▶표 7.5 홀수 패리티 검사

A	B	C	P	PC
0	0	0	0	1
0	0	0	1	0
0	0	1	0	0
0	0	1	1	1
0	1	0	0	0
0	1	0	1	1
0	1	1	0	1
0	1	1	1	0
1	0	0	0	0
1	0	0	1	1
1	0	1	0	1
1	0	1	1	0
1	1	0	0	1
1	1	0	1	0
1	1	1	0	0
1	1	1	1	1

표 7.3과 같이 데이터를 보냈을 경우, 즉 입력은 3개이고, 홀수 패리티를 사용하여 전송하였을 경우 수신측에서의 패리티 검사기를 설계하여 보자. 표 7.5는 홀수 패리티 검사기에 관련된 진리표를 나타낸 것이다.

수신측에서 전송받은 데이터가 A, B, C, P이므로 이것은 패리티 검사기 논리도의 입력이 된다. PC는 P와 A, B, C를 보고 전송받은 데이터에 에러가 있으면 PC는 1이 되고, 에러가 없으면 PC는 0이 된다. 예를 들어 $ABCP = 0110$이면 1의 개수가 홀수가 되려면 P값이 1이어야 하는데 P값이 0이기 때문에 즉, 전송받은 데이터에 에러가 있기 때문에 PC값은 1이 된다.

이 논리함수는 카르노도로 간소화할 수 없으며, 정리하여 변형하면 다음과 같다.

$$
\begin{aligned}
PC(A, B, C, P) &= \Sigma(0, 3, 5, 6, 9, 10, 12, 15) \\
&= \overline{A}\,\overline{B}\,\overline{C}\,\overline{P} + \overline{A}\,\overline{B}CP + \overline{A}B\overline{C}P + \overline{A}BC\overline{P} + A\overline{B}\,\overline{C}P + A\overline{B}C\overline{P} \\
&\quad + AB\overline{C}\,\overline{P} + ABCP \\
&= \overline{A}\,\overline{B}(\overline{C}\,\overline{P} + CP) + \overline{A}B(\overline{C}P + C\overline{P}) + A\overline{B}(\overline{C}P + C\overline{P})
\end{aligned}
$$

$$
\begin{aligned}
&+AB(\overline{C}\,\overline{P}+CP) \\
&=(\overline{A}\,\overline{B}+AB)(\overline{C}\,\overline{P}+CP)+(\overline{A}B+A\overline{B})(\overline{C}P+C\overline{P}) \\
&=\overline{(A\oplus B)}\;\overline{(C\oplus P)}+(A\oplus B)(C\oplus P) \\
&=\overline{(A\odot B)\oplus(C\odot P)} \\
&=A\odot B\odot C\odot P
\end{aligned}
$$

exclusive NOR 게이트로 4비트 홀수 패리티 검사기를 구현할 수 있고, 논리도는 그림 7.25에 나타냈다.

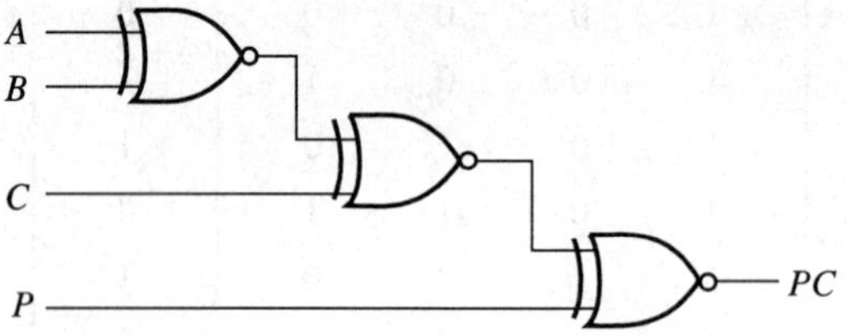

그림 7.25 4비트 홀수 패리티 검사기

예제 7.8 4비트 홀수 패리티 검사에서 $ABCP$가 1101일 때 출력 PC가 0이 되는 것을 확인하라.

풀이 그림 7.26에 나타낸 것과 같이 0인 것을 확인할 수 있다.

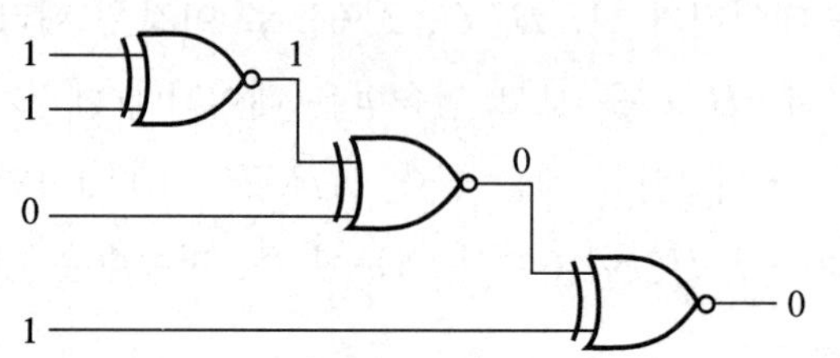

그림 7.26 ■

표 7.4와 같이 데이터를 보냈을 경우, 즉 입력이 3개이고, 짝수 패리티를 사용하여 전송하였을 경우 수신측에서의 패리티 검사기를 설계하여 보자. 표 7.6은 짝수 패리티 검사기에 관련된 진리표를 나타낸 것이다.

수신측에서 전송받은 데이터가 A, B, C, P이므로 이것은 패리티 검사기 논리도의 입력이 된다. PC는 P와 A, B, C를 보고 전송받은 데이터에 에러가 있으면 PC는 1이 되고, 에러가 없으면 PC는 0이 된다. 예를 들어 $ABCP=0010$이면 1의 개수가 짝수가 되려면 P값이 1이어야 하는데 P값이 0이기 때문에, 즉 전송받은 데이터에 에러가 있기 때문에 PC값은 1이 된다.

이 논리함수는 카르노도로 간소화할 수 없으며, 정리하여 변형하면 다음과 같다.

$$
\begin{aligned}
PC(A, B, C, P) &= \sum(1, 2, 4, 7, 8, 11, 13, 14) \\
PC(A, B, C, P) &= \overline{A}\,\overline{B}\,\overline{C}P + \overline{A}\,\overline{B}C\overline{P} + \overline{A}B\overline{C}\,\overline{P} + \overline{A}BCP + A\overline{B}\,\overline{C}\,\overline{P} \\
&\quad + A\overline{B}CP + AB\overline{C}P + ABC\overline{P} \\
&= \overline{A}\,\overline{B}(\overline{C}P + C\overline{P}) + \overline{A}B(\overline{C}\,\overline{P} + CP) + A\overline{B}(\overline{C}\,\overline{P} + CP) \\
&\quad + AB(\overline{C}P + C\overline{P}) \\
&= \overline{A}\,\overline{B}(C \oplus P) + \overline{A}B\overline{(C \oplus P)} + A\overline{B}\overline{(C \oplus P)} + AB(C \oplus P) \\
&= (\overline{A}\,\overline{B} + AB)(C \oplus P) + (\overline{A}B + A\overline{B})\overline{(C \oplus P)} \\
&= \overline{(A \oplus B)}(C \oplus P) + (A \oplus B)\overline{(C \oplus P)} \\
&= A \oplus B \oplus C \oplus P
\end{aligned}
$$

▶표 7.6 짝수 패리티 검사

A	B	C	P	PC
0	0	0	0	0
0	0	0	1	1
0	0	1	0	1
0	0	1	1	0
0	1	0	0	1
0	1	0	1	0
0	1	1	0	0
0	1	1	1	1
1	0	0	0	1
1	0	0	1	0
1	0	1	0	0
1	0	1	1	1
1	1	0	0	0
1	1	0	1	1
1	1	1	0	1
1	1	1	1	0

exclusive OR 게이트로 4비트 짝수 패리티 검사기를 구현할 수 있고, 논리도는 그림 7.27에 나타내었다.

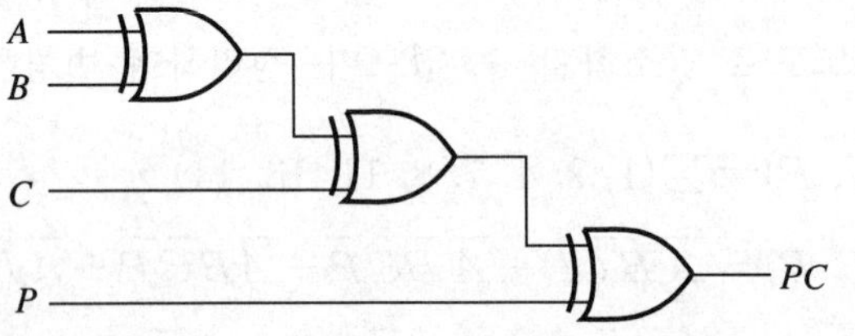

그림 7.27 4비트 짝수 패리티 검사기

예제 7.9 4비트 짝수 패리티 검사에서 $ABCP$가 0111일 때 출력 PC가 1이 되는 것을 확인하라.

풀이 그림 7.28에 나타낸 것과 같이 1인 것을 확인할 수 있다.

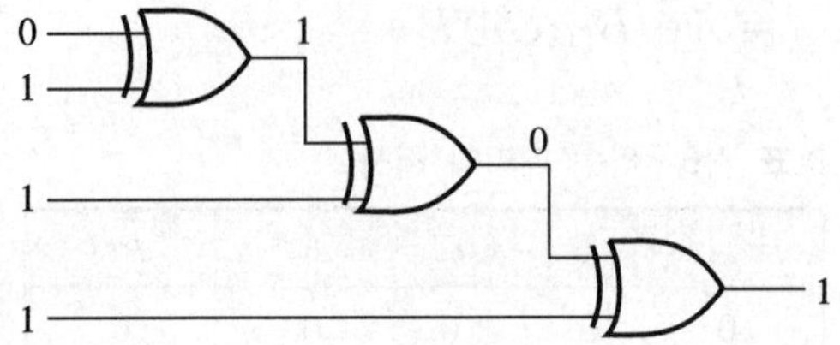

그림 7.28 ■

5. 코드 변환 논리회로

(1) 2진수를 그레이 코드로 변환

2진수와 그레이 코드(gray code)의 관계를 표 7.7에 나타내었다. 2진수를 그레이 코드로 변환하는 회로는 exclusive OR 게이트를 이용하면 간단히 구성할 수 있다.

표 7.7에서 2진수 $b_3b_2b_1b_0$를 입력변수로 하고, 그레이 코드 $g_3g_2g_1g_0$를 구하는데 map 번호는 좌측 것을 사용한다. 각각의 출력을 수치표현으로 나타내면 다음과 같다.

$$g_3(b_3, b_2, b_1, b_0) = \sum(8, 9, 10, 11, 12, 13, 14, 15)$$

$$g_2(b_3, b_2, b_1, b_0) = \sum(4, 5, 6, 7, 8, 9, 10, 11)$$

$$g_1(b_3, b_2, b_1, b_0) = \sum(2, 3, 4, 5, 10, 11, 12, 13)$$

$$g_0(b_3, b_2, b_1, b_0) = \sum(1, 2, 5, 6, 9, 10, 13, 14)$$

▶표 7.7

Map 번호	2진수 b_3	b_2	b_1	b_0	그레이 코드 g_3	g_2	g_1	g_0	Map 번호
0	0	0	0	0	0	0	0	0	0
1	0	0	0	1	0	0	0	1	1
2	0	0	1	0	0	0	1	1	3
3	0	0	1	1	0	0	1	0	2
4	0	1	0	0	0	1	1	0	6
5	0	1	0	1	0	1	1	1	7
6	0	1	1	0	0	1	0	1	5
7	0	1	1	1	0	1	0	0	4
8	1	0	0	0	1	1	0	0	12
9	1	0	0	1	1	1	0	1	13
10	1	0	1	0	1	1	1	1	15
11	1	0	1	1	1	1	1	0	14
12	1	1	0	0	1	0	1	0	10
13	1	1	0	1	1	0	1	1	11
14	1	1	1	0	1	0	0	1	9
15	1	1	1	1	1	0	0	0	8

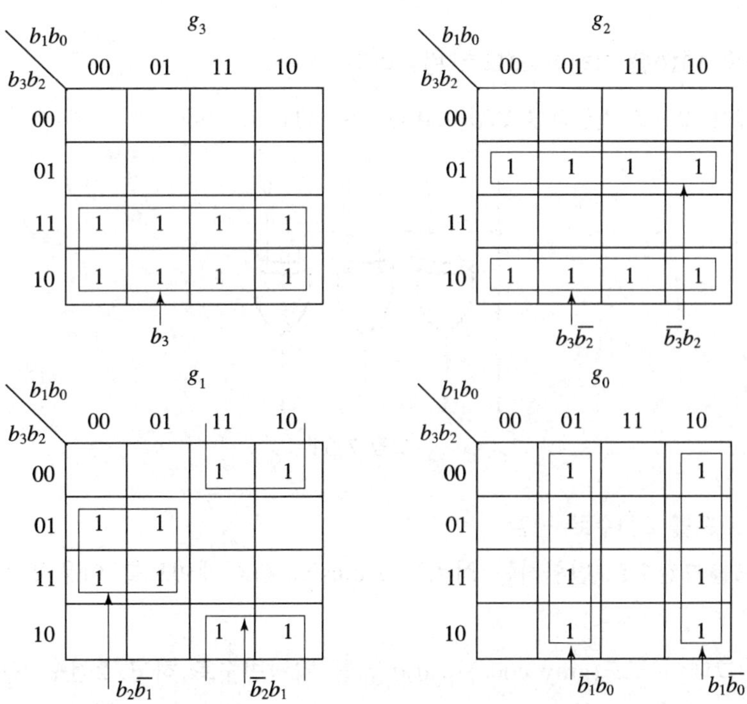

그림 7.29

이것을 카르노도를 사용하여 나타낸 것이 그림 7.29이다.

간소화한 결과는 다음과 같다.

$$g_3(b_3, b_2, b_1, b_0) = b_3$$

$$g_2(b_3, b_2, b_1, b_0) = \overline{b_3}\, b_2 + b_3\overline{b_2} = b_3 \oplus b_2$$

$$g_1(b_3, b_2, b_1, b_0) = b_2\overline{b_1} + \overline{b_2}b_1 = b_2 \oplus b_1$$

$$g_0(b_3, b_2, b_1, b_0) = b_1\overline{b_0} + \overline{b_1}\, b_0 = b_1 \oplus b_0$$

이것을 논리회로로 실현하면 그림 7.30과 같다.

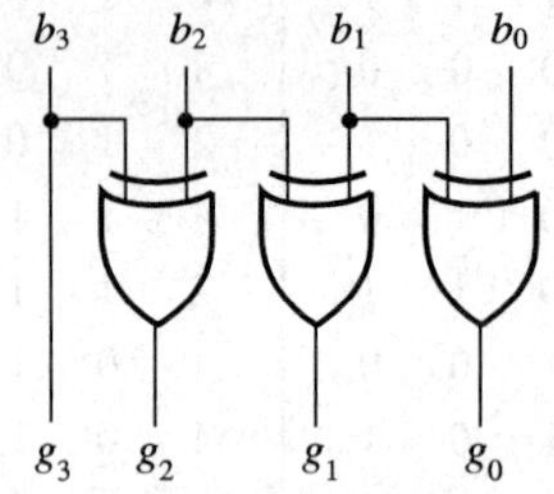

그림 7.30 2진수-그레이 코드 변환회로

예제 7.10 2진수 1010을 그레이 코드로 변환하라.

풀이 그레이 코드로 변환하면 그림 7.31과 같이 1111로 된다.

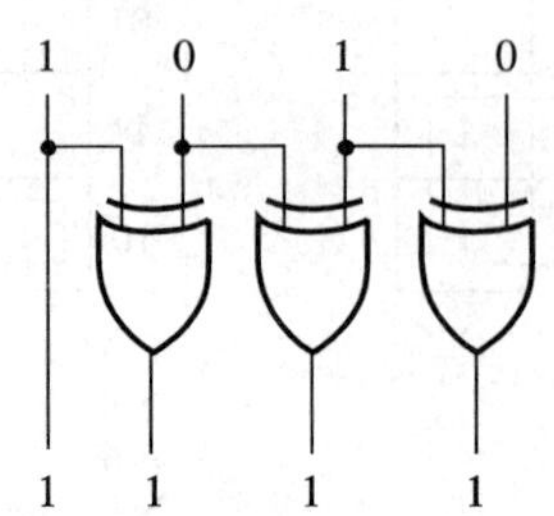

그림 7.31 ■

(2) 그레이 코드를 2진수로 변환

그레이 코드를 2진수로 변환하는 회로는 exclusive OR 게이트를 이용하면 간단히 구성할 수 있다.

표 7.7에서 그레이 코드(gray code) $g_3g_2g_1g_0$를 입력변수로 하고, 2진수 $b_3b_2b_1b_0$를 구하는데 맵 번호는 우측 것을 사용한다. 각각의 출력을 수치표현으로 나타내면 다음과 같다.

$$b_3(g_3, g_2, g_1, g_0) = \sum(8, 9, 10, 11, 12, 13, 14, 15)$$
$$b_2(g_3, g_2, g_1, g_0) = \sum(4, 5, 6, 7, 8, 9, 10, 11)$$
$$b_1(g_3, g_2, g_1, g_0) = \sum(2, 3, 4, 5, 8, 9, 14, 15)$$
$$b_0(g_3, g_2, g_1, g_0) = \sum(1, 2, 4, 7, 8, 11, 13, 14)$$

이것을 카르노도를 사용하여 나타낸 것이 그림 7.32이다.

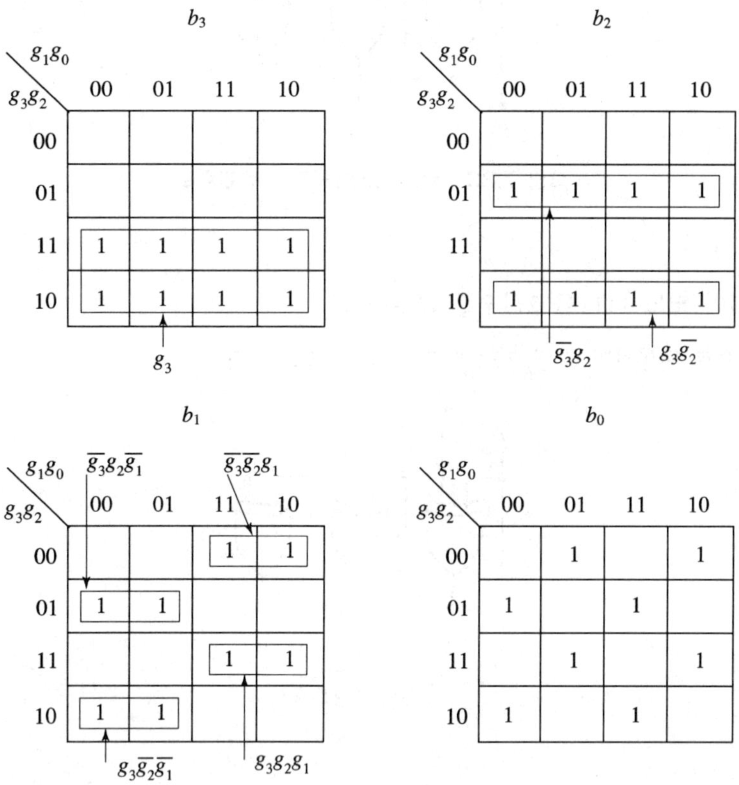

그림 7.32

간소화한 결과는 다음과 같다.

$$b_3(g_3, g_2, g_1, g_0) = g_3$$
$$b_2(g_3, g_2, g_1, g_0) = g_3\overline{g_2} + \overline{g_3}\,g_2 = g_3 \oplus g_2 = b_3 \oplus g_2$$
$$\begin{aligned} b_1(g_3, g_2, g_1, g_0) &= \overline{g_3}\,\overline{g_2}\,g_1 + g_3g_2g_1 + \overline{g_3}\,g_2\overline{g_1} + g_3\overline{g_2}\,\overline{g_1} \\ &= (\overline{g_3}\,\overline{g_2} + g_3g_2)g_1 + (\overline{g_3}\,g_2 + g_3\overline{g_2})\overline{g_1} \\ &= (g_3 \odot g_2)\,g_1 + (g_3 \oplus g_2)\,\overline{g_1} \end{aligned}$$

$$= g_3 \oplus g_2 \oplus g_1 = b_2 \oplus g_1$$
$$b_0(g_3,\ g_2,\ g_1,\ g_0) = g_3 \oplus g_2 \oplus g_1 \oplus g_0 = b_1 \oplus g_0$$

이것을 논리회로로 실현하면 그림 7.33과 같다.

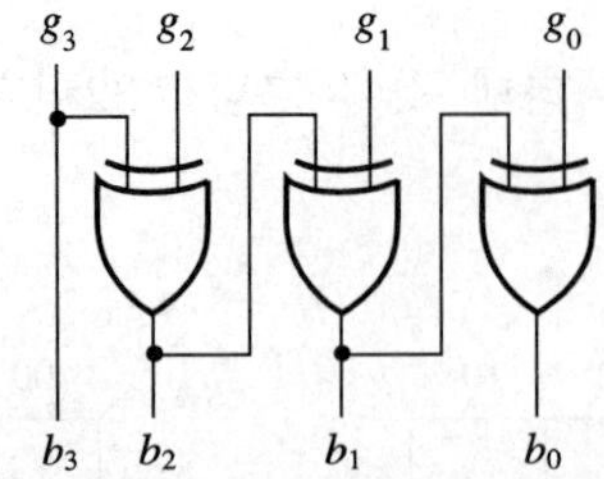

그림 7.33 gray code-2진수 변환회로

예제 7.11 그레이 코드 1111을 2진수로 변환하라.

풀이 2진수로 변환하면 그림 7.34와 같이 1010으로 된다.

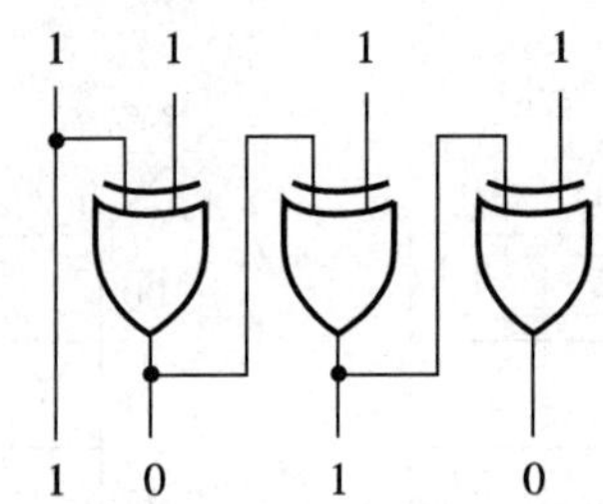

그림 7.34 ■

연습문제

1. open collector 출력 IC를 그림 7.35와 같이 접속하였을 때 논리출력 Y를 구하라.

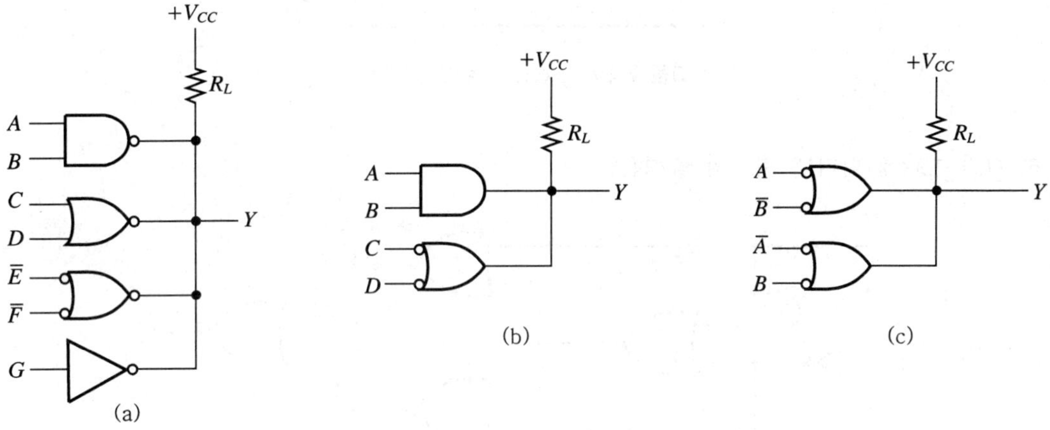

그림 7.35 wired AND

2. SN7414(Schmitt 트리거 IC)에 그림 7.36에 나타낸 입력전압을 인가한 경우의 출력파형을 그려라. 단, $V_{T+} = 1.7\text{V}$, $V_{T-} = 0.9\text{V}$로 한다.

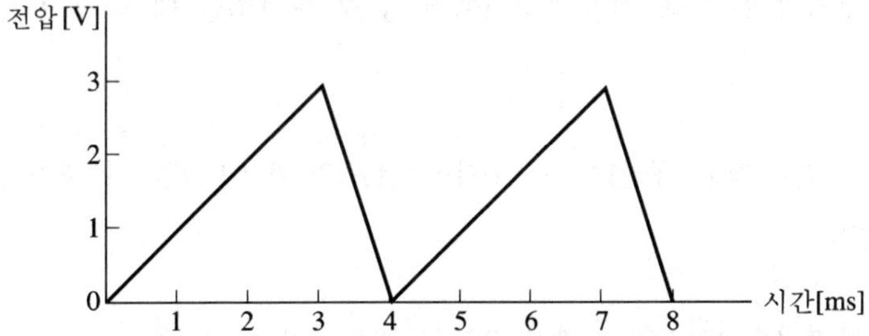

그림 7.36 SN7414에 인가한 입력전압

3. exclusive OR 회로를 NAND 게이트만으로, 또 NOR 게이트만으로 구성하라.

4. exclusive OR 회로에 그림 7.37에 나타낸 논리입력을 인가한 경우 논리출력 X를 도시하라.

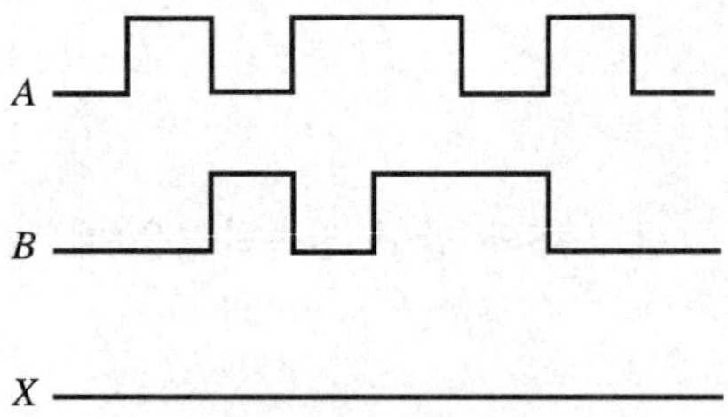

그림 7.37 exclusive OR 동작

5. 그림 7.38에 나타낸 회로의 출력은?

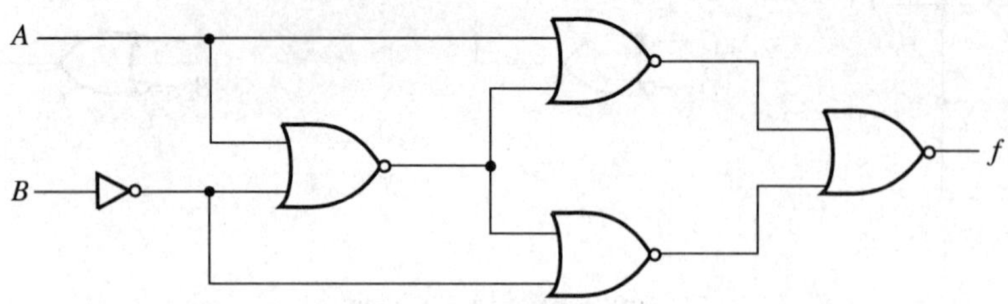

그림 7.38

6. 두 개의 4비트 2진수 A와 B가 서로 같은가를 비교하는 논리회로를 설계하라.

7. 그림 7.21의 3입력 홀수 패리티 발생기에서 ABC가 010일 때 출력 P가 0이 되는 것을 확인하라.

8. 그림 7.27의 4비트 짝수 패리티 검사기에서 $ABCP$가 0110일 때 출력 PC가 0이 되는 것을 확인하라.

9. 그림 7.30에서 2진수 1101을 그레이 코드로 변환하라.

10. 그림 7.33에서 그레이 코드 1010을 2진수로 변환하라.

8장 연산논리회로

디지털 시스템에서 산술연산과 논리연산 기능을 수행하는 연산논리장치(arithmetic and logic unit)에서 가산·감산방법을 이용한 가산기와 감산기회로 구성에 중점을 두어 설명한다.

가산·감산·승산·제산의 산술연산에 있어서 대부분의 컴퓨터가 가산·감산만 취급하는 것은 자리이동(shift)이란 논리기능을 이용하여 소프트웨어적으로 승산·제산이 처리되기 때문이다. 2진수의 승산·제산 기능은 바로 자리이동의 방향에 의해서 정해지게 된다.

2진수의 감산은 감수를 「1의 보수」 또는 「2의 보수」로 변환한 후 가산기를 이용하여 수행하는데, 그 계산결과가 자리올림이 없으면 다시 1의 보수나 2의 보수를 취함으로써 정확한 결과를 얻을 수 있다.

BCD(8421)코드의 가산은 2진수의 가산과 비교해서 계산과정이 조금 복잡하며, 감산에서는 우선 감수의 「10의 보수」를 취한 후에 이를 가산해야 한다. 더욱이 감산결과가 음수로 되면 더욱 복잡하다.

실제로 74181 IC는 16종류의 산술연산과 논리연산이 가능한 4비트의 산술논리 연산용 IC(ALU)로서 이것을 종속 접속하면 여러 비트의 연산이 가능하게 된다.

8.1 가산회로

반가산기란 1비트의 데이터 A와 B만을 가산할 수 있는 회로로서 이에 대한 진리표는 표 8.1에, 회로 및 논리기호는 그림 8.1에 나타내었다.

반가산기는 하위자리의 자리올림을 받아들일 수 없으므로 제일 아랫자리 가산에만 사용할 수 있다. 그림 8.1에서 입력 A와 B 중 어느 하나가 1일 때 합(sum: S)은 1이 되고, 자리올림(carry: C)은 0이 된다. A와 B가 모두 1일 때 합은 0이 되고, 자리올림은 1이

▶**표 8.1** 반가산기의 진리표

A	B	S	C
0	0	0	0
0	1	1	0
1	0	1	0
1	1	0	1

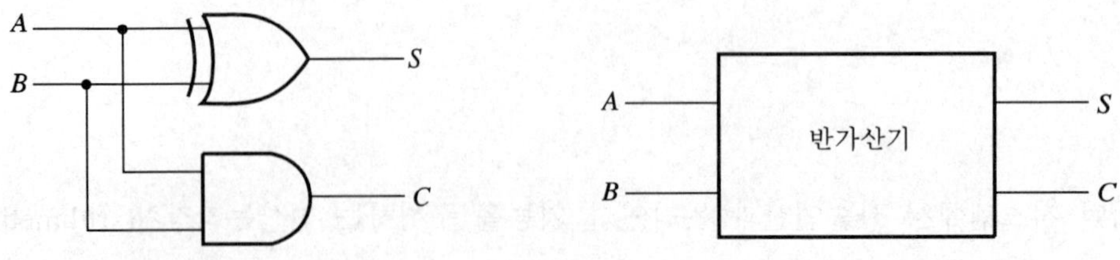

(a) 회로 (b) 논리기호

그림 8.1 반가산기

된다. 진리표로부터 합과 자리올림에 대한 논리식을 구하면 다음과 같다.

$$S = \overline{A}B + A\overline{B}$$
$$= A \oplus B$$
$$C = AB$$

이 논리식으로부터 회로를 구성하면 그림 8.1(a)와 같이 합은 exclusive OR 게이트 출력이 되고, 자리올림은 AND 게이트 출력이 된다.

전가산기는 A, B 입력 외에 자리올림 입력 C_i와 자리올림 출력 C_o를 가진 가산기이며, 임의의 자리의 가산에 이용할 수 있다. 표 8.2에 전가산기의 진리표를 나타내었다.

▶**표 8.2** 전가산기 진리표

A	B	C_i	S	C_o
0	0	0	0	0
0	0	1	1	0
0	1	0	1	0
0	1	1	0	1
1	0	0	1	0
1	0	1	0	1
1	1	0	0	1
1	1	1	1	1

출력함수 S와 C_o의 불대수식을 간소화하기 위한 카르노도를 그림 8.2에 나타내었다.

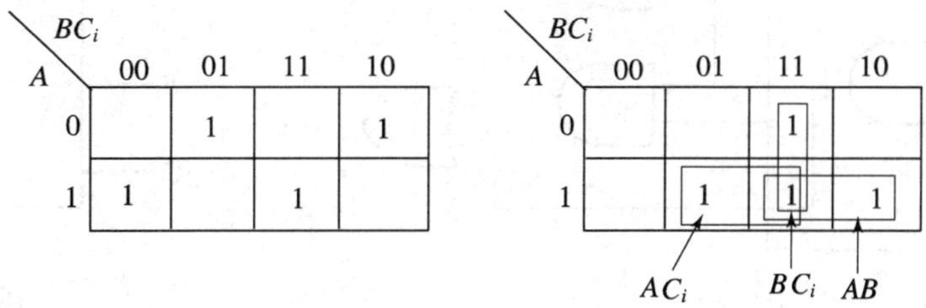

(a) S (b) C_o

그림 8.2

그림 8.2(a)에서 S는 간소화할 수 없으므로 불대수의 정리를 이용하여 정리하면 다음과 같다.

$$
\begin{aligned}
S &= \overline{A}\,\overline{B}C_i + \overline{A}B\overline{C_i} + A\overline{B}\,\overline{C_i} + ABC_i \\
&= (\overline{A}\,\overline{B} + AB)C_i + (\overline{A}B + A\overline{B})\overline{C_i} \\
&= \overline{(\overline{A}B + A\overline{B})}C_i + (\overline{A}B + A\overline{B})\overline{C_i} \\
&= (A \oplus B) \oplus C_i
\end{aligned}
\tag{8.1}
$$

그리고 자리올림 출력 C_o는 그림 8.2(b)에서 간소화된 논리식으로 다음과 같이 나타낼 수 있다.

$$
\begin{aligned}
C_o &= \overline{A}BC_i + A\overline{B}C_i + AB\overline{C_i} + ABC_i \\
&= AB + AC_i + BC_i \\
&= AB + C_i(A+B)
\end{aligned}
\tag{8.2}
$$

또는 C_o에 $(A \oplus B)$항이 포함되도록 변형하여 나타내면 다음과 같다.

$$
\begin{aligned}
C_o &= \overline{A}BC_i + A\overline{B}C_i + AB\overline{C_i} + ABC_i \\
&= AB(C_i + \overline{C_i}) + (\overline{A}B + A\overline{B})C_i \\
&= AB + (A \oplus B)C_i
\end{aligned}
\tag{8.3}
$$

이와 같이 $(A \oplus B)$항으로 고쳐서 S와 C_o를 논리회로로 구성하면 회로를 간소화할 수 있으며, 회로 및 논리기호를 그림 8.3에 나타내었다.

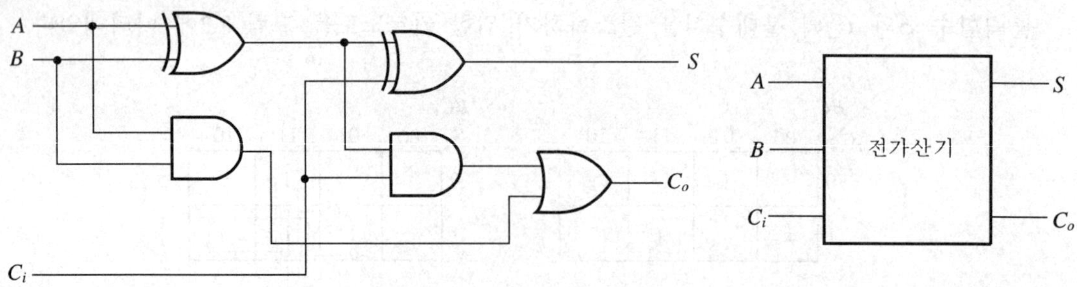

(a) 회로 (b) 논리기호

그림 8.3 전가산기 논리기호

예제 8.1 4비트의 데이터 $A_3A_2A_1A_0$와 $B_3B_2B_1B_0$를 가산하는 가산기를 구성하라. 그리고 데이터 $A = 1101$, $B = 0111$일 때 각 부의 논리 데이터를 그림 8.4에 기입하라.

풀이 그림 8.4와 같이 접속한다. 단, 제일 아랫자리의 자리올림 입력 C_i는 없으므로 L(접지)로 한다. $A = 1101$, $B = 0111$의 가산결과는 그림 8.4에 기입한 것과 같이 $C_3S_3S_2S_1S_0 = 10100$으로 된다.

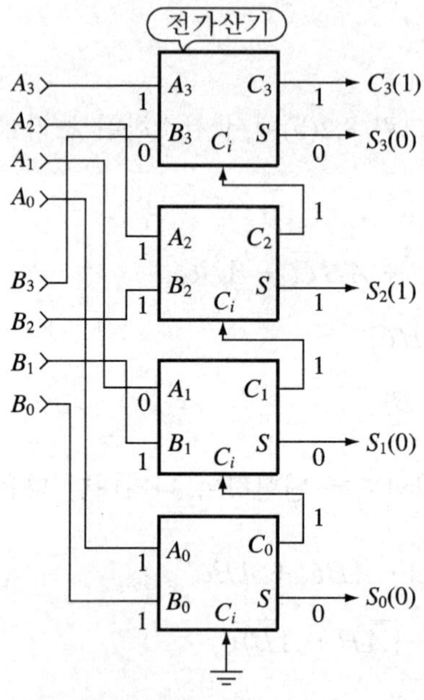

그림 8.4 4비트 병렬가산기 ■

그림 8.4는 보통 리플 가산기라고 하는데 그 이유는 아랫단 가산기의 자리올림 출력이

윗단으로 파도처럼 전파되기 때문이다. 그래서 최악의 경우에는 첫 번째 단 가산기에서 발생한 자리올림 출력 C_0가 모든 가산기의 자리올림 출력회로를 경유하여 네 번째 단 가산기에서 자리올림 출력 C_3가 발생될 때까지 전달되어야 한다. 이처럼 자리올림 출력의 전달지연시간은 가산되는 비트의 수가 많아짐에 따라 점점 더 길어지므로 고속가산에는 사용할 수 없다.

그림 8.4는 4비트의 병렬가산기이며, C_3는 2단으로 구성되어 있는 전가산기 4개를 경유해서 전파되므로 최종적인 합(S_3)이 구해질 경우 8개의 게이트 지연이 발생한다. 즉, 이러한 병렬가산기에서의 최대지연은 단수(즉, 게이트 경유 수)에 비례한다.

따라서 자리올림 전달지연시간을 단축하기 위해서 실제의 가산용 IC에서는 그림 8.5와 같은 별도의 회로를 만들어 제일 윗자리 자리올림 출력 C_3를 입력 데이터 $A_3A_2A_1A_0$, $B_3B_2B_1B_0$로부터 직접 얻도록 함으로써 전파지연시간을 줄이도록 하고 있는데 이것을 look ahead 자리올림이라 한다. 이 회로는 식 (8.2)를 이용하면 구성할 수 있다.

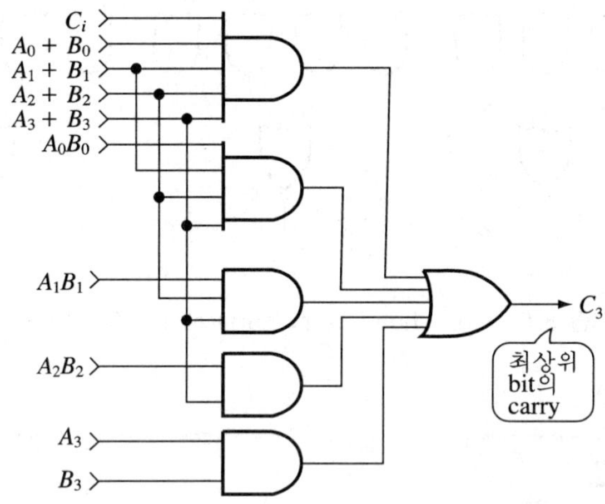

그림 8.5 C_3에 대한 look ahead 자리올림 출력회로

예를 들면, A_1B_1 가산기의 자리올림 출력 C_1은

$$\begin{aligned} C_1 &= A_1B_1 + C_0(A_1 + B_1) \\ &= A_1B_1 + \{A_0B_0 + C_i(A_0 + B_0)\}(A_1 + B_1) \\ &= A_1B_1 + A_0B_0(A_1 + B_1) + C_i(A_0 + B_0)(A_1 + B_1) \end{aligned} \tag{8.4}$$

으로 된다. 이와 같은 방법으로 윗자리의 자리올림을 구해가면 제일 윗자리의 C_3는

$$C_3 = A_3B_3 + A_2B_2(A_3 + B_3)$$

$$+A_1B_1(A_2+B_2)(A_3+B_3)$$
$$+A_0B_0(A_1+B_1)(A_2+B_2)(A_3+B_3)$$
$$+C_i(A_0+B_0)(A_1+B_1)(A_2+B_2)(A_3+B_3) \quad (8.5)$$

로 된다. 이렇게 하면 자리올림 출력 C_3는 단순히 게이트 3단의 지연시간만 소요된다. 따라서 이와 같은 look ahead 자리올림 출력회로를 이용하여 가산기 회로를 구성하면 고속 연산이 가능하다.

그림 8.6에 look ahead carry generator IC의 내부구조를 나타내었다.

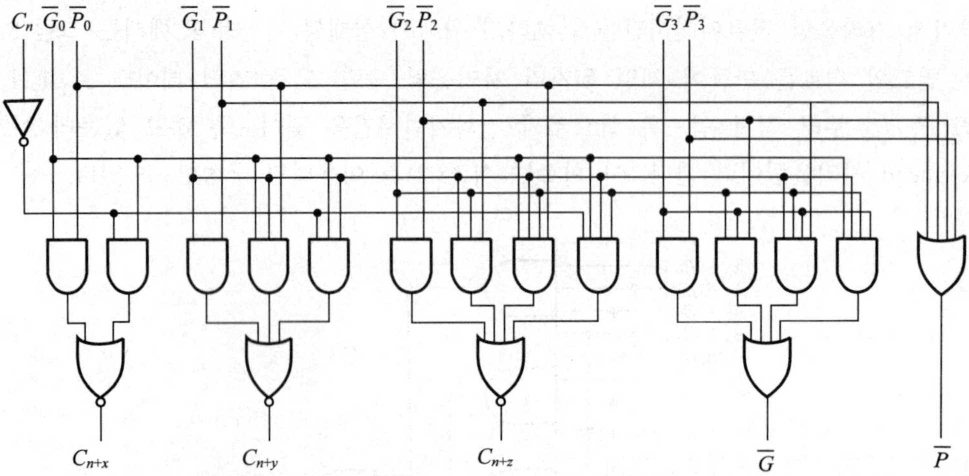

그림 8.6 look ahead carry generator IC의 내부구조

8.2 감산회로

반감산기는 1비트의 데이터 A와 B만을 감산할 수 있는 회로로서 입력변수들은 피감수와 감수를 나타내며, 출력변수들은 차(difference: d)와 자리내림(borrow: b)으로 나타낸다. 이에 대한 진리표는 표 8.3에 나타내었다.

▶표 8.3 반감산기 진리표

A	B	d	b
0	0	0	0
0	1	1	1
1	0	1	0
1	1	0	0

표 8.3에서 알 수 있듯이 0-1을 제외한 나머지 세 개의 계산은 일반적인 뺄셈과 별 차이가 없지만 0-1의 계산은 앞자리에서 1을 빌려 2-1로 계산된다는 것이다. 진리표에서 d와 b를 구하면 다음과 같다.

$$d = A\overline{B} + \overline{A}B$$
$$= A \oplus B$$
$$b = \overline{A}B$$

이 논리식으로부터 회로를 구성하면 그림 8.7(a)와 같다.

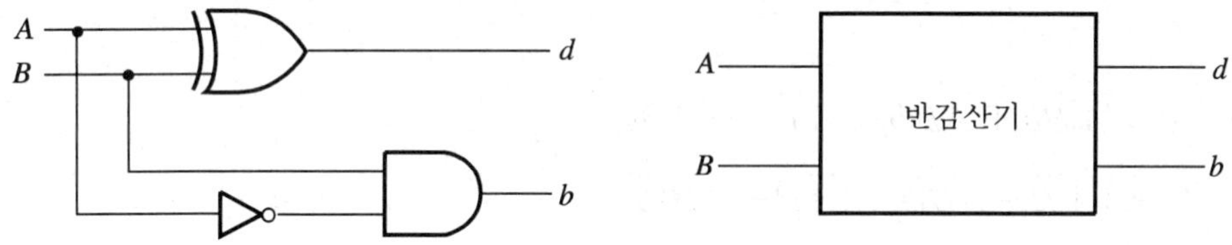

(a) 회로　　(b) 논리기호

그림 8.7 반감산기

전감산기는 1비트의 데이터 A, B 두 입력 외에 앞단으로부터의 자리내림(b_i)도 동시에 감산할 수 있는 회로로서 두 개의 반감산기와 OR 게이트로 구성할 수 있다. 표 8.4에 전감산기의 진리표를 나타내었다.

▶표 8.4 전감산기 진리표

A	B	b_i	d	b_o
0	0	0	0	0
0	0	1	1	1
0	1	0	1	1
0	1	1	0	1
1	0	0	1	0
1	0	1	0	0
1	1	0	0	0
1	1	1	1	1

출력함수 d와 b_o의 불대수식을 간소화하기 위한 카르노도를 그림 8.8에 나타내었다.

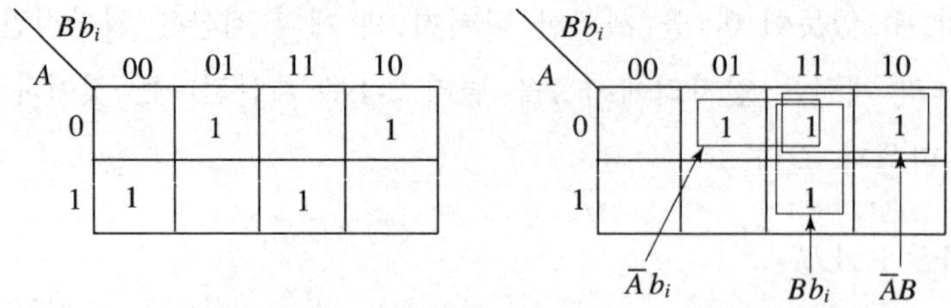

(a) d　　(b) b_o

그림 8.8

그림 8.8(a)에서 d는 간소화할 수 없으므로 불대수의 정리를 이용하여 정리하면 다음과 같다.

$$
\begin{aligned}
d &= \overline{A}\,\overline{B}b_i + \overline{A}B\,\overline{b_i} + A\overline{B}\,\overline{b_i} + ABb_i \\
&= (\overline{A}\,\overline{B} + AB)b_i + (\overline{A}B + A\overline{B})\,\overline{b_i} \\
&= \overline{(\overline{A}B + A\overline{B})}\,b_i + (\overline{A}B + A\overline{B})\,\overline{b_i} \\
&= A \oplus B \oplus b_i
\end{aligned}
$$

그리고 자리내림 출력 b_o는 그림 8.8(b)에서 간소화된 논리식으로 다음과 같이 나타낼 수 있다.

$$
b_o = \overline{A}B + \overline{A}b_i + Bb_i
$$

또는 b_o에 $(A \oplus B)$항이 포함되도록 변형하여 나타내면 다음과 같다.

$$
\begin{aligned}
b_o &= \overline{A}\,\overline{B}b_i + \overline{A}B\overline{b_i} + \overline{A}Bb_i + ABb_i \\
&= \overline{A}B(b_i + \overline{b_i}) + (\overline{A}\,\overline{B} + AB)\,b_i \\
&= \overline{A}B + \overline{(\overline{A}B + A\overline{B})}\,b_i \\
&= \overline{A}B + \overline{(A \oplus B)}\,b_i
\end{aligned}
$$

이와 같이 $(A \oplus B)$항으로 고쳐서 d와 b_o를 논리회로로 구성하면 회로를 간소화할 수 있으며, 회로 및 논리기호를 그림 8.9에 나타내었다.

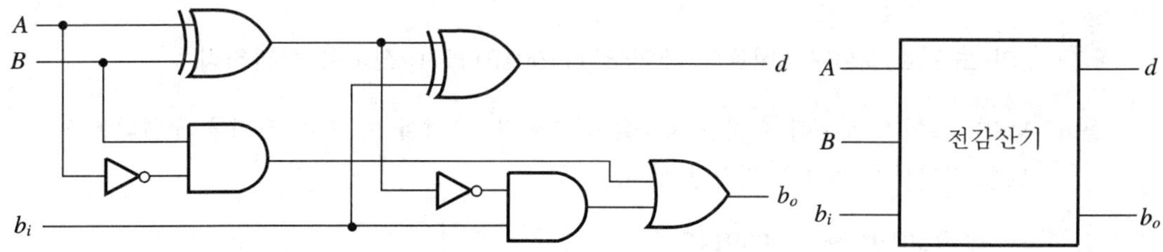

(a) 회로　　　　　　　　(b) 논리기호

그림 8.9 전감산기

그러나 실제로는 감산기를 구성하지 않는다. 왜냐하면 디지털 장치에 가산기와 감산기를 각각 준비해 놓고 가산명령과 감산명령에 따라 전환하는 것은 불편하고, 단가가 높아지기 때문이다. 그래서 실제 회로에서는 2진수의 「2의 보수」 회로를 가산기에 첨부하여 감산을 수행한다.

그러면 8비트 데이터의 감산을 예로 들어, 2의 보수에 의한 감산방법을 알아보자.

예제 8.2 8비트의 데이터 (a), (b), (c)가 있다. 각각을 2의 보수로 나타내어라.

(a) 24_{10}　　　　(b) -24_{10}　　　　(c) -3_{10}

풀이 (a) 24_{10}를 2진수로 고치면 11000이지만 8비트의 수로는 00011000으로 된다. MSB는 부호 비트이다. 따라서

$$+24_{10} = 00011000$$

(b) -24_{10}를 나타내면 24의 각 비트를 반전시킨 후 1을 더한다.

```
+ 24  =00011000
  24  =11100111 ············ 1의 보수
      +        1 ············ 1을 더하면 2의 보수
- 24  =11101000
```

여기서 MSB=1이기 때문에 이것은 음수를 의미한다.

(c) −3을 2의 보수로 나타내면 00000011의 각 비트를 반전시킨 후 1을 더하면 된다.

```
+ 3  =00000011
  3  =11111100 ············ 1의 보수
     +        1 ············ 1을 더하면 2의 보수
- 3  =11111101
```

■

예제 8.3 2의 보수로 표현된 8비트의 데이터 11100101을 10진수로 변환하라.

풀이 MSB = 1이기 때문에 이것은 음수를 의미한다. 그래서 이 수의 크기를 구하려면 각 비트를 반전시킨 후 1을 더하면 된다.

```
11100101 →    00011010
↑           +        1
부호비트      00011011
```

이것은 +27이다. 따라서 11100101 = −27이다. ■

2의 보수를 이용한 연산이 편리한 것은 부호 비트(MSB)도 수로 취급할 수 있기 때문이다. 예를 들어, $A+B=C$인 경우 B가 음수이면 B의 모든 비트에 대하여 「2의 보수」를 구하여 이것을 A에 더하면 되므로, 부호 비트를 따로 나누어 생각할 필요가 없다.

예제 8.4 8비트의 데이터 24_{10}와 -27_{10}을 가산하라.

풀이 24_{10}=00011000, -27_{10}=11100101이다.

따라서 24_{10}와 -27_{10}을 가산하면 다음과 같다.

```
   00011000          24₁₀
 + 11100101      + (−27₁₀)
   11111101         −3₁₀
```

그런데 11111101의 MSB는 1이기 때문에 이것은 음수를 의미한다. 그리고 그 크기를 알려면 각 비트를 반전시켜 1을 더한다.

```
   00000010
 +        1
   00000011   ··············· 3₁₀
```

즉, $24_{10}-27_{10}=-3_{10}$이다. ■

예제 8.5 $60_{10}-20_{10}$을 감산하라.

풀이 60_{10}=00111100, -20_{10}=11101100이다. 따라서 60_{10}과 -20_{10}을 가산하면 다음과 같다.

```
   00111100
 + 11101100
 [1] 00101000
  ↑
 자리올림 무시
```

답은 00101000 = 40_{10}이 된다. 이때 8비트를 넘은 자리올림 출력이 생기지만 2의 보수 연산에서는 무시해도 된다. 이와 같이 계산결과가 정수값으로 될 때는 자리올림이 반드시 발생하고, 결과가 음수값일 때는 자리올림이 발생하지 않는다. ■

앞에서 설명한 것처럼 대부분의 컴퓨터나 디지털기기에서는 가산기를 이용하여 감산을 하고 있으며, 그 방법으로서 2의 보수를 이용한다. 따라서 그림 8.4의 4비트 가산기를 감산기로 개조하려면 그림 8.10과 같이 감수 B의 각 비트 입력에 인버터를 삽입하고, 제일 아랫자리 가산기의 자리올림 입력 C_i에 1을 더한다. 이것에 의해 데이터 B는 인버터를 통하여 「1의 보수」로 변환되고, 또 제일 아랫자리의 자리올림 입력에 1을 인가하면 감수 B의 「2의 보수」를 가산한 것과 같은 효과를 얻게 된다.

그리고 제일 윗자리의 자리올림 출력은 무시하면 되기 때문에 계산결과는 $S_3S_2S_1S_0$으로 출력된다.

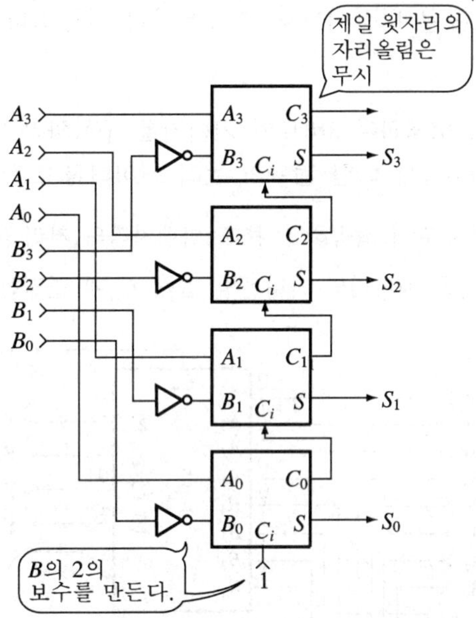

그림 8.10 4비트 감산기

8.3 4비트 전가산기

SN7483은 4비트 전가산기 IC이고, 그 핀 배치와 구성을 그림 8.11에 나타내었다. 이 IC에서는 C_0가 자리올림 입력이고, C_4가 자리올림 출력이다. 그리고 가산결과는 $\Sigma_4\Sigma_3\Sigma_2\Sigma_1$

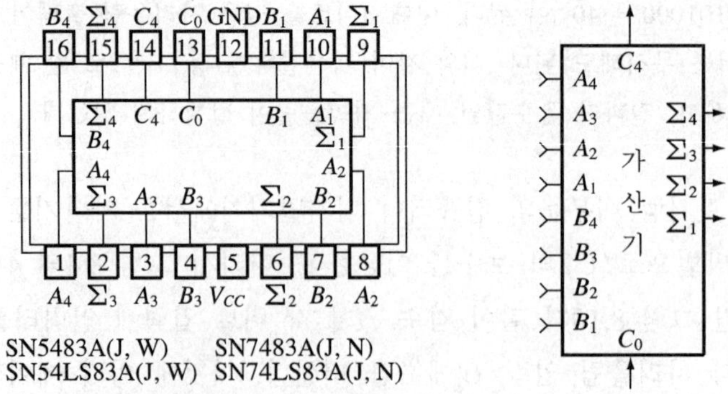

(a) pin 배치 (b) 구성도

그림 8.11 SN7483의 핀 배치와 구성도

으로 출력된다. SN7483을 여러 개 종속 접속하면 수 비트의 가산회로를 만들 수 있는데 이때 자리올림 출력 C_4는 상위의 자리올림 입력 C_0에 접속한다. SN7483의 자리올림 출력 C_4는 look ahead 자리올림 방식이므로 고속계산이 가능하다.

예제 8.6 SN7483을 두 개 이용하여 8비트의 가산기를 구성하라.
그리고 103_{10}과 114_{10}를 더한 경우의 논리 데이터를 그림에 기입하라.

풀이 회로는 그림 8.12와 같이 접속하면 된다. 아랫자리의 자리올림 입력 C_0는 접지하고, 그 자리올림 출력 C_4를 윗자리의 자리올림 입력 C_0에 연결한다. 그리고

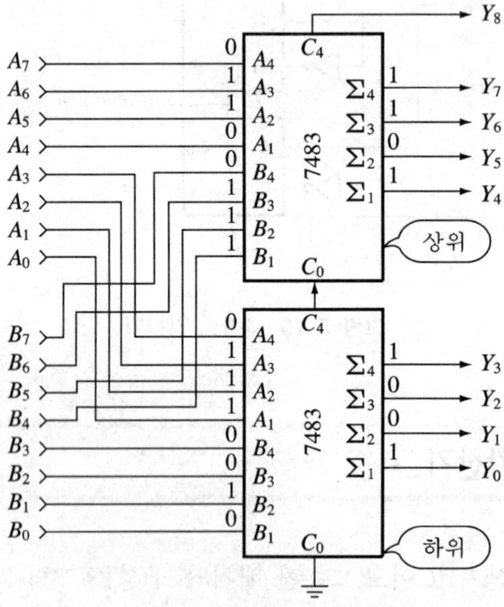

그림 8.12 8비트 가산기

$A = 103_{10} = 01100111_2$

$B = 114_{10} = 01110010_2$

에서 덧셈결과는 $A+B=11011001$로 되며, 이를 그림 8.12에 나타내었다. ■

2의 보수를 이용한 가·감산기도 SN7483을 이용해서 간단히 구성할 수 있다. 그림 8.13은 4비트의 가·감산이 가능하도록 구성된 회로이다. 스위치를 ON으로 하면 자리올림 입력 $C_0=0$으로 되고, exclusive OR 게이트는 단순히 버퍼로 동작하기 때문에 $A+B$의 가산이 행하여지고, 그 결과는 $\Sigma_4\Sigma_3\Sigma_2\Sigma_1$으로 출력된다.

이와 반대로 스위치를 OFF로 하면 자리올림 입력 C_0에 1이 더해짐과 동시에 exclusive OR 게이트는 인버터로 동작하기 때문에 데이터 B는 「2의 보수」로 입력되어서 감산기 동작을 하게 되므로 $A-B$의 감산이 행해진다.

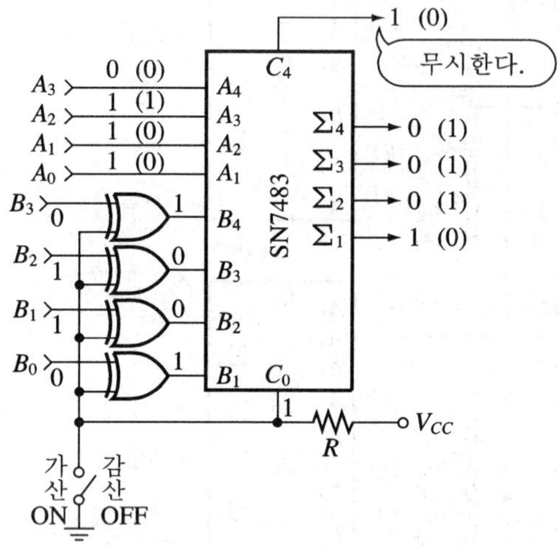

그림 8.13 4비트 가·감산기

예제 8.7 그림 8.13을 이용하여 $7_{10}-6_{10}$을 연산한 경우, 각 부의 논리 데이터를 그림에 기입하라. 그리고 $4_{10}-6_{10}$을 연산한 경우에 대해서도 그림에 기입하라.

풀이 그림 8.13에 기입한 대로이다. $A=0111$, $B=0110$이므로 이것에 따라 기입한다. 답은 $0001=1_{10}$이다. 자리올림 출력 C_4는 1로 된다. 그리고 $4_{10}-6_{10}$의 결과는 그림의 ( ) 안에 나타내었다. 이 때 자리내림이 발생하므로 $C_4=0$으로 된다. ■

이와 같이 감산기에서는 자리올림 입력 C_0 또는 자리올림 출력 C_4가 1일 때 자리내림이 없다는 것을 의미하고, C_0와 C_4가 0일 때 자리내림이 있고, 감산결과가 (−)인 것을 의미한다.

예제 8.8 SN7483으로 8비트 가・감산기를 구성하여 다음의 연산을 한 경우 각 부의 논리 데이터를 그림에 기입하라.

(a) $-34_{10} + 79_{10}$ (b) $-34_{10} - 79_{10}$

풀이 그림 8.14와 같이 접속한다.

(a) A 입력에 $-34(11011110_2)$, B 입력에 $79(01001111_2)$를 인가한 후 스위치를 ON으로 한다.

답은 $00101101_2 = 45_{10}$이다.

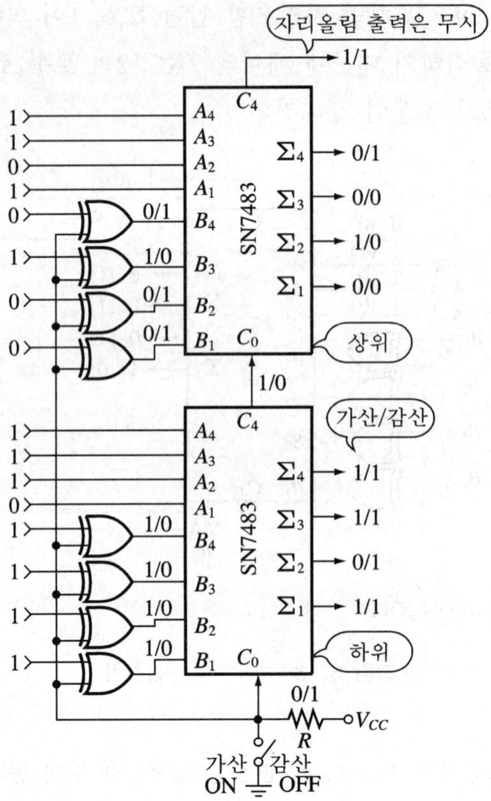

그림 8.14 8비트 가・감산기

(b) A 입력에 -34, B 입력에 79를 인가한 후 스위치를 OFF(감산)로 한다. 답은 $10001111_2 = -113_{10}$이다.

그리고 논리 데이터는 그림 8.14에 가산/감산으로 나타내었다. ■

8.4 overflow와 underflow

overflow와 underflow는 지금까지 무시되어 왔지만 중요한 문제이다. overflow란 산술 연산의 결과가 레지스터나 가산기의 수용 가능 비트 수를 넘었을 때 발생하는 것이다. 예를 들면, 8비트의 레지스터는 $+127_{10} \sim -128_{10}$까지의 수치범위만 취급할 수 있다. 왜냐하면 8비트 데이터의 MSB는 부호 비트이므로 수치 비트는 7비트뿐이며, 그 최대값은 01111111($=127_{10}$)이고, 최소값은 10000000($=-128_{10}$)이다. 만약, 01100100($=100_{10}$)과 01100100($=100_{10}$)을 가산하면 결과는 200_{10}(=11001000)으로 되지만 제일 윗자리 비트가 1이므로 이것은 음수로 판단되어, -56_{10}으로 간주된다. 그 원인은 가산결과가 127_{10}을 넘었기 때문이다.

underflow란 연산결과가 -128_{10} 이하의 수치로 되었을 때의 상태를 말한다. 예를 들면 10000011($=-125_{10}$)과 11000000($=-64_{10}$)을 가산하면 결과는 -189_{10}로 되지만 8비트 레지스터에는 01000011($=67_{10}$)로 되기 때문에, 67_{10}로 간주된다. 이것은 가산결과가 -128_{10} 이하로 된 것이 원인이다.

overflow와 underflow를 구별하지 않고, overflow라고 부르는 경우도 많지만 디지털 기기에서는 이 상태가 발생하였을 때 V flag라고 하는 플립플롭을 세트하여 이것을 검출하도록 하고 있다.

더구나 가산이나 감산결과 V flag가 세트되어 있으면 overflow하고 있다고 판정된다.

가산의 경우에 overflow를 일으키는 것은 다음의 경우이다.

① 두 개의 정수값 A, B의 가산결과 R이 127_{10}을 넘었을 때

② 두 개의 음수값 A, B의 가산결과 R이 -128_{10} 이하의 수로 되었을 때

따라서 이것을 V flag로 검출할 때의 논리식은

$$V = \underbrace{\overline{A_7}\,\overline{B_7}\,R_7}_{\text{(overflow)}} + \underbrace{A_7 B_7 \overline{R_7}}_{\text{(underflow)}}$$

로 된다. 여기서 A_7, B_7, R_7은 각 데이터의 MSB이다.

A, B가 정수이면 $A_7=0$, $B_7=0$이고, 음수이면 $A_7=1$, $B_7=1$이다.

다음에 감산의 경우 overflow를 일으키는 것은 다음의 경우이다.

① A가 정수이고 B가 음수이며 $A-B$의 결과 R이 127_{10}을 넘었을 때 $R_7=1$로 되어 음수로 간주되는 에러를 일으킨다.

② A가 음수이고 B가 정수이며 $A-B$의 결과 R이 -128_{10} 이하의 수로 되었을 때

$R_7 = 0$으로 되어 정수로 간주되는 에러를 일으킨다.

이것을 V flag로 검출할 때의 논리식은

$$V = \underset{\text{(overflow)}}{\overline{A_7} B_7 R_7} + \underset{\text{(underflow)}}{A_7 \overline{B_7}\, \overline{R_7}}$$

로 된다. 이와 같이 연산기에는 V flag의 감시가 필요하다.

8.5 BCD(8421) 가산과 감산

우리가 계산할 때 2진수를 사용하여 가·감산하는 것보다는 BCD 형식으로 계산하는 것이 편리하다.

따라서 BCD 4비트의 가산기를 구성하려면 두 개의 BCD 입력단자 8비트와 자리올림 입력단자가 필요한 것 외에 합계 출력의 BCD 4비트 그리고 9_{10} 이상으로 되었을 때 자리올림 출력단자가 필요하다. 가장 간단한 BCD 가산기는 그림 8.12와 같이 SN7483을 이용한 BCD 한 자리의 가산기이다.

앞에서 배운 것과 같이 BCD 가산에서는 가산결과가 9_{10}를 넘었을 때 또는 자리올림 출력(15_{10}를 넘었을 때)이 있을 때에는 +6을 보정하여야 한다.

그래서 그림 8.15의 회로에서는 가산기 I의 출력 $\Sigma_4\Sigma_3\Sigma_2\Sigma_1$을 조사하여 $10_{10} \sim 15_{10}$의 값으로 되어 있는지 또 자리올림 출력이 있는지의 여부를 검출하여 그 중의 어느 하나인 경우에는 가산기 II에서 6_{10} (=0110)을 더하여 보정하는 것이다. 이러한 논리 수행을 위한 논리식은 다음과 같다.

$$Y = C_4 + \Sigma_4(\Sigma_2 + \Sigma_3) \tag{8.6}$$

여러 자리의 BCD 가산기를 구성하려면 그림 8.15 회로를 종속 접속하면 된다.

예제 8.9 그림 8.15의 BCD 가산기에서 6_{10}과 8_{10} 그리고 자리올림 입력 $C_0 = 1$이 있는 경우 가산하여 각 부의 논리 데이터를 기입하라.

풀이 그림 8.15에 기입한 대로이다. 단, $A_3A_2A_1A_0 = 0110$으로 하고, $B_3B_2B_1B_0 = 1000$으로 했다. 답은 610+ 810+ 110= 1510로 되기 때문에 가산기 II의 출력은 $\Sigma_4\Sigma_3\Sigma_2\Sigma_1 =$ 0101이고, 다음 단으로의 자리올림 출력이 1로 된다.

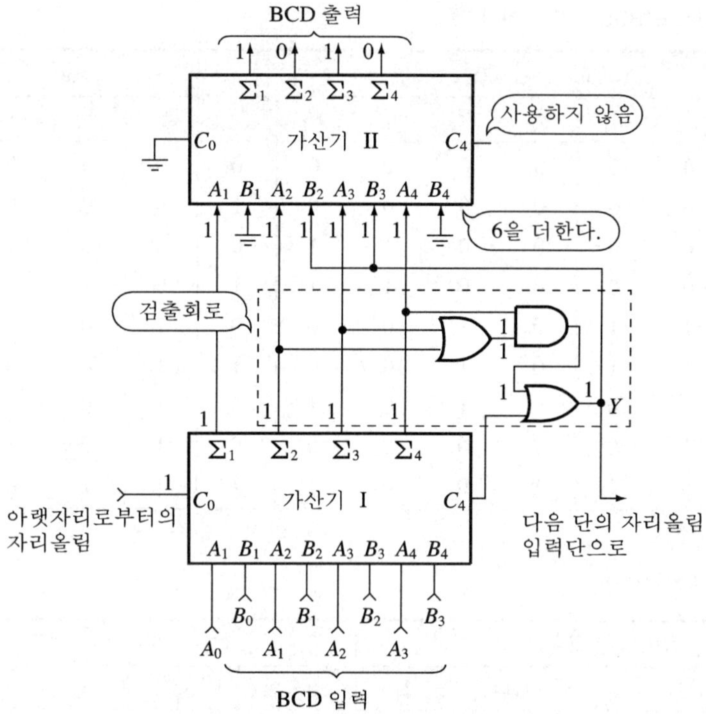

그림 8.15 BCD 가산기

Motorola사의 MC14560B는 두 개의 BCD 4비트를 가산할 수 있도록 만든 CMOS IC로 그림 8.16에 나타낸 핀 배치를 가지며, 표 8.5와 같이 동작한다.

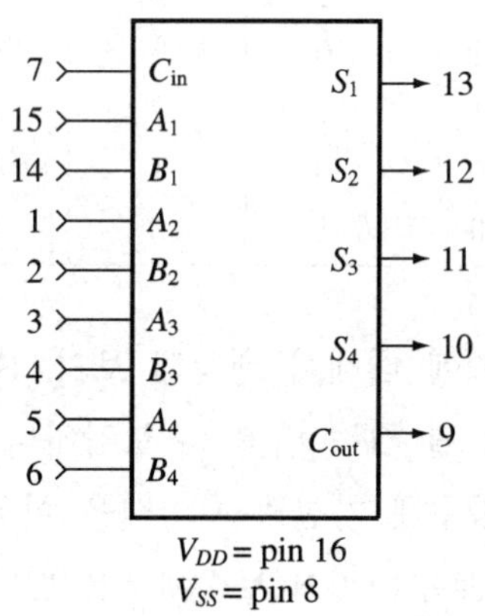

그림 8.16 MC14560B의 핀 배치(BCD 가산기)

이 IC는 1개의 LS형 TTL을 구동할 수 있고, 사용하기 쉽게 되어 있다. 그 때문에 다음에 설명하는 9의 보수기 MC14561B와 같이 사용하면 BCD 감산기로 이용할 수 있다.

▶표 8.5 MC14560B(BCD 4비트 가산기)

입	력								출	력			
A_4	A_3	A_2	A_1	B_4	B_3	B_2	B_1	C_{in}	C_{out}	S_4	S_3	S_2	S_1
0	0	0	0	0	0	0	0	0	0	0	0	0	0
0	0	0	0	0	0	0	0	1	0	0	0	0	1
0	1	0	0	0	0	1	1	0	0	0	1	1	1
0	1	0	0	0	0	1	1	1	0	1	0	0	0
0	1	1	1	0	1	0	0	0	1	0	0	0	1
0	1	1	1	0	1	0	0	1	1	0	0	1	0
1	0	0	0	0	1	0	1	0	1	0	0	1	1
0	1	1	0	1	0	0	0	0	1	0	1	0	0
1	0	0	1	1	0	0	1	1	1	1	0	0	1

▶표 8.6 9의 보수기 진리표

BCD 입력					9의 보수 출력				
10진수	A_4	A_3	A_2	A_1	10진수	F_4	F_3	F_2	F_1
0	0	0	0	0	9	1	0	0	1
1	0	0	0	1	8	1	0	0	0
2	0	0	1	0	7	0	1	1	1
3	0	0	1	1	6	0	1	1	0
4	0	1	0	0	5	0	1	0	1
5	0	1	0	1	4	0	1	0	0
6	0	1	1	0	3	0	0	1	1
7	0	1	1	1	2	0	0	1	0
8	1	0	0	0	1	0	0	0	1
9	1	0	0	1	0	0	0	0	0

그러면 이번에는 BCD 감산기에 대해서 생각해 보자. BCD의 감산은 가산회로보다 복잡하며 특히 감산결과가 음수로 될 때는 더욱 더 복잡하다. BCD 감산은 우선 감수의 「10의 보수」를 구하고, 이것을 피감수에 가산하는 방식을 이용한다. 따라서 9의 보수기 또는 10의 보수기가 필요하다. 10의 보수는 9의 보수에 1을 더한 값과 같기 때문에 9의 보수기를 필요로 한다. 이것은 2진수에서 「2의 보수」와 「1의 보수」의 관계와 같다. 그러면 BCD 입력으로부터 9의 보수를 구하려면 어떻게 하면 좋을까?

우선 표 8.6에 나타낸 진리표를 작성해야 한다. 예를 들면, BCD 입력이 $A_4A_3A_2A_1 =$

0111(10진수 7)일 때 $F_4F_3F_2F_1$ =0010(10진수 2)이 출력되는 것이 필요하다. 이렇게 해서 출력 F를 입력 A의 논리식으로 나타내면 다음과 같이 간단하게 된다.

$$F_1 = \overline{A}_1$$

$$F_2 = A_2$$

$$F_3 = A_2 \oplus A_3$$

$$F_4 = \overline{A_2 + A_3 + A_4}$$

이것을 논리회로로 나타낸 것이 그림 8.17이며, 이것이 9의 보수기이다. CMOS MC14561B는 그림 8.18의 구성을 가진 9의 보수기로 내부의 기본구조는 그림 8.17과 같다.

제어입력단자로서 comp(complement 제어)와 Z(zero 제어) 입력이 부착되어 있다. comp=1, $\overline{\text{comp}}$=0, Z=0으로 하면 9의 보수 출력이 얻어진다. Z=1로 하면 출력은 $F_4F_3F_2F_1$ = 0000으로 된다. comp와 $\overline{\text{comp}}$의 조합이 1, 0 이외에서는 BCD 입력 $A_4A_3A_2A_1$

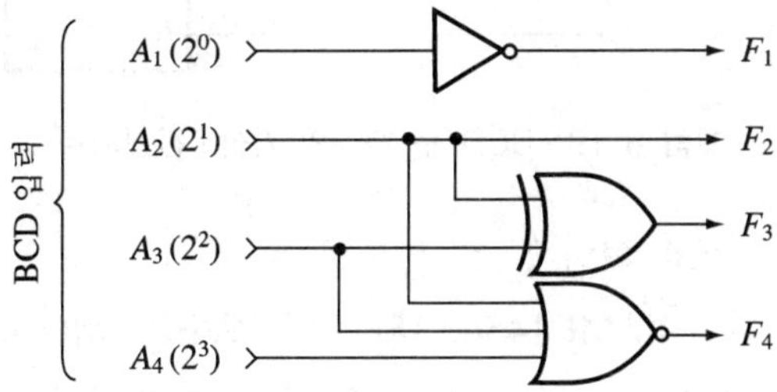

그림 8.17 9의 보수기

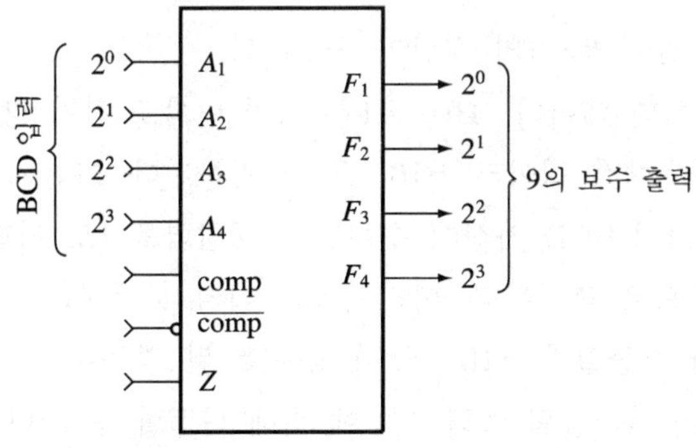

그림 8.18 MC14561B의 구성도(9의 보수기)

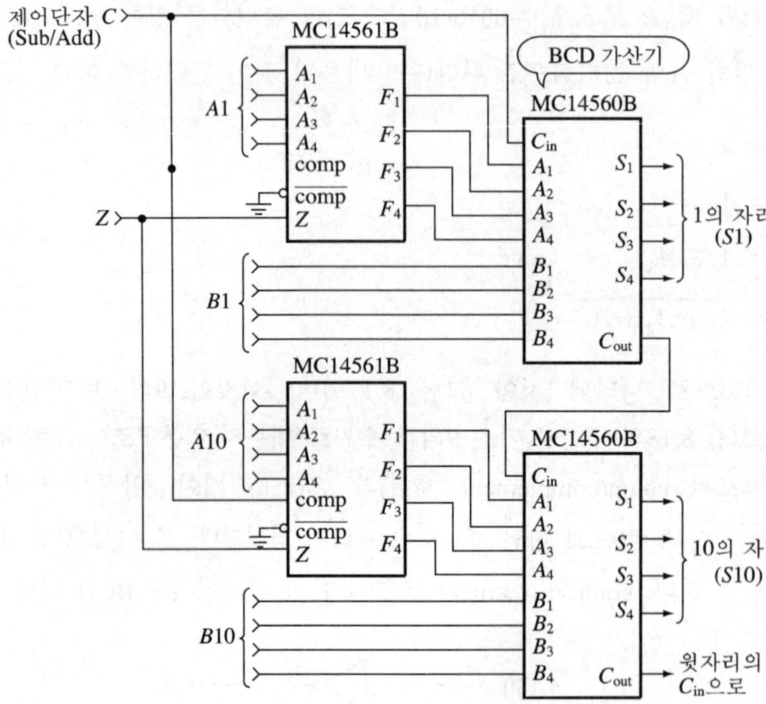

그림 8.19 BCD 두 자리의 가산 · 감산회로

이 그대로 출력되며, 보수기의 역할을 하지 못한다.

앞에서 설명한 BCD 가산기 MC14560B와 9의 보수기 MC14561B를 조합하여 만든 BCD 두 자리의 가산 · 감산회로가 그림 8.19에 있다. 그림에서 제어단자 C를 H로 하면 BCD 입력 데이터 $A10$, $A1$은 9의 보수기를 거쳐 BCD 가산기에 더해진다. 가산기의 자리올림 입력 C_{in}에는 H가 주어져 있기 때문에 결국 여기서 10의 보수로 변환되어 $B10$, $B1$ 입력과 가산된다. 결국 $B-A$의 감산이 수행된다.

제어단자 C를 L로 하면 데이터 $A10$, $A1$은 어떤 변화도 하지 않고 $F_4F_3F_2F_1$에 나타나며 그대로 다음 가산기에서 데이터 $B10$, $B1$과 가산된다. 가산기의 자리올림 입력 C_{in}은 L이기 때문에 $B+A$의 BCD 가산이 수행된다. Z입력을 1로 하면 $A10$, $A1$ 데이터는 0으로 되어 $F_4F_3F_2F_1$으로 출력된다. 따라서 가산기의 출력에는 $B10$, $B1$이 나타날 뿐이다. 이상의 동작에서 감산결과 $S10$, $S1$이 음수로 된 경우가 복잡하다. 답이 음수인가 아닌가는 제일 윗자리의 자리올림 출력 C_{out}에 의해 판정할 수 있다. $C_{out}=0$이면 결과가 음수이고, $C_{out}=1$이면 정수이다. 결과가 음수이면 $S10$, $S1$ 출력은 다시 10의 보수기를 통하지 않으면 그 크기를 알 수 없다. 결과가 정수이면 그대로 BCD to Decimal 디코더를 경유하여 7-segment LED에 인가하면 수치를 직독할 수 있다.

8.6 연산논리장치(arithmetic logic unit)

TTL 시리즈 중에서 연산논리장치인 74181 IC는 두 개의 4비트 2진 데이터를 가지고 16종류의 산술연산 또는 논리연산이 가능하도록 만든 IC로서 그 기본 구성도를 그림 8.20에 나타내었다.

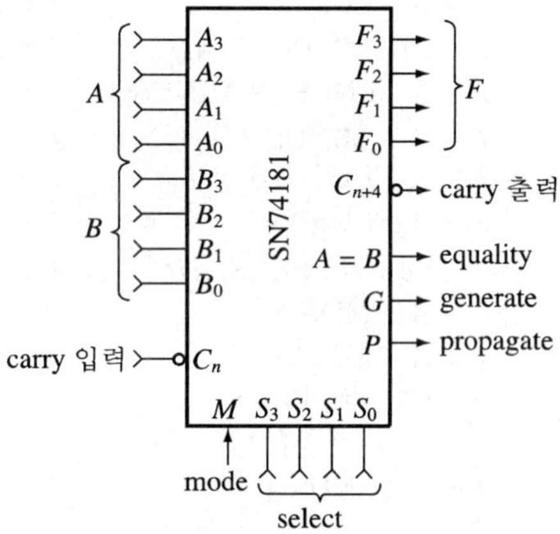

그림 8.20 SN74181의 구성도

그림의 하부에는 5개의 제어입력단자가 있어서 이것으로 연산의 종류를 선택한다. mode 단자 M은 논리연산인가, 산술연산인가를 선택하는 입력으로 이것을 H로 하면 논리연산, L로 하면 산술연산이 수행된다. 4가지의 select 입력단자 $S_3S_2S_1S_0$는 16종류의 연산 중 하나를 선택한다. 이 74181 IC의 동작표를 그림 8.21에 나타내었다.

74181 IC의 출력에는 4비트의 $F_3F_2F_1F_0$ 출력단자 외에 자리올림 출력 $\overline{C}_{n+4}$와 equality 출력이 있다. 또한 generate와 propagate라는 단자도 있다.

데이터 A와 B가 같은 경우에 $A=B$ 출력인 equality(동등)가 H로 된다. 가산의 경우에는 자리올림 입력 C_n이 부논리 동작이기 때문에 $\overline{C}_n$ =L이 자리올림 입력인 것을 나타내고 있다. 또 자리올림 출력 $\overline{C}_{n+4}$도 부논리 동작이다. 예를 들어, 가산결과가 $F_3F_2F_1F_0$ =1111을 넘으면 $\overline{C}_{n+4}$는 L 출력으로 된다.

감산의 경우에는 $\overline{C}_{n+4}$가 L 출력으로 되면 감산결과가 정수 또는 0인 것을 나타내고, $\overline{C}_{n+4}$가 H일 때에는 결과가 음수 또는 자리내림인 것을 나타낸다. 물론 음수의 경우에 $F_3F_2F_1F_0$는 2의 보수형으로 출력된다. 예를 들어, 감산결과가 −4이면 $F_3F_2F_1F_0$ =1100이고, $\overline{C}_{n+4}$는 H로 된다.

selection				active high data		
				$M=\mathrm{H}$ logic functions	$M=\mathrm{L}$ arithmetic operations	
S_3	S_2	S_1	S_0		$\overline{C}_n=\mathrm{H}$(no carry)	$\overline{C}_n=\mathrm{L}$(with carry)
L	L	L	L	$F=\overline{A}$	$F=A$	$F=A$ PLUS 1
L	L	L	H	$F=\overline{A+B}$	$F=A+B$	$F=(A+B)$ PLUS 1
L	L	H	L	$F=\overline{A}B$	$F=A+\overline{B}$	$F=(A+\overline{B})$ PLUS 1
L	L	H	H	$F=0$	$F=$MINUS 1(2's COMPL)	$F=$ZERO
L	H	L	L	$F=\overline{AB}$	$F=A$ PLUS $A\overline{B}$	$F=A$ PLUS $A\overline{B}$ PLUS 1
L	H	L	H	$F=\overline{B}$	$F=(A+B)$ PLUS $A\overline{B}$	$F=(A+B)$ PLUS $A\overline{B}$ PLUS 1
L	H	H	L	$F=A\oplus B$	$F=A$ MINUS B MINUS 1	$F=A$ MINUS B
L	H	H	H	$F=A\overline{B}$	$F=A\overline{B}$ MINUS 1	$F=A\overline{B}$
H	L	L	L	$F=\overline{A}+B$	$F=A$ PLUS AB	$F=A$ PLUS AB PLUS 1
H	L	L	H	$F=\overline{A\oplus B}$	$F=A$ PLUS B	$F=A$ PLUS B PLUS 1
H	L	H	L	$F=B$	$F=(A+\overline{B})$ PLUS AB	$F=(A+\overline{B})$ PLUS AB PLUS 1
H	L	H	H	$F=AB$	$F=AB$ MINUS 1	$F=AB$
H	H	L	L	$F=1$	$F=A$ PLUS A^{*}	$F=A$ PLUS A PLUS 1
H	H	L	H	$F=A+\overline{B}$	$F=(A+B)$ PLUS A	$F=(A+B)$ PLUS A PLUS 1
H	H	H	L	$F=A+B$	$F=(A+\overline{B})$ PLUS A	$F=(A+\overline{B})$ PLUS A PLUS 1
H	H	H	H	$F=A$	$F=A$ MINUS 1	$F=A$

그림 8.21 SN74181의 동작표(데이터 입력은 정논리)

예제 8.10 $M=\mathrm{H}$, $S_3S_2S_1S_0=\mathrm{HHHL}$로 하였을 때 $A=1001$, $B=1010$인 데이터를 인가하면 출력 $F_3F_2F_1F_0$는 얼마인가? 단, 논리연산에서 $\overline{C}_n$, $\overline{C}_{n+4}$는 무관하다.

풀이 M이 High이므로 $F=A+B$의 논리연산이 행해진다. 즉, 다음과 같이 각 비트마다 OR동작을 수행하며 그 결과 $F=1011$로 된다.

$$\begin{array}{rr} & A=1001 \\ + & B=1010 \\ \hline & F=1011 \end{array}$$

■

예제 8.11 예제 8.10에서 $M=\mathrm{L}$로 바꾸면 어떻게 될까? 단, 자리올림 입력 $\overline{C}_n=\mathrm{H}$로 한다.

풀이 $F=(A+\overline{B})$ PLUS A로 되어 있다. 여기서 $(A+\overline{B})$는 A와 $\overline{B}$의 OR 동작을 의미하고, 여기에 A를 가산한다는 것이다. 그리고 자리올림 입력은 0이기 때문에

$$A=1001,\ B=1010,\ \overline{B}=0101$$

로부터 $(A+\overline{B})=1101$로 되고, 여기에 $A=1001$을 더하면

$$
\begin{array}{r}
1101 \\
+\quad 1001 \\
\hline
10110
\end{array}
$$

↑자리올림 출력 ($\overline{C}_{n+4}$)

로 된다. 즉, 결과는 $F=0110$이고, 자리올림 출력 $\overline{C}_{n+4}=\mathrm{L}$로 된다. ■

예제 8.12 SN74181을 두 개 종속 접속하여 8비트의 가·감산기를 만들어 A PLUS B와 A MINUS B의 연산을 해보자. 단, $A=57$, $B=28$로 한다.

풀이 우선 가산기부터 생각하자. 지금까지의 가·감산기와 같이 하위자리의 자리올림 출력 $\overline{C}_{n+4}$를 윗자리의 자리올림 입력 $\overline{C}_n$에 접속하고, 아랫자리의 $\overline{C}_n$은 H로 한다. 그림 8.21에서 $\overline{C}_n=\mathrm{H}$인 난을 살펴보면 $S_3S_2S_1S_0=\mathrm{HLLH}$인 행에 $F=A$ PLUS B라고 쓰여 있다. 따라서 $M=\mathrm{L}$, $S_3S_2S_1S_0=\mathrm{HLLH}$로 하면 가산기로 된다.

$A=57=00111001$

$B=28=00011100$

이기 때문에 아랫자리의 IC에 $A_3A_2A_1A_0=1001$, $B_3B_2B_1B_0=1100$을 더하고 윗자리의 IC에 $A_3A_2A_1A_0=0011$, $B_3B_2B_1B_0=0001$을 더하면 된다. 가산결과는 $01010101=85$로 되므로 아랫자리는 $F_3F_2F_1F_0=0101$, 윗자리는 $F_3F_2F_1F_0=0101$로 된다. 윗자리의 자리올림 출력 $\overline{C}_{n+4}$는 H로 된다.

다음에 감산의 경우에는 $\overline{C}_n=\mathrm{L}$인 난에 $S_3S_2S_1S_0=\mathrm{LHHL}$인 행을 보면 $F=A$ MINUS B라고 쓰여져 있다. 그래서 $M=\mathrm{L}$, $S_3S_2S_1S_0=\mathrm{LHHL}$로 하면 자리올림이 있는 감산기가 가능하게 된다. 따라서

$A=57=00111001$

$B=28=00011100$

으로서 앞의 가산기 경우와 같이 입력한다. 단, 아랫자리의 자리올림 입력 $\overline{C}_n$는 L로 해 둔다.

아랫자리에서는 1001(=9)에서 1100(=12)을 빼는 연산이 행해진다. 결과는 -3_{10}이기 때문에 $F_3F_2F_1F_0=1101$로 되며, 자리내림 출력이 발생하여 $\overline{C}_{n+4}$는 H로 된다.

한편 윗자리에는 0011(=3)에서 0001(=1)을 빼는 연산이 행해지지만 자리내림 입력 $\overline{C}_n$은 H이기 때문에 실제로는 $A-B-1$이 실행된다. 따라서 결과는 $F_3F_2F_1F_0=0001$로 된다. 즉, 최종결과는 $00011101=29$가 답이다. 윗자리의 자리올림 출력 $\overline{C}_{n+4}$는 L이다. 즉, 결과가 정수값인 것을 나타내고 있다. ■

그런데 앞의 예와 같이 SN74181을 단지 종속접속하는 방법에서는 아랫자리로부터 윗자리로 자리올림을 차례로 보내기 때문에 여러 비트로 되면 자리올림의 지연시간이 크게 되어 고속연산이 불가능하다. 그래서 look ahead 자리올림 방식을 채용하는 것이 바람직하다. 이 방식에 유용한 것이 SN74181의 generate 출력단자와 propagate 출력단자이다.

여기서 다시 식 (8.2) 또는 (8.3)을 생각해 보자. 제일 아랫자리의 자리올림 출력 C_0

$$C_0 = AB + C_i(A+B) \tag{8.7}$$

가 되고 이 식이 가산기의 i비트째에서 이용되었다고 하면 일반식은 다음과 같다.

$$C_i = A_iB_i + C_{i-1}(A_i + B_i) \tag{8.8}$$

그런데 이 식에서 $A_iB_i = G_i$ (generate), $A_i + B_i = P_i$ (propagate)라고 놓으면 일반적으로 다음과 같이 쓸 수 있다.

$$C_i = G_i + C_{i-1}P_i \tag{8.9}$$

그러면 제일 아랫자리의 자리올림 출력 C_0부터 순서대로 각 비트마다의 자리올림 출력 C_i를 구해보자. 단, 4비트 가산기에서는 C_3가 제일 윗자리의 자리올림이다.

$$\begin{aligned}
C_0 &= G_0 + C_iP_0 \\
C_1 &= G_1 + C_0P_1 = G_1 + (G_0 + C_iP_0)P_1 = G_1 + G_0P_1 + C_iP_1P_0 \\
C_2 &= G_2 + C_1P_2 = G_2 + (G_1 + G_0P_1 + C_iP_1P_0)P_2 \\
&\qquad\qquad\quad = G_2 + G_1P_2 + G_0P_2P_1 + C_iP_2P_1P_0 \\
C_3 &= G_3 + C_2P_3 = G_3 + (G_2 + G_1P_2 + G_0P_2P_1 + C_iP_2P_1P_0)P_3 \\
&= G_3 + G_2P_3 + G_1P_3P_2 + G_0P_3P_2P_1 + C_iP_3P_2P_1P_0
\end{aligned} \tag{8.10}$$

이것은 식 (8.5)와 같은 결과이다. 그런데 여기서 식 (8.10)을 다음과 같이 종합해 보자.

$$\begin{aligned}
C_3 &= \underbrace{G_3 + G_2P_3 + G_1P_3P_2 + G_0P_3P_2P_1}_{G} + C_i\underbrace{P_3P_2P_1P_0}_{P} \\
&= G + C_iP
\end{aligned} \tag{8.11}$$

즉, 4비트 가산기의 출력에 이 G와 P단자를 준비해 두면 C_i를 이용하여 간단히 look ahead 자리올림 출력 C_3를 얻을 수 있다.

결국 SN74181의 G단자와 P단자가 이것인 것이다. 따라서 SN74181을 여러 단 종속접속할 때는 이 G와 P출력을 이용하여 새로운 look ahead 자리올림 발생기를 만들어 전체

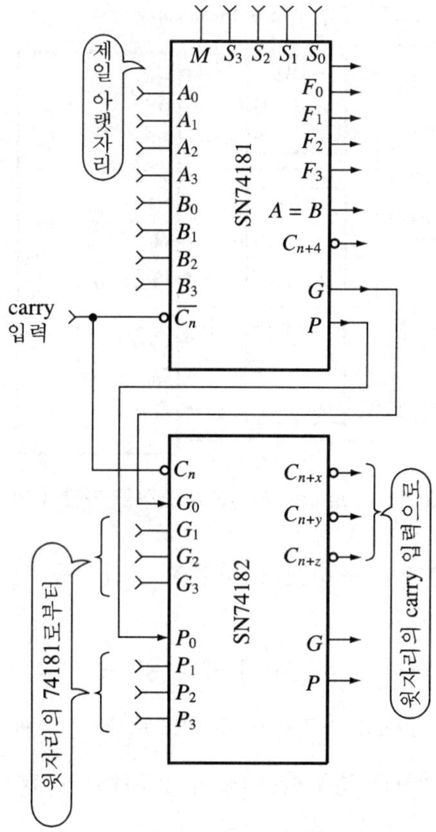

그림 8.22 SN74182 look ahead 자리올림 발생기를 이용한 가산기 회로

의 제일 윗자리의 자리올림 출력을 얻도록 한다. 이를 위한 look ahead 자리올림 발생기를 IC화한 것이 SN74182이다.

이것을 그림 8.22와 같이 조합하면 고속의 자리올림 출력 $\overline{C}_{n+x}$, $\overline{C}_{n+y}$, $\overline{C}_{n+z}$를 얻을 수 있다. 단, 이들은 다음 식으로 정의된다.

$$\overline{C}_{n+x} = G_0 + P_0\overline{C}_n \tag{8.12}$$

$$\begin{aligned}\overline{C}_{n+y} &= G_1 + P_1\overline{C}_{n+x} = G_1 + P_1(G_0 + P_0\overline{C}_n) \\ &= G_1 + P_1G_0 + P_1P_0\overline{C}_n\end{aligned} \tag{8.13}$$

$$\begin{aligned}\overline{C}_{n+z} &= G_2 + P_2\overline{C}_{n+y} = G_2 + P_2(G_1 + P_1G_0 + P_1P_0\overline{C}_n) \\ &= G_2 + P_2G_1 + P_2P_1G_0 + P_2P_1P_0\overline{C}_n\end{aligned} \tag{8.14}$$

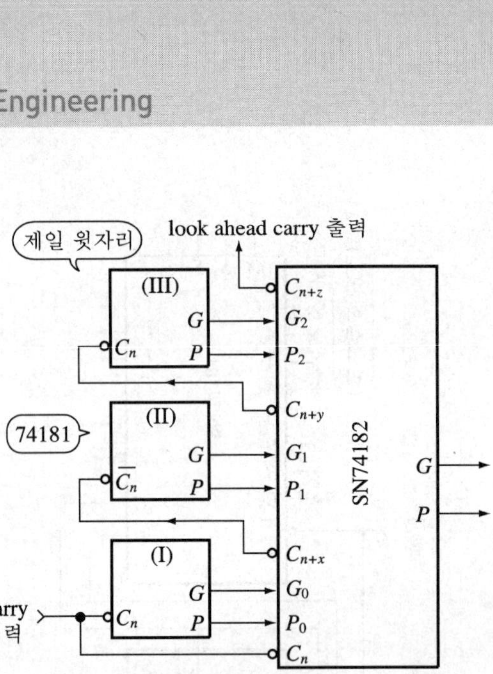

그림 8.23 look ahead 자리올림 출력을 가진 12비트 가산기

예를 들어, SN74181을 3개 이용하여 12비트의 가산기를 만드는 경우에는 그림 8.23과 같이 접속한다.

IC(I)이 제일 아랫자리의 4비트, IC(III)이 제일 윗자리의 4비트 가산기이다. SN74182의 $\overline{C}_{n+z}$ 출력이 전체의 look ahead 자리올림 출력으로 된다. SN74182의 G, P 출력을 다른 74182의 G_0, P_0 입력에 더하는 방법을 이용하면 74181을 16단 사용한 64비트 가산기의 look ahead 자리올림 출력을 얻을 수 있지만 자세한 것은 data book을 참조하기 바란다. 지금 74181, 74182의 G, P 단자는 실제로 부논리 동작이지만 여기서는 간단히 G, P로 취급하였다.

연습문제

1. 다음의 10진수를 8비트의 부호가 있는 2진수로 나타내어라(음수는 2의 보수).

① 116 ② −113

③ 58 ④ −76

2. NOR 게이트만을 이용하여 반가산기를 구성하라.

3. OR, AND, NAND 게이트를 이용하여 반가산기를 구성하라.

4. NAND 게이트만을 이용하여 전가산기를 구성하라.

5. OR, AND, NAND 게이트를 이용하여 전가산기를 구성하라.

6. 반감산기를 아래와 같은 형식으로 구성하라.

① exclusive OR 게이트, AND 게이트와 인버터

② NAND 게이트

③ NOR 게이트

7. 전감산기를 아래와 같은 형식으로 구성하라.

① exclusive OR 게이트, AND 게이트, OR 게이트와 인버터

② NAND 게이트

③ NOR 게이트

8. 그림 8.4의 4비트 가산기에 $A=1011$과 $B=0110$을 더한 경우의 출력 $S_0 \sim S_3$의 출력을 구하라.

9. 3비트 가산회로의 자리올림 출력을 look ahead 자리올림 출력으로 하는 회로를 구성하라.

10. 그림 8.12의 8비트 가산기에 $A=01110110$과 $B=10111011$을 더한 경우의 출력 $Y_8 \sim Y_0$와 아랫자리의 자리올림 출력 C_4를 구하라.

11. 다음의 부호를 가진 8비트 데이터를 그림 8.14의 8비트 가 · 감산기를 이용하여 연산한 결과 overflow 되는 것은 어떤 경우인가?

① $112_{10}+50_{10}$ ② $110_{10}-65_{10}$ ③ $68_{10}-105_{10}$

④ $-19_{10}+102_{10}$ ⑤ $-40_{10}-65_{10}$ ⑥ $-56_{10}-84_{10}$

12. 그림 8.15의 회로를 이용하여 가산하라.

① 1001+1000 ② 0110+0111

13. 그림 8.17에 나타낸 9의 보수기의 BCD 입력을 $A_4A_3A_2A_1=0111$로 하였을 때 출력 $F_4F_3F_2F_1$은 어떻게 되는가?

14. 그림 8.19에 나타낸 BCD 두 자리의 가 · 감산기에서 $B=10010111$, $A=01101001$을 더했을 때 출력 S와 자리올림 출력 C_{out}을 가산과 감산 각각에 대해서 구하라.

15. 4비트 3초과 가산기를 구성하라.

Digital Engineering

9장 멀티플렉서와 디멀티플렉서

9장과 10장에서 다루는 논리회로는 시간에 관계없이 주어진 입력값에 따라서 출력값이 변화하는 조합논리회로들에 대하여 설명하기로 한다.

이 장에서는 멀티플렉서와 디멀티플렉서의 동작원리에 대해서 설명하고, 멀티플렉서와 디멀티플렉서용 IC를 소개한 후, 이것을 이용한 응용회로 및 아날로그 멀티플렉서회로에 대하여 공부하기로 한다.

9.1 멀티플렉서

멀티플렉서(multiplexer: 이하 MUX라 한다.)란 그림 9.1과 같이 여러 개의 입력신호 중에서 하나를 선택하여 출력회로에 접속하는 작용을 하는 조합논리회로로 소위 로터리 스위치와 같은 동작을 하는 회로이다.

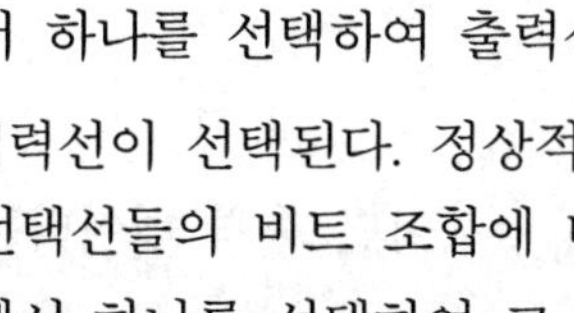

그림 9.1 멀티플렉서의 동작원리

MUX는 많은 입력선들 중에서 하나를 선택하여 출력선에 연결하는 조합논리회로이고, 선택선들의 값에 따라서 특정 입력선이 선택된다. 정상적인 경우 2^n개의 입력선과 n개의 선택선으로 되어 있으며, n개 선택선들의 비트 조합에 따라서 입력 중의 하나가 선택된다. 멀티플렉서는 많은 입력 중에서 하나를 선택하여 그 2진 정보를 출력선으로 내보내기 때문에 데이터 선택기라고도 한다.

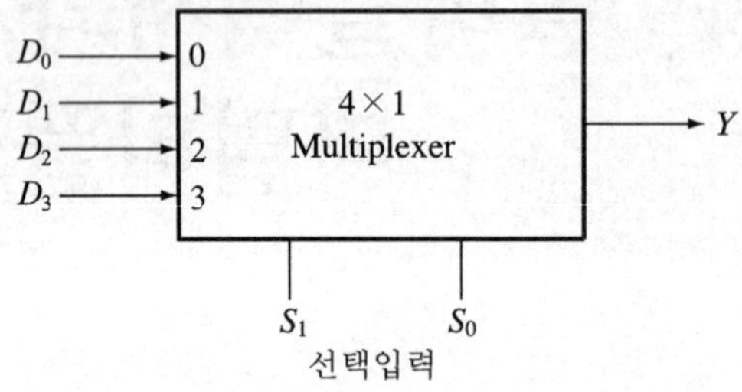

그림 9.2 4×1 멀티플렉서의 기호

그림 9.2는 4×1 멀티플렉서의 기호를 나타낸 것이다. 4개의 입력 데이터 중 하나를 선택할 수 있도록 하려면 두 개의 선택 비트를 위한 두 개의 데이터 선택선이 필요하다. 그림 9.2에서 데이터 선택입력의 2비트 2진 코드는 여러 개의 입력 중에서 선택된 입력 데이터만을 출력선으로 내보낸다. 데이터 선택선에 $S_1 = 0$, $S_0 = 0$이 입력되면 입력 데이터 중에서 D_0가 데이터 출력선으로 출력된다. $S_1 = 0$, $S_0 = 1$이 입력되면 D_1이 출력되고, $S_1 = 1$, $S_0 = 0$이 입력되면 D_2가 출력된다. 그리고 $S_1 = 1$, $S_0 = 1$이 입력되면 D_3가 데이터 출력선으로 출력된다. 표 9.1은 이와 같은 동작을 정리한 것이다.

▶표 9.1 4×1 멀티플렉서의 데이터 선택

S_1	S_0	Y
0	0	D_0
0	1	D_1
1	0	D_2
1	1	D_3

그러면 멀티플렉서의 동작을 구현하는 데 필요한 논리회로에 대하여 알아보자. 출력 데이터는 선택된 입력 데이터와 같으며, 입력 데이터와 선택 입력항을 사용하면 출력에 대한 논리식을 만들 수 있다.

출력 데이터를 Y라 하고, 선택 입력이 $S_1 = 0$, $S_0 = 0$이면 출력 데이터는 입력 데이터 중 D_0가 되므로

$$Y = D_0 \overline{S_1}\, \overline{S_0}$$

가 된다. 선택 입력이 $S_1 = 0$, $S_0 = 1$이면 출력 데이터는 D_1이 되므로

$$Y = D_1 \overline{S_1}\, S_0$$

가 된다. 선택 입력이 $S_1 = 1$, $S_0 = 0$이면 출력 데이터는 D_2가 되므로

$$Y = D_2 S_1 \overline{S_0}$$

가 된다. 선택 입력이 $S_1 = 1$, $S_0 = 1$이면 출력 데이터는 D_3가 되므로

$$Y = D_3 S_1 S_0$$

가 된다. 각각의 식을 OR하면 출력 Y는 다음과 같다.

$$Y = D_0 \overline{S_1}\ \overline{S_0} + D_1 \overline{S_1} S_0 + D_2 S_1 \overline{S_0} + D_3 S_1 S_0$$

3입력 AND 게이트 4개와 4입력 OR 게이트 1개, 그리고 S_1과 S_0의 보수를 만들 인버터 2개를 사용하면 그림 9.3과 같이 이 논리식을 회로로 구현할 수 있다.

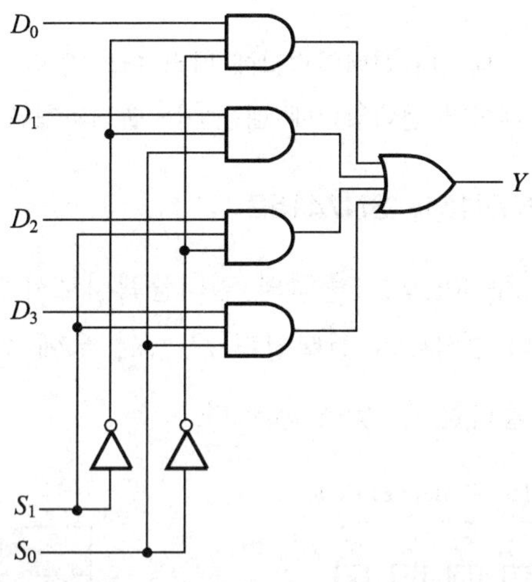

그림 9.3 4×1 멀티플렉서에 대한 논리도

예제 9.1 그림 9.3의 멀티플렉서에 그림 9.4(a)에 있는 데이터 입력과 선택입력을 인가하였을 때 출력파형을 구하여 그림 9.4(b)에 나타내어라.

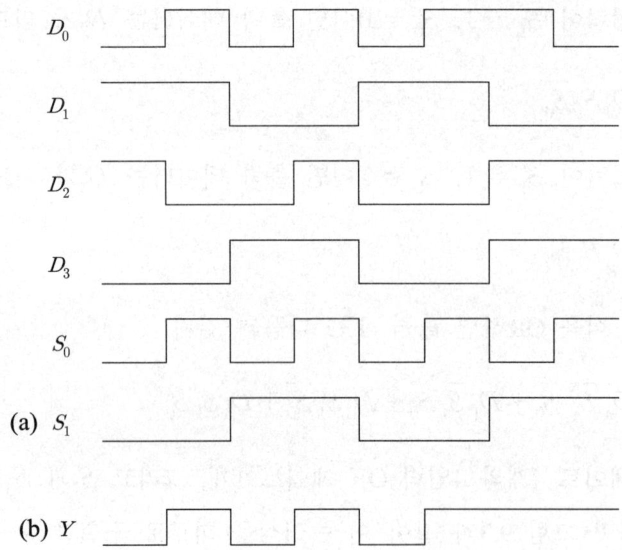

그림 9.4

풀이 각 구간에 해당하는 데이터 선택입력값에 따라 어느 입력 데이터를 선택하여 출력할 것인가가 결정된다. 데이터 선택입력에 대응하는 출력파형은 그림 9.4(b)와 같다. ■

1. 8×1 멀티플렉서 SN74151, SN74152

SN74151, SN74152는 모두 8입력, 1출력의 멀티플렉서로서 그림 9.5에 SN74152의 핀 배치와 동작표를 나타내었다. 3비트의 선택입력 S_2, S_1, S_0에 의해 8개의 입력신호 중 하나를 부논리인 W단자로 출력할 수 있는 것이다.

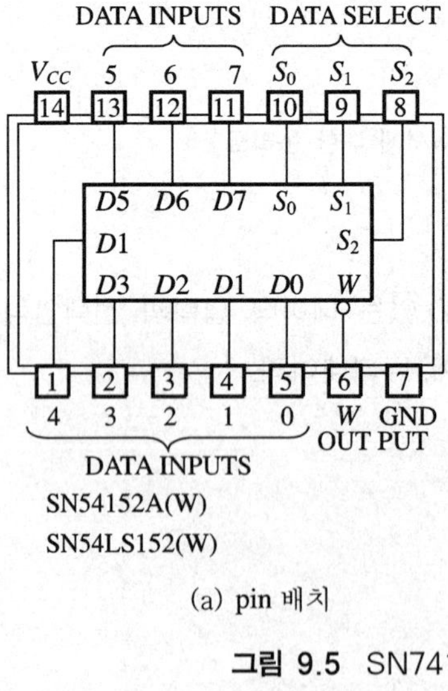

(a) pin 배치

선택입력			출력
S_2	S_1	S_0	W
L	L	L	$\overline{D0}$
L	L	H	$\overline{D1}$
L	H	L	$\overline{D2}$
L	H	H	$\overline{D3}$
H	L	L	$\overline{D4}$
H	L	H	$\overline{D5}$
H	H	L	$\overline{D6}$
H	H	H	$\overline{D7}$

(b) 동작표

그림 9.5 SN74152의 핀 배치와 동작표

모든 멀티플렉서 회로는 기본적으로 그림 9.2와 같이 AND-OR구성으로 되어 있으며, 신호입력이 많을수록 AND 게이트가 증가한다.

SN74151은 표 9.2에 나타낸 동작표와 같이 SN74152에 비해 부논리의 strobe 입력단자가 있는 것 외에 정논리 출력 Y와 부논리 출력 W의 두 종류 출력단자를 가진 8 line to 1 line(8×1) 멀티플렉서이다.

▶**표 9.2** SN74151의 동작표

입력				출력	
select			strobe	Y	W
S_2	S_1	S_0			
×	×	×	H	L	H
L	L	L	L	$D0$	$\overline{D0}$
L	L	H	L	$D1$	$\overline{D1}$
L	H	L	L	$D2$	$\overline{D2}$
L	H	H	L	$D3$	$\overline{D3}$
H	L	L	L	$D4$	$\overline{D4}$
H	L	H	L	$D5$	$\overline{D5}$
H	H	L	L	$D6$	$\overline{D6}$
H	H	H	L	$D7$	$\overline{D7}$

여기서 strobe 입력 S는 출력으로 신호를 보내느냐, 안 보내느냐를 제어하는 단자로 이것을 L로 하면 선택된 입력단자의 신호가 출력된다.

예제 9.2 SN74151을 이용하여 표 9.3의 진리표로 표시되는 논리함수의 논리회로를 구성하라.

▶**표 9.3** 예제 9.2의 진리표

A	B	C	X
0	0	0	0
0	0	1	0
0	1	0	1
0	1	1	1
1	0	0	0
1	0	1	1
1	1	0	1
1	1	1	0

풀이 SN74151의 select 입력 S_2, S_1, S_0에 진리표의 A, B, C를 대응시킨다. strobe 입력은 L로 놓고, $D0 \sim D7$의 각 입력단자에 진리표의 X출력값을 대응시키면 그림 9.6에 나타낸 회로가 가능하다.

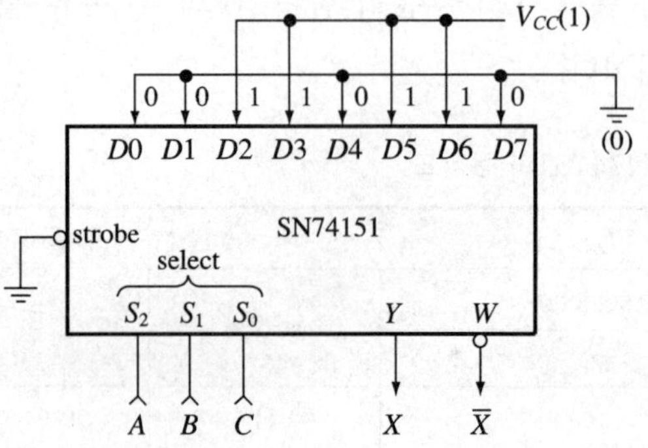

그림 9.6 예제 9.2의 회로 ■

2. 4×1 멀티플렉서 SN74153

SN74153 IC는 2회로의 4 line to 1 line(4×1) 멀티플렉서로서 그림 9.7에 나타낸 핀 배치를 하고 있지만 두 개의 select 입력 S_1, S_0가 동시에 두 회로를 제어하도록 되어 있다. 예를 들면 select $S_1 = \mathrm{H}$, $S_0 = \mathrm{L}$인 경우에는 입력 $1C2$, $2C2$가 각각 출력단자 $1Y$, $2Y$에 접속되고, 그 때 다른 입력들은 모두 무관하다.

그 밖에 각각의 회로에 부논리 strobe 입력 $1G$, $2G$가 있어서 이것을 L로 했을 때만 데이터 입력이 출력된다.

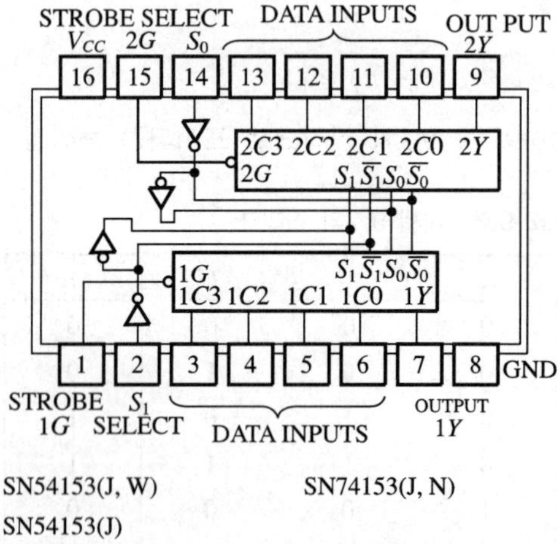

SN54153(J, W)	SN74153(J, N)
SN54153(J)	
SN54LS153(J, W)	SN74LS153(J, N)
SN54153(J, W)	SN74S153(J, N)

그림 9.7 SN74153의 핀 배치

예제 9.3 3개의 4비트 레지스터 P, Q, R이 있다. 멀티플렉서용 IC를 이용해 회로를 구성하고 select 입력단자 S_1, S_0에 의해 표 9.4가 수행되도록 4종류의 출력이 얻어지는 회로를 설계하라.

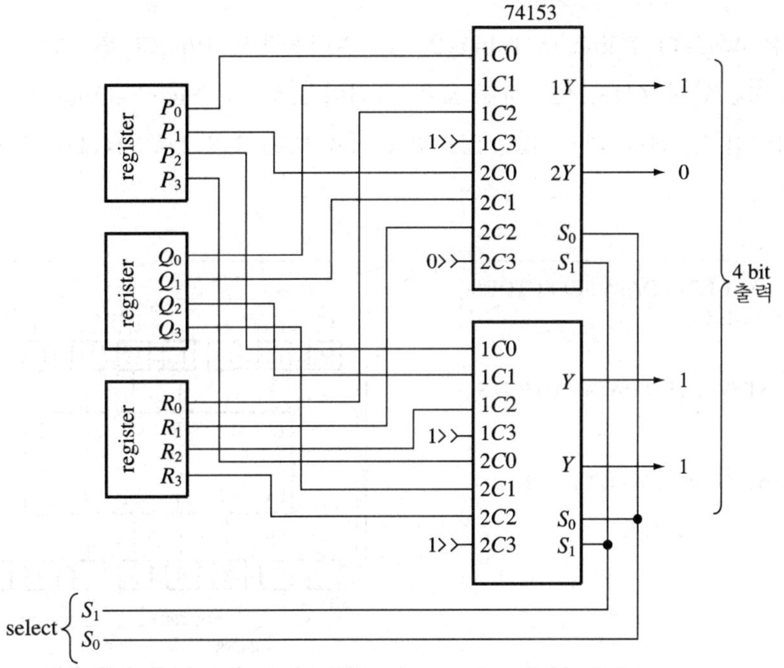

그림 9.8 예제 9.3의 회로

▶**표 9.4** 예제 9.3의 진리표

select		4비트 출력
S_1	S_0	
L	L	P 레지스터
L	H	Q 레지스터
H	L	R 레지스터
H	H	1101

풀이 우선 4개의 선택을 가능하게 하려면 4×1 멀티플렉서가 필요한 것을 알 수 있다. 다음에 4비트의 출력을 얻으려면 4개의 멀티플렉서가 필요하다. 그러나 74153을 이용하면 두 개면 된다. 이 결과 그림 9.8에 나타낸 회로가 가능하다.

P 레지스터의 4비트 출력은 $1C0$와 $2C0$ 단자에 접속되며 Q레지스터 출력은 $1C1$, $2C1$단자에 접속하고, R 레지스터 출력은 $1C2$, $2C2$ 단자에 접속한다. 그리고 select

입력 $S_1S_0 = \mathrm{HH}$일 때 1101_2이 출력되기 위해서는 위에서부터 순서대로 $1C3 = 1$, $2C3 = 0$, $1C3 = 1$, $2C3 = 1$로 하면 된다. ■

3. 4회로 2×1 멀티플렉서 SN74157, SN74158

SN74157은 4회로의 2 line to 1 line(2×1) 멀티플렉서이며, 그 핀 배치를 그림 9.9에 나타낸다. strobe 입력 G를 H로 하면 모든 출력이 L로 되어 IC를 disable시키고, L로 하면 select 입력의 L, H에 따라 $1A$, $2A$, $3A$, $4A$ 또는 $1B$, $2B$, $3B$, $4B$ 중 어느 하나가 선택된다.

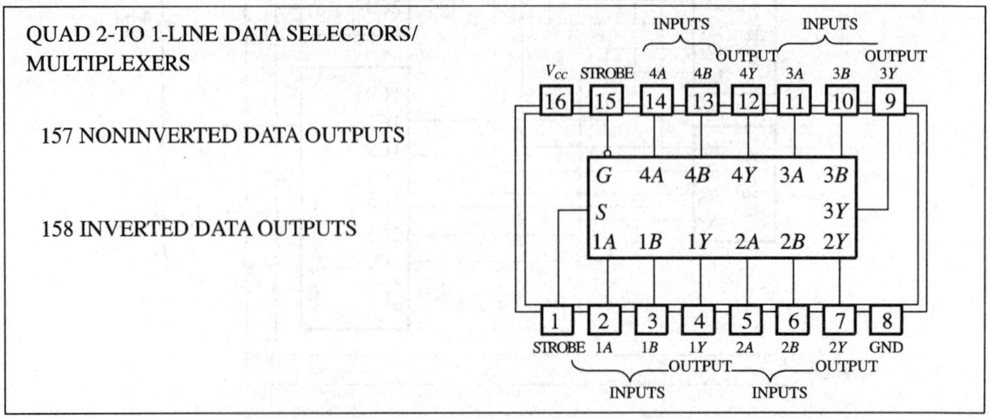

그림 9.9 SN74157, SN74158의 핀 배치

SN74158은 출력 Y가 부논리인 점 이외는 SN74157과 동일하다.

예제 9.4 두 개의 12비트 레지스터 A, B를 멀티플렉스하는 회로를 설계하라.

풀이 SN74157은 1개로 4비트의 데이터를 멀티플렉스할 수 있기 때문에 12비트에서는 3개의 SN74157이 필요하다. 우선 그림 9.10과 같이 A레지스터의 12비트 출력을 3개의 멀티플렉서 A입력에 접속하고, 다음에 B레지스터의 12비트를 멀티플렉서 B입력에 접속한다. 마지막으로 select 입력은 모두 공통으로 접속한다. 이것을 L로 하면 A레지스터의 데이터가 Y출력단자에 나타나고, select 입력을 H로 하면 B레지스터의 데이터가 Y출력으로 나온다.

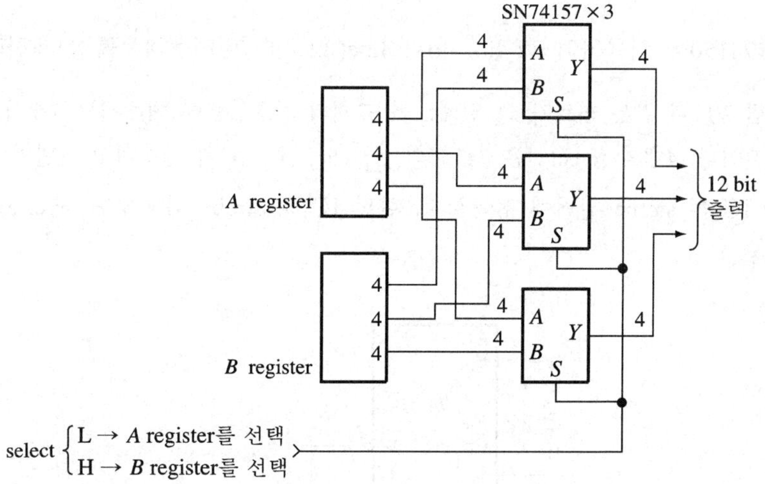

그림 9.10 예제 9.3의 회로 ■

4. 16×1 멀티플렉서 SN74150

SN74150은 그림 9.11에 나타낸 기능도로 나타낼 수 있는 16 line to 1 line(16×1) 멀티플렉서이며, 4개의 select 입력과 16개의 데이터 입력단자를 갖고 있는 24핀 DIP IC이다. 또 부논리 동작의 strobe 입력 S가 있어 이것을 L로 하면 출력이 enable되어 부논리의 W출력이 나온다. 단, select 입력은 S_3가 MSB, S_0가 LSB이다.

이 IC는 4변수의 논리회로에 이용할 수 있는 외에 병렬-직렬 변환이나 임의의 입력 수의 멀티플렉스용으로 사용된다.

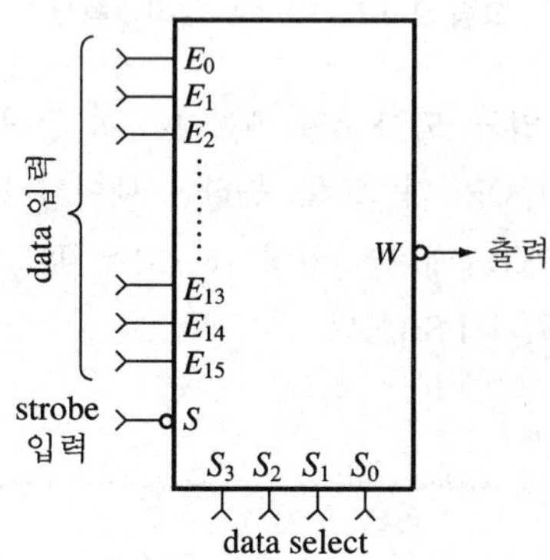

그림 9.11 SN74150의 기능도

예제 9.5 SN74150을 이용하여 32 line to 1 line(32×1) 멀티플렉서를 설계하라.

풀이 그림 9.12와 같은 회로가 그 일례로서 32개의 신호입력에 대해서는 5개의 select 단자가 필요하다. 4개의 select선은 74150의 S_3, S_2, S_1, S_0에 접속하고, 5번째의 select선 S_4는 IC_1의 strobe 입력에 접속한다. 한편 IC_2의 strobe 입력에는 inverter를 거쳐서 접속한다.

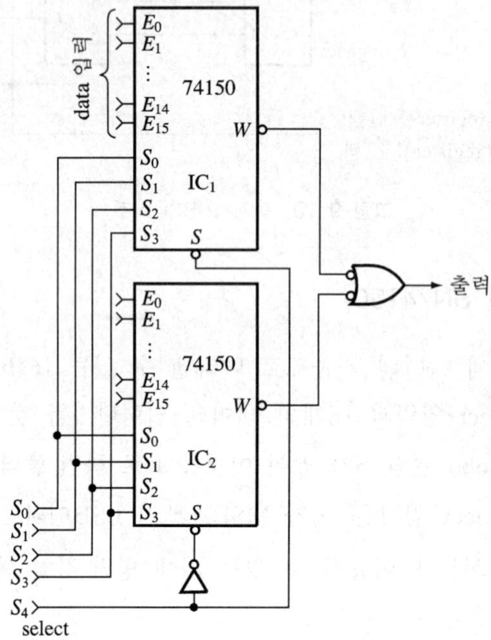

그림 9.12 32×1 멀티플렉서

이렇게 하면 select 입력 S_4가 L일 때는 IC_1이 동작하고, S_4가 H일 때는 IC_2가 동작하여 부논리 입력인 OR 게이트를 통하여 데이터가 출력된다. 따라서 데이터 입력 0~15는 IC_1이 담당하고, 데이터 입력 16~31은 IC_2가 분담하게 된다. 여기서 select 입력은 S_4가 MSB, S_0가 LSB이다. ■

9.2 디멀티플렉서

멀티플렉서와는 반대로 그림 9.13과 같이 하나의 입력신호를 여러 개의 출력단자 중 하나에 분배하는 로터리 스위치와 같은 동작을 하는 회로를 디멀티플렉서(demultiplexer:

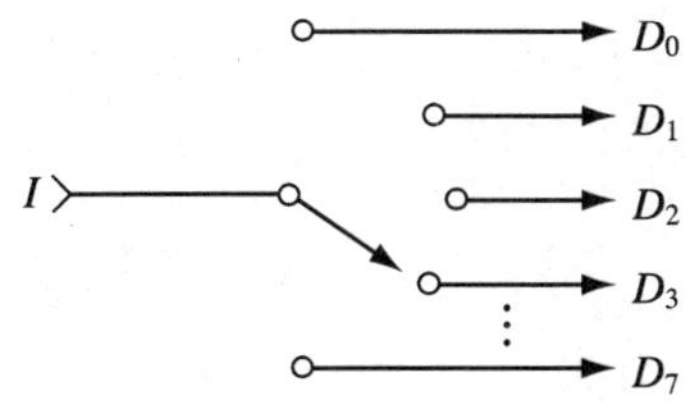

그림 9.13 디멀티플렉서의 동작원리

이하 DeMUX라 한다.)라 한다.

DeMUX는 멀티플렉서의 역동작을 하는 회로이다. DeMUX는 하나의 입력선으로 데이터를 받아 이것을 여러 개의 출력선들 중 하나에 출력한다. 이러한 이유로 DeMUX를 데이터 분배기라고도 한다.

그림 9.14에 1개의 입력 데이터 I를 선택입력 A_1, A_0에 의하여 4개의 출력단자 D_3, D_2, D_1, D_0로 분배하는 기본적인 디멀티플렉서 회로의 동작표, 논리도, 그리고 논리기호를 나타내었다.

A_1	A_0	D_3	D_2	D_1	D_0
0	0	0	0	0	I
0	1	0	0	I	0
1	0	0	I	0	0
1	1	I	0	0	0

(a) 동작표

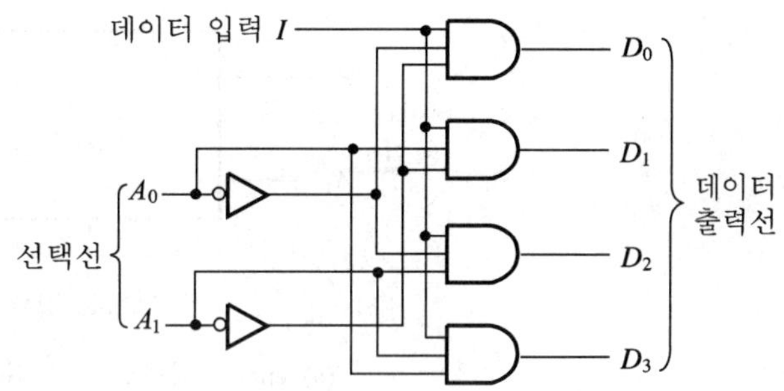

(b) 논리도

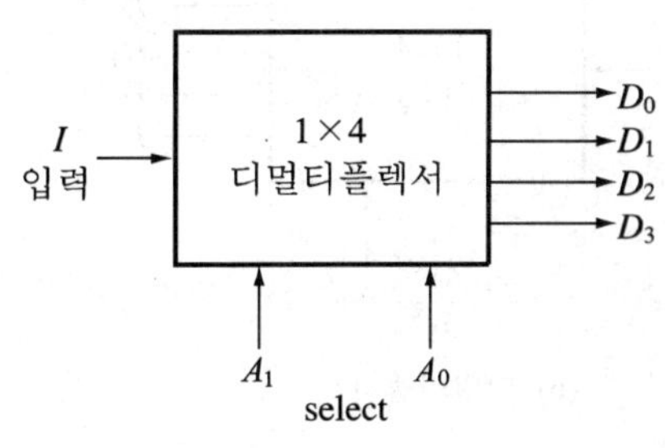

(c) 논리기호

그림 9.14 1×4 디멀티플렉서

그림 9.14에 나타낸 것과 같이 DeMUX의 출력은 선택 입력단자에 의한 입력 데이터 I의 출력 여부에 관한 논리식을 구성하면 되므로 각각의 출력 데이터는

$$D_0 = I\overline{A_1}\,\overline{A_0}$$
$$D_1 = I\overline{A_1}\,A_0$$
$$D_2 = I A_1\,\overline{A_0}$$
$$D_3 = I A_1\,A_0$$

가 된다. 이러한 논리식을 수행하기 위한 논리회로를 그림 9.14(b)에, 논리기호를 (c)에 나타내었다.

DeMUX는 enable 입력을 갖는 디코더로도 이용 가능하다. 디코더는 n개의 입력단자와 2^n개의 출력단자를 가지고 있으므로 DeMUX의 선택 입력단자를 데이터 입력단자로 사용하고, DeMUX의 출력단자를 디코더의 출력단자로 사용하고, 데이터 입력선을 enable 단자로 사용하면 그대로 디코더로서의 기능을 수행하는 것이다.

이와 같이 DeMUX와 디코더의 동작은 같은 회로로 구성되므로 enable 입력이 있는 디코더를 디코더/디멀티플렉서라고도 한다. 그림 9.15에 이에 대한 논리기호를 나타내었다.

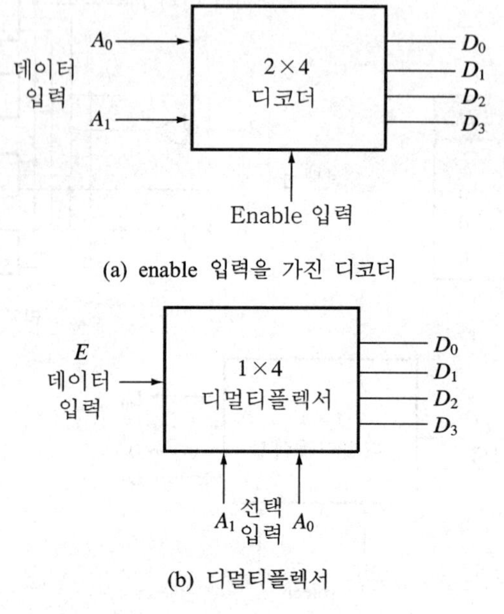

그림 9.15 enable 입력을 가진 디코더와 DeMUX의 논리기호

예제 9.6 그림 9.14의 DeMUX에 그림 9.16(a)와 같은 데이터 입력파형과 데이터 선택입력이 인가되었을 때 출력파형($D_0 \sim D_3$)을 구하여 그림 9.16(b)에 나타내어라.

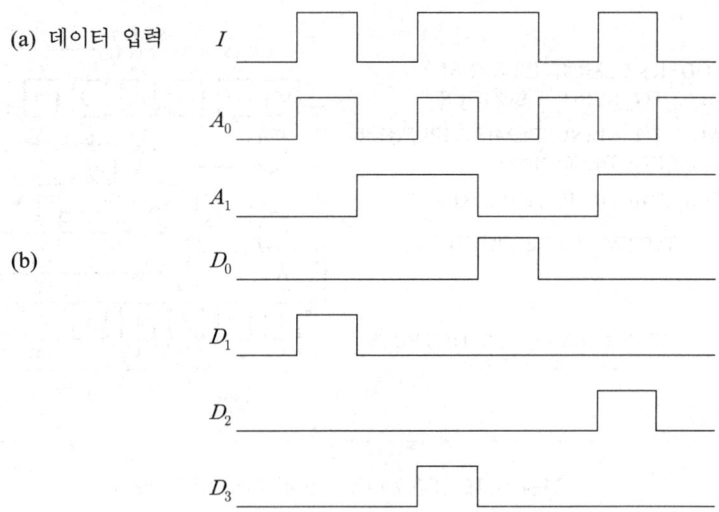

그림 9.16

풀이 데이터 선택입력이 00, 01, 10, 11의 순서로 반복되며, 데이터 출력은 그림 9.16(b)와 같이 출력된다. ■

1. 2회로 1×4 디멀티플렉서 SN74155, SN74156

이것은 그림 9.14에 나타낸 회로와 원리적으로 같지만, 2회로를 포함하고 있는 것과 부논리의 strobe 입력단자가 있는 것, 출력이 부논리인 것 등이 다르다.

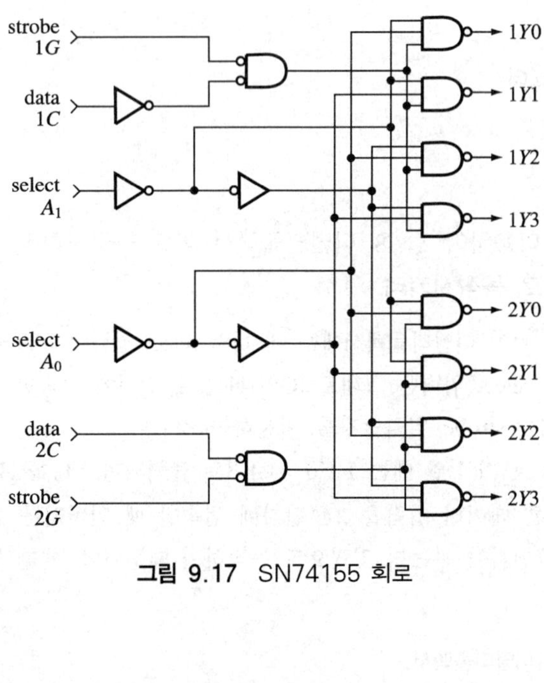

그림 9.17 SN74155 회로

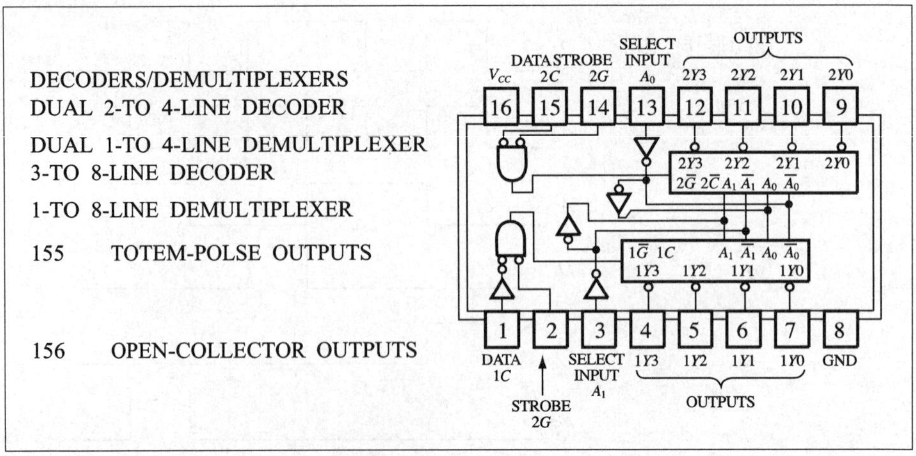

그림 9.18 SN74155, SN74156의 핀 배치

또 하나 상이점은 그림 9.17을 보면 알 수 있듯이 데이터 입력 $1C$는 정논리 입력인 데 반하여 데이터 입력 $2C$는 부논리 입력으로 되어 있는 것이다. 이것에 의해 이 IC의 기능을 보다 넓게 할 수 있는 것이다.

그러면 그림 9.18에 나타낸 SN74155, 156의 핀 배치와 IC의 명칭에 주목하자. 74155의 출력 구조는 totem-pole 출력인 데 대해 74156은 open collector 출력으로 되어 있는 것만 틀리다.

이들 명칭은 모두 다음 기능을 갖고 있는 것을 나타내고 있다.

① 2회로 1×4 디멀티플렉서

② 1×8 디멀티플렉서

③ 2회로 2×4 디코더

④ 3×8 디코더

예제 9.7 SN74155를 이용하여 1×8 디멀티플렉서 회로를 구성하라. 단, 입력은 정논리, 출력은 부논리로 동작시켜라.

풀이 8개의 출력을 가진 디멀티플렉서에는 세 개의 select 입력이 필요하다. 그래서 그림 9.19와 같이 두 개의 select 입력은 그대로 IC의 A_1, A_0입력에 접속한다. 그리고 세 번째 select 입력 A_2로서는 strobe 입력단자를 이용하는 것이다.

select 입력 A_2가 L일 때는 $1Y0 \sim 1Y3$로 출력되며, A_2를 H로 하면 $2Y0 \sim 2Y3$로 출력된다. 물론 데이터 입력을 $2C$ 단자에 접속할 때 인버터를 삽입하는 것이 중요하다. 왜냐하면 $2C$ 단자는 부논리 입력으로 동작하기 때문이다. 예를 들면 데이터 입력이 H이

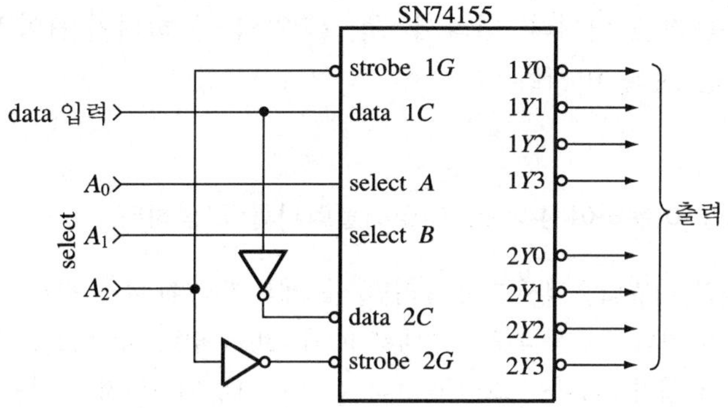

그림 9.19 SN74155를 1×8 디멀티플렉서로 이용하는 방법

고, select 입력 A_2, A_1, A_0가 101일 때에는 $2Y1$출력만 L로 된다. 이때 다른 모든 출력은 H이다. ■

2. 1×16 디멀티플렉서 SN74154, SN74159

이것은 그림 9.20의 핀 배치로부터 알 수 있듯이 1 line to 16 line (1×16) 디멀티플렉서이다. 그러나 그 명칭은 4 line to 16 line (4×16) 디코더로 되어 있다. 74159와 동일 핀 배치이며, open collector 출력이라는 것만 다르다.

4-LINE TO 16-LINE DECODERS/DEMULTIPLEXERS

154

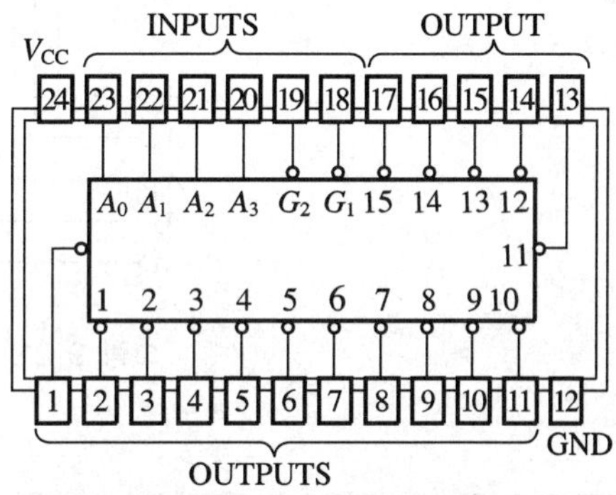

SN54154(J, W) SN74S154(J, N)
SN54L154(J)

그림 9.20 SN74154의 핀 배치

이 IC는 4개의 select 입력 외에 부논리 입력인 G_1, G_2를 갖고 있다. G_1과 G_2는 AND 게이트 입력이므로 한쪽을 strobe 입력으로, 다른 쪽을 데이터 입력으로 사용하면 된다.

출력단자는 모두 부논리 출력이다. 따라서 G_1, G_2입력 중 하나가 H이면 출력은 disable되며, 모든 출력은 H로 되어 버린다.

예제 9.8 SN74154를 이용하여 1×32 디멀티플렉서를 구성하라.

풀이 32개 출력의 디멀티플렉서를 만들려면, 두 개의 SN74154가 필요하며 5개의 select 입력을 접속해야 한다. 그 중 4개는 그대로 IC의 select 입력 A_3, A_2, A_1, A_0를 이용하지만 5번째 select 입력 A_4에는 그림 9.21과 같이 strobe 입력단자 G_2를 이용한다. select 입력 A_4가 L일 때 IC_1이 enable되며, A_4가 H일 때 IC_2가 enable된다.

데이터 입력은 두 개의 IC G_1입력에 공통으로 접속한다. 따라서 부논리 입력, 부논리 출력의 1×32 디멀티플렉서가 가능하게 된다.

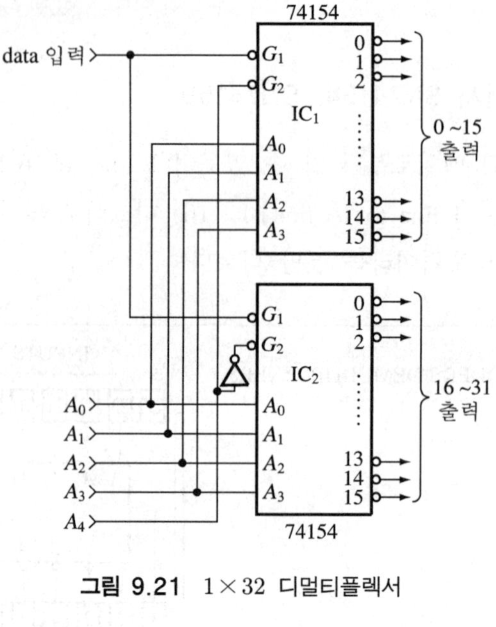

그림 9.21 1×32 디멀티플렉서 ■

9.3 멀티플렉서에 의한 불함수의 실현

디코더와 OR 게이트를 사용하여 임의의 불함수를 실현할 수 있다. MUX의 논리도를 살펴보면 블록 안에 OR 게이트를 가지고 있는 디코더가 필수적이다. 함수의 최소항은 MUX 안에서 선택입력과 관련된 회로에 의하여 발생되며, 개별적인 최소항은 데이터 입력에 의하여 선택될 수 있다. 이것은 각 최소항마다 2^n개의 데이터 입력과 n개의 선택입력을 가진 MUX로 n개의 변수를 가진 불함수를 구현하는 방법을 제공한다. 그리고 $(n-1)$개의 선택 입력을 가진 MUX로 n개의 변수를 가진 불함수를 구현하는 유용한 방법에 대하여 알아보자.

먼저 $(n-1)$개 변수는 MUX의 선택입력으로 연결되고, 나머지 하나의 변수는 MUX의 데이터 입력용으로 사용된다.

하나의 변수가 A로 표시되면 MUX의 각 데이터 입력은 A, $\overline{A}$, 0, 1 중 하나가 된다. 입력들에 대하여 이 4개의 변수들을 효과적으로 사용하고, 다른 변수들을 선택선들과 연결함으로써 임의의 불함수를 하나의 MUX를 사용하여 실현할 수 있다. 이 방법으로 n개의 변수를 가진 함수를 $(2^{n-1})\times 1$ MUX로 실현하는 것이 가능하다. 이 과정을 3개의 변수를 가진 다음의 불함수를 사용하여 알아보자.

$$F(A, B, C) = \sum(1, 3, 5, 6)$$

이 함수는 그림 9.22에 있는 4×1 MUX로 실현할 수 있다.

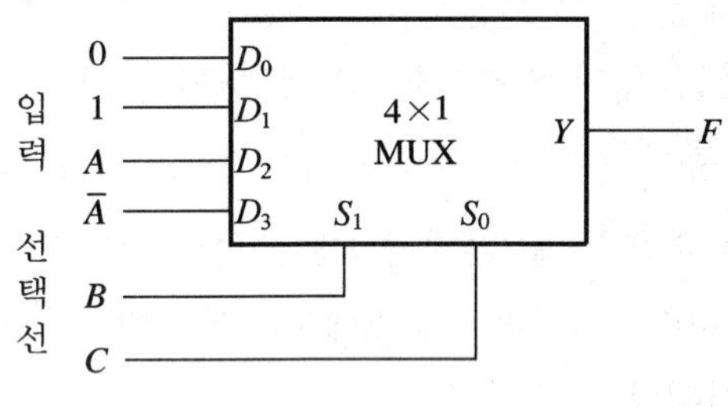

(a) 멀티플렉서 연결

최소항	A	B	C	F
0	0	0	0	0
1	0	0	1	1
2	0	1	0	0
3	0	1	1	1
4	1	0	0	0
5	1	0	1	1
6	1	1	0	1
7	1	1	1	0

(b) 진리표

입력단 / 변수	D_0	D_1	D_2	D_3
A	0	①	2	③
A	4	⑤	⑥	7
	0	1	A	A

(c) 실현표

그림 9.22 MUX로 $F(A, B, C) = \sum(1, 3, 5, 6)$의 실현

입력 B와 C를 선택하여 각각 S_1과 S_0에 연결한다. MUX의 입력들은 0, 1, A, $\overline{A}$라고

하자. $BC=00$일 때 D_0가 선택되고, $D_0=0$이므로 출력 $F=0$이다. 그러므로 A 값과 무관하게 $BC=00$이면 출력이 0이 되기 때문에 $m_0=\overline{A}\,\overline{B}\,\overline{C}$와 $m_4=A\overline{B}\,\overline{C}$는 둘 다 0을 출력한다. $BC=01$일 때 $D_1=1$이므로 출력 $F=1$이다. 그러므로 A 값과 무관하게 $BC=01$이면 출력이 1이기 때문에 $m_1=\overline{A}\,\overline{B}C$와 $m_5=A\overline{B}C$는 둘 다 1을 출력한다. $BC=10$일 때는 입력 D_2가 선택된다. 이 입력에는 A가 연결되어 있기 때문에 $m_6=AB\overline{C}$이면 $A=1$이므로 출력 $F=1$이다. 또 $m_2=\overline{A}B\overline{C}$이면 $A=0$이므로 출력 $F=0$이다. $BC=11$이면 입력 D_3가 선택된다. 이 입력에는 $\overline{A}$가 연결되어 있기 때문에 $m_3=\overline{A}BC$이면 $A=0$이므로 출력 $F=1$이 되고, $m_7=ABC$인 경우 $A=1$이므로 출력 $F=0$이 된다. 이것은 그림 9.22(b)에 요약되어 있으며, 수행하려고 하는 함수의 진리표가 된다. 위의 예를 통하여 MUX가 요구되는 함수를 실현하는 데 사용할 수 있다는 것을 나타내었다.

다음에 $(2^{n-1})\times 1$ MUX를 사용하여 n개의 변수를 가진 불함수를 실현하는 과정을 설명한다.

먼저 불함수들을 최소항의 합으로 표현하고, 최소항들에 대하여 선택된 변수들의 순서가 $A, B, C, D, \cdots$라고 가정한다. 여기서 변수 A는 n 변수들의 순서에서 가장 왼쪽에 있는 변수이며, $B, C, D, \cdots$는 남은 $(n-1)$개의 변수들이다. $(n-1)$개의 변수를 선택선에 연결한다. 이 때 B 변수는 가장 순서가 높은 선택선에 연결되고, C는 그 다음의 선택선에 연결된다. 변수 D는 가장 순서가 낮은 선택선인 S_0에 연결한다. 그러면 변수 A를 생각하여 보자. 이 변수는 순서대로 정렬된 변수들 중에서 가장 순서가 높은 변수이므로 최소항들의 목록 중 처음 반은 $\overline{A}$를 가지며, 나머지 반은 A를 가진다. 예를 들어, 3개의 변수들 A, B, C의 경우 8개의 최소항을 가지는데 변수 A는 최소항 0에서 3까지에서 보수로 표시되고, 4부터 7까지는 그 변수 그대로 표시된다.

MUX의 입력들을 목록으로 작성하고, 그 입력들 아래의 두 행에 모든 최소항들을 첫 행부터 써 넣는다. 그림 9.22(c)에서처럼 첫 행에 있는 최소항들은 $\overline{A}$를 가지며, 두 번째 행에 있는 최소항들은 A를 가진다. 함수에 포함되어 있는 최소항들은 전부 원으로 둘러싼 뒤 각 열을 개별적으로 살펴본다.

- 만약 같은 열에 속하는 두 개의 최소항들이 모두 원으로 둘러싸여 있지 않다면 그 열에 대응되는 MUX 입력은 0이 된다.
- 만약 같은 열에 속하는 두 개의 최소항들이 모두 원으로 둘러싸여 있다면 그 열에 대응되는 MUX 입력은 1이 된다.
- 만약 아래쪽 최소항만 원으로 둘러싸여 있다면 대응되는 MUX 입력은 A가 된다.

· 만약 위쪽 최소항만 원으로 둘러싸여 있다면 대응되는 MUX 입력은 $\overline{A}$가 된다.

그림 9.22(c)는 다음의 불함수에 대한 실현표이다.

$$F(A, B, C) = \sum(1, 3, 5, 6)$$

이 불함수로부터 그림 9.22(a)와 같은 MUX의 접속관계를 얻을 수 있고, 이때 B와 C는 각각 S_1과 S_0에 연결되어야 한다.

변수들을 순서대로 정리하였을 때 MUX 입력들을 위하여 가장 왼쪽에 있는 변수를 선택할 필요는 없고, 실현표를 수정만 한다면 변수들 중에서 임의의 한 변수를 MUX 입력들을 위하여 사용할 수 있다. $F(A, B, C) = \sum(1, 3, 5, 6)$을 그림 9.23과 같이 실현하고자 한다. 이 때 선택선 S_1과 S_0에 대해서는 변수 A와 B를 사용하고, MUX 입력들에 대해서는 변수 C를 사용한다. 변수 C는 짝수 최소항에서는 보수로 표현되고, 홀수 최소항에서는 그대로 표현된다. 이 경우 두 최소항 행의 배열은 그림 9.23(a)와 같이 된다. 함수를 구성하는 최소항들을 원으로 둘러싼 뒤 앞에서 설명한 법칙을 적용하면 실현표에 대한 MUX 연결을 그림 9.23과 같이 얻을 수 있다.

입력단 / 변수	D_0	D_1	D_2	D_3
$\overline{C}$	0	2	4	⑥
C	①	③	⑤	7
	C	C	C	$\overline{C}$

(a) 실현표

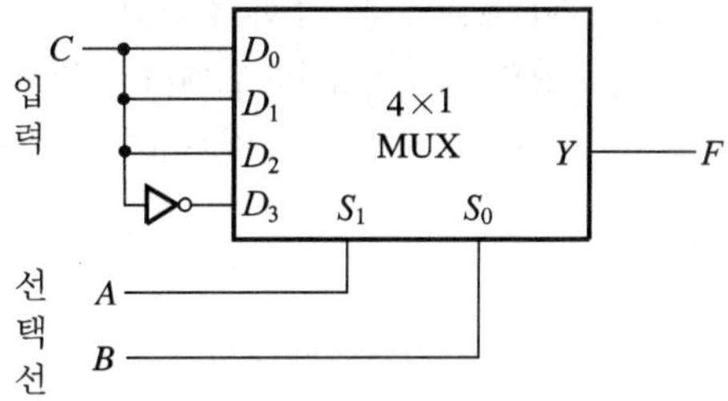

(b) MUX 연결

그림 9.23 $F(A,B,C) = \sum(1,3,5,6)$에 대한 또다른 실현

비슷한 방법으로 변수들 중 임의의 다른 변수를 MUX 입력을 위하여 사용할 수 있다. 그러나 어떠한 경우에도 하나를 제외한 모든 입력변수들은 선택선들에 적용되고, 나머지 하나의 변수, 그 변수의 보수, 1, 그리고 0은 MUX 입력들에 적용된다.

예제 9.9 MUX를 사용하여 3개의 변수를 가진 불함수를 실현하라. 여기서 변수 B를 입력 변수로 하고, A와 C를 선택선으로 사용한다.

$$F(A, B, C) = \sum(1, 3, 5, 6)$$

변수 \ 입력단	D_0	D_1	D_2	D_3
$\overline{B}$	0	①	4	⑤
B	2	③	⑥	7
	0	1	B	$\overline{B}$

(a) 실현표

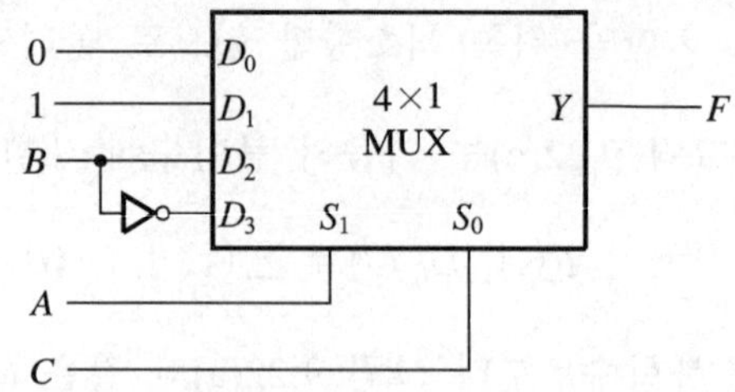

(b) 멀티플렉서 연결

그림 9.24 $F(A, B, C) = \sum(1, 3, 5, 6)$에 대한 또다른 실현

풀이 그림 9.24에 실현표와 멀티플렉서 연결을 나타내었다. ■

예제 9.10 MUX를 사용하여 다음의 불함수를 실현하라.

$$F(A, B, C, D) = \sum(0, 1, 3, 4, 8, 9, 15)$$

풀이 4개의 변수로 구성된 함수이므로 3개의 선택선과 8개의 입력을 가진 MUX가 필요하다. MUX 입력으로 변수 A를 사용하고, 변수 B, C, D를 선택선으로 사용한다. 최소항들의 처음 반은 $\overline{A}$와 관련되고, 나머지 반은 A와 관련된다. 함수에 포함되는 최소항들을 원으로 둘러싼 뒤 앞에서 설명한 법칙을 적용하여 MUX 입력들에 대한 값을 선택하면 그림 9.25에 있는 실현표가 얻어진다.

변수 \ 입력단	D_0	D_1	D_2	D_3	D_4	D_5	D_6	D_7
$\overline{A}$	⓪	①	2	③	④	5	6	7
A	⑧	⑨	10	11	12	13	14	⑮
	1	1	0	$\overline{A}$	$\overline{A}$	0	0	A

(a) 실현표

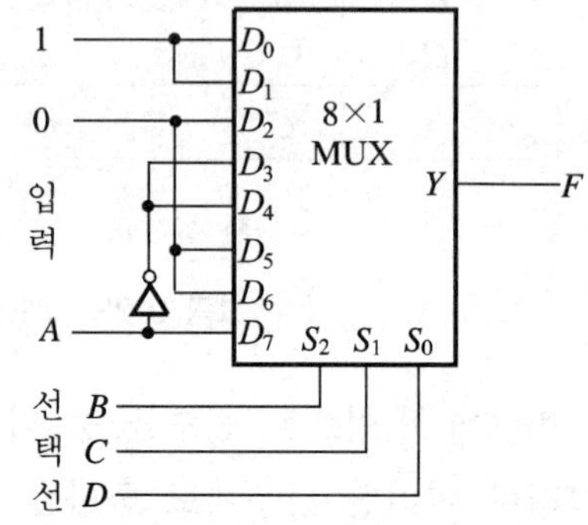

(b) 멀티플렉서 연결

그림 9.25 $F(A, B, C, D) = \sum(0, 1, 3, 4, 8, 9, 15)$의 실현 ■

예제 9.11 예제 9.10과 동일한 진리표를 사용하며, B를 입력선 A, C, D를 선택선으로 사용하는 MUX 회로를 설계하라.

풀이 예제 9.10에서 사용된 같은 방법을 사용하여 B를 입력선, A, C, D를 S_2, S_1, S_0에 연결하는 선택선이 된다. 함수에 포함되는 최소항들을 원으로 둘러싼 뒤 앞에서 설명한 법칙을 적용하여 MUX 입력들에 대한 값을 선택하면 그림 9.26에 있는 실현표가 얻어진다.

입력단 \ 변수	D_0	D_1	D_2	D_3	D_4	D_5	D_6	D_7
$\overline{B}$	⓪	①	2	③	⑧	⑨	10	11
B	④	5	6	7	12	13	14	⑮
	1	$\overline{B}$	0	$\overline{B}$	$\overline{B}$	$\overline{B}$	0	B

(a) 실현표

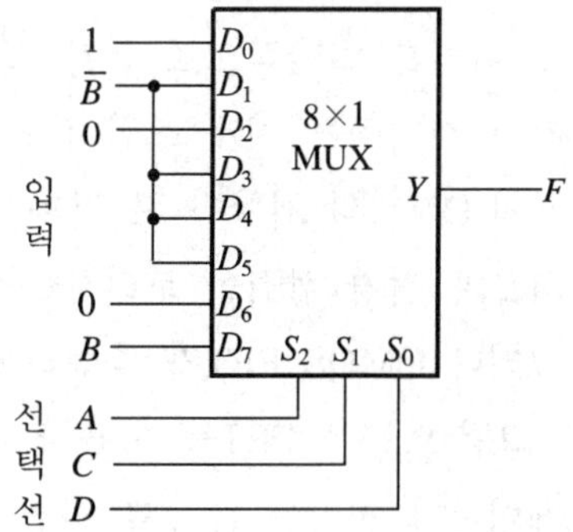

(b) 멀티플렉서 연결

그림 9.26 $F(A, B, C, D) = \Sigma(0, 1, 3, 4, 8, 9, 15)$의 또다른 실현 ■

조합회로를 실현하는 데 있어서 디코더 방법과 MUX 방법을 비교하여 보자. 디코더 방법은 각 출력함수에 대하여 하나의 OR 게이트가 필요하지만 하나의 디코더만을 사용하여 모든 최소항들을 발생시킬 수 있다. MUX 방법은 각 출력마다 하나의 MUX가 필요하다. 출력함수들의 수가 적은 조합회로는 MUX를 사용하여 실현하는 것이 좋고, 많은 출력함수를 가지는 조합회로는 디코더 방법을 사용하여 적은 수의 IC를 사용하는 것이 좋다.

MUX와 디코더가 조합회로를 실현할 수 있다고 하지만 디코더는 대부분 2진 정보를 해독하는 데 사용되고, MUX는 많은 출발원과 1개의 행선점 사이의 통로를 선택하는 데 주로 사용된다.

9.4 아날로그 멀티플렉서

앞에서 설명한 멀티플렉서나 디멀티플렉서는 디지털 회로에서만 이용할 수 있는 것이며, 디지털 멀티플렉서 또는 디지털 디멀티플렉서라 할 수 있다.

한편 CMOS IC 중에는 아날로그 멀티플렉서라는 것이 있으며, 아날로그 신호를 디지털적으로 멀티플렉스할 수 있는 특징이 있다. 이것은 CMOS 아날로그 스위치로서의 특성을 응용한 것이다.

그러면 우선 CMOS로 구성된 아날로그 스위치의 원리부터 알아보자.

1. 아날로그 스위치

기계적인 접점을 가진 통상의 스위치에 대하여 다이오드나 트랜지스터를 이용하여 구성한 스위치를 일반적으로 전자 스위치라 한다.

전자 스위치는 기계 스위치와 같은 bounce도 없고, 동작속도가 빠른 장점이 있는 반면 스위치 ON시의 저항이 큰 것과 스위치 OFF시 절연성이 나쁘다는 것 그리고 스위치의 구동회로와 전자 접점을 분리하는 것 등의 어려운 결점이 있다.

그러나 CMOS FET가 출현하고 나서 성능이 뛰어난 아날로그 스위치가 가능하게 되었다. 그림 9.27은 FET를 이용한 아날로그 스위치의 기본회로이다.

제어단자 전압을 10 V로 하면 다이오드는 역방향 bias되기 때문에 FET의 *S*와 *G*가 no bias로 되어 source-drain 사이가 도통 상태, 즉 전자 스위치는 ON으로 된다. 이에 반해 제어전압을 −10 V로 하면 다이오드가 순방향 bias되어 FET 게이트에 −10 V가 가해지므로 source-drain 간은 차단 상태, 즉 스위치 OFF로 된다. 그리고 FET 스위치는 ON 상태에서도 수십~수백 Ω의 저항이 존재하므로 기계 스위치의 접점 저항이 수 mΩ 정도인 것과 비교할 때 순방향 저항이 크다는 것이다.

이 FET 스위치를 CMOS로 만든 것이 그림 9.28에 나타낸 transmission 게이트라 하는 스위치이고, 그림 9.28(a)는 그 구조이다. P channel FET는 게이트 G_1에 부전압, N channel FET의 게이트 G_2에 정전압을 인가하면 각 FET는 도통 상태로 되어, 스위치가 ON으로 된다. 이와는 반대로 G_1에 정전압, G_2에 부전압을 인가하면 두 FET는 차단 상태로 되

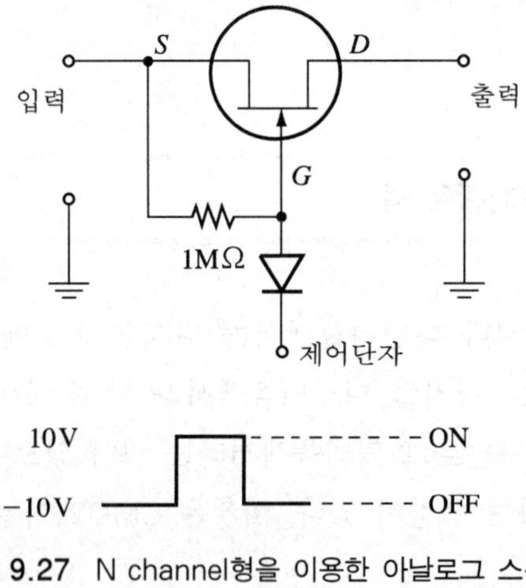

그림 9.27 N channel형을 이용한 아날로그 스위치

어, 스위치는 OFF로 된다.

이 동작을 나타낸 기호가 그림 9.28(b)이다. 실제 transmission 게이트는 inverter를 삽입하여 단일 게이트 전압만으로 스위치를 ON, OFF할 수 있도록 하고 있다.

시판하고 있는 아날로그 스위치로서는 Motolora사의 MC14016B가 있다. 이것은 그림 9.29와 같이 4회로의 쌍방향 아날로그 스위치가 들어 있다. 이 IC는 chopper, 변조기, 복조기, 디지털 논리회로에 사용할 수 있으며, 제어단자 C가 H일 때 스위치 ON, C가 L일 때 스위치 OFF로 된다. 통상 V_{SS}는 접지하고, V_{DD}에 3~18 V의 전압을 인가하여 사용한다. 물론 입력전압 V_{in}, 출력전압 V_{out}은 V_{DD}의 범위 내에서 사용하여야 한다.

또 스위치 ON일 때 저항이 약 300Ω 정도이므로 부하저항이 작을 때에는 삽입 손실이 조금 생긴다.

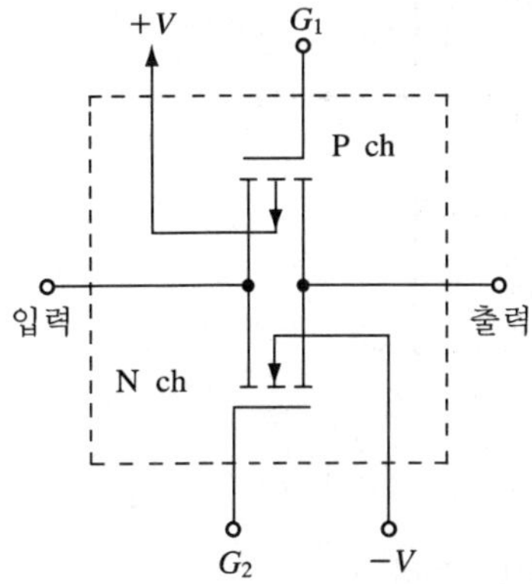

(a) CMOS gate의 구조

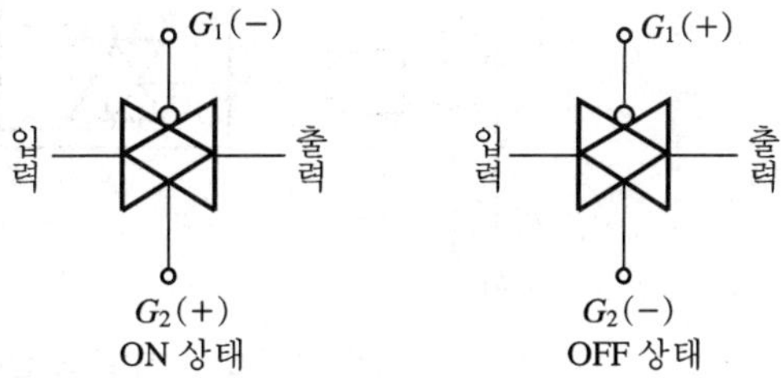

(b) transmission gate의 기호

그림 9.28 CMOS transmission 게이트

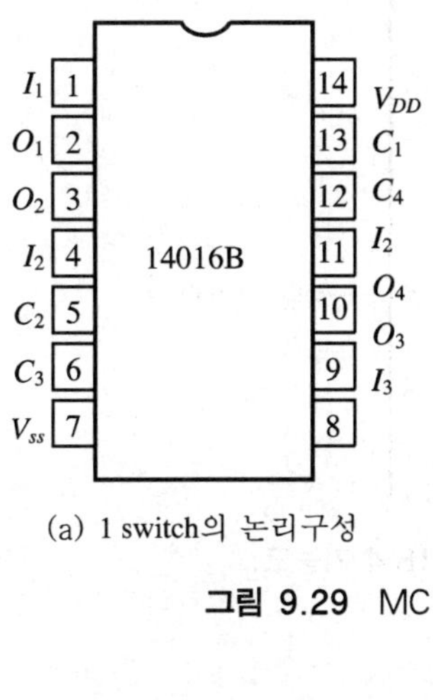

(a) 1 switch의 논리구성

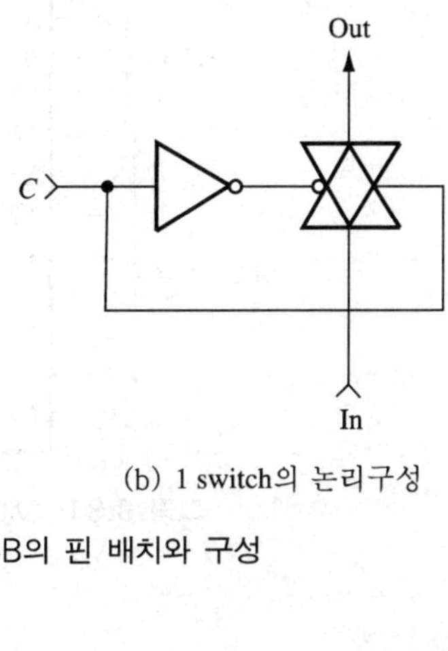

(b) 1 switch의 논리구성

그림 9.29 MC14016B의 핀 배치와 구성

2. 아날로그 멀티플렉서용 IC

쌍방향성 아날로그 스위치를 디지털 디코더와 조합시킨 것이 아날로그 멀티플렉서이다. 그림 9.30에 나타낸 회로가 아날로그 멀티플렉서의 원리이다.

디지털 디코더의 선택입력 S_0, S_1에 의해 제어전압 C_1, C_2, C_3, C_4를 전환하여 4개의 입력신호(I_{n1}, I_{n2}, I_{n3}, I_{n4}) 중 하나를 출력할 수 있다. 그러나 아날로그 스위치는 쌍방향성이기 때문에 그림에서 출력단자를 입력단자로 변경하여 4개의 입력단자를 출력단자로 이용하면 그대로 디멀티플렉서로 된다.

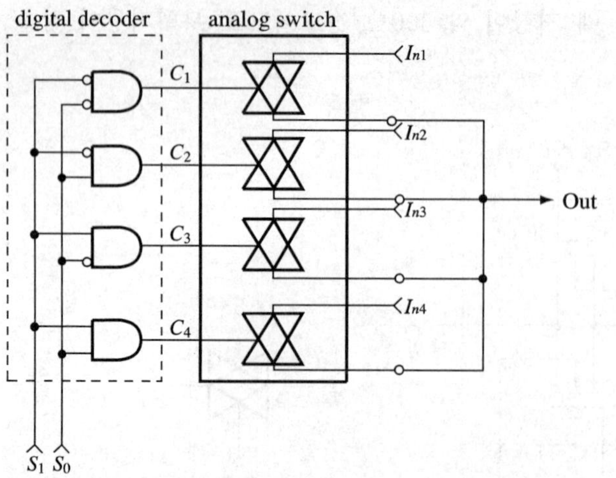

그림 9.30 아날로그 멀티플렉서의 원리

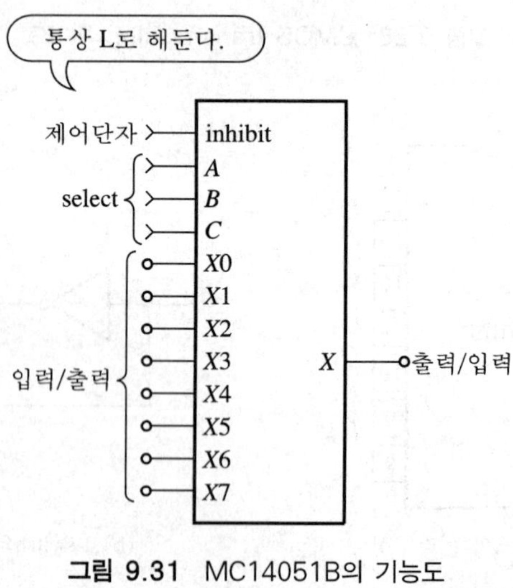

그림 9.31 MC14051B의 기능도

이러한 디코더를 포함하여 1개의 IC에 수용한 아날로그 멀티플렉서로서 MC14051B가 있다. 이것은 8 channel 아날로그 멀티플렉서/디멀티플렉서로서도 사용할 수 있고, 1×8 디멀티플렉서로도 사용할 수 있다.

그림 9.31은 MC14051B의 기능도이다. inhibit 입력을 H로 하면 모든 스위치가 차단된다. select 입력 C, B, A에 의해 스위치가 선택되며, 예를 들면 CBA=011에서는 $X3$와 X가 접속된다.

그 밖의 CMOS 아날로그 멀티플렉서에는 다음과 같은 IC가 있다.

MC14052B …… 2회로 4 channel
MC14053B …… 3회로 2 channel

예제 9.12 아날로그 스위치를 이용하여 3-상태 CMOS 인버터를 만들어라.

풀이 그림 9.32와 같이 출력 회로에 직렬로 아날로그 스위치를 넣으면 된다.

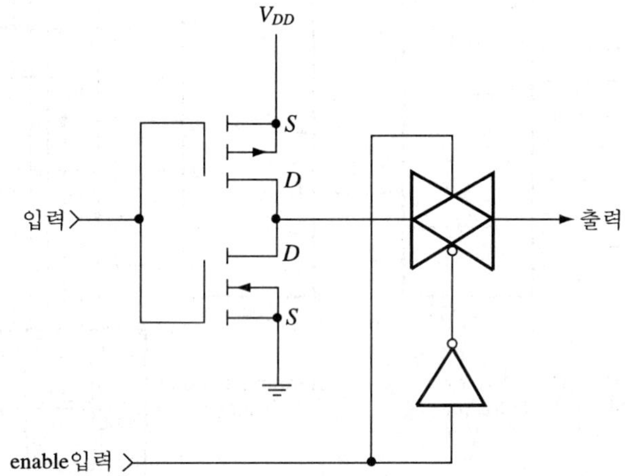

그림 9.32 3-상태 CMOS 인버터

enable 입력을 L로 하면 출력은 high 임피던스로 되며, enable 입력을 H로 하면 인버터의 동작이 가능하다. ■

9.5 MUX와 DEMUX의 응용회로

1. 7-세그먼트 표시장치 멀티플렉서(7-segment display multiplexer)

그림 9.33은 BCD수를 7-세그먼트 디스플레이로 멀티플렉스하는 간략화된 방법을 보여준다. 이 예에서 두 자릿수는 단 하나의 BCD/7-세그먼트 디코더를 사용하여 7-세그먼트 상에 나타낸다.

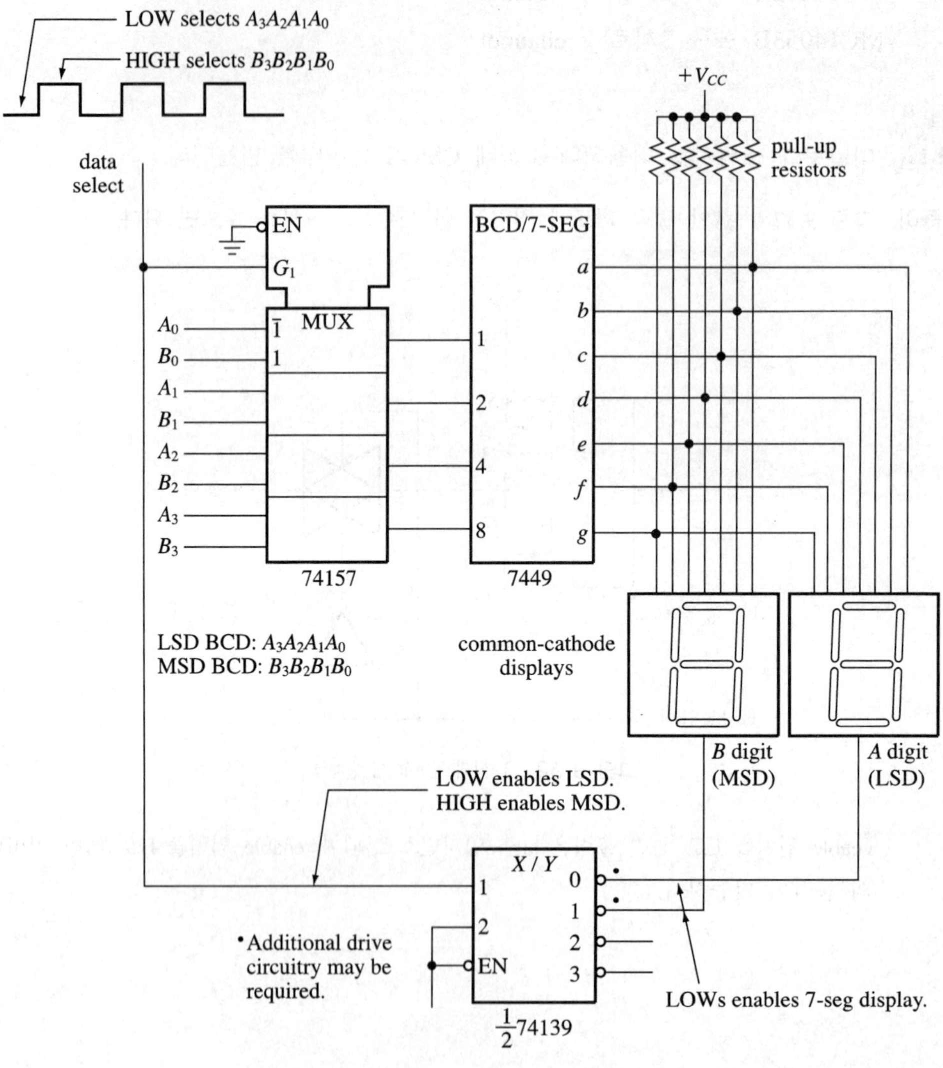

그림 9.33 7-세그먼트 표시 멀티플렉싱 논리

이 디스플레이 멀티플렉싱의 기본적인 방법은 몇 자릿수를 나타낼 수도 있는데 기본동작은 다음과 같다.

두 BCD자리(A와 B)가 멀티플렉서 입력으로 인가된다. 구형파가 데이터 선택선에 인가되고 데이터 선택선이 LOW이면 A비트($A_3A_2A_1A_0$)가 7449 BCD/7-세그먼트 디코더의 입력으로 통과된다.

데이터 선택이 LOW이면 74139 2선-4선 디코더의 입력 1이 Low가 되어 0출력이 활성화되고, 공통 단자를 접지에 효과적으로 연결시킴으로써 A자리 디스플레이가 인에이블된다. 따라서 A자리는 ON되고 B자리는 OFF된다.

데이터 선택선이 HIGH이면 B비트($B_3B_2B_1B_0$)가 BCD/7-세그먼트 디코더의 입력으로 통과되고 또한 74139디코더의 1출력이 되어 B자리 디스플레이를 인에이블한다. B자리는 ON되고 A자리는 OFF된다.

이러한 사이클(cycle)은 데이터 선택 구형파의 주파수로 반복된다. 이 주파수는 자리(digit) 표시가 멀티플렉스됨으로써 깜빡거리는 것을 방지하기 위하여 충분히(약 30 Hz) 높아야 한다.

2. 데이터 전송시스템

다중화(multiplexing)이란 많은 신호원으로부터의 정보를 하나의 신호선을 이용해서 다중전송하는 방법을 말한다. 이것은 전송선로의 사용효율을 높임으로써 경제적인 정보전송이 가능하므로 원거리 전송에 주로 이용된다.

다중화 방법으로는 FDM(Frequency Division Multiplexing: 주파수 분할 다중화)과 TDM(Time Division Multiplexing : 시분할 다중화) 방법이 있으며, 이들 모두 전송선로의 주파수 점유 대역폭은 원래 전송될 정보의 대역폭보다 넓은 주파수 대역이 필요하다.

예를 들어, 입력신호가 8개이고, 각 신호당 3 kHz의 주파수 대역이 필요한 경우 FDM방식에서는 전송선로 특성에 의해서 정해진 주파수 대역폭(예: 3~30 kHz)에 따라 첫 번째 신호는 3~6 kHz, 두 번째 신호는 6~9 kHz, 세 번째 신호는 9~12 kHz 등과 같이 각 신호에 대한 주파수대역을 할당, 배열하게 되므로 8개의 신호를 다중전송하는 데에는 최저 24 kHz의 주파수 대역이 요구된다. 또한 TDM방식은 디지털 신호에 대한 다중전송방식으로 각 디지털 신호를 정해진 시간 간격으로 배열하여 전송하는 방식이다. 다시 말해서 8개의 입력신호를 정해진 시간(8 μs) 내에 전송토록 해두고, 각 신호를 시간적으로 할당(1 μs)하여 순서적으로 전송해가는 방식이다.

이런 TDM방식을 이용한 기본적인 MUX-DEMUX 시스템의 응용 예를 다음에 설명한다.

멀티플렉서와 디멀티플렉서를 조합하면 몇 개의 정보를 공통의 전송로를 통해서 각각의 목적지로 전송할 수가 있다. 예를 들면 그림 9.34에 나타낸 것처럼 한 개의 전화선이 있고, A점과 B점에는 각각 4대의 전화기가 접속되어 있다. 여기서 전화로 대화하기 위해서는 멀티플렉서와 디멀티플렉서가 필요한 단자로 이동해서 2개의 전화기를 접속해야 하는 것이다. 이 경우 그림과 같이 화살표가 회전하고 있기 때문에 전화선은 시분할되면서 접속된다. 이 경우 전화를 사용하는 두 사람은 회선이 접속될 때까지 기다리지 않으면 안 된다.

컴퓨터의 멀티플렉서와 디멀티플렉서는 대부분 같은 간격의 시간이 취해져 있기 때문에 한 채널에서 다른 채널로 동시에 변화시킬 수 있다. 어떤 채널을 선택하는가는 어드레스에 의해 행해지며, 그 어드레스는 그림 9.35에 나타낸 것과 같은 형태로 멀티플렉서에 공급된다.

어드레스를 나타낼 때는 2진수를 쓰며, 그 2진수는 한 개의 enable 신호를 발생하게 된다. 이 디코더 회로는 2진 디코더와 동일하다. 디코더에서의 enable 신호는 AND 게이트의 enable 회로에 인가되어 데이터 선 하나를 선택하도록 하고 있다. 따라서 모든 enable 회로에서의 출력(OR 게이트의 출력) 신호는 시분할 전송로로 공급되어 나타난다.

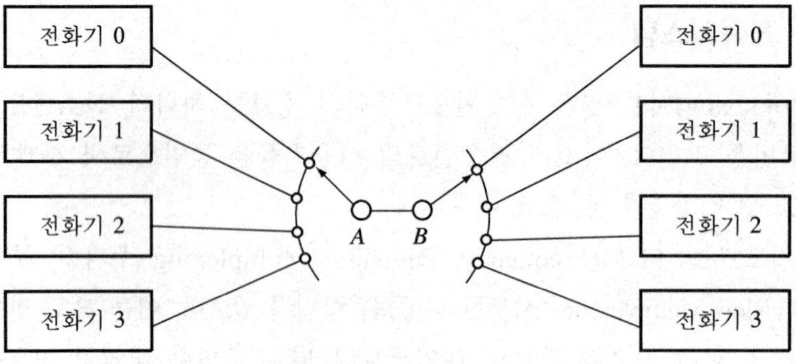

그림 9.34 전화기의 멀티플렉서와 디멀티플렉서의 예

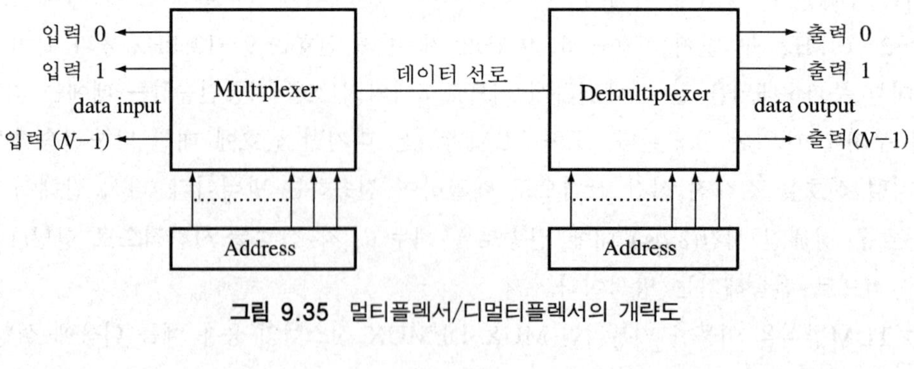

그림 9.35 멀티플렉서/디멀티플렉서의 개략도

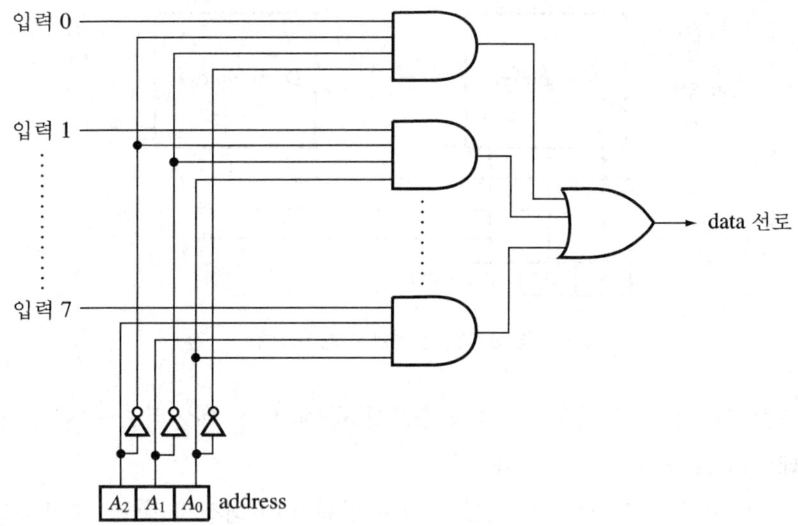

그림 9.36 멀티플렉서 회로도

논리회로는 그림 9.36에 나타낸 것처럼, 디코더 회로를 가진 enable AND 게이트로 결합되어 아주 간단한 회로로 된다.

3. 디멀티플렉서 회로

그림 9.37은 대표적인 디멀티플렉서 회로의 개략도이다. 어드레스 디코더 회로는 멀티플렉서에서 쓴 것과 같고, 2진 디코더에서 서술한 대로이다. 이 경우, 모든 enable 게이트

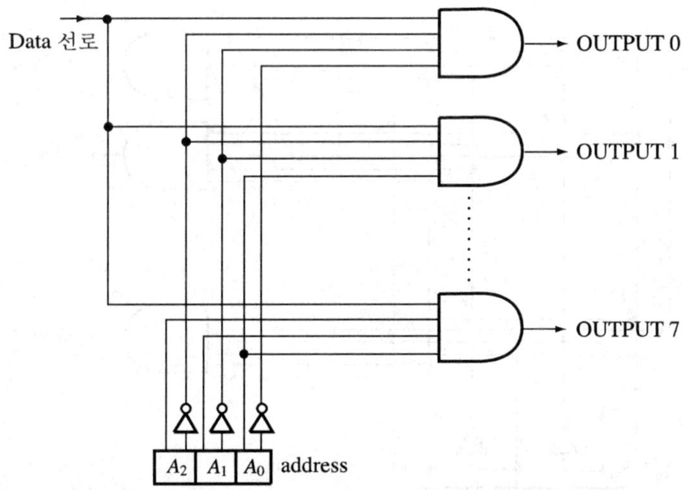

그림 9.37 디멀티플렉서 회로도

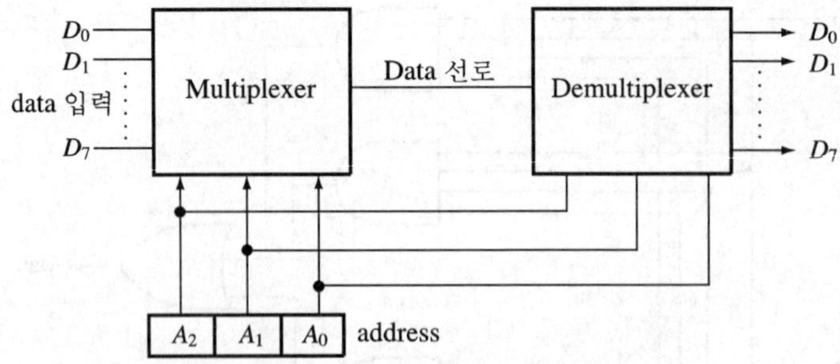

그림 9.38 완전한 전송시스템

의 입력은 분할 전송로에 인가된다. 이 전송로를 통해서 온 데이터는 선택된 enable 게이트를 통해 데이터 출력선으로 흐른다.

그림 9.38은 데이터 전송 시스템의 일례이다. 입력 데이터선과 출력 데이터선에는 같은 주소가 어드레스선을 통해 멀티플렉서와 디멀티플렉서로 인가된다. 또 멀티플렉서와 디멀티플렉서는 데이터 선로로 연결되며, 그림 9.38은 실제로 쓰여지는 개략도이다.

어드레스가 변화해 가고 있는 시간에 불필요한 데이터가 전송되지 않게 하는 것도 또한 중요하다. 그 때문에 디코더 회로에 접속된 enable선으로 정지선(어떤 시간의 신호를 알기 위한 선)을 사용하는 것이 필요하게 된다.

이 부호(정지신호)는 디코더가 정상으로 작동하고 enable 상태로 새로운 어드레스가 인가될 때까지 디코더의 출력 모두를 끼어듦 금지를 하기 위해 사용된다. 그림 9.39는 정지선을 가진 회로를 나타내고 있다. 그 정지신호의 타이밍이 더없이 중요하고, 디지털 시스

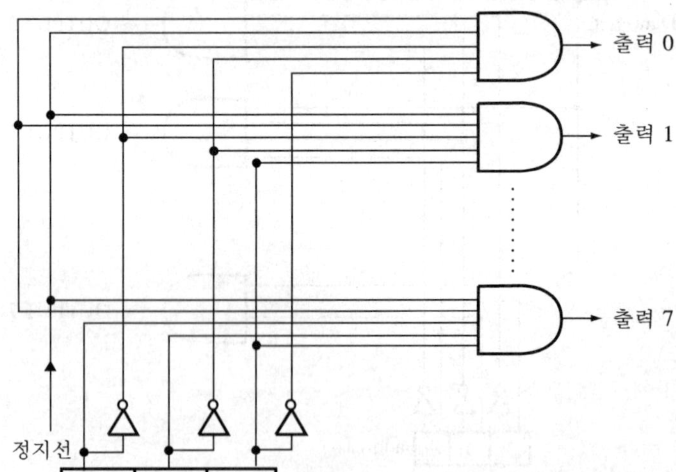

그림 9.39 정지신호를 이용한 timing 제어

템 사이에 쓰여진 제어신호와 같은 형태로서 중요하다는 것을 강조해 둔다.

디지털 컴퓨터에서는 몇 개의 게이트를 하나의 공통선으로 접속하여 사용하는데 이 공통선을 버스(bus)라고 하며, 이 버스는 멀티플렉서 회로에서 쓴 것과 같은 것으로 사용된다.

예를 들면, 간단한 마이크로 컴퓨터의 경우 데이터가 여러 가지 장치 사이를 8개의 데이터 버스를 통해서 흐른다. 이것은 8개의 멀티플렉서가 각각 버스를 갖고 있는 것과 같은 응용 예에 상당한다. 그림 9.40에 대표적인 멀티플렉서에 대한 데이터 버스의 구성을 표시했다.

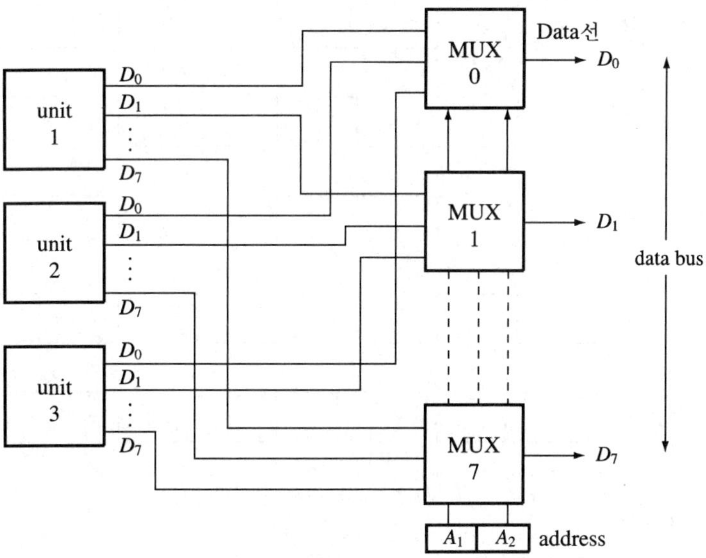

그림 9.40 컴퓨터-멀티플렉서 데이터 버스

연습문제

1. 그림 9.3의 4×1 MUX에 그림 9.41(a)에 있는 데이터 입력과 선택파형을 입력하였을 때 출력파형을 구하여 그림 9.41(b)에 나타내어라.

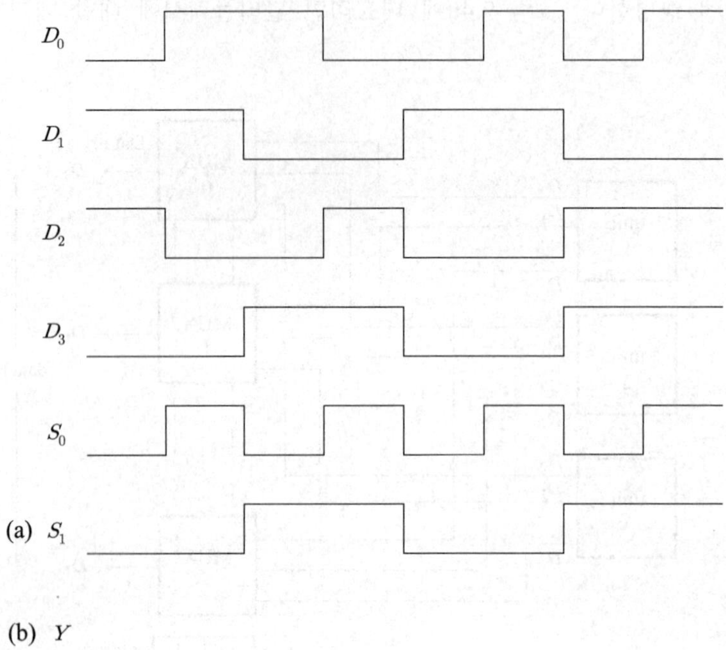

그림 9.41

2. 그림 9.6의 8×1 MUX를 이용하여 표 9.4의 논리함수를 구현하라.

▶표 9.4

A_2	A_1	A_0	Y
0	0	0	0
0	0	1	1
0	1	0	1
0	1	1	0
1	0	0	1
1	0	1	0
1	1	0	0
1	1	1	1

3. 그림 9.14의 DeMUX에 그림 9.42(a)와 같은 데이터 입력파형과 선택파형이 인가되었을 때 출력파형을 구하여 그림 9.42(b)에 나타내어라.

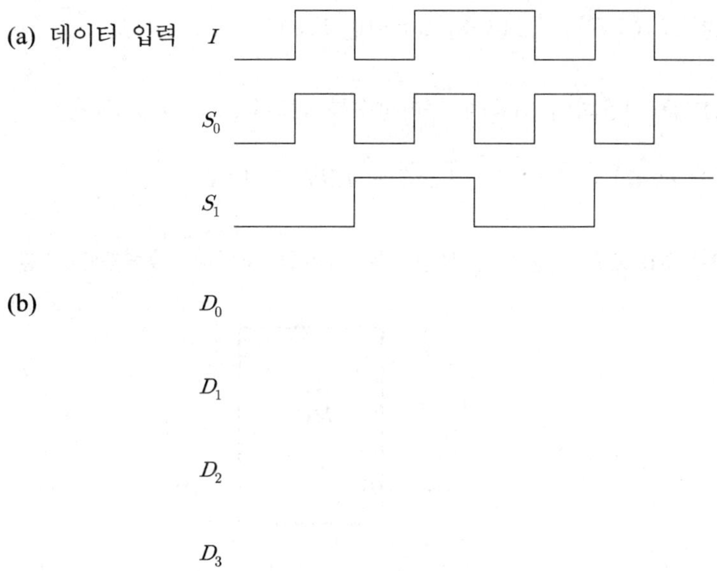

그림 9.42

4. 4×1 MUX를 사용하여 3개의 변수를 가진 불함수를 실현하라. 여기서 변수 A를 입력 변수로 하고, B와 C를 선택선으로 사용한다.

$$F(A, B, C) = \sum(0, 2, 4, 6)$$

5. 4×1 MUX를 사용하여 3개의 변수를 가진 불함수를 실현하라. 여기서 변수 B를 입력 변수로 하고, A와 C를 선택선으로 사용한다.

$$F(A, B, C) = \sum(0, 2, 4, 6)$$

6. 4×1 MUX를 사용하여 3개의 변수를 가진 불함수를 실현하라. 여기서 변수 C를 입력 변수로 하고, A와 B를 선택선으로 사용한다.

$$F(A, B, C) = \sum(0, 2, 4, 6)$$

7. 8×1 MUX를 사용하여 4개의 변수를 가진 불함수를 실현하라. 여기서 변수 A를 입력 변수로 하고, B, C, D를 선택선으로 사용한다.

$$F(A, B, C, D) = \sum(2, 3, 4, 8, 10, 11, 15)$$

8. 8×1 MUX를 사용하여 4개의 변수를 가진 불함수를 실현하라. 여기서 변수 D를 입력변수로 하고, A, B, C를 선택선으로 사용한다.

$$F(A, B, C, D) = \sum(2, 3, 4, 8, 10, 11, 15)$$

9. 8×1 MUX를 사용하여 다음의 논리함수를 논리회로로 구성하라.

$$F(A, B, C) = \overline{A}\,\overline{B}\,\overline{C} + \overline{A}\,B\overline{C} + A\overline{B}\,\overline{C} + AB\overline{C}$$

10. 그림 9.43은 MUX를 이용하여 불함수를 실현한 것이다. 출력함수 F를 구하라.

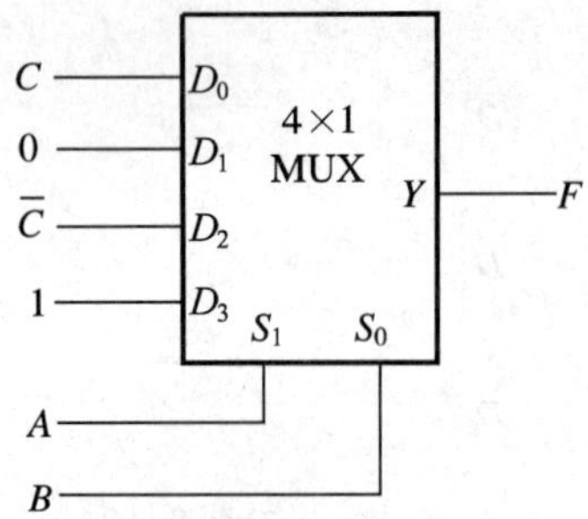

그림 9.43

11. 그림 9.44는 MUX를 이용하여 불함수를 실현한 것이다. 출력함수 F를 구하라.

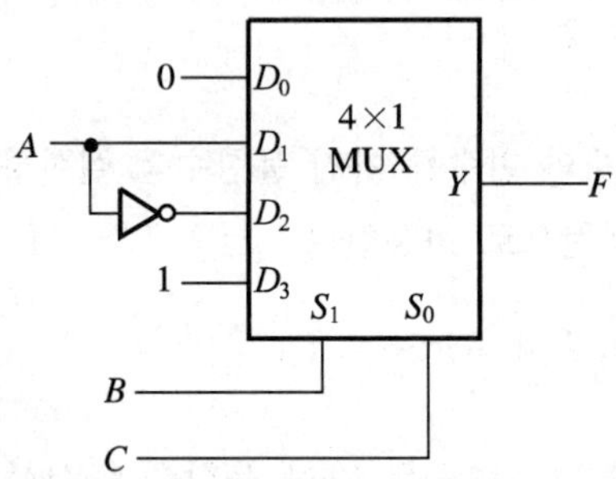

그림 9.44

12. 논리함수 $F(A, B, C) = AB + \overline{A}\,\overline{B}\,\overline{C} + \overline{A}\,BC$를 그림 9.45와 같이 4×1 MUX로 실현하고자 한다. 데이터 입력단자 $D_0 \sim D_3$에 각각 인가할 입력을 구하라. 여기서 변수 B를 입력변수로 하고, A, C를 선택선으로 사용한다.

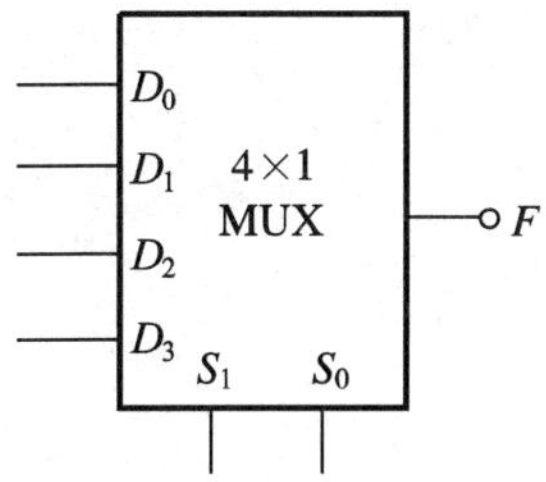

그림 9.45

13. 4×1 MUX의 진리표가 그림 9.46(a)와 같을 때 그림 9.46(b)의 회로를 구성하라. 여기서 변수 C를 입력변수로 하고, A, B를 선택선으로 사용한다.

A	B	C	Y
0	0	0	0
0	0	1	1
0	1	0	0
0	1	1	1
1	0	0	0
1	0	1	1
1	1	0	0
1	1	1	1

(a)

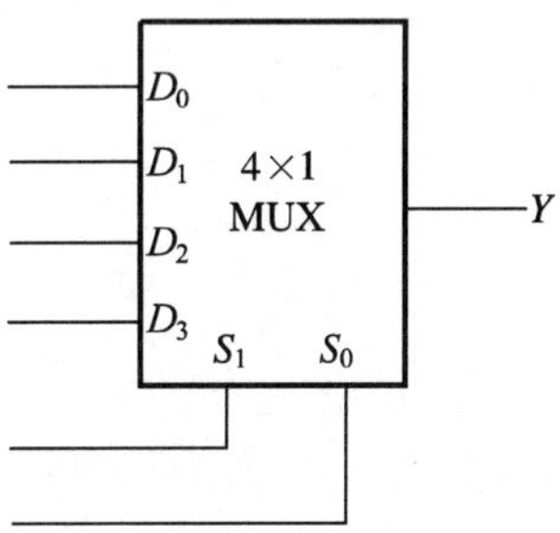

(b)

그림 9.46

14. 전가산기의 자리올림(carry)을 MUX로 구성하라. 여기서 변수 C_i를 입력변수로 하고, A, B를 선택선으로 사용한다.

15. 전감산기의 차(difference)를 MUX로 구성하라. 여기서 변수 A를 입력변수로 하고, B, b_i를 선택선으로 사용한다.

Digital Engineering

10장 인코더와 디코더

디지털 시스템은 입출력 데이터로 0과 1, 즉 2진수를 사용하고 있지만 일반적으로 10진수를 사용하고 있으므로 10진수가 이해하기가 쉽다. 그래서 2진수 4비트를 1그룹으로 하여, 10진수의 형태로 취급이 용이하게 코드화하여 만든 것이 BCD코드라는 것은 이미 배워 알고 있는 사실이다.

그러나 이러한 BCD코드 역시 우리에게는 2진 코드에 가까운 것이다. 이처럼 우리가 사용하는 10진수와 디지털 시스템에서 사용되는 2진수 사이의 상호 변환이 입출력 데이터나 수치 사이에 수행되어야 한다.

여기서 10진수를 2진수나 BCD코드로 변환하는 조작을 인코드(encode)라 하며, 이를 수행하는 회로를 인코더(encoder)라고 한다. 그리고 디지털 시스템에서 처리되어 출력된 결과, 즉 2진수 형태를 다시 10진수로 변환하거나 표시하는 조작을 디코드(decode)라 하며, 이를 수행하는 회로를 디코더(decoder)라고 한다.

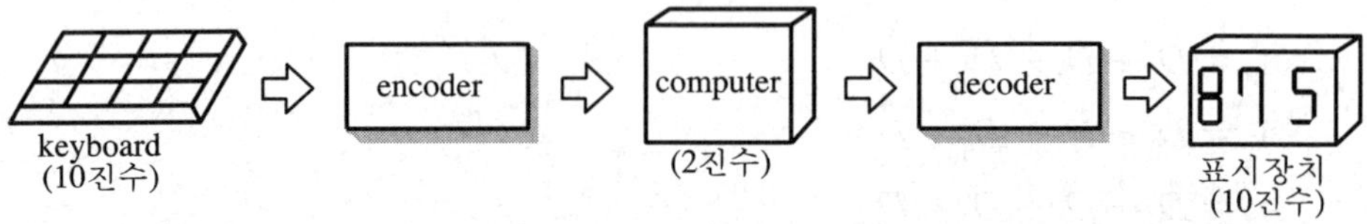

그림 10.1 인코더와 디코더

예를 들면, 그림 10.1과 같이 키보드로부터 입력되는 10진수나 문자는 인코더에 의해서 그에 대응되는 2진수로 변환되어 컴퓨터에서 계산, 처리된 후 다시 디코더에 의해서 10진수나 문자로 변환되는 것이다.

이 장에서는 인코더와 디코더의 원리와 함께 BCD코드와 2진 코드 사이의 변환, LED에 의한 7-segment 표시 회로에 대하여 공부하기로 한다.

10.1 인코더

인코더는 디코더와 반대되는 동작을 하는 디지털 기능이며, 2^n개 또는 그보다 적은 입력선과 n개의 출력선을 가진다. 이 출력선은 입력값에 따른 2진 코드를 생성한다. 8진-2진 변환 인코더의 예를 표 10.1에 나타내었다.

▶표 10.1 8진-2진 인코더

D_7	D_6	D_5	D_4	D_3	D_2	D_1	D_0	A_2	A_1	A_0
0	0	0	0	0	0	0	1	0	0	0
0	0	0	0	0	0	1	0	0	0	1
0	0	0	0	0	1	0	0	0	1	0
0	0	0	0	1	0	0	0	0	1	1
0	0	0	1	0	0	0	0	1	0	0
0	0	1	0	0	0	0	0	1	0	1
0	1	0	0	0	0	0	0	1	1	0
1	0	0	0	0	0	0	0	1	1	1

이 인코더는 8진수의 각 자리에 대응하는 1개의 입력을 갖는 8개의 입력과 그것에 상응하는 2진수를 생성하는 3개의 출력을 갖는다. 주어진 시간에 1개의 입력만 1을 갖는다고 가정한다.

인코더는 진리표에 의해 직접적으로 결정된 입력을 사용하여 OR 게이트로 구현되며, 만약 입력 8진수가 1, 3, 5, 7이면 출력 $A_0 = 1$이다. 유사한 조건이 다른 2개의 출력에도 적용된다. 이러한 조건은 다음과 같은 불함수로 표현될 수 있다.

$$A_0 = D_1 + D_3 + D_5 + D_7$$
$$A_1 = D_2 + D_3 + D_6 + D_7$$
$$A_2 = D_4 + D_5 + D_6 + D_7$$

그러므로 인코더는 그림 10.2와 같이 3개의 4입력 OR 게이트로 구현될 수 있다.

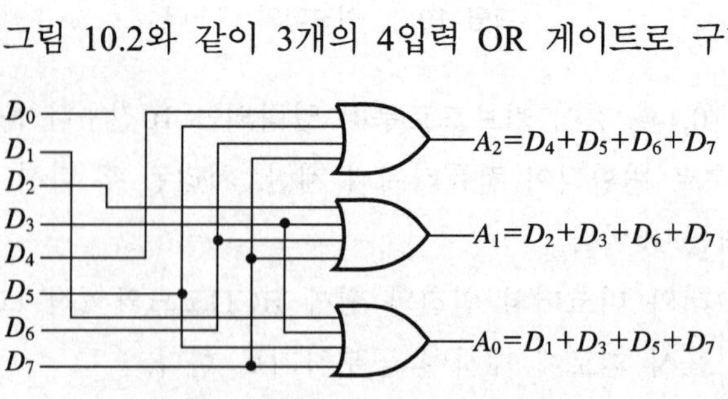

그림 10.2 8진-2진 인코더

예제 10.1 10진-BCD 인코더를 구성하라.

풀이 10진-BCD 인코더의 진리표를 표 10.2에 나타내었다.

▶표 10.2 10진-BCD 인코더의 진리표

D_9	D_8	D_7	D_6	D_5	D_4	D_3	D_2	D_1	D_0	A_3	A_2	A_1	A_0
0	0	0	0	0	0	0	0	0	1	0	0	0	0
0	0	0	0	0	0	0	0	1	0	0	0	0	1
0	0	0	0	0	0	0	1	0	0	0	0	1	0
0	0	0	0	0	0	1	0	0	0	0	0	1	1
0	0	0	0	0	1	0	0	0	0	0	1	0	0
0	0	0	0	1	0	0	0	0	0	0	1	0	1
0	0	0	1	0	0	0	0	0	0	0	1	1	0
0	0	1	0	0	0	0	0	0	0	0	1	1	1
0	1	0	0	0	0	0	0	0	0	1	0	0	0
1	0	0	0	0	0	0	0	0	0	1	0	0	1

이 인코더는 10진수의 각 자리에 대응하는 1개의 입력을 갖는 10개의 입력과 그것에 상응하는 BCD를 생성하는 4개의 출력을 갖는다. 주어진 시간에 1개의 입력만 1을 갖는다고 가정한다.

인코더는 진리표에 의해 직접적으로 결정된 입력을 사용하여 OR 게이트로 구현된다. 만약 입력 BCD가 1, 3, 5, 7, 9이면 출력 $A_0 = 1$이다. 유사한 조건이 다른 3개의 출력에도 적용된다. 이러한 조건은 다음과 같은 불함수로 표현될 수 있다.

$$A_0 = D_1 + D_3 + D_5 + D_7 + D_9$$
$$A_1 = D_2 + D_3 + D_6 + D_7$$
$$A_2 = D_4 + D_5 + D_6 + D_7$$
$$A_3 = D_8 + D_9$$

그러므로 인코더는 그림 10.3과 같이 4개의 OR 게이트로 구현될 수 있다.

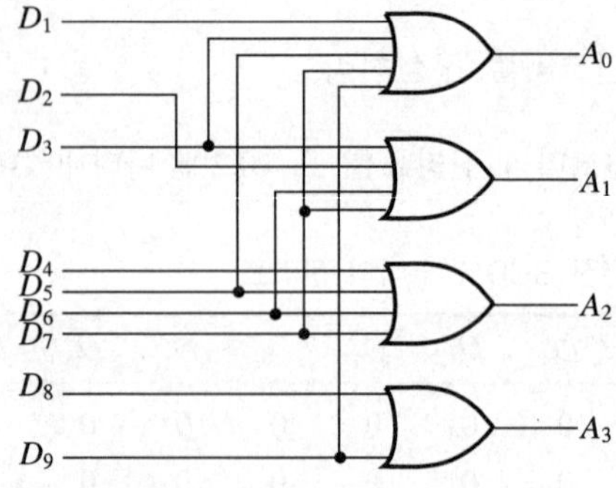

그림 10.3 10진-BCD 인코더

여기서 정의된 인코더는 주어진 시간에 1개의 입력만 사용할 수 있다. 만약 동시에 2개의 입력을 사용할 수 있게 되면 그 출력은 부정확한 조합을 출력한다. 예를 들어 D_3와 D_6가 동시에 1이라면 3개의 출력이 모두 1이기 때문에 인코더의 출력은 111이 된다. 이것은 2진의 3도, 6도 아님을 의미한다. 이런 모호함을 해결하기 위해서 인코더 회로는 오직 1개의 입력만 인코드되도록 입력의 우선순위를 설정하여야 한다. 아래첨자의 수가 높은 것에 우선순위를 부여해서 D_3와 D_6가 동시에 1이라면 D_6가 D_3보다 우선권이 높기 때문에 출력은 110이 된다. 또다른 모호함은 모든 입력이 0이 되면 모든 출력에서 0이 생성되지만 이러한 출력은 D_0가 1일 때도 같은 출력이 생성된다는 것이다. 이러한 모순은 적어도 1개의 입력이 1이라는 것을 가리키기 위해 1개 이상의 출력을 제공하여 해결할 수 있다.

우선순위 인코더(priority encoder)

우선순위 인코더는 우선순위 기능을 구현하는 조합회로이다. 우선순위 인코더의 동작은 2개나 그 이상의 입력이 동시에 1이 되면 제일 높은 우선순위를 갖는 입력이 우선권을 갖도록 하는 것이다. 표 10.3에 4입력 우선순위 인코더의 진리표를 나타내었다. ×를 사용하여 일반적인 16행 진리표와 같은 정보를 5행만으로 된 진리표로 표현한다. 출력 행의 ×는 don't care 조건을 표현하는 데 반하여, 입력열의 ×는 최소항이 아닌 곱항을 표현하는 데 사용된다. 예를 들어, 01××는 $\overline{D}_3 D_2$의 곱항을 표현하는 것이다. 최소항의 경우와 같이 각 변수는 진리표에 있는 입력조합에서 대응하는 비트가 0이면 보수화되고, 그 비트가 1이면 보수화되지 않는다. 입력조합에서 대응하는 비트가 ×이면 그 변수는 곱항에 나타나지 않는다. 그래서 01××에서 ×부분에 상응하는 D_1과 D_0는 $\overline{D}_3 D_2$에 표시되지 않는다.

요약된 표의 행에 의하여 표현되는 전체 진리표의 행의 수는 2^p이며, p는 행에 있는 ×의 개수이다. 예를 들어, 표 10.2에서 01××는 $2^2 = 4$개의 진리표 행을 나타내고, 모든 출력에 대하여 동일한 값을 갖는다. 요약된 진리표를 만들 때 최소항은 ×에 대하여 0이나 1을 채워서 얻을 수 있기 때문에 해당 열을 대표할 수 있는 적어도 하나의 최소항을 포함하여야 한다. 하나 또는 그 이상으로 출력값이 일치하지 않는 경우 그 행들에 대해서 최소항은 하나씩 따로 선택하여야 한다.

▶**표 10.3** 4입력 우선순위 인코더의 진리표

D_3	D_2	D_1	D_0	A_1	A_0	GS
0	0	0	0	×	×	0
0	0	0	1	0	0	1
0	0	1	×	0	1	1
0	1	×	×	1	0	1
1	×	×	×	1	1	1

표 10.3은 다음과 같은 방법으로 작성된다. 입력 D_3가 가장 높은 우선순위를 가졌기 때문에 다른 입력값과는 상관없이 D_3가 1일 때 출력 A_1A_0의 값은 $11_2(=3_{10})$이고, 이것으로부터 표의 마지막 행을 얻는다. 그리고 D_2가 다음의 우선순위를 갖는다. $D_3 = 0$일 때 낮은 우선순위를 갖는 다른 두 입력값에 관계없이 $D_2 = 1$이면 출력은 10_2이 되고, 이것으로부터 표의 네 번째 행을 얻는다. $D_1 = 1$이면 출력은 01_2이 되고, 이것으로부터 표의 세 번째 행을 얻는다. $D_0 = 1$이면 출력은 00_2이 되고, 이것으로부터 표의 두 번째 행을 얻는다. GS에 의하여 지정된 유용한 출력은 하나 또는 그 이상의 입력이 1일 때만 1로 지정된다. 만약 모든 입력이 0이면 GS는 0이고, 회로의 다른 두 출력은 사용되지 않으며, 진리표의 출력 부분에서 don't care 조건으로 분류된다.

A_1과 A_0 출력을 간소화하기 위한 카르노도를 그림 10.4에 나타내었다.

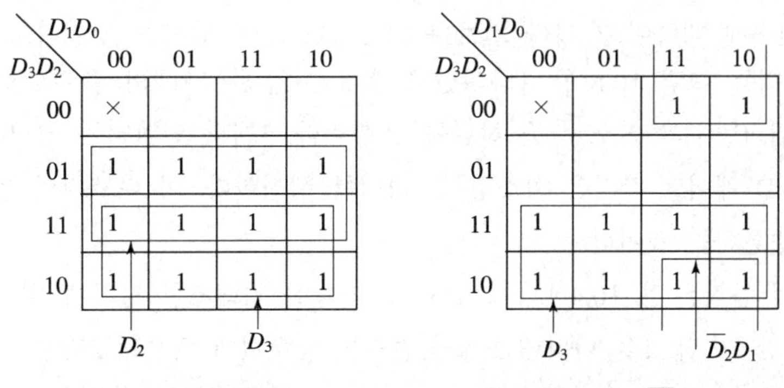

(a) $A_1 = D_2 + D_3$ (b) $A_0 = D_3 + \overline{D_2}\,D_1$

그림 10.4 4입력 우선순위 인코더에 대한 카르노도

두 함수를 위한 최소항은 표 10.3에서 유도된다. 그림 10.4에서 간소화된 함수는 (a), (b)에 나타냈으며, 출력 GS에 대한 조건은 모든 입력변수의 OR 함수이다. 그림 10.5의 4입력 우선순위 인코더는 다음의 불함수에 의하여 구현된다.

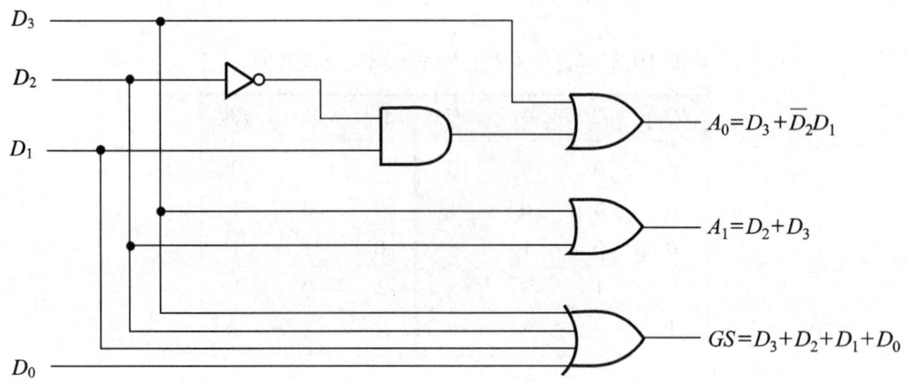

그림 10.5 4입력 우선순위 인코더의 논리도

10.2 디코더

이산형 정보는 디지털 시스템에서 2진 코드로 표현되고, n비트로 된 2진 코드는 2^n개의 서로 다른 정보로 표현할 수 있다. 디코더는 입력선에 나타나는 n비트의 2진 코드를 최대 2^n개의 서로 다른 정보로 바꾸어주는 조합회로이다. n비트의 디코드 정보가 사용되지 않는 조합을 가지고 있다면 디코더는 2^n개보다 적은 출력을 가질 수도 있다.

디코더는 n-to-m line($n \times m$) 디코더라고 하며, 여기서 $m \leq 2^n$이다. 디코더의 목적은 n개의 입력변수에 대하여 2^n개나 그보다 작은 최소항을 만드는 것이다.

3×8 디코더를 그림 10.6에 나타내었고, 3개의 입력은 8개의 출력으로 디코드되는데 각각은 3개 입력변수의 최소항 중 하나를 표현한다. 3개의 인버터는 입력의 보수를 만들고, 8개의 AND 게이트 각각은 최소항 중 하나를 생성한다. 이 디코더의 응용 예는 2진수를 8진수로 변환하는 것이다.

이 디코더의 동작은 표 10.4에 나타냈으며, 가능한 입력조합 각각에 대하여 7개의 출력이 0이고 1개만 1이다. 1을 나타내는 출력변수는 입력선에 적용된 2진수와 같은 최소항을 나타낸다.

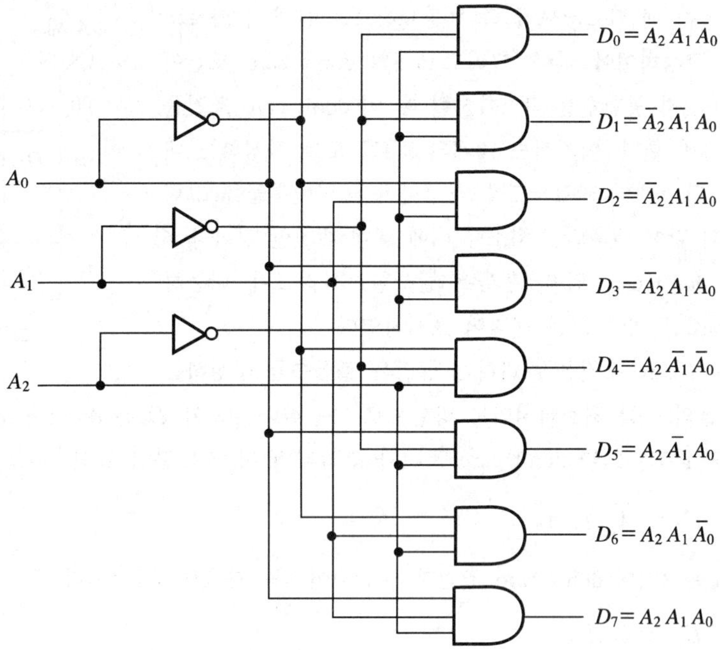

그림 10.6 3×8 디코더

▶**표 10.4** 3×8 디코더에 대한 진리표

A_2	A_1	A_0	D_7	D_6	D_5	D_4	D_3	D_2	D_1	D_0
0	0	0	0	0	0	0	0	0	0	1
0	0	1	0	0	0	0	0	0	1	0
0	1	0	0	0	0	0	0	1	0	0
0	1	1	0	0	0	0	1	0	0	0
1	0	0	0	0	0	1	0	0	0	0
1	0	1	0	0	1	0	0	0	0	0
1	1	0	0	1	0	0	0	0	0	0
1	1	1	1	0	0	0	0	0	0	0

예제 10.2 BCD-10진 디코더를 설계하라.

풀이 입력은 BCD로 표현된 10개의 10진 디짓들이다. BCD 코드는 4개의 비트를 가지므로 디코더는 4개의 입력을 가져야 하며, 각 10진 디짓에 대하여 하나씩의 출력선이 필요하므로 10개의 출력을 가져야 한다. 회로는 10개의 출력을 가지며, 1개의 불함수를 간소화시키는 데 카르노도가 하나 필요하므로 10개의 카르노도를 작성하여야 한다. 그리고 6개의 don't care 조건이 있으며, 각 불함수를 간소화시킬 때 이 don't care 조건을 고려해야 한다. 여기서는 10개의 카르노도를 작성하는 대신에 단 1개의 카르노도를 작성하여 출력변수들을 그림 10.7과 같이 대응되는 최소항 내에 넣어 대신할 것이다. 6개의 don't care 입력조합들은 발생할 수 없으며, 대응하는 최소항 내에 ×를 써넣어 표시하였다.

A_3A_2 \ A_1A_0	00	01	11	10
00	D_0	D_1	D_3	D_2
01	D_4	D_5	D_7	D_6
11	×	×	×	×
10	D_8	D_9	×	×

그림 10.7

don't care 조건을 처리하는 방법은 불함수를 구성하는 변수들의 수를 최소화시키는 방향으로 사용한다. D_0와 D_1은 don't care 조건들과 결합될 수 없고, D_2는 don't care 조건과 결합되어 다음과 같이 표현된다.

$$D_2 = \overline{A_2}\, A_1\, \overline{A_0}$$

D_9은 3개의 don't care 조건과 결합되어 다음과 같이 표현된다.

$$D_9 = A_3\, A_0$$

다른 출력들에 대해서도 don't care 조건과 결합되어 다음과 같이 표현되며, 회로는 그림 10.8과 같다.

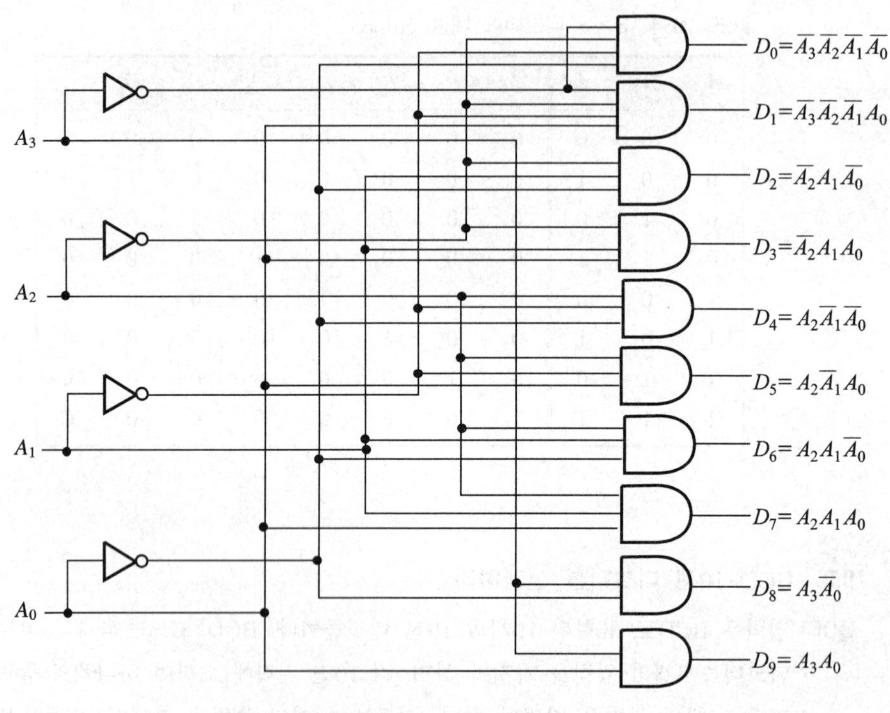

그림 10.8 BCD-10진 디코더

어떤 디코더는 AND 게이트 대신 NAND 게이트를 사용하여 만들어지며, AND 게이트는 NAND와 NOT 게이트로 구현되기 때문에 이것이 더 경제적이다. AND 게이트 대신 NAND 게이트를 사용함으로써 NOT 게이트의 비용과 지연을 방지할 수 있고, 디코더의 최소항은 자신의 보수 형태로 존재한다. 또한 대부분의 디코더는 회로동작을 제어하기 위하여 1개 이상의 enable 입력을 가지고 있다.

NAND 게이트로 구성된 enable 입력을 갖는 2×4 디코더를 그림 10.9에, 진리표를 표 10.5에 각각 나타내었다.

▶표 10.5 2×4 디코더에 대한 진리표

$\overline{E}$	A_1	A_0	$\overline{D_3}$	$\overline{D_2}$	$\overline{D_1}$	$\overline{D_0}$
1	×	×	1	1	1	1
0	0	0	1	1	1	0
0	0	1	1	1	0	1
0	1	0	1	0	1	1
0	1	1	0	1	1	1

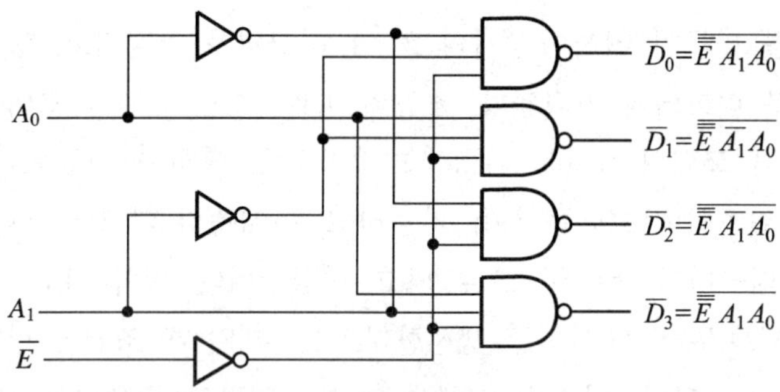

그림 10.9 enable 입력을 갖는 2×4 디코더

이 회로는 보수화한 출력으로 동작하고, enable 입력 $\overline{E}$가 0일 때 디코더가 동작한다. 진리표에서 알 수 있듯이 주어진 시간에 하나의 출력만이 0이고, 다른 출력들은 1로 된다. 0인 출력은 A_1과 A_0에 의하여 선택된 최소항을 나타낸다. 이 회로는 $\overline{E}$가 1일 때 불능 상태가 되며, 어떤 상태도 선택되지 않는다. 대부분의 IC 디코더는 회로동작을 제어하기 위하여 하나 이상의 enable 입력을 가지고 있다.

1. 디코더의 확장

좀더 큰 크기의 디코더가 필요한 경우 enable 입력과 함께 두 개 이상의 디코더를 묶을

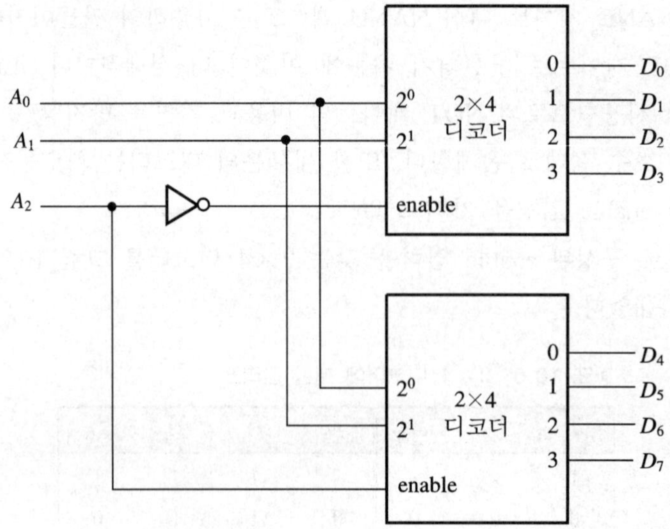

그림 10.10 2개의 2×4 디코더로 구성된 3×8 디코더

수 있다. 그림 10.10은 enable 입력을 갖는 2×4 디코더가 더 큰 디코더를 구성하기 위하여 어떻게 연결되어야 하는가를 보여준다.

3×8 디코더를 만들기 위하여 2개의 2×4 디코더가 연결되고, 입력 중에서 2개의 최하위 비트는 양쪽 디코더에 연결된다. 최상위 비트 A_2는 한쪽 디코더의 enable 입력에 연결되고, 다른 쪽 디코더의 enable 입력에는 인버터를 통하여 연결된다.

$A_2 = 0$일 때 위쪽의 디코더는 사용 가능하고, 아래쪽의 디코더는 불능 상태가 된다. 불능 상태가 되면 디코더의 출력은 0으로 되고, 비활성이다. 위쪽 디코더는 A_1과 A_0의 값을 이용하여 최소항 D_0부터 D_3까지를 생성한다. $A_2 = 1$일 때 조건은 반대가 되고, 최소항은 D_4부터 D_7까지 생성된다. 이것은 IC에서 enable 입력의 중요성을 보여준다. 일반적으로 enable 입력들은 좀더 많은 입·출력들을 가진 유사한 함수로 디지털 함수를 확장시키기 위하여 2개 이상의 IC들을 연결하는 데 편리하다.

예제 10.3 3×8 디코더 2개를 사용하여 4×16 디코더를 실현하라.

풀이 2개의 3×8 디코더로 구성된 4×16 디코더를 그림 10.11에 나타내었다. $A_3 = 0$일 때 위쪽의 디코더는 enable되고, 아래쪽의 디코더는 disable된다. 이때 아래쪽의 디코더 출력들은 모두 0이고, 위쪽의 디코더 출력들은 0000부터 0111까지의 최소항들을 산출한다. $A_3 = 1$일 때 enable 조건은 역으로 된다. 따라서 위쪽의 디코더 출력들이 모두 0인 반면 아래쪽의 디코더 출력들은 1000부터 1111까지의 최소항들을 산출한다.

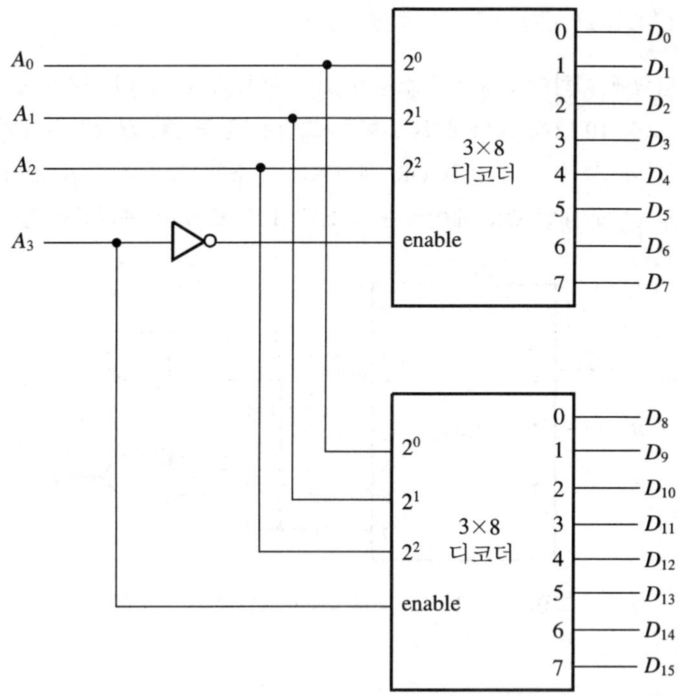

그림 10.11 2개의 3×8 디코더로 구성된 4×16 디코더 ■

2. 조합논리의 실현

디코더는 n개의 입력변수에 대하여 2^n개의 최소항을 제공하는 역할을 한다. 임의의 불 함수는 최소항의 합으로 표현될 수 있기 때문에 최소항을 생성하는 데 디코더를 사용하고, 합을 산출하는 데 OR 게이트를 사용한다. 이러한 방법으로 n개의 입력과 m개의 출력을 가진 어떤 조합회로는 $n\times2^n$ 디코더와 m개의 OR 게이트로 구현될 수 있다.

디코더와 OR 게이트들로 조합회로를 표현할 때 그 회로에 대한 불함수들은 최소항들의 합으로 표현되어야 한다. 이것은 진리표로부터 또는 함수들을 최소항의 합으로 확장시킴으로써 쉽게 얻어질 수 있다. 각 OR 게이트의 입력들은 각 함수를 구성하는 최소항들에 따라 디코더의 출력에서 선택한다.

예제 10.4 전가산기를 디코더와 2개의 OR 게이트를 사용하여 실현하라.

풀이 전가산기의 진리표로부터 최소항의 합으로 된 이 조합회로에 대한 함수를 얻을 수 있다.

$$S(A,\ B,\ C_i)=\sum(1,\ 2,\ 4,\ 7)$$

$$C_o(A, B, C_i) = \Sigma(3, 5, 6, 7)$$

3개의 입력에 대하여 8개의 최소항이 있기 때문에 3×8 디코더가 필요하다. 이에 대한 구현을 그림 10.12에 나타내었다. 이 디코더는 입력 A, B, C_i에 대하여 8개의 최소항을 생성한다. 출력 S에 대한 OR 게이트는 최소항 1, 2, 4, 7의 논리곱의 합을 구성하고, 출력 C_o에 대한 OR 게이트는 최소항 3, 5, 6, 7의 논리곱의 합을 구성한다.

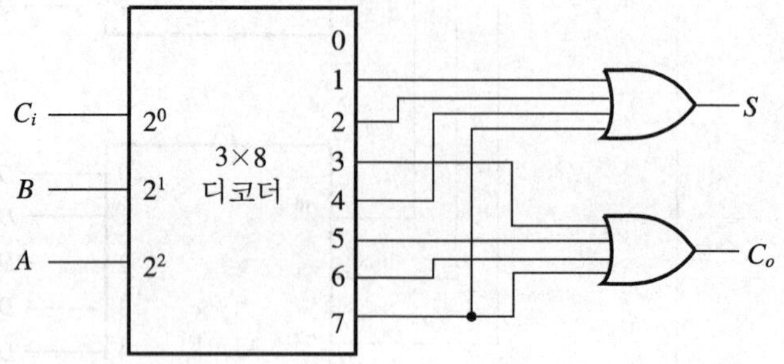

그림 10.12 디코더를 이용한 전가산기의 구현 ■

10.3 7-segment LED display

한편 10진 디코더 출력을 앞 절에서와 같이 단지 특정 LED(Light Emitting Diode)의 점등으로 판정하는 것은 불편하므로 그림 10.13과 같이 LED를 숫자의 형태로 배열하여 BCD 입력에 대응하는 10진수를 표시할 수 있도록 한 것이 7-segment display이다.

이것은 7개의 LED를 그림 10.13과 같이 배열해 놓고 가령 BCD 입력이 2이면 a, b, d, e, g의 LED가 점등하여 숫자가 표시되도록 만든 표시용 소자이다.

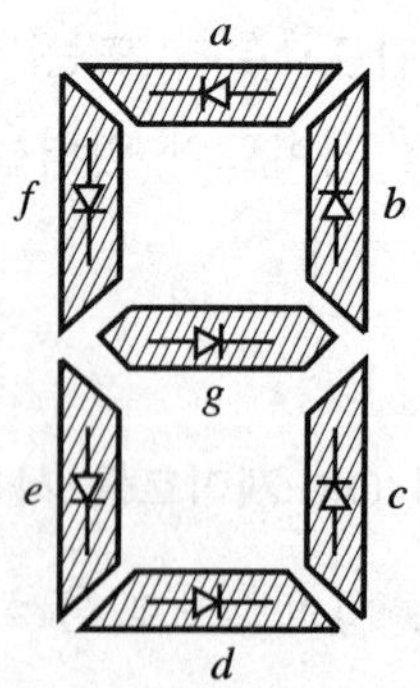

그림 10.13 7-segment display

여기에는 BCD 입력을 받아서 7-segment를 점등하여 숫자로 표시하기 위한 구동용 IC가 필요하다.

예제 10.5 그림 10.13에 나타낸 7-segment LED display를 표시하기 위해서는 BCD 입력에 대응하는 10진 숫자의 LED를 점등시켜야 한다. 표 10.6의 빈 칸을 채워라.

▶표 10.6

BCD 입력				10진 출력	점등하는 LED
A_3	A_2	A_1	A_0		
0	0	0	0	0	a, b, c, d, e, f
0	0	0	1	1	b, c
0	0	1	0	2	a, b, d, e, g
0	0	1	1	3	
0	1	0	0	4	
0	1	0	1	5	
0	1	1	0	6	c, d, e, f, g
0	1	1	1	7	
1	0	0	0	8	
1	0	0	1	9	a, b, c, f, g

풀이 3 …… a, b, c, d, g

4 …… b, c, f, g

5 …… a, c, d, f, g

7 …… a, b, c

8 …… a, b, c, d, e, f, g ■

BCD 입력이 A_3, A_2, A_1, A_0 단자에 인가되었을 때 7-segment 출력 a, b, c, d, e, f, g가 디코드 출력되는 전용 IC로서는 그림 10.14에 나타낸 SN7446A, 47A가 대표적이다. 모두 출력구조는 open collector 출력으로 되어 있고, 40 mA의 sink 전류를 흘릴 수 있다. 7446A는 내압이 30 V, 47 A는 15 V로 되어 있는 것이 다르다.

이 IC를 그림 10.15와 같이 7-segment LED에 접속해주면 BCD 입력을 직접 숫자로 나타내 볼 수 있다. LED와 직렬로 연결되어 있는 저항 150 Ω은 LED의 전류제어용 저항이다. 또 여기에 이용되고 있는 7-segment LED는 common anode형인 TLR313이다.

그런데 여기서 LED란 발광 다이오드를 말하며, 그림 10.16과 같이 GaP, GaAsP 등의 반도체를 이용하여 만든 pn 접합 다이오드의 일종이다.

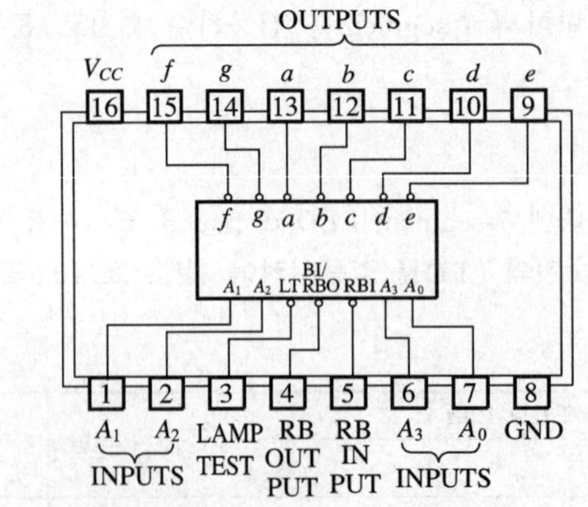

그림 10.14 SN7446A, SN7447A의 핀 배치

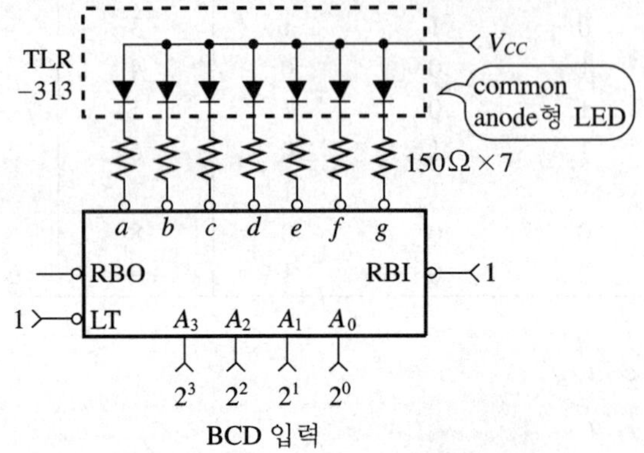

그림 10.15 SN7447A의 사용방법

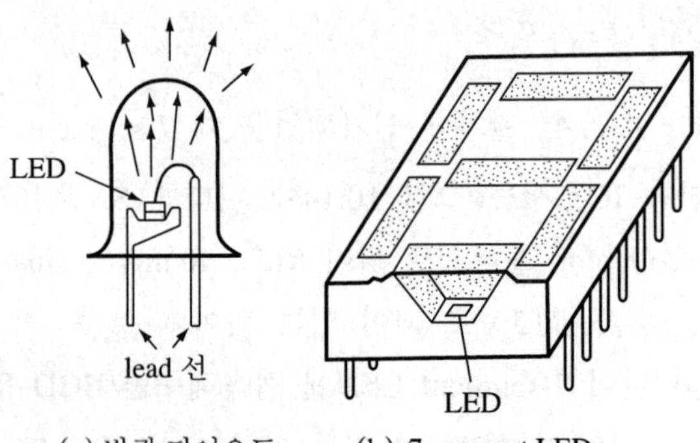

그림 10.16 LED의 구조

그리고 그 특성은 순방향으로 수 mA ~ 30 mA 정도의 전류를 흘리면 발광하는 소자, 즉 전기에너지를 광에너지로 변환하는 반도체 소자이다.

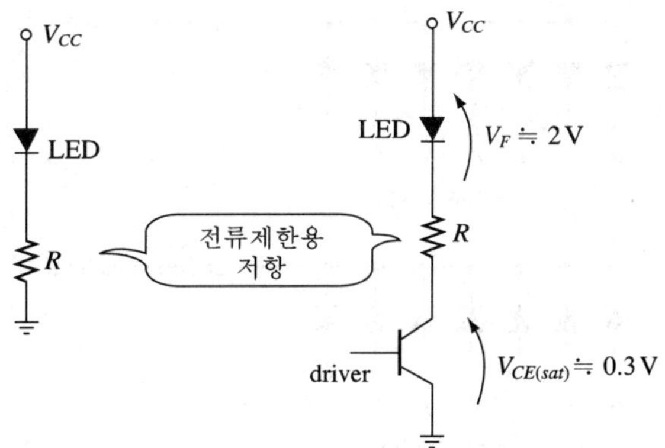

그림 10.17 LED의 사용방법

또한 LED는 백열전구와 같이 발열이 없으므로 수명이 길고, 또 소비전력도 적고, 응답속도도 빠른 특징을 가지고 있어서 통신이나 제어의 표시용으로서 널리 사용되고 있다. LED의 발광색은 반도체 재료로 결정되는데 대개 적색, 황색, 녹색이 있다.

LED를 발광시키려면 그림 10.17과 같이 LED와 직렬로 저항을 연결하고, 이 저항값을 바꾸어 전류를 제어함으로써 LED의 휘도를 바꿀 수 있다. 이 저항을 전류제어용 저항이라 하고, 이 저항 R의 값은 다음과 같이 구해진다.

즉, 구동 트랜지스터는 ON 상태에서 약 0.3 V의 전압강하가 있고, LED의 순방향 전압강하 V_F는 1.6~2 V이므로 LED를 흐르는 전류 I는

$$I = \frac{V_{CC} - V_F - V_{CE(sat)}}{R}$$

로 된다. LED 전류를 10 mA, 전압강하를 2 V로 하면, V_{CC} =5 V인 경우 저항 R은

$$R = \frac{V_{CC} - V_F - V_{CE(sat)}}{I} = \frac{5\,\text{V} - 2\,\text{V} - 0.3\,\text{V}}{10\,\text{mA}} = 270\ \Omega$$

이 된다.

그리고 7-segment LED는 7개의 LED를 사용하고 있으므로 4자리의 10진수를 표시하는 경우 사용되는 소비전류는 10 mA/개로 계산해도

$$4 \times 7 \times 10\ \text{mA} = 280\ \text{mA}$$

가 되어 상당히 큰 전류가 흐르게 됨을 알 수 있다.

그리고 7개의 LED는 별개로 취급하는 것이 아니고, 그림 10.18과 같이 anode측 또는 cathode측을 묶어서 한 개의 단자로 사용하고 있는데 anode측을 하나로 묶은 것을 common

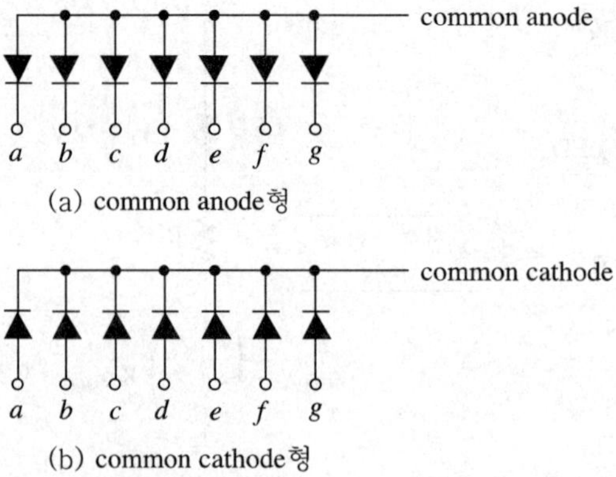

그림 10.18 7-segment LED의 내부 접속

anode형이라 하고 cathode측을 하나로 묶은 것을 common cathode형이라 한다. 따라서 그림 10.15에서는 SN7447A가 부논리 출력 IC이기 때문에 common anode형의 7-segment LED를 사용한 것이다.

그리고 BCD 입력에 대해서 7-segment 구동 출력 a, b, c, d, e, f, g가 정논리로 출력되는 전용 디코더 IC로는 그림 10.19에 나타낸 SN7448이 있다. 이 IC는 출력회로가 open collector 출력이 아니고, V_{CC}와의 사이에 2 kΩ의 pull up 저항이 들어 있어서 그림 10.20과 같이 구동용 트랜지스터의 베이스에 직결하여 대전류 용량의 display를 점등할 수 있는 특징이 있다.

이 IC의 동작표를 그림 10.21에 나타낸다. 여기서 $\overline{\mathrm{LT}}$, $\overline{\mathrm{RBI}}$, $\overline{\mathrm{BI}}/\overline{\mathrm{RBO}}$ 단자들은 앞에서 설명한 SN7447A에도 있는 단자로서 이들 단자의 의미와 사용방법에 대해서는 다음에 설명하도록 한다.

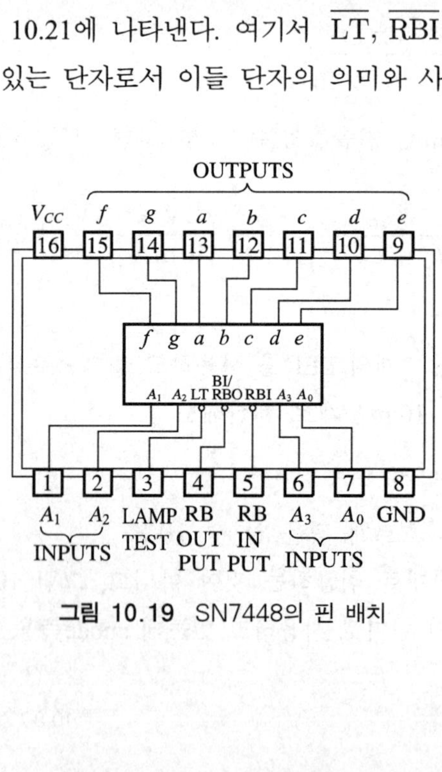

그림 10.19 SN7448의 핀 배치

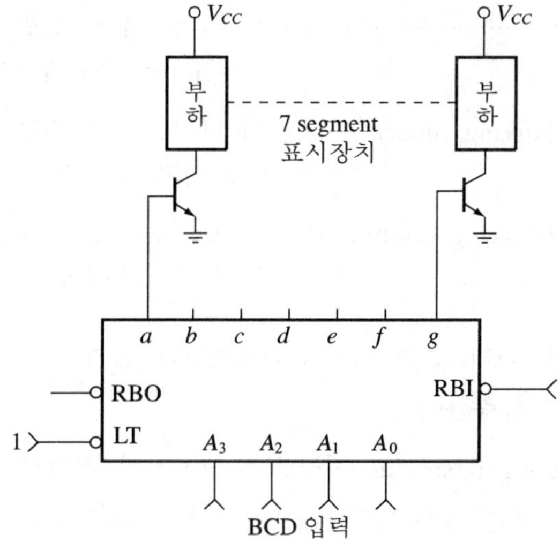

그림 10.20 SN7448의 사용방법

DECIMAL OR FUNCTION	INPUTS						$\overline{BI}/\overline{RBO}$	OUTPUTS						
	$\overline{LT}$	$\overline{RBI}$	A_3	A_2	A_1	A_0		a	b	c	d	e	f	g
0	H	H	L	L	L	L	H	H	H	H	H	H	H	L
1	H	×	L	L	L	H	H	L	H	H	L	L	L	L
2	H	×	L	L	H	L	H	H	H	L	H	H	L	H
3	H	×	L	L	H	H	H	H	H	H	H	L	L	H
4	H	×	L	H	L	L	H	L	H	H	L	L	H	H
5	H	×	L	H	L	H	H	H	L	H	H	L	H	H
6	H	×	L	H	H	L	H	L	L	H	H	H	H	H
7	H	×	L	H	H	H	H	H	H	H	L	L	L	L
8	H	×	H	L	L	L	H	H	H	H	H	H	H	H
9	H	×	H	L	L	H	H	H	H	H	L	L	H	H
10	H	×	H	L	H	L	H	L	L	L	H	H	L	H
11	H	×	H	L	H	H	H	L	L	H	H	L	L	H
12	H	×	H	H	L	L	H	L	H	L	L	L	H	H
13	H	×	H	H	L	H	H	H	L	L	H	L	H	H
14	H	×	H	H	H	L	H	L	L	L	H	H	H	H
15	H	×	H	H	H	H	H	L	L	L	L	L	L	L
$\overline{BI}$	×	×	×	×	×	×	L	L	L	L	L	L	L	L
$\overline{RBI}$	H	L	L	L	L	L	L	L	L	L	L	L	L	L
$\overline{LT}$	L	×	×	×	×	×	H	H	H	H	H	H	H	H

그림 10.21 SN7448의 동작표

$\overline{LT}$ (lamp test) ································ 이 단자를 L로 하면 모든 LED가 점등되며, 7-segment LED가 정상인가를 알 수 있다.

$\overline{RBI}$ (ripple blanking input) ··········· 이 단자를 L로 하면 입력이 0의 수치일 때 0 표시가 없어진다.

$\overline{RBO}$ (ripple blanking output) ········ 이 단자는 모든 LED의 표시를 지운 것을 알려주는 출력단자이다.

$\overline{LT}$는 문자 그대로 LED의 고장 여부를 check하는 단자이기 때문에 L로 하였을 때 LED가 점등하지 않으면 불량품이다.

$\overline{RBI}$와 $\overline{RBO}$는 reading 0 surplus 기능을 수행시키기 위해서 이용되는 단자이다. 가령 4자리의 숫자표시를 하는 경우 0075라고 표시하는 것이 아니라 상위 두 자리의 0을 없애고 75라고 표시하는 것이다. 이와 같이 상위자리의 0을 없애는 기능을 reading 0 surplus라 한다.

예를 들면, 4자리 표시의 경우에는 그림 10.22와 같이 제일 윗자리의 $\overline{RBI}$ 입력을 우선 L로 하여 0을 표시하지 않도록 하고, 다음에 그 출력 $\overline{RBO}$를 10^2자리의 $\overline{RBI}$ 입력에 접속한다. 이것에 의해 10^3자리의 0 표시를 없앴을 때는 10^2자리의 0 표시도 없어지게 된다. 또 10^2자리의 $\overline{RBO}$ 출력을 10자리의 $\overline{RBI}$ 입력에 연결한다.

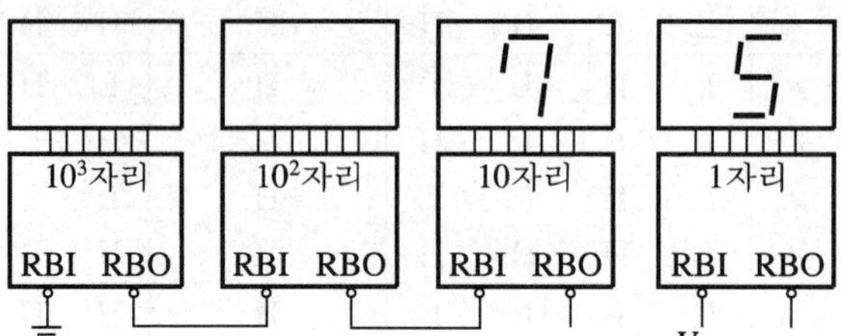

그림 10.22 reading 0 surplus 방법

그러나 제일 아랫자리인 1의 자리에 $\overline{RBO}$ 출력은 연결되지 않는데 이것은 1의 자리는 만약 0이라도 표시할 필요가 있기 때문이다. 따라서 제일 아랫자리의 $\overline{RBI}$ 입력은 V_{CC}를 인가해 둔다.

reading o surplus할 필요가 없을 때에는 모든 $\overline{RBI}$ 입력에 V_{CC}를 인가해 주면 된다. $\overline{RBO}$ 출력단자는 동시에 $\overline{BI}$ (blanking input) 입력단자로도 사용되는데 이 단자를 L로 하면 모든 LED가 지워지게 된다.

10.4 디코더/디멀티플렉서

9장에서 설명한 것과 같이 enable 입력을 가진 디코더는 그대로 디멀티플렉서로 된다. 그림 10.23은 두 개의 select 신호 A_1, A_0에 의해 4개의 출력 중 어느 하나를 선택하는 회로이며, 2 line to 4 line(2×4) 디코더라 한다. 왜냐하면 2비트의 2진수를 4진수로 변환하는 기능이 있기 때문이다.

이 회로의 동작표와 논리기호를 그림 10.24에 나타내었다. 출력은 부논리 동작이고, enable 입력 E를 H로 하면 출력단자는 모두 H로 된다.

이 2×4 디코더는 1×4 디멀티플렉서 SN74155(그림 9.17)의 윗부분과 같은 동작을 하는 것이다. 결국 74155 두 개의 select 입력 A_1, A_0가 그림 10.23의 A_1, A_0에 상당하고, strobe 입력 $1G$가 enable 입력 $\overline{E}$에 해당한다.

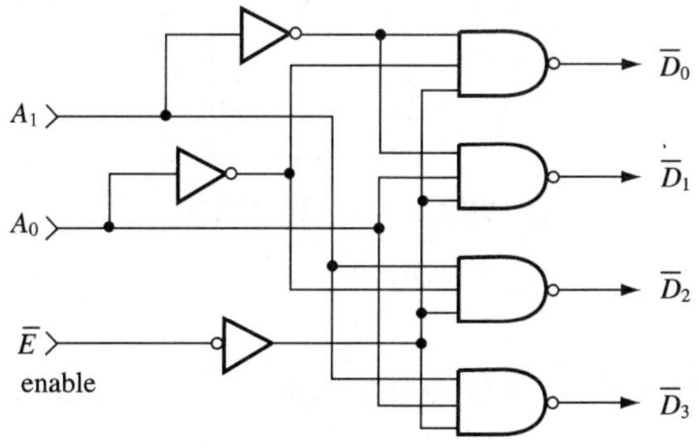

그림 10.23 2×4 디코더

$\overline{E}$	A_1	A_0	$\overline{D_3}$	$\overline{D_2}$	$\overline{D_1}$	$\overline{D_0}$
H	×	×	H	H	H	H
L	L	L	H	H	H	L
L	L	H	H	H	L	H
L	H	L	H	L	H	H
L	H	H	L	H	H	H

(a) 동작표

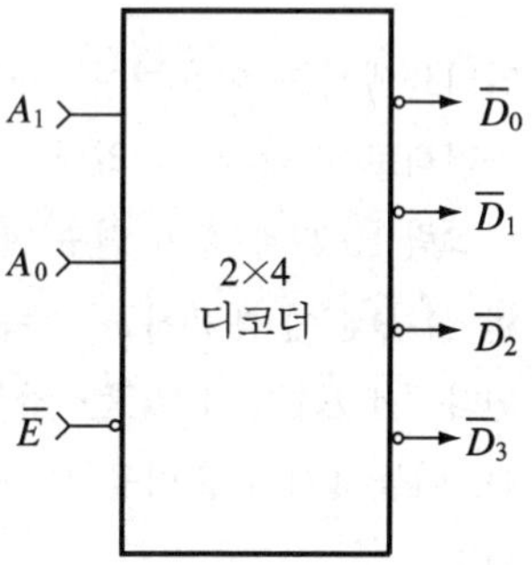

(b) 논리기호

그림 10.24 2×4 디코더의 기호와 동작표

이와 같이 생각하면 1×8 디멀티플렉서는 3개의 select 입력단자를 가진 것이므로 3×8 디코더와 같은 기능으로 된다.

이와 똑같이 1×16 디멀티플렉서 SN74154는 4개의 select 입력단자가 있기 때문에 4×16 디코더인 것도 알 수 있다.

예제 10.6 1×16 디멀티플렉서 SN74154를 이용하여 4×16 디코더를 만들어라.

풀이 그림 10.25와 같이 하면 된다. 단, 출력은 부논리이다.

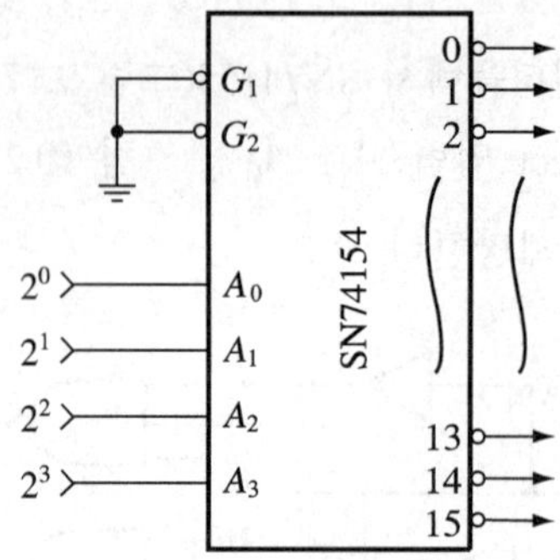

그림 10.25 4×16 디코더

■

예제 10.7 SN74LS138은 그림 10.26의 구성을 가진 3×8 디코더이다. 이것을 이용하여 다음 논리 함수의 논리회로를 만들어라.

$$Y = \overline{A}\,\overline{B}\,\overline{C} + \overline{A}B\overline{C} + \overline{A}\,\overline{B}C + ABC$$

풀이 멀티플렉서를 이용하여 논리회로를 만든 것과 같이 디코더(디멀티플렉서)를 이용해도 논리회로를 만들 수 있다.

그림 10.27과 같이 변수 A, B, C를 입력단자 A_2, A_1, A_0에 인가한다. 표준 SOP 형식인 $\overline{A}\,\overline{B}\,\overline{C}$에 대응하는 출력은 $\overline{Y0}$로 출력된다. $\overline{A}B\overline{C}$에 대응하는 출력은 $\overline{Y2}$로 출력된다. $\overline{A}\,\overline{B}C$, ABC는 각각 $\overline{Y1}$, $\overline{Y7}$로 출력된다. 물론 enable 입력은 active로 해둔다. 이들 4개의 출력을 부논리 입력인 OR 게이트에 인가하면 Y 출력은 정논리로 출력된다.

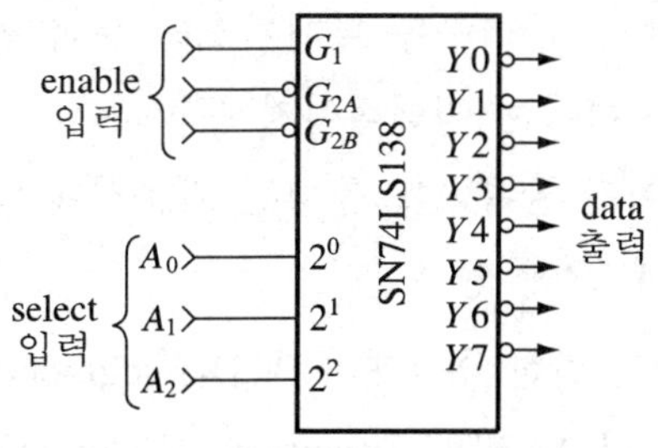

그림 10.26 SN74138의 구성

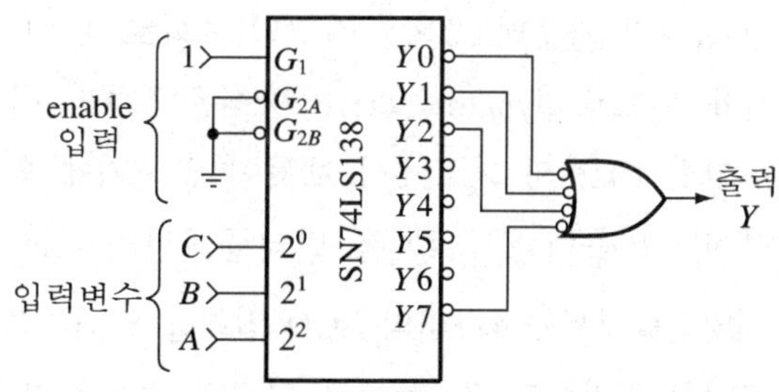

그림 10.27 예제 10.7의 회로 ■

10.5 7-segment dynamic drive 방식

앞 절에서 설명한 7-segment LED는 표시자리가 많아지면 BCD-7-segment 디코더도 같은 수만큼 필요로 하게 되므로 6자리 이상의 표시인 경우에는 1개의 디코더만을 이용하여 시분할로 각 자리를 순차적으로 점등해가는 방법이 이용된다. 이렇게 하면 LED는 연속적으로 점등하는 것이 아니고 일부 시간만 표시하게 되는데 이때 반복 주파수가 100 Hz를 넘으면 사람의 눈으로는 느낄 수 없기 때문에 실용적이며, 아주 경제적인 방식이라 할 수 있다. 이 방식을 dynamic drive 방식이라 한다.

그 일례로서 그림 10.28에 간단한 4자리 표시의 예를 나타내었다. 이 회로 구성에는 발

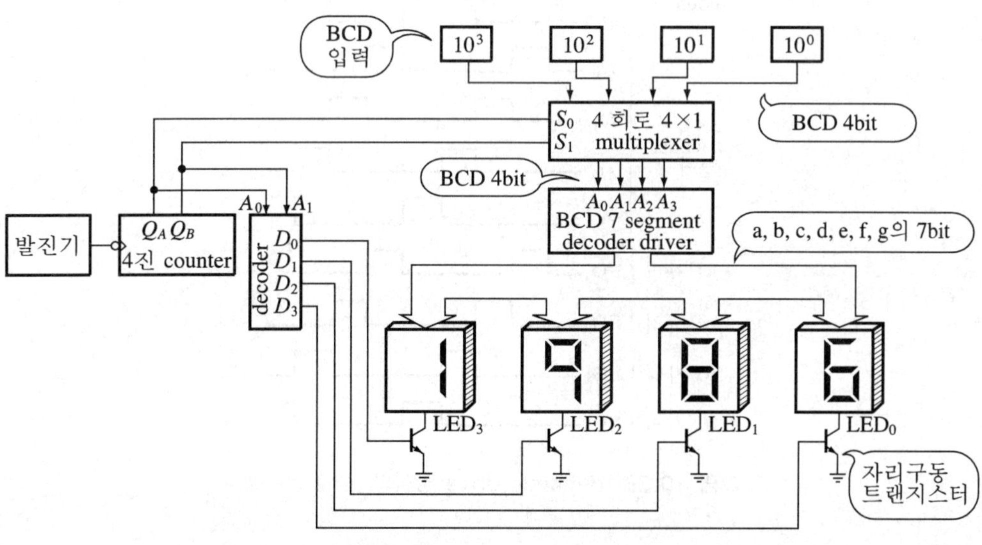

그림 10.28 4자리 dynamic drive 방식의 구성

진기, 4진 카운터, 2×4 디코더, 4회로 4×1 멀티플렉서, 자리구동 트랜지스터 등이 필요하게 되므로 dynamic drive 방식은 6자리 이하의 표시에서는 경제적이지 못하다.

그림 10.28의 회로에서 보듯이 발진기에 의해 만들어진 클록 펄스를 4진 카운터에 입력하여, 그 출력 Q_A, Q_B를 멀티플렉서의 select 입력 A, B에 인가한다.

멀티플렉서는 4자리의 BCD 입력을 멀티플렉스하여 시분할한 후 1개의 BCD-7-segment 디코더에 인가한다. 7-segment 디코더 출력은 병렬로 접속된 4자리의 7-segment LED(common cathode형)에 인가된다. 그러나 4자리가 동시에 점등하는 것이 아니라 제일 윗자리(또는 제일 아랫자리)에서부터 차례로 점등한다. 이것은 그림 10.29의 time chart로부터 알 수 있듯이 2×4 디코더로부터의 출력에 의해서 자리구동 트랜지스터가 차례로 ON되기 때문이다.

만약, 8자리 표시이면 8진 카운터, 3×8 디코더, 4회로 8×1 멀티플렉서, 8개의 자리구동 트랜지스터가 필요하다. 단, 여러 자리로 되는 만큼 각 자리마다의 점등시간이 짧아지기 때문에 LED에 흐르는 전류를 많게 하지 않으면 표시가 어둡게 되므로 최근에는 소비전력이 많은 LED 대신에 소비전력이 적은 LCD가 많이 이용된다.

또한 카운터회로 등에 dynamic drive 방식을 응용할 때는 실제로 LED를 표시하는 동안에 계수값이 변화하지 않도록 멀티플렉서 입력 앞에 래치(latch) 회로를 둘 필요가 있다.

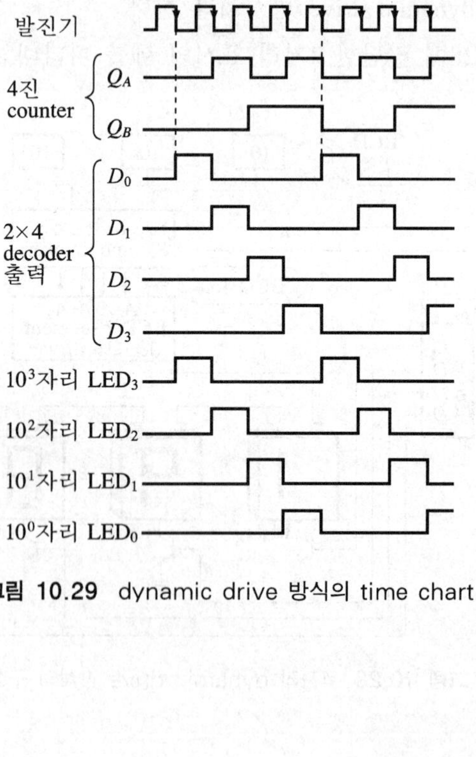

그림 10.29 dynamic drive 방식의 time chart

10.6 코드 변환기

SN7443은 3초과 코드를 10진수로 디코드하기 위한 IC이다. 3초과 코드는 보수를 구하는 데 좋은 4비트 코드이다. 이 4비트의 A_3, A_2, A_1, A_0 입력에 대해서 10진수의 부논리 출력을 내도록 만들어진 IC가 SN7443이며, 핀 배치는 그림 10.30과 같다.

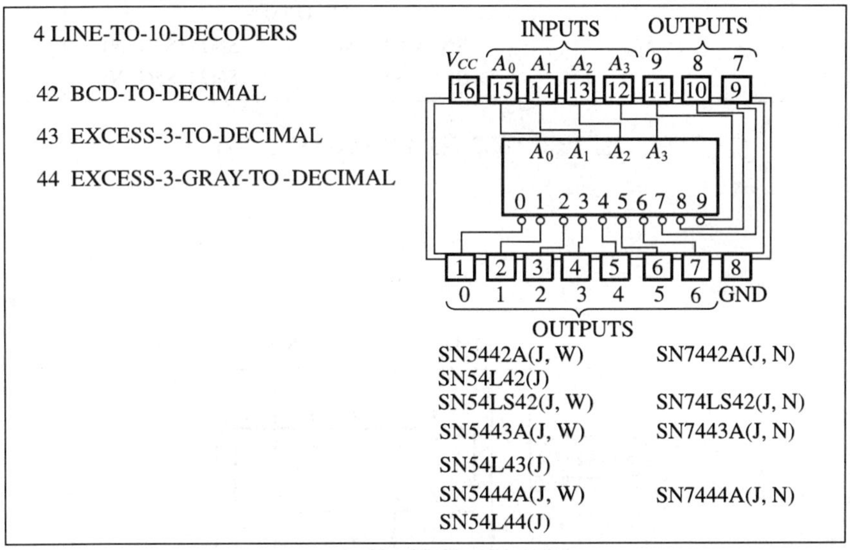

그림 10.30 SN7442, 43, 44의 핀 배치

이와 같이 어떤 코드로부터 다른 코드로 변환하는 디코더 회로를 특히 코드 변환기라 한다.

이 외에도 여러 자리의 BCD코드를 2진수로 변환하기 위한 IC로서는 SN74184가 있으며, 역으로 2진수를 BCD코드로 변환하기 위한 IC로서 SN74185가 있다. 이들은 모두 그림 10.31에 나타낸 핀 배치를 가지며, 본래가 256비트의 ROM으로부터 만들어진 IC로서 hardware 측면에서는 여러 자리의 BCD-2진 변환회로를 구성하는 경우에 사용한다.

여기서는 상세한 동작표는 생략하고 구체적인 접속방법만 소개하고자 한다.

그림 10.32는 SN74184를 이용하여 두 자리의 BCD코드를 2진수로 변환하기 위한 접속도이며, 그림 10.33은 세 자리의 BCD코드를 2진수로 변환하는 회로이다.

다음에 SN74185를 이용하여 2진수를 BCD코드로 변환하는 회로 구성을 그림 10.34에 나타내었다. 그림 (a)는 6비트의 2진수를 BCD로 변환하는 회로이고, 그림 (b)는 9비트의 2진수를 각각 BCD로 변환하는 회로이다.

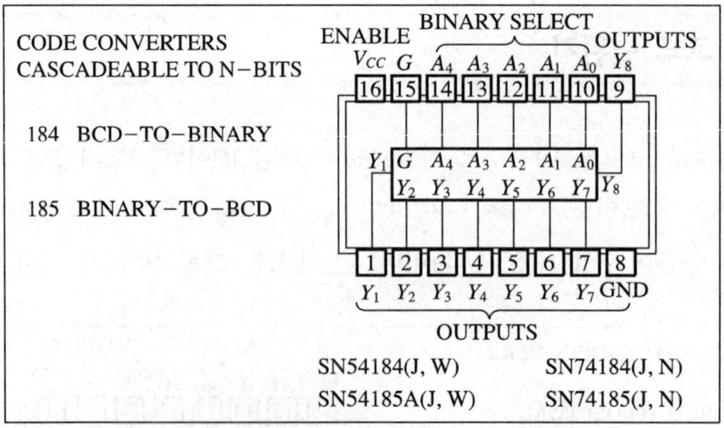

그림 10.31 BCD-2진, 2진-BCD코드 변환기

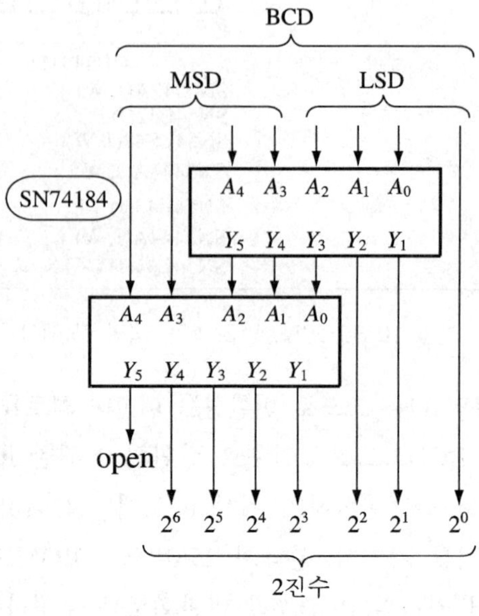

그림 10.32 BCD 두 자리를 2진수로 변환

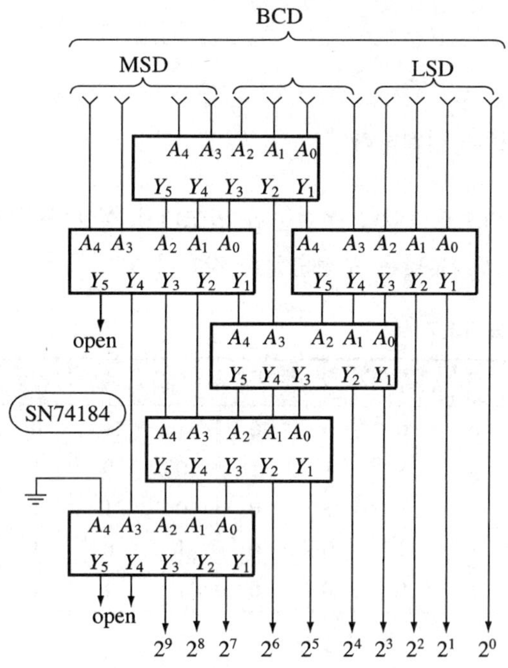

그림 10.33 BCD 세 자리를 2진수로 변환

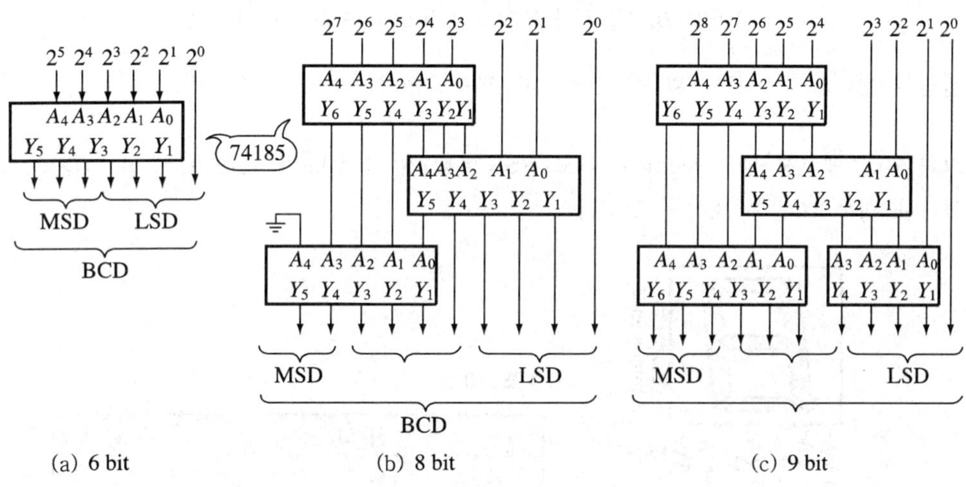

그림 10.34 2진수를 BCD코드로 변환

연습문제

1. 16진-2진 인코더 회로를 설계하라.

2. 표 10.7의 입력과 출력으로 4입력 우선순위 인코더를 설계하라. 단, 진리표에서 입력 D_0 가 높은 우선순위를, D_3가 낮은 우선순위를 갖는다.

▶표 10.7

D_3	D_2	D_1	D_0	A_1	A_0	GS
0	0	0	0	×	×	0
×	×	×	1	0	0	1
×	×	1	0	0	1	1
×	1	0	0	1	0	1
1	0	0	0	1	1	1

3. 8진-2진 우선순위 인코더의 진리표를 구하라.

4. 3×8 디코더와 OR 게이트를 이용하여 다음의 논리식에 따른 논리회로를 만들어라.

$$Y(A,\ B,\ C) = A\,\overline{B}\,C + A\,\overline{B}\,\overline{C} + \overline{A}\,B\,\overline{C} + \overline{A}\,\overline{B}\,C$$

5. 전감산기를 3×8 디코더와 두 개의 OR 게이트를 사용하여 실현하라.

6. 그림 10.35에 나타낸 7-segment 디코더(SN7447)에 표 10.8과 같은 입력 A, B, C, D를 인가한 경우 10진수 표시를 그려라.

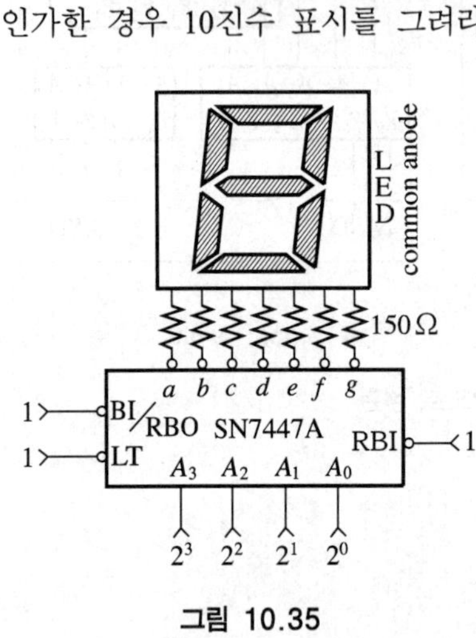

그림 10.35

▶표 10.8

입 력 단 자				출력 표시
A_3	A_2	A_1	A_0	
0	0	0	0	
0	0	1	0	
0	1	0	0	
0	1	1	0	
1	0	0	0	

7. 1×8 DeMUX를 이용하여 3×8 디코더를 만들어라.

8. 1×16 DeMUX를 이용하여 4×16 디코더를 만들어라.

9. 다음의 논리함수를 디코더와 NAND 게이트를 이용하여 논리회로를 구성하라.

$$X(A,\ B) = \sum(0,\ 2)$$
$$Y(A,\ B) = \sum(1,\ 2,\ 3)$$

10. 다음의 논리함수를 디코더와 멀티플렉서를 이용하여 각각의 논리회로를 구성하라.

$$X(A,\ B,\ C) = \sum(0,\ 2,\ 4,\ 6)$$
$$Y(A,\ B,\ C) = \sum(1,\ 3,\ 5,\ 7)$$

11장 메모리

레지스터들은 디지털 컴퓨터의 내부 동작에 광범위하게 사용되는 고속의 기억소자이다. LSI와 VLSI 기술의 발전은 다양한 메모리 배열 형태로 단일 칩상에 많은 수의 플립플롭이 배치될 수 있도록 하였으며, 양극성 메모리와 반도체 메모리는 가장 빠른 메모리 소자이다.

디지털 데이터는 커패시터에 충전하여 저장할 수 있으며, 반도체 메모리의 가장 중요한 형태는 저전력, 고밀도로 저장하기 위해 이 원리를 사용한다.

반도체 메모리는 컴퓨터의 주기억장치로 사용되며, 고속연산이 중요한 부분을 차지한다. 컴퓨터의 주기억장치는 명령 프로그램이 실행될 때 중앙처리장치와 일정한 통신을 수행한다. 프로그램을 통해 프로그램과 데이터는 컴퓨터가 그 프로그램을 운영하는 동안 주기억장치에 위치하며, RAM과 ROM이 주기억장치를 구성하고 있다.

컴퓨터에는 또다른 기억장치로 보조기억장치가 있으며, 주기억장치와는 분리되어 있다. 대용량 저장장치라고도 하는 보조기억장치는 전력 소모 없이 많은 양의 데이터를 저장할 수 있다. 보조기억장치는 주기억장치보다 동작속도가 느리며, 일반적으로 CPU에서 사용하지 않는 프로그램과 데이터를 저장한다. 일반적인 보조기억장치로는 자기디스크, 자기테이프, 그리고 콤팩트 디스크가 있으며, 앞으로는 속도가 빠르고, 전력소모가 적으며, 크기가 작고, 비기계적으로 동작하는 반도체 플래시 메모리가 디스크 메모리의 주경쟁 상대가 될 것이다.

이 장에서는 컴퓨터의 내부 메모리로 사용되는 기억장치에 대하여 설명한다.

11.1 메모리 개념

메모리는 기본적으로 한 개의 IC 내에 디코더와 OR 게이트로 구성되어 있고, 이 디코더의 출력들과 OR 게이트의 입력들을 서로 연결시켜서 프로그래밍을 할 수 있게 한 장치이다. 즉, 데이터는 WRITE 입력에 의해 메모리 내에 저장되고, READ 입력에 의해 메모리로부터 검색된다. 메모리들은 저장되는 데이터의 저장위치들로 구성되며, 각 위치는 주소에 의해서 식별된다.

저장위치의 수는 메모리에 따라 수 개에서 수십만 개까지로 다양하며, 각 저장위치는 하나 이상의 비트로 구성되는데, 하나의 비트를 저장하는 개개의 저장요소를 셀(cell)이라 한다. 그리고 메모리 내에 저장될 수 있는 총 비트의 수를 용량(capacity)이라 한다.

그림 11.1은 일반적인 메모리에 대한 WRITE, READ, 주소, 저장용량의 개념을 나타낸 것이다.

메모리의 기본적인 형태는 ROM과 RAM이다. ROM은 읽기 전용 메모리(read only memory)로서 데이터가 영구적으로 저장되므로 메모리로부터 읽을 수만 있다. 따라서 ROM에서는 반영구적인 특별한 데이터가 제조업자에 의해 저장되거나 사용자에 의해 한 번 소자에 프로그램되면 다시는 변경될 수 없기 때문에 WRITE 동작을 할 수 없다.

ROM은 전원이 꺼져도 저장된 데이터가 남아 있게 되는 비휘발성 메모리이며, ROM 응용의 대표적인 예로는 lookup table이 있다.

RAM은 random access memory로 읽고 쓰는 능력을 모두 갖는다. random access란 말은 READ나 WRITE를 위해서 메모리 내의 어떤 저장위치로도 access 될 수 있다는 것을 의미한다.

그리고 RAM은 휘발성 메모리이므로 전원이 꺼지면 데이터가 소실된다. 간단하게 말해서 RAM은 READ/WRITE random access memory이고, ROM은 READ 전용 random access memory이다.

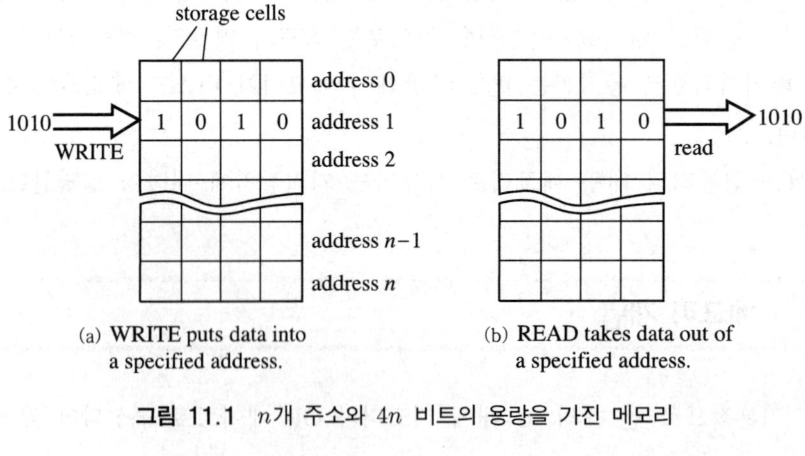

그림 11.1 n개 주소와 $4n$ 비트의 용량을 가진 메모리

11.2 ROM(Read Only Memory)

ROM은 고정된 2진 정보의 집합이 저장되어 있는 메모리(memory)이며, 2진 정보는 먼저 사용자에 의해 명시된 다음에 ROM 속에 기록된다. ROM은 특별한 내부 연결고리(link)들을 가지고 있는데 요구되는 회로를 형성하기 위해서 이 연결고리들을 끊거나 연결된 채 두게 된다. 일단 회로가 완성되면 ROM은 전원이 들어가거나 나가더라도 항상 일정한 정보가 남아 있게 된다.

ROM의 블록도가 그림 11.2에 있으며, 이것은 n개의 입력선과 m개의 출력선으로 구성된다. 입력변수들의 각 비트조합은 주소(address)가 된다. 출력선에서 나오는 각 비트 조합은 워드(word)라 불리며, 한 워드는 m개의 비트로 구성된다. 주소란 n변수들의 민텀들 중 하나를 나타내는 2진수이다. n개의 입력변수로 지정할 수 있는 서로 다른 주소의 수는 2^n개이다. 이 때 하나의 주소에 대해 단 하나의 워드가 대응된다. 따라서 ROM에는 2^n개의 서로 다른 주소들이 있으므로 ROM 내에는 2^n개의 서로 다른 워드가 저장될 수 있다. 임의의 시간에 출력선에 나타나는 워드는 입력선에 적용되는 주소에 따라서 결정된다. ROM은 워드의 개수인 2^n개와 워드당 비트 수인 m으로 특징지워진다.

그러면 16×8이라는 ROM을 생각해 보자. 내부 구조를 설명하기 위해서 그림 11.3에 16×8 ROM의 배열을 나타내었다. 흰색 사각형은 1이 저장된 것을, 빗선이 들어간 사각형은 0이 저장된 것을 표현한다. 기본적인 READ 동작은 다음과 같다. 즉, 2진 주소 코드가 주소 입력으로 공급될 때 그것에 대응하는 ROW 라인이 high가 된다. 이 high는 저장되어 있는 각 셀에서 트랜지스터들을 통하여 COLUMN 라인과 연결된다. 0이 저장되어 있는 각 셀에서 COLUMN 라인은 끝단 저장으로 인해 low를 유지하며, COLUMN 라인들은 데이터 출력을 형성한다. 선택된 ROW에 저장된 8개의 데이터 비트가 출력선에 나타난다.

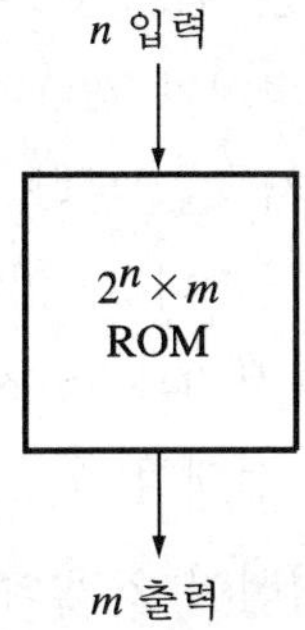

그림 11.2 ROM 블록도

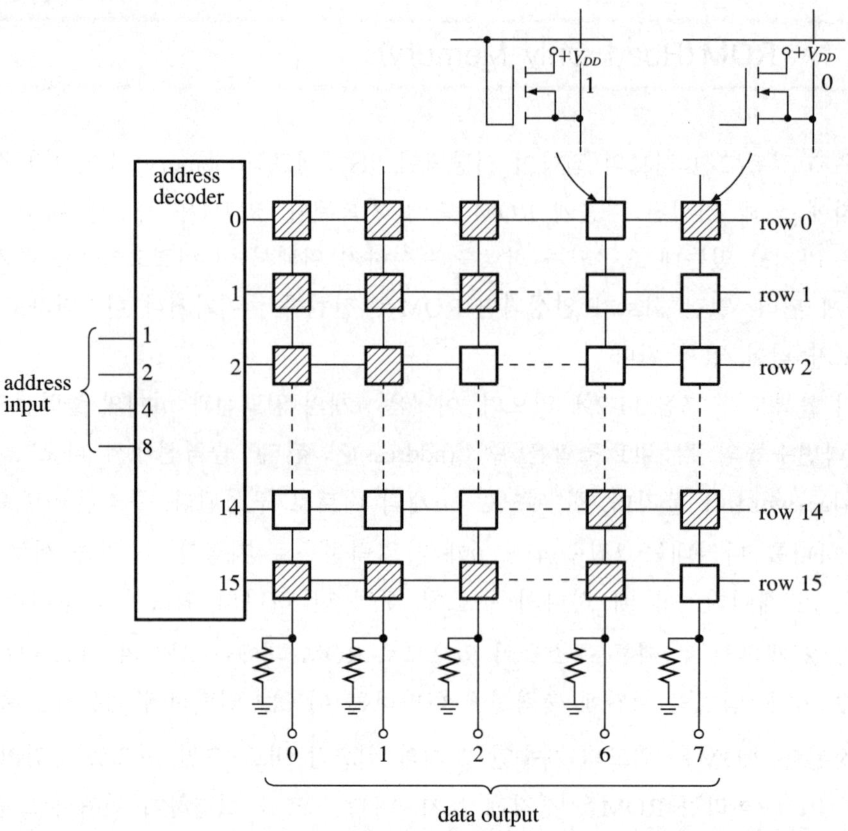

그림 11.3 16×8비트 ROM 배열

이 ROM의 예는 각각 8개의 데이터 비트를 저장하는 16개의 주소로 구성되므로 이것은 16×8(16 by 8) ROM이고, 총 용량은 128비트이다. 이러한 메모리의 구성은 그림 11.4와 같은 논리도로 구성해 볼 수 있다.

16×8이라는 ROM은 각각 8비트로 된 16개의 워드로 구성되어 있으므로 ROM에는 8개의 출력선이 있으며, 16개의 서로 다른 워드가 ROM 속에 저장되어 있다. 16개의 워드가 있으므로 $2^4 = 16$에 의해 입력선은 4개가 필요하다. 이 때 출력선에 나타나는 워드가 4개의 입력선에 적용되는 주소에 따라서 결정된다. 만일, 입력주소가 0000이면 0으로 주소 지정된 워드가 선택되어 출력선에 나타나고, 입력주소가 1111이면 15로 주소 지정된 워드가 선택되어 출력선에 나타난다. 주소 0과 15 사이에는 그 밖에 14개의 서로 다른 주소들이 있어서 각각 서로 다른 워드를 선택할 수 있다.

ROM에서 워드의 개수는 n개의 입력선이 2^n개의 워드를 지정할 수 있다는 사실로부터 결정된다. 때때로 ROM은 ROM이 포함하고 있는 전체 비트들의 수($2^n \times m$)에 의해 명시

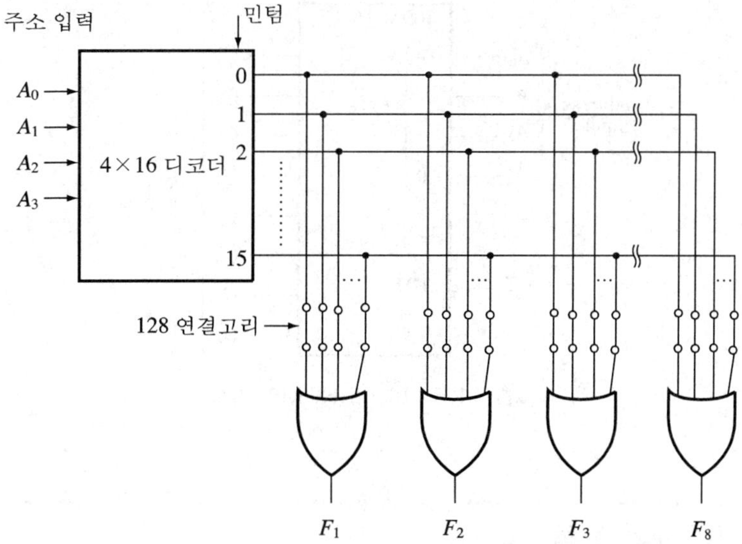

그림 11.4 16×8 ROM의 논리도

되기도 한다. 예를 들어 2048비트의 ROM은 각각 4비트로 된 512개의 워드로 구성될 수 있다. 이때, 이 ROM은 4개의 출력선과 $2^9 = 512$개의 워드를 지정하기 위한 9개의 입력선을 가지게 되며, ROM 속에 저장되는 총 비트 수는 $512 \times 4 = 2048$이다.

ROM은 AND와 OR 게이트들로 구성된 조합회로이다. 여기서 AND 게이트들은 디코더를 형성하며, OR 게이트들은 디코더의 출력인 민텀들을 합하는 데 사용된다. OR 게이트의 개수는 ROM의 출력선 수와 같으며, 그림 11.4는 16×8 ROM의 내부 논리구조를 보여준다.

4개의 입력변수들은 16개의 AND 게이트와 4개의 인버터에 의해 해독되어서 16개의 선으로 디코더에서 출력된다(4×16 디코더 참조). 이 때 각 디코더의 출력은 4변수들의 민텀들 중 하나이다. 16개의 주소들 각각은 디코더에 의해서 단 1개의 출력만 선택한다. 주소는 입력에 적용되는 4비트 수이며, 디코더로부터 선택되는 민텀은 입력에 적용된 4비트 수와 등가인 10진수로 표시되는 민텀이다. 디코더의 16개 출력은 각 OR 게이트에 연결고리를 통해 연결된다. 그림 11.4에서는 단지 4개만 그려져 있으나 실제로 각 OR 게이트는 16개의 입력을 가지며, 이 입력들은 연결고리를 통해 연결되어 있고 필요에 따라 연결을 끊을 수 있다.

ROM은 민텀들의 합을 보통 두 단계로 구현한다. 이 두 단계 구현이 반드시 AND-OR 회로만일 필요는 없으며, 임의의 다른 가능한 두 단계 민텀 구현회로를 사용할 수도 있다. 그러나 보통 두 번째 단계는 연결고리들의 연결을 쉽게 하기 위해서 결선논리(wired logic) 연결을 한다.

그림 11.5에 이에 대한 논리기호를 나타내었다.

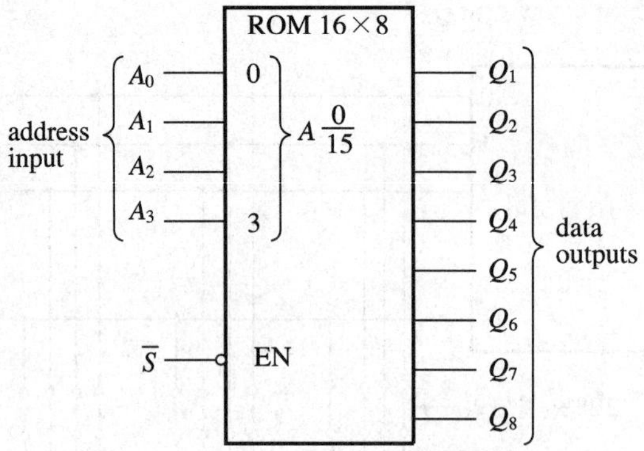

그림 11.5 16×8 ROM의 기호

11.3 ROM의 종류

ROM들은 데이터의 저장방법이나 데이터의 처리기법에 따라 그림 11.6과 같이 분류된다.

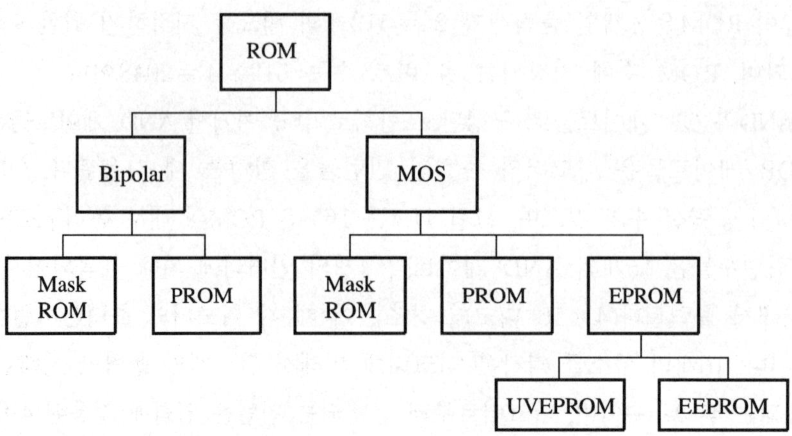

그림 11.6 ROM 패밀리

1. MROM(mask-programmed ROM)

MROM은 일반적으로 ROM으로 취급된다. ROM은 일반적으로 읽기 동작만이 가능한 소자로 알려져 있기 때문에 혼돈이 올 수 있으므로 MROM이라는 명칭을 사용한다.

MROM은 사용자의 용도에 따라 제작자에 의해 프로그램된 저장위치를 가지고 있으며, 마스크라고 하는 감광막은 칩상에서 전기적 상호 접속을 제어하기 위해 사용한다. ROM은 각기 다른 정보를 저장하기 위해 특별한 마스크가 필요한데 이들 마스크의 가격이 비싸기 때문에 동일한 ROM이 많이 소요되는 경우에 MROM이 경제적이다.

MROM의 가장 큰 결점은 저장된 데이터를 수정하여 설계 변경하려고 하는 경우 새로운 ROM을 사용해야 한다는 것이다.

2. PROM(programmable ROM)

MROM의 문제점은 일단 IC가 만들어지면 그 속에 저장된 프로그램을 다시 변경할 수 없고, 고가라는 것이다.

PROM은 이러한 문제점을 해결하기 위해 만들어졌으며, 사용자가 프로그램할 수 있기 때문에 프로그램의 오류 정정이나 갱신이 용이할 뿐만 아니라 소량의 메모리가 필요한 경우에 유용하다.

PROM은 MROM과 마찬가지로 1회에 한하여 사용자가 프로그램할 수 있다.

PROM은 bipolar나 MOS 기술로 제작되며, PROM에 내용을 저장하기 위해서는 fusing 방법이 사용된다. 사용되는 fusing 방법에는 metal link, silicon link, PN junction 등의 세 가지 방법이 있다.

PROM의 구조는 그림 11.7과 같으며, 1이나 0으로 메모리 셀을 프로그램하기 위해서

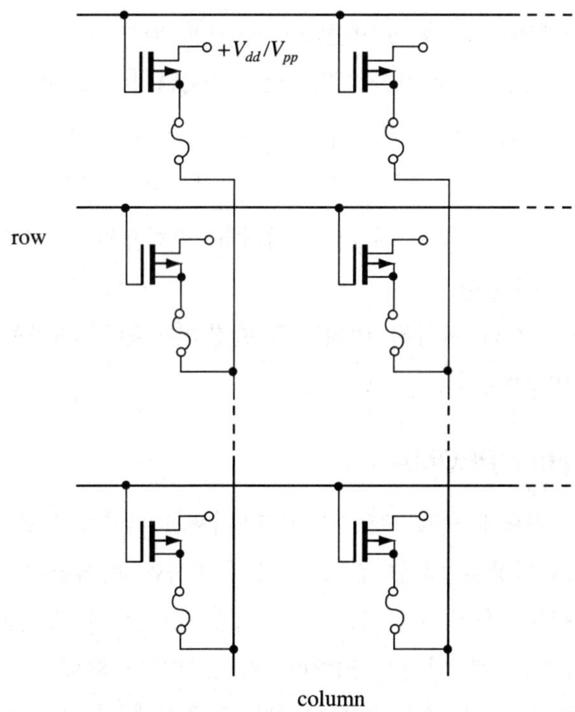

그림 11.7 PROM의 fuse link 배열

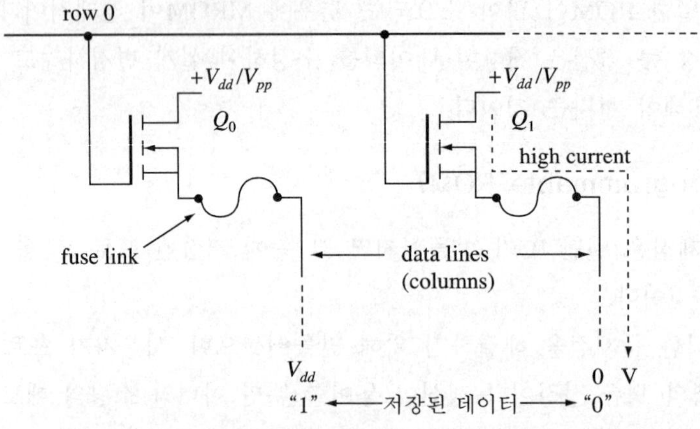

그림 11.8 PROM의 프로그래밍 동작

연결된 상태를 원래대로 남겨 두거나 개방한다는 점에서 MROM 구조와 유사하다.

PROM은 제작과정에서부터 얇은 퓨즈 링크로 만들어져 있으며, 원하는 데이터가 메모리에 저장되도록 하기 위해 사용자는 퓨즈 링크를 선택적으로 끊을 수 있다. 주소 입력에 주소를 인가하고, 데이터 핀에 원하는 데이터를 인가하여 IC의 특수한 프로그래밍 핀에 10~30 V의 고전압 펄스를 인가함으로써 데이터값이 그 위치에 프로그램되거나 구어진다.

그림 11.8은 프로그래밍 동작을 보여준다. row 0에 있는 모든 트랜지스터들은 동작하고, V_{pp}는 드레인에 인가된다. 논리값 0을 갖는 열(Q_1)에는 고전류가 흘러 퓨즈를 녹여 개방되므로 그 곳에는 논리값 0이 영구적으로 저장된다. 논리값 1을 갖는 열(Q_0)은 퓨즈의 한쪽에 V_{pp}가 인가되고, 다른 한쪽에는 V_{dd}가 인가되어 적은 전류가 흘러 퓨즈는 그대로 남아 있게 된다. 모든 주소 위치가 이러한 방법으로 프로그램되며, 데이터들은 PROM에 영구적으로 저장된다.

PROM 프로그래밍 과정과 저장된 데이터를 변경하는 일은 대부분 PROM 프로그래머에 의해 자동적으로 이루어진다.

3. EPROM(erasable PROM)

EPROM은 사용자가 필요에 의해 프로그램하고, 지우거나 다시 프로그램할 수 있다. 한 번 프로그램된 EPROM은 저장된 데이터를 그대로 유지하는 비휘발성 메모리이다. EPROM을 프로그램하기 위해서는 특정 시간 동안에 적절한 칩 입력에 특정한 전압레벨을 인가하는 과정이 수반된다. 프로그램 과정은 EPROM이 동작하는 회로와 분리된 특수한 프로그램 회로에 의하여 수행되며, 하나의 EPROM 칩을 프로그램하는 데 수 분 정도가 소요된다.

EPROM에 있는 저장 셀은 전기적 접점이 없는 부동 게이트로 된 MOS FET이다. 정상 상태에서 각 트랜지스터는 동작하지 않고, 각 셀에 논리 1이 저장된다. 트랜지스터는 부동 게이트 영역에 고전압 프로그램 펄스를 인가함으로써 동작하게 된다. 방전 통로가 없기 때문에 전자들은 펄스가 종료되어도 그 영역 내에 남아 있게 된다. 이렇게 함으로써 전원을 소자에서 제거하여도 트랜지스터는 계속해서 그 동작 상태를 유지하며, 셀은 논리 0을 저장하게 된다. 프로그램 과정에서 메모리 셀을 0으로 프로그램할 것인지 아니면 1로 프로그램할 것인지를 선택하기 위해 EPROM의 주소와 데이터 핀이 사용된다.

EPROM은 저장되어 있는 프로그램을 빈번히 바꾸어야 하는 응용 및 연구 분야에서 사용되도록 개발되었고, 이것이 좀더 신뢰성 있고 비용이 절감된다면 소규모, 중규모 시스템에서 유용하게 사용될 수 있을 것이다. 그러나 EPROM은 EEPROM이나 플래시 메모리에 비해 주요한 결점을 가지고 있기 때문에 많은 응용 분야나 설계에서 사용되지 못하고 있다. EPROM의 결점은 다음과 같다.

(1) 삭제하거나 다시 프로그램하기 위해서는 회로에서 제거하여야 한다.
(2) 삭제 동작은 칩 전체를 삭제하며, 특정한 주소를 삭제할 수 있는 기능이 없다.
(3) 삭제 및 재프로그래밍 과정이 20분 정도 소요된다.

EPROM에는 자외선으로 데이터를 지우는 UV(Ultra-Violet) EPROM과 전기적으로 데이터를 지우는 EEPROM이 있다.

UV EPROM은 셀이 프로그램되면 칩 패키지의 윈도를 통해 자외선을 쪼임으로써 내용을 지울 수 있다. 자외선은 부동 게이트백에서 실리콘 기판으로 광전류를 발생시킨다. 자외선은 과전류를 만들어 저장된 전하를 제거하고, 트랜지스터를 끊어서 셀에 논리 1을 다시 저장한다. 일단 지워지면 EPROM은 다시 프로그램할 수 있다.

EPROM의 개량으로 인하여 전기적으로 소거 가능한 PROM(electrically erasable PROM)이 개발되어 EPROM의 단점이 해결되었다. EEPROM은 EPROM과 마찬가지로 부동 게이트 구조로 되어 있지만 MOS FET 메모리 셀의 드레인 위에 매우 얇은 산화막을 첨가한다. 이러한 변형으로 EEPROM이 전기적으로도 소거가 가능하도록 하는 중요한 특성을 갖게 되었다. MOS FET의 게이트와 드레인 사이에 21 V의 고전압을 인가함으로써 부동 게이트에 전하가 유도된다. 전하는 전압이 제거되더라도 계속 남아 있게 된다. 동일한 역전압은 부동 게이트에 있는 전하를 제거하고 셀을 지운다. 이러한 전하-전송기법은 매우 낮은 전류를 필요로 하기 때문에 자외선이나 특수한 프로그래머 장치 없이 EEPROM의 소거나 프로그래밍이 회로 내에서 가능하다.

EPROM에 비해 EEPROM의 또다른 장점은 메모리 배열상에서 전기적 소거와 개별 바이트의 재입력이 가능하다는 것이다. 쓰기동작 동안 내부 회로는 새로운 데이터가 쓰여지기 전에 주소 위치에 있는 모든 셀의 내용을 자동적으로 지운다. 이러한 바이트별 소거 기능은 EEPROM에 저장된 데이터를 좀더 쉽게 바꿀 수 있도록 한다. EEPROM은 EPROM에 비해 좀더 빠르게 프로그램된다.

11.4 ROM을 이용한 조합논리설계

그림 11.4를 살펴보면 ROM의 각 출력은 n입력변수들의 민텀을 전부 합한 것이고, 임의의 불함수는 민텀들의 합으로 표현할 수 있다. 함수에 포함되어 있지 않은 민텀들의 연결고리를 끊어버림으로써 각 ROM 출력은 조합회로에서 하나의 입출력변수들에 대한 불함수를 만들 수 있다. n개의 입력과 m개의 출력을 가지고 있는 조합회로에 대해 $2^n \times m$ ROM이 필요하다. 연결고리를 개방(open)하는 것을 ROM을 프로그래밍한다고 한다. 설계자는 단지 ROM에서 요구되는 통로들에 대한 정보를 주는 ROM 프로그램표(program

A_1	A_0	F_1	F_2
0	0	0	1
0	1	1	0
1	0	1	1
1	1	1	0

(a) 진리표

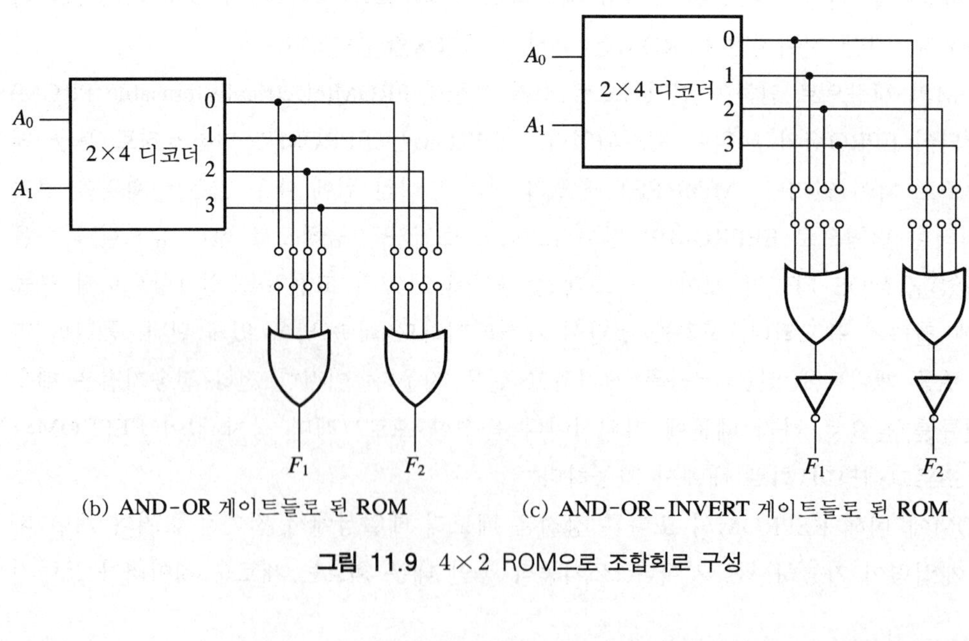

(b) AND-OR 게이트들로 된 ROM (c) AND-OR-INVERT 게이트들로 된 ROM

그림 11.9 4×2 ROM으로 조합회로 구성

table)를 작성해 주면 된다. 실제로 프로그래밍하는 것은 프로그램표에 나열되어 있는 사양에 따르는 하드웨어화 과정이다.

특정한 한 예를 들어 이 과정을 설명해 보자. 그림 11.9(a)의 진리표는 2개의 입력과 2개의 출력을 가지고 있는 어떤 조합회로에 대한 것이다. 이때, 불함수들은 민텀들의 합으로 표현할 수 있다.

$$F_1(A_1, A_0) = \Sigma(1, 2, 3)$$
$$F_2(A_1, A_0) = \Sigma(0, 2)$$

조합회로를 ROM으로 설계할 때 함수들은 진리표로부터 민텀들의 합으로 표현되어야 한다. 만일, 출력함수들을 간소화하려면 이 회로는 단지 하나의 OR 게이트와 인버터만을 써도 된다. 이것은 ROM으로 실현하기에는 너무 간단한 조합회로의 예이다. ROM의 이점은 복잡한 조합회로를 설계하는 데 있으며, 이 예는 단지 그 과정을 설명하기 위한 것이다.

이 조합회로를 실현하는 ROM은 2개의 입력과 2개의 출력을 가져야만 한다. 따라서 ROM의 크기는 4×2가 되며, 그림 11.9(b)는 그런 ROM의 내부 구조를 보여 준다. 지금, 8개의 연결고리 중 어느 것이 끊어져야 하고, 어느 것이 연결된 채 남아 있어야 하는지를 결정해야 한다. 이것은 진리표 내의 출력 불함수들로부터 쉽게 얻어진다. 출력을 0으로 하는 민텀들에 대해 그 민텀들에 대응하는 OR 게이트로의 연결고리들은 제거한다. 여기서 OR 게이트로의 개방(open) 입력은 0으로 작용한다고 가정해야 한다.

어떤 ROM에서는 각 OR 게이트에 인버터가 연결되어 있다. 그 결과 ROM의 출력들은 처음에 모두 0으로 규정된다. 그런 ROM을 프로그래밍하는 과정은 진리표에서 출력을 1로 하는 민텀들에 대한 연결고리를 제거하는 것이다. 이 때, OR 게이트의 출력은 그 함수의 보수가 되지만 인버터가 OR 게이트에 연결되어 있기 때문에 ROM은 정상적인 함수를 출력하게 된다. 이 사실은 그림 11.9(c)의 ROM에서 볼 수 있다.

앞의 예는 임의의 조합회로를 ROM으로 구성하기 위한 일반적인 과정을 보여 준 것이다. 조합회로의 입출력 개수에 의해 우리는 먼저 필요한 ROM의 크기를 결정하고 나서 ROM의 진리표를 얻어야 한다. 진리표에서 출력함수들을 0(또는 1)으로 만드는 민텀들에 대한 연결고리를 끊어서, 민텀들의 합으로 된 요구되는 조합회로를 얻는다.

실제 ROM으로 회로를 설계할 때 그림 11.9처럼 ROM 내에서 연결고리들의 내부 게이트 연결을 보일 필요는 없고, 이것은 다만 설명 목적으로 보여진 것이다. 설계자가 할 일은 특별한 ROM을 지정해서 그림 11.9(a)와 같은 ROM 진리표를 제공하는 것이다. 진리표는 ROM을 프로그래밍하는 데 필요한 모든 정보를 준다. 어떠한 내부 논리도도 진리표에 수반될 필요는 없다.

예제 11.1 ROM을 사용하여 조합회로를 설계하라. 이 회로는 3비트 수를 받아서 입력의 제곱에 해당하는 2진수를 출력하는 회로이다.

풀이 첫 단계는 조합회로에 대한 진리표를 작성하는 것이며, 대부분의 경우 이것이 설계에 필요한 전부이다. 그러나 가끔 조합회로의 진리표에서 어떤 성질들을 사용하여 좀더 작은 ROM 진리표를 얻을 수 있다. 표 11.1은 조합회로에 대한 진리표이고, 모든 가능한 수들을 수용하기 위해 3개의 입력과 6개의 출력이 필요하다. 그러나 우리는 진리표에서 출력 B_0와 입력 A_0가 항상 같다는 것을 알 수 있기 때문에 ROM이 B_0를 출력할 필요는 없다. 더구나 B_1이 0이므로 이 출력은 언제나 열려 있는 상태이다. 따라서 실제로 ROM의 출력은 4개만 필요하며, 다른 2개는 쉽게 얻어질 수 있다. 필요한 최소 크기의 ROM은 3개의 입력과 4개의 출력을 가지게 된다. 3개의 입력은 8개의 워드를 규정하므로 ROM의 크기는 8×4가 된다. 이것은 그림 11.10에 있다. 조합회로의 다른 두 출력은 0과 A_0이다. 그림 11.10의 진리표는 ROM을 프로그래밍하는 데 필요한 모든 정보를 가지고 있으며, 블록도는 연결들을 보여준다.

▶표 11.1 예제 11.1의 진리표

입 력			출 력						10진수
A_2	A_1	A_0	B_5	B_4	B_3	B_2	B_1	B_0	
0	0	0	0	0	0	0	0	0	0
0	0	1	0	0	0	0	0	1	1
0	1	0	0	0	0	1	0	0	4
0	1	1	0	0	1	0	0	1	9
1	0	0	0	1	0	0	0	0	16
1	0	1	0	1	1	0	0	1	25
1	1	0	1	0	0	1	0	0	36
1	1	1	1	1	0	0	0	1	49

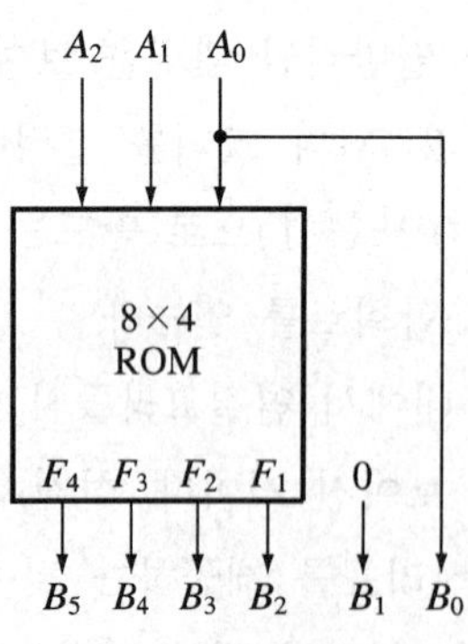

(a) 블록도

A_2	A_1	A_0	F_4	F_3	F_2	F_1
0	0	0	0	0	0	0
0	0	1	0	0	0	0
0	1	0	0	0	0	1
0	1	1	0	0	1	0
1	0	0	0	1	0	0
1	0	1	0	1	1	0
1	1	0	1	0	0	1
1	1	1	1	1	0	0

(b) ROM 진리표

그림 11.10 예제 11.1의 ROM 구성 ■

이처럼 ROM은 복잡한 조합회로를 진리표로부터 직접 실현하는 데 널리 사용된다. ROM은 한 2진 코드를 다른 2진 코드로(예를 들어, ASCII를 EBCDIC으로)의 변환이나 승수와 같은 산술연산 그리고 CRT(Cathode-Ray Tube)에 문자표시 등 많은 입출력을 요구하는 응용 등에 매우 유용하다. 특히 ROM은 디지털 시스템의 제어장치들을 설계하는 데 사용되며, 그 경우 ROM 내에 고정되어 있는 비트값들은 시스템에서 여러 연산들을 인에이블시키는 데 필요한 제어변수들의 순차가 된다. 2진 제어정보를 저장하는 데 ROM을 이용하는 제어장치는 마이크로 프로그램된 제어장치(microprogrammed control unit)라 불린다.

1. ROM의 응용

앞에서 언급한 ROM들은 대개 널리 사용되는 기능들을 수행하도록 프로그램되어 제공되고 있다. 예를 들면, BCD에서 2진수로의 변환기로 프로그램된 ROM 소자인 74184, 그리고 2진수에서 BCD로의 변환기로 프로그램된 ROM 소자인 74185들이다. 6비트 변환기로 사용된 이들 소자에 대한 논리기호는 그림 11.11에서 나타냈고, 그림 11.12와 11.13은 이들 소자가 더 큰 비트 수를 가지는 변환을 위해 어떻게 확장될 수 있는가를 나타내었다.

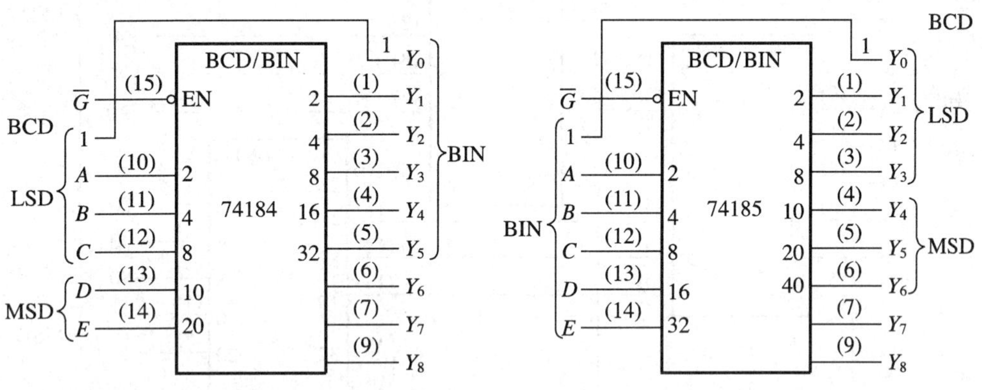

(a) 74184(6비트 BCD-2진수 변환기)　　(b) 74185(6비트 2진수-BCD 변환기)

그림 11.11 특별한 변환을 위해 프로그램된 ROM 소자

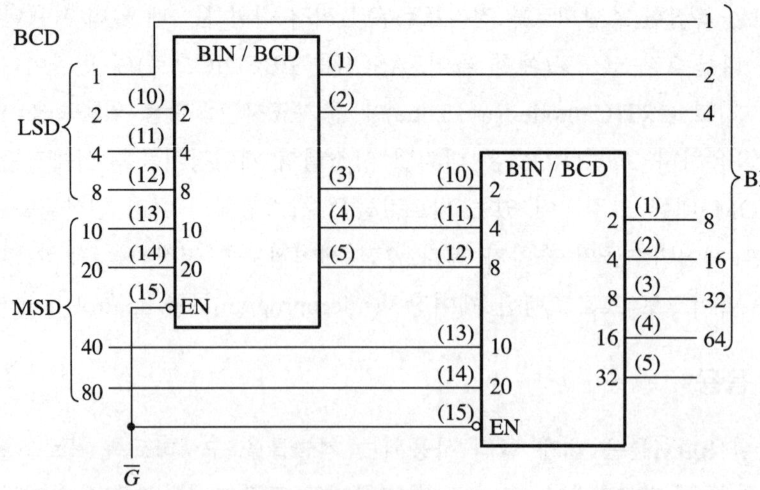

그림 11.12 BCD에서 2진수로의 변환을 위해 확장된 74184

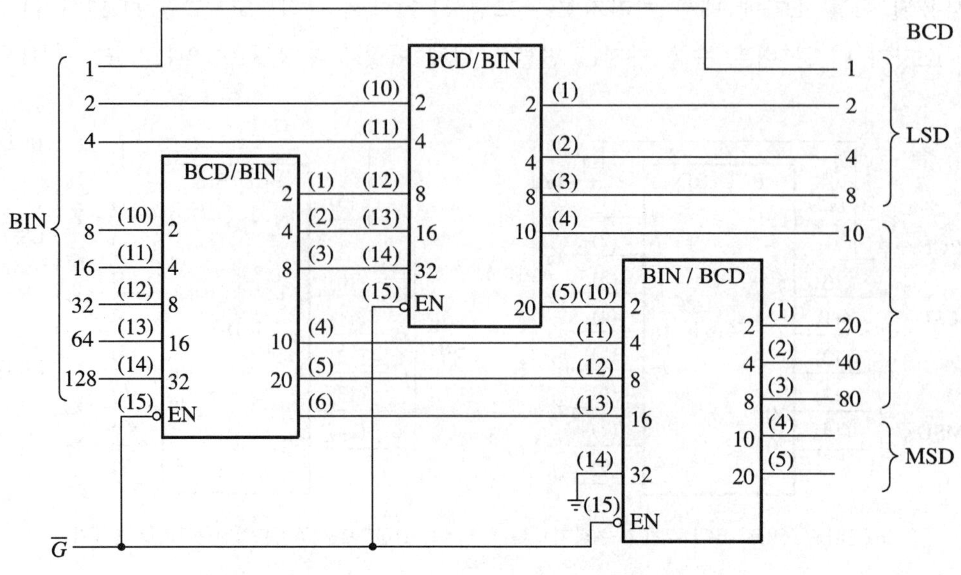

그림 11.13 2진수에서 BCD로의 변환을 위해 확장된 74185

2. ROM의 문제점

조합회로는 때때로 don't care 조건들을 가지며, ROM으로 조합회로를 실현할 경우 don't care 조건은 결코 일어나지 않을 입력 주소이다. don't care항 주소에 대응하는 워드는 프로그래밍할 필요가 없으며 처음 상태로 놓아두게 된다. 따라서 ROM에서 이용할 수 있는 비트 조합들이 전부 사용되는 것은 아니며 안 쓰이는 것이 있게 되는데 이것은 이용할 수 있는 장치의 낭비라 볼 수 있다.

don't care 조건들의 수가 지나치게 많을 경우 PLA(Programmable Logic Array)로 불리는 LSI부품을 사용하는 것이 좀더 경제적이다. PLA는 개념적으로는 ROM과 비슷하나 PLA는 변수들 전체를 디코딩하지 않고 ROM처럼 모든 민텀들을 만들지도 않는다. PLA에서 디코더는 AND 게이트들의 집합으로 되어 있고 입력 함수들의 곱의 항을 만들어낸다. PLA 내부에서 AND 게이트들과 OR 게이트들은 그들 사이에 있는 연결고리들이 처음부터 모두 연결되어 있다. 특정 불함수들은 필요없는 연결고리들을 끊고 필요한 연결고리들은 그대로 남겨 둠으로써 곱의 합(sum of product)을 실현할 수 있다.

11.5 RAM

RAM(Random Access Memory)이라는 용어는 어떤 메모리 주소가 다른 위치의 주소처럼 쉽게 access할 수 있음을 의미하는 random access memory를 나타낸다는 것이다. RAM이란 용어가 반도체 메모리에 사용되면 일반적으로 ROM에 반대되는 읽기/쓰기 메모리라는 뜻이다. read/write memory를 일반적으로 RAM이라 하므로 RAM이란 용어를 사용한다.

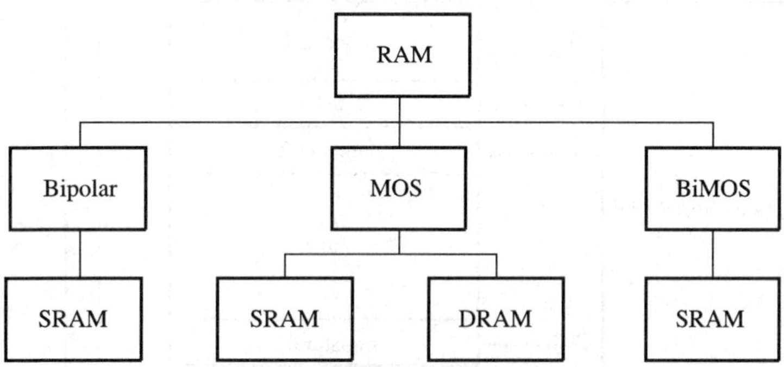

그림 11.14 RAM의 분류

RAM은 컴퓨터에서 프로그램과 데이터의 일시적인 저장을 위해 사용되며, 많은 RAM 주소의 내용은 컴퓨터가 프로그램을 수행함에 따라 읽고, 쓰여질 것이다. 컴퓨터의 빠른 동작을 위해서는 RAM의 읽기와 쓰기 사이클 시간이 빨라야 한다.

RAM의 장점은 빠르게 읽고 쓸 수 있다는 것이고, 단점은 휘발성이어서 전원이 꺼져버리면 저장된 정보를 잃는다는 것이다. 그러나 읽기 또는 쓰기 동작이 발생하지 않는 대기모드에서 아주 적은 양의 전력을 사용하는 CMOS RAM은 주전원이 차단될 때마다 배터리에서 전원을 공급받는다.

RAM도 bipolar와 MOS 기술에 의하여 만들어지며, bipolar RAM은 모두 SRAM(Static RAM)이다. SRAM은 메모리로 사용된 소자가 플립플롭이고, DRAM은 데이터를 커패시터에 저장한다. 커패시터에 저장된 데이터가 소멸되지 않게 하려면 주기적으로 refresh해 주어야 한다. 그림 11.14에 RAM의 분류를 나타내었다.

1. RAM의 구조

ROM처럼 RAM은 많은 레지스터로 구성되어 있고, 데이터 워드를 저장하고 있으며, 유일한 주소를 갖고 있다고 생각하면 된다. RAM은 1 k, 4 k, 8 k, 16 k, 128 k, 256 k, 1024 k의 워드 용량과 1비트, 4비트, 8비트의 워드 크기를 가지며, 워드 용량과 워드 크기는 메모리 칩을 결합하여 확장할 수 있다.

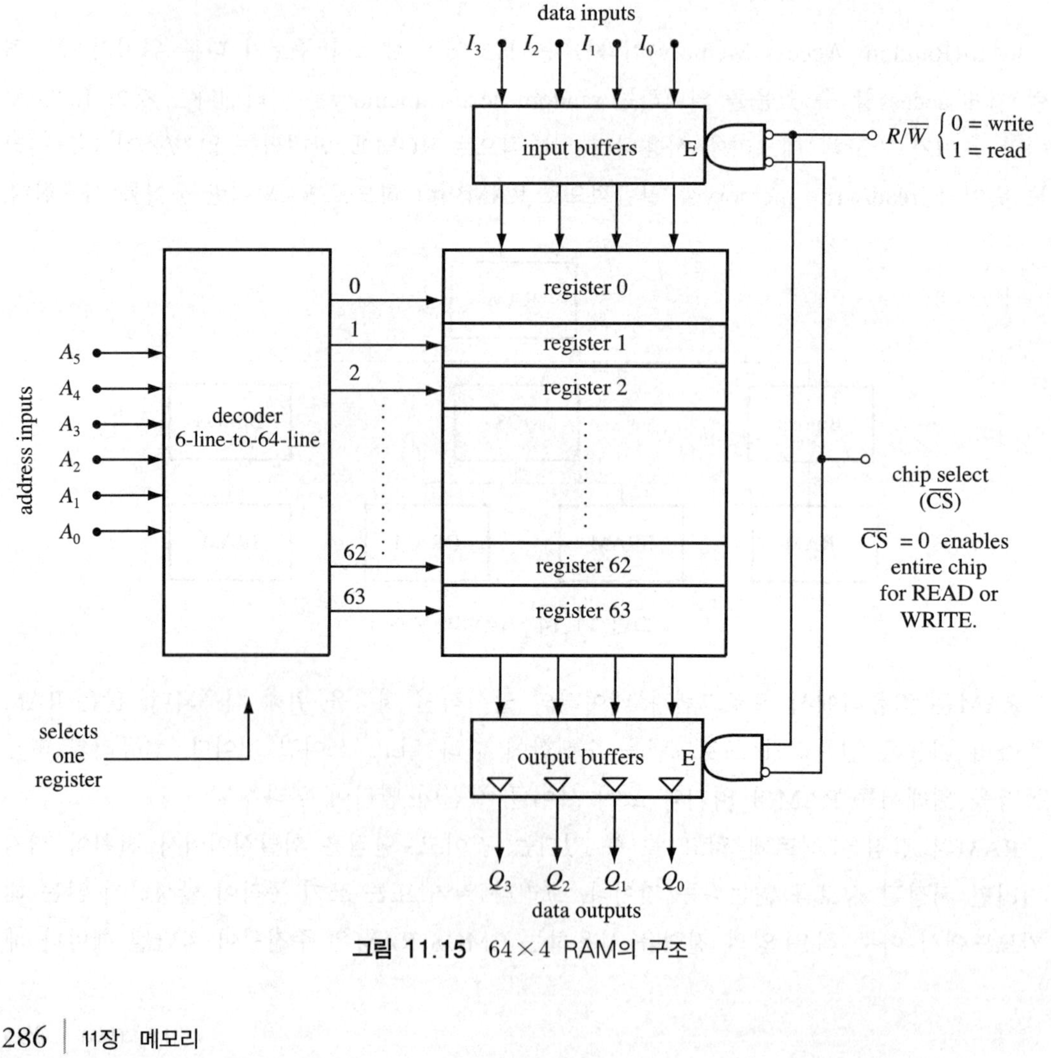

그림 11.15 64×4 RAM의 구조

그림 11.15는 4비트의 워드 64개를 저장하는 (64×4 메모리) RAM의 간단한 구조를 나타낸다. 이 워드들은 0에서 63_{10} 사이의 주소를 가지며, 64개의 주소 중 하나를 선택하기 위해 2진 주소 코드가 디코더 회로에 인가된다. $64=2^6$이므로 디코더는 6비트 입력 코드를 요구한다. 각 주소 코드는 이에 대응하는 레지스터를 인에이블하는 특별한 디코더 출력을 만든다. 예를 들어, 주소 코드 $A_5A_4A_3A_2A_1A_0=100101$을 인가한다고 하자. $100101=37_{10}$이므로 디코더 출력 37이 high가 되고, 읽기 또는 쓰기를 위해 레지스터 37을 선택한다.

읽기 또는 쓰기를 위해 주소 코드는 메모리 칩 내의 한 레지스터를 선택하며, 선택된 레지스터의 내용을 읽기 위하여 read/write(R/W) 입력은 1이어야 한다. 또한 chip select (CS) 입력은 활성화(이 경우는 0)되어야 한다. R/W=1과 CS=0의 조합에 의해 출력 버퍼가 인에이블되어 선택된 레지스터의 내용이 4개의 데이터 출력에 나타나게 된다. R/W=1은 입력 버퍼를 디스에이블시키므로 읽기 동작 동안에 데이터 입력은 메모리에 아무런 영향을 주지 않는다.

새로운 4비트의 워드를 선택된 레지스터에 쓰기 위해서는 R/W와 CS가 0이 되도록 하여야 하며, 이 조합에 의해 입력 버퍼가 인에이블되고, 데이터 입력으로 인가된 4비트 워드는 선택된 레지스터에 저장된다. R/W = 0은 출력 버퍼를 디스에이블시키고, 3상태이므로 쓰기 동작 동안에 데이터 출력은 high impedance 상태가 된다. 쓰기 동작은 그 주소에 먼저 저장되어 있던 워드를 지워버린다.

대부분의 메모리 칩은 모든 칩을 인에이블하거나 디스에이블하는 데 사용되는 하나 이상의 CS 입력을 가진다. 디스에이블 모드에서 모든 데이터 입력과 출력들은 디스에이블되어서 읽기나 쓰기 어느 것도 할 수 없게 된다. 이 모드에서는 메모리의 내용에 아무런 영향을 주지 않는다. 더 큰 메모리를 얻기 위하여 메모리 칩들을 결합할 때 CS 입력의 역할은 확실해지며, 이 입력을 chip enable(CE)이라 한다. CS나 CE 입력이 활성화되어 있을 때 메모리 칩이 선택되었다고 하고, 그렇지 않으면 선택되지 않았다고 한다. 많은 메모리 IC들은 선택되지 않은 상태에서 매우 낮은 전력을 소비하도록 설계되어 있다.

IC 패키지에서 핀을 줄이기 위하여 제조업자들은 공통 입/출력 핀을 이용하여 데이터 입력과 출력 기능을 공유하게 한다. R/W 입력은 이 I/O 핀들의 기능을 제어한다. 읽기 동작 동안에 I/O 핀들은 선택된 주소 위치의 내용을 읽는 데이터 출력으로 동작하며, 쓰기 동작 동안에 I/O 핀들은 인가된 데이터를 써 넣는 데이터 입력으로 동작한다. 그림 11.15에 있는 칩을 보면 이것을 알 수 있다. 입/출력 핀을 분리하면 18개의 핀이 필요하고, 4개의 공통 I/O 핀을 사용하면 14핀이 필요하다. 핀 수를 줄이는 것은 워드 크기가 큰 칩인 경우에 매우 유효하다.

2. SRAM

SRAM의 메모리 셀은 본질적으로 회로에 전원 공급을 중단하지 않으면 주어진 상태를 유지하는 플립플롭이다. 콘덴서에 충전시킴으로써 데이터를 저장하는 DRAM(dynamic RAM)은 콘덴서의 방전으로 인해 저장된 데이터는 점차적으로 사라지기 때문에 주기적으로 데이터를 refresh시키는 것이 필수적이다.

SRAM에는 양극성, MOS, BiCMOS 기술이 이용될 수 있다. 대부분의 응용에는 NMOS 또는 CMOS RAM을 이용한다. 양극성 셀은 속도면에서 이점이 있고, MOS 소자는 대용량과 저전력 소비의 이점이 있다. 그림 11.16에 대표적인 양극성 정적 메모리 셀과 NMOS 정적 메모리 셀을 나타냈고, 그림 11.17에 SRAM의 기본적인 구조를 나타내었다. 양극성 셀은 두 개의 양극성 트랜지스터와 두 개의 저항을 포함하고 있으며, 반면에 NMOS 셀은 4개의 N-채널 MOS FET를 포함하고 있다. 양극성 트랜지스터가 MOS FET 보다 더 복잡하고, 양극성 셀은 별도의 저항을 필요로 한다. 반면에 MOS 셀은 저항(Q_3, Q_4)으로 MOS FET를 사용하기 때문에 양극성 셀은 MOS 셀보다 더 넓은 칩 면적을 필요로 한다. CMOS 메모리 셀은 Q_3와 Q_4 대신에 P-채널 MOS FET를 사용하는 것을 제외하고는 NMOS 셀과 비슷하며, 가장 적은 전력을 소비하지만 칩의 복잡성은 증가한다.

SRAM의 주요 응용 분야는 메모리의 양은 적으나 빠른 속도를 요구하는 분야이다. 많은 마이크로프로세서 제어장치들은 매우 작은 메모리 용량을 요구하며, 디지털 오실로스코프와 논리분석기와 같은 장비들은 매우 빠른 속도의 메모리가 필요한데 이러한 응용분

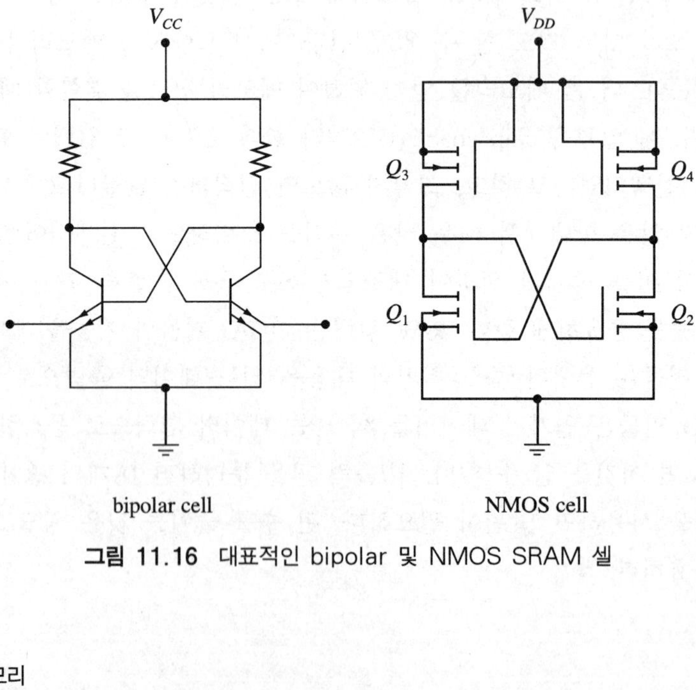

그림 11.16 대표적인 bipolar 및 NMOS SRAM 셀

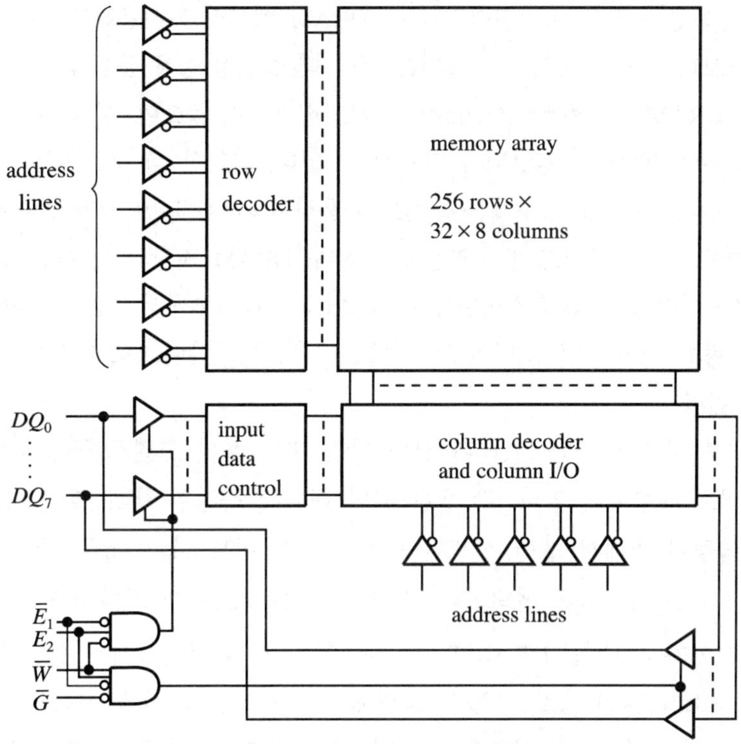

그림 11.17 SRAM MCM6264의 블록도

야에 SRAM이 사용된다. 또한 비디오 그래픽, 캐시 메모리처럼 빠른 속도를 필요로 하는 부분에서 SRAM을 사용한다.

3. DRAM(dynamic RAM)

DRAM은 MOS 기술을 이용하여 만들며, 용량이 크고, 전력 소모가 적으며, 적당한 동작 속도를 갖는다. 플립플롭에 정보가 저장되어 있는 SRAM과는 달리 작은 용량의 MOS 콘덴서(수 pF)를 충전하여 0과 1을 저장하고 있다. 이러한 충전은 일정 시간 후에 방전되기 때문에 DRAM은 메모리 셀을 주기적으로 재충전(refresh)하여야 한다. DRAM 칩 내에서 각 셀은 대체적으로 2 ms, 4 ms 또는 8 ms 간격으로 refresh되어야 하며, 그렇지 않으면 데이터가 소멸된다.

SRAM과 비교할 때 DRAM의 단점은 refresh하기 위해 외부 지원회로를 필요로 한다는 것이다. 일부의 DRAM 칩은 외부 하드웨어를 요구하지 않는 대신에 칩 입력 제어신호의 특별한 타이밍을 요구하는 단일 refresh 제어회로를 가지고 있다. 그 외에도 DRAM의 주소 입력은 SRAM보다 더 복잡하고, DRAM을 사용하는 시스템의 설계는 SRAM을 사용하는 것보다 더 복잡하나 큰 용량과 적은 소비전력 때문에 DRAM 메모리를 사용하게 된다. 그러나 비용, 크기, 전력 소모보다 속도와 복잡도를 줄이는 것이 더 중요한 응용 분야에서는 SRAM이 사용된다. SRAM은 DRAM보다 빠르고, refresh 동작도 필요하지 않으며, 설계도 간단하나 DRAM의 용량과 전력 소모면에서는 SRAM과 비교될 수 없다. 간단한 셀 구조 때문에 DRAM의 밀도는 SRAM 밀도의 4배 정도이기 때문에 메모리 용량의 4배를 단일 기판에 배치할 수 있도록 하며, 동일한 메모리에 대해 1/4의 공간을 요구한다. DRAM 저장의 비트당 비용은 SRAM의 1/5에서 1/4 정도이며, DRAM의 소비전력은 SRAM에 비해 1/6에서 1/2 정도이다.

DRAM은 용량이 크고, 전력소비가 적기 때문에 개인용 마이크로 컴퓨터의 중요한 내부 메모리에 사용된다.

DRAM의 내부 구조는 그림 11.18과 같이 단일 비트 셀의 배열로 구성되며, 16,384개의 셀이 128×128로 배치되어 있다. 각 셀은 배열 내에서 특정한 행과 열에 위치해 있다. 14개의 주소 입력들에 의해서 셀이 선택된다. 하위주소 비트 $A_0 \sim A_6$는 행을 선택하고, 상위주소 비트 $A_7 \sim A_{13}$은 열을 선택한다. 각 14비트의 주소는 읽거나 써넣을 특정 셀을 선택한다. 워드 크기가 4비트인 DRAM은 배열에 있는 각 위치가 4개의 셀을 포함하고 있으며, 인가되는 주소가 읽기와 쓰기 동작을 위해 4개의 셀을 동시에 선택하는 것을 제외하고는 그림 11.18과 비슷한 셀 배열을 가지며, 워드 크기가 더 큰 것은 적절한 배열로 몇 개의 칩을 결합함으로써 얻을 수 있다.

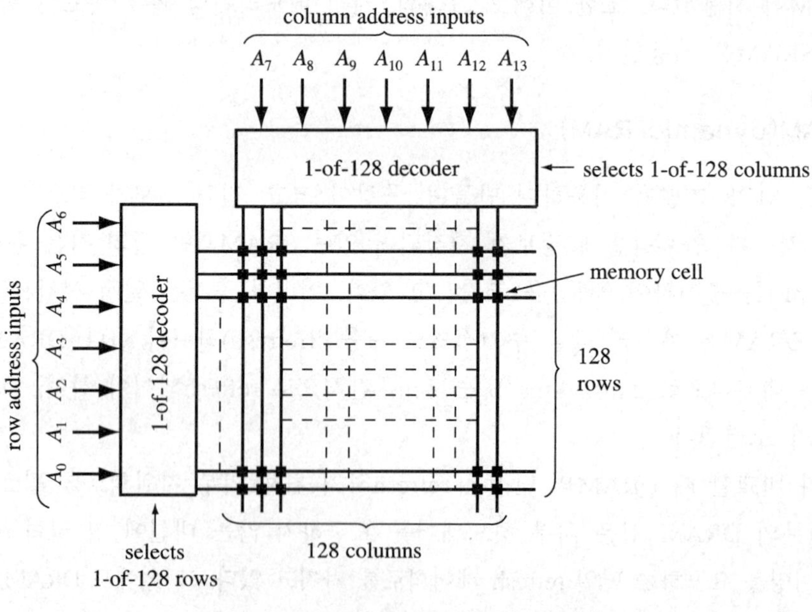

그림 11.18 16k×1 DRAM의 셀 배열

그림 11.19는 DRAM 셀에 관한 회로를 나타내고 있으며, DRAM으로부터 읽고 쓰는 것을 포함하여 기본적인 동작을 설명하는 데 사용하기로 한다. 실제로 모든 스위치는 다양한 주소 디코더의 출력 R/W 신호에 의해 제어되는 MOS FET이며, 콘덴서가 저장 셀이다.

셀에 데이터를 쓰기 위해 SW3과 SW4가 개방되어 있는 동안 주소 디코더 신호와 R/W 논리에 의해 SW1과 SW2는 닫힌다. 이렇게 C에 입력 데이터가 연결되며, 데이터 입력이 논리 1이면 C는 충전되고, 논리 0이면 방전된다. 스위치가 개방되면 C는 회로 연결이 끊어진다. 이상적으로는 C가 충전을 영구히 유지하지만 끊어져 있는 스위치를 통해 누전 경로가 만들어지므로 스위치가 개방되어 있을 때에도 점진적으로 방전된다.

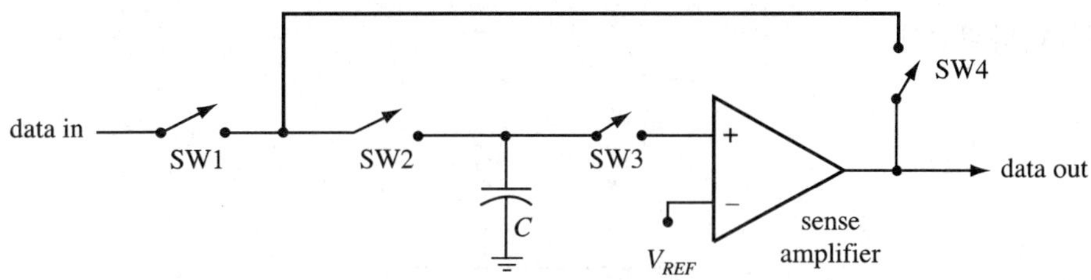

그림 11.19 DRAM 셀

셀로부터 데이터를 읽기 위해 스위치 SW2, SW3, SW4를 닫고, SW1을 개방하면 센스 증폭기는 논리가 0인지 1인지를 결정하기 위해서 몇 가지 참조값과 전압을 비교하고, 데이터 출력에 대하여 0 V나 5 V를 만든다. 이 데이터 출력은 또한 C에 연결되어 재충전이나 재방전에 의하여 콘덴서 전압을 refresh한다. 다시 말하면 메모리 셀에 있는 데이터 비트를 읽을 때마다 refresh된다.

11.6 플래시 메모리(flash memory)

이상적인 메모리는 저장용량이 크고, 비휘발성이며, 회로/시스템 내에서 읽기/쓰기가 가능하며, 구동속도가 빠르고, 가격이 저렴한 메모리이다. 종래의 메모리들은 각각 위의 조건 중 하나 또는 그 이상의 특징을 갖고 있으나 단일 기술로는 모든 장점을 가질 수 없는데 플래시 메모리는 모든 장점을 갖고 있는 메모리라 할 수 있다. 플래시 메모리는 비휘발성, 고밀도의 read/write 메모리이다.

플래시 메모리는 단일 부유 게이트 MOS 트랜지스터 저장 셀을 이용하여 고밀도의 메모리를 구현한다. 데이터 비트는 부유 게이트에 1 또는 0이 저장되는 것에 따라 방전 상태와 충전 상태를 결정하게 된다.

플래시 메모리는 소거와 쓰기 시간이 빠르기 때문에 붙여진 이름이며, 대부분의 플래시 칩은 칩상의 모든 셀들이 동시에 소거되는 벌크 삭제동작을 사용한다. 자외선을 사용한 UV EPROM이 20분 정도 걸리는 데 비해 이 벌크 삭제과정은 수십 초가 소요된다.

새로 개발된 플래시 메모리는 섹터 삭제 모드를 제공하며, 이 모드에서 특정 메모리 배열의 섹터가 동시에 삭제될 수 있다. 이것은 메모리의 일부분만 변경하고자 할 때 모든 셀들을 소거하고, 재프로그래밍하는 것을 피할 수 있다. 쓰기 시간은 EPROM이 100 μs 이고, EEPROM이 5 ms인 데 비해 플래시 메모리는 바이트당 10 μs 이다.

그림 11.20에 플래시 메모리의 논리기호를 나타내었고, 그림 11.21에 플래시 메모리의 블록도를 나타내었다.

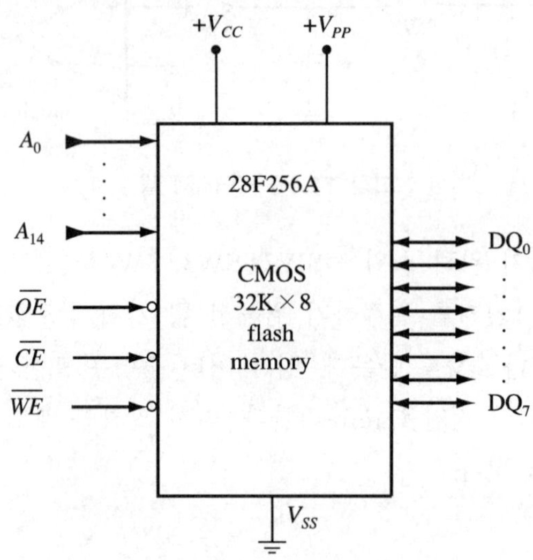

그림 11.20 플래시 메모리의 논리기호

마지막으로 플래시 메모리와 다른 메모리들을 비교하여 보자.

1. 플래시 메모리와 ROM, EPROM, EEPROM

ROM은 고밀도의 비휘발성 소자이나 한번 프로그램되면 저장된 내용을 절대로 바꿀 수 없으며, 초기 프로그램에 많은 시간이 걸리고, 비용도 많이 든다.

EPROM은 고밀도 비휘발성 메모리이나 데이터를 지우기 위해서 시스템으로부터 분리시킨 후 자외선을 사용하여야 하고, 특별한 장치를 사용해야만 재프로그램할 수 있다.

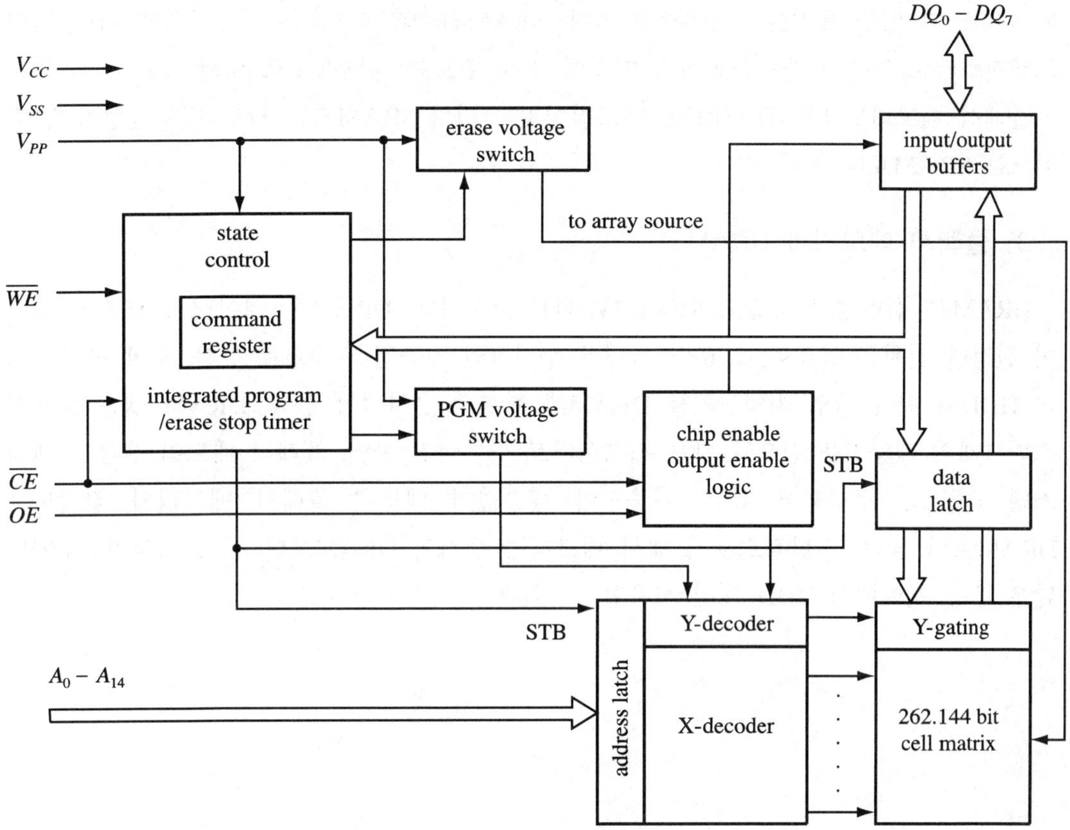

그림 11.21 플래시 메모리의 블록도

EEROM은 시스템에서 분리하지 않고도 재프로그램할 수 있으나 ROM이나 EPROM보다 더 복잡한 셀 구조를 가지고 있어 밀도가 높지 않다. 이러한 저밀도성 때문에 ROM이나 EPROM보다 비트당 가격이 더 비싸다.

플래시 메모리는 기본적으로 READ/WRITE 소자이기 때문에 시스템 내에서 쉽게 재프로그램할 수 있다. 플래시 메모리의 밀도는 단일 트랜지스터 셀을 가지고 있는 ROM이나 EPROM과 비슷하며, ROM, EPROM, EEPROM과 마찬가지로 플래시 메모리도 전원이 끊긴 상태에서 데이터를 저장할 수 있는 비휘발성 소자이다.

2. 플래시 메모리와 SRAM

SRAM은 휘발성 READ/WRITE 소자이며, 저장된 데이터를 보존하기 위하여 지속적인 전원 공급을 필요로 한다. 많은 응용에서 주전원이 끊어질 경우 데이터 손실을 방지하기 위하여 예비 배터리를 사용하나 배터리가 고장이 날 가능성이 있기 때문에 SRAM에 저장된 데이터의 영구 유지를 보장할 수 없다. SRAM의 메모리 셀은 기본적으로 여러 개의 트랜지스터로 구성된 플립플롭이기 때문에 집적 밀도는 상대적으로 낮다.

플래시 메모리도 READ/WRITE 메모리이기는 하나 SRAM과는 달리 비휘발성이며, 집적도는 SRAM보다 높다.

3. 플래시 메모리와 DRAM

DRAM은 휘발성의 고밀도 READ/WRITE 소자이다. DRAM은 데이터의 보존을 위하여 일정한 전원을 필요로 할 뿐만 아니라 주기적인 재충전을 필요로 한다. 실제 응용에서는 HDD와 같은 백업 기억장치를 DRAM과 함께 사용하여야 한다. DRAM 셀은 트랜지스터 1개와 재충전을 필요로 하는 커패시터로 이루어진 반면, 플래시 메모리 셀은 트랜지스터 1개로만 구성되어 있고, 재충전이 필요없기 때문에 플래시 메모리의 집적도는 DRAM보다 높다. 일반적으로 플래시 메모리는 등가의 DRAM보다 전력 소모가 적으며, 많은 응용 분야에서 HDD 대신 사용할 수 있다.

연습문제

1. RAM과 ROM이 Random Access 메모리인 이유를 설명하라.

2. 그림 11.22의 32×6 ROM은 6비트 2진수를 대응되는 두 자리 BCD 수로 바꾼다. 이 ROM에 대한 진리표를 구하라.

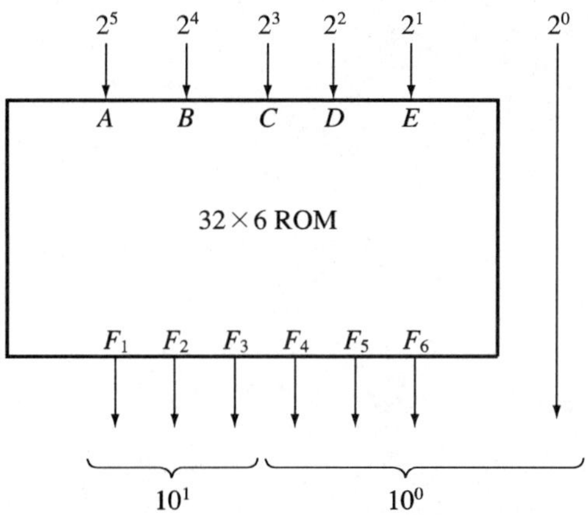

그림 11.22 2진-10진 변환기

3. 그림 11.10(a)처럼 $B_0 = A_0$와 $B_1 = 0$을 이용하여 입력 5비트 수의 2진 제곱을 산출하는 데 32×8 ROM이 사용된다는 것을 증명하라. 회로의 블록도를 그리고 ROM 진리표의 처음 4개와 마지막 4개의 입출력 관계를 작성하라.

4. 다음을 수행하는 데 필요한 ROM의 크기를 구하라.
   (1) 뺄셈과 덧셈을 선택하는 데 하나의 제어입력을 사용하는 BCD 가산기, 감산기
   (2) 두 4비트 수를 곱하는 2진 승산기
   (3) 공통으로 선택선들을 사용하는 두 단위로 된 4×1 멀티플랙서

5. ROM과 RAM의 차이점에 대하여 설명하라.

6. DRAM과 SRAM의 차이점에 대하여 설명하라.

7. 12개의 주소라인을 갖는 DRAM의 비트 용량은 얼마인가?

8. 플래시 메모리와 ROM, EPROM 및 EEPROM을 비교하여 설명하라.

9. 플래시 메모리와 DRAM을 비교하여 설명하라.

10. 플래시 메모리와 SRAM을 비교하여 설명하라.

Digital Engineering

12장 프로그램 논리소자

이 장에서는 프로그램 논리소자(Programmable Logic Device, PLD)를 소개하고, 이를 이용한 조합논리회로와 순서논리회로의 구현방법을 설명한다.

앞 장에서 여러 가지 표준 IC를 이용하여 논리회로를 구성하여 보았다. 이렇게 구성된 논리회로는 사용되는 IC의 수에 비례해서 필요한 PCB의 크기도 커져야 하며, IC들을 기판에 부착시키는 노력과 더불어 사용하는 표준 IC에 대한 정확한 사양을 숙지하고 있어야 하는 불편사항을 감수해야 한다. 이런 불편사항은 설계하고자 하는 시스템이 커지면 커질수록 빈번하게 생긴다.

따라서 논리회로 설계에서 사용되는 IC의 개수를 줄이는 노력이 계속되고 있다. 그것은 PCB의 크기를 줄여서 경제성을 높이며, 조립공정이나 고장 점검이 쉬워지고, 전력소모를 줄일 수 있게 함은 물론, 사용 IC 간 접속점의 개수를 원천적으로 줄여줌으로써 기기의 신뢰성을 높일 수 있는 많은 장점이 있기 때문이다.

이처럼 논리회로 설계에 사용되는 IC를 줄이기 위해서는 하나의 칩에 논리기능을 가능한 많이 내장시키는 것이 요구되는데, 이때 사용되는 기술이 바로 반도체 집적기술이다.

그리고 이러한 집적화 기술로 만들어진 표준화된 LSI나 VLSI 칩들이 많이 제작되어 상용화되고 있으나 이들은 이미 정해진 동작을 수행하도록 IC 내부에서 서로 연결된 논리회로를 구성하고 있기 때문에 실제 논리회로 설계시 필요한 논리기능을 수행시키는 경우에 부적절한 상황이 종종 발생하게 된다. 따라서 이러한 문제점을 해결하기 위해서 논리회로 설계자가 자신의 요구 조건에 맞추어 최적의 회로를 설계할 수 있도록 만든 소자가 바로 프로그램이 가능한 논리소자, 즉 PLD이다.

12.1 개 요

PLD는 칩 내부에 상호간 접속이 가능한 여러 종류의 수많은 게이트와 플립플롭, 레지스터들을 내장하고 있는 IC로서 많은 표준 IC들을 하나의 칩으로 대치할 수 있는 방법을 제공해 준다. 즉, 이 IC는 응용에 적합한 특정 기능을 수행하기 위해 선택한 연결부분만을 끊을 수 있도록 IC 내부에 가용성 링크를 제공하고 있다. 이러한 끊는 과정을 퓨즈 끊기(fuse-blowing)과정이라 하며, 생산자가 사용자의 주문에 의해 또는 사용자 자신이 수행할 수 있도록 구성되어 있다. 그리고 이러한 과정에 의해서 사용자가 원하는 회로를 구성할 수 있기 때문에 '프로그램한다'라고 말한다.

앞에서 설명한 것과 같이 PLD는 여러 가지 형태의 논리회로 응용에서 SSI와 MSI 논리소자 대신 사용할 수 있으며, 이 경우 공간을 절약하고, 소자의 수를 줄일 수 있을 뿐만 아니라 비용도 절감할 수 있다.

예를 들어 커피 한 잔에 150원 하는 커피 자판기 회로를 구성하는 데 PLD를 이용하여 하드웨어를 구현하는 과정을 다음에 설명한다.

이 커피 자판기는 반드시 100원과 50원 동전을 사용하여야 하며, 500원 또는 10원 및 1원 동전을 사용하면 자동으로 배출되고, 또한 100원과 50원 동전도 3개 이상 투입되면 자동으로 배출되게 기계적으로 구성되었다고 하면 커피 자판기의 입력신호는 다음과 같이 정의할 수 있다.

입력신호 A : 1번째 100원 동전 투여
B : 2번째 100원 동전 투여
C : 1번째 50원 동전 투여
D : 2번째 50원 동전 투여
출력신호 Y_1 : 커피가 나오는 릴레이 구동신호
Y_2 : 100원 거스름 동전 반환신호
Y_3 : 50원 거스름 동전 반환신호

이것을 진리표로 나타내면 표 12.1과 같다.

표 12.1의 진리표를 논리식으로 표현하면 식 (12.1), (12.2), (12.3)으로 된다.

$$Y_1 = A'BC'D + A'BCD' + A'BCD + AB'C'D + AB'CD' + AB'CD + ABC'D' + ABC'D + ABCD' + ABCD \tag{12.1}$$

▶**표 12.1** 커피 자판기 회로의 진리표

A	B	C	D	Y_1	Y_2	Y_3
0	0	0	0	0	0	0
0	0	0	1	0	0	1
0	0	1	0	0	0	1
0	0	1	1	0	1	0
0	1	0	0	0	1	0
0	1	0	1	1	0	0
0	1	1	0	1	0	0
0	1	1	1	1	0	1
1	0	0	0	0	1	0
1	0	0	1	1	0	0
1	0	1	0	1	0	0
1	0	1	1	1	0	1
1	1	0	0	1	0	1
1	1	0	1	1	1	0
1	1	1	0	1	1	0
1	1	1	1	1	1	1

$$Y_2 = A'B'CD + A'BC'D' + AB'C'D' + ABC'D + ABCD' + ABCD \quad (12.2)$$

$$Y_3 = A'B'C'D + A'B'CD' + A'BCD + AB'CD + ABC'D' + ABCD \quad (12.3)$$

식 (12.1), (12.2), (12.3)을 간소화하면 식 (12.4), (12.5), (12.6)과 같다.

$$Y_1 = AB + AC + AD + BC + BD \quad (12.4)$$

$$Y_2 = A'BC'D' + A'B'CD + AB'C'D' + ABC + ABD \quad (12.5)$$

$$Y_3 = A'B'C'D + A'B'CD' + ABC'D' + BCD + ACD \quad (12.6)$$

식 (12.4), (12.5), (12.6)을 게이트 IC를 이용하여 회로를 구성하면 그림 12.1과 같다. 그림 12.1에 나타낸 것과 같이 이 커피 자판기는 단순하게 NOT 게이트 16개, AND 게이트 15개, OR 게이트 3개가 필요하다. 이를 실제의 표준 TTL IC로 구현할 경우 74LS04 3개, 74LS08 2개, 74LS20 5개, 74LS260 2개, 이에 따르는 전원용 콘덴서 12개 등이 필요하여 상당히 큰 부피가 될 것이며, 또한 소모 전력 등 부대 비용이 클 것이다. 이를 정리하면 다음과 같은 문제점이 따를 것이다.

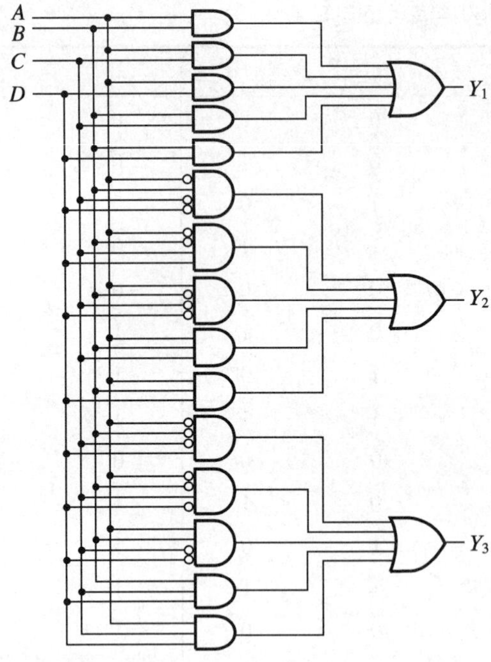

그림 12.1 게이트 IC로 구성한 커피 자판기 회로

① 많은 IC가 필요하다. (12개)

② 부수적으로 전원용 콘덴서(최소 12개) 등 수동 소자가 필요하다.

③ IC 외부로 신호선을 연결해야 되며, 신호선에 노이즈가 발생하여 대책이 필요하다.

④ 부피가 크게 되어 구현 비용이 클 것이다.

⑤ 소모 전력이 크게 되어 운영비가 클 것이다.

이러한 문제점을 해결하기 위해 비교적 간단하며, 널리 사용되는 PLD인 MMI사의 PAL16L8에 대하여 알아보자. PAL16L8은 인버터, 버퍼, AND 및 OR 게이트로 구성되어 있는 PLD이며, 그 내부 블록도는 그림 12.2와 같다. 그림 12.2의 블록도를 설명의 편의를 위하여 그림 12.3과 같이 단순화하여 표시하였다.

앞에서 설명한 PLD를 '프로그램한다'는 것은 그림 12.3과 같은 내부회로를 갖는 PLD에서 필요한 게이트 연결만 남기고 필요하지 않은 게이트 연결선을 끊어버리는 일련의 작업을 말한다. 이 일련의 작업은 소프트웨어와 PLD 라이터를 이용하여 이루어진다.

그러므로 커피 자판기의 회로를 구현할 간소화된 식 (12.4), (12.5), (12.6)을 PLD PAL 16L8로 구현하기 위해서는 그림 12.3의 회로에서 필요 없는 게이트 연결선을 끊어서 그림 12.4와 같이 만들어 주면 된다.

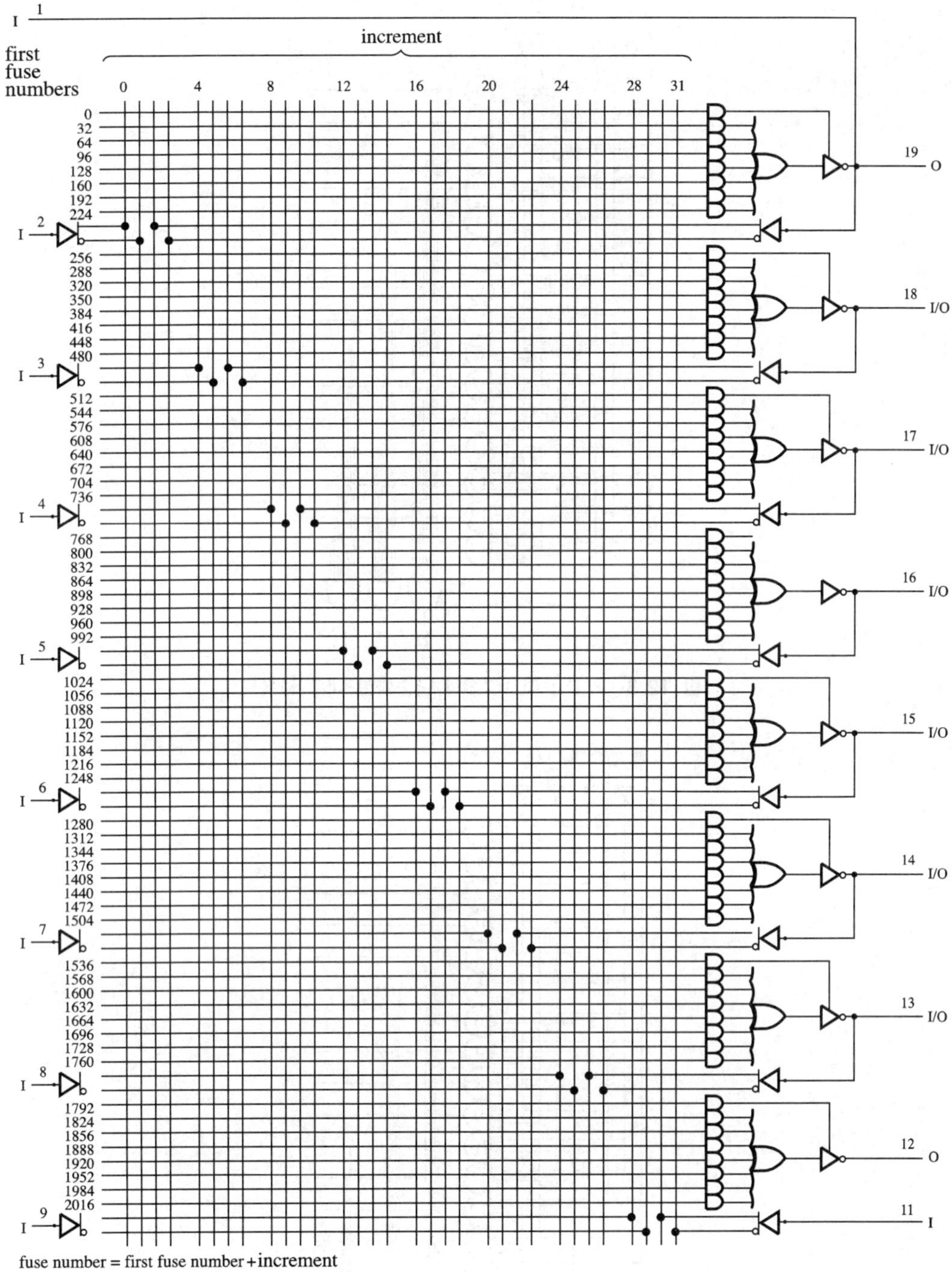

그림 12.2 PLD PAL16L8의 내부 블록도

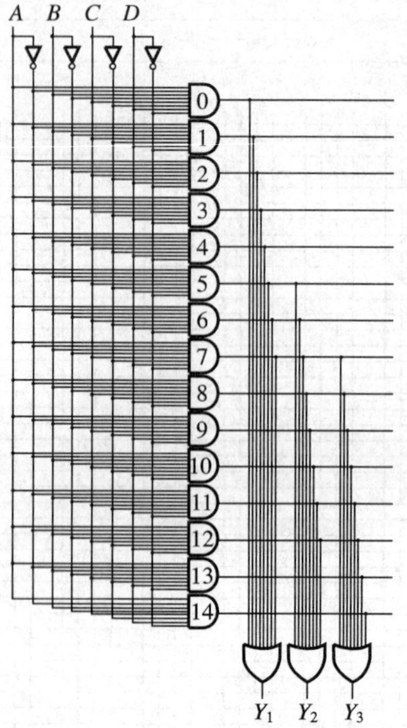

그림 12.3 PLD PAL16L8의 단순화한 내부 블록도

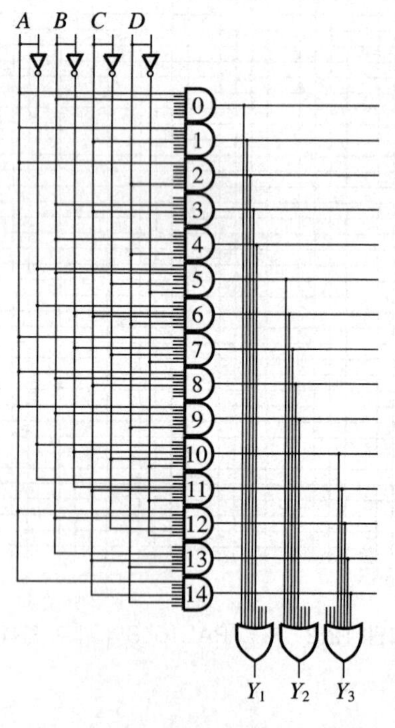

그림 12.4 PLD PAL16L8을 이용한 커피 자판기 회로

즉, 그림 12.4는 그림 12.1과 같은 것이 된다. 이것은 수십 개의 표준 IC로 구성되는 회로를 단지 소프트웨어로 단 하나의 PLD 칩에 집어넣을 수 있다는 것을 말한다.

모든 PLD는 프로그램 가능 어레이(programmable array)로 구성되어 있다. 이것은 기본적으로 행렬 형태로 된 도체의 격자로서 각 행과 열의 교차점은 퓨즈(fuse)로 연결되어 있으며, 프로그램이 불가능한 경우도 있고 가능한 경우도 있다. 최초의 프로그램 가능 어레이는 1960년대에 개발된 다이오드 매트릭스(matrix)로서, 매트릭스의 각 교차점 역시 퓨즈로 연결되어 있었다. 이것이 반도체 기술의 발달과 더불어 오늘날과 같은 형태, 즉 주어진 논리기능을 수행할 수 있도록 프로그램할 수 있는 AND 게이트와 OR 게이트의 대형 어레이 형태로 발전하게 된 것이다.

PLD는 내부 구성요소의 기능적 배열에 따라 분류되며, 소자의 고유한 특성도 이러한 배열에 따라 결정되는데, 일반적으로 PROM, PLA, PAL 및 GAL 등으로 대별한다.

12.2 PLD의 분류

1. PROM

PROM(Programmable Read-Only Memory)은 디코더의 역할을 하는 고정(즉, 프로그램이 불가능한) AND 어레이와 프로그램 OR 어레이로 구성되어 있으며, 그림 12.5에 일반적인 블록도를 나타내었다. PROM은 주로 주소지정 메모리로 쓰이며, 고정 AND 게이트의 제약 때문에 논리소자로는 쓰이지 않는다.

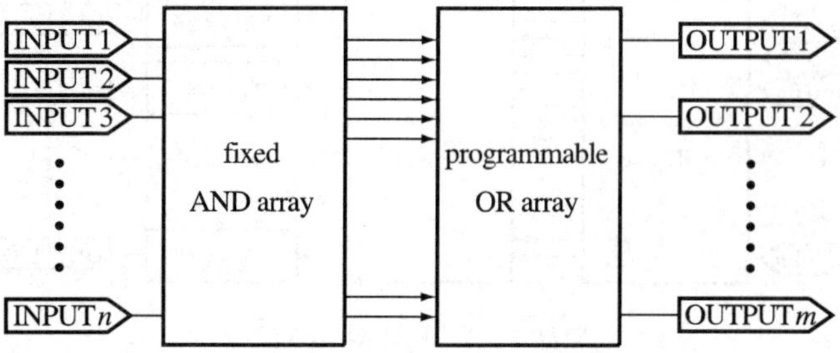

그림 12.5 PROM의 블록도

2. PLA

PLA(Programmable Logic Array)는 그림 12.6과 같이 프로그램 AND 어레이와 프로그램

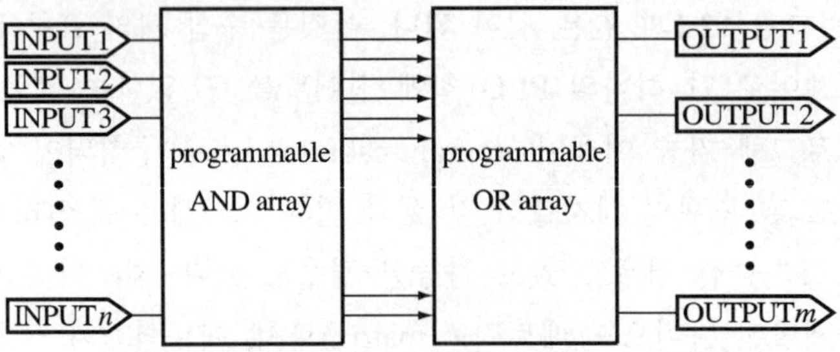

그림 12.6 PLA의 블록도

OR 어레이로 구성되어 있으며, PROM이 안고 있는 약점을 보완하기 위해 개발된 소자이다. PLA는 제조회사가 아닌 현장의 사용자가 프로그램을 하기 때문에 FPLA(Field Programmable Logic Array)라고도 한다.

3. PAL

PLA는 두 개의 프로그램 어레이를 사용하기 때문에 더 많은 퓨즈 연결이 필요하고 또한 회로가 복잡하고 전파지연이 크다는 단점이 있다. PAL(Programmable Array Logic)은 이러한 단점을 보완하기 위해 개발된 것으로서, 그림 12.7에 나타낸 것과 같이 프로그램 AND 어레이와 고정 OR 어레이 및 출력논리로 구성되어 있다.

PAL은 가장 보편적으로 쓰이는 PLD로서 1회에 한해서 프로그램이 가능하며, TTL이나 ECL의 바이폴라 기술을 사용하여 구현한다.

PAL은 MMI(AMD)사의 등록상표로 여기서 설명하는 PAL의 기능을 갖고는 있지만 'PAL'이라는 명칭을 사용하지 않는 IC들이 많이 있음을 알아야 한다.

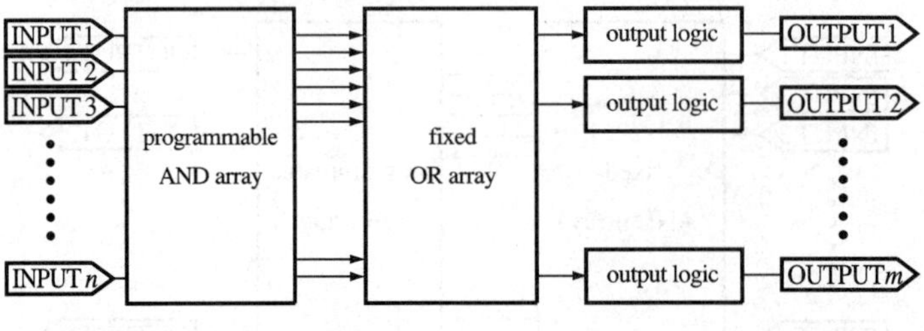

그림 12.7 PAL의 블록도

4. GAL

GAL(Generic Array Logic)은 제조회사에 따라 PALCE(Programmable Logic Array Cmos Electrically Erasable)라고도 하며, 여러 가지의 PLD 중 가장 최근에 개발된 소자이다.

GAL은 PAL과 마찬가지로 프로그램 AND 어레이와 고정 OR 어레이 및 출력논리로 구성되어 있으나, GAL은 지우고 다시 프로그램할 수 있고, 출력논리도 프로그램이 가능하다는 면에서 PAL과 차이가 있다. GAL은 바이폴라 기술이나 퓨즈 대신 E^2CMOS(Electrically Erasable CMOS) 기술을 사용하기 때문에 반복해서 프로그램할 수 있으며, 그림 12.8에 GAL의 블록도를 나타내었다.

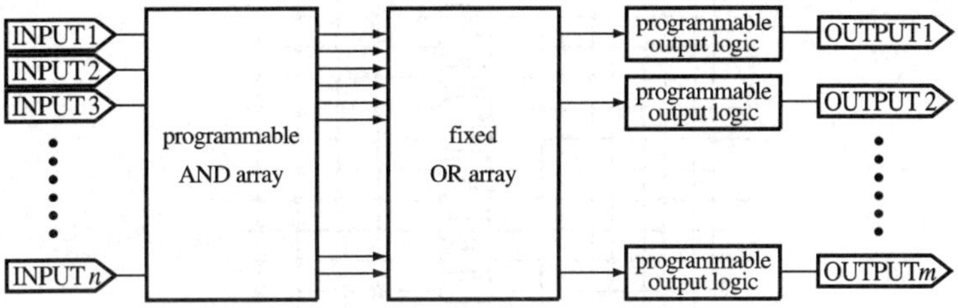

그림 12.8 GAL의 블록도

12.3 PLD의 특성

1. PROM

그림 12.9는 PLD 형태로 된 16×4 PROM을 나타낸 것으로, AND 배열에 의해 완전히 디코드되는 4개의 입력을 갖고 있다. 즉, 각 게이트는 16개의 가능한 곱(product) 중 하나를 만든다. AND 게이트 출력에서 OR 게이트 입력까지의 연결은 프로그램이 가능한 반면, 입력선에서 AND 배열까지는 견고하게(hard-wired) 연결되어 있다.

표 12.2와 같은 진리표를 갖는 회로를 PROM으로 구현하는 방법은 다음과 같다. 진리표에서 출력들을 논리식으로 표현하면 식 (12.7), (12.8), (12.9), (12.10)과 같이 된다.

$$Y_1 = A'B'C'D' + A'B'C'D + A'B'CD' + A'B'CD + A'BCD + AB'CD + ABCD \quad (12.7)$$

$$Y_2 = A'BC'D + ABC'D \quad (12.8)$$

$$Y_3 = A'B'CD + ABC'D' \quad (12.9)$$

$$Y_4 = A'B'C'D + A'B'CD' + A'B'CD + A'BC'D' + A'BC'D + A'BCD' + A'BCD + AB'C'D + AB'CD + ABC'D + ABCD \quad (12.10)$$

그림 12.10은 4개의 명시된 출력 논리함수를 만들기 위해 PROM이 어떻게 프로그램되

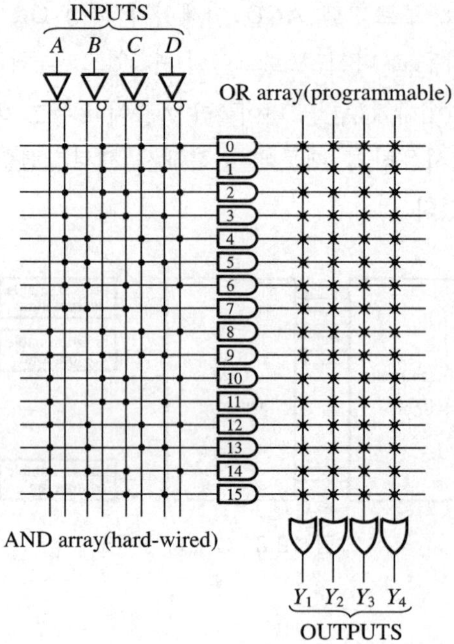

그림 12.9 PLD에 적합하게 만들어진 PROM

▶표 12.2 PROM 구현을 위한 예제의 진리표

A	B	C	D	Y_1	Y_2	Y_3	Y_4
0	0	0	0	1	0	0	0
0	0	0	1	1	0	0	1
0	0	1	0	1	0	0	1
0	0	1	1	1	0	1	1
0	1	0	0	0	0	0	1
0	1	0	1	0	1	0	1
0	1	1	0	0	0	0	1
0	1	1	1	1	0	0	1
1	0	0	0	0	0	0	0
1	0	0	1	0	0	0	1
1	0	1	0	0	0	0	0
1	0	1	1	1	0	0	1
1	1	0	0	0	0	1	0
1	1	0	1	0	1	0	1
1	1	1	0	0	0	0	0
1	1	1	1	1	0	0	1

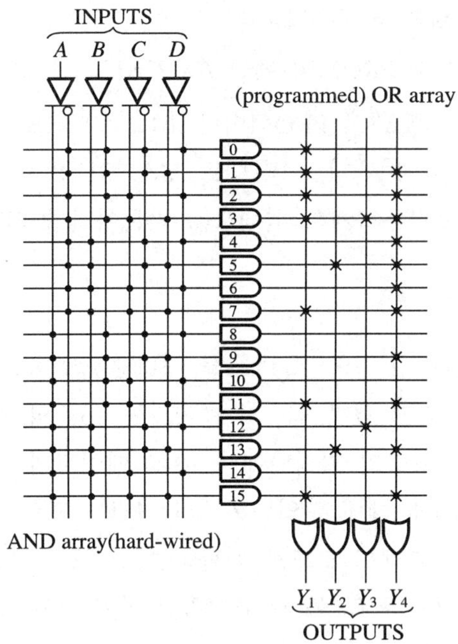

그림 12.10 표 12.2의 진리표에 대한 PROM의 구현

는가를 나타낸다. 우선 출력이 1이 되는 경우에 대해서 곱을 나열한다. Y_1, Y_2, Y_3, Y_4 출력은 이 곱들의 합이 될 것이다. 그러므로 이 곱을 OR 게이트 3, 2, 1, 0에 연결하는 퓨즈들만이 손상되지 않은 채 남아 있게 한다. 그림 12.10에 나타낸 것처럼, 나머지는 모두 끊어지게 된다.

PROM은 모든 가능한 곱을 만들 수 있으므로 입력변수의 어떤 가능한 논리함수도 만들어낼 수 있다. 일반적으로 얻을 수 있는 모든 입력조합을 요구하는 어떠한 응용에도 PROM을 사용할 수 있다.

식 (12.7), (12.8), (12.9), (12.10)을 간소화하면 식 (12.11), (12.12), (12.13), (12.14)와 같이 표현된다.

$$Y_1 = CD + A'B' \tag{12.11}$$

$$Y_2 = BC'D \tag{12.12}$$

$$Y_3 = A'B'CD + ABC'D' \tag{12.13}$$

$$Y_4 = D + A'C + A'B \tag{12.14}$$

PROM은 AND 배열까지는 견고하게 연결되어 있기 때문에 식 (12.11), (12.12), (12.13), (12.14)의 논리식을 프로그램할 수 없다. 그러므로 부가되는 각 입력변수들에 대해 많은 퓨즈가 필요하기 때문에 PROM은 비실용적이다.

PLD로 자주 사용되는 실제 PROM의 예는 AM27S13으로 고속의 쇼트키(schottky) TTL 기술을 사용하여 제작되는 512×4 PROM이다. $512 = 2^9$이므로 이 PROM은 9개의 주소 입력과 4개의 데이터 출력을 가진다. 그러므로 AM27S13은 4개의 출력을 생성하도록 프로그램할 수 있으며, 각 출력은 9개의 입력으로 만들어진 논리함수이다.

2. PLA

그림 12.11은 PLD 형태로 된 16×4 PLA를 나타낸 것으로, AND 배열에 의해 완전히 디코드되는 4개의 입력을 갖고 있다. 즉, 각 게이트는 16개의 가능한 곱(product) 중 하나를 만든다. PLA는 PROM과 달리 입력단에서 AND 게이트까지 프로그램이 가능하고, 또한 AND 게이트 출력에서 OR 게이트 입력까지의 연결도 프로그램이 가능하게 되어 있다.

표 12.3과 같이 2진수를 그레이 코드로 변환하는 진리표를 PLA로 구현하는 방법은 다음과 같다. 표 12.3의 진리표를 논리식으로 표현하면 식 (12.15), (12.16), (12.17), (12.18)과 같이 된다.

$$Y_1 = AB'C'D' + AB'C'D + AB'CD' + AB'CD + ABC'D' + ABC'D + ABCD' + ABCD \tag{12.15}$$

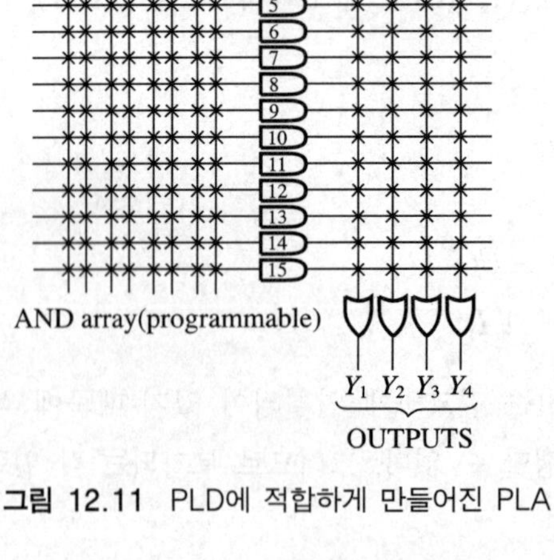

그림 12.11 PLD에 적합하게 만들어진 PLA

▶표 12.3 PLA 구현을 위한 2진-그레이 코드의 진리표

A	B	C	D	Y_1	Y_2	Y_3	Y_4
0	0	0	0	0	0	0	0
0	0	0	1	0	0	0	1
0	0	1	0	0	0	1	1
0	0	1	1	0	0	1	0
0	1	0	0	0	1	1	0
0	1	0	1	0	1	1	1
0	1	1	0	0	1	0	1
0	1	1	1	0	1	0	0
1	0	0	0	1	1	0	0
1	0	0	1	1	1	0	1
1	0	1	0	1	1	1	1
1	0	1	1	1	1	1	0
1	1	0	0	1	0	1	0
1	1	0	1	1	0	1	1
1	1	1	0	1	0	0	1
1	1	1	1	1	0	0	0

$$Y_2 = A'BC'D' + A'BC'D + A'BCD' + A'BCD + AB'C'D' + AB'C'D + AB'CD' + AB'CD \quad (12.16)$$

$$Y_3 = A'B'CD' + A'B'CD + A'BC'D' + A'BC'D + AB'CD' + AB'CD + ABC'D' + ABC'D \quad (12.17)$$

$$Y_4 = A'B'C'D + A'B'CD' + A'BC'D + A'BCD' + AB'C'D + AB'CD' + ABC'D + ABCD' \quad (12.18)$$

식 (12.15), (12.16), (12.17), (12.18)을 간소화하면 식 (12.19), (12.20), (12.21), (12.22)와 같이 표현된다.

$$Y_1 = A \quad (12.19)$$

$$Y_2 = A'B + AB' \quad (12.20)$$

$$Y_3 = BC' + B'C \quad (12.21)$$

$$Y_4 = C'D + CD' \quad (12.22)$$

그림 12.12는 4개의 명시된 출력 논리함수를 만들기 위해 PLA가 어떻게 프로그램되는

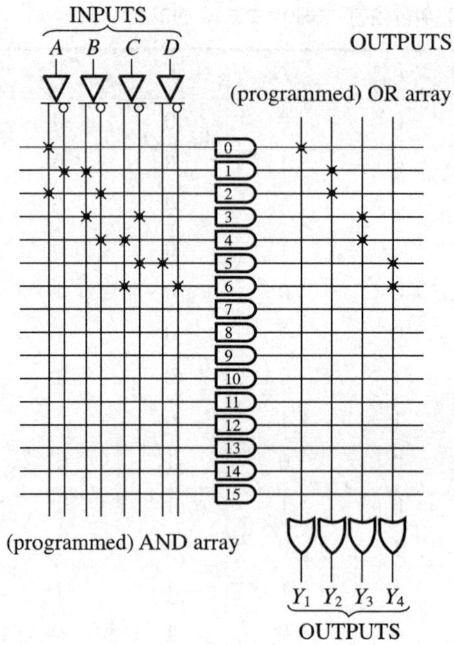

그림 12.12 2진-그레이 코드의 진리표에 대한 PLA의 구현

가를 나타낸다. PLA는 PROM과 달리 입력단에서 AND 게이트까지 프로그램이 가능하고 또한 AND 게이트 출력에서 OR 게이트 입력까지의 연결도 프로그램이 가능하게 되어 있다. 그러므로 식 (12.15), (12.16), (12.17), (12.18)을 프로그램하지 않고, 축소된 모델인 식 (12.19), (12.20), (12.21), (12.22)를 프로그램할 수 있다. PROM과 같은 방법으로, 우선 출력이 1이 되는 경우에 대해서 곱을 나열한다. Y_1, Y_2, Y_3, Y_4 출력은 이 곱들의 합이 될 것이므로 이 곱을 OR 게이트 3, 2, 1, 0에 연결하는 퓨즈들만이 손상되지 않은 채 남아 있게 한다. 그림 12.12에 나타낸 것처럼 나머지는 모두 끊어지게 된다.

3. PAL

PROM의 구조는 모든 가능한 입력조합이 출력함수를 만들기 위해 사용되는 경우에 매우 적합하며, 코드 변환기와 데이터 저장표가 그 예이다. 그런데 모든 입력조합들이 출력함수를 만들 필요가 없는 경우도 많다. 그림 12.10의 논리함수는 사용 가능한 모든 곱셈선을 전부 사용하지 않는다. PAL의 구조는 PROM의 구조와는 약간 다르다.

PAL은 PROM과 같이 AND, OR 배열을 갖고 있기는 하지만 OR 게이트의 입력이 단단히 연결되어 있는 반면에 AND 게이트 입력의 프로그램이 가능하다. 이것은 모든 AND 게이트가 4개의 입력에 대해서 원하는 곱과 보수를 만들 수 있도록 프로그램할 수 있음을

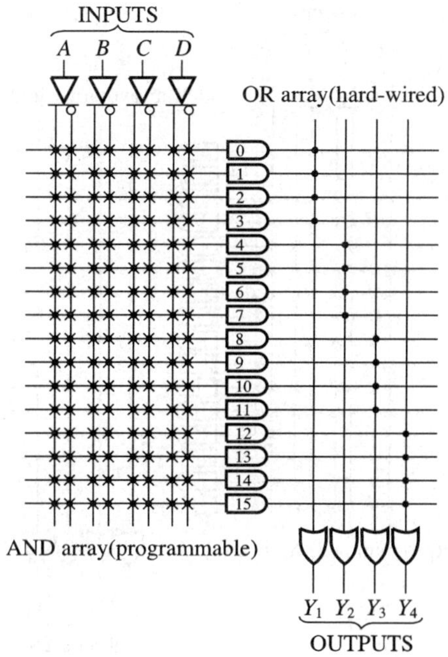

그림 12.13 전형적인 PAL 구조

의미한다. 각 OR 게이트는 4개의 AND 출력에만 선으로 연결되어 있어서 각 출력함수를 4개의 곱의 항으로만 제한한다. 함수가 4개 이상의 곱의 항을 요구한다면, 이 PAL을 사용해서는 표현할 수 없다. 즉, 더 많은 OR 입력을 가지고 있는 소자가 사용되어야 한다. 4개의 곱의 항보다 적게 요구되면, 필요 없는 것은 0이 되도록 하면 된다.

그림 12.13은 PLD 형태로 된 전형적인 16×4 PAL 구조를 나타낸 것으로, AND 배열에 의해 완전히 디코드되는 4개의 입력을 갖고 있다. 즉, 각 게이트는 16개의 가능한 곱(product) 중 하나를 만든다. 이는 PROM과 같이 AND, OR 배열을 갖고 있기는 하지만 OR 게이트의 입력이 단단히 연결되어 있는 반면에 AND 게이트 입력의 프로그램이 가능하다.

표 12.2와 같은 진리표를 갖는 회로를 PAL로 구현하는 경우에는 PROM과는 달리 식 (12.7), (12.8), (12.9), (12.10)을 적용하지 않고, 바로 축소된 모델인 식 (12.11), (12.12), (12.13), (12.14)를 적용하여 프로그램할 수 있다. 그림 12.14는 이 식들을 적용하여 PAL이 4개의 출력 논리함수를 만들기 위해 어떻게 프로그램되는가를 나타낸다.

출력 Y_1을 구하는 절차를 알아보자. 첫 번째, OR 게이트의 입력이 4개이므로, 출력은 4개항의 합으로 표현되어야 한다. 0을 식에 포함시키면 논리함수 $Y_1 = CD + A'B' + 0 + 0$과 같이 표현할 수 있다. 그 다음 AND 게이트 0, 1, 2, 3의 입력을 어떻게 프로그램할 것인가를 결정하여 그들이 올바른 곱의 항을 OR 게이트 Y_1에 제공하도록 해야 한다. 따라서 논

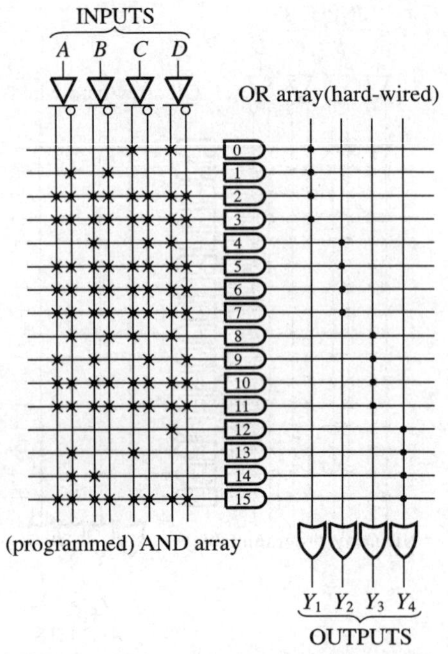

그림 12.14 축소된 모델로 프로그램된 PAL

리함수 Y_1의 첫 번째 항 CD는 입력 C, D를 AND 게이트 0에 연결하는 퓨즈는 남겨두고, 다른 모든 퓨즈는 끊어버림으로써 얻을 수 있다. 똑같이 두 번째 항 $A'B'$은 A', B'을 AND 게이트 1에 연결하는 퓨즈를 연결상태로 남겨둠으로써 얻을 수 있다. 세 번째 항은 0이므로 입력 퓨즈를 그대로 남겨두어 얻어지는 AND 게이트 2의 출력값이다. 이것은 출력 AA', BB', CC', DD'이 0이기 때문이다. 네 번째 항도 0이므로 AND 게이트 3의 입력 퓨즈는 그대로 둔다.

이와 같은 방법으로 다른 AND 게이트의 입력들도 또다른 출력함수를 생성하기 위해서 프로그램된다. AND 게이트들을 0으로 만들 필요가 있으므로, 모든 입력 퓨즈가 연결되어 있는 AND 게이트가 많이 필요하다.

지금까지 설명한 것은 PAL의 일부분에 불과하며, 실제의 PAL은 수많은 AND 게이트와 OR 게이트 및 기타 회로를 가지고 있는 매우 복잡한 집적회로 소자이다. 따라서 논리를 표시하기 위하여 제조회사들은 간단한 기호를 채택하고 있다. 다음은 PAL에서 응용되고 있는 몇 가지 일반적인 소자와 그 기능들을 정리하였다.

■ 입력 버퍼

low 상태의 변수나 보수가 여러 개의 AND 게이트 입력단에 연결될 경우, 많은 전류가 흘러들어와 회로가 파손될 우려가 있으므로 이를 방지하기 위하여 PAL에 연결되는 입력

변수들은 버퍼(buffer)를 거치게 한다. 반전 버퍼는 입력변수의 보수를 출력시킨다. 변수나 보수를 출력시키는 버퍼 회로의 기호가 그림 12.2의 입력단(2번부터 9번 핀까지)에 나타나 있으며, 그림에서 버블 출력은 보수를 의미한다.

■ AND 게이트

PAL의 AND 어레이에는 보통 수많은 연결선이 있으며, 각 AND 게이트도 여러 개의 입력단을 가지고 있다. PAL 논리도에서는 그림 12.2와 같이 여러 개의 입력단을 갖는 AND 게이트를 한 개의 입력단만을 갖는 AND 기호로 나타낸다. 즉, 그림 12.15와 같이 도식화된 그림의 실제 연결선은 그림 12.16과 같은 것이다. 또한 그림 12.17과 같이 AND 게이트 앞에 표시된 바와 같이 여러 개의 입력단을 사선과 입력단의 수로 나타내기도 한다.

■ PAL의 연결 표시

논리도를 가능한 간단히 하기 위하여 프로그램된 AND 어레이를 그림 12.14에 나타낸 것과 같이 교차점 ×는 퓨즈가 그대로 있는 것을 나타내며, ×가 없는 경우 퓨즈가 끊어진 것을 의미한다. OR 게이트의 고정 연결은 표준점(dot) 기호로 나타낸다.

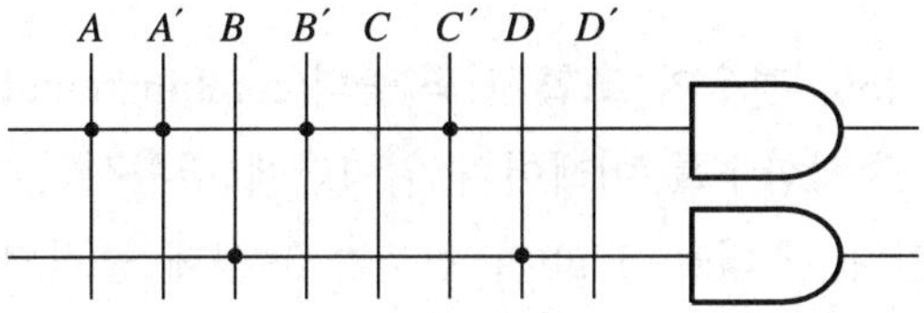

그림 12.15 도식화된 AND 게이트 표시방법(1)

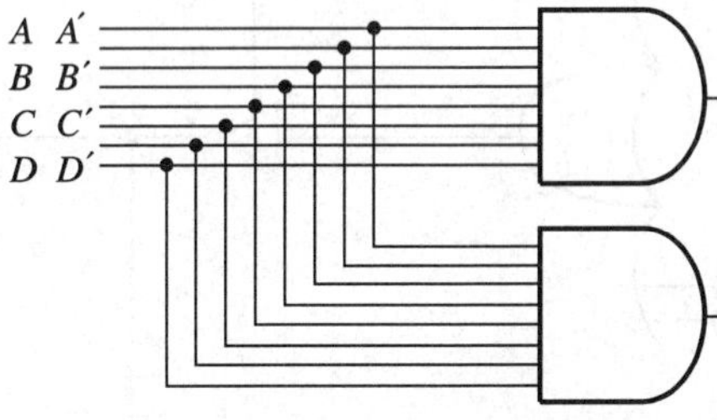

그림 12.16 실제 AND 게이트 연결

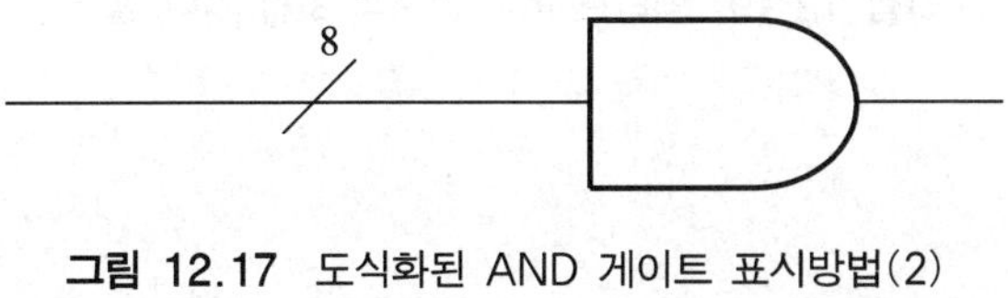

그림 12.17 도식화된 AND 게이트 표시방법(2)

■ PAL의 출력 조합논리

PAL의 출력 논리(output logic)에는 몇 가지의 기본형이 있으며, 주어진 응용에 따라 소자를 선택하여 사용할 수 있다. 그림 12.18, 12.19, 12.20에 OR 게이트와 3-상태 출력으로 구성된 다음 세 가지의 조합출력논리를 설명하였다.

그림 12.18은 액티브- low 경우의 조합출력(combinational output)을 나타낸 것으로 이 출력 논리는 SOP(sum of product) 함수에 쓰이며, 보통 액티브-low 혹은 액티브- high 출력에 이용할 수 있다. 액티브- high 출력의 경우는 3-상태 출력의 버블을 제거하면 된다.

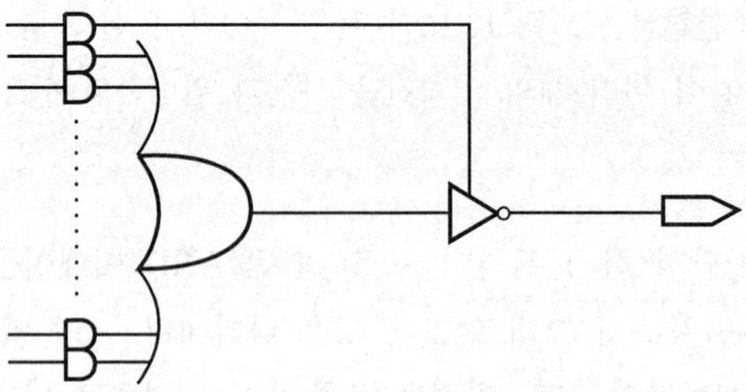

그림 12.18 액티브-low 경우의 조합출력

그림 12.19는 액티브- low 경우의 조합 입력/출력(combinational input/output)을 나타낸 것으로, 이 출력 논리는 출력함수를 어레이의 입력단에 귀환시키거나 혹은 I/O 핀을 입력 전용으로 사용할 때 쓰인다. 액티브- high의 경우는 3-상태 출력의 버블을 제거하면 된다.

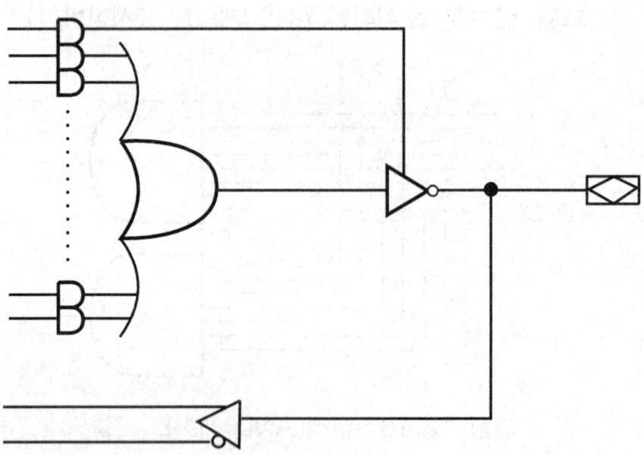

그림 12.19 액티브-low 경우의 조합 입력/출력

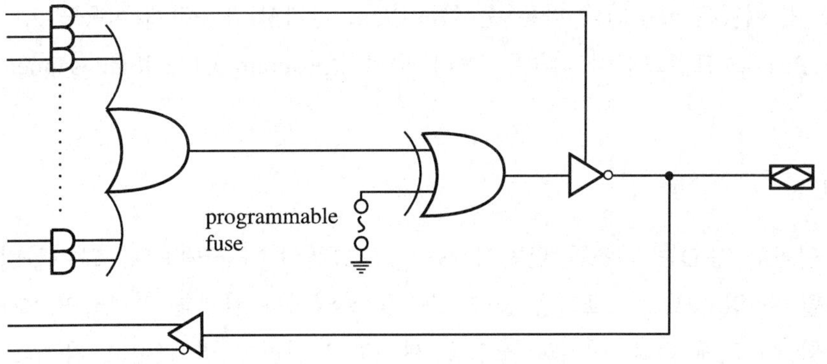

그림 12.20 프로그램 극성 출력

그림 12.20은 프로그램 극성 출력(programmable polarity output)을 나타낸 것으로 이 출력 논리는 출력함수나 보수 중 하나를 선택할 때 쓰이며, 이를 위하여 exclusive OR 게이트를 프로그램한다. 함수를 반전시키고자 할 경우 exclusive OR 게이트 입력단의 퓨즈 연결을 개방시키며, 그렇지 않을 경우에는 퓨즈 연결을 그대로 둔다.

■ PAL의 소자번호

PAL은 여러 가지 형상으로 되어 있으며, 각각은 고유의 소자번호에 의해 구분된다. 소자번호는 항상 접두사 PAL로 시작한다. PAL 다음의 두 숫자는 입력단의 수를 표시하며, 여기에는 입력단으로 사용할 수 있는 출력단도 포함되어 있다. 입력단 수 다음의 문자는 출력의 형태를 나타내며, L은 액티브-low, H는 액티브-high, P는 프로그램 극성을 각각 의미한다. 출력의 형태에 이어 표시된 한두 개의 숫자는 출력단의 수를 나타낸다. 다음에 한 예가 있다.

PLD16L8

그 외에 속도, 패키지형, 온도 범위 등을 규정하는 접미사가 붙을 수도 있다.

PAL의 형상에 대한 예로서, 그림 12.2에 PAL16L8의 블록도를 나타내었다. 이 소자는 10개의 입력전용단자(I)와 입력단으로 사용할 수 있는 6개의 입력/출력단(I/O)을 가지고 있다. 또한 2개의 출력전용 단자(O)와 출력단으로 사용할 수 있는 6개의 입력/출력단을 가지고 있으며, 각 출력은 액티브-low 출력이다.

■ 논리 순서기

PLD는 플립플롭, 래치, 입력 레지스터, 출력 레지스터들을 한 개 또는 그 이상 갖고 있는 것이 있다. 칩에서 이런 소자를 다른 소자에 연결하여 소자들의 동작 특성을 프로그램할 수 있으며, 이것은 카운터와 다른 순서논리회로 설계시 유용하게 이용될 수 있다. 이러한 형태의 PLD를 프로그램이 가능한 논리 순서기(programmable logic sequencer)라고도 한다.

4. GAL

앞에서 언급한 PLD는 퓨즈를 단락시키는 프로그램이 가능하다. 퓨즈는 한번 끊어지면 다시 연결할 수 없으므로 프로그램 중에 실수를 하였거나 설계를 변경하면, 그 소자는 더 이상 사용할 수 없게 된다. 이러한 결점을 해소하기 위하여 몇 번이고 지우고 다시 프로그램할 수 있는 EPLD가 개발되었다. EPLD(erasable PLD)라고 하는 소자들은 EPROM이나 EEPROM과 같이 여러 번 프로그램하고 지울 수 있으며, GAL16V8 등이 이와 같은 소자이다. EPLD에서 퓨즈들은 가용성 링크라기보다는 전기적 스위치로서, EEPROM에서 메모리 셀을 전기적으로 지우고 다시 프로그램할 수 있는 것처럼 퓨즈의 상태(단락, 연결)를 전기적으로 몇 번이고 변화시킬 수 있는 소자이다.

EPLD는 GAL 또는 PALCE라는 이름으로 상용화되고 있으며, 여기서는 GAL이라는 명칭으로 설명한다.

GAL은 반복 프로그램 AND 어레이가 고정 OR 어레이에 연결된 구조를 가지고 있기 때문에 PAL과 마찬가지로 어떠한 SOP식도 구현할 수 있다. 대부분의 GAL은 여러 개의 입력단과 출력단을 가지고 있으며, 반복 프로그램 어레이는 행과 열 형태로 된 도체의 격자로서 각 교차점은 PAL의 퓨즈와는 달리 E^2CMOS 셀로 구성되어 있다.

각 행은 AND 게이트의 입력단에 연결되어 있으며, 각 열은 입력변수나 변수의 보수에 연결되어 있다. E^2CMOS 셀들을 ON 혹은 OFF 상태가 되도록 적절히 프로그램함으로써 입력변수나 보수의 모든 조합이 AND 게이트에 입력되도록 할 수 있으며, 원하는 어떠한 곱항도 만들 수 있다. 어떤 셀이 ON 상태에 있을 경우 해당되는 행과 열이 연결되며, OFF 상태일 때는 연결되지 않는다. 모든 셀은 전기적으로 지우거나 다시 프로그램할 수 있으며, E^2CMOS 셀의 경우 프로그램된 상태를 보통 20년 이상 유지한다.

그림 12.21은 GAL의 전형적인 E^2CMOS 어레이 구조를 나타낸 것이다. 표 12.4와 같은 진리표를 갖는 회로를 GAL로 구현하는 방법은 다음과 같다.

표 12.4를 논리식으로 표현하면 식 (12.23)과 같이 된다.

$$Y = A'B' + A'B + AB \tag{12.23}$$

그림 12.21을 이용하여 식 (12.23)을 간단하게 GAL 어레이로 프로그램하면 그림 12.22와 같다.

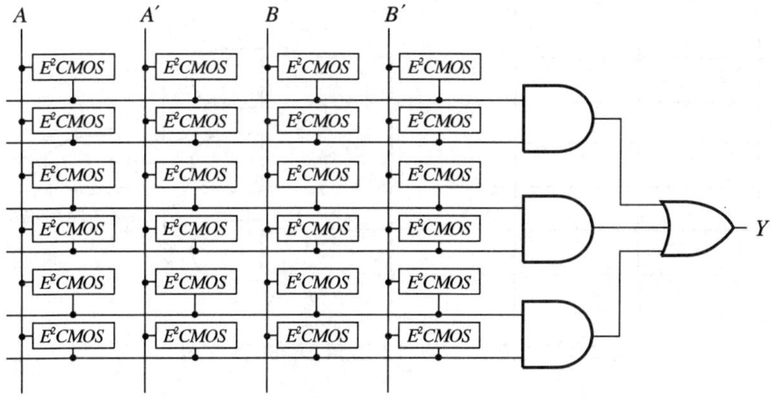

그림 12.21 GAL의 전형적인 E^2CMOS 어레이 구조

▶표 12.4 GAL 구현을 위한 예제의 진리표

A	B	Y
0	0	1
0	1	1
1	0	0
1	1	1

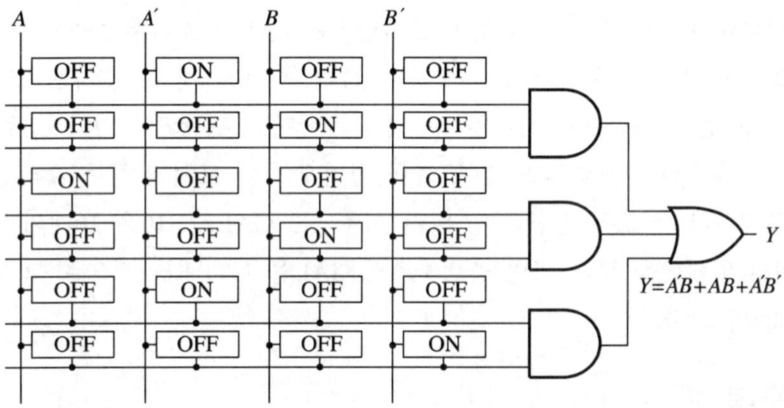

그림 12.22 SOP식의 GAL 구현

그림 12.23 위쪽의 AND 게이트에서는 곱항 $A'B$, 중간 AND 게이트에서는 AB, 아래쪽의 AND 게이트에서는 $A'B'$이 각각 만들어진다. 그림 12.22에 나타낸 것과 같이, 원하는 변수나 보수를 적당한 AND 게이트 입력단에 연결하고자 할 경우 E^2CMOS 셀은 ON 상태가 되게 한다. 어떤 변수나 보수가 주어진 곱항에 나타나지 않을 경우 해당되는 E^2CMOS

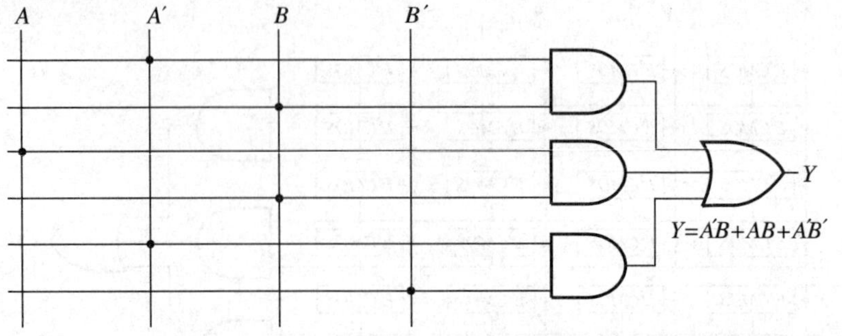

그림 12.23 그림 12.22의 도식화된 그림

셀은 OFF 상태가 되게 한다. 이때 OR 게이트의 최종 출력은 SOP식이 된다.

그림 12.22는 GAL의 교차점이 PAL의 퓨즈와는 달리 E^2CMOS 셀로 구성되어 있다는 점을 강조하기 위한 그림이며, 이는 그림 12.23과 같이 일반적으로 도식화된 그림으로 표현한다.

■ GAL의 소자번호와 상용 칩

GAL은 여러 가지 형상으로 되어 있으나 모든 GAL은 같은 형태의 프로그램 어레이를 가지고 있고, 어레이의 크기, OLMC(output logic macro cell, 출력 매크로 셀)의 구조, 속도와 전력 소모 등의 동작 파라미터만이 다를 뿐이며, 이러한 특성을 각각 고유한 소자번호에 의해 나타낸다. 기본적으로 GAL의 소자번호는 PAL의 소자번호와 유사하게 표시한다. 소자번호는 항상 접두사 GAL로 시작하며, GAL 다음의 첫 두 숫자는 입력단의 수를 표시하며, 여기에는 입력단으로 사용할 수 있는 출력단도 포함되어 있다. 입력단 수 다음의 문자 V는 가변출력 구조를 나타내며, 출력 형태에 이어 표시된 한두 개의 숫자는 출력단의 수를 표시한다. 비교적 간단하며, 널리 이용되는 GAL22V10은 10개의 출력단을 포함하는 22개의 입력단을 갖는 가변 출력구조의 GAL을 나타내는 것으로 그 내부 블록도는 그림 12.24와 같다.

■ 출력 매크로 셀

GAL에는 그림 12.24의 GAL22V10의 출력단에 나타낸 것과 같이 OLMC라는 요소가 배치되어 있다. GAL은 출력단에 배치되어 있는 이 OLMC를 제어하여 사용자가 입/출력을 마음대로 설정할 수 있으며, 이 OLMC의 구조가 GAL의 출력 특성을 결정하게 된다. 그림 12.25는 GAL22V10의 OLMC 구조이다.

GAL22V10의 OLMC는 AND 게이트로부터의 OR 게이트에 대한 입력 수는 앞에서 설명한 것과 같이 10개에서 16개까지 다양하며, 또한 플립플롭과 두 개의 멀티플렉서로 구성

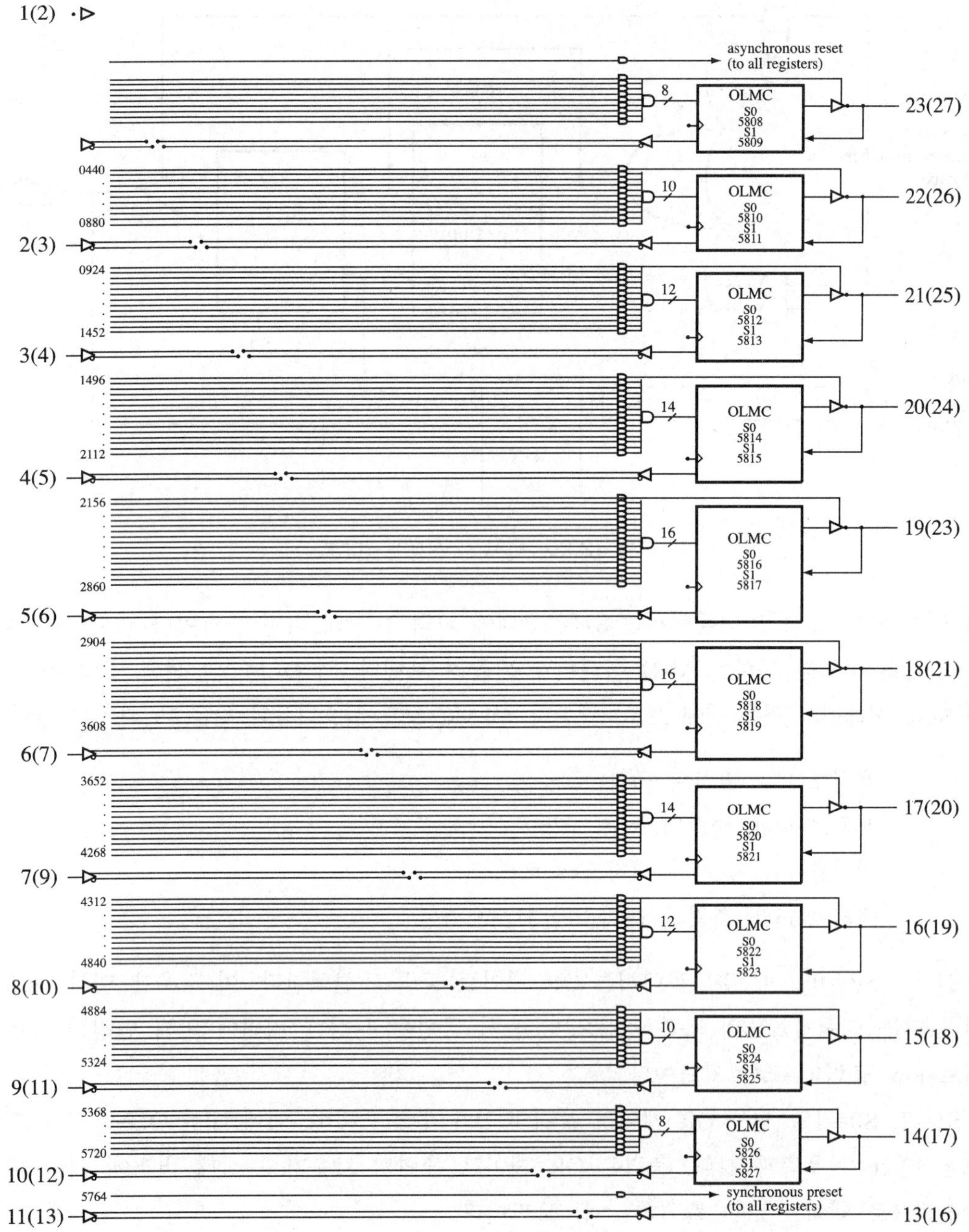

그림 12.24 GAL22V10의 내부 블록도

되어 있다.

4×1 멀티플렉서는 선택입력 S1, S0의 상태에 따라 4개의 입력, 즉 OR 게이트 출력, OR 게이트 출력의 보수, 플립플롭 출력, 플립플롭 출력 보수 중 하나를 3-상태 출력 버퍼

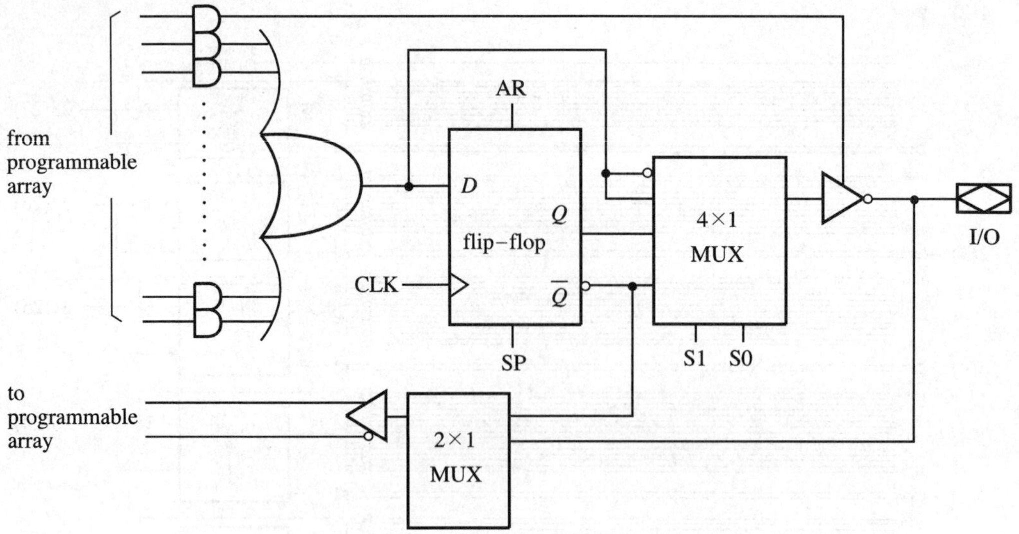

그림 12.25 GAL22V10의 OLMC

에 연결한다. 2×1 멀티플렉서는 S1의 상태에 따라 3-상태 버퍼 출력이나 플립플롭 출력 중 하나를 버퍼를 통하여 AND 어레이로 되돌려 보낸다. 각 OLMC의 선택 입력 비트 S1과 S0는 어레이의 전용 셀에 프로그램된다. OLMC 모드에는 다음과 같은 네 가지가 있다.

액티브-low 출력의 조합 모드
액티브-high 출력의 조합 모드
액티브-low 출력의 레지스터 모드
액티브-high 출력의 레지스터 모드

S1=1, S0=0일 때 멀티플렉서는 OR 게이트 출력을 선택한다. 이 경우에 대한 OLMC의 논리는 그림 12.26의 좌측과 같으며, 출력 극성은 3-상태 버퍼에 의해 반전되므로 액티브-low 출력의 조합 모드이다.

S1=1, S0=1일 경우 OR 게이트 출력의 보수가 선택되며, 이에 대한 OLMC의 논리는 그림 12.26의 우측과 같다. 출력은 OR 게이트 출력의 보수가 3-상태 버퍼에 의해 다시 반전되므로 액티브-high 출력의 조합 모드이다.

S1=0, S0=0일 때 플립플롭은 OR 게이트 출력을 선택한다. 이 경우에 대한 OLMC의 논리는 그림 12.27의 좌측과 같으며, 출력 극성은 3-상태 버퍼에 의해 반전되므로 액티브- low 출력의 레지스터 모드이다.

S1= 0, S0=1일 경우 OR 게이트 출력의 보수가 선택되며, 이에 대한 OLMC의 논리는 그림 12.27의 우측과 같다. 출력은 OR 게이트 출력의 보수가 3-상태 버퍼에 의해 다시

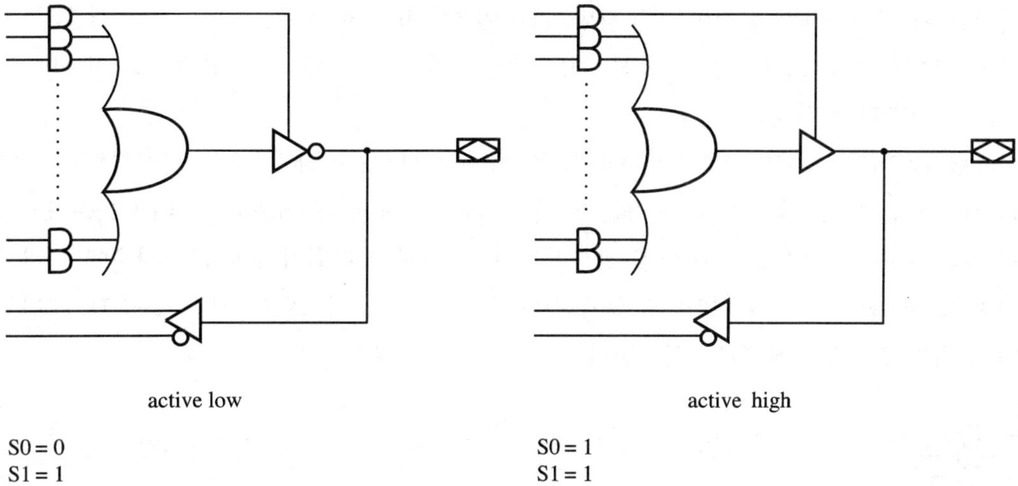

그림 12.26 GAL22V10 OLMC의 조합 모드

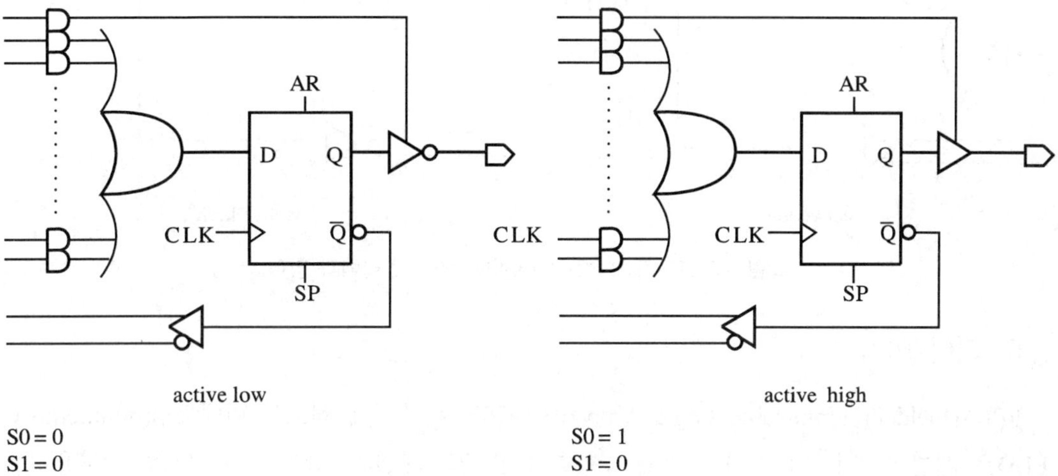

그림 12.27 GAL22V10 OLMC의 레지스터 모드

반전되므로 액티브-high 출력의 레지스터 모드이다.

■ OLMC에서 출력과 입력의 선택

10개의 OLMC 각각에 대한 S1, S0 비트는 논리 어레이 셀과는 다른 전용 셀에 프로그램된다. OLMC는 3-상태 버퍼를 적절히 제어함으로써 출력단 혹은 입력단으로 사용할 수 있다.

3-상태 버퍼는 출력과 입력을 분리시키는 제어입력단을 가지고 있는 2상태 논리 인버터로서, low(입력이 high일 때), high(입력이 low일 때) 및 고임피던스 상태(출력과 입력이

분리될 때)의 세 가지 출력이 가능하다. 제어입력이 high일 경우, 버퍼는 인버터로서 동작하며, 제어입력이 low일 경우 버퍼는 고임피던스 상태에 있게 되고 임피던스 상태에 있는 버퍼는 개방된 스위치와 같다.

그림 12.26의 OLMC 조합 모드에 대한 논리를 보면 3-상태 버퍼의 제어입력은 어레이의 한 AND 게이트에서 나오는 것을 알 수 있다. 이 제어입력이 high일 때 OLMC는 그림 12.28의 좌측과 같이 조합 출력을 발생시킨다. 반면에 제어입력이 low일 경우에는 버퍼가 개방되므로 핀은 그림 12.28의 우측에 나타낸 것과 같이 입력단이 된다. 3-상태 제어입력의 상태는 프로그램에 의해 설정된다.

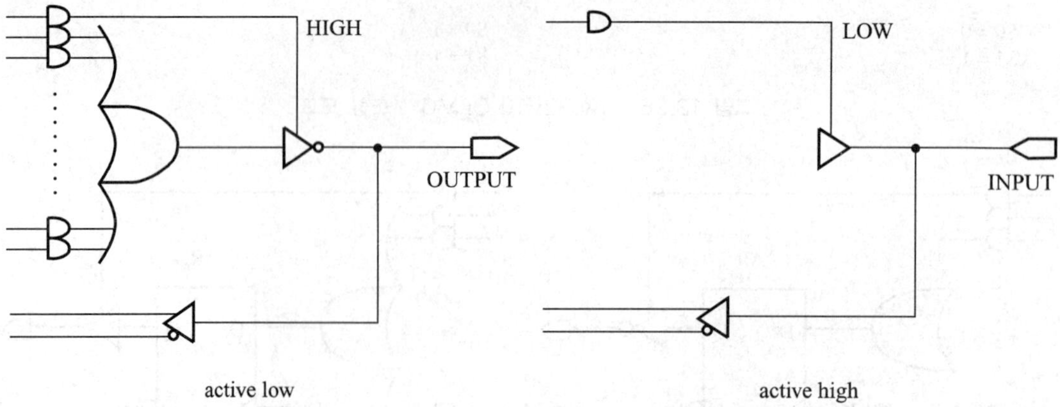

그림 12.28 GAL22V10 OLMC의 조합출력과 입력

5. 기타 PLD

FPLA(Field Programmable Logic Array)는 1970년대 중반에 최초의 비메모리(nonmemory) PLD로 개발되었다. 이 소자는 프로그램 가능한 OR 배열과 AND 배열을 함께 사용하였다. FPLA의 구조는 PAL 구조보다 간단하지만 일반적인 논리회로 구성에 널리 사용되지는 않는다. FPLA는 SOP(Sum Of Product) 표현에서 많은 곱의 항을 필요로 하는 상태 기계(state-machine) 설계에 주로 사용된다.

CPLD(Complex PLD)는 다중 레벨 배열이라고도 하며, 동일 칩상에서 PAL 형태의 회로를 결합시키는 소자이다. 논리 블록은 대부분의 PAL 소자보다 훨씬 적은 곱의 항을 갖는 프로그램 가능한 AND, 고정형 OR이다. 더 많은 곱의 항이 필요할 때에는, 더욱 확장된 NAND 배열이 입력항으로 연결되거나, 또는 논리식을 실행하기 위해 여러 논리 블록이 결합될 수 있다. PLD가 수십 개의 게이트 조합이라고 하면, CPLD는 수십 개에서 수십만 개의 게이트와 플립플롭, 래치, 입력 레지스터, 출력 레지스터들을 한 개의 칩에 집적하여 놓은 것이라 생각하면 된다.

FPGA(Field Programmable Gate Array)는 순서회로를 위해 프로그램 가능한 조합논리와 레지스터를 포함하고 있는 논리 블록을 구성할 수 있게 한다. 입/출력 블록은 고정된 입력, 고정된 출력, 또는 양방향으로 구성될 수도 있다. 출력은 3상태가 가능하고, 레지스터는 입/출력 데이터를 래치하는 데 사용된다. 논리 블록과 입/출력 블록은 실제로 논리회로를 실현시키기 위해 프로그램으로 서로 연결될 수 있다.

ASIC(Application-Specific Integrated Circuit)는 CPLD, FPGA 등을 이용하여 사용자가 임의로 프로그램하여 그 기능을 결정하는 IC를 설명하는 데 가장 일반적으로 사용되는 용어이며, 이것은 일반적으로 완전히 맞춤 소자로서 마스크 프로그램되거나 수동으로 프로그램된다. 오늘날 상용되고 있는 개인용 컴퓨터, TV, CD 플레이어, 통신장비 같은 많은 첨단 생산품의 주요 부분들은 매우 작은 패키지의 ASIC 소자를 사용한다.

12.4 PLD의 프로그래밍

앞에서 설명한 것과 같이, PAL은 정해진 퓨즈 연결만을 남겨두고 다른 모든 퓨즈 연결은 개방시키는 방법으로 프로그램을 하며, GAL도 E^2CMOS 셀을 ON 또는 OFF 상태로 만드는 것을 제외하고는 같은 방식으로 프로그램한다. 각 셀의 상태는 구현하고자 하는 논리함수에 의해 결정된다. PAL이나 GAL을 프로그램할 경우 다음의 세 가지 요소가 필요하다.

1. 컴퓨터
2. 프로그래밍 소프트웨어(논리 컴파일러)
3. 프로그래머

컴퓨터는 소프트웨어의 사양에 맞는 것이어야 하며, 프로그래머는 컴퓨터로부터 프로그래밍 데이터를 받아 프로그래머의 소켓에 장착된 PLD에 주어진 논리설계를 구현하는 하드웨어 소자이다.

1. 컴퓨터

소프트웨어와 프로그래머의 사양에 맞는 어떤 종류의 PC도 사용할 수 있으며, 이러한 사양에는 보통 컴퓨터의 마이크로프로세서 종류, 메모리 용량, 운영체제(DOS, Windows, Macintosh 등) 등이 포함된다.

2. 프로그래밍 소프트웨어

PLD 프로그래밍에 쓰이는 소프트웨어 패키지를 논리 컴파일러(logic compiler)라 하며, ABEL, CUPL, OrCAD-PLD, LOG/iC를 포함한 여러 가지의 소프트웨어 패키지들이 사용되고 있다. 모든 소프트웨어 패키지는 정해진 방법에 따라 입력된 논리설계를 처리, 분석하고, 입력 데이터를 중간 파일로 변환시킨 후, 다시 JEDEC 파일(셀맵 혹은 퓨즈 맵이라고 함)이라 불리는 최종 파일을 만드는 비슷한 기능을 수행한다. 또한 소프트웨어를 이용하여 논리설계를 충분히 시뮬레이션해 봄으로써, 하드웨어로 구현하기 전에 오류를 찾아 수정할 수도 있다.

PLD 소프트웨어의 주요 특징 중 하나는 논리설계를 입력시키는 방법에 있다. 논리설계를 입력시키는 방법에는 불대수식, 진리표, 상태 머신(state machine) 등 3가지 기본적인 방법이 있으며, 그 외에도 결선도, 타이밍 파형, 하드웨어 묘사 등이 있다. 현재 사용되고 있는 모든 소프트웨어는 모든 설계입력 기법이 들어 있는 것도 있고, 일부만 들어있는 것도 있다.

3. 프로그래머

프로그래머의 소켓은 보통 ZIP(Zero Insertion Force) 소켓이며, PLD 소자는 이 소켓에 삽입된다. 프로그래머는 논리 컴파일러에 의해 생성된 JEDEC 파일을 이용하여 PLD를 프로그램하며, 이때 정해진 핀에 필요한 전압을 가함으로써 퓨즈 맵에서 지정된 어레이의 셀 상태를 변화시킨다. 제조회사에 관계없이, 모든 PLD 소프트웨어와 프로그래머는 JEDEC (Joint Electronic Device Engineering Council)에 의해 제정된 기준에 따라 JEDEC 파일을 만든다.

4. 프로그래밍 과정

소프트웨어 공급사에서 제공하는 일반적인 흐름도(flow chart)에 따라 PLD 프로그래밍의 논리회로를 설계하여 불대수식, 진리표, 논리 결선도 등으로 표현하고, 소프트웨어를 컴퓨터에 설치한다.

5. 설계입력

논리설계에 대한 입력파일을 만들어 컴퓨터에 입력시킨다. 보통의 경우 사용자 이름, 회사, 데이터, 설계에 대한 설명 등의 예비정보와 PLD 소자의 종류, 입력 및 출력 핀 번호, 변수명을 입력시킨다. 마지막으로 논리함수를 불대수식, 진리표, 결선도 등의 형태로 입력시킨다. 입력파일을 만드는 과정에서 신택스(syntax) 에러가 발생할 경우 반드시 수정해야 한다. 신택스란 함수를 표현하는 데 사용되는 미리 규정된 형태와 기호를 의미한다.

6. 소프트웨어의 실행

소프트웨어 컴파일러는 입력파일을 처리, 번역하고, 논리를 최소화시킨 후 테스트 벡터(test vector)라 불리는 가상의 입력 집합을 이용하여 논리함수를 시뮬레이션한다.

소프트웨어에 의한 이러한 예비 설계를 통해, PLD에 프로그램하기 전에 회로가 정상적으로 동작하는지 확인할 수 있다. 소프트웨어 시뮬레이션 중 오류가 발견될 경우 논리 설계를 수정하여야 한다.

일단 설계가 끝나면 컴파일러는 최종 논리함수가 들어 있는 문서 파일인 JEDEC 파일을 만들며, 원할 경우 PLD의 핀 선도(pinout diagram)도 만들 수 있다.

7. 소자 프로그래밍

설계가 끝나면 컴파일러는 퓨즈 맵(JEDEC 파일)을 만들어 프로그래머에 다운한다. 퓨즈 맵에는 개방시키거나 그대로 둘 퓨즈 연결, 혹은 GAL의 경우 ON이나 OFF 상태로 만들 E^2CMOS 셀에 대한 정보가 담겨 있으며, 프로그래머는 이에 따라 PLD 소자를 프로그램한다.

8. 시스템 내 프로그래밍

PROM, PAL, GAL 등의 표준 PLD는 하드웨어 프로그래머를 이용하여 프로그램한다. GAL을 포함한 많은 프로그램 논리가 ISP(In System Programmable) 소자로도 사용되고 있으며, 한 예로 ispGAL22V10은 GAL22V10의 ISP형이다. ISP 소자는 시스템 내 프로그래밍을 위한 논리가 추가되어 있는 것 이외에는 표준소자와 차이가 없다.

ISP 소자는 PCB에 장착하기 전에 표준소자로 프로그램할 수도 있고, PCB에 장착한 후 여러 가지 방법으로 프로그램할 수도 있다. 시스템 내에서 ISP 소자를 프로그램할 수 있는 방법에는 다음과 같은 것들이 있다.

- PCB에 장착하기 전 프로그래머 이용
- PCB에 장착한 후 ATE(Automatic Test Equipment)를 이용
- PCB에 장착한 후 PC를 이용
- PCB에 장착한 후 시스템 내의 마이크로프로세서를 이용

기타 자세한 프로그래밍 기법은 PLD를 공급하는 회사가 제공하는 작업 툴(tool)을 참고하기 바란다.

연습문제

1. PLD란 무엇인가?

2. PROM과 PAL 구조의 차이점은 무엇인가?

3. PAL과 GAL을 비교하여 설명하라.

4. PLA와 PAL을 비교하여 설명하라.

5. 다음의 Boole 대수식을 구현하기 위한 연결을 그림 12.13에 나타내어라.

$Y_1 = A + BC + BD$
$Y_2 = BC'D' + B'C + B'D$
$Y_3 = CD + C'D'$
$Y_4 = D'$

13장 플립플롭

지금까지 배운 회로는 현재의 출력이 현재의 입력에 바로 대응하는 논리회로, 즉 회로의 출력이 인가되는 입력의 순서에 무관하고, 현재 입력의 이전 상태에도 무관한 조합논리회로에 대한 것이었다. 그러나 디지털 시스템에서는 실제로 입력순서가 중요한 역할을 하는 논리회로, 즉 현재 입력과 함께 과거 출력에 의존해서 그에 대응하는 출력이 나오는 순서논리회로가 더 많이 사용되고 있다. 따라서 순서논리회로에서는 어떤 시각의 입력을 뒤의 시간까지 유지해 주기 위한 기억소자가 필요하고, 이 기억소자로서 플립플롭이 사용되고 있다.

이처럼 디지털 논리회로는 조합논리회로와 순서논리회로로 구분할 수 있는데, 이들의 조합으로부터 고도의 디지털 시스템이 구성되는 것이다. 이 장에서는 디지털 시스템에서 기억소자로 이용되는 플립플롭의 기본동작과 그 종류에 대하여 알아보고, 동시에 개개의 플립플롭이 어떤 특성을 가지며, 또 그들이 어떻게 응용되는지 살펴보고자 한다. 우선 플립플롭 회로를 구성하는 멀티바이브레이터에 대하여 설명하면, 멀티바이브레이터란 한쪽 출력이 ON 되면 다른 쪽 출력이 OFF 상태가 되도록 두 개의 능동소자를 연결한 일종의 재생회로이다. 멀티바이브레이터에는 쌍안정(bistable) 멀티바이브레이터와 단안정(monostable) 멀티바이브레이터 그리고 무안정(astable) 멀티바이브레이터가 있는데, 이들은 그림 13.1에 제시한 회로에서 결합소자로 무엇을 사용하느냐에 따라서 결정되며, 이들 회로에

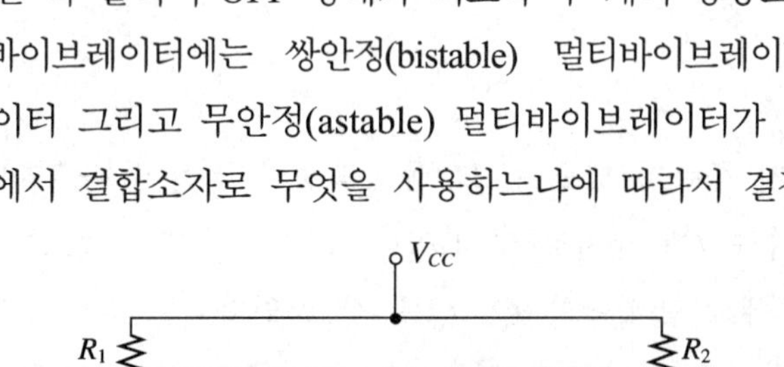

그림 13.1 기본적인 멀티바이브레이터 회로

▶표 13.1 멀티바이브레이터 회로의 종류 및 특징

구 분	결합소자	안정한 상태 수
무안정 멀티바이브레이터	모두 커패시터 사용	0
단안정 멀티바이브레이터	하나는 커패시터 다른 하나는 저항	1
쌍안정 멀티바이브레이터	모두 저항 사용	2

대한 특징을 표 13.1에 간략하게 나타내었다.

그리고 이들 개개의 회로들은 각기 사용 용도가 다른데, 쌍안정 멀티바이브레이터는 타이밍이나 연산용 카운터에 사용되며, 정보의 기본 기억저장회로인 1비트 기억소자이다. 단안정 멀티바이브레이터는 고정된 지연시간 간격 조정용으로 사용되며, 펄스 신장기(pulse strecher) 회로로도 사용된다. 무안정 멀티바이브레이터는 동기용 클록신호 공급회로에 주로 이용된다.

이 장에서는 쌍안정 멀티바이브레이터를 응용한 래치와 플립플롭 회로의 종류와 동작 특성에 대하여 설명한다.

13.1 *RS* 래치와 *RS* 플립플롭

쌍안정 멀티바이브레이터 회로를 이용한 *RS* 래치(latch)와 *RS* 플립플롭(flip flop)은 그 동작 상태면에서는 유사하지만 그들의 상태 변화를 일으키는 방법의 차이 때문에 그 동작 특성이 다른 특징을 갖는다.

1. *RS* 래치

래치에는 여러 가지 종류가 있으며, 그 동작특성과 역할이 다르지만 가장 기본적인 것이 리셋-세트 래치(이하 *RS* 래치로 약기)이다. *RS* 래치의 구성도는 그림 13.2에 나타냈듯이 *RS* 래치는 두 개의 출력단자 Q, $\overline{Q}$를 갖고 있다.

RS 래치가 정상적으로 동작하고 있을 때에는 Q와 $\overline{Q}$가 서로 상보관계($Q=1$이면 $\overline{Q}=0$, $Q=0$이면 $\overline{Q}=1$)에 있다.

래치에서는 일반적으로 Q출력이 1(high)이고, $\overline{Q}$출력이 0(low)이면 세트 상태에 있다고 하며, 이와는 반대로 Q출력이 0(low)이고 $\overline{Q}$출력이 1(high)일 때는 리셋 상태에 있다고 한다. 또 *RS* 래치에는 두 개의 입력단자인 세트 입력(S)과 리셋 입력(R)이 있는데 세트 입력이란 플립플롭에 active 입력, 즉 정논리에서는 1, 부논리에서는 0을 인가하였을

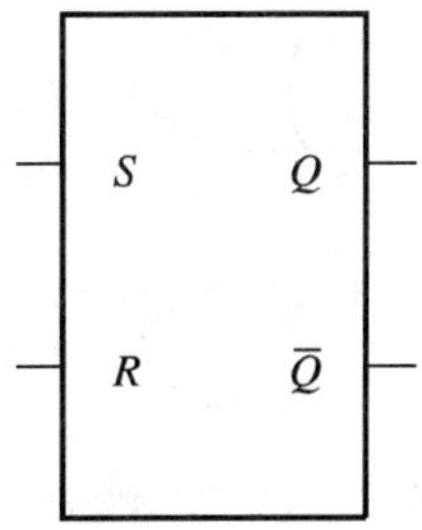

그림 13.2 *RS* 래치의 구성도

▶**표 13.2** *RS* 래치 동작표

입 력		출 력		동작 상태
S	R	$Q(t+1)$	$\overline{Q}(t+1)$	
0	0	$Q(t)$	$Q(t)$	불 변
0	1	0	1	리셋 상태
1	0	1	0	세트 상태
1	1	?	?	부 정

때 래치가 세트 상태로 된다는 것을 의미한다. 마찬가지로 리셋 입력에 active 입력을 인가하면 래치는 리셋 상태로 된다. 이러한 *RS* 래치의 동작을 정리하면 표 13.2와 같고, 이를 요약하여 설명하면 다음과 같다.

1) 세트 입력에 1을 인가하면, 래치는 세트 상태가 된다.
2) 일단 래치가 세트 상태로 되면, 세트 신호를 제거해도 래치는 세트 상태를 유지한다.
3) 리셋 입력에 1을 인가하면 래치는 리셋 상태가 되고, 이후 리셋 신호를 제거해도 래치는 리셋 상태를 유지한다.
4) 입력에 아무런 신호도 인가되지 않으면 래치는 이전의 상태를 그대로 유지한다. 즉, 세트 상태에 있었다면 그 상태를 유지한다.
5) 세트 입력과 리셋 입력단자에 동시에 1을 인가하지 말아야 한다. 왜냐하면 래치가 세트 상태인지, 리셋 상태인지를 판단할 수 없기 때문이다.

앞의 설명으로부터 *RS* 래치는 세트 또는 리셋 상태를 기억하는 작용이 있음을 알 수 있으며, 1비트 기억소자로의 이용이 가능하다. 그런데, 전원 스위치를 끈 다음 다시 전원을 인가하였을 때 *RS* 래치가 세트 상태와 리셋 상태 중 어떤 상태로 되는지를 모르기 때문에 디지털 시스템에서는 전원 인가시 플립플롭이 리셋 상태가 되도록 하는 회로, 즉 power ON 리셋 신호를 부착하여 사용한다. 그러면 구체적인 *RS* 래치의 회로에 대하여

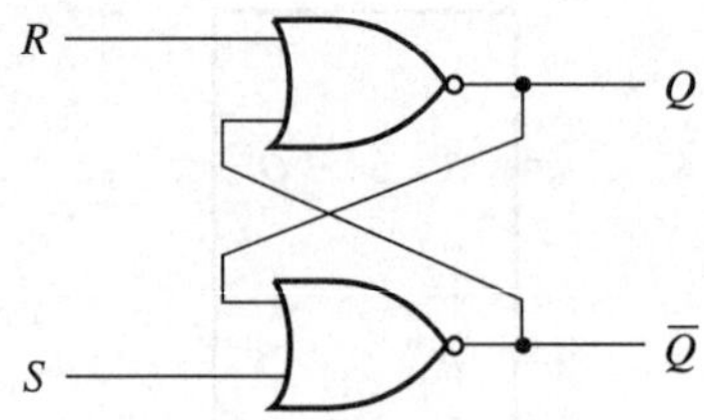

그림 13.3 *RS* 래치의 논리회로도

▶**표 13.3** *RS* 래치의 동작표

입 력		출 력		동작 상태
S	R	$Q(t+1)$	$\overline{Q}(t+1)$	
0	0	$Q(t)$	$\overline{Q}(t)$	불 변
0	1	0	1	리셋 상태
1	0	1	0	세트 상태
1	1	0	0	부 정

검토해 보자. 그림 13.3은 NOR 게이트 두 개를 이용하여 구성한 *RS* 래치 회로의 구성도이다.

그림 13.3의 동작은 표 13.3과 같으며, 표 13.2의 정논리 동작기능과 거의 같다. 그리고 세트 입력과 리셋 입력이 동시에 1일 때는 출력 Q와 $\overline{Q}$는 0이 된다. 물론 이런 입력은 금지사항이므로 래치가 세트 상태인지 리셋 상태인지 알 수가 없다. 따라서 이 *RS* 래치의 순서 동작을 명확히 이해하려면 그림 13.4와 같이 time chart를 만들면 알기가 쉽다. time chart에서 래치가 처음에는 리셋 상태에 있는 것으로 한다. 여기에 세트 입력을 인가하면 래치가 세트 상태가 되고, Q출력은 1이 된다. 이와 반대로 리셋 입력을 인가하면, 래치는 리셋 상태가 되어서 처음 상태로 돌아간다. 마지막으로 세트 입력과 리셋 입력에

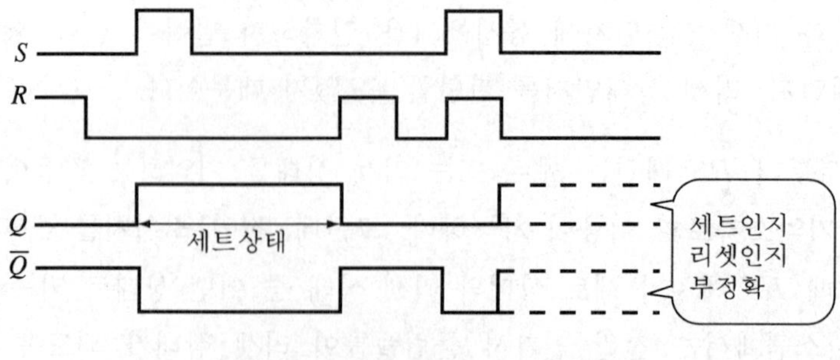

그림 13.4 *RS* 래치의 time chart

1이 인가되는 경우 일단 $Q=\overline{Q}=0$으로 되지만 그 후에 입력신호가 없으면 래치가 어떤 상태에 있는지 명확하지가 않다. 이것을 점선으로 나타내었다. 한편 *RS* 래치는 NAND 게이트를 이용해서도 구성할 수가 있는데, 이것을 그림 13.5에 나타내었다. 여기서 세트 입력 $\overline{S}$와 리셋 입력 $\overline{R}$는 부논리를 의미한다.

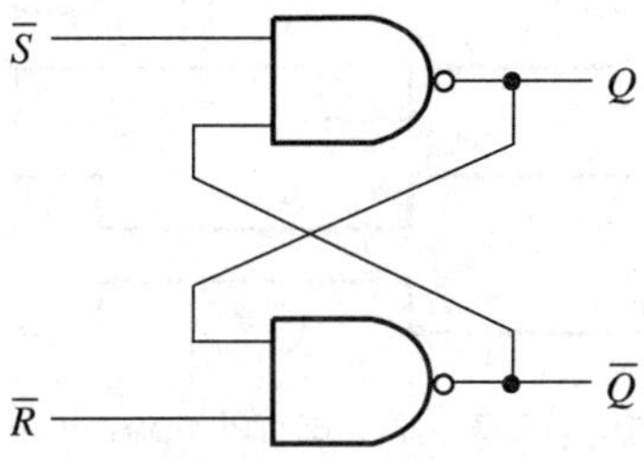

그림 13.5 $\overline{R}\,\overline{S}$ 래치

▶표 13.4 $\overline{R}\,\overline{S}$ 동작표

입 력		출 력		동작 상태
$\overline{S}$	$\overline{R}$	$Q(t+1)$	$\overline{Q}(t+1)$	
0	0	1	1	부 정
0	1	1	0	세트 상태
1	0	0	1	리셋 상태
1	1	$Q(t)$	$\overline{Q}(t)$	불 변

이 NAND 게이트를 이용한 *RS* 래치는 표 13.4와 같은 논리 동작을 하는데 플립플롭이 세트 상태가 되는 것은 $\overline{S}=0$, $\overline{R}=1$인 경우로서 이는 바로 부논리를 사용하기 때문이다. 마찬가지로 래치를 리셋 상태로 하려면 $\overline{R}=0$, $\overline{S}=1$로 하여야 한다. 이러한 의미에서 NAND 게이트 구성의 *RS* 래치를 $\overline{R}\,\overline{S}$ 래치라고 하여 *RS* 래치와 구별해서 표기하기도 한다. 그리고 $\overline{R}\,\overline{S}$ 래치의 기호와 회로 구성도는 그림 13.6과 같이 나타내어서, 부논리 입력으로 동작한다는 것을 표시한다.

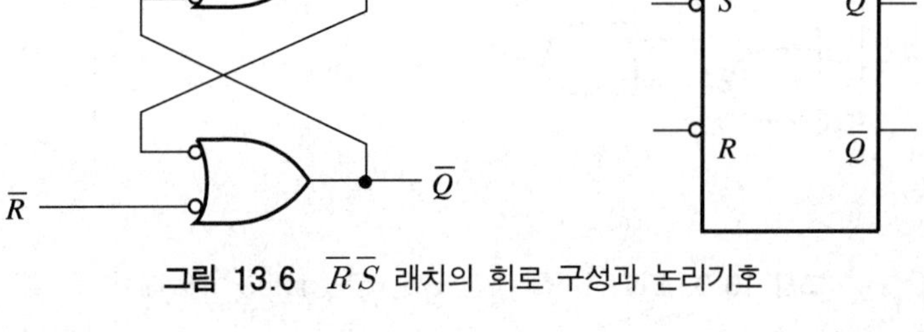

그림 13.6 $\overline{R}\,\overline{S}$ 래치의 회로 구성과 논리기호

예제 13.1 $\overline{R}\,\overline{S}$ 래치에 그림 13.7(a), (b)에 주어진 time chart의 형태로 세트 입력과 리셋 입력신호를 인가하였을 때, 래치의 출력 Q와 $\overline{Q}$의 파형을 그려라.

풀이 출력 파형은 그림 13.7(c), (d)와 같다.

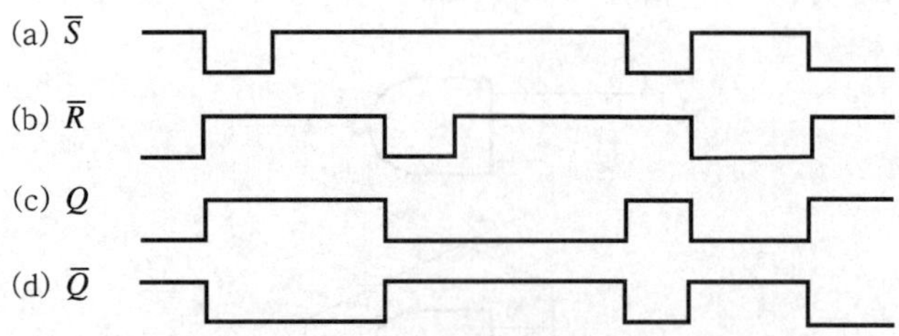

그림 13.7 $\overline{R}\,\overline{S}$ 래치의 time chart ■

$\overline{R}\,\overline{S}$ 래치를 정논리 입력으로 동작시키려면 그림 13.8과 같이 $\overline{S}$ 입력과 $\overline{R}$ 입력 앞에 인버터를 삽입하면 된다.

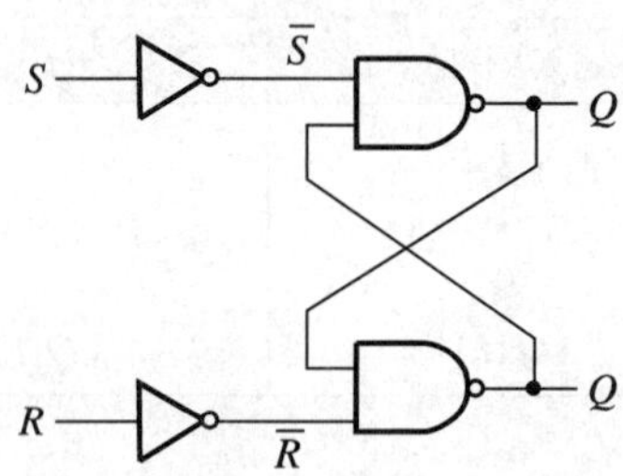

그림 13.8 NAND 게이트를 이용한 정논리 RS 래치 회로

그리고 RS 래치 회로에 인에이블(enable) 단자(이하 EN으로 약기)를 첨가해서 래치 회로를 제어시킬 수 있는데, 이런 회로의 구성도를 그림 13.9에 나타내었다. 이 회로는 EN 입력이 1일 때만 RS 래치의 동작이 수행됨을 알 수 있다.

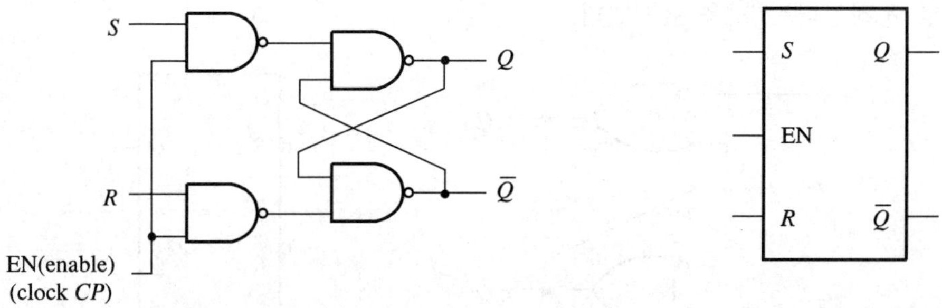

그림 13.9 EN 단자를 가진 RS 래치(gated RS 래치)

그림 13.9의 회로에서 EN 입력으로 클록 펄스(clock pulse: 이하 *CP*로 약기)를 사용하면 *CP*=1일 때만 *S*, *R* 입력이 래치에 영향을 주고 *CP*=0일 때는 *S*, *R* 입력에 무관하게 된다. 따라서 그림 13.10에 나타낸 클록 펄스 *CP*를 EN 단자에 인가하면 클록의 타이밍으로 래치의 출력이 변환하는 동기 동작이 가능하게 된다.

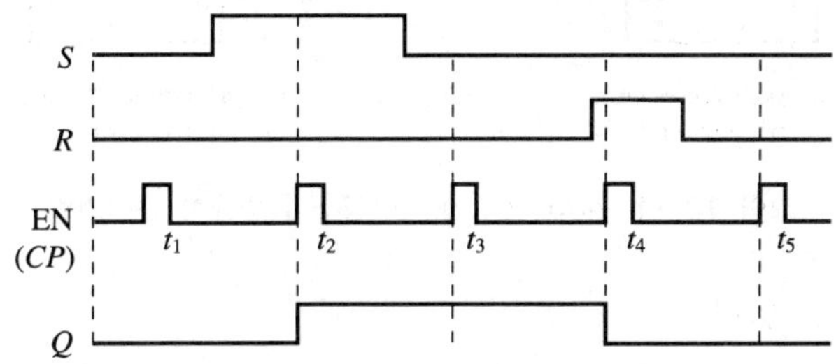

그림 13.10 gated *RS* 래치의 동기 동작

이처럼 *RS* 래치에 EN 단자를 첨가하면 enable 제어가 가능하고, EN 입력으로 클록 펄스를 사용함으로써 펄스동기 동작을 수행시킬 수가 있음을 알 수 있다.

다시 말해서 클록 펄스가 H레벨에 있을 때는 *RS* 래치가 *R*, *S* 입력에 반응하고, L레벨에 있을 때는 *RS* 래치가 이전의 상태를 유지한다는 의미에서 gated *RS* 래치라 한다.

그리고 래치란 바로 클록 입력 동안의 데이터를 기억하여 빗장을 친다는 의미에서 나온 용어이다.

2. edge triggered *RS* 플립플롭

gated *RS* 래치는 인에이블 입력(클록)이 들어오고 있는 동안에 *R*, *S* 입력을 변화시키면 *Q* 출력도 변화하는 성질이 있었다. 그러나 클록 펄스폭이 조금 넓게 되면 클록의 타이밍에 동기를 시키는 것이 불가능하므로, 클록 펄스가 1에서 0으로 변화하는 순간이나 0에서 1로 변화하는 순간에만 래치가 동작하도록 한 플립플롭이 개발되었다.

따라서 플립플롭을 동기 쌍안정 장치라 하는데 여기서 동기란 그 출력이 다만 클록의 edge에서만 상태변화가 일어난다는 의미에서 붙여진 명칭이다.

이런 플립플롭에서는 클록 펄스의 rising egde 또는 falling edge의 시각에서만 동작되므로, 이것을 edge triggered 플립플롭이라 한다. 그리고 클록의 rising edge에서 동작하는 플립플롭을 positive edge 트리거형이라 하고, 클록의 falling edge에서 동작하는 플립플롭을 negative edge 트리거형이라 한다. 그래서 플립플롭의 트리거 동작이 positive인지 negative인지를 구별하기 위하여 그림 13.11과 같은 기호를 사용한다. 즉, 클록 입력 부분에 ▷표를 붙여서 edge 동작을 나타내고, 부정의 의미인 ○표를 붙임으로써 falling edge로 동작

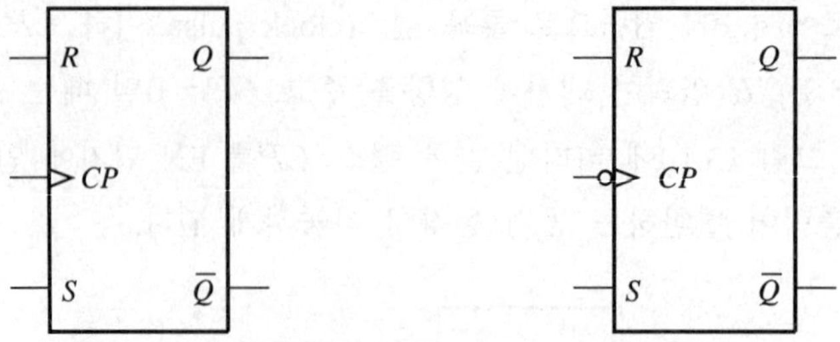

(a) positive edge trigger type　　(b) negative edge trigger type

그림 13.11 edge triggered RS 플립플롭 논리기호

한다는 것을 나타내고 있다.

그림 13.11(a)에서 S, R 입력을 동기입력(synchronous input)이라 하는데 그 이유는 입력 데이터가 클록 펄스의 triggering edge에서만 플립플롭의 출력 상태가 변환되기 때문이다. 이에 대한 동작 특성표를 표 13.5에 나타내었고, 그 동작을 설명하면 다음과 같다.

▶표 13.5 RS 플립플롭의 동작표와 특성표

(a) 동작표

S	R	$Q(t+1)$	$\overline{Q}(t+1)$	동작 상태
0	0	$Q(t)$	$\overline{Q}(t)$	불 변
0	1	0	1	리 셋
1	0	1	0	세 트
1	1	?	?	부 정

(b) 특성표

$Q(t)$	S	R	$Q(t+1)$
0	0	0	0
0	0	1	0
0	1	0	1
0	1	1	부 정
1	0	0	1
1	0	1	0
1	1	0	1
1	1	1	부 정

(c) 특성방정식

$Q(t)$ \ SR	00	01	11	10
0			×	1
1	1		×	1

$Q(t+1)=S+\overline{R}Q(t)$

단, $SR=0$

즉, S가 1이고, R이 0일 때 출력 Q는 클록 펄스의 triggering edge에서 1로 되어, 플립플롭은 세트 상태가 되고, S는 0이고, R이 1일 때 출력 Q는 클록 펄스의 triggering edge에서 0으로 되어, 플립플롭은 리셋 상태가 된다. 또한 S와 R 둘 다 0일 때는 출력은 현 상태를 유지하고, S와 R 둘 다 1일 때는 금지조건이 된다.

이러한 기본 논리동작은 RS 래치와 같음을 알 수 있다

negative edge triggered RS 플립플롭에 대한 연산과 진리표는 클록 펄스의 falling edge를 triggering edge로 하는 것 외에는 positive edge triggered RS 플립플롭과 같다.

예제 13.2 그림 13.12의 플립플롭에 그림 13.13(a)의 S, R 및 CP의 입력파형을 인가하였을 때 Q와 $\overline{Q}$의 출력파형을 그려라(단, 초기 상태는 리셋이다).

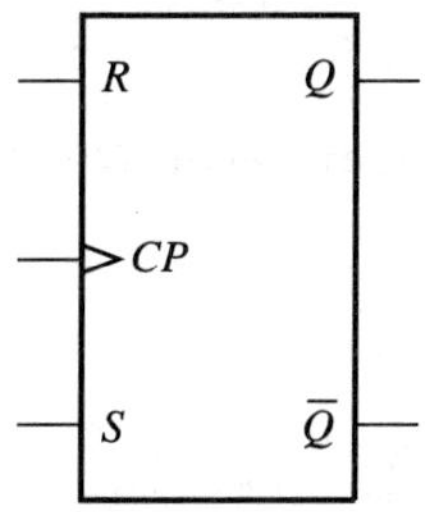

그림 13.12

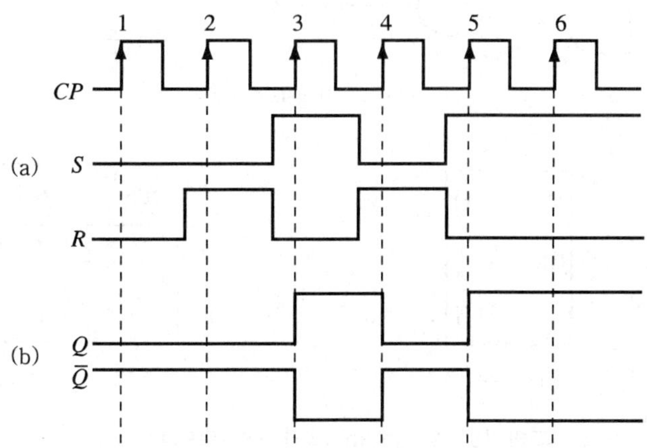

그림 13.13

풀이 Q와 $\overline{Q}$의 출력파형은 그림 13.13(b)와 같으며, 동작설명은 다음과 같다.

1. 클록 펄스 1에서 S가 0이고, R도 0이므로 Q는 변화하지 않는다.
2. 클록 펄스 2에서 S가 0이고, R은 1이므로 Q는 0을 유지한다.
3. 클록 펄스 3에서 S가 1이고, R은 0이므로 Q는 1로 된다.
4. 클록 펄스 4에서 S가 0이고, R은 1이므로 Q는 0으로 된다.
5. 클록 펄스 5에서 S가 1이고, R은 0이므로 Q는 1로 된다.
6. 클록 펄스 6에서 S가 1이고, R은 0이므로 Q는 1을 유지한다. ■

13.2 gated *D* 래치와 *D* 플립플롭

1. gated *D* 래치

gated D 래치는 그림 13.14(a)와 같이 gated RS 래치에 인버터를 부가해서 간단히 구성할 수 있다.

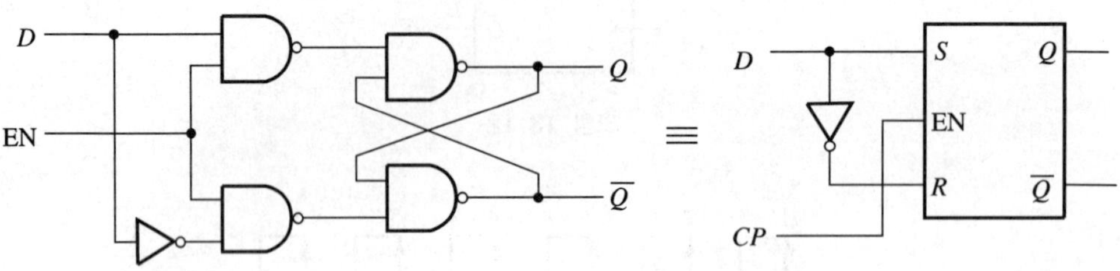

(a) gated *D* 래치

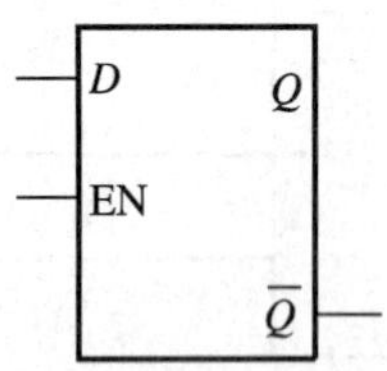

(b) 논리기호

EN	*D*	*Q*
1	0	0
1	1	1

(c) 동작

그림 13.14 gated D 래치의 기호와 동작

gated D 래치의 논리기호는 그림 13.14(b)와 같고, 동작은 그림 (c)에 나타낸 것과 같다. 즉, 제어입력은 D단자 하나이며, 인에이블 입력(클록)이 인가되었을 때만 동작하고 그 때 $Q=D$로 된다. gated D 래치는 어떤 순간의 제어입력 D의 데이터를 기억해 두기 위해서 사용된다.

예제 13.3 gated D 래치에서 초기 상태는 $\overline{Q}=1$, 즉 리셋 상태로 하고, 그림 13.15에 나타낸 D 입력과 클록 입력이 인가되었을 때 출력 Q의 파형을 그려라.

풀이 출력 Q의 파형을 그림 13.15의 하단에 나타내었다. 클록 t_1의 시각에서 $D=0$이기 때문에 $Q=0$으로 된다. 그리고 다음의 클록 t_2 시각까지 그 상태를 유지하고, t_2일 때, D는 1이기 때문에 Q는 1로 변한다. t_2와 t_3 사이에서 $D=0$으로 되지만 이것은 아무 영향

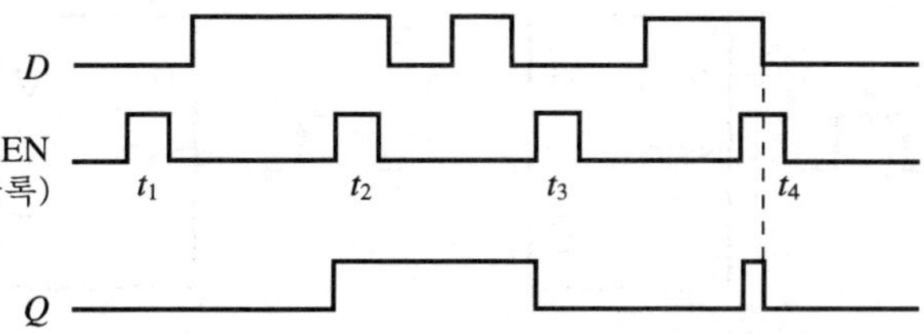

그림 13.15 gated D 래치의 동기 동작

없이 다음 클록 t_3까지 $Q=1$을 유지한다. t_3 시각에서 $D=0$이므로 Q는 0으로 변한다. t_4의 시각 처음은 $D=1$이기 때문에 일단 $Q=1$로 되지만 클록 펄스가 1인 동안에 $D=0$으로 변화하므로 출력 Q도 0으로 변화한다. ■

따라서 gated D 래치는 데이터 래치의 의미로서 데이터의 일시적인 기억에 이용된다.

TTL SN7475는 4비트 D 래치 IC이며, 그림 13.16에 핀 배치와 동작표를 나타내었다. EN 입력단자가 1일 때 D 입력은 그대로 Q 출력에 나타나고, EN이 0으로 되면 그 순간의 D 입력이 기억되는 것을 나타내고 있다.

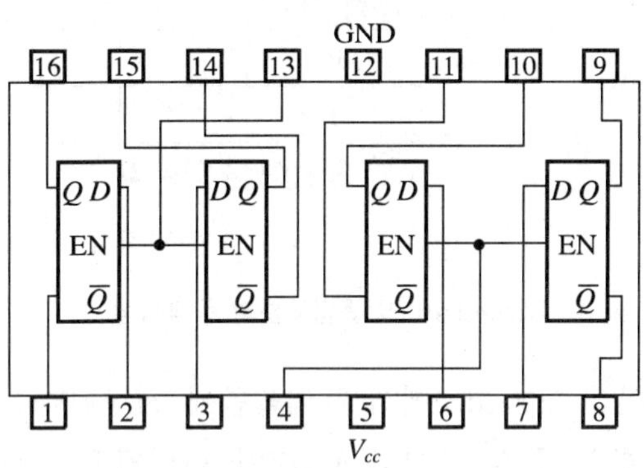

(a) pin 배치

D	EN	$Q(t+1)$	$\overline{Q}(t+1)$	동작
0	1	0	1	데이터
1	1	1	0	데이터
×	0	$Q(t)$	$\overline{Q}(t)$	래치

(b) 동작표

그림 13.16 SN7475의 핀 배치와 동작

2. edge triggered *D* 플립플롭

D 플립플롭은 단일 데이터 비트(1 또는 0)를 저장할 때 유용한 것으로 그림 13.17에 나타낸 것과 같이 positive edge trigger형과 negative edge trigger형이 있다.

positive edge triggered 플립플롭은 그림 13.18과 같이 클록 외에 한 개의 입력만을 갖고 있는데 이것을 D 입력이라 한다.

클록 펄스가 공급될 때 만일 D 입력이 1이면 플립플롭은 세트가 되고, D 입력값은 클록 펄스의 rising edge에서 플립플롭에 저장되며, 만일 D 입력이 0이면 플립플롭은 리셋

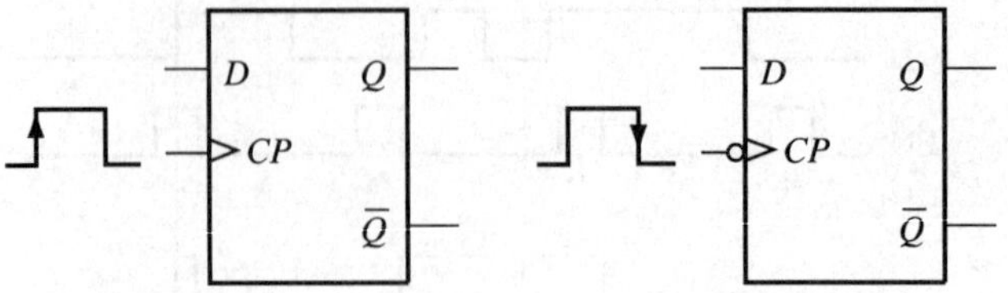

(a) positive edge trigger type　　(b) negative edge trigger type

그림 13.17 edge triggered D 플립플롭

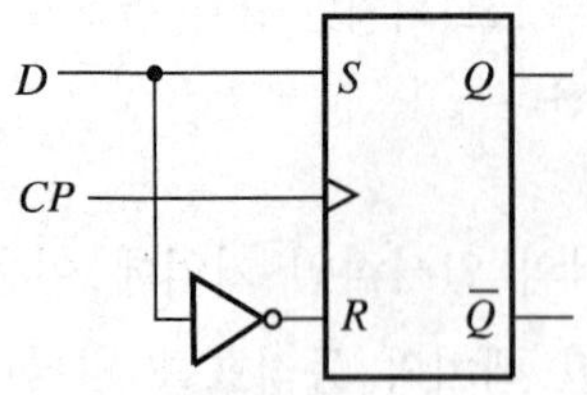

(a) 회로기호

입 력		출 력		동작 상태
D	CP	Q	$\overline{Q}$	
1	↑	1	0	세트
0	↑	0	1	리셋

(b) 동작표

$Q(t)$	D	$Q(t+1)$
0	0	0
0	1	1
1	0	0
1	1	1

(c) 특성표

$Q(t)$ \ D	0	1
0		1
1		1

$Q(t+1) = D$

(d) 특성 방정식

그림 13.18 positive edge triggered D 플립플롭의 동작특성

상태가 되어 D 입력값이 클록 펄스의 rising edge에서 플립플롭에 저장된다.

positive edge triggered D 플립플롭의 동작을 그림 13.18에 나타냈고, negative edge triggered 플립플롭의 동작도 물론 클록 펄스의 falling edge에 trigger 되는 것을 제외하면 그 동작은 같다.

이처럼 D 플립플롭은 edge 동작을 하는 동기식이므로 D 래치와는 구별해서 사용하는 것이 좋다.

D 플립플롭은 delay 플립플롭의 명칭대로 클록 펄스에 동기하지 않는 데이터 입력을 받아서 동기된 출력을 취할 목적으로 사용한다. 그리고 이 때는 클록 하나만큼의 지연이 일어난다. 그림 13.19는 positive edge 트리거형 D 플립플롭인 SN7474의 회로기호와 동작표이다. D 입력과 CP 입력 외에 독립한 프리셋(preset) 입력단자(PR)와 클리어(clear) 입력단자(CLR)가 부가되어 있어, 사용하기 쉽도록 되어 있다. 그러나 프리셋 입력과 클리어 입

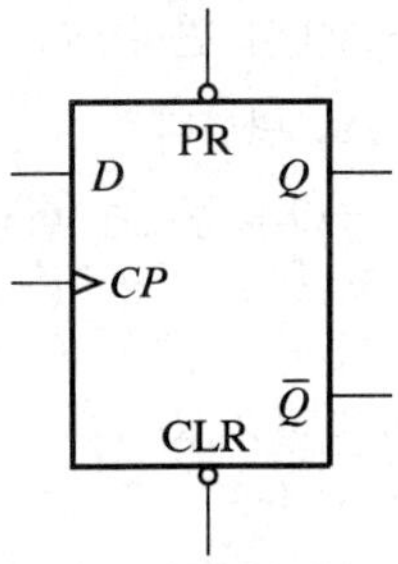

(a) 회로기호

PR	CLR	D	CP	Q
0	1	×	×	1
1	0	×	×	0
0	0	×	×	부정
1	1	1	↑	1
1	1	0	↑	0
1	1	×	×	불변

(b) 동작표(×는 don't care)

그림 13.19 SN7474 D 플립플롭의 회로기호와 동작표

력을 동시에 0으로 해서는 안 되므로 사용하지 않을 때는 pull-up을 해 두어야 한다. 이와 같은 입력을 비동기(asynchronous) 입력이라 하며, 이들은 클록과 독립적으로 플립플롭의 상태에 영향을 주는 입력들이다.

그림 13.19(b)에서 ↑표시는 클록의 rising edge에 의해서 D 입력이 Q 출력에 전달되는 것을 의미하고 있다.

예제 13.4 SN7474는 positive edge 트리거형 D 플립플롭이다. 그림 13.20에 나타낸 것처럼 D 입력, 클록 입력, PR 입력, CLR 입력이 인가되었을 때 Q 출력의 파형을 그려라. 초기 상태는 세트이다.

풀이 그림 13.20 하단에 나타낸 것과 같이 각 시각의 동작 설명은 다음과 같다.

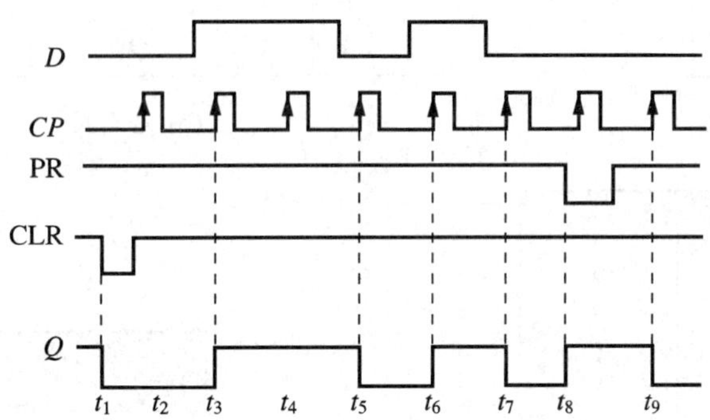

그림 13.20 SN7474의 동작

t_1 : 클리어(clear) 입력에 의해 플립플롭은 리셋되며, Q 출력은 0으로 된다.

t_2 : D 입력이 0이므로 Q 출력은 클록이 들어와도 변하지 않는다.

t_3 : D 입력이 1이므로 Q 출력은 클록의 rising edge에서 1로 변한다.

$t_4 \sim t_7$: D 입력에 대응하여 Q 출력은 클록의 rising edge에서 변화한다.

t_8 : 프리셋 입력이 0이므로 클록에 우선해서 Q 출력은 1로 변한다.

t_9 : 프리셋, 클리어 입력 모두 1, D 입력은 0이므로 Q 출력은 0으로 변한다. ■

13.3 *JK* 플립플롭

JK 플립플롭은 다른 플립플롭에 비해서 폭넓게 사용되고 있고, 그 종류도 많은데 그것은 *RS* 플립플롭이나 *D* 플립플롭 또는 *T* 플립플롭으로 변환시켜 사용할 수 있는 융통성을 가지고 있기 때문이다. 그러면 *JK* 플립플롭의 구성과 동작원리에 대하여 알아보기로 하자. *RS* 플립플롭에서는 *S* 입력과 *R* 입력을 동시에 인가하는 것이 금지되어 있다. 그것은 클록 입력이 1에서 0으로 되돌아간 후 플립플롭이 세트 상태인지 리셋 상태인지를 모르는 임의의 상태가 되기 때문이다. 이런 결점을 보완해서 *S* 입력과 *R* 입력이 동시에 입력될 때는 클록이 인가될 때마다 플립플롭의 출력이 반전되도록 한 것이 바로 *JK* 플립플롭이다.

RS 플립플롭의 *S* 단자를 *J* 단자로, *R* 단자를 *K* 단자로 바꾸어 쓰면 그림 13.21(a)와 같은 *JK* 플립플롭의 회로기호가 되고, 그 동작표는 그림 13.21(b)와 같다.

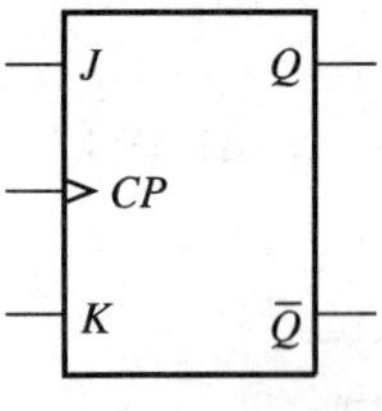

(a) 회로기호

J	K	CP	$Q(t+1)$	동 작
0	0	1	$Q(t)$	불 변
0	1	1	0	리셋 상태
1	0	1	1	세트 상태
1	1	1	$\overline{Q}(t)$	토글(toggle)

(b) 동작표

$Q(t)$	J	K	$Q(t+1)$
0	0	0	0
0	0	1	0
0	1	0	1
0	1	1	1
1	0	0	1
1	0	1	0
1	1	0	1
1	1	1	0

(c) 특성표

$Q(t)$ \ JK	00	01	11	10
0			1	1
1	1			1

$$Q(t+1) = J\overline{Q}(t) + \overline{K}Q(t)$$

(d) 특성 방정식

그림 13.21 *JK* 플립플롭의 기본 구성도

그러면 RS 플립플롭을 이용하여 그림 13.21(b)와 같은 동작 특성을 얻게 하려면 어떻게 접속하면 되는가? 그림 13.22에 그 접속방법을 나타내었다.

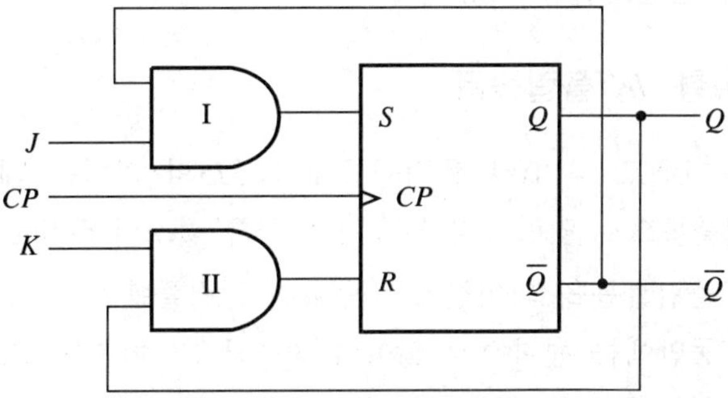

그림 13.22 *RS* 플립플롭을 이용하여 구성한 *JK* 플립플롭

이 회로의 동작원리는 다음과 같다. 단, 클록 입력은 항상 1이다.

① $J=0,\ K=0$일 때

AND 게이트 I, II는 동작하지 않으므로 플립플롭은 앞의 상태이고, 변화하지 않는다.

② $J=1,\ K=0$일 때

$\overline{Q}=1$이면 AND 게이트 I이 동작하므로 플립플롭은 세트 상태($Q=1$)로 되며, $Q=1$이면 플립플롭은 변화하지 않고 세트 상태를 유지한다.

③ $J=0,\ K=1$일 때

$Q=1$이면 AND 게이트 II가 동작하므로 플립플롭은 반전하여 리셋 상태($\overline{Q}=1$)로 되며, $\overline{Q}=1$이면 플립플롭은 변화하지 않고 리셋 상태를 유지한다.

④ $J=1,\ K=1$일 때

$Q=1$이면 AND 게이트 II가 동작하고 플립플롭은 $\overline{Q}=1$로 되며, $\overline{Q}=1$이면 AND 게이트 I이 동작하고 플립플롭은 반전하여 $Q=1$로 된다.

그렇지만 실제로 이 회로에서 $J=K=1$일 때 클록이 1인 시간이 길면 회로가 발진해 버린다. 즉, 클록이 1일 때 $Q=1$이면 플립플롭은 반전하여 $\overline{Q}=1$로 된다. 그 후에도 클록이 1이면, 이번에는 $Q=1$로 다시 반전하게 된다. 이렇게 해서 플립플롭은 클록이 1인 기간 중에는 반전을 반복하므로 발진한다.

이것을 피하려면 다음의 두 가지 방법이 고려된다.

(1) 클록의 rising edge에서 J 입력과 K 입력의 데이터를 읽어들여 클록의 falling edge

에서 출력을 반전시킨다. 즉, Master Slave형 플립플롭을 이용한다.

(2) 클록 펄스폭을 좁게 하여 플립플롭이 반전하면 바로 클록을 0으로 되돌린다. 즉, edge 트리거형 플립플롭을 사용한다.

1. Master Slave형 *JK* 플립플롭

Master Slave(이하 *MS*로 약기)형 플립플롭에서 *MS*의 의미는 데이터가 클록 펄스의 rising edge에서 플립플롭으로 입력되지만 출력은 클록 펄스의 falling edge까지 그 입력상태를 반영하지 않는 플립플롭을 의미한다. 즉, *MS* 플립플롭의 주요 동작은 데이터 입력이 클록 펄스가 1인 동안에는 변화하지 않아야 하는데 그 이유는 그 플립플롭이 이 시간 동안은 입력레벨의 어떤 변화에 민감하기 때문이다.

Master Slave형 플립플롭은 그림 13.23과 같이 master(주)와 slave(종)라는 두 개의 *RS* 플립플롭, 두 개의 AND 게이트, 그리고 한 개의 inverter로 구성되어 있다. 이 회로의 점선 안의 부분을 따로 나타낸 것이 그림 13.24(a)이며, 이것이 *MS*형 *RS* 플립플롭이다. 우선 이 *MS*형 *RS* 플립플롭 회로의 동작원리부터 알아보자.

*MS*형은 신호입력 *S*, *R*을 읽어들여 master가 동작을 하고, 이것을 시간적으로 지연시켜 출력측의 slave에 전송하는 방식이며, 두 개의 *RS* 플립플롭을 1조로 하여 구성되어 있다.

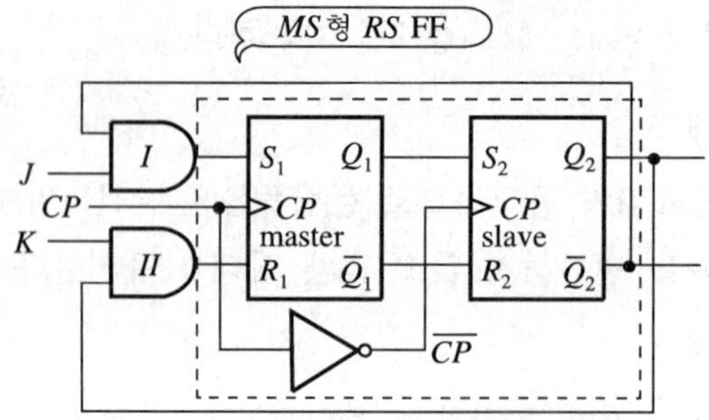

그림 13.23 Master Slave형 *JK* 플립플롭의 구성

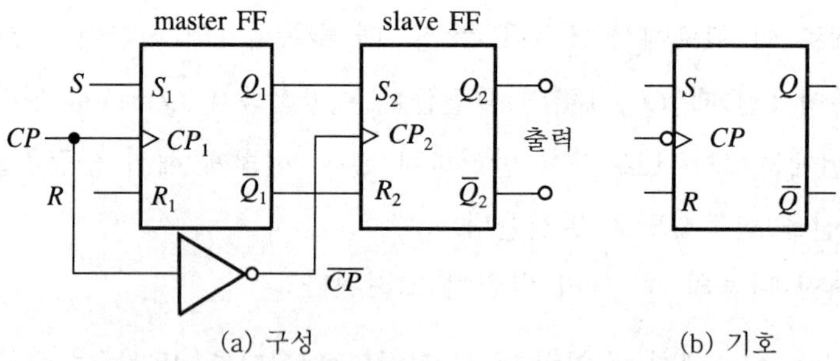

그림 13.24 Master Slave형 *RS* 플립플롭

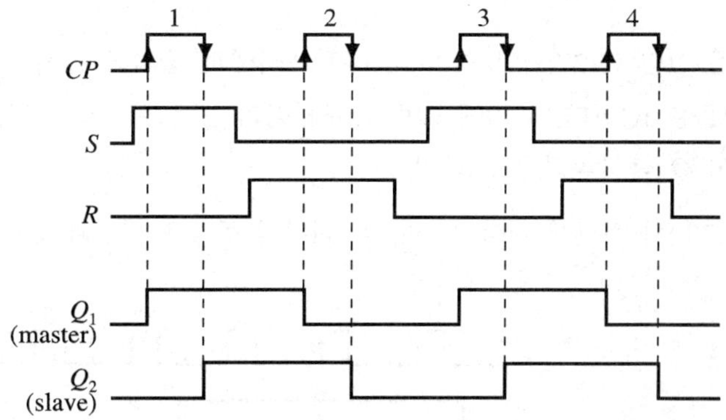

그림 13.25 *MS*형 *RS* 플립플롭의 동작

그러면 그림 13.25의 time chart를 이용하여 설명한다. 지금 master와 slave가 모두 리셋되어 있는 상태부터 시작하자.

첫 번째 클록이 1로 되면, $S=1$, $R=0$이기 때문에 출력 Q_1은 1로 되지만 slave 플립플롭은 $\overline{CP}=0$이므로 동작하지 않는다. 클록이 1에서 0으로 되돌아가면 $\overline{CP}=1$로 되므로 slave 플립플롭이 동작하여 master로부터 데이터를 받아들여 $Q_2=1$로 된다. 결국 클록이 1인 동안에 master는 입력 데이터를 읽어들이고, 클록이 0인 동안에 slave로 전송시키는 셈이다.

두 번째의 클록이 들어오면 입력조건은 $S=0$, $R=1$이기 때문에 master Q_1은 0으로 변하지만 클록이 0으로 되지 않는 한 slave 출력 Q_2는 0으로 변하지 않는다. 이와 같이 *MS*형 *RS* 플립플롭은 클록의 falling edge 때 출력이 변화하기 때문에 그림 13.24(b)와 같이 클록 앞에 ○표와 ▷표를 붙인 회로기호로 나타내고 있다. 이 *MS*형 *RS* 플립플롭을 이용하여 만든 *JK* 플립플롭이 그림 13.23의 *MS*형 *JK* 플립플롭이 되는 것이다. 따라서 그 동작도 *MS*형 *RS* 플립플롭과 같으며, 회로기호는 그림 13.26(a)와 같고, 그림 (b)와 같이 클록의 falling edge에서 동작하는 것을 나타내고 있다.

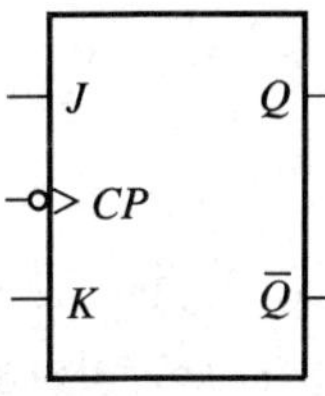

(a) 회로기호

CP	J	K	$Q(t+1)$
↓	0	0	$Q(t)$
↓	0	1	0
↓	1	0	1
↓	1	1	$\overline{Q}(t)$

(b) 동작표

그림 13.26 *MS*형 *JK* 플립플롭의 동작과 기호

예제 13.5 SN7476은 그림 13.27(a)와 같이 비동기 프리셋과 클리어 단자가 있는 2회로 *MS*형 *JK* 플립플롭 IC이다. 여기에 그림 (b)와 같이 *J* 입력, *K* 입력, 클록 펄스를 인가했을 때의 *Q* 출력파형을 그려라.

풀이 그림 13.27(b)의 하단에 나타냈으며, 각 시각의 동작은 다음과 같다.

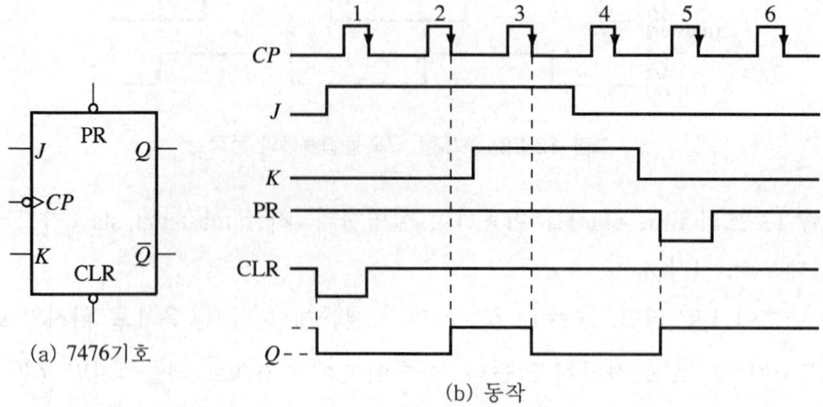

그림 13.27 *MS*형 *JK* 플립플롭 SN7476의 동작

클록 1 : CLR 입력이 우선되므로 플립플롭은 리셋된다.

클록 2 : $J=1$, $K=0$이므로 Q 출력은 세트된다.

클록 3 : $J=1$, $K=1$이므로 Q 출력은 반전하여 리셋된다.

클록 4 : $J=0$, $K=1$이므로 Q 출력은 0이고 변하지 않는다.

클록 5 : PR 입력이 우선되므로 Q 출력은 세트된다.

클록 6 : $J=0$, $K=0$이므로 Q 출력은 앞의 상태를 유지한다. ■

그러나 *MS*형 플립플롭에는 문제점이 있다. 그것은 클록이 1인 동안에 *J*, *K* 입력이 변화하면 master 플립플롭은 이 입력 데이터를 읽어들이는 문제점이 있으므로 이것을 해결하기 위해서 등장한 것이 edge 트리거형 *JK* 플립플롭이다.

2. edge 트리거형 *JK* 플립플롭

SN74113, 74114 IC는 negative edge 트리거형 *JK* 플립플롭으로 이것은 클록이 1 또는 0 상태에서는 입력을 받아들이지 않고, 클록의 falling edge 때만 출력이 변화하는 플립플롭이다.

그림 13.28은 SN74114의 기본 회로도(PR과 CLR을 제외)와 그 동작 time chart이다. 이

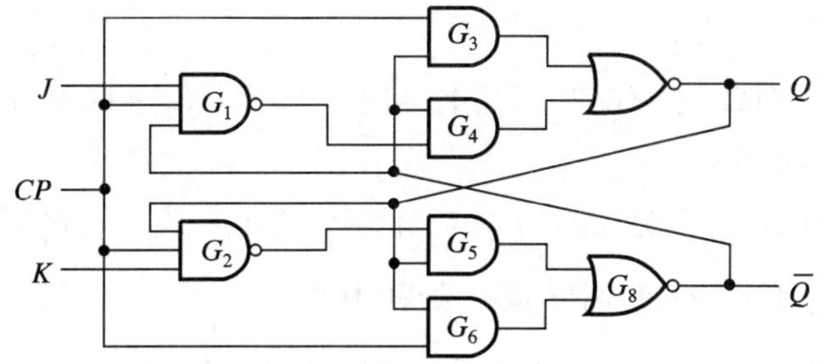

(a) 회로도

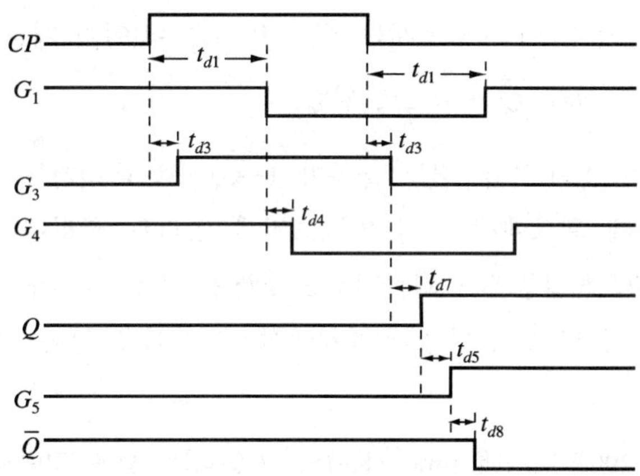

(b) 동작 time chart

그림 13.28 negative edge 트리거형 JK 플립플롭의 동작

회로의 negative edge 트리거 동작을 순서대로 알아보자.

① 클록 CP가 0일 때

게이트 G_1, G_2는 동작하지 않고, J 입력과 K 입력은 플립플롭에 영향을 주지 않는다.

② 클록 CP가 1일 때

$\overline{Q}=1$이라고 가정하여 동작을 알아본다.

$CP=1$, $\overline{Q}=1$이기 때문에 G_3가 동작하여 $Q=0$으로 된다. 결국 Q 출력은 변화하지 않는다. 또, $Q=0$이기 때문에 G_5와 G_6 출력은 0으로 되고, $\overline{Q}=1$로 되기 때문에 $\overline{Q}$도 변화하지 않는다.

③ $J=K=1$, $\overline{Q}=1(Q=0)$의 상태에서 클록을 0→1로 변화하였을 때 그림 13.28(b)를 보면 CP가 1로 되는 순간에서 G_1이 동작하고, 그 출력은 전파시간 t_{d1} 후 0으로 된다. 동시에 G_3가 동작하여 그 출력은 t_{d3} 후 1로 된다. 이때 G_1의 지연시간 t_{d1}은 G_3의 지연

시간 t_{d3}보다 길게 되어 있다.

그림 13.28(a)의 게이트 중 G_1과 G_2만은 다른 게이트 $G_3 \sim G_8$보다 지연시간이 길게 되어 있는 것에 주의하라.

G_4는 G_1이 1에서 0으로 변화하여 t_{d4} 후 0으로 되지만 G_3가 1이므로 Q 출력은 0을 유지한다. 결국 클록을 0→1로 해도 Q는 불변이다.

④ $J = K = 1$, $\overline{Q} = 1(Q = 0)$인 상태에서 클록을 1→0으로 변화하였을 때 G_1과 G_2는 동작 불능으로 되므로 t_{d1} 시간 후에 G_1은 1로 된다. 그러나 G_3는 그것보다 짧은 시간 t_{d3} 후에 0으로 된다. 이 시점에서는 $G_1 = 0$, $G_4 = 0$이기 때문에 G_7 출력, 즉 G_5 출력도 1로 변하고 그 결과 $\overline{Q}$는 0으로 된다.

이상과 같이 하여 ④의 경우 결국 클록이 1→0으로 내려가는 순간만 JK 플립플롭은 동작하게 된다. 실제 회로에서는 여기에 프리셋 입력과 클리어 입력이 추가되어 있다. negative edge형 JK 플립플롭의 회로기호는 MS형 같은 기호가 사용된다. 그러나 그 동작은 MS형과는 조금 다르다. 다음의 예제에서 그 차이를 알아보자.

예제 13.6 그림 13.29에 나타낸 time chart의 J 입력과 클록 입력을 인가한 경우 SN7476(MS형 JK 플립플롭), SN74114(negative edge형 JK 플립플롭), SN7470(positive edge형 JK 플립플롭) 각각의 출력파형을 그려라. 단, K 입력=1로 일정하다고 한다.

풀이 그림 13.29와 같다.

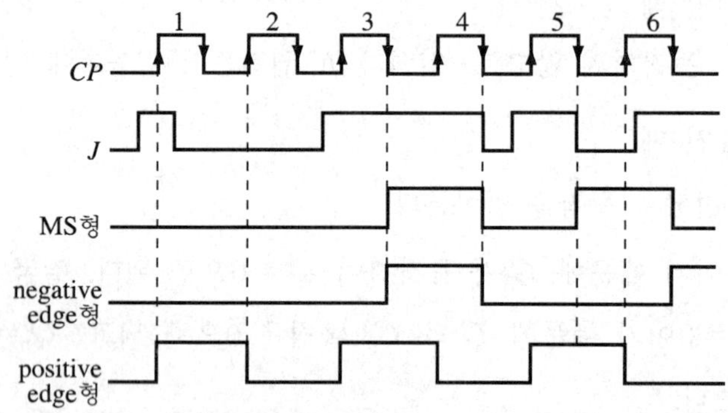

그림 13.29

■

그러면 마지막으로 데이터 lockout형 JK 플립플롭에 대하여 알아보자. 이것은 클록 펄스의 rising edge에서 master로 데이터를 읽어들이고, 클록의 falling edge에서 출력으로 전송하는 edge triggered 플립플롭이다.

다음의 예제에서 동작을 이해할 수 있다.

예제 13.7 그림 13.30에 나타낸 time chart의 J 입력과 클록 입력을 인가한 경우 SN7476, SN74111(데이터 lockout형 JK 플립플롭) 각각의 출력파형을 그려라. 단, $K=1$로 한다.

풀이 그림 13.30과 같다.

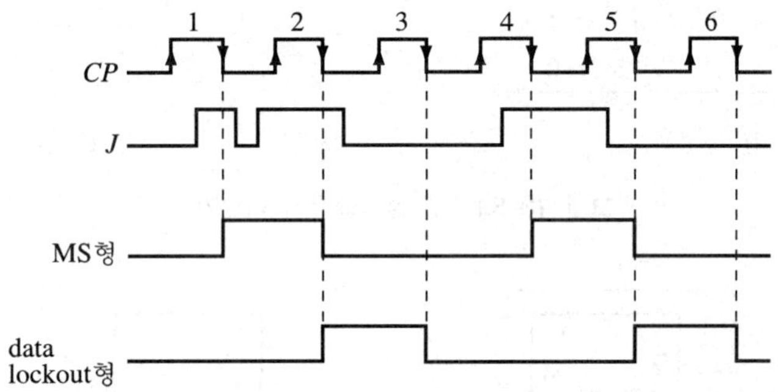

그림 13.30 데이터 lockout형 JK 플립플롭의 동작 ■

13.4 T 플립플롭

T 플립플롭은 toggle 플립플롭의 의미로서 트리거 입력 펄스가 들어올 때마다 Q 출력이 반전하는 플립플롭이다.

T 플립플롭은 그림 13.31과 같이 두 종류의 회로기호가 사용되고 있는데 그림 13.31(a)는 트리거 입력 T의 단자가 있을 뿐이고, 그림 13.31(b)는 제어입력 T와 트리거 입력(클록 입력과 동일)을 가지며, $T=1$일 때는 반전동작을 하지만 $T=0$일 때는 반전동작을 하지 않는 것이다. 후자는 JK 플립플롭에 의해서 간단히 만들 수 있고, 전자는 D 플립플롭으로 구성하였다.

그림 13.32에 실례를 나타내었다. 그림 13.32(a)는 D 플립플롭으로 만든 T 플립플롭이다. 예를 들어, $Q=1(\overline{Q}=0)$이면 $D=0$으로 되기 때문에 다음 클록 입력에서 Q출력은 0으로 반전하고, $Q=0(\overline{Q}=1)$이면, $D=1$이 되므로, 다음의 클록에서 $Q=1$로 반전하여 T 플립플롭과 같은 동작이 수행됨을 알 수 있다.

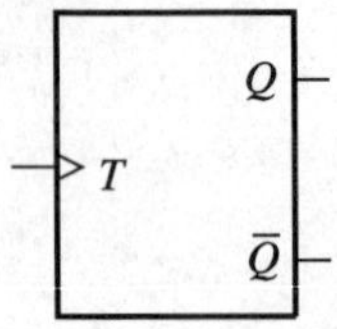

(a)

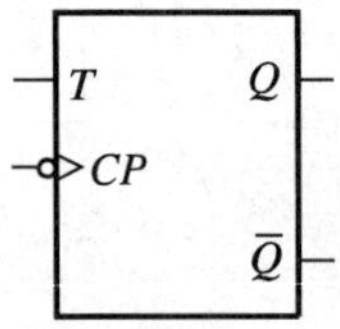

(b)

T	$Q(t+1)$
0	$Q(t)$
1	$\overline{Q}(t)$

(c) 동작표

$Q(t)$	T	$Q(t+1)$
0	0	0
0	1	1
1	0	1
1	1	0

(d) 특성표

$Q(t)$ \ T	0	1
0		1
1	1	

$$Q(t+1) = T\overline{Q}(t) + \overline{T}Q(t)$$

(e) 특성 방정식

그림 13.31 T 플립플롭의 회로기호

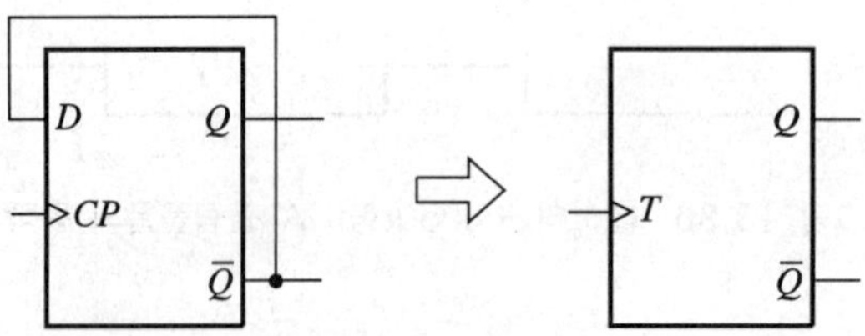

(a) D FF으로 T FF을 만든다.

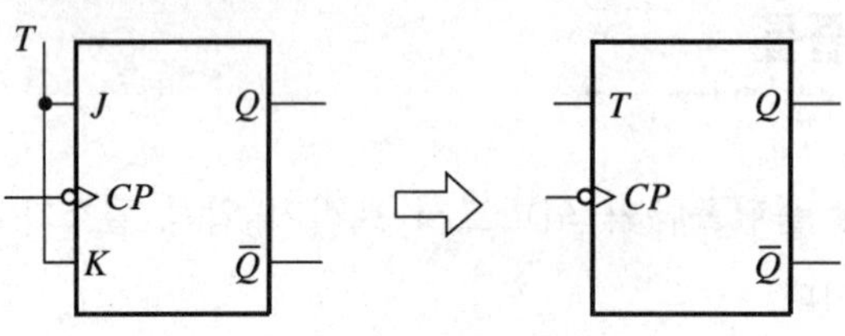

(b) JK FF으로 T FF을 만든다.

그림 13.32 T 플립플롭의 구성방법

또 그림 13.32(b)에서는 JK 입력단자를 묶어 T로 한 것이며, JK 플립플롭의 동작에서 생각하면 $T=0$이면 Q는 불변, $T=1$이면 Q는 클록 입력마다 반전하는 것을 알 수 있다.

T 플립플롭은 카운터에서 중요한 회로이며, 앞에서와 같이 D 플립플롭이나 JK 플립플롭을 이용해서 T 플립플롭을 만든다. 따라서 클록의 falling edge에서 동작하는 JK 플립플롭으로 만든 T 플립플롭은 falling edge에서 동작하고, rising edge에서 동작하는 D 플립플롭으로 만든 T 플립플롭은 rising edge에서 동작을 한다.

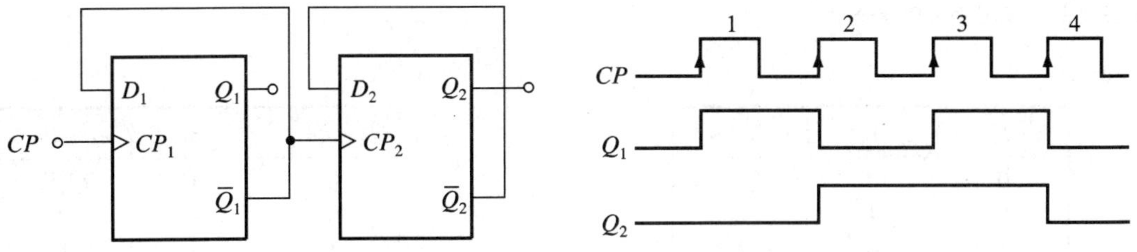

(a) T FF 2단접속 (b) 동작

그림 13.33 T 플립플롭의 동작

그림 13.33(a)는 D 플립플롭으로 만든 T 플립플롭을 2단 접속한 회로이다. 그 동작은 그림 (b)와 같이 된다.

처음에 $Q_1 = Q_2 = 0$으로 리셋되어 있다.

클록 1 : Q_1은 0→1로 반전한다.

클록 2 : Q_1이 1→0으로 반전함과 동시에 $\overline{Q}_1$는 0→1로 반전하고, 이것이 2단째의 클록 입력 CP_2로 들어가므로 Q_2는 반전하여 1로 변화한다.

클록 3 : Q_1은 0→1로 반전한다. 이 때 $\overline{Q}_1$는 1→0으로 되지만 이것은 2단째의 클록에 입력되어도 Q_2는 변화하지 않는다.

클록 4 : Q_1은 다시 1→0으로 반전하고, $\overline{Q}_1$는 0→1로 반전하여 이것이 2단째의 클록 입력으로 들어가므로 Q_2는 반전하여 0으로 변화한다.

이 회로는 주로 카운터 회로에 응용된다.

13.5 플립플롭의 기능 변환

앞에서 여러 가지 형태의 플립플롭에 대해 알아보았다. 플립플롭은 안정 상태의 입력을 1 혹은 0에 대응시켜 1비트를 기억할 수 있는 기억소자로 동작한다. 따라서 플립플롭 소자는 연산이나 제어회로 등에서 수를 저장하거나 데이터의 흐름을 제어하는 데 많이 이용된다.

플립플롭의 입력이 변화함에 따라 다음 상태의 출력이 어떻게 변하는지를 나타내는 것을 플립플롭의 특성표라 한다. 각 플립플롭의 특성표를 표 13.6에 나타내었다.

▶표 13.6 플립플롭의 특성표

(a) RS

S	R	$Q(t+1)$
0	0	$Q(t)$
0	1	0
1	0	1
1	1	×

(b) JK

J	K	$Q(t+1)$
0	0	$Q(t)$
0	1	0
1	0	1
1	1	$\overline{Q(t)}$

(c) D

D	$Q(t+1)$
0	0
1	1

(d) T

T	$Q(t+1)$
0	$Q(t)$
1	$\overline{Q(t)}$

플립플롭의 특성표는 입력의 변화에 따라 출력이 어떻게 나오는지를 알려준다. 특성표에서 $Q(t)$는 현재 상태의 플립플롭의 출력을 나타내고 $Q(t+1)$은 다음 상태의 출력을 나타낸다.

실제 회로의 설계단계에 있어 현재 상태로부터 원하는 다음 상태의 출력을 얻기 위해 입력을 어떻게 변화시켜야 하는지를 알아야 입력단의 회로를 설계할 수 있다. 이처럼 다음 상태의 출력을 얻기 위해 필요한 입력을 나타낸 것이 플립플롭의 여기표(excitation table)라 한다. 플립플롭의 여기표를 표 13.7에 나타내었다.

▶표 13.7 플립플롭의 여기표

(a) RS

$Q(t)$	$Q(t+1)$	S	R
0	0	0	×
0	1	1	0
1	0	0	1
1	1	×	0

(b) JK

$Q(t)$	$Q(t+1)$	J	K
0	0	0	×
0	1	1	×
1	0	×	1
1	1	×	0

(c) D

$Q(t)$	$Q(t+1)$	D
0	0	0
0	1	1
1	0	0
1	1	1

(d) T

$Q(t)$	$Q(t+1)$	T
0	0	0
0	1	1
1	0	1
1	1	0

RS 플립플롭의 여기표에서 출력이 0에서 0으로 유지하기 위해서는 입력이 $S=0$, $R=0$으로 현 출력 상태의 유지 혹은 $S=0$, $R=1$로 리셋 신호 입력 모두가 가능하므로 $S=0$, $R=\times$로 표기하였다. 출력이 0에서 1로 변하기 위해서는 세트시켜야 하므로 $S=1$, $R=0$이 인가되어야 하며, 출력이 1에서 0으로 변하기 위해서는 $S=0$, $R=1$을 인가하여 리셋시켜야 한다. 출력이 1에서 1로 유지하기 위해서는 $S=0$, $R=0$으로 인가하여 현 상태를 유지하거나 $S=1$, $R=0$으로 세트시켜야 하므로 $S=\times$, $R=0$으로 인가되어야 한다.

JK 플립플롭의 여기표에서 출력을 0에서 0으로 유지하기 위해서는 $J=0$, $K=0$으로 현재 상태를 유지하거나 $J=0$, $K=1$을 인가하여 출력을 리셋시켜야 하므로 $J=0$, $K=\times$로 된다. 출력이 0에서 1로 변하기 위해서는 $J=1$, $K=0$으로 세트시키거나 $J=1$, $K=1$을 인가하여 현재 출력을 토글시켜야 하므로 $J=1$, $K=\times$로 된다. 출력이 1에서 0으로 변하기 위해서는 $J=0$, $K=1$을 인가하여 리셋시키거나 $J=1$, $K=1$을 인가하여 현재 출력을 토글시켜야 하므로 $J=\times$, $K=1$로 된다. 출력을 1에서 1로 유지하기 위해서는 $J=0$, $K=0$을 인가하여 현재 상태를 유지하거나 $J=1$, $K=0$을 인가하여 세트시켜야 하므로 $J=\times$, $K=0$으로 된다.

D 플립플롭은 입력 D의 상태가 그대로 투과되는 버퍼 동작을 한다. 여기표를 보면 다음 상태의 출력 0 혹은 1을 얻기 위해서는 현재 출력 상태와 상관없이 원하는 출력에 맞추어 입력 D를 인가하면 된다.

T 플립플롭의 여기표를 보면 출력이 0에서 0으로 유지하거나 1에서 1로 유지하기 위해서는 T 입력을 0으로 인가하고 출력이 0에서 1로 변하거나 1에서 0으로 변하기 위해서는 T 입력을 1로 인가해야 한다.

플립플롭의 특성표와 여기표를 보면 각각의 플립플롭이 완전히 다른 동작을 하는 것이 아니라 일부 기능만 약간씩 다른 것을 알 수 있다. 따라서 다른 타입의 플립플롭이라 할지라도 입력단의 회로를 약간씩 수정 혹은 추가하여 원하는 타입의 플립플롭으로 동작하도록 할 수 있다. 지금부터는 플립플롭의 기능을 변환시켜 다른 타입의 플립플롭으로 동작하도록 만들어보기로 하겠다.

1. *RS* 플립플롭을 *JK* 플립플롭으로 변환

RS 플립플롭을 이용하여 JK 플립플롭으로 동작하도록 설계해 보자. JK 플립플롭의 특성표에 따라 동작하기 위해 RS 플립플롭의 입력이 어떻게 인가되어야 하는지에 대한 여기표를 표 13.8에 나타내었다.

▶**표 13.8** *JK* 플립플롭 동작을 위한 *RS* 플립플롭 여기표

J	K	$Q(t)$	$Q(t+1)$	S	R
0	0	0	0	0	×
0	0	1	1	×	0
0	1	0	0	0	×
0	1	1	0	0	1
1	0	0	1	1	0
1	0	1	1	×	0
1	1	0	1	1	0
1	1	1	0	0	1

원하는 S와 R의 논리식을 구하기 위한 카르노맵은 다음과 같다.

$Q(t)$ \ JK	00	01	11	10
0			1	1
1	×			×

$S = J \cdot \overline{Q(t)}$

$Q(t)$ \ JK	00	01	11	10
0	×	×		
1		1	1	

$R = K \cdot Q(t)$

S와 R의 논리식에 따라 회로를 구현하면 그림 13.34와 같다.

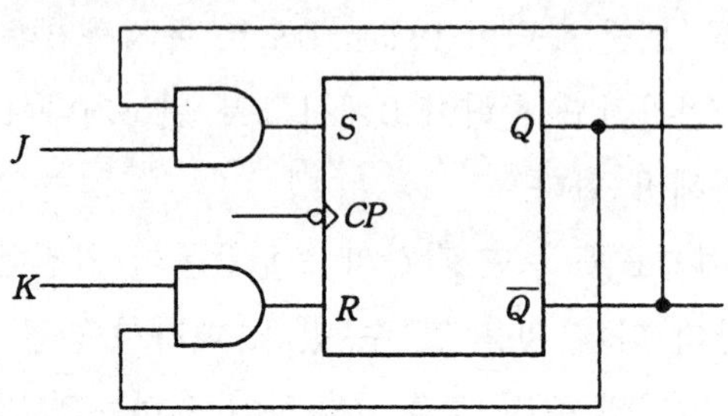

그림 13.34 *RS* 플립플롭을 이용한 *JK* 플립플롭

2. *RS* 플립플롭을 *D* 플립플롭으로 변환

RS 플립플롭을 이용하여 *JK* 플립플롭으로 동작하도록 설계해 보자. *JK* 플립플롭의 특성표에 따라 동작하기 위해 *RS* 플립플롭의 입력이 어떻게 인가되어야 하는지에 대한 여기표를 표 13.9에 나타내었다.

▶표 13.9 D 플립플롭 동작을 위한 RS 플립플롭 여기표

D	$Q(t)$	$Q(t+1)$	S	R
0	0	0	0	×
0	1	0	0	1
1	0	1	1	0
1	1	1	×	0

표 13.9로부터 S와 R의 논리식을 구하면 다음과 같다.

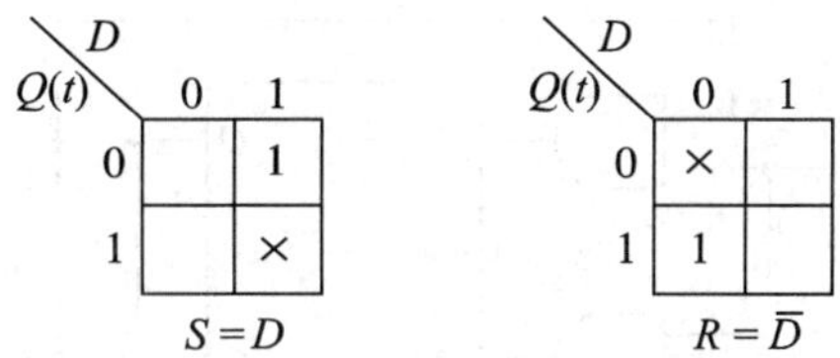

S와 R의 논리식에 따라 회로를 구현하면 그림 13.35와 같다.

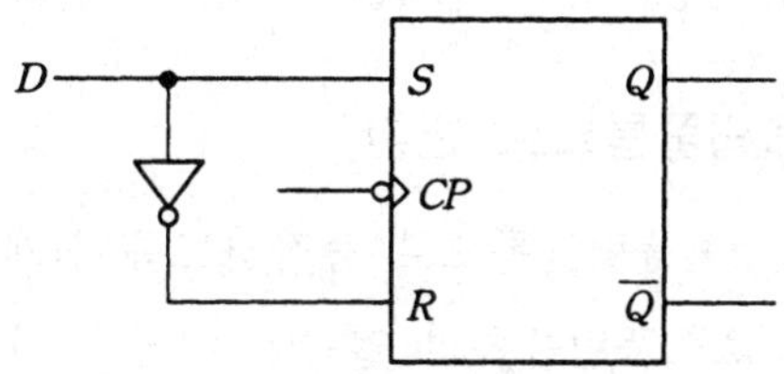

그림 13.35 RS 플립플롭을 이용한 D 플립플롭

3. *RS* 플립플롭을 *T* 플립플롭으로 변환

RS 플립플롭을 이용하여 T 플립플롭으로 동작하도록 설계해 보자. T 플립플롭의 특성표에 따라 동작하기 위해 RS 플립플롭의 입력이 어떻게 인가되어야 하는지에 대한 여기표를 표 13.10에 나타내었다.

▶표 13.10 T 플립플롭 동작을 위한 RS 플립플롭 여기표

T	$Q(t)$	$Q(t+1)$	S	R
0	0	0	0	×
0	1	1	×	0
1	0	1	1	0
1	1	0	0	1

표 13.10으로부터 S와 R의 논리식을 구하면 다음과 같다.

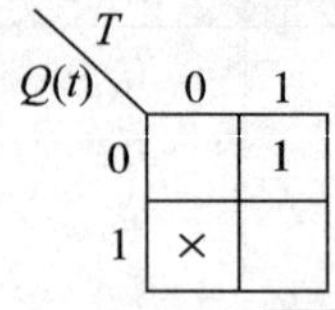

$S = T \cdot \overline{Q(t)}$

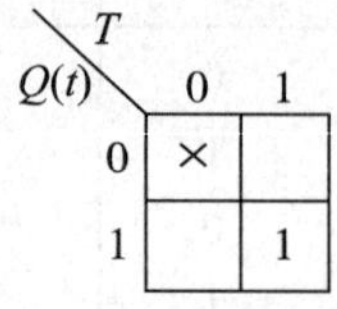

$R = T \cdot Q(t)$

S와 R의 논리식에 따라 회로를 구현하면 그림 13.36과 같다.

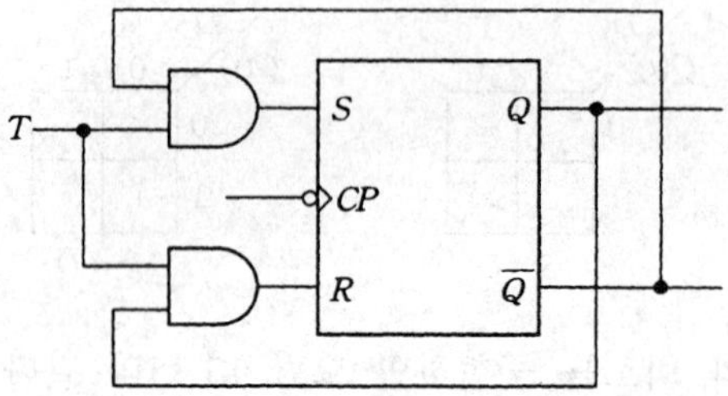

그림 13.36 RS 플립플롭을 이용한 T 플립플롭

4. *JK* 플립플롭을 *D* 플립플롭으로 변환

JK 플립플롭을 이용하여 D 플립플롭으로 동작하도록 설계해 보자. D 플립플롭의 특성표에 따라 동작하기 위해 JK 플립플롭의 입력이 어떻게 인가되어야 하는지에 대한 여기표를 표 13.11에 나타내었다.

▶표 13.11 D 플립플롭 동작을 위한 JK 플립플롭 여기표

D	$Q(t)$	$Q(t+1)$	J	K
0	0	0	0	×
0	1	0	×	1
1	0	1	1	×
1	1	1	×	0

표 13.11로부터 J와 K의 논리식을 구하면 다음과 같다.

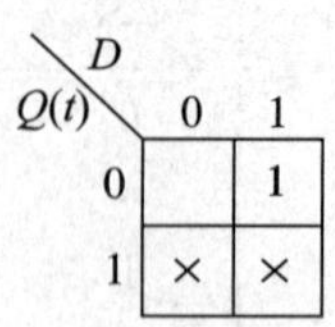

$J = D$

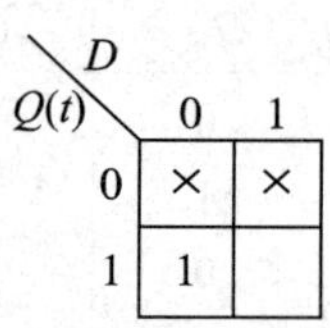

$K = \overline{D}$

J와 K의 논리식에 따라 회로를 구현하면 그림 13.37과 같다.

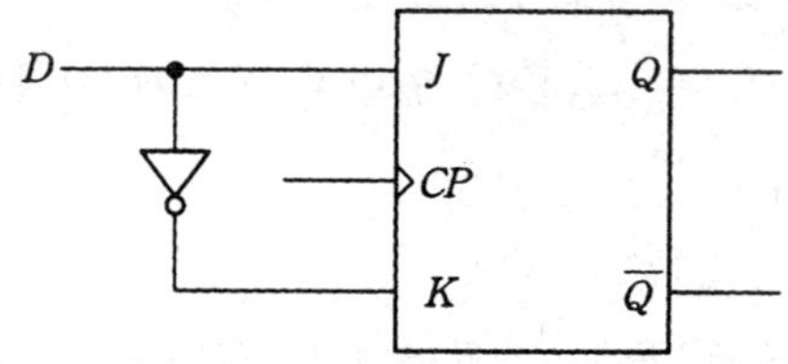

그림 13.37 JK 플립플롭을 이용한 D 플립플롭

5. *JK* 플립플롭을 *T* 플립플롭으로 변환

JK 플립플롭을 이용하여 T 플립플롭으로 동작하도록 설계해 보자. T 플립플롭의 특성표에 따라 동작하기 위해 JK 플립플롭의 입력이 어떻게 인가되어야 하는지에 대한 여기표를 표 13.12에 나타내었다.

▶표 13.12 T 플립플롭 동작을 위한 JK 플립플롭 여기표

T	$Q(t)$	$Q(t+1)$	J	K
0	0	0	0	×
0	1	1	×	0
1	0	1	1	×
1	1	0	×	1

표 13.12로부터 J와 K의 논리식을 구하면 다음과 같다.

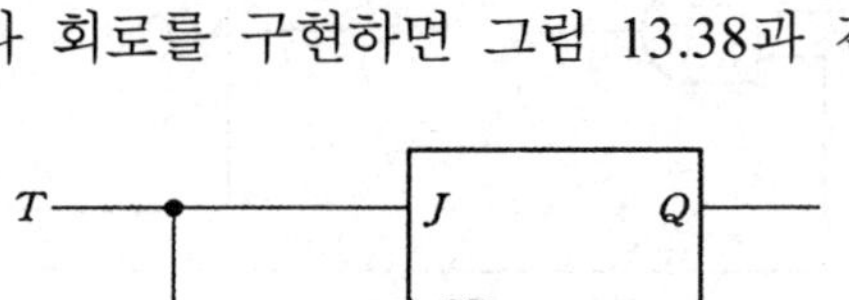

J와 K의 논리식에 따라 회로를 구현하면 그림 13.38과 같다.

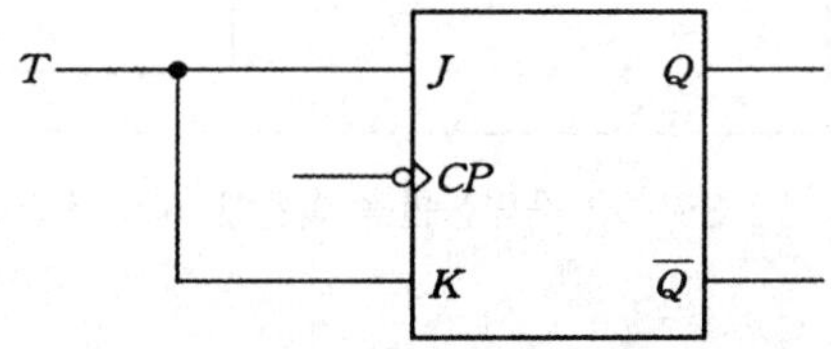

그림 13.38 JK 플립플롭을 이용한 T 플립플롭

6. D 플립플롭을 RS 플립플롭으로 변환

D 플립플롭을 이용하여 RS 플립플롭으로 동작하도록 설계해 보자. RS 플립플롭의 특성표에 따라 동작하기 위해 D 플립플롭의 입력이 어떻게 인가되어야 하는지에 대한 여기표를 표 13.13에 나타내었다.

▶**표 13.13** RS 플립플롭 동작을 위한 D 플립플롭 여기표

S	R	$Q(t)$	$Q(t+1)$	D
0	0	0	0	0
0	0	1	1	1
0	1	0	0	0
0	1	1	0	0
1	0	0	1	1
1	0	1	1	1
1	1	0	×	×
1	1	1	×	×

표 13.13으로부터 D의 논리식을 구하면 다음과 같다.

$Q(t)$ \ SR	00	01	11	10
0			×	1
1	1		×	1

$$D = S + \overline{R}Q(t)$$

D의 논리식에 따라 회로를 구현하면 그림 13.39와 같다.

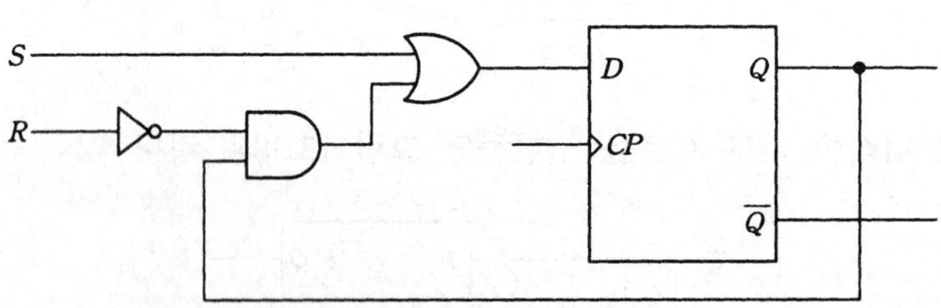

그림 13.39 D 플립플롭을 이용한 RS 플립플롭

7. *D* 플립플롭을 *JK* 플립플롭으로 변환

D 플립플롭을 이용하여 *JK* 플립플롭으로 동작하도록 설계해 보자. *JK* 플립플롭의 특성표에 따라 동작하기 위해 *D* 플립플롭의 입력이 어떻게 인가되어야 하는지에 대한 여기표를 표 13.14에 나타내었다.

▶**표 13.14** *JK* 플립플롭 동작을 위한 *D* 플립플롭 여기표

J	K	$Q(t)$	$Q(t+1)$	D
0	0	0	0	0
0	0	1	1	1
0	1	0	0	0
0	1	1	0	0
1	0	0	1	1
1	0	1	1	1
1	1	0	1	1
1	1	1	0	0

표 13.14로부터 *D*의 논리식을 구하면 다음과 같다.

$Q(t)$ \ JK	00	01	11	10
0			1	1
1	1			1

$$D = J\overline{Q(t)} + \overline{K}\,Q(t)$$

*D*의 논리식에 따라 회로를 구현하면 그림 13.40과 같다.

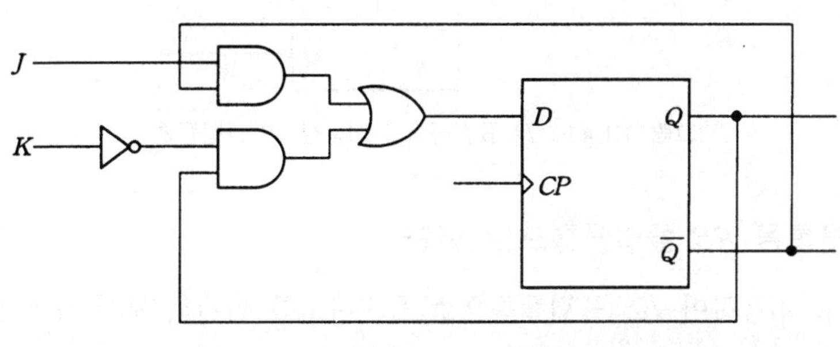

그림 13.40 *D* 플립플롭을 이용한 *JK* 플립플롭

8. *D* 플립플롭을 *T* 플립플롭으로 변환

D 플립플롭을 이용하여 T 플립플롭으로 동작하도록 설계해 보자. T 플립플롭의 특성표에 따라 동작하기 위해 D 플립플롭의 입력이 어떻게 인가되어야 하는지에 대한 여기표를 표 13.15에 나타내었다.

▶표 13.15 T 플립플롭 동작을 위한 D 플립플롭 여기표

T	$Q(t)$	$Q(t+1)$	D
0	0	0	0
0	1	1	1
1	0	1	1
1	1	0	0

표 13.15로부터 D의 논리식을 구하면 다음과 같다.

$Q(t)$ \ T	0	1
0		1
1	1	

$$D = T\overline{Q}(t) + \overline{T}Q(t)$$

D의 논리식에 따라 회로를 구현하면 그림 13.41과 같다.

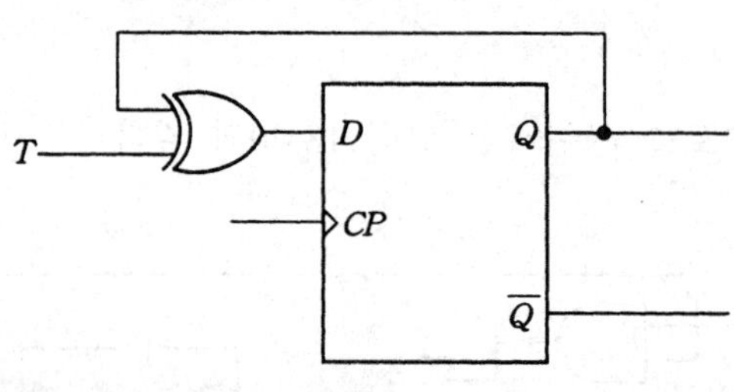

그림 13.41 D 플립플롭을 이용한 T 플립플롭

9. *T* 플립플롭을 *RS* 플립플롭으로 변환

T 플립플롭을 이용하여 RS 플립플롭으로 동작하도록 설계해 보자. RS 플립플롭의 특성표에 따라 동작하기 위해 T 플립플롭의 입력이 어떻게 인가되어야 하는지에 대한 여기

표를 표 13.16에 나타내었다.

▶**표 13.16** *RS* 플립플롭 동작을 위한 *T* 플립플롭 여기표

S	R	$Q(t)$	$Q(t+1)$	T
0	0	0	0	0
0	0	1	1	0
0	1	0	0	0
0	1	1	0	1
1	0	0	1	1
1	0	1	1	0
1	1	0	×	×
1	1	1	×	×

표 13.16으로부터 T의 논리식을 구하면 다음과 같다.

$Q(t)$ \ SR	00	01	11	10
0			×	1
1		1	×	

$$T = S\overline{Q(t)} + RQ(t)$$

T의 논리식에 따라 회로를 구현하면 그림 13.42와 같다.

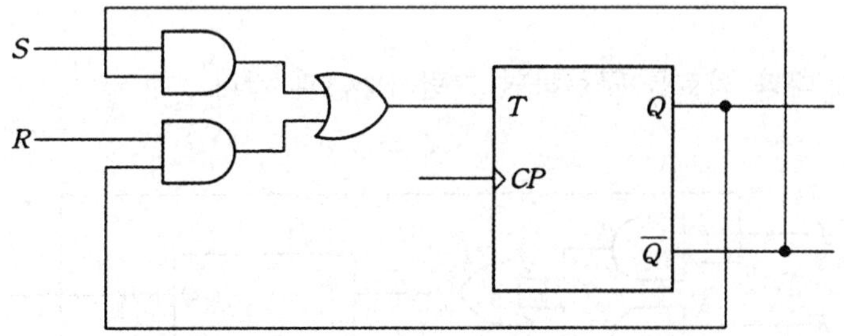

그림 13.42 *T* 플립플롭을 이용한 *RS* 플립플롭

10. *T* 플립플롭을 *JK* 플립플롭으로 변환

T 플립플롭을 이용하여 JK 플립플롭으로 동작하도록 설계해 보자. JK 플립플롭의 특성표에 따라 동작하기 위해 T 플립플롭의 입력이 어떻게 인가되어야 하는지에 대한 여기표를 표 13.17에 나타내었다.

▶표 13.17 JK 플립플롭 동작을 위한 T 플립플롭 여기표

J	K	$Q(t)$	$Q(t+1)$	T
0	0	0	0	0
0	0	1	1	0
0	1	0	0	0
0	1	1	0	1
1	0	0	1	1
1	0	1	1	0
1	1	0	1	1
1	1	1	0	1

표 13.17로부터 T의 논리식을 구하면 다음과 같다.

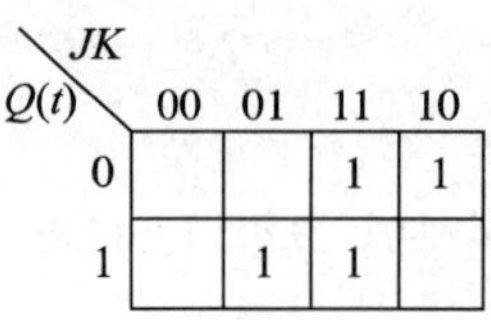

$T = J\overline{Q(t)} + KQ(t)$

T의 논리식에 따라 회로를 구현하면 그림 13.43과 같다.

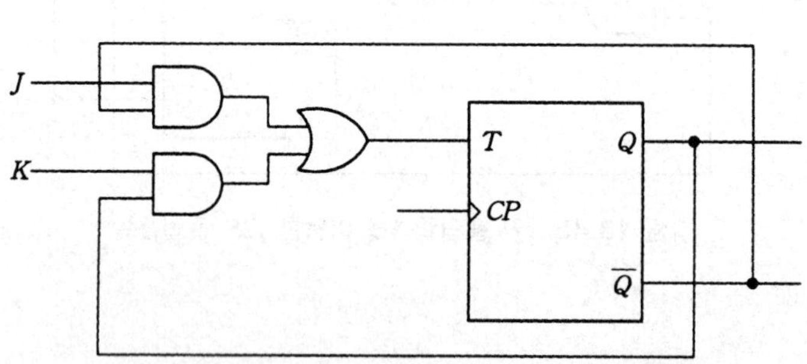

그림 13.43 T 플립플롭을 이용한 JK 플립플롭

11. *T* 플립플롭을 *D* 플립플롭으로 변환

T 플립플롭을 이용하여 *D* 플립플롭으로 동작하도록 설계해 보자. *D* 플립플롭의 특성표에 따라 동작하기 위해 *T* 플립플롭의 입력이 어떻게 인가되어야 하는지에 대한 여기표를 표 13.18에 나타내었다.

▶표 13.18 *D* 플립플롭 동작을 위한 *T* 플립플롭 여기표

D	$Q(t)$	$Q(t+1)$	T
0	0	0	0
0	1	0	1
1	0	1	1
1	1	1	0

표 13.18로부터 *T*의 논리식을 구하면 다음과 같다.

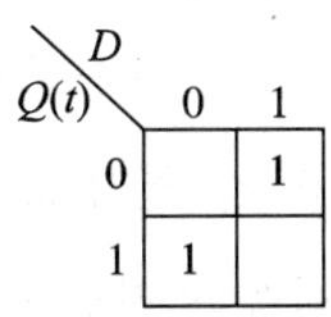

$$T = D\overline{Q(t)} + \overline{D}\,Q(t)$$

*T*의 논리식에 따라 회로를 구현하면 그림 13.44와 같다.

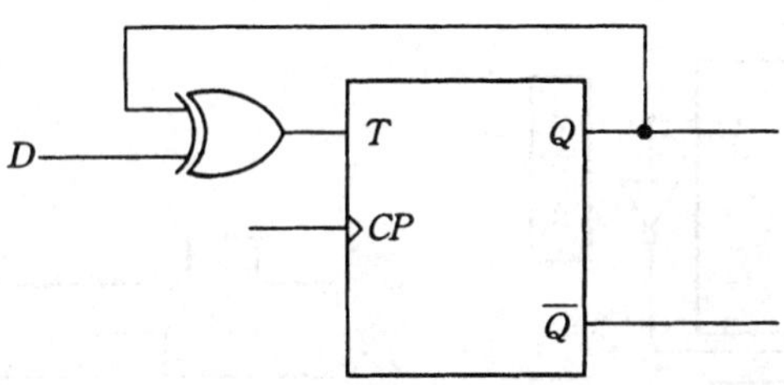

그림 13.44 *T* 플립플롭을 이용한 *D* 플립플롭

13.6 플립플롭의 응용

플립플롭은 가장 융통성 있는 소자라고 할 수 있다. 아래에 그 대표적인 응용 예인 우선제어, 순서회로, 레지스터, 카운터, 스위치 bounce 방지 회로에 대하여 설명하였다.

1. 우선제어와 순서회로

두 개의 RS 플립플롭을 그림 13.45와 같이 접속하면 두 개의 부하 A, B 사이에 우선제어기능을 갖게 할 수 있다. 여기서 FF_1은 부하 A를 구동하고, FF_2는 부하 B를 구동하는 것으로 한다. 우선 R 입력에 의해 양쪽 플립플롭이 리셋된 상태부터 생각해보자.

A 입력이 들어오면 FF_1은 세트되어 부하 A가 구동된다. $Q_1 = 1$로 되기 때문에 AND 게이트는 동작하지 않고, B 입력이 차단되므로 부하 B를 구동할 수 없다. 다음에 다시 리셋 상태로 한 후 이번에는 B 입력을 인가하면 AND 게이트가 열리고, FF_2가 세트되어 부하 B가 구동된다. 이 상태에서 A 입력을 인가하면 FF_1이 세트되어 부하 A도 함께 구동할 수 있다.

이상과 같이 이 회로는 부하 A의 구동입력이 우선하며, 부하 A가 구동된 후에는 부하 B를 구동할 수 없다는 우선 기능이 있는 것을 알 수 있다. 그러면 다음에 그림 13.45에서 인버터를 제거하고, 그림 13.46의 순서회로로 하면 어떤 동작을 할까?

A 입력이 들어오면 FF_1이 세트되어 부하 A는 구동된다. 이것에 의해서 $Q_1 = 1$로 되기 때문에 B 입력을 인가하면 AND 게이트가 열리고, FF_2가 세트되어 부하 B가 구동된다.

리셋 상태에서는 A보다 먼저 B 입력을 인가할 수 없다. 결국 이 회로는 반드시 $A \to B$의 순으로 동작하므로 순서회로라 한다. 이 회로는 온풍기의 fan과 heater의 시동 등에 응용된다.

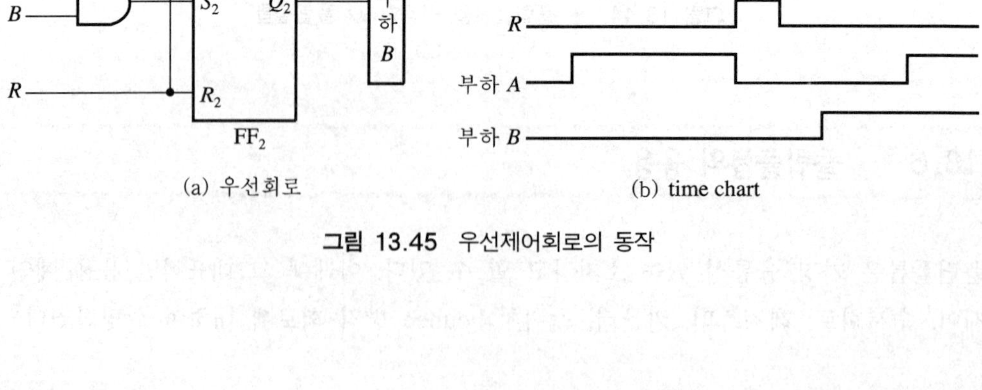

(a) 우선회로 (b) time chart

그림 13.45 우선제어회로의 동작

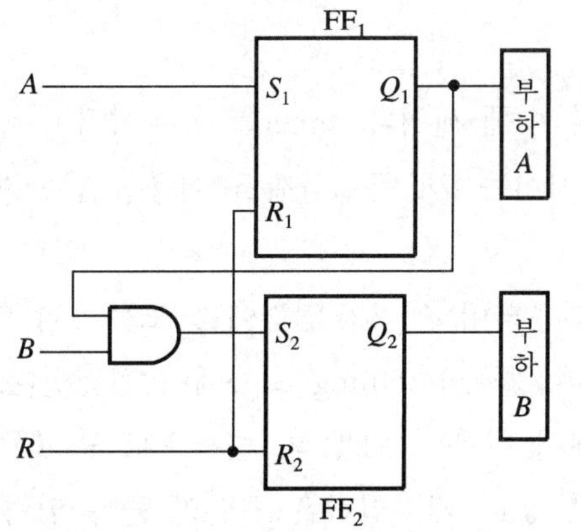

그림 13.46 순서회로

2. register

레지스터란 비트열의 기억창고와 같은 것으로 레지스터는 플립플롭으로 구성된다. 따라서 n비트의 레지스터는 n개의 플립플롭으로 구성되어 있다. 레지스터의 기능은 어느 일정기간 동안만 문자나 수치 등의 데이터를 유지하는 것이다.

그림 13.47은 SN7474(4회로 D 플립플롭)로 만든 4비트 레지스터이다. 이 레지스터는 동시에 clear하는 것도 가능하다. 4개의 D 입력에 4비트의 데이터 입력을 주고, 클록 펄스를 인가하면 새로운 데이터로 치환된다.

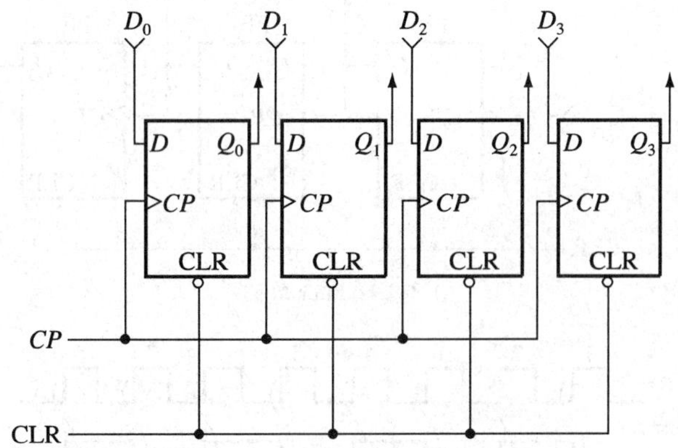

그림 13.47 7474를 이용한 4비트 레지스터

SN74174(6회로 D 플립플롭)를 이용하면 6비트의 레지스터가 구성되며, SN74173(4회로 3-상태 출력 D 플립플롭), SN74LS574(8회로 3-state 출력 D 플립플롭)를 이용하면 직접 bus에 접속 가능한 레지스터 구성이 가능하다.

3. counter

디지털 카운터는 펄스의 수를 세거나, timer를 동작시키거나, 주파수를 분주할 수 있는 매우 유용한 회로이다. 여기서는 JK 플립플롭을 이용한 간단한 리플 카운터 회로에 대해서 설명하였다.

그림 13.48은 3단 up 카운터이다. JK 입력에는 모두 1이 인가되므로 JK 플립플롭은 T 플립플롭의 동작을 하며, 클록의 falling edge에서 반전한다.

초단 FF_1의 출력 Q_1에서 다음 단 FF_2의 클록으로 또 FF_2의 출력 Q_2에서 3단째의 FF_3의 클록으로 접속되어 있고, 계수입력은 초단의 클록 입력에 인가하도록 한다.

up 카운터란 클록 펄스가 인가될 때마다 카운터의 수치가 1씩 증가해 가는 것이고, down 카운터는 이 반대이다. 그러면 그림 13.48(b)의 time chart를 보면서 어떻게 계수 동작이 수행되는지를 알아보자.

처음에 클리어 입력(CLR)을 0으로 하면 모든 플립플롭은 리셋되어 $Q_1 = Q_2 = Q_3 = 0$으로 된다. 이 상태가 계수값 $Q_3Q_2Q_1 = 000_2(=0_{10})$이다.

첫 번째 클록 펄스의 falling edge에서 Q_1은 반전하여 $Q_1 = 1$로 된다. 그러나 Q_1이 1→0으로 변화하지 않는 한 2단째의 FF_2는 반전하지 않기 때문에 Q_2는 0 그대로이다. 그리고

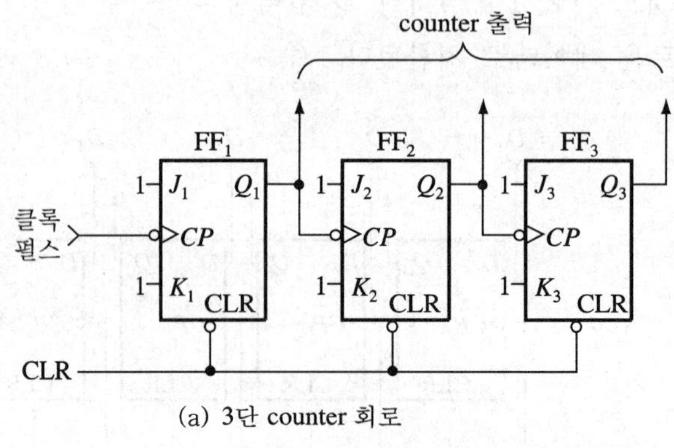

(a) 3단 counter 회로

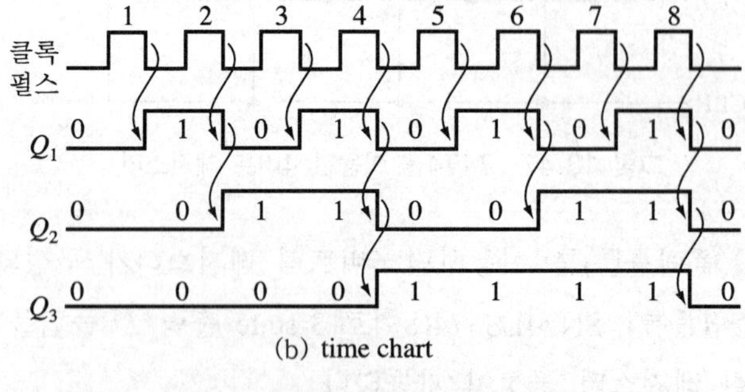

(b) time chart

그림 13.48 JK 플립플롭을 이용한 3단 up 카운터

3단째 FF_3의 출력 Q_3도 0 그대로이다. 이때의 계수값은 $Q_3Q_2Q_1 = 001_2(=1_{10})$이다.

두 번째 클록 펄스가 인가되면 FF_1은 반전하여 Q_1은 0으로 되돌아간다. 이것이 다음 단 FF_2의 클록으로 들어가 Q_2를 1로 반전시킨다. 그러나 FF_3의 출력 Q_3는 0 그대로이다. 이때 계수값은 $Q_3Q_2Q_1 = 010_2(=2_{10})$이다.

이와 같이 하여 앞 단의 Q출력이 1→0으로 변화할 때만 다음 단의 플립플롭이 반전동작을 반복해간다. 5번째 클록 펄스 뒤에는 $Q_3Q_2Q_1 = 101_2(=5_{10})$로 되고, 7번째 클록 펄스 뒤에는 $Q_3Q_2Q_1 = 111_2(=7_{10})$로 된다.

그리고 8번째의 클록 펄스가 들어오면 $000_2(=0_{10})$로 클리어된다. 결국 $Q_3Q_2Q_1$ 출력이 2진수의 형식으로 $0_{10} \sim 7_{10}$까지의 수를 세는 것이 되므로 이것을 8진 카운터라 한다. 이것은 그림 13.48(b)의 time chart에 기입한 「0」과 「1」의 나열방법을 보아도 알 수 있다.

이 카운터 회로는 초단의 FF_1에서 차례로 보내는 트리거 신호를 전달하면서 계수해가므로 이것을 리플 카운터라 한다.

4. switch bounce 방지 회로

제어입력을 1로 하거나 계수정지 button을 누르는 경우 등에는 기계적 스위치가 이용된다. 그러나 기계적 스위치를 사용할 때는 스위치의 bounce 또는 chattering이라는 현상에 주의해야 한다.

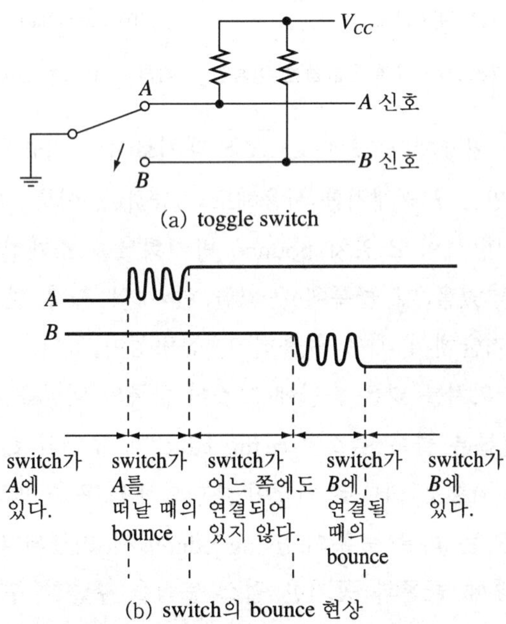

그림 13.49 toggle 스위치의 동작

스위치의 동작은 그림 13.49(a)와 같이 A에서 B로 전환할 때 일단 A점에서 떨어지고, 수 ms 후 B점에 연결되는 과정을 거치는 것이 보통이다. 좋지 않은 것은 이 break와 make 양쪽의 과정에서 스위치가 bounce를 일으키는 것이다. 그림 13.49(b)를 보면 이 상태를 잘 알 수 있다. 경우에 따라서는 50 ms 동안의 긴 bounce를 일으킬 수도 있다. 많은 디지털 회로에서는 스위치에 의해 1이나 0의 신호를 연결한다. 예를 들어, 계수회로의 계수입력이 만약 스위치의 ON, OFF 전환 입력인 경우 카운터는 이들의 bounce에 의한 계수 입력까지 계수하게 되므로 엉뚱한 수치가 되어 버린다.

그림 13.50(a)는 SN7474 D 플립플롭의 프리셋, 클리어 입력을 이용한 스위치 bounce 방지회로이다. 스위치가 A점에서 떨어져도 Q 출력은 1 상태를 유지하고 있고, B점에 접촉된 순간에 플립플롭이 리셋되어 bounce가 생겨도 Q 출력은 0 상태를 그대로 유지한다.

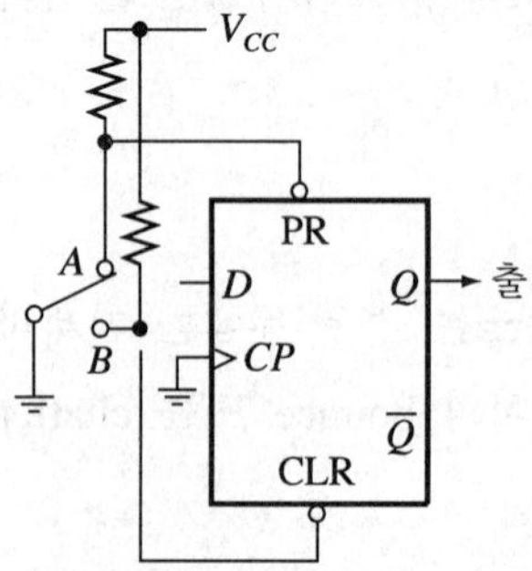

(a) 7474회로

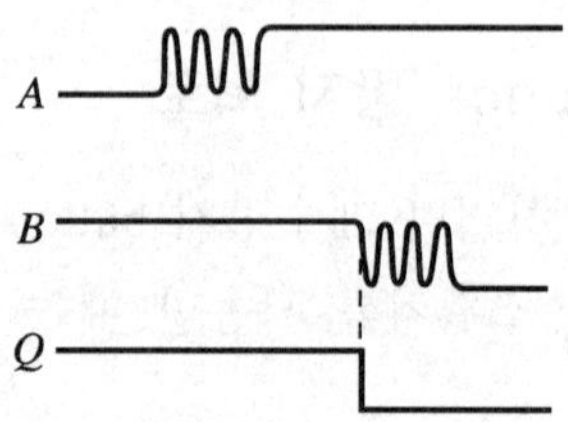

(b) time chart

그림 13.50 D 플립플롭을 이용한 스위치 bounce 방지회로

이것은 D 플립플롭을 이용했다기보다는 $\overline{R}\,\overline{S}$ 래치로서의 기능을 이용한 것이기 때문에 NOR, NAND 게이트로 만든 RS 래치를 사용해도 가능하며, 이를 그림 13.51에 나타내었다.

마지막으로 클록 동기방식의 스위치 bounce 방지회로를 소개한다. 그림 13.52(a)에 나타낸 회로는 스위치를 넣었을 때 클록에 동기한 한 개의 출력 펄스를 내는 회로이다. 이 회로는 실제의 디지털 기술에서 매우 유용하고, 신뢰성이 있다.

초단 D 플립플롭은 스위치를 넣은 순간에 그것이 클록의 역할을 하며, Q_1은 세트 상태로 된다. 2번째의 D 플립플롭은 클록 펄스의 rising edge 때 초단의 Q_1 출력을 받아서 세트된다. 그것과 동시에 $\overline{Q}_2$는 0으로 되므로 이것이 초단의 FF_1을 리셋하여 Q_1은 0으로 되돌아간다. 이것을 받아서 FF_2는 다음 클록의 rising edge에서 리셋된다. 결국 그림 13.52(b)와 같이 스위치를 넣은 직후에 클록과 동기한 펄스 출력을 추출할 수 있게 되는 것이다.

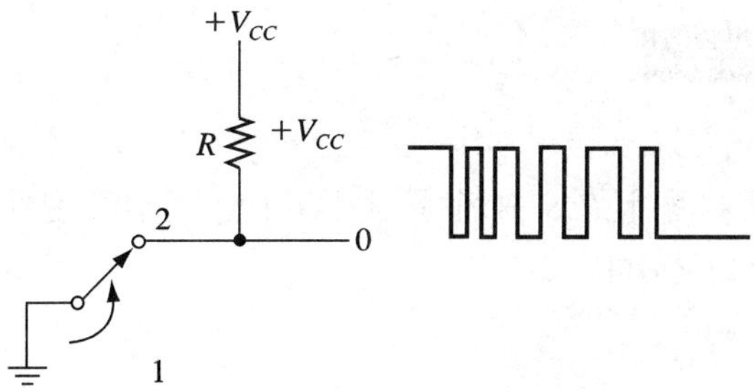

(a) 스위치 접점 bounce

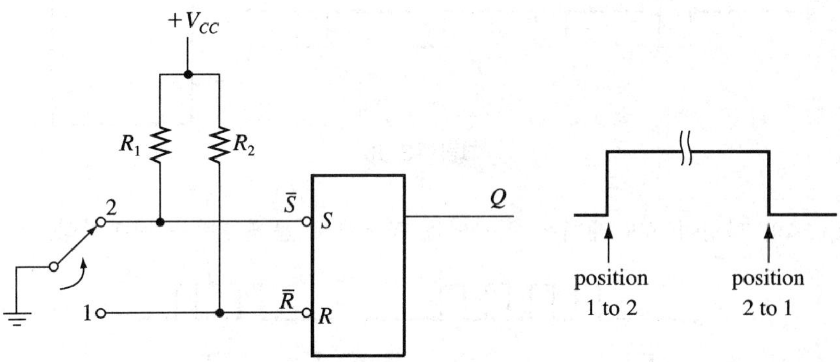

(b) bounce 제거회로

그림 13.51 스위치 bounce를 방지하기 위한 *RS* 래치 회로

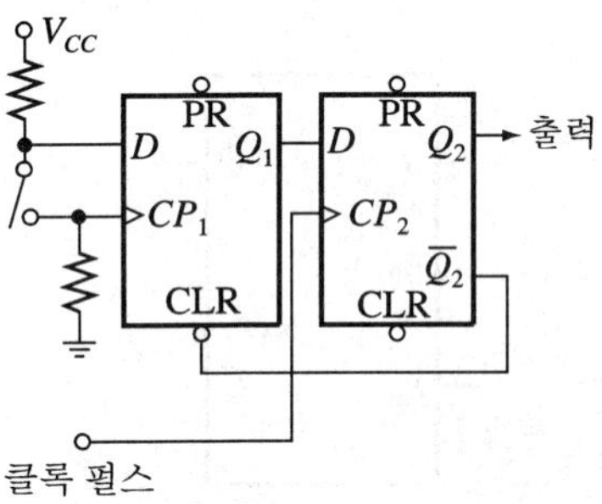

(a) 회로

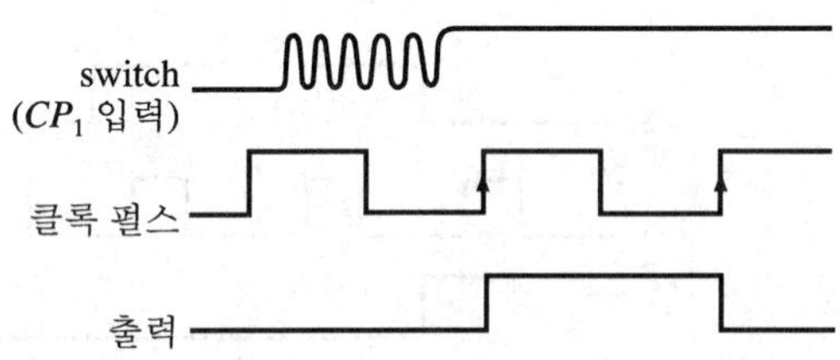

(b) time chart

그림 13.52 클록 동기의 스위치 bounce 방지회로

연습문제

1. 그림 13.53의 파형이 $\overline{R}\,\overline{S}$ 래치에 인가된다면 그 입력 관계에서 Q 출력의 파형을 그려라. 초기 상태는 리셋이다.

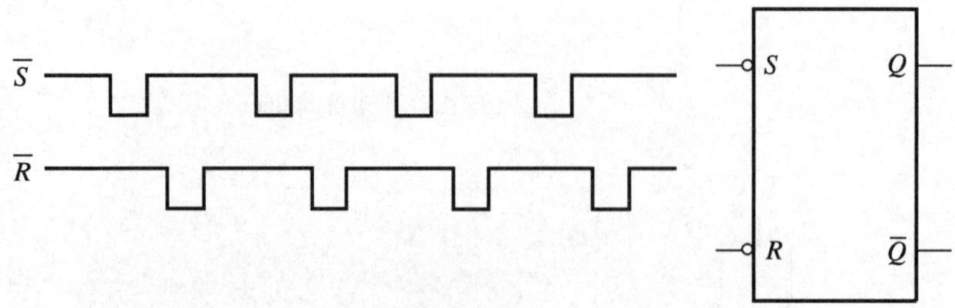

그림 13.53

2. 그림 13.54의 파형이 RS 래치에 인가되는 조건으로 문제 1번을 반복하라.

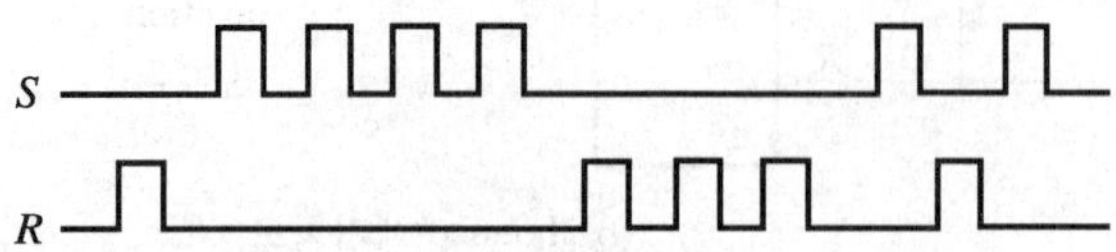

그림 13.54

3. gated RS 래치에서 그림 13.55에 주어진 입력에 대하여 Q와 $\overline{Q}$의 출력을 그려라. 초기상태는 리셋이다.

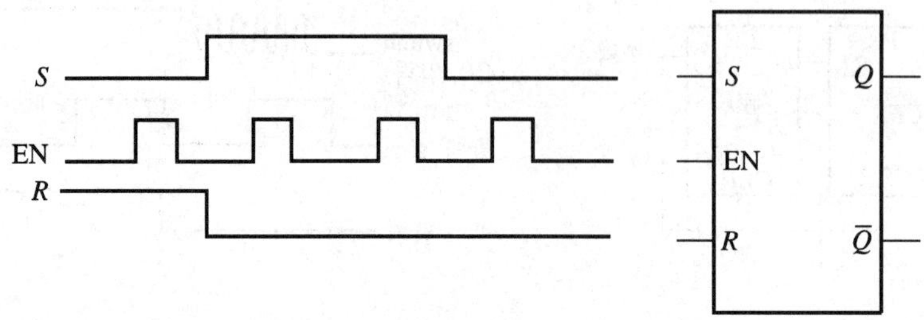

그림 13.55

4. gated D 래치에서 그림 13.56에 주어진 입력에 대하여 Q 출력을 그려라. 초기 상태는 리셋이다.

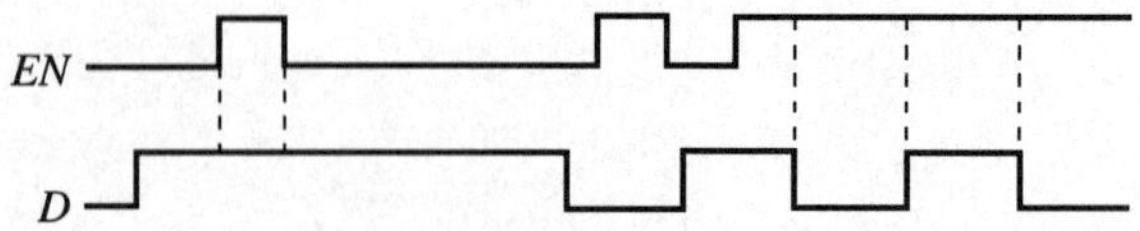

그림 13.56

5. RS 플립플롭에서 그림 13.57에 주어진 입력에 대하여 Q 출력을 그려라. 초기 상태는 리셋이다.

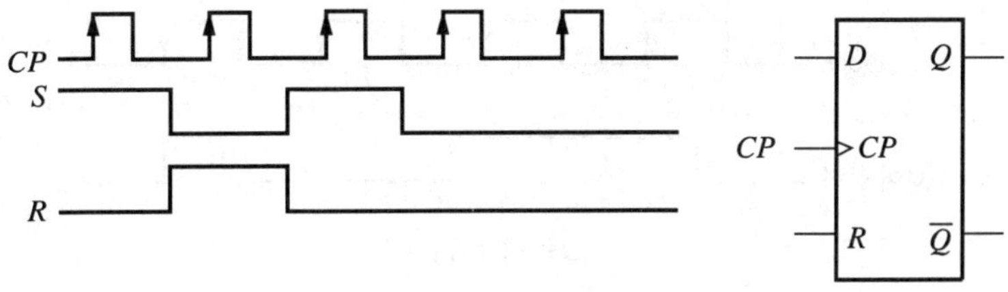

그림 13.57

6. D 플립플롭에서 그림 13.58에 주어진 입력에 대하여 Q 출력을 그려라. 초기 상태는 리셋이다.

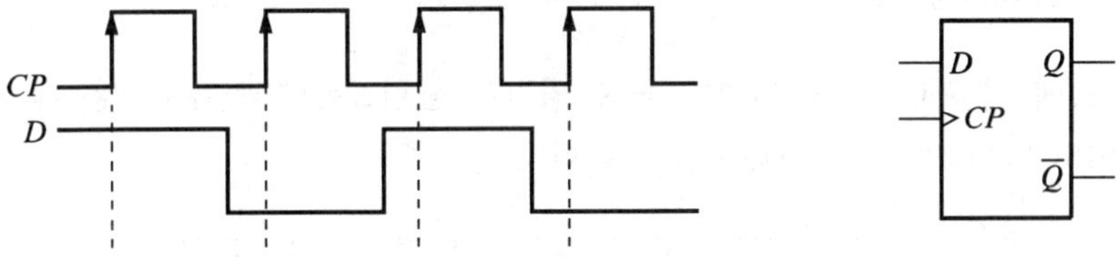

그림 13.58

7. negative edge triggered JK 플립플롭에서 그림 13.59에 주어진 입력에 대하여 Q 출력을 그려라. 초기 상태는 리셋이다.

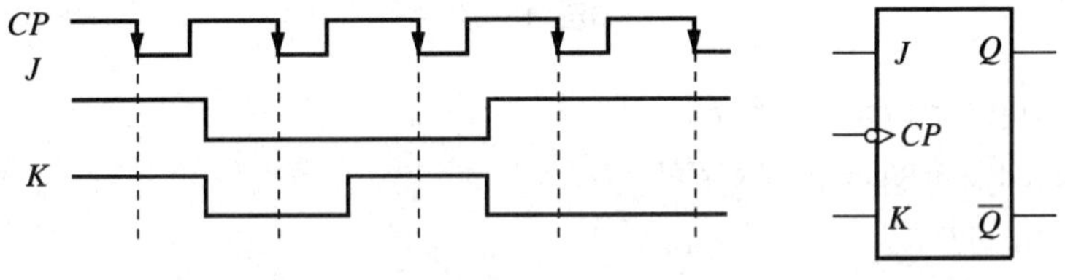

그림 13.59

8. MS JK 플립플롭에서 그림 13.60에 주어진 입력에 대하여 Q 출력을 그려라. 초기 상태는 리셋이다.

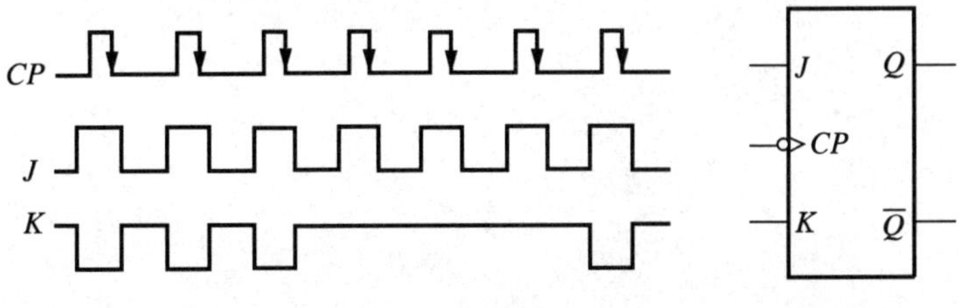

그림 13.60

9. 그림 13.61에 나타낸 제어입력과 클록 입력을 플립플롭에 인가하였을 때 다음 각 플립플롭의 출력파형은 어떻게 될까? 초기 상태는 리셋이다.

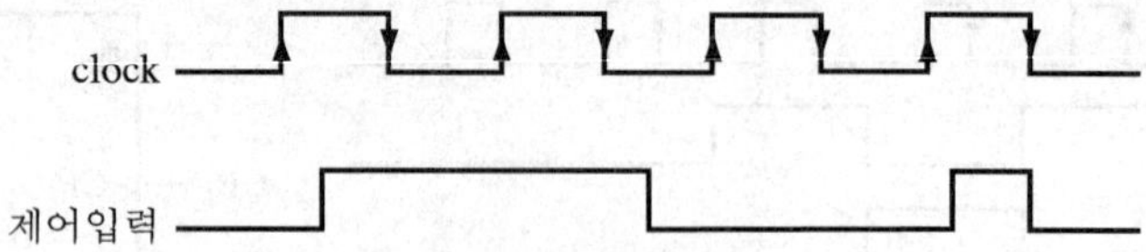

그림 13.61

a) gated D latch의 입력
b) MS형 JK 플립플롭의 J입력. 단, $K=1$로 한다.
c) negative edge 트리거형 JK 플립플롭의 J입력. 단, $K=1$로 한다.
d) 데이터 lockout형 JK 플립플롭의 J입력. 단, $K=1$로 한다.

10. 그림 13.62에 나타낸 J, K 입력과 클록 입력을 플립플롭에 인가하였을 때 다음의 출력 파형은 어떻게 될까? 초기 상태는 리셋이다.

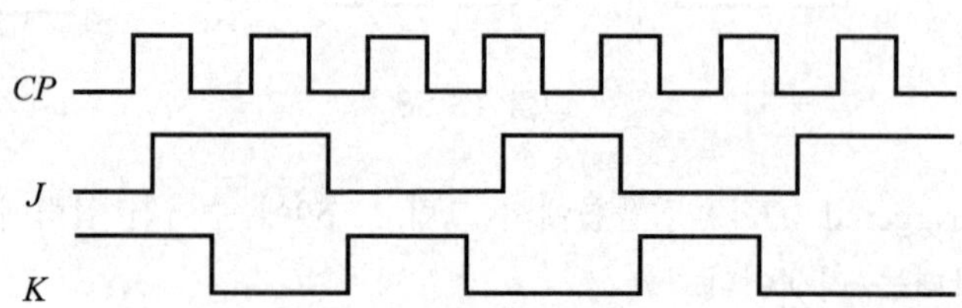

그림 13.62

a) positive edge trigger형 JK FF
b) negative edge trigger형 JK FF
c) MS형 JK FF
d) 데이터 lockout형 JK FF

Digital Engineering

14장 one shot 멀티바이브레이터

one shot 멀티바이브레이터는 단안정 멀티바이브레이터 회로로 구성되며, 펄스폭을 자유로이 바꿀 수 있는 트리거 발진기로서 디지털 시스템 내에서 타이밍을 세트하거나 sequence 제어 등에 이용되고 있다.

one shot 멀티바이브레이터는 본질적으로 1개의 안정 상태를 가진 플립플롭 소자로 두 개의 출력 Q, $\overline{Q}$를 가지며, 통상 리셋 상태($Q=0$)에 있다. 여기에 트리거 전압을 인가하면 $Q=1$인 세트 상태가 되는데, 이것은 저항과 커패시터에 의해서 정해지는 일정시간이 경과하면 자동적으로 원래의 리셋 상태로 되돌아간다. 따라서 one shot 멀티바이브레이터에서 세트 상태인 기간은 준안정 상태이므로 만약 one shot 멀티바이브레이터가 세트 상태를 지속하고 있으면 이 회로는 고장이라고 생각해도 좋다. 이러한 one shot 멀티바이브레이터는 발진회로나 기계 스위치의 bouce 방지에도 이용된다.

이 장에서는 one shot 멀티바이브레이터의 기본원리와 함께 그 응용회로에 대하여 설명한다.

14.1 one shot 멀티바이브레이터의 동작 원리

one shot 멀티바이브레이터의 기본회로는 그림 14.1과 같이 NOR 게이트와 인버터로 구성되고, 트리거 입력과 Q출력을 가진다. 안정 상태인 $Q=0$의 상태에서 입력이 인가되지 않는 한 그 상태를 유지하지만 그림 14.1(a)와 같은 트리거 펄스가 인가되면 $Q=1$의 상태로 바뀐다.

이 상태가 계속 유지되지 않고 어떤 결정된 시간 T만큼만 지속되었다가 자동적으로 원래의 상태로 되돌아가므로 이 지속기간을 준안정 상태라 한다.

그림 14.1(a)의 회로에서 지속기간 T는 기본적으로 CR의 시상수로 결정되며, 예를 들

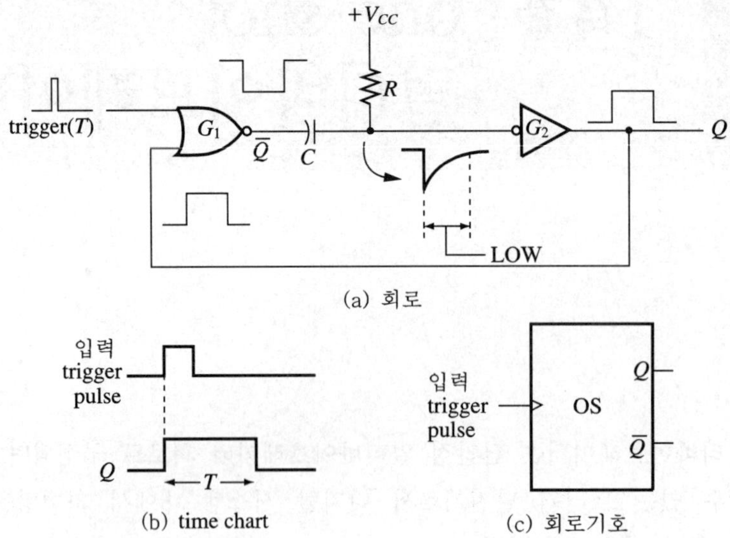

그림 14.1 one shot 멀티바이브레이터의 회로, 기호와 동작

어 용량 C를 크게 선택하면 T를 길게 할 수 있고, 프를 작게 하면 T는 짧아진다. 시간 T가 경과하면 Q출력은 원래 상태로 되돌아가 리셋되고, 다음의 트리거 펄스가 인가될 때까지 아무런 변화도 일어나지 않는다.

그림 14.1(b)의 time chart는 트리거 펄스의 rising edge에서 동작하는 one shot 멀티바이브레이터의 경우를 제시하였고, 그림 14.1(c)에 전형적인 one shot 멀티바이브레이터의 논리기호를 나타내었다.

예제 14.1 준안정시간 $T = 15\mu s$를 갖고 rising edge에서 동작하는 one shot 멀티바이브레이터가 있다. 여기에 그림 14.2(a), (b), (c)에 나타낸 트리거 펄스를 인가했을 때 Q 출력의 파형을 그려라.

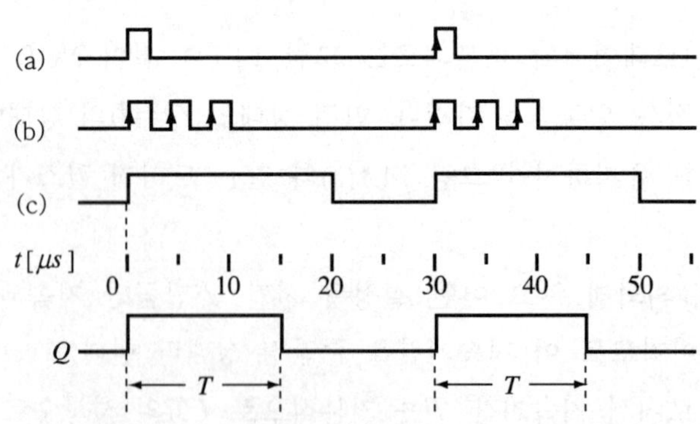

그림 14.2 one shot 멀티바이브레이터의 동작

풀이 Q 출력은 그림 14.2의 최하단에 나타낸 파형으로 된다. (b)의 3개의 펄스는 처음의 펄스만이 유효하고 나머지 두 개의 펄스는 준안정기간 동안에 인가되기 때문에 아무런 효과가 없다. (c)의 트리거 펄스폭은 20 μs 이지만 rising edge만이 유효하기 때문에 Q 출력은 T초 후, 즉 15 μs 후에는 L로 되돌아간다. ■

14.2 one shot IC

one shot IC에는 크게 재트리거 가능형과 불가능형의 두 가지 형태가 있다. 재트리거 불가능형은 그림 14.3에서 보듯이 트리거 펄스 입력 후 안정 상태로 복귀할 때까지는 어떤 추가의 트리거 펄스에도 동작하지 않으므로 트리거 펄스의 주기가 one shot의 불안정 상태인 준안정기간(t_w)보다 더 길어야 한다는 것을 나타내고 있다.

그림 14.3은 one shot IC의 준안정기간보다 트리거 펄스 주기가 큰 경우(a)와 작은 경우(b)에 대한 동작 상태를 나타낸 것이다.

재트리거 가능형은 불안정 상태가 끝나기 전에 다시 트리거 펄스가 들어오면 재트리거 되므로 그림 14.4와 같이 펄스폭이 연장된다.

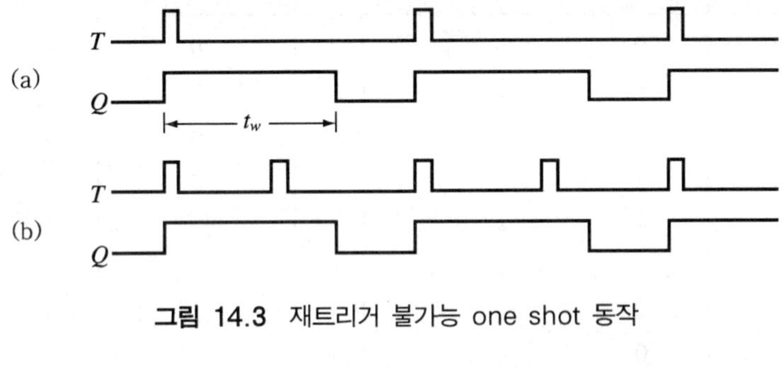

그림 14.3 재트리거 불가능 one shot 동작

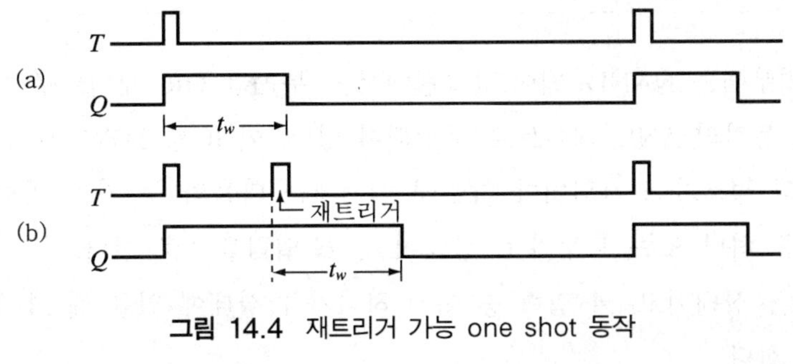

그림 14.4 재트리거 가능 one shot 동작

1. SN74121 one shot 멀티바이브레이터

TTL 시리즈 중에서 가장 많이 사용되는 IC가 SN74121이다. 그 내부구조를 그림 14.5에, 동작을 표 14.1에 나타내었다.

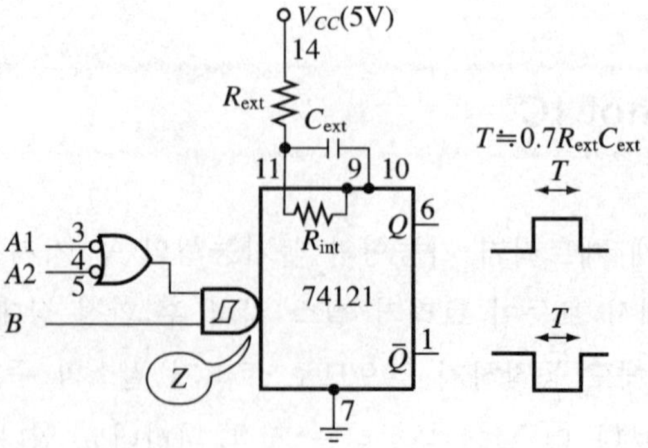

그림 14.5 SN74121의 내부구조

▶**표 14.1** SN74121의 동작표

번 호	입 력			출 력	
	$A1$	$A2$	B	Q	$\overline{Q}$
1	0	×	1	0	1
2	×	0	1	0	1
3	×	×	0	0	1
4	1	1	×	0	1
5	1	↓	1	⊓	⊔
6	↓	1	1	⊓	⊔
7	↓	↓	1	⊓	⊔
8	0	×	↑	⊓	⊔
9	×	0	↑	⊓	⊔

이 IC의 입력부에는 NAND 게이트(그림에서는 부논리 OR 게이트로 그려져 있다)와 Schmitt 트리거 동작의 AND 게이트로 구성되어 있다. 이 IC를 트리거하기 위해서는 Z점에 rising edge의 펄스가 인가되어야 하는데 여기에는 다음의 두 가지 방법이 있다.

① A 입력 중 하나 또는 모두가 0 상태이고, B 입력을 1로 한다.

② B 입력이 1 상태이고, A 입력 중 어느 하나가 1 상태에 있을 때 A 입력의 다른 쪽을 0으로 한다.

이상의 트리거 동작을 표 14.1에 상세하게 나타내었으며, 이 표를 1행씩 조사해 보면 그 동작 상태를 이해할 수 있다. 주의할 것은 1~4행으로서 입력 $A1$, $A2$, B가 active 상태이어도 rising edge 또는 falling edge의 변화가 일어나지 않는 한 one shot 멀티바이브레이터는 변화하지 않고, $Q=0$의 정상 상태를 유지하는 것이다.

5~9행에서는 NAND 게이트가 active로 되는 rising edge 또는 falling edge에 의해서만 이 IC가 동작한다는 것을 나타내고 있다.

Q 출력의 펄스폭 T는 그림 14.5의 외부저항 R_{ext}, 외부용량 C_{ext}, 내부저항 R_{int}에 의해서 결정된다. C_{ext}는 74121의 핀 10과 11 사이에 접속하고, C_{ext}는 0~1000 μF의 범위로 한다. T를 길게 하려면 C_{ext}를 크게 하고, 저항은 다음과 같이 사용한다.

① 내부저항 $R_{\text{int}}(2\,\text{k}\Omega)$만을 사용할 때는 핀 9에 V_{CC}를 접속한다.

② 외부저항 R_{ext}를 사용할 때는 V_{CC}와 핀 11 사이에 접속하지만 R_{ext}는 1.4~40 kΩ의 범위로 한다. 이 때 핀 9는 사용하지 않는다. 출력 펄스폭 T, 즉 준안정기간은 다음식으로 주어진다.

$$T = 0.7 R_{\text{ext}} C_{\text{ext}}$$

단, C_{ext}와 R_{ext}는 각각 타이밍 용량과 타이밍 저항값이다.

최소 출력 펄스폭은 외부용량과 외부저항을 이용하지 않을 때 얻어지고, 30~35 ns이다. 반대로 최대 펄스폭 $T_{\max}$는 다음과 같이 된다.

$$\begin{aligned} T_{\max} &= 0.7 R_{\text{ext}} C_{\text{ext}} = 0.7 \times 1000\,\mu\text{F} \times 40\,\text{k}\Omega \\ &= 28\,\text{s} \end{aligned}$$

즉, 74121은 $T = 30\,\text{ns} \sim 28\,\text{s}$의 넓은 범위의 펄스폭을 얻을 수 있다.

예제 14.2 SN74121을 이용하여 다음 조건에서 1 μs 폭의 펄스를 만들어라.

(1) 내부저항 R_{int}를 사용했을 때

(2) 외부저항 R_{ext}를 10 kΩ으로 하였을 때

풀이 (1) $R_{\text{int}} = 2\,\text{k}\Omega$이기 때문에 C_{ext}는 다음과 같이 구해진다.

$$C_{\text{ext}} = \frac{T}{0.7 R_{\text{ext}}} = \frac{10^{-6}}{0.7 \times 2\,\text{k}\Omega} = 714\,\text{pF}$$

(2) $R_{\text{ext}} = 10\,\text{k}\Omega$이기 때문에 C_{ext}는 다음 식으로 구해진다.

$$C_{\text{ext}} = \frac{\text{T}}{0.7 \text{R}_{\text{ext}}} = \frac{10^{-6}}{0.7 \times 10\,\text{k}\Omega} = 143\,\text{pF}$$

■

one shot 멀티바이브레이터 출력파형의 duty factor는 타이밍 저항으로 제한된다. 74121의 경우는 내부저항 $R_{\text{int}} = 2\,\text{k}\Omega$일 때 최고 67%까지이고, 외부저항 $R_{\text{ext}} = 40\,\text{k}\Omega$일 때 90%까지 허용된다. 예를 들면, 예제 14.2 (1)의 경우에는 펄스폭이 $1\,\mu\text{s}$이기 때문에 트리거 간격은 $1.5\,\mu\text{s}$ 이상 떨어져 있어야 하고, (2)의 경우에 트리거 간격은 $1.1\,\mu\text{s}$ 이상 떨어져 있어야 한다는 것을 의미한다. 이 관계를 그림 14.6에 나타내었다.

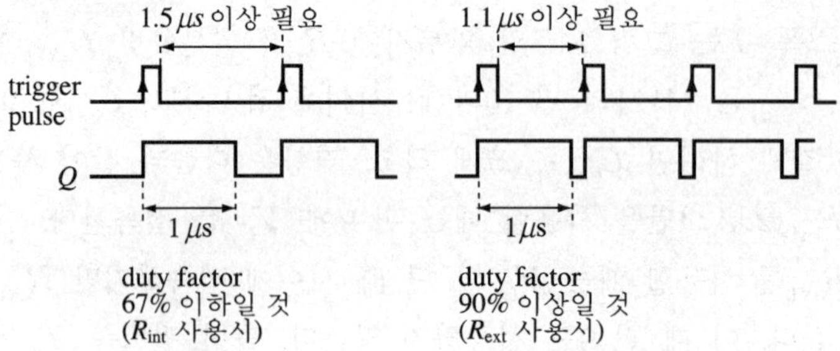

그림 14.6 74121의 최고 duty factor

만약, 트리거 간격이 최고 허용 duty factor보다 좁아지면 펄스폭이 불안정하게 되고, jitter를 일으키므로 주의해야 한다.

74121의 B 입력은 Schmitt 트리거 입력으로 되어 있기 때문에 완만한 변화의 입력전압에도 대응할 수 있는 이점이 있지만 A 입력은 $1\,\text{V}/\mu\text{s}$ 이상의 급격한 변화를 가진 트리거 입력을 인가해야만 트리거할 수 있다. B 입력에서는 $1\,\text{V/s}$ 정도의 완만한 트리거 전압으로도 충분하다.

2. SN74122 재트리거형 one shot 멀티바이브레이터

재트리거형 one shot 멀티바이브레이터는 안정 상태에서 SN74121과 같이 Q 출력은 0 상태에 있다. 그러나 Q 출력이 1인 준안정기간에도 트리거 입력이 인가되면 트리거 입력에 반응한다는 차이가 있다. 그리고 최후의 트리거 입력 후 준안정기간 T를 경과한 후 비로소 Q 출력은 0으로 되돌아간다. 이 상태를 그림 14.7에 나타내었다.

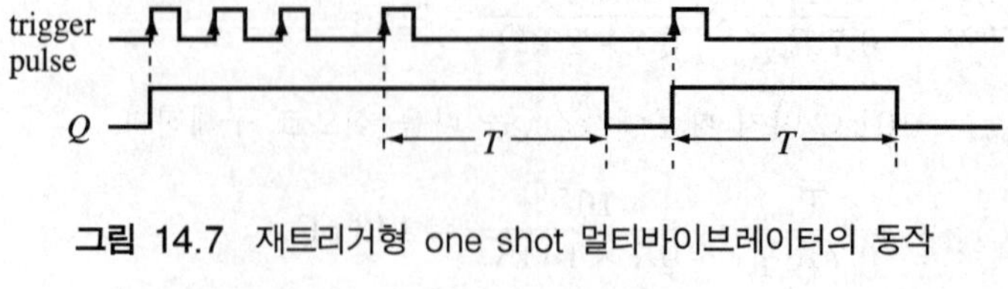

그림 14.7 재트리거형 one shot 멀티바이브레이터의 동작

재트리거형 one shot 멀티바이브레이터인 74122는 74121에 비하여 다음과 같은 이점을 갖는다.

① duty factor에 제한이 없다.

② 클리어 입력을 갖고 있으므로 이것에 의해서 직접 one shot 멀티바이브레이터를 리셋할 수 있고, 클리어 입력을 트리거 입력단자로 사용할 수 있다.

그림 14.8에 재트리거형 one shot 멀티바이브레이터 SN74122의 핀 배치와 동작표를 나타내었다. 내부 타이밍 저항 R_{int}는 10 kΩ이다. 또 외부용량 C_{ext}는 핀 11과 핀 13 사이에 접속하고, 외부저항 R_{ext}는 V_{CC}와 핀 13 사이에 접속하여 사용한다. R_{ext}를 사용할 때 핀 9는 개방해 둔다.

R_{ext}는 5~50 kΩ의 범위에서 사용 가능하다. 준안정기간 T는 100 pF 이내의 값으로 사용할 때는 제품 생산업체가 제공하는 특성곡선으로부터 구하며, 1000 pF 이상의 값을 사용할 때는 다음 식에 의해서 구해진다.

$$T = K_D R_T C_{\text{ext}} \left(1 + \frac{0.7}{\mathrm{R_T}}\right) [\text{ns}]$$

여기서, R_T : [kΩ] (내부 또는 외부 타이밍 저항)

C_{ext} : [pF]

K_D : 0.32 또는 0.28(그림 14.10일 때)

function table

INPUTS					OUTPUT	
CLR	A1	A2	B1	B2	Q	$\bar{Q}$
0	×	×	×	×	0	1
×	1	1	×	×	0*	1*
×	×	×	0	×	0*	1*
×	×	×	×	0	0*	1*
1	0	×	↑	1	⊓	⊔
1	0	×	1	↑	⊓	⊔
1	×	0	↑	1	⊓	⊔
1	×	0	1	↑	⊓	⊔
1	1	↓	1	1	⊓	⊔
1	↓	↓	1	1	⊓	⊔
1	↓	1	1	1	⊓	⊔
↑	0	×	1	1	⊓	⊔
↑	×	0	1	1	⊓	⊔

NOTES:

1. An external timing capacitor may be connected between C_{ext} and R_{ext} / C_{ext}(positive).
2. For accurate repeatable pulse widths, connect an external resistor between R_{ext} / C_{ext} and V_{CC} with R_{int} open-circuited.

NC-No internal connection

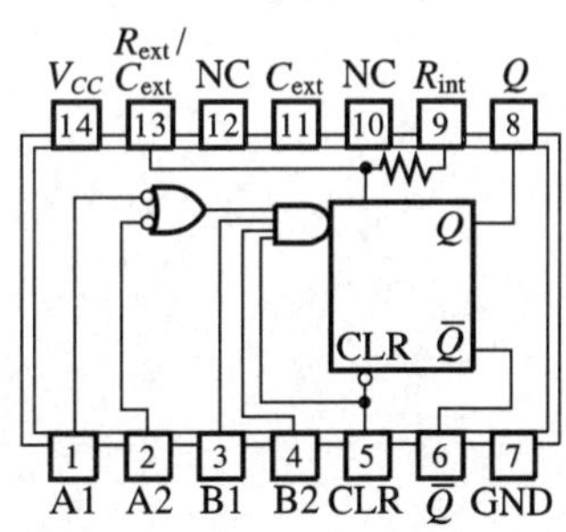

SN54122(J, W) SN74122(J, N)
SN54L122(J, T)
SN54LS122(J, W) SN74LS122(J, N)
'122···R_{int} = 10kΩNOM
'L122···R_{int} = 20ΩNOM
'LS122···R_{int} = 10kΩNOM

그림 14.8 SN74122의 핀 배치와 동작표

예제 14.3 준안정기간 $T = 10\,\mu s$ 로 설계한 재트리거형 one shot 멀티바이브레이터 SN74122가 있다. 여기에 그림 14.9에 나타낸 트리거 입력과 클리어 입력을 인가했을 때 Q 출력의 파형을 그려라.

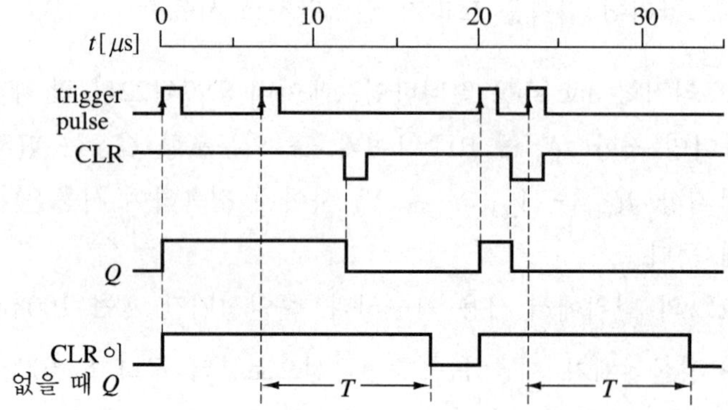

그림 14.9 SN74122의 동작 time chart

풀이 그림 14.9에 나타낸 Q 출력파형으로 된다. 만약, 클리어 입력이 없으면 최하단과 같은 Q 출력파형으로 된다.

그런데 SN74122를 사용할 때 다음 사항에 주의해야 한다. 그것은 준안정기간 T가 3 ms 이상으로 길게 되면 외부용량 C_{ext}의 값이 커지게 되므로 필연적으로 전해 콘덴서를 사용하게 된다. 그 때에는 그림 14.10과 같이 다이오드 D를 사용하여 그 전해 콘덴서의 극성을 틀리지 않도록 접속하는 것이다. 그리고 이 경우의 준안정기간 T의 계수 K_D는 0.28을 사용하는 것이다.

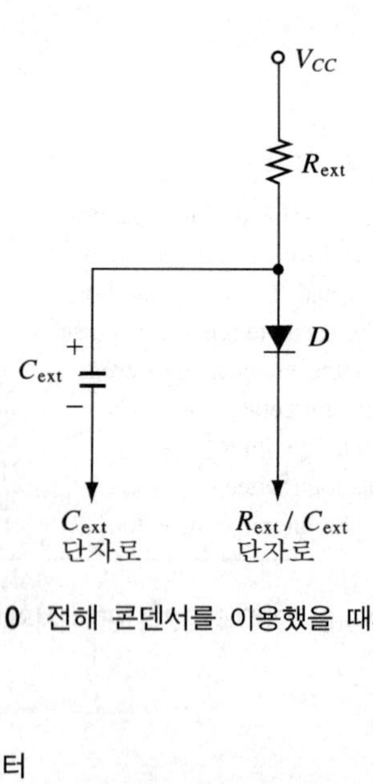

그림 14.10 전해 콘덴서를 이용했을 때의 접속법 ■

123

function table

INPUTS			OUTPUTS	
CLEAR	A	B	Q	$\overline{Q}$
0	×	×	0	1
×	1	×	0*	1*
×	×	0	0*	1*
1	0	↑	⊓	⊔
1	↓	1	⊓	⊔
↑	0	1	⊓	⊔

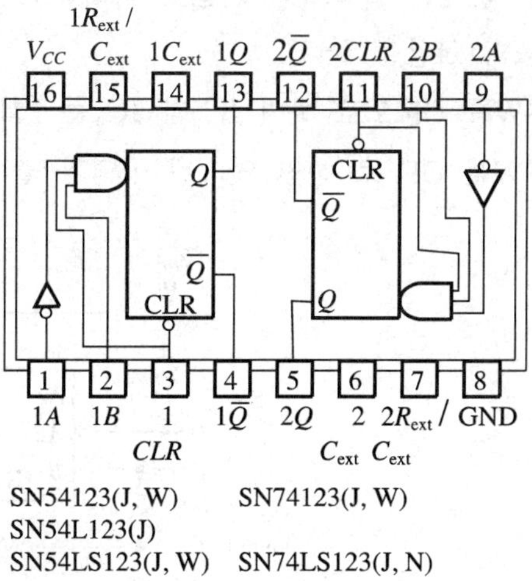

그림 14.11 SN74123의 핀 배치와 동작표

그 밖에 재트리거 one shot 멀티바이브레이터 IC로서 SN74123이 있다. 이것은 그림 14.11에 나타낸 것과 같이 2회로의 one shot 멀티바이브레이터가 들어 있다. 단, 타이밍 내부저항 R_{int}가 없고, 외부저항은 5~50 kΩ을 사용한다.

외부용량 C_{ext}를 1000 pF보다 크게 사용할 때 준안정기간 T는 다음 식으로 주어진다.

$$T = 0.28\,R_T\,C_{\text{ext}}\left(1 + \frac{0.7}{\mathrm{R_T}}\right)$$

14.3 one shot 멀티바이브레이터의 응용

one shot 멀티바이브레이터는 트리거 후에 일정 시간 간격의 펄스 출력을 내는 기능을 갖고 있다. 이것을 이용하여 클록 펄스 발진기나 타이밍 펄스발생기, 스위치 bounce 방지 회로에 응용된다.

1. 구형파 발진기

두 개의 74121을 그림 14.12와 같이 접속하면 주어진 주기와 duty factor를 가진 구형파 발진기가 가능하다.

그림 14.12는 간략화한 기호로 나타내고 있지만 IC_1의 $A2$ 입력에 접속된 스위치 SW는 다음의 역할을 한다.

① SW를 ON으로 하면 IC_1과 IC_2는 1회만 동작한다.

② SW를 OFF로 하면 연속된 구형파 출력이 얻어진다.

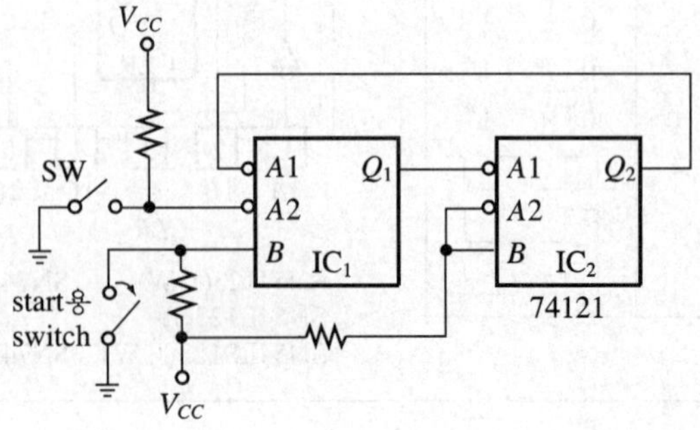

그림 14.12 74121을 이용한 구형파 발진기

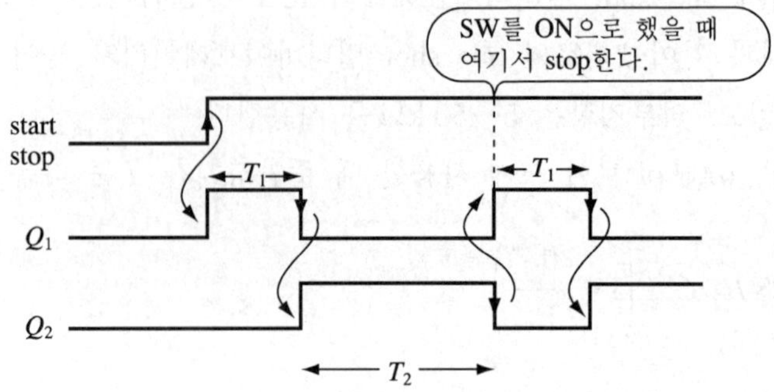

그림 14.13 그림 14.12 회로의 time chart

이 회로 동작의 time chart는 그림 14.13과 같이 된다. 처음에 Q_1과 Q_2는 리셋 상태이기 때문에 $Q_1 = Q_2 = 0$이다. 그리고 SW를 ON 하면 IC_1의 $A1$, $A2$는 active 상태로 된다. 그리고 start 스위치를 OFF로 하면 B 입력이 active로 되어 Q_1이 1로 반전한다. 일정기간 T_1이 지난 후 Q_1은 0으로 되돌아가므로 바로 그 falling edge에서 IC_2가 트리거되어 Q_2는 1로 된다. 일정기간 T_2가 지난 후 Q_2는 0으로 되돌아가지만 IC_1의 $A2$ 입력이 0이면 $A1$을 트리거할 수 없으므로 동작을 종료한다.

SW가 OFF 상태이면 Q_2가 0으로 되돌아갈 때 falling edge가 IC_1의 $A1$으로 들어가 IC_1을 트리거하므로 다시 Q_1이 1로 되어서 발진을 계속한다.

2. 발진기

그림 14.14는 SN74123을 이용한 클록 펄스 발진기이다. 제어입력 C를 1로 하면 초기 상태에서 $\overline{Q}$ 출력은 1이기 때문에 AND 게이트는 active로 된다. 따라서 one shot 멀티바이브레이터는 트리거되어 Q 출력은 1로 된다. 일정 기간(T초) 경과 후 Q는 0으로 돌아가고, $\overline{Q}$는 1로 변화하며, 제어입력 C에 의해 Q 출력은 다시 1로 변화한다.

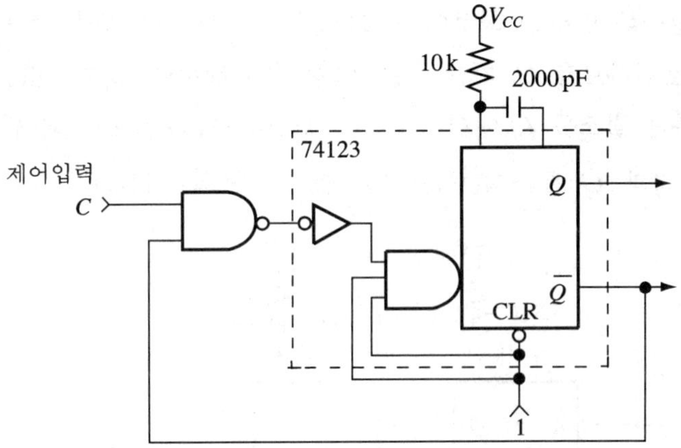

그림 14.14 클록 펄스 발진기

같은 동작에 의하여 제어입력 C가 1인 동안에 발진을 계속한다. 이 동작에 대한 time chart를 그림 14.15에 나타내었다. 이 회로의 Q가 1인 기간, T는 다음 식으로 구해진다.

$$T = 0.28 R_T C_{\text{ext}} \left(1 + \frac{0.7}{\mathrm{R_T}}\right) = 0.28 \times 10 \times 2000 \left(1 + \frac{0.7}{10}\right) [\text{ns}]$$

$$\fallingdotseq 6000\,\text{ns} = 6\,\mu\text{s}$$

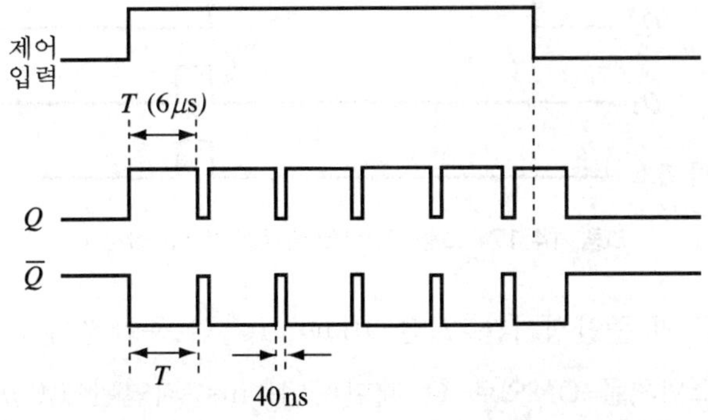

그림 14.15 그림 14.14 회로의 time chart

지금 이 발진기는 클리어 입력을 이용해서 제어할 수도 있다. $\overline{Q}$ 출력의 glitch폭은 약 40 ns 이다.

3. 스위치 bounce 방지회로

스위치 bounce는 one shot 멀티바이브레이터를 이용하여 방지할 수 있다. 그림 14.16은 초단 IC_1으로 긴 주기의 펄스를 만들 수 있으므로 스위치의 bounce를 제거한 후 다음 단에서 폭이 좁은 펄스를 만드는 회로이다. 그 동작은 그림 14.17과 같다. SW의 bounce는 통상 10 ms 이면 소멸하므로 그 기간 동안 Q_1을 1로 해두면 Q_1의 falling edge에서 Q_2를 트리거하여 목적하는 펄스를 Q_2에서 만든다. 그러나 SW가 0으로 되어 있는 것을 확인하기 위해서 SW 출력과 $\overline{Q}_2$를 AND함으로써 출력 펄스를 취한다.

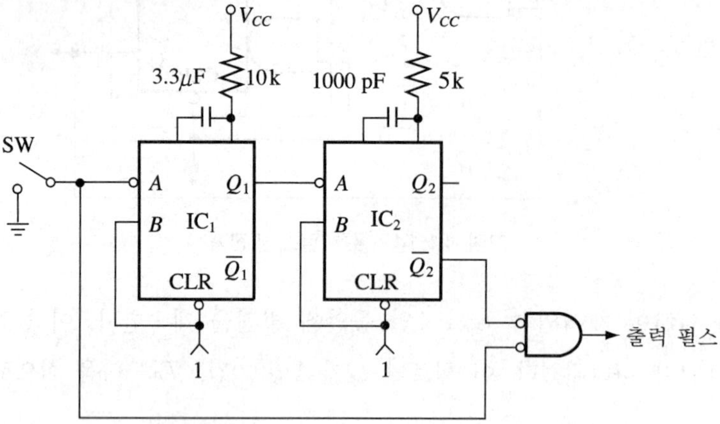

그림 14.16 SN74123을 이용한 bounce 방지회로

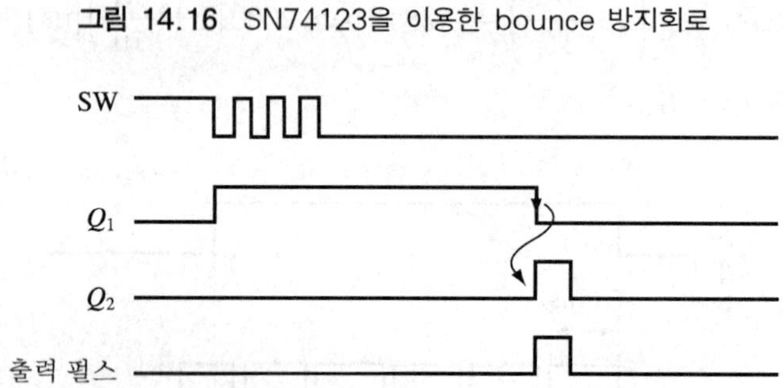

그림 14.17 그림 10.16 회로의 time chart

그림 14.16에서 IC_1의 준안정기간 T_1은 10 ns, IC_2의 준안정기간 T_2는 1.6 μs로 하고 있다. 이것에 의해 스위치를 ON으로 할 때마다 10 ms 지연된 1.6 μs 폭의 펄스 출력을 얻을 수 있다.

4. 주파수 변별기

SN74123을 한 개 이용하여 FSK(Frequency Shift Keying) 방식의 주파수 변별기에 이용할 수 있는데 이 회로를 그림 14.18에 나타내었다.

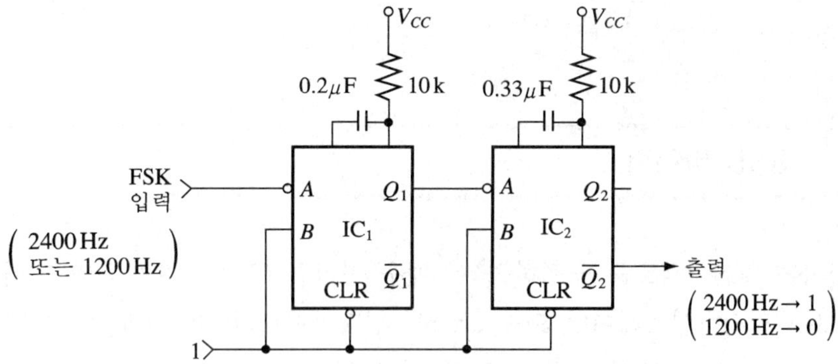

그림 14.18 FSK 주파수 변별기

FSK란 디지털 신호의 1과 0을 전화 회선으로 송신할 때 1과 0에 대응하는 두 개의 주파수 신호로 바꾸어서 이것을 전송하는 통신방식이다. 예를 들면, 1을 2400 Hz, 0을 1200 Hz로 변조하는 것이다. 이 신호를 수신하여 원래의 1과 0의 신호로 복조하려면 주파수 변별기가 필요하게 된다. 그림 14.18이 이 주파수 변별기이며, $\overline{Q}_2$ 출력은 FSK 신호가 2400 Hz일 때 1, 1200 Hz일 때 0을 출력하도록 되어 있다. 여기서 초단 one shot 멀티바이브레이터 IC_1의 준안정기간 T_1은 약 0.6 ms, 2단째 IC_2의 T_2는 약 1 ms로 설계되어 있다. 그 동작을 그림 14.19에 나타내었다.

FSK 입력이 1200 Hz일 때, 즉 약 0.8 ms 주기의 펄스 입력인 경우에 Q_1 출력은 falling edge마다 트리거되지만 Q_2는 연속적인 트리거 입력 때문에 1 상태를 유지하고, $\overline{Q}_2$ 출력은

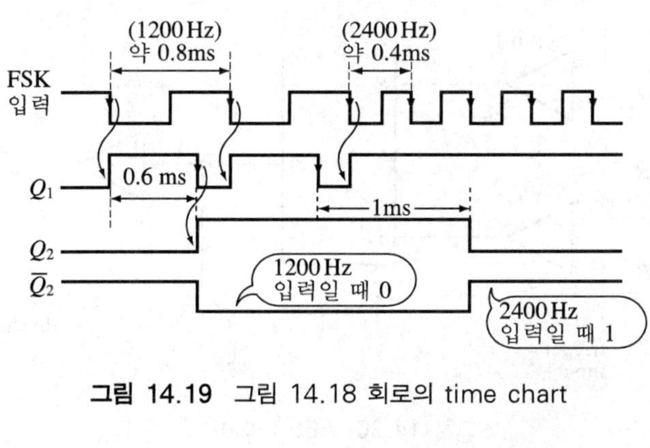

그림 14.19 그림 14.18 회로의 time chart

0을 유지한다. 이에 반하여 FSK 입력이 2400 Hz일 때, 바꾸어 말하면 0.4 ms 주기의 펄스 입력인 Q_1은 연속적인 트리거 입력 때문에 1 상태를 유지하므로 Q_2를 트리거할 수 없고, Q_2는 리셋 상태인 0을 유지한다. 즉, $\overline{Q}_2$ 출력은 1이다. 이와 같이 하여 FSK 신호 입력이 2400 Hz일 때 $\overline{Q}_2$는 1, 1200 Hz일 때 $\overline{Q}_2$는 0 출력으로 되어 주파수 변별이 행해지게 된다.

14.4 555 타이머

555 타이머는 발진기회로를 구성하는 데 매우 편리한 IC이고, 8핀 DIP 패키지로 되어 있다. one shot 멀티바이브레이터 또는 astable 멀티바이브레이터 회로로 사용할 수 있으며, 555 타이머의 내부구조를 그림 14.20에 나타내었다.

이 IC는 다음 5가지 요소로 구성되어 있다.

① 비교기

② 분압기

③ RS 래치

④ 방전용 트랜지스터

⑤ 위상반전 증폭기

비교기 2는 입력 트리거 전압과 $V_{CC}/3$를 비교하여 만약, 입력전압이 $V_{CC}/3$보다 작으면 1 출력을 내어 래치를 세트시키는 역할을 한다. 이와 같은 방법으로 비교기 1은 입력(핀 6)

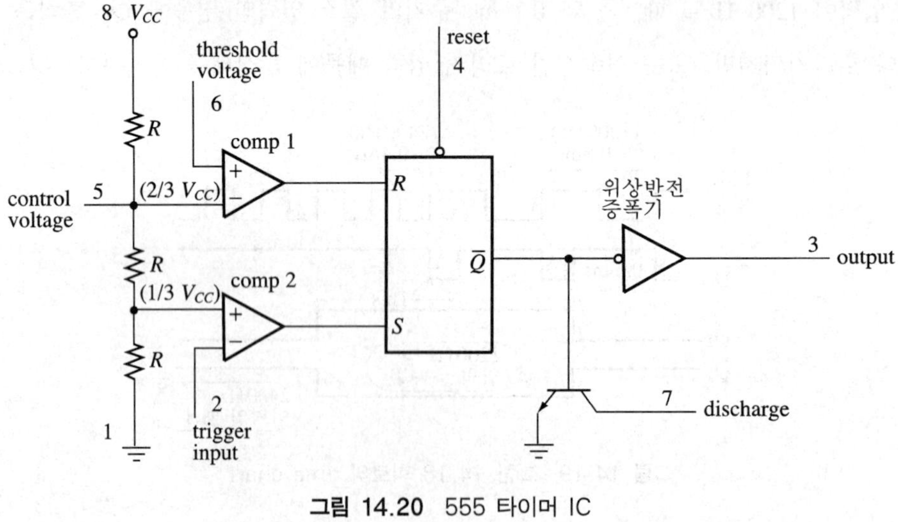

그림 14.20 555 타이머 IC

전압과 $2V_{CC}/3$를 비교하여 만약 핀 6의 전압이 크게 되면 1 출력을 내어서 래치를 리셋시키는 것이다.

555 IC의 핀 5는 비교기 1의 threshold 전압값을 제어하거나 변경하는 데 이용할 수도 있지만 통상 0.01 μF의 커패시터로 접지해 둔다. *RS* 래치는 리셋 상태로 되면 방전 트랜지스터를 포화시켜 핀 7의 전압을 거의 0 V로 함과 동시에 위상반전 증폭기를 구동하여 그 출력을 0으로 한다. 래치가 세트 상태로 되면 방전 트랜지스터를 차단하고 증폭기 출력을 1로 한다.

1. one shot 멀티바이브레이터 동작

one shot 멀티바이브레이터로 동작시키는 경우에 그림 14.21과 같이 외부저항 R_A와 커패시터 C를 접속하고 V_{CC}를 15 V로 하였을 때의 동작을 살펴보자.

핀 2에 5 V 이하의 트리거 전압이 인가되었을 때 비교기 2의 출력이 1로 되어 래치를 세트시키고, 이것에 의해 방전 트랜지스터는 OFF가 된다. 외부 커패시터 C의 단자 전압은 서서히 증가되어서 10 V에 도달하면 비교기 1의 출력이 1로 되어 래치를 리셋시키고, 방전 트랜지스터를 도통시킨다. 그 순간 C는 방전하여 거의 0 V로 저하한다. 이 동작 time chart를 그림 14.22에 나타내었다. one shot 멀티바이브레이터의 준안정기간 T는 다음 식으로 주어진다.

$$T \fallingdotseq 1.1\, R_A C$$

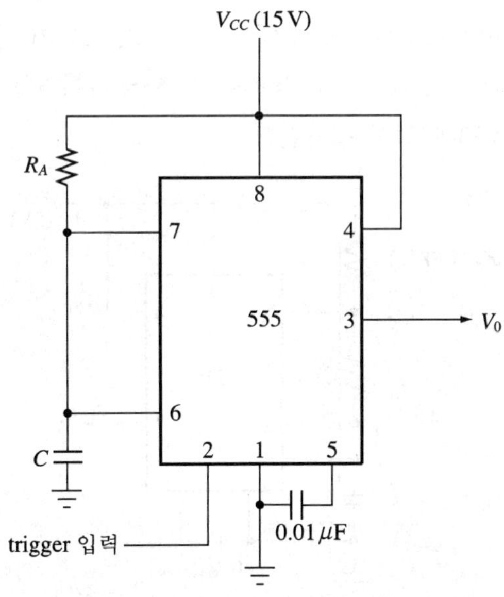

그림 14.21 555 타이머를 one shot 멀티바이브레이터로 이용한 회로

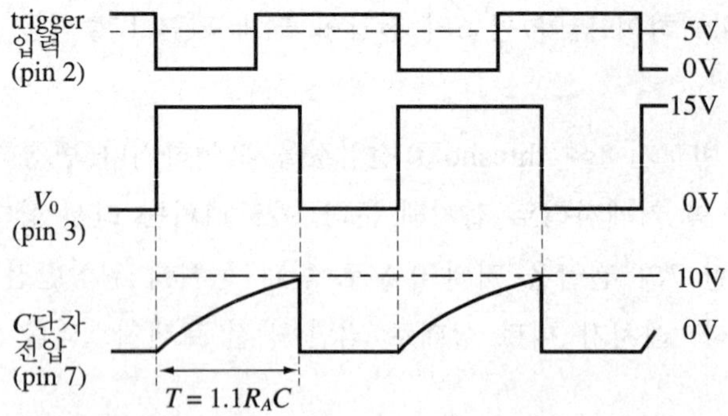

그림 14.22 555 IC를 이용한 one shot 멀티바이브레이터의 동작 time chart

V_{CC}는 4.5~18 V까지 사용할 수 있고, T는 V_{CC}와는 무관하다. 또 리셋 단자(핀 4)는 개방해 두거나 V_{CC}에 연결한다.

예제 14.4 555 IC를 이용하여 $T = 10\,\text{ms}$의 one shot 멀티바이브레이터를 만들어라.

풀이 예를 들어, 충방전 커패시터 C를 1 μF로 선택하면 R_A는

$$R_A = \frac{T}{1.1C} = \frac{10 \times 10^{-3}}{1.1 \times 10^{-6}} = 9.1\,\text{k}\Omega$$

■

2. astable 멀티바이브레이터 동작

one shot 멀티바이브레이터 회로에 저항 1개를 추가하고, 트리거 입력단자와 threshold 단자를 접속하면 astable 멀티바이브레이터로 동작한다. 555 타이머를 astable 멀티바이브레이터로 사용하는 경우 그림 14.23과 같이 접속한다.

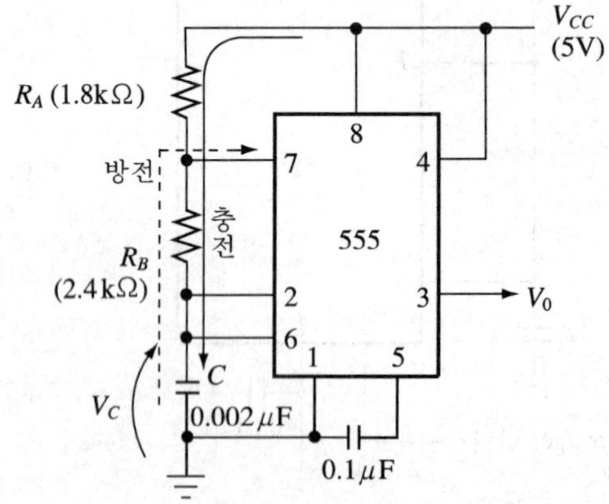

그림 14.23 555 타이머를 astable 멀티바이브레이터로 이용한 회로

그러면 이 astable 멀티바이브레이터의 동작을 살펴보자.

① 핀 2, 6의 단자전압, 즉 외부 커패시터 C의 단자전압 V_C가 $V_{CC}/3$ 이하인 전압에서 비교기 2의 출력은 1, 비교기 1의 출력은 0으로 되어 래치가 세트되기 때문에 출력단자(핀 3)는 1 상태로 된다. 그리고 방전 트랜지스터는 OFF로 되므로 커패시터 C는 V_{CC}에서 $(R_A + R_B)$를 흐르는 충전 전류에 의해 충전되는 V_C는 서서히 높게 되어간다. ($T_{\text{High}} = 0.693(R_A + R_B)C$)

② V_C가 $2V_{CC}/3$를 넘으면 비교기 1의 출력이 1, 비교기 2의 출력은 0으로 되므로 래치는 리셋되어 방전 트랜지스터는 ON으로 된다. 이것에 의해 핀 7이 거의 접지 전위로 되기 때문에 커패시터 C의 충전 전하는 R_B를 통하여 방전한다. ($T_{\text{Low}} = 0.693R_BC$)

③ V_C가 방전에 의해 $V_{CC}/3$까지 저하하면 다시 커패시터 C는 충전을 개시한다.

④ V_C가 $1/3\,V_{CC}$과 $2/3\,V_{CC}$ 사이에서는 래치의 리셋 입력과 세트 입력이 교대로 1이 되기 때문에 발진 상태를 유지한다.

앞에서 설명한 astable 멀티바이브레이터로서의 동작 time chart를 그림 14.24에 나타내었다. 단, $V_{CC} = 5\text{V}$인 경우이다.

회로의 발진주기 T는 T_{High}와 T_{Low}의 합으로 구해진다.

$$\begin{aligned} T &= T_{\text{High}} + T_{\text{Low}} \\ &= 0.693(R_A + R_B)C + 0.693R_BC \\ &= 0.693(R_A + 2R_B)C \end{aligned}$$

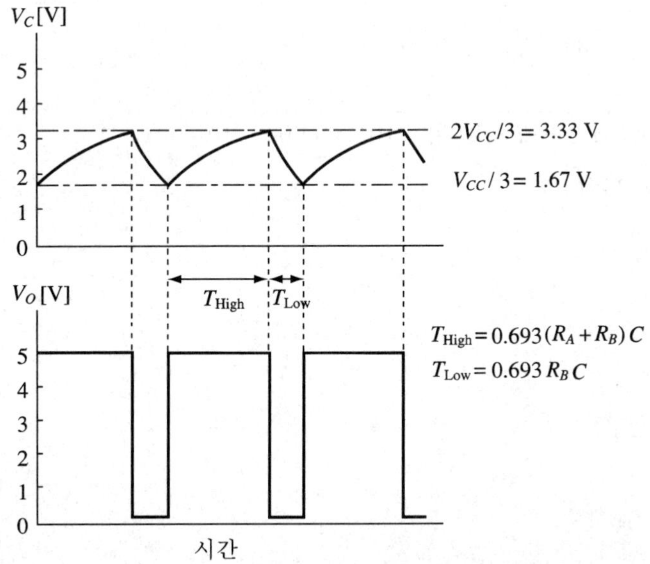

그림 14.24 555 IC의 astable 멀티바이브레이터의 동작 time chart

한편 duty cycle d는

$$d = \frac{\text{출력이 High인 시간}}{\text{전체 시간}} = \frac{T_{\text{High}}}{T_{\text{High}} + T_{\text{Low}}} = \frac{R_A + R_B}{R_A + 2R_B}$$ 이다.

예제 14.5 그림 14.23 회로에서 $R_A = 3.3\,\text{k}\Omega$, $R_B = 4.7\,\text{k}\Omega$, $C = 0.039\,\mu\text{F}$일 때 발진주기 T와 duty cycle d를 구하라.

풀이

$$\begin{aligned} T &= 0.693(R_A + 2R_B)C \\ &= 0.693(3.3 + 9.4) \times 10^3 \times 0.039 \times 10^{-6} \\ &= 0.693 \times 12.7 \times 0.039 \times 10^{-3} \\ &= 0.343 \times 10^{-3} \\ &= 343 \times 10^{-6} \\ &= 343\,\mu\text{s} \end{aligned}$$

$$d = \frac{R_A + R_B}{R_A + 2R_B} = \frac{8}{12.7} = 0.63$$

■

예제 14.6 그림 14.23 회로의 발진주파수 f를 구하라.

풀이

$$\begin{aligned} f &= \frac{1}{T} = \frac{1}{0.693(R_A + 2R_B)C} \\ &= \frac{1}{0.693[1.8 + (2 \times 2.4)] \times 10^3 \times 0.002 \times 10^{-6}} \\ &= 108.2\,\text{kHz} \end{aligned}$$

■

연습문제

1. SN74121을 이용하여 2.5 μs 의 펄스폭 출력을 얻으려면 외부용량 C_{ext}를 얼마로 하면 좋을까? 단, $R_{\text{ext}} = 10\ \text{k}\Omega$ 으로 한다.

2. SN74121을 이용하여 100 ns 의 펄스폭 출력을 얻으려면 외부저항 R_{ext}를 얼마로 하면 좋을까? 단, C_{ext}는 3.66 μF 으로 한다.

3. SN74122를 이용하여 1 μs 의 펄스폭을 만들기 위한 외부용량 C_{ext}를 구하라.
   (1) 내부저항 $R_{\text{int}}(10\ \text{k}\Omega)$를 사용했을 때
   (2) 외부저항 R_{ext}를 30 kΩ 으로 하였을 때

4. SN74122를 이용하여 5 μs 의 펄스폭 출력을 얻으려면 외부저항 R_{ext}를 얼마로 하면 좋을까? 단, C_{ext}는 560 pF이다.

5. 그림 14.25에 나타낸 555 타이머 회로(one shot multivibrator)의 주기 T를 구하라.

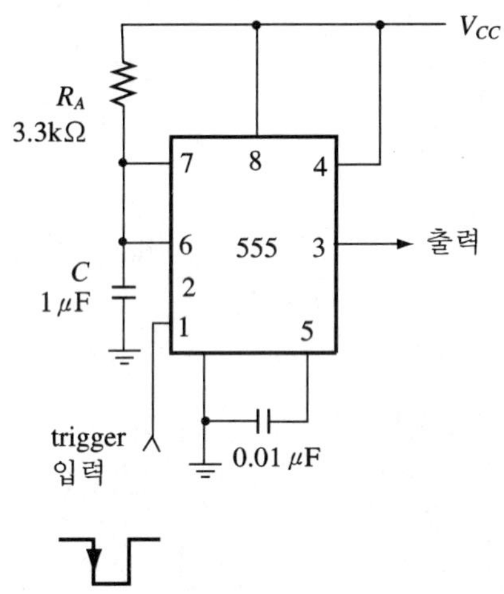

그림 14.25

6. 그림 14.25에서 $R_A = 1.8\ \text{k}\Omega$, $C = 0.05\ \mu\text{F}$일 때 주기 T를 구하라.

7. 그림 14.23에 나타낸 555 타이머 IC를 이용한 astable 멀티바이브레이터 회로에서 $R_A = 2.4\ \text{k}\Omega$, $R_B = 3.3\ \text{k}\Omega$, $C = 0.047\mu\text{F}$으로 했을 때 발진주파수와 duty cycle(T_{High}/T)을 구하라.

8. 그림 14.23에서 25 kHz의 클록 주파수를 얻는 데 필요한 커패시터의 값은? (단, $R_A = 1\ \text{k}\Omega$, $R_B = 4.5\ \text{k}\Omega$ 이다)

9. 문제 8의 duty cycle을 구하라.

10. 그림 14.23에서 $R_A = 2.2\ \text{k}\Omega$, $R_B = 4.7\ \text{k}\Omega$, $C = 0.022\ \mu\text{F}$으로 했을 때 T, f, duty cycle을 구하라.

Digital Engineering

15장 카운터

13, 14장에서는 순서논리회로의 기본요소가 되는 플립플롭 회로와 기타 멀티바이브레이터 회로의 여러 가지 응용회로에 대하여 살펴보았다.

이 장에서는 쌍안정 멀티바이브레이터인 플립플롭 회로를 이용하여 각종 카운터를 구성하는 방법과 그 종류에 대하여 알아보고, 특히 기존의 카운터용 IC를 조합시켜 여러 종류의 카운터 회로를 구성하는 방법에 대하여 설명한다.

펄스의 수를 세는 기능을 갖는 카운터는 타이머나 주파수 분주회로 그리고 컴퓨터 제어신호인 sequence generator 등 그 응용분야가 광범위한 논리회로로서 시프트 레지스터와 함께 디지털 시스템에서 중심 역할을 담당하기 때문에 이에 대한 충분한 이해와 응용력을 습득하는 것이 중요하다.

카운터는 각 플립플롭의 클록 입력단자에 동작 펄스를 인가하는 방식에 따라서 크게 두 가지로 분류되는데, 그것은 각 단의 클록 펄스 입력이 앞 단의 플립플롭 출력값에 따라서 결정되는 비동기식과 각 단의 클록 펄스 입력을 모두 외부의 클록 펄스를 사용해서 동시에 입력시키는 동기식이 있다.

한편 카운터를 계수방식에 따라 분류하면 리플 카운터인 2^n진 카운터, N진 카운터인 모듈러스(modulus) 카운터와 시프트 카운터가 있는데 시프트 카운터에 대한 내용은 16장에서 설명한다.

15.1 비동기식 카운터

1. 2^n진 카운터

2^n진 카운터는 가장 기본적인 카운터로서 클록 펄스가 인가됨에 따라 계수가 증감되는

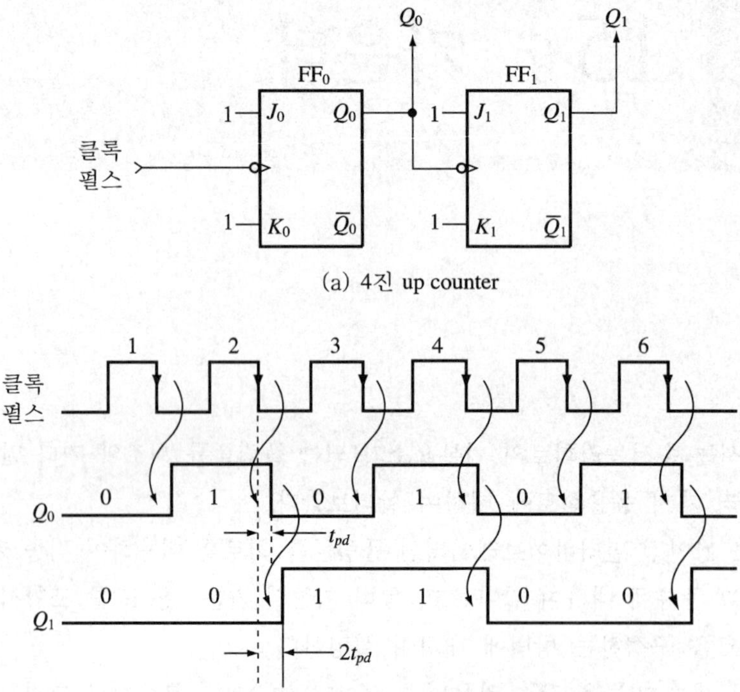

(a) 4진 up counter

(b) time chart

그림 15.1 4진 up 카운터의 동작

비동기식 카운터를 말한다.

그림 15.1은 T 플립플롭을 이용한 2^n진 카운터의 한 예를 보인 것이다.

T 플립플롭은 클록 펄스를 인가할 때마다 상태를 반전하는 성질이 있으므로 master slave형 JK 플립플롭으로 만든 $T=1$ 플립플롭(J, K 입력을 둘 다 1로 한 것)을 그림 15.1(a)와 같이 연결하면 2단 4진 카운터를 구성할 수 있고, 플립플롭의 전파지연시간(t_{pd})을 고려한 그 동작은 그림 (b)의 time chart와 같다.

여기서 플립플롭의 명칭을 FF_1, FF_2 또는 Q_1, Q_2 출력이라 하지 않고 FF_0, FF_1 또는 Q_0, Q_1 출력으로 한 이유는 카운터 출력을 2진수의 자릿값에 대응시키기 위한 것이다. 즉, Q_0 출력이 2^0, Q_1 출력이 2^1의 자릿값을 가진 2진수로 계수시키기 때문이다.

플립플롭 2단의 이 회로는 리셋 상태 $Q_1Q_0=00$에서 시작하여 첫 번째 펄스에서 $Q_1Q_0=01$, 두 번째 펄스에서 $Q_1Q_0=10$, 세번째 펄스에서 $Q_1Q_0=11$, 네 번째 펄스에서 $Q_1Q_0=00$으로 클리어되므로 4진 up 카운터라 한다.

이와 같이 T 플립플롭을 종속 접속하면 3단으로는 $2^3=8$진 카운터, 4단으로는 $2^4=16$진 카운터를 구성할 수 있게 된다.

그런데 이러한 카운터에서는 그림 15.1(b)의 time chart에 나타낸 것과 같이 Q_0의 변화는 클록의 falling edge에서 t_{pd}만큼 지연되어 반전하고, Q_1은 Q_0의 변화보다 t_{pd}만큼 더 지연된다. 이렇게 접속 단수가 늘어나면 그만큼 플립플롭의 변화 또한 늦어지게 되며, 2단에서는 $2t_{pd}$, 3단에서는 $3t_{pd}$의 지연이 일어난다.

이러한 전파지연이 바로 카운터에서 고속의 계수 동작을 불가능하게 하는 요인이 된다. 그리고 이러한 카운터는 계수할 때 각 카운터 단의 출력 상태 변화가 다음 단 클록으로 잔물결 같이 차례로 전달되면서 상태변화가 이루어지므로 리플 카운터라고도 한다. 그리고 Q_0에서 Q_1으로, Q_1에서 Q_2로의 상태변화가 앞단의 출력값에 의해서 이루어지므로 비동기식 카운터라고도 한다.

그러면 그림 15.2와 같이 다음 단 클록으로의 접속을 Q_0에서 $\overline{Q_0}$로 바꾸면 어떤 동작을 할까? 처음에 $Q_1Q_0=00$인 리셋 상태에 있다고 하자. 첫 번째 클록 펄스에서 FF_0는 반전하여 $Q_0=1$로 되고, 동시에 $\overline{Q_0}$는 1→0으로 반전한다. 이것이 FF_1의 클록 CP_1에 인가되므로 Q_1도 반전하여 1로 된다. 결국 $Q_1Q_0=11$로 되는 것이다.

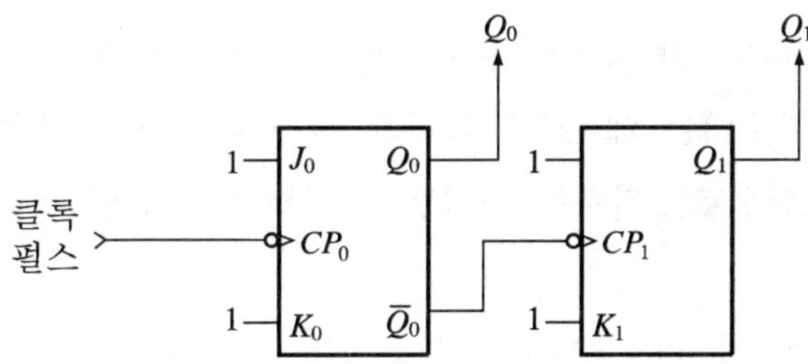

(a) 4진 down counter

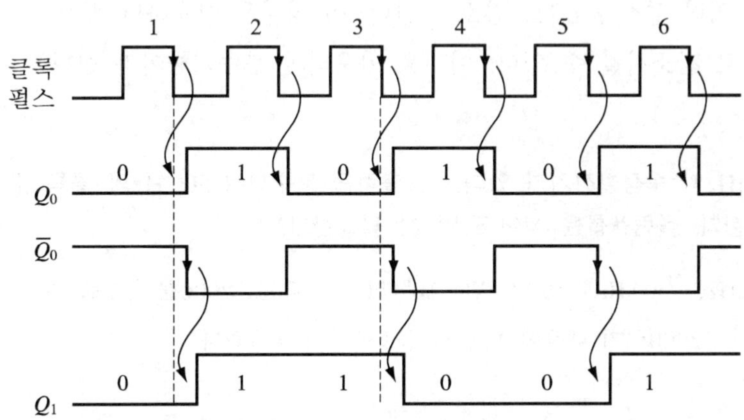

(b) time chart

그림 15.2 4진 down 카운터

두 번째 펄스가 들어오면 Q_0는 반전하여 0으로 되돌아간다. 이때 $\overline{Q_0}$는 0→1로 되므로 다음 단의 FF_1에는 영향을 주지 않는다. 따라서 $Q_1Q_0 = 10$이다.

세 번째 펄스에서 $Q_1Q_0 = 01$이 되고, 네 번째 펄스에서 $Q_1Q_0 = 00$으로 된다.

Q_1Q_0의 동작은 0, 3_{10}, 2_{10}, 1_{10}, 0, ⋯으로 변화하고 있다. 결국 계수되는 수는 클록 펄스가 입력될 때마다 감소해 가므로 이것을 down 카운터라 한다.

이상과 같이 falling edge 동작의 플립플롭을 이용한 경우 Q 출력을 다음 단의 클록에 연결하면 up 카운터로 되고, $\overline{Q}$ 출력을 다음 단 클록에 연결하면 down 카운터로 된다.

이것과는 반대로 rising edge 동작인 플립플롭을 이용할 때는 $\overline{Q}$ 출력을 다음 단 클록에 연결하면 up 카운터로 되고, Q 출력을 다음 단 클록에 연결하면 down 카운터를 구성할 수 있다.

일반적으로 n단 카운터로는 2^n개를 계수할 수 있으므로 다음과 같은 기본식을 얻는다. 즉,

$$N = 2^n$$

여기서 N은 카운터에서 셀 수 있는 수를 나타내고, n은 플립플롭의 개수를 표시한다. 4단 카운터에서는 $2^4 = 16$개의 펄스를 셀 수 있고, 6단의 카운터에서는 $2^6 = 64$개의 펄스를 셀 수 있다. n단 카운터는 매 2^n개의 클록 펄스마다 같은 계수과정을 반복한다. 이와 같이 플립플롭 한 단으로 2진수를 나타낼 수 있으므로 n단 접속한 계수회로를 2^n진 카운터라고 한다.

그러면 그림 15.1, 15.2의 time chart를 잘 살펴보자. 클록 펄스가 4개 들어 왔을 때 Q_0 출력의 펄스는 두 개, Q_1 출력의 펄스는 한 개로 되어 있다. 즉, up 카운터에서는 T 플립플롭 1단마다 입력 펄스가 1/2로 감소해 간다. 이 성질을 이용하면 펄스 주파수 f를 $f/2$, $f/4$, $f/8$, ⋯로 감소시킬 수 있다. 이것을 카운터의 분주기능이라 한다.

예제 15.1 1 MHz의 수정발진기가 있다. 이 출력을 분주하여 500 Hz의 클록 주파수를 만들고자 한다. 플립플롭은 적어도 몇 개 필요한가?

풀이 1 MHz를 500 Hz로 줄이려면, $10^6/500 = 2000$, 2000분의 1로 하면 된다. 그러려면 $2^{11} \geq 2000$이기 때문에 11단의 플립플롭이 필요하다. ■

예제 15.2 JK 플립플롭(SN74107)을 이용하여 10단의 리플 카운터를 만들었다. 최종단 플립

플롭의 변화는 입력 펄스에 비하여 어느 만큼 지연시간을 일으키는가? 단, SN74107의 지연시간은 40 ns로 한다.

풀이 플립플롭 1단당 40 ns가 지연되기 때문에 10단째 플립플롭의 지연은 400 ns로 된다. 이와 같은 지연이 발생되면 클록 주파수는 2.5 MHz(1/400 ns) 이하에서만 사용할 수 있게 된다.

■

그런데 디지털 장치에서는 계수의 수가 어떤 값에 도달했을 때 어떤 조작을 시키는 경우가 자주 있다. 예를 들어, 제품의 수를 카운터로 세어서 $100_2(=4_{10})$개가 되면 정지시키든지 buzzer를 울리는 경우가 있다. 이러한 경우에는 그림 15.3과 같이 AND 게이트를 이용하면 된다. 그림 15.3은 3단의 리플 카운터이기 때문에 0~7까지의 수를 계수할 수 있다. 그림 15.3에서는 AND 게이트의 입력이 $Q_2Q_1Q_0 = 100_2(4_{10})$으로 되었을 때 AND 출력이 1이 되므로 결국 4개의 펄스 입력을 검출하는 회로가 구성된 것이다. 그리고 이 AND 게이트의 동작을 디코더라 한다.

그런데 그림 15.3의 디코더 출력파형을 잘 관찰하여 보면 네 번째 클록 펄스의 falling edge 후에 1로 되는 것 외에 여섯 번째와 여덟 번째의 클록 펄스에서 폭이 좁은 상태의 펄스(이것을 glitch라 한다)가 나오는 것을 알 수 있다. 이것은 플립플롭의 전달지연에 의한 현상으로서 계수 오차를 일으키는 중요한 요인이 되므로 리플 카운터의 디코더에는 충분한 주의가 필요하다.

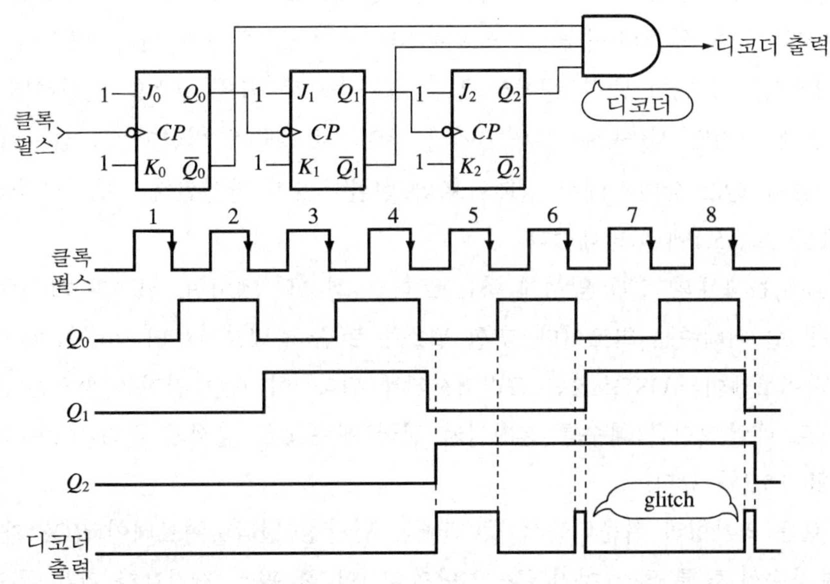

그림 15.3 8진 리플 카운터의 응용

2. N진 카운터

앞서 배운 카운터는 J, K 입력을 1로 하는 $T=1$ 플립플롭을 단순히 종속 접속한 2^n진 카운터였다. 다시 말해서 2^n값(2, 4, 8, ⋯등)에 해당되는 계수동작을 수행한다.

그러나 J, K 입력단자를 이용해서 다른 계수동작의 카운터, 즉 2^n진이 아닌 3진, 5진, 12진 등의 계수기능을 갖는 카운터의 구성이 가능한데 이런 카운터를 2^n진 카운터와 비교해서 N진 카운터 또는 모듈러스(modulus) 카운터라고 한다. 이러한 N진 카운터를 구성하는 방법에는 up count 과정에서 출력 펄스를 feedback시키는 귀환형과 원하는 수를 계수한 후 리셋시키는 리셋형 그리고 카운터가 원하는 특정 계수과정의 sequence를 따르도록 논리 게이트를 사용하는 직접 리셋형 등이 있다.

그러면 이러한 계수작용을 수행하는 비동기식 카운터에 대하여 알아보자.

1) 귀환 카운터(feedback counter)

원하는 계수 N을 갖는 카운터를 구성하려면 그 계수보다 한 단계 더 높은 2진수를 계수할 수 있는 2^n진 카운터를 사용해야 한다. 그리고 이로부터 원하는 계수 N이 얻어지면 나머지 계수, 즉 2^n-N만큼의 상태수는 별도의 귀환과정을 이용하여 나머지 계수의 개수만큼 계수동작이 앞서 가도록 인위적으로 구성하는 것이다.

예를 들어, 계수 12를 갖는 12진 카운터를 구성해 보자. 그림 15.4는 $N=12$인 카운터의 개요도이다. 12에서 계수주기가 끝나는 계수기이므로 4단($2^4=16$)의 플립플롭이 필요하며, 귀환시켜야 할 펄스의 수는 $2^n-N=16-12=4$, 즉 4가 된다. 따라서 4를 앞서게 하기 위해서는 2^3단의 출력 $\overline{Q}$에서 2^2단 입력측으로 귀환 펄스를 인가하면 된다. 한 계수주기 중에 마지막 계수단은 상태 0에서 상태 1로 한 번 변한다. 그러나 마지막에서 두 번째단 출력 Q는 상태 0에서 상태 1로의 변환이 2번 발생된다. 그림 15.4(a)에 대한 계수동작표를 표 15.1에 나타내었다.

그림 15.4(b)는 4개의 수를 앞서게 하는 또다른 회로의 예이며, 전체의 계수주기 중 계수에 2를 두 번 더해주는 회로이다. 귀환 펄스는 2^2단 출력으로부터 얻어지며, 이것이 단안정 멀티바이브레이터(OS)를 2번 트리거시키게 된다. 이 계수 전진용 펄스는 2^1단을 트리거시키므로 매번 2진식 계수를 전진시켜 결국 계수 4를 앞서게 한다. 이에 대한 계수동작표는 표 15.2와 같다.

이상과 같은 귀환형의 카운터에서 첫 번째는 단안정 멀티바이브레이터(OS)가 가장 높은 클록 주파수인 클록 펄스(여기서는 2^3단의 것)의 한 펄스 간격보다 짧은 폭의 펄스를 내도록 조절하여야 한다. 그러나 단안정 멀티바이브레이터는 카운터의 계수과정이 진행되

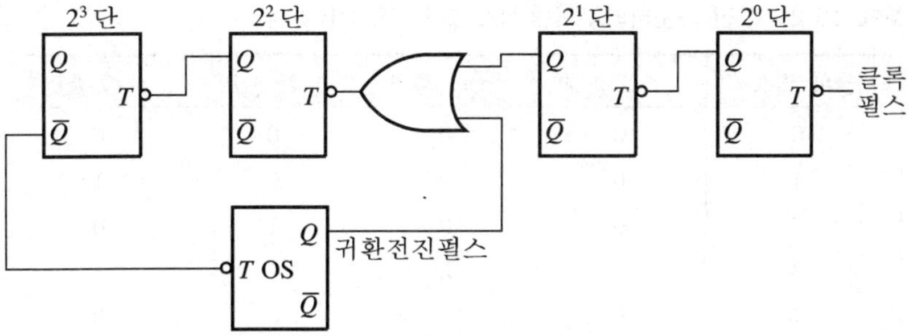

(a) 회로 개요도

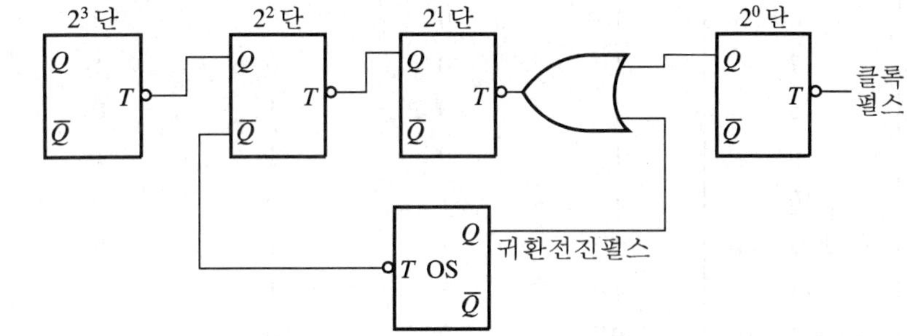

(b) 또다른 형식의 회로

그림 15.4 귀환을 이용한 12진 카운터 회로

▶표 15.1 12진 카운터의 계수동작표[그림 15.4(a)]

클록 펄스	2^3 Q 출력	2^2 Q 출력	2^1 Q 출력	2^0 Q 출력
0	0	0	0	0
1	0	0	0	1
2	0	0	1	0
3	0	0	1	1
4	0	1	0	0
5	0	1	0	1
6	0	1	1	0
7	0	1	1	1
8	1	0	0	0
귀환 펄스	1	1	0	0
9	1	1	0	1
10	1	1	1	0
11	1	1	1	1
12(또는 0)	0	0	0	0

▶표 15.2 12진 카운터의 계수동작표〔그림 15.4(b)〕

클록 펄스	2^3 Q 출력	2^2 Q 출력	2^1 Q 출력	2^0 Q 출력
0	0	0	0	0
1	0	0	0	1
2	0	0	1	0
3	0	0	1	1
4	0	1	0	0
첫 번째 귀환	0	1	1	0
5	0	1	1	1
6	1	0	0	0
7	1	0	0	1
8	1	0	1	0
9	1	0	1	1
10	1	1	0	0
두 번째 귀환	1	1	1	0
11	1	1	1	1
12(또는 0)	0	0	0	0

는데 충분한 시간이 있어야 하므로 너무 짧게 할 수는 없다. 예컨대 한 펄스가 시작된 후 1 μs 지나야 귀환 펄스가 그(카운터) 회로를 트리거시킬 수 있다면 그 카운터단은 1 MHz의 시간비율($T = 1/f = 1\ \mu s$)로 작동할 수 있어야 한다. 그리고 두 번째는 2진식 계수과정은 한(계수) 주기 중에서의 클록 펄스의 10진식 계수를 언제나 나타내고 있는 것이 아니므로, 예컨대 귀환 펄스가 계수(과정)를 앞서게 하는 경우에는(카운터의 계수과정과 클록 펄스의 수와의) 대응성이 상실된다는 단점이 있다.

그러나 계수의 각 과정에 있어서 계수기의 동작 상태에는 관계없이 12개의 펄스가 생겼을 때의 계수표시만이 필요하다면 결과적으로 본 계수과정은 충분히 그 요구를 만족시킬 수 있는 것이다.

2) 리셋형 카운터

이 방식은 앞의 귀환형 카운터의 단점인 계수되는 순서가 일정하게 증가하지 않는 것을 제거하기 위해 고안된 것으로 원하는 수를 계수한 후 각 단의 출력을 논리회로를 써서 디코딩(decoding)하고 카운터를 리셋시켜 등가적인 2진식 카운터를 얻는 방식이다. 예컨대 계수는 2진식 과정으로 진행되고, 그 계수과정이 디코딩용의 논리 게이트에 의하여 감지 검출되는 특정한 상태에 도달되면 카운터를 리셋되도록 하는 것이다.

이러한 방식을 취하면 클록 펄스의 수와 2진식으로 표시된 카운터의 수가 등가적으로 일치되는 장점이 있다.

그림 15.5에 클록 펄스의 수와 항시 등가적인 2진계수를 갖는 mod-12 리셋형 카운터를 나타내었다. 물론 이 회로는 본질적으로 16까지 계수할 수 있는 2진 리플 카운터이지만 0~12까지의 계수과정이 진행되고 나면 다시 다음의 계수주기를 시작하기 위해서 0으로 리셋되는 동작을 한다.

이러한 리셋 동작은 다음과 같은 계수 위치에서 이루어진다.

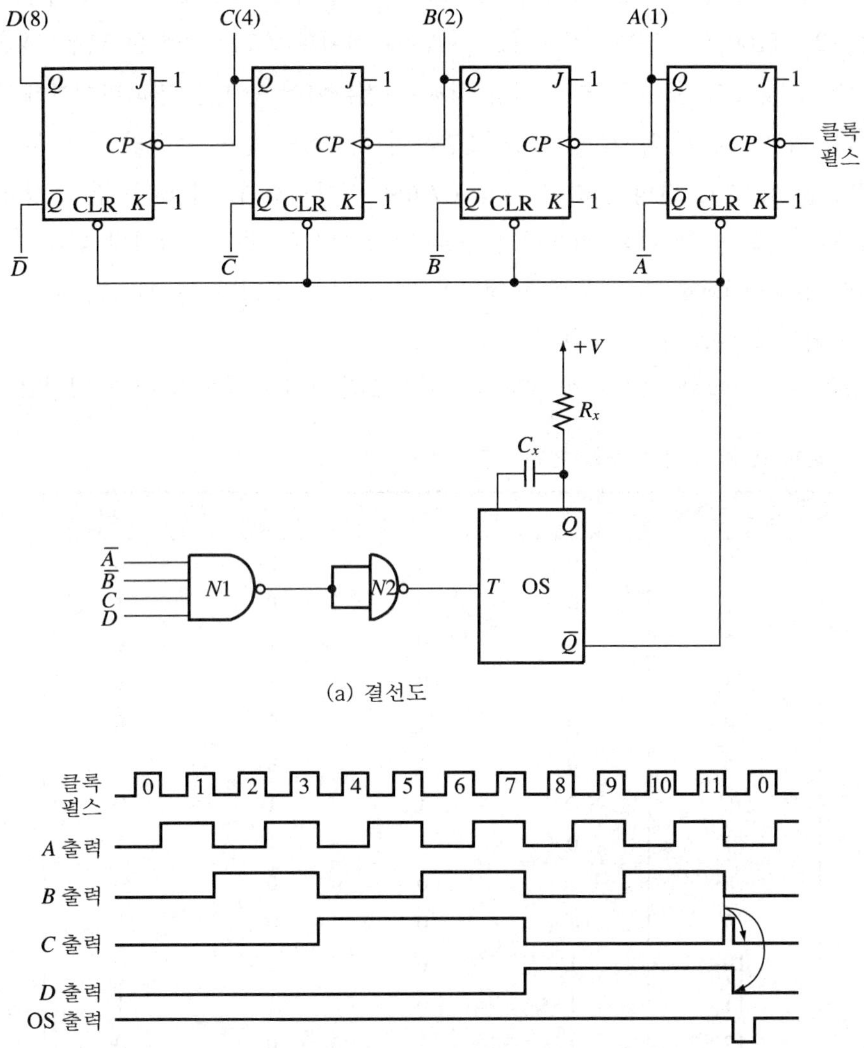

(a) 결선도

(b) 입력 및 출력파형

그림 15.5 mod-12진 카운터

1. 카운터를 먼저 리셋(계수 표시는 0000)시키고, 계수할 준비를 갖춘다.
2. 클록 펄스에 따라 카운터는 11(1011)까지 2진식으로 계수가 진행된다.
3. 그 다음 클록 펄스로서 12(1100)까지를 계수하지만 이 12의 계수를 NAND 논리 게이트로 디코딩하여 즉시 단안정 멀티바이브레이터(OS)를 트리거시킬 수 있도록 전압 상태를 전환시키고, 카운터의 각 단을 모두 리셋 상태로 한다. 즉, 카운터가 11을 계수한 후 클록 펄스는 카운터의 계수를 0(리셋 상태)으로 만들어 완전히 한 주기 계수과정이 완료된다.

따라서 그림 15.5의 회로는 12개의 펄스로서 한 주기가 끝나게 되어 있다. 4단의 JK 카운터는 12_{10}(1100)로 계수가 진행되고, NAND 게이트 $N1$의 출력은 낮은 전압 상태로 변하고, 게이트 $N2$의 출력은 높은 전압 상태로 전환되어 단안정 멀티바이브레이터를 트리거시킨다. 외부소자 C_x와 R_x의 값을 조절하여 이 OS의 출력 펄스의 폭을 결정하여 주고, 그 펄스를 직접 각 단의 클리어 단자 CLR에 인가시킨다. 이 낮은 전압 상태로 변환된 CLR단자 입력은 각 단을 리셋시켜 새로운 계수의 주기가 시작되게 된다.

그림 15.5(b)에서 회로 각 부분의 파형을 보면 단안정 멀티바이브레이터 부분이 트리거될 때 리셋되는 모양을 알 수 있다.

표 15.3은 클록 펄스의 12진 계수와 등가적인 2진 계수과정을 표시한 것이다. 이 표에

▶표 15.3 그림 15.5의 12진 카운터에서의 계수동작

클록 펄스	D	C	B	A
0	0	0	0	0
1	0	0	0	1
2	0	0	1	0
3	0	0	1	1
4	0	1	0	0
5	0	1	0	1
6	0	1	1	0
7	0	1	1	1
8	1	0	0	0
9	1	0	0	1
10	1	0	1	0
11	1	0	1	1
12	1	1	0	0
↓	↓	↓	↓	↓
0	0	0	0	0

서 보면 0(0000)으로 리셋되기 전에 계수는 11(1011)에서 12(1100)로 순간적으로 이루어진다. 그리고 NAND 게이트($N1$)는 계수가 12에 이를 때까지는 상태 1의 출력을 낸다. 계수 12에서 모두 1인 상태가 되는 논리 입력을 써서 계수 12를 감지한다. 계수가 12가 되면 NAND 게이트($N1$) 출력은 논리 상태 0으로 되고, NAND 게이트($N2$)에서 단안정 멀티바이브레이터를 트리거시키는 0에서 1 상태로의 변화를 생기게 하고, 다음에 펄스가 발생되어 카운터의 모든 단을 리셋, 즉 원상으로 복귀시키게 된다. 이 단안정 멀티바이브레이터 출력 펄스폭은 카운터의 각 단 중 가장 저속인 단을 리셋시킬 수 있을 정도의 크기면 된다.

이상 설명한 바와 같이 리셋 방식을 쓴 카운터에는 다음과 같은 두 가지 단점이 있다.

1. 카운터가 리셋되기 바로 전의 계수과정은 일시적인 상태로 된다.
2. 이들 회로는 단안정 멀티바이브레이터 소자를 사용하여 펄스 지속시간에 대한 특별한 시간조정이 필요하다.

따라서 이상의 단점을 제거하기 위해서는 단안정 멀티바이브레이터를 사용하지 않고 마지막 계수과정에서 직접 리셋 상태로 되도록 하는 직접 리셋 방식이 쓰인다.

3) 직접 리셋형 카운터

리셋 카운터의 단점을 제거하기 위한 방법은 단안정 멀티바이브레이터를 사용하지 않고, 정확히 원하는 계수를 하기 위한 직접 리셋형 카운터(direct reset counter)가 있다. 이러한 카운터는 집적회로(IC)소자로 많이 만들어진다.

mod-5 카운터를 직접 리셋형으로 구성하여 보자. mod-5 카운터의 계수 동작은 표 15.4에 나타냈고, 결선도 및 각 부분의 파형을 그림 15.6에 나타내었다. 계수 동작표에서 알 수 있는 것과 같이 설계 때 다음과 같은 사항에 유의하여야 한다.

▶**표 15.4** mod-5 카운터의 계수 동작표

계 수	C	B	A
0	0	0	0
1	0	0	1
2	0	1	0
3	0	1	1
4	1	0	0
5(또는 0)	0	0	0

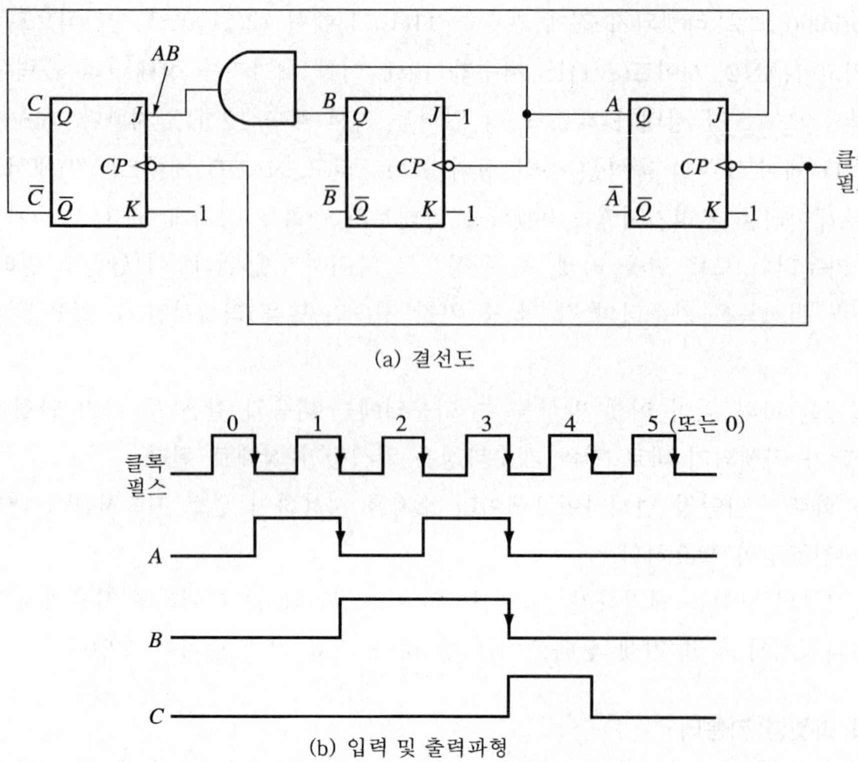

그림 15.6 mod-5 카운터

① 출력 C가 상태 1인 때를 제외하고 A단 플립플롭은 클록 펄스가 인가될 때마다 상태변환, 즉 토글된다. 또 입력 K는 상태 1이 되나 첫 번째 단의 입력 J는 4의 계수 과정에서 0 상태인 출력 $\overline{C}$에 연결되어 있다(리셋 상태).

② A단이 상태 1에서 0으로 변할 때마다 계수 동작표에서 보는 바와 같이 B단이 전환된다.

③ 4번째의 클록 펄스로 A와 B단이 모두 상태 0으로 전환할 때 C단은 토글된다. 또한 C단은 A, B단의 상태전환에 관계없이 5번째의 클록 펄스로 인하여 다시 토글된다. 따라서 클록 펄스를 C단의 CP 입력단자에 인가하여 C단을 토글시킨다.

계수 동작표에서 알 수 있는 것과 같이 클록 펄스는 4번째를 제외하고는 매 펄스마다 C단을 리셋시킨다. 만일 J 입력이 상태 1이면 그 단은 토글된다. mod-5 계수기에 대한 결선도 및 출력파형은 그림 15.6과 같다.

그러면 그림 15.7과 같은 회로는 어떤 동작을 할까? 지금까지의 회로와 틀린 점은 Q_2 출력에서 J_0 입력이나 클록 입력으로 연결되어 있는 것이다. 그림 15.8을 보면서 동작을 살펴보자.

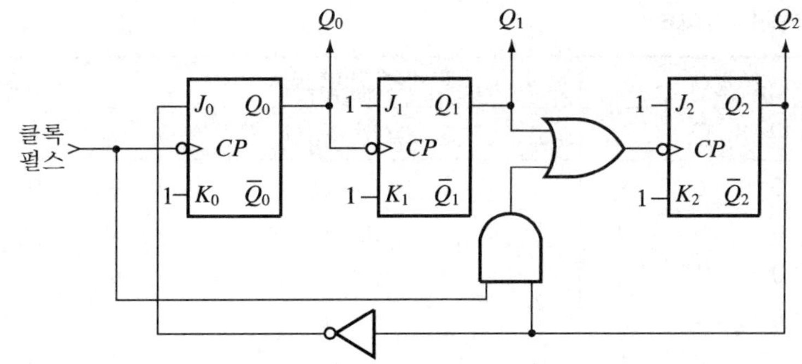

그림 15.7 비동기 5진 카운터

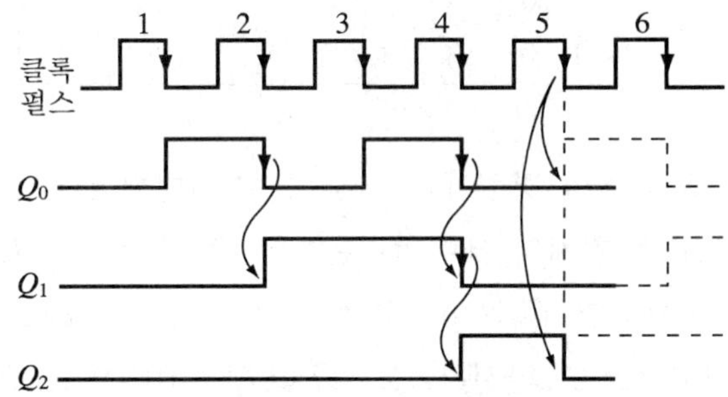

그림 15.8 그림 15.7의 time chart

처음에는 모든 플립플롭이 리셋되어 있다. 그리고 세 번째 펄스까지는 지금까지의 동작과 같다. 그렇지만 네 번째 펄스가 인가되어 3단째의 플립플롭 Q_2 출력이 1로 되면 이것이 초단 플립플롭의 J_0 입력으로 인버터를 거쳐 인가된다. 또 AND 게이트에도 1이 인가되므로 다음 펄스 입력이 AND 게이트를 통과할 수 있는 준비가 되어 있다.

여기에 다섯 번째의 클록 펄스가 인가되면 초단 플립플롭은 $J_0=0$, $K_0=1$이기 때문에 1로 반전하지 않고, 0 그대로이다. 한편 3단째 플립플롭의 클록 입력으로는 클록 펄스가 직접 AND, OR 게이트를 통하여 인가되기 때문에 Q_2는 0으로 반전해 버린다.

2단째 플립플롭은 아무 변화도 하지 않고 0 상태 그대로이다.

이상의 결과 다섯 번째의 클록 펄스에 의해 결국 모든 플립플롭은 리셋되어 $Q_2Q_1Q_0=$ 000으로 된다. 결국 이러한 논리게이트를 부가하면 5진 카운터 회로가 가능하다.

그런데 여기에 문제점이 하나 있다. 지금까지의 N진 카운터는 처음에 모든 플립플롭을 클리어하고, 0의 상태에서부터 시작하지만 어떤 원인으로 사용되지 않는 계수 상태 예를 들면, 5진 카운터에서 $Q_2Q_1Q_0=101_2$이나 110_2, 111_2이 발생하였을 때 어떻게 될까?

그림 15.7로 되돌아가 이 문제를 검토해 보자. 이 회로를 기본으로 현재 상태 그리고 펄스입력이 인가된 다음 상태를 정리한 것이 표 15.5이다.

▶**표 15.5** 5진 카운터 상태표

행 번호	현재 상태				현재의 제어입력		다음 상태			
	10진	Q_2	Q_1	Q_0	J_0	K_0, J_1, K_1, J_2, K_2	Q_2	Q_1	Q_0	10진
1	0	0	0	0	1	1	0	0	1	1
2	1	0	0	1	1	1	0	1	0	2
3	2	0	1	0	1	1	0	1	1	3
4	3	0	1	1	1	1	1	0	0	4
5	4	1	0	0	0	1	0	0	0	0
6	5	1	0	1	0	1	0	1	0	2
7	6	1	1	0	0	1	0	1	0	2
8	7	1	1	1	0	1	0	0	0	0

문제인 것은 행 번호 6, 7, 8의 경우이다. 예를 들어, 6행째의 $Q_2Q_1Q_0 = 101$이 생긴 경우에 대해서 살펴보자. 이때 현재의 제어입력은 $J_0 = 0,\ K_0 = J_1 = K_1 = J_2 = K_2 = 1$이다.

다음의 클록 펄스가 인가되면 Q_0는 0으로 반전하고 따라서 Q_1도 1로 반전하며, Q_2는 펄스의 직접 입력에 의해 0으로 반전하므로 $Q_2Q_1Q_0 = 010$으로 변한다. 결국 10진수인 2_{10}의 계수 상태로 천이한 것이다. 이렇게 되어 다음의 클록 펄스에서 $011(=3_{10})$도 되고 클록 펄스마다 4, 0, 1, 2, 3, …을 반복한다.

그리고 7행째의 $Q_2Q_1Q_0 = 110$인 상태가 발생한 경우도 다음의 클록 펄스에 의해 $Q_2Q_1Q_0 = 010$으로 건너뛰어 정상의 계수과정으로 복귀할 수 있다.

8행째의 $Q_2Q_1Q_0 = 111$인 상태가 발생하여도 다음의 클록 펄스에서 $Q_2Q_1Q_0 = 000$으로 이행하므로 문제가 생기지 않는다.

이와 같이 어떤 계수 상태나 미사용 상태로부터 클록 펄스에 의해 어느 상태로 천이해 가는가를 나타낸 것이 그림 15.9이다. 이것을 상태도(또는 천이도)라 한다.

이 5진 카운터에서처럼 클리어 상태에서 start하지 않아도, 또 ⑤, ⑥, ⑦의 미사용 상

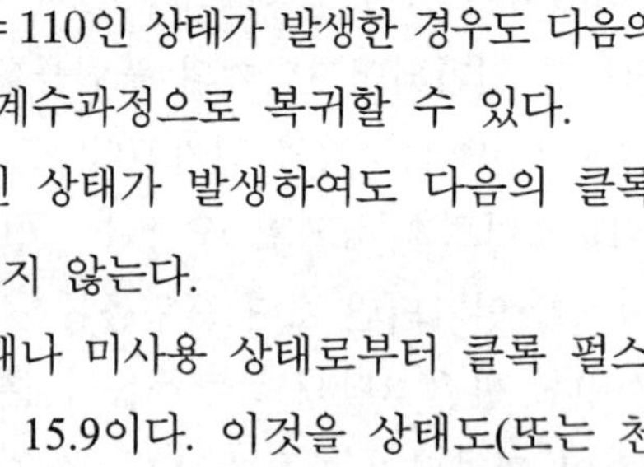

그림 15.9 5진 카운터의 상태도

태가 발생해도 문제 없이 정상적인 계수 루프로 되돌아오는 이러한 카운터를 자기 start 카운터라 한다. 그리고 미사용 상태로부터 정상의 계수 루프로 되돌아오지 않는 상태를 lockout을 받았다고 한다. 이런 lockout이 일어나는 카운터는 사용하지 않는 것이 안전하다.

15.2 비동기식 카운터의 응용

1. count buzzer

그림 15.10은 push button switch(PBS)를 10번 눌렀을 때 buzzer가 울리도록 만든 회로이다. 기계적 접점의 출력은 스위치 bounce(chattering)를 일으키므로 이것을 방지하기 위해서 FF_1을 이용하고 있다. PBS를 누를 때마다 FF_1은 리셋되며, 이것이 10진 카운터의 입력 펄스로서 인가된다.

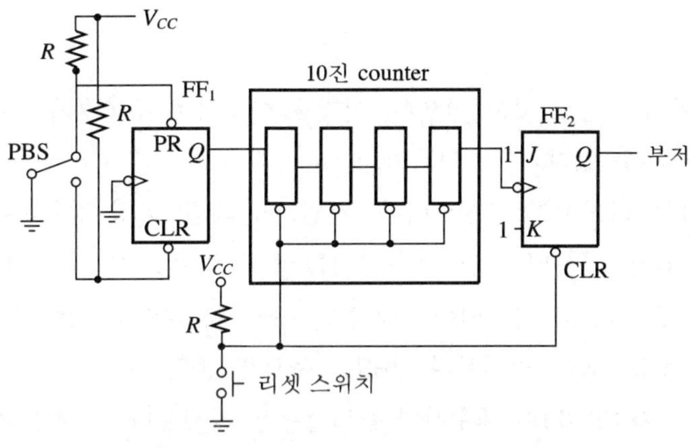

그림 15.10 카운터 응용회로(I)

10개의 펄스가 들어오면 카운터는 1→0으로 반전하는 출력이 발생하며, 이것으로 FF_2를 세트하여 buzzer를 울린다. 그리고 리셋 스위치를 누르면 FF_2는 리셋되어 buzzer가 울리지 않고 카운터를 클리어할 수 있다.

2. 회전수 검출회로

그림 15.11은 모터 등 회전기기의 회전속도를 검출하여 회전수가 어떤 수치를 넘으면 경보 buzzer를 울리는 회로이다.

회전기기에는 광전 스위치 등을 부착하여 속도에 비례하는 회전검출 펄스를 추출하도록 되어 있다. 그리고 카운터에는 일정 주기의 클리어 입력을 인가한다. 결국 클리어 입력이 1인 동안에 회전 펄스를 세어서 이것이 어떤 값 *N*을 넘으면 플립플롭을 세트하여 buzzer를 울린다. 그림 15.11에서는 일정 주기 펄스가 1인 동안에 84에 도달하면 buzzer가 울리도록 되어 있다.

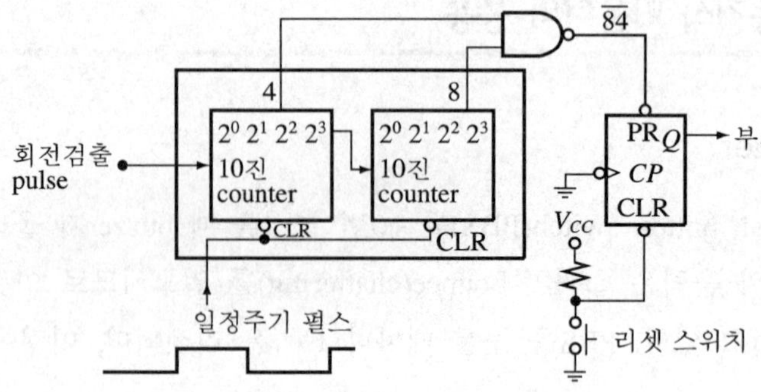

그림 15.11 카운터 응용회로(II)

3. 타이머

카운터는 분주기의 기능도 갖고 있으며, 이것을 이용하여 주파수가 일정한 펄스를 사용하면 타이머를 만들 수 있다.

그림 15.12는 1분 타이머의 구성도이다. 전원 60 Hz를 파형 정형하여 펄스를 만들어 이것을 60진(6×10진) 카운터에 인가하면 1 Hz의 주기 펄스가 얻어진다.

이 1 Hz인 펄스를 다음의 카운터에 인가한다. 60까지 계수하였을 때 NAND 게이트로 이것을 검출하여 플립플롭을 리셋한다. PBS를 누르면 플립플롭은 세트되며, 카운터가 수를 세기 시작한다. 그리고 60회 계수하면 플립플롭은 리셋된다. 이렇게 하여 1분간만 1로 되는 전압을 추출할 수 있다.

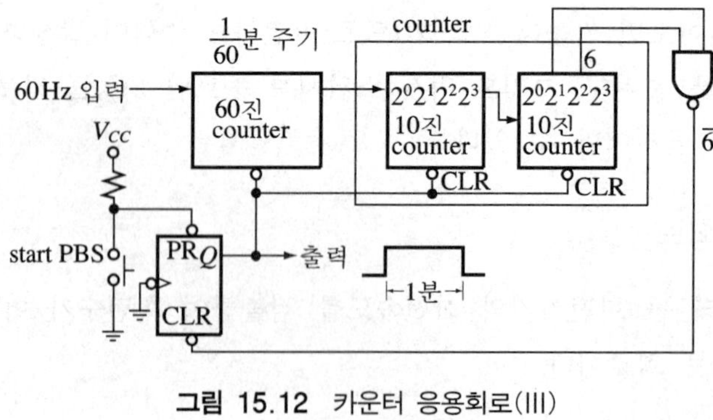

그림 15.12 카운터 응용회로(III)

15.3 비동기식 카운터용 IC

지금까지 설명한 방법으로 D 플립플롭이나 JK 플립플롭을 조합하면 카운터회로를 만들 수 있는데 실제로 이미 만들어진 비동기식 카운터 IC에는 다음과 같은 것들이 있다.

SN7490 …… 10진 카운터(2×5진)
SN7492 …… 12진 카운터(2×6진)
SN7493 …… 16진 카운터(2×8진)
SN74196 …… presettable 10진 카운터
SN74197 …… presettable 16진 카운터

1. SN7490(10진 카운터)

7490은 그림 15.13과 같이 2진 JK 플립플롭 1개(Q_A)와 5진 카운터를 형성하는 플립플롭(Q_B, Q_C, Q_D)으로 구성된 10진 카운터이다.

IC 핀의 배치와 기능표는 그림 15.14와 같이 되어 있다. 단, 10진 카운터로 동작시키려면

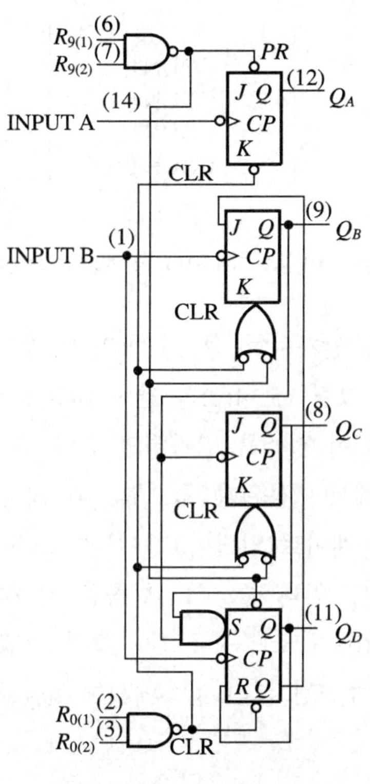

그림 15.13 7490의 구성

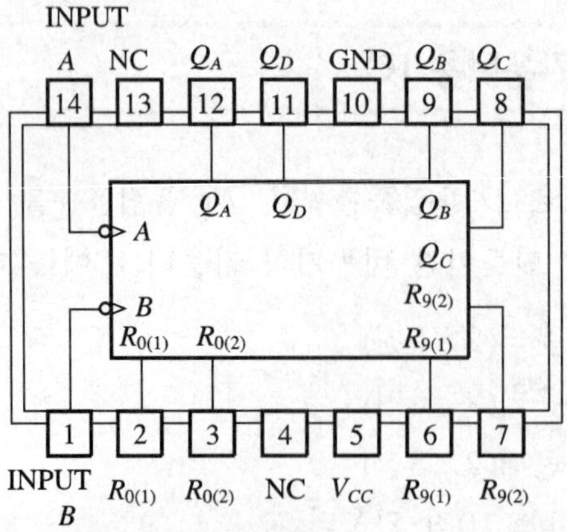

(a) pin configuration

'90A, 'L90
RESET/COUNT
FUNCTION TABLE

RESET/SET INPUTS				OUTPUT			
$R_{0(1)}$	$R_{0(2)}$	$R_{9(1)}$	$R_{9(2)}$	Q_D	Q_C	Q_B	Q_A
1	1	0	×	0	0	0	0
1	1	×	0	0	0	0	0
×	×	1	1	1	0	0	1
×	0	×	0	COUNT			
0	×	0	×	COUNT			
0	×	×	0	COUNT			
×	0	0	×	COUNT			

(b) mode selection

count	OUTPUT			
	Q_D	Q_C	Q_B	Q_A
0	0	0	0	0
1	0	0	0	1
2	0	0	1	0
3	0	0	1	1
4	0	1	0	0
5	0	1	0	1
6	0	1	1	0
7	0	1	1	1
8	1	0	0	0
9	1	0	0	1

(c) count sequence tables

그림 15.14 7490의 핀 배치와 기능표

입력 A(핀 14)에 계수 펄스를 인가하여 Q_A 출력(핀 12)을 입력 B(핀 1)에 접속해야 한다. Q_D, Q_C, Q_B, Q_A 출력은 그림 15.14(c)와 같이 BCD코드로 출력된다. 단지 5진 카운터로 이용할 때는 입력 B에 클록 펄스를 인가하면 된다. $R_{0(1)}$과 $R_{0(2)}$는 AND 게이트 입력이고, 계수를 클리어하기 위해서 이용된다. 즉, $R_{0(1)}$과 $R_{0(2)}$를 모두 1로 하면 0으로 클리어된다. $R_{9(1)}$과 $R_{9(2)}$는 AND 게이트 입력이고, 이들이 모두 1일 때 계수는 9로 세트된다.

따라서 계수 동작 중에는 R_0 입력 중 어느 한쪽을 0, R_9 입력 중 어느 한쪽을 0으로 해둘 필요가 있다[그림 15.14(b) 참조]. 지금 Q_D 출력을 입력 A에 접속하고, 입력 B에 클록 펄스를 인가하는 방법, 즉 5진×2진 접속에서는 $Q_D Q_C Q_B Q_A$가 BCD 코드 출력으로 되지 않는 것에 주의하라.

예제 15.3 SN7490을 이용하여 50진 카운터를 만들어라.

풀이 그림 15.15와 같이 접속하면 된다.

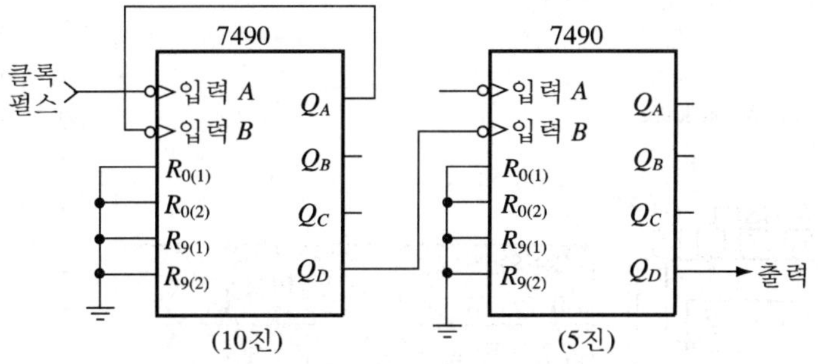

그림 15.15 7490을 이용한 50진 카운터 ■

2. SN7492(12진 카운터)

7492는 그림 15.16과 같이 2진×3진×2진=12진 카운터의 구성으로 되어 있다.

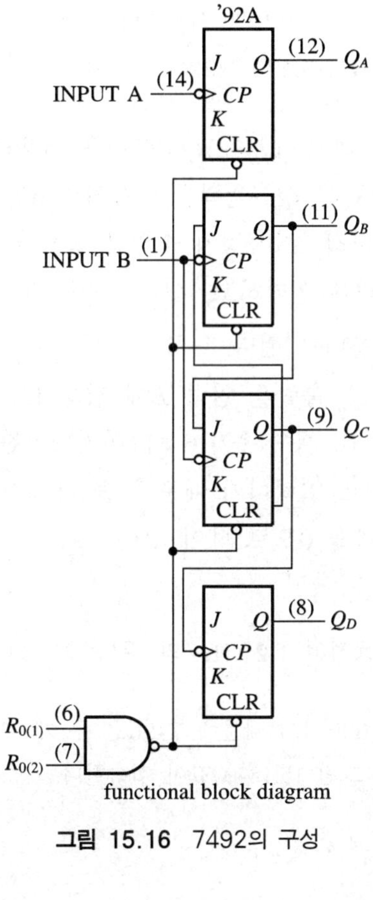

그림 15.16 7492의 구성

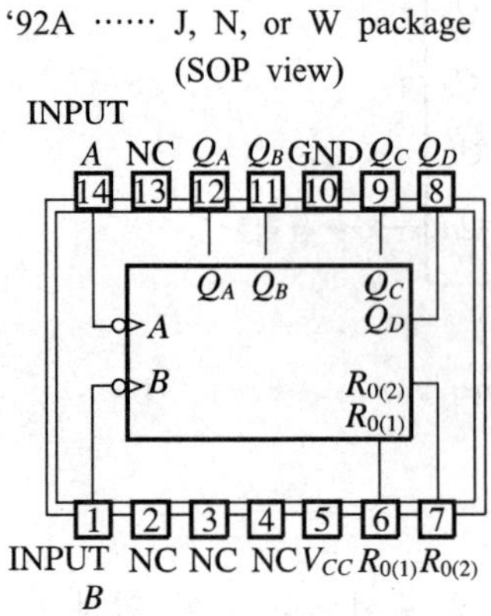

(a) pin configuration

RESET INPUTS		OUTPUTS			
$R_{0(1)}$	$R_{0(2)}$	Q_A	Q_B	Q_C	Q_D
1	1	0	0	0	0
0	1	count			
1	0	count			
0	0	count			

(b) mode selection

'92A
Count sequence

count	Output			
	Q_D	Q_C	Q_B	Q_A
0	0	0	0	0
1	0	0	0	1
2	0	0	1	0
3	0	0	1	1
4	0	1	0	0
5	0	1	0	1
6	1	0	0	0
7	1	0	0	1
8	1	0	1	0
9	1	0	1	1
10	1	1	0	0
11	1	1	0	1

(c) count sequences

그림 15.17 7492의 핀 배치와 계수표

클록 펄스를 B 입력에 인가하고, Q_B와 Q_C 출력을 이용하면 3진 카운터로 된다. 클록 펄스를 B 입력에 인가하고 $Q_B Q_C Q_D$ 출력을 이용하면 6진 카운터로 되지만, $Q_B Q_C Q_D$ 출력은 2진수의 순서로 계수하지 않는 것에 주의할 필요가 있다.

그러나 클록 펄스를 A 입력에 인가하고, Q_A 출력을 B 입력에 접속하면 $Q_C Q_B Q_A$는 2진수의 순서로 세는 6진 카운터로 된다.

그림 15.17(c)의 계수표는 Q_A 출력을 입력 B에 접속하고 클록 펄스를 입력 A에 인가했을 때 12진 카운터 동작이지만, 계수 수가 6~11까지는 2진수의 순서로 되어 있지 않다.

$R_{0(1)}$과 $R_{0(2)}$는 AND 게이트 입력이기 때문에 둘 다 1일 때 카운터는 리셋된다. 따라서 계수동작 중에는 어느 한쪽을 0으로 해야 한다.

예제 15.4 7492와 7490을 이용하여 1.2 MHz의 주파수를 2 kHz로 분주하라.

풀이 1.2 MHz/2 kHz = 600이기 때문에 7490을 두 개, 7492를 1개 사용하여 600진 카운터를 만들면 된다. 그림 15.18과 같이 접속한다.

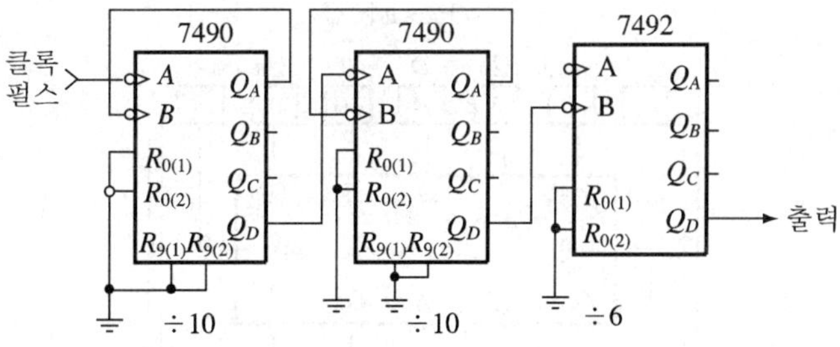

그림 15.18 600진 카운터 ■

3. SN7493(16진 카운터)

7493은 2진×8진=16진 리플 카운터이고, 핀 배치는 그림 15.19와 같이 7492와 거의 같다. 따라서 Q_A 출력을 입력 B에 접속해 두고, 입력 A에 클록 펄스를 인가하면 $Q_D Q_C Q_B Q_A$는 2진수의 순서로 $0 \sim 15_{10}$까지를 계수하도록 되어 있다. $R_{0(1)}$과 $R_{0(2)}$는 AND 게이트의 클리어용 단자이기 때문에 계수 동작 중에는 0으로 해 두는 것도 7492와 같다.

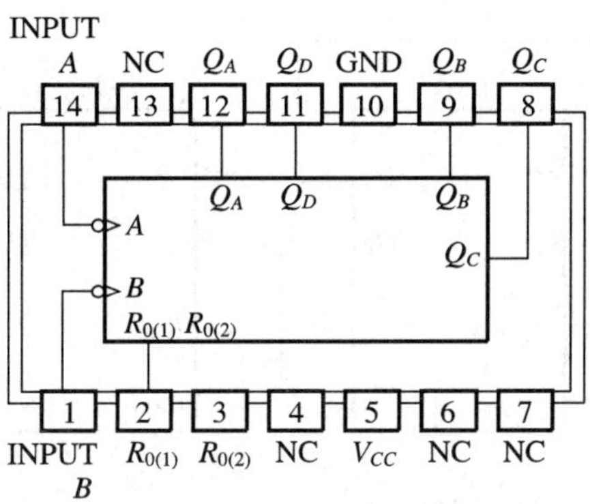

그림 15.19 7493의 핀 배치

4. SN74196(presettable 10진 카운터)

74196은 10진(2진×5진) 카운터, 74197은 16진(2진×8진) 카운터이며, 핀 배치는 모두 그림 15.20과 같이 되어 있다.

이 IC는 임의의 4비트 데이터를 preset할 수 있도록 만들어진 것이 특징이다. 데이터 입력 $A \sim D$에 임의의 값을 설정해 두고, 계수/load 입력을 0으로 하면 데이터가 각 플립플롭에 세트된다. 그 후 계수/load 입력을 1로 하면, 계수 동작이 가능하게 된다.

클리어 입력을 0으로 하면 모든 플립플롭을 리셋할 수 있다. 클록 1(핀 8)은 7490의 입력 A에 상당하고, 클록 2(핀 6)는 입력 B에 상당하는 단자이다.

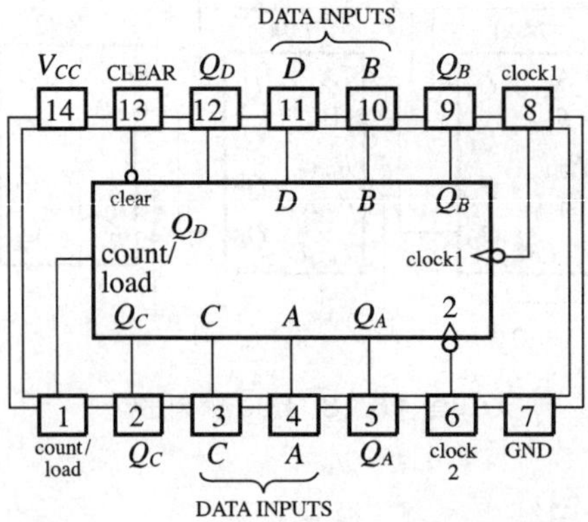

그림 15.20 74196, 74197의 핀 배치

예제 15.5 7493을 이용하여 입력주파수를 1/128로 감소시키는 분주기를 만들어라.

풀이 그림 15.21과 접속하면 된다.

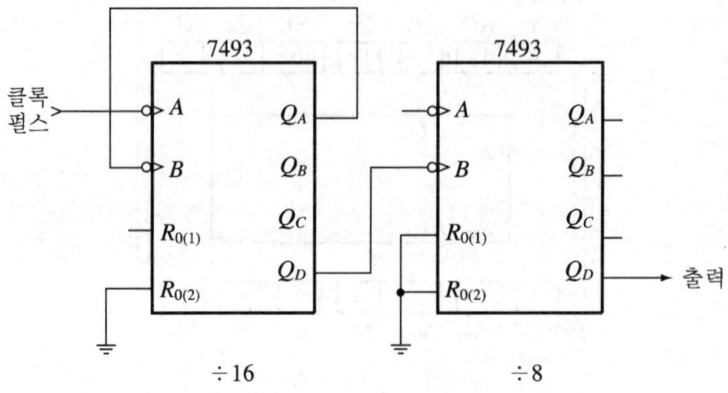

그림 15.21 7493을 이용한 분주기 ■

15.4 동기식 카운터

비동기식 카운터에서는 앞단 플립플롭의 Q 출력 변화를 차례로 다음 단의 플립플롭에 전달해가는 리플 계수방식이기 때문에 단수가 증가함에 따라서 최종단 플립플롭까지 변화의 전달지연시간이 점점 커지게 되는 결점이 있으므로 이 결점을 개선하기 위해서 고안된 것이 동기식 카운터이다. 동기식 카운터에서는 모든 플립플롭의 클록 단자를 공통으로 접속하고, 클록 펄스를 인가함으로써 모든 플립플롭이 동시에 변화된다는 것이다. 따라서 지

연시간을 현저히 단축할 수 있고, 디코더를 이용해도 glitch가 생기지 않으므로 순간동작형의 고속 계수회로에 이용한다.

예제 15.6 *JK* 플립플롭(SN74107)을 이용하여 동기식 16진 카운터를 만들어라.

풀이 카운터는 다음 순서에 의해 만들어진다.

① 16진 카운터이기 때문에 $2^4 = 16$이고, 4개의 플립플롭이 필요하다.
② 동기식에서는 모든 플립플롭의 클록을 공통으로 접속하는 것이 우선이다.
③ 초단의 FF_0는 반전동작만 하면 되기 때문에 J_0, K_0 입력은 1로 해 둔다.
④ 동기식이기 때문에 2단째의 FF_1은 FF_0가 1일 때만 동작하도록 해야 한다. 따라서 Q_0는 J_1, K_1 입력에 접속해 둔다.
⑤ 3단째의 FF_2는 Q_0와 Q_1이 모두 1일 때만 반전동작을 하도록 해야 한다. 따라서 Q_0와 Q_1의 AND를 취하여 이것을 J_2, K_2 입력에 접속한다.
⑥ 4단째의 FF_3는 Q_0와 Q_1과 Q_2가 모두 1일 때만 반전동작을 하도록 해야 한다. 또한 $Q_0\,Q_1\,Q_2$의 AND를 취하여 J_3, K_3 입력에 접속한다. ■

이상과 같이 생각하면 그림 15.22의 회로가 가능하므로 그림 (b)의 time chart에 의해

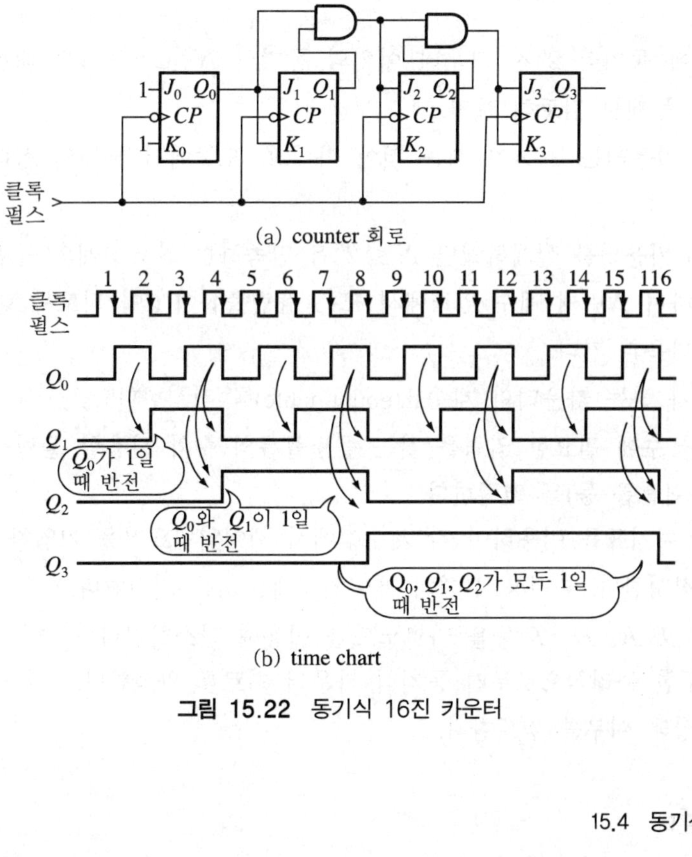

그림 15.22 동기식 16진 카운터

동기 동작의 구조를 잘 살펴보는 것이 바람직하다.

동기식 카운터에서는 모든 플립플롭이 동시에 동작하는 것이기 때문에 각 단 플립플롭의 JK 입력에는 다음의 클록 펄스가 인가되기 전에 충분한 시간간격 신호를 인가해 둘 필요가 있다. 결국 플립플롭에 요구되는 setup time t_{setup}과 hold time t_{hold} 시간이다.

그러면 그림 15.22 회로에서는 최대 전파지연시간은 어떻게 될까? 이것은 플립플롭 1단의 지연과 AND 게이트 2단의 지연 합계이다. 그러나 디코더(AND 게이트)에 의해 임의의 계수 수를 검출하려고 하면 이 디코더의 지연도 고려해야 한다.

따라서 74107(JK 플립플롭)의 지연시간 $t_{p\mathrm{CLK}} = 40\,\mathrm{ns}$, 7408의 지연시간 $t_{d1} = 27\,\mathrm{ns}$, 디코더의 지연시간 $t_{d2} = 60\,\mathrm{ns}$라고 가정하면 이 카운터의 최대 전파지연시간 t_{pd}는

$$
\begin{aligned}
t_{pd} &= t_{p\mathrm{CLK}} + 2t_{d1} + t_{d2} \\
&= 40\,\mathrm{ns} + 2 \times 27\,\mathrm{ns} + 60\,\mathrm{ns} \\
&= 154\,\mathrm{ns}
\end{aligned}
$$

로 된다. 만약, 이것이 4단의 리플 카운터이면 t_{pd}는

$$
\begin{aligned}
t_{pd} &= 4t_{p\mathrm{CLK}} + t_{d2} = 4 \times 40\,\mathrm{ns} + 60\,\mathrm{ns} \\
&= 220\,\mathrm{ns}
\end{aligned}
$$

이다.

그러면 다음에 동기식 2^n진 카운터 이외의 동기식 N진 카운터에 대한 설계방법이나 데이터 lockout 문제를 검토해 보자.

동기식 N진 카운터는 2^n까지 세는 것이 아니고, 도중에서 본래의 상태로 되돌아오는 카운터이다.

동기식 N진 카운터를 설계하려면 $N \leq 2^n$을 만족하는 최소 n개의 플립플롭으로 2^n진 카운터를 구성하여 N번째 계수 입력에서 모든 플립플롭이 0이 되도록 한다.

설계과정은 다음과 같다.

① 설계하고자 하는 카운터의 계수표(count table)를 작성한다.

② 필요한 단 수에 필요한 입력을 갖는 플립플롭의 수와 사용할 플립플롭의 종류(JK, D, T 플립플롭 등)를 결정한다.

③ 계수표와 여기표를 이용하여 각 계수값에서 제어입력요건을 기입한 상태표(계수 상태표)를 작성한다. 미사용 상태의 제어입력에는 d를 기입한다.

④ 제어입력 J, K, D, T 등을 카르노도를 이용해 간소화한다.

⑤ ④에서 구한 논리식으로부터 동기식 카운터 회로를 완성한다.

⑥ lockout 상태 여부를 검토한다.

그러면 각 플립플롭에 이러한 동기 동작을 시키려면 제어입력인 J, K를 어떻게 조작하면 될까? 그렇게 하기 위해서 JK 플립플롭의 동작을 복습해 볼 필요가 있다. 표 15.6은 클록 입력에 의해 $Q(t)$에서 $Q(t+1)$로 변화할 때의 J, K 입력조건을 정리한 것이다.

▶표 15.6 JK 플립플롭 여기표

$Q(t)$	$Q(t+1)$	J	K
0	0	0	d
0	1	1	d
1	0	d	1
1	1	d	0

예를 들면 3행째에서 현재의 상태 $Q(t)=1$에서 클록 입력에 의해 다음 상태인 $Q(t+1)=0$으로 변하기 위해서는 $J=d$(1, 0 중 어느 것이라도 좋다), $K=1$인 조건이 필요하다는 것을 의미한다.

1. 3진 카운터

3진 카운터는 두 개의 JK 플립플롭이 있으면 되고, 그 계수순서는 표 15.7과 같다. 처음은 $Q_1\,Q_0=00$인 상태에서 시작하여 클록 펄스가 인가될 때마다 $Q_1\,Q_0=01$, 10, 00, …으로 반복하게 된다.

▶표 15.7 3진 카운터

계 수	Q_1	Q_0
0	0	0
1	0	1
2	1	0
0	0	0
⋮	⋮	⋮

표 15.6을 가지고 표 15.7의 3진 계수 동작을 시키기 위한 J, K의 요건을 구하면 표 15.8과 같으며, 이것을 계수 상태표라 한다.

예를 들어 계수값이 1에서 2로 천이하려면 현재의 상태 $Q_1\,Q_0=01$에서 다음 상태 $Q_1\,Q_0=10$으로 변화하는 것이 중요하다. 이때 J, K의 입력 요건은

$$J_1=1,\ K_1=d,\ J_0=d,\ K_0=1$$

이어야 한다.

▶표 15.8 3진 카운터의 계수 상태표

계 수	현재 상태		다음 상태		JK의 입력요건			
	Q_1	Q_0	Q_1	Q_0	J_1	K_1	J_0	K_0
0	0	0	0	1	0	d	1	d
1	0	1	1	0	1	d	d	1
2	1	0	0	0	d	1	0	d

이렇게 하여 모든 계수값에 대하여 현재 플립플롭의 상태, 클록 인가 후의 플립플롭의 상태, 그리고 이런 상태 천이를 위한 JK의 요건을 표에 기입해 간다.

표 15.8이 완성되면 다음은 J, K의 요건을 현재 상태의 Q_1, Q_0로 나타낸 논리식을 만드는 작업을 해야 한다.

예를 들면 J_0의 요건은 다음과 같다.

$$Q_1\,Q_0 = 00 \cdots\cdots J_0 = 1$$

$$Q_1\,Q_0 = 01 \cdots\cdots J_0 = d$$

$$Q_1\,Q_0 = 10 \cdots\cdots J_0 = 0$$

$Q_1\,Q_0 = 11 \cdots\cdots J_0 =$ 사용하지 않는 상태이기 때문에 d(의미적으로 ×와 같다)를 넣는다.

이것을 그림 15.23과 같은 카르노도에 기입하고 간략화하면 $J_0 = \overline{Q}_1$로 된다. 그 밖의 K_0, J_1, K_1에 대해서도 똑같이 처리하면 $K_0 = 1$, $J_1 = Q_0$, $K_1 = 1$로 된다. 이들의 결과로부터 회로를 만들면 그림 15.24와 같으며, 이것이 동기식 3진 카운터이다.

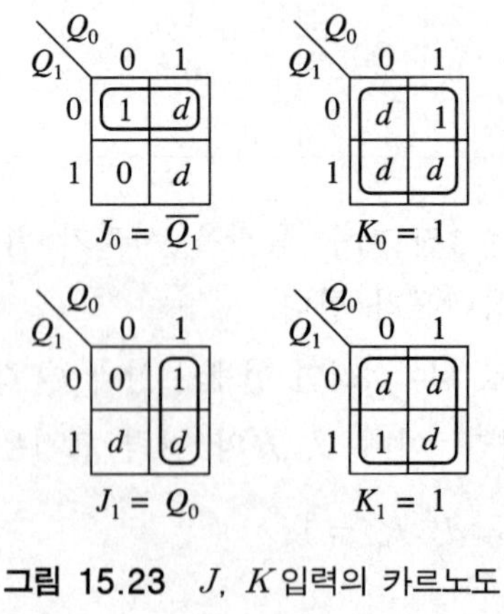

그림 15.23 J, K 입력의 카르노도

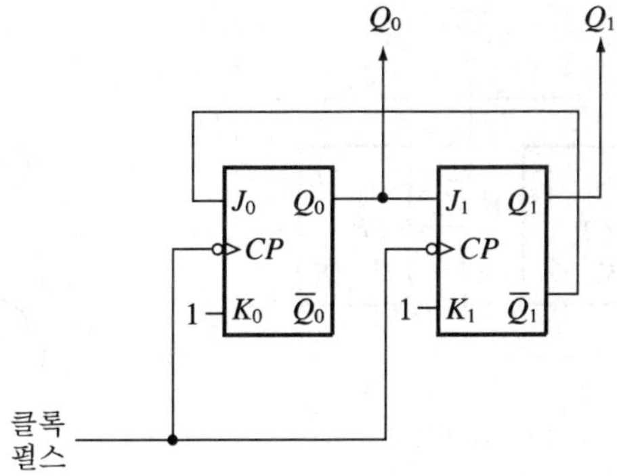

그림 15.24 동기식 3진 카운터

그런데 3진 카운터에서는 플립플롭의 미사용 상태가 하나 있다. 그것은 $Q_1 Q_0 = 11$일 때이다. 무슨 원인으로 플립플롭이 미사용 상태로 되었는가를 검토해야 한다. 그래서 그림 15.24의 회로에 대하여 현재의 상태가 $Q_1 Q_0 = 11$일 때 다음의 클록에서는 어떻게 변화하는가를 알아보자.

$Q_1 Q_0 = 11$인 상태에서는 $J_0 = 0,\ K_0 = 1,\ J_1 = 1,\ K_1 = 1$로 되어 있으므로 클록이 들어오면 다음과 같이 변화한다.

$Q_0 \rightarrow 0$ 왜냐하면 $J_0 = 0,\ K_0 = 1$이기 때문에 Q_0는 0으로 변한다.
$Q_1 \rightarrow 0$ 왜냐하면 $J_1 = 1,\ K_1 = 1$이기 때문에 Q_1은 반전한다.

이상의 검토 결과 이 3진 카운터의 상태도는 그림 15.25와 같이 되고, lockout 상태는 일어나지 않는 것을 알 수 있다.

이와 관련하여 만약 그림 15.26(a)와 같은 3진 카운터를 만들었다고 하면 미사용 상태 $Q_1 Q_0 = 11(= 3_{10})$이 발생하였을 때 정상의 계수 루프로 되돌아가지 않고 lockout한다. 이것을 상태도로 나타내면 그림 (b)와 같이 된다.

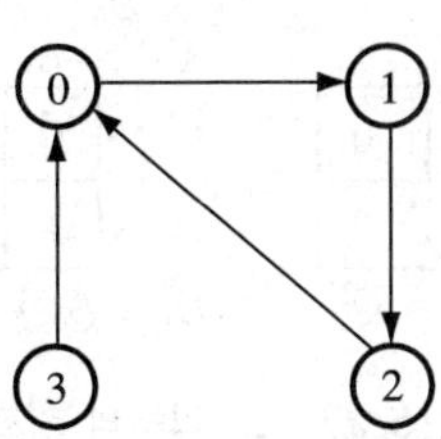

그림 15.25 그림 15.24의 3진 카운터 상태도

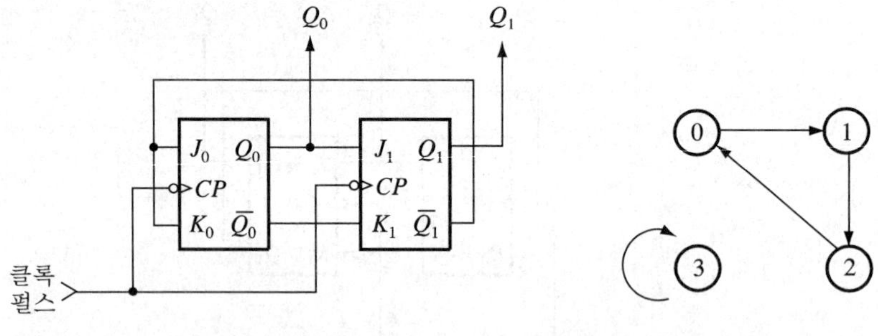

(a) 3진 counter (b) ③이 lockout

그림 15.26 lockout이 있는 3진 카운터

2. 4진 카운터

4진 카운터는 두 개의 플립플롭으로 구성되는데, 이번에는 JK 플립플롭이 아니라 D 플립플롭을 사용하여 회로를 설계해 보자.

D 플립플롭의 동작은 클록이 인가되었을 때 D 입력이 그대로 Q 출력으로 되는 것이다. 이것을 고려하여 4진 카운터의 계수 상태를 만들면 표 15.9와 같다. 결국 다음 상태의 $Q_1 Q_0$와 $D_1 D_0$ 요건이 일치하고 있다.

▶**표 15.9** 3진 카운터의 계수 상태표

계 수	현재 상태		다음 상태		D의 요건	
	Q_1	Q_0	Q_1	Q_0	D_1	D_0
0	0	0	0	1	0	1
1	0	1	1	0	1	0
2	1	0	1	1	1	1
3	1	1	0	0	0	0

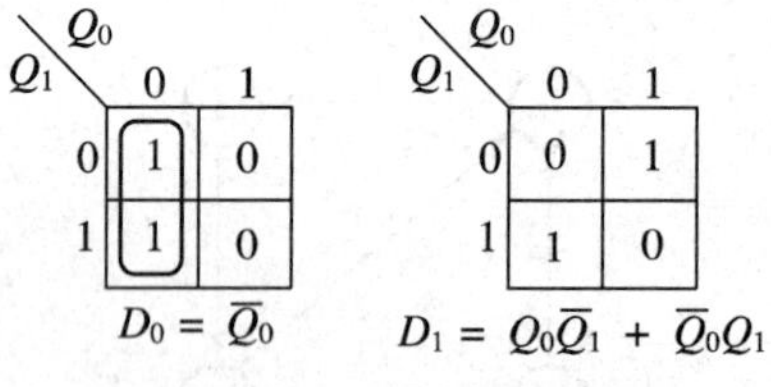

그림 15.27 D 입력의 카르노도

그래서 D_1, D_0의 입력요건을 현재 상태인 Q_1, Q_0의 논리 변수로 나타내 그림 15.27과 같은 카르노도로 정리해 보자. 즉,

$$D_0 = \overline{Q}_0$$
$$D_1 = Q_0\overline{Q}_1 + \overline{Q}_0 Q_1 = Q_0 \oplus Q_1$$

이것으로부터 D 플립플롭을 이용한 4진 동기식 카운터는 그림 15.28과 같으며, 이 4진 카운터에서는 미사용 상태가 없기 때문에 lockout은 없다.

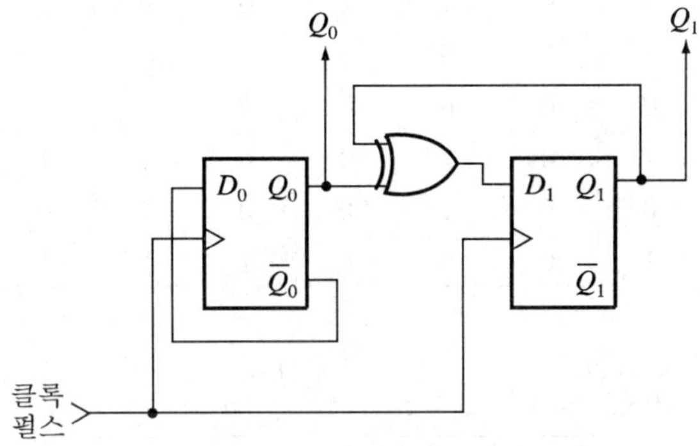

그림 15.28 동기식 4진 카운터

비동기식 카운터에서는 negative 트리거 플립플롭을 이용할 때 Q 출력에서 다음 단의 클록으로 접속하면 up 카운터로 되며, positive 트리거 플립플롭에서는 down 카운터로 된다.

그러나 동기식에서는 어떤 edge 트리거 방식에서도 회로는 바뀌지 않는다. 단지 클록의 rising edge에서 변화하는가, falling edge에서 변화하는가의 차이가 있을 뿐이다.

3. 5진 카운터

5진 카운터를 만들려면 $2^n \geq 5$로부터 $n=3$, 즉 3단의 플립플롭이 필요하다. 이 수는 비동기식이나 동기식 모두 같다.

여기서는 JK 플립플롭을 3개 이용하기로 하고, 계수 코드 $Q_2 Q_1 Q_0$를 우선 기입하고, 다음에 입력 후의 상태 $Q_2 Q_1 Q_0$를 기입한다. 마지막으로 JK의 입력 요건을 구하여 기입하면 표 15.10의 계수 상태표가 된다.

5진 카운터이기 때문에 계수값은 0~4까지의 표로 충분하지만 미사용 상태의 검토를 위해서 5, 6, 7의 계수값 기입란도 준비해 두면 좋다.

그리고 다음에 J_0, K_0 ~ J_2, K_2까지의 제어입력의 논리식을 구하기 위해서 카르노도를 준비해야 한다. 이것이 그림 15.29이다. 카르노도로부터 간소화한 제어입력의 논리식은 다음과 같다.

$$J_0 = \overline{Q}_2, \;\; K_0 = 1$$

▶**표 15.10** 5진 카운터의 계수 상태표

계 수	현재 상태			다음 상태			JK의 입력요건					
	Q_2	Q_1	Q_0	Q_2	Q_1	Q_0	J_2	K_2	J_1	K_1	J_0	K_0
0	0	0	0	0	0	1	0	d	0	d	1	d
1	0	0	1	0	1	0	0	d	1	d	d	1
2	0	1	0	0	1	1	0	d	d	0	1	d
3	0	1	1	1	0	0	1	d	d	1	d	1
4	1	0	0	0	0	0	d	1	0	d	0	d
5	1	0	1	0	1	0	0	1	1	1	0	1
6	1	1	0	0	1	0	0	1	0	0	0	1
7	1	1	1	0	0	0	1	1	1	1	0	1

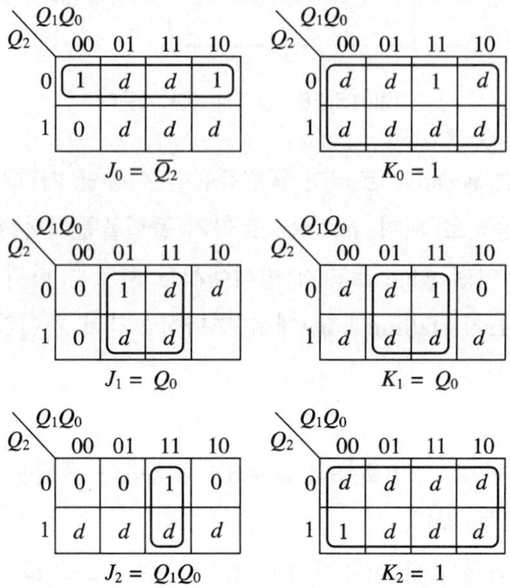

그림 15.29 5진 카운터의 JK 입력의 카르노도

$$J_1 = Q_0, \quad K_1 = Q_0$$

$$J_2 = Q_1 Q_0, \quad K_2 = 1$$

이상의 논리식으로부터 카운터 회로를 그리면 그림 15.30이 된다.

한편 마지막으로 남은 것이 미사용 상태의 검사이다. 표 15.10의 계수값 5, 6, 7이 미사용이지만 이미 완성한 카운터 회로에 의해 다음 클록이 들어왔을 때 $Q_2 Q_1 Q_0$가 어떤 상태로 천이하는가를 조사해야 한다.

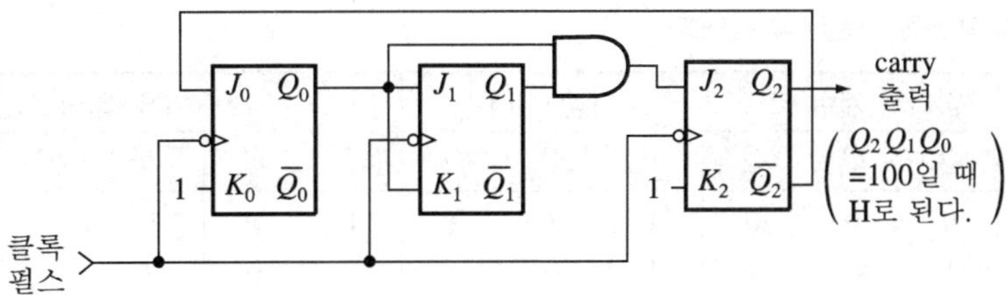

그림 15.30 동기식 5진 카운터

⑤ $Q_2Q_1Q_0 = 101 \rightarrow Q_2Q_1Q_0 = 010$ ········· ②

$\because\ J_2 = 0,\ K_2 = 1,\ J_1 = 1,\ K_1 = 1,\ J_0 = 0,\ K_0 = 1$

⑥ $Q_2Q_1Q_0 = 110 \rightarrow Q_2Q_1Q_0 = 010$ ········· ②

$\because\ J_2 = 0,\ K_2 = 1,\ J_1 = 0,\ K_1 = 0,\ J_0 = 0,\ K_0 = 1$

⑦ $Q_2Q_1Q_0 = 111 \rightarrow Q_2Q_1Q_0 = 000$ ········· ⓪

$\because\ J_2 = 1,\ K_2 = 1,\ J_1 = 1,\ K_1 = 1,\ J_0 = 0,\ K_0 = 1$

이와 같이 하여 *JK*의 조건으로부터 다음의 $Q_2Q_1Q_0$ 상태를 구하여 기입해 가면 표 15.10의 점선 아랫부분과 같이 된다.

이것으로부터 이 5진 카운터의 상태도는 그림 15.31과 같이 되며, lockout이 없는 자기 start 카운터인 것을 확인할 수 있다.

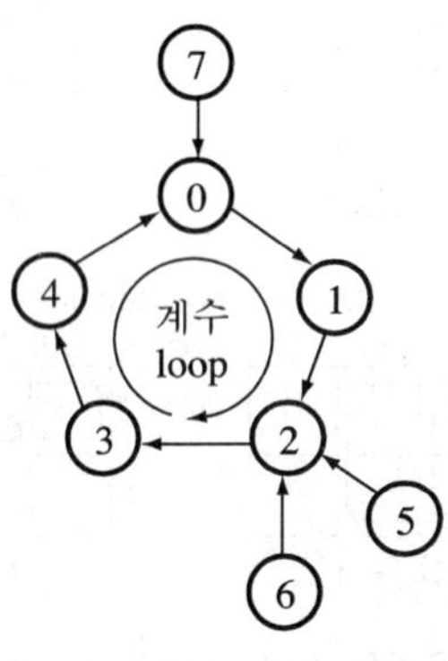

그림 15.31 그림 15.30의 5진 카운터 상태도

4. 6진 카운터

이번에는 계수값이 2진수의 순서가 아닌 임의의 계수 코드에 의한 6진 카운터를 설계해 보자. 단, 사용하는 플립플롭은 *JK* 플립플롭이다.

우선 앞 항의 설계순서에 따라 임의의 계수 코드를 표 15.11과 같이 정하자. 펄스 입력

▶표 15.11 임의의 6진 카운터의 상태표

펄스 입력	계수	임의의 계수 코드			다음 상태			JK의 입력요건					
		Q_2	Q_1	Q_0	Q_2	Q_1	Q_0	J_2	K_2	J_1	K_1	J_0	K_0
0	0	0	0	0	1	1	1	1	d	1	d	1	d
1	7	1	1	1	1	0	1	d	0	d	1	d	0
2	5	1	0	1	0	1	1	d	1	1	d	d	0
3	3	0	1	1	1	0	0	1	d	d	1	d	1
4	4	1	0	0	0	1	0	d	1	1	d	0	d
5	2	0	1	0	0	0	0	0	d	d	1	0	d
	1	0	0	1	1	1	0	1	1	1	1	1	1
	6	1	1	0	1	0	0	0	0	1	1	0	0

0~5에 대해서 계수값은 0, 7, 5, 3, 4, 2로 되어 있다. 이러한 회로는 원하는 sequence cycle로 수치를 발생시키고 싶은 경우에 이용된다.

계수 코드를 보고 다음 상태의 $Q_2\,Q_1\,Q_0$를 기입했으면 이것으로부터 J, K 입력요건을 구하여 입력란에 기입한다.

다음은 J, K의 논리식을 구해야 한다. 그러나 J_1과 K_1은 직관적으로 $J_1 = K_1 = 1$인 것을 알 수 있다. 따라서 J_0, K_0, J_2, K_2의 카르노도만 그리면 그림 15.32와 같다.

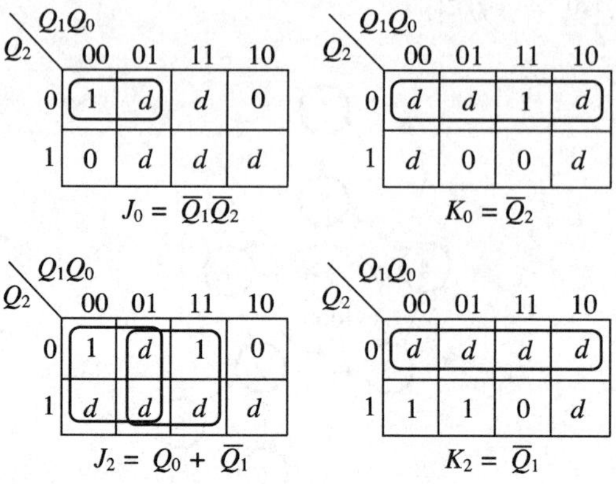

그림 15.32 6진 카운터 JK 카르노도

이것으로부터 구한 제어입력의 논리식은 다음과 같다.

$$J_0 = \overline{Q}_1\,\overline{Q}_2, \qquad K_0 = \overline{Q}_2$$

$$J_1 = 1, \qquad K_1 = 1$$

$$J_2 = Q_0 + \overline{Q}_1, \qquad K_2 = \overline{Q}_2$$

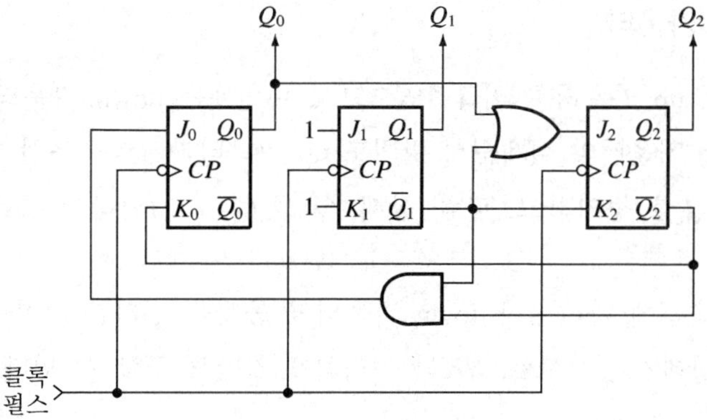

그림 15.33 임의의 6진 카운터 회로

이것을 토대로 카운터회로를 그리면 그림 15.33이 된다.

그런데 미사용 상태가 두 개 있다. 계수값으로 말하면 ①과 ⑥이다. 만약 이 상태가 발생하면 어떻게 되는가를 그림 15.33의 카운터회로에서 검토해 보자.

① $Q_2 Q_1 Q_0 = 001 \rightarrow Q_2 Q_1 Q_0 = 110$ ……… ⑥

$\because J_0 = 1,\ K_0 = 1,\ J_1 = 1,\ K_1 = 1,\ J_2 = 1,\ K_2 = 1$

⑥ $Q_2 Q_1 Q_0 = 110 \rightarrow Q_2 Q_1 Q_0 = 100$ ……… ④

$\because J_0 = 0,\ K_0 = 0,\ J_1 = 1,\ K_1 = 1,\ J_2 = 0,\ K_2 = 0$

이상의 검토 결과 ①→⑥, ⑥→④로 천이할 수 있고, 이 회로의 상태도가 그림 15.34와 같이 됨을 알 수 있다.

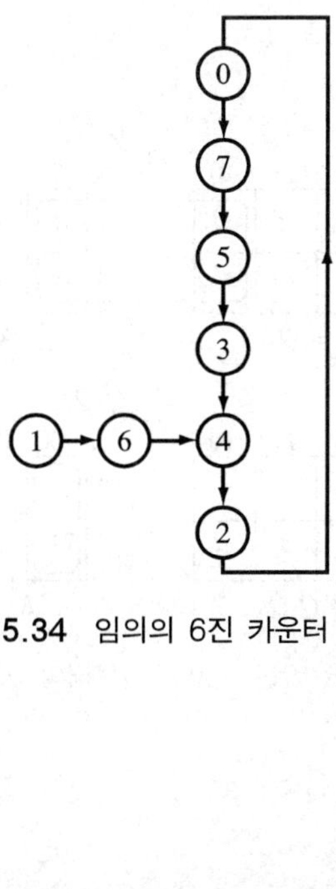

그림 15.34 임의의 6진 카운터 상태도

5. 8진 down 카운터

이제까지는 주로 up 카운터를 취급하였으므로 이번에는 down 카운터에 대해서 설명하겠다. 그러나 down 카운터의 설계순서 방법도 up 카운터와 같다. 우선 계수값에 대응하는 계수 코드 $Q_2 Q_1 Q_0$를 정의하고, 다음 상태 $Q_2 Q_1 Q_0$를 기입하여 JK의 입력요건을 구하면 된다.

이제까지 배운 순서에 따라 8진 down 카운터의 동작을 정리한 것이 표 15.12이다. 8진 카운터는 미사용 상태가 없으므로, JK의 논리식을 간단히 구할 수 있다. 표로부터 $J_0 = 1$, $K_0 = 1$이다.

▶표 15.12 8진 down 카운터 상태표

펄스 입력	계수	감산 계수 코드			다음 상태			JK의 입력요건					
		Q_2	Q_1	Q_0	Q_2	Q_1	Q_0	J_2	K_2	J_1	K_1	J_0	K_0
0	0	0	0	0	1	1	1	1	d	1	d	1	d
1	7	1	1	1	1	1	0	d	0	d	0	1	d
2	6	1	1	0	1	0	1	d	0	d	1	d	1
3	5	1	0	1	1	0	0	d	0	0	d	1	d
4	4	1	0	0	0	1	1	d	1	1	d	d	1
5	3	0	1	1	0	1	0	0	d	d	0	1	d
6	2	0	1	0	0	0	1	0	d	d	1	d	1
7	1	0	0	1	0	0	0	0	d	0	d	d	1

따라서 나머지 J_1, K_1, J_2, K_2에 대해서 카르노도를 만들면 그림 15.35와 같다. 이것으로부터 제어입력의 논리식은 다음과 같다.

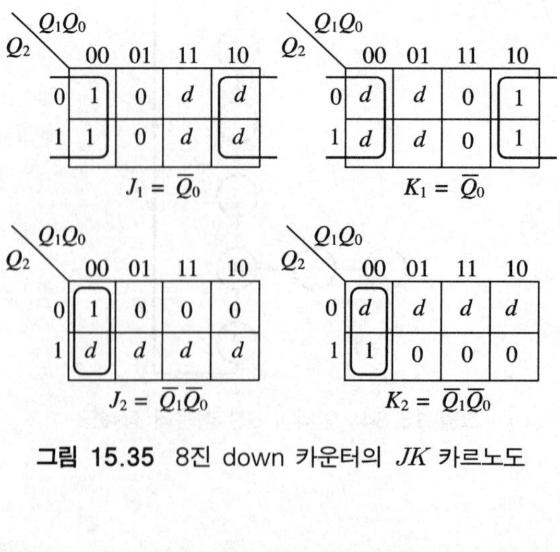

그림 15.35 8진 down 카운터의 JK 카르노도

$$J_0 = 1, \qquad K_0 = 1$$
$$J_1 = \overline{Q}_0, \qquad K_1 = \overline{Q}_0$$
$$J_2 = \overline{Q}_1\,\overline{Q}_0, \qquad K_2 = \overline{Q}_1\,\overline{Q}_0$$

따라서 8진 down 카운터 회로는 그림 15.36으로 된다. 이 회로의 상부에 부논리 입력의 AND 게이트가 있는 것에 주목하라.

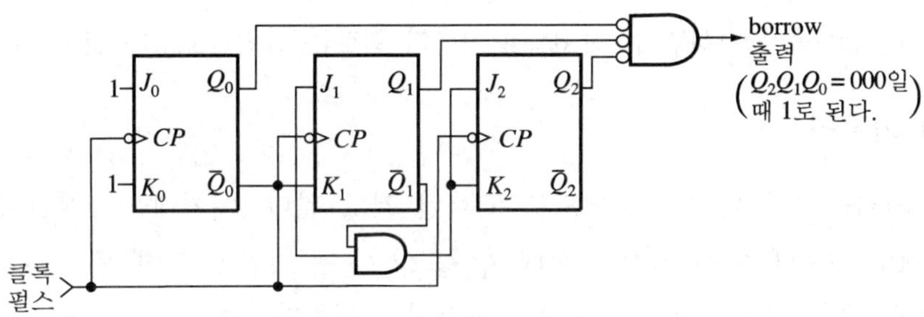

그림 15.36 8진 down 카운터 회로

이것은 자리내림(borrow)이라 하며, 상위자리에 대하여 자리내림을 요구하는 출력신호이다. down 카운터가 $Q_2\,Q_1\,Q_0 = 000$으로 되었을 때 AND 출력은 1로 되지만 그 다음의 클록 펄스로 카운터가 111로 되는 순간에 0으로 변화하는데 이것을 상위 down 카운터의 클록 펄스로 사용한다. 단, 이것은 8진 종속접속의 경우이다.

일반적으로는 10진 up 카운터나 10진 down 카운터가 많이 사용되는데 10진 down 카운터의 경우에는 그림 15.37과 같이 접속된다. 10진 카운터에서는 4개의 플립플롭 모두가 $Q_3\,Q_2\,Q_1\,Q_0 = 0000$으로 되었을 때 borrow 출력신호가 나온다.

한편 주의깊게 보면 그림 15.38과 그림 15.22의 회로가 유사하다는 것을 알 수 있다. 단, 그림 15.22는 16진 up 카운터이기 때문에 다른 것은 당연하지만 잘 보면 다음 단으로의 접속점이 Q 출력인가, $\overline{Q}$ 출력인가가 다를 뿐이다.

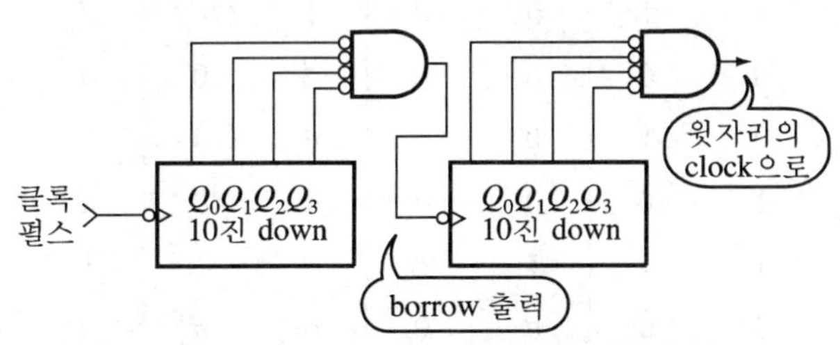

그림 15.37 10진 down 카운터의 종속 접속

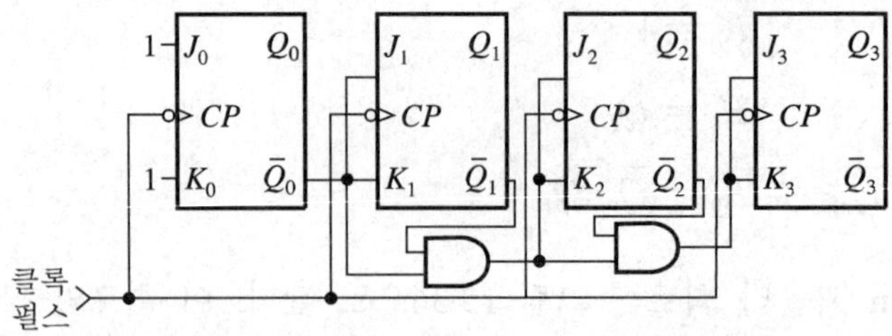

그림 15.38 16진 down 카운터 회로

결국 이 사고방식을 확장하면 16진 down 카운터 회로는 그림 15.38과 같이 그릴 수 있다.

6. BCD 카운터

BCD 카운터는 가장 많이 사용되므로 IC화된 것도 많다. 여기에는 4개의 플립플롭이 필요하며, 계수 코드에 따라 현재의 상태 $Q_3 Q_2 Q_1 Q_0$를 기입한 것이 표 15.13이다. 다음 상태 $Q_3 Q_2 Q_1 Q_0$는 생략하고 JK 입력의 요건만을 구한다. 여기서 카르노도는 생략하고 그 결과만을 열거하면 다음과 같다.

$$J_0 = 1, \quad J_1 = Q_0 \overline{Q}_3, \quad J_2 = Q_0 Q_1, \quad J_3 = Q_0 Q_1 Q_2,$$
$$K_0 = 1, \quad K_1 = Q_0, \quad K_2 = Q_0 Q_1, \quad K_3 = Q_0$$

이것으로부터 구성된 BCD 카운터 회로는 그림 15.39와 같다.

▶표 15.13 BCD 카운터 상태표

계 수	현재 상태				JK 입력의 조건							
	Q_3	Q_2	Q_1	Q_0	J_3	K_3	J_2	K_2	J_1	K_1	J_0	K_0
0	0	0	0	0	0	d	0	d	0	d	1	d
1	0	0	0	1	0	d	0	d	1	d	d	1
2	0	0	1	0	0	d	0	d	d	0	1	d
3	0	0	1	1	0	d	1	d	d	1	d	1
4	0	1	0	0	0	d	d	0	0	d	1	d
5	0	1	0	1	0	d	d	0	1	d	d	1
6	0	1	1	0	0	d	d	0	d	0	1	d
7	0	1	1	1	1	d	d	1	1	d	d	1
8	1	0	0	0	d	0	0	d	0	d	1	d
9	1	0	0	1	d	1	0	d	0	d	d	1

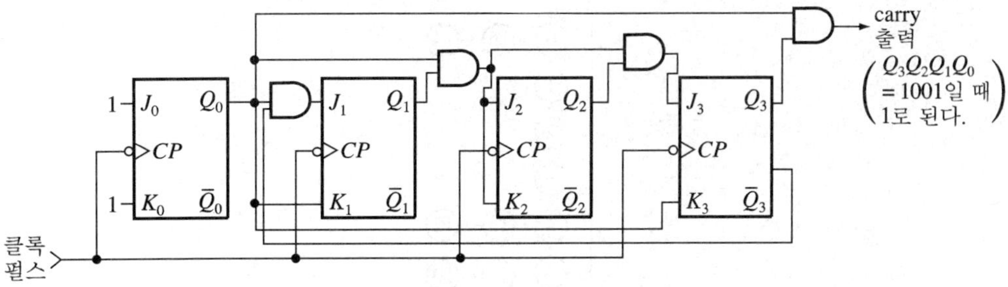

그림 15.39 BCD 카운터 회로

지금 회로의 상부에는 자리올림 신호를 출력하는 회로를 그려 넣었다. 이것은 계수값이 $Q_3\,Q_2\,Q_1\,Q_0 = 1001(9_{10})$로 되었을 때 AND 게이트가 1출력이지만 다음 클록 펄스에 의해서 카운터가 0으로 되돌아간 순간 0으로 변화하는데 이것은 상위자리 카운터의 클록 펄스로 사용하기 위함이다. 이것을 블록도로 나타낸 것이 그림 15.40이다.

그러나 이 방법으로는 상위의 10진 카운터 동작은 하위의 10진 카운터 동작보다 늦어서 동기식 카운터의 장점을 잃어버리게 된다. 그래서 고속동작이 필요할 때는 그림 15.41과 같이 자리올림 출력을 카운터의 enable 입력에 접속하여 각 자리의 클록을 공통으로 하는 방법이 이용된다.

그림 15.39의 10진 카운터 상태도는 그림 15.42와 같이 되므로 미사용 상태가 생겨도 lockout은 없다.

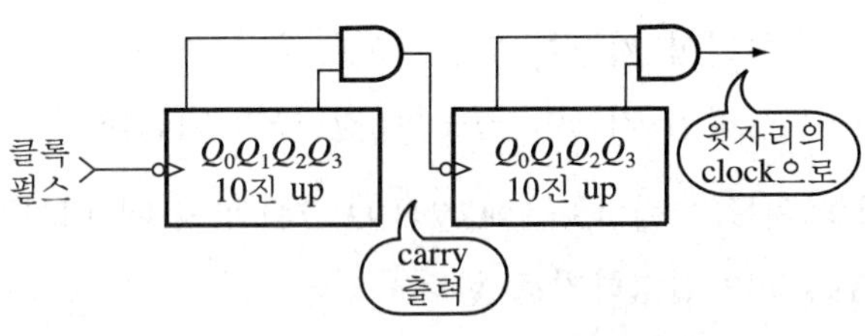

그림 15.40 10진 up 카운터의 종속 접속

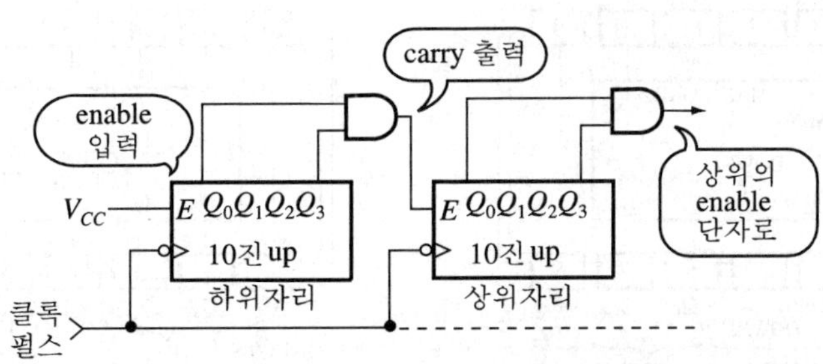

그림 15.41 고속 10진 up 카운터의 접속법

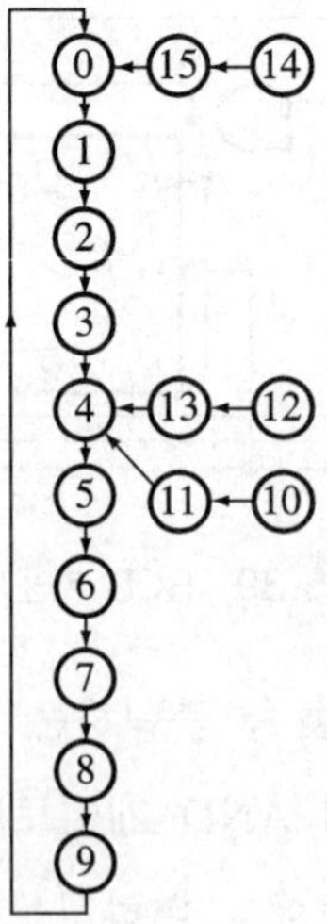

그림 15.42 그림 15.39의 회로 상태도

7. up/down 카운터

up 카운터로도 되고, down 카운터로도 되는 카운터를 실제로 제작하는 것은 어려운 일이므로, 실제로는 이미 제작된 편리한 카운터용 IC가 있어 이것을 이용하는 것이 간편하다.

다음은 presettable 동기식 up/down 카운터 IC의 예이다.

SN74190 …… 클리어 기능이 없는 10진 동기 카운터

SN74191 …… 클리어 기능이 없는 16진 동기 카운터

SN74192 …… 클리어 기능이 있는 10진 동기 카운터

SN74193 …… 클리어 기능이 있는 16진 동기 카운터

74190, 74191의 핀 배치를 그림 15.43에, 74192, 74193의 핀 배치를 그림 15.44에 나타내었다. 여기서는 74193만을 설명하기로 한다.

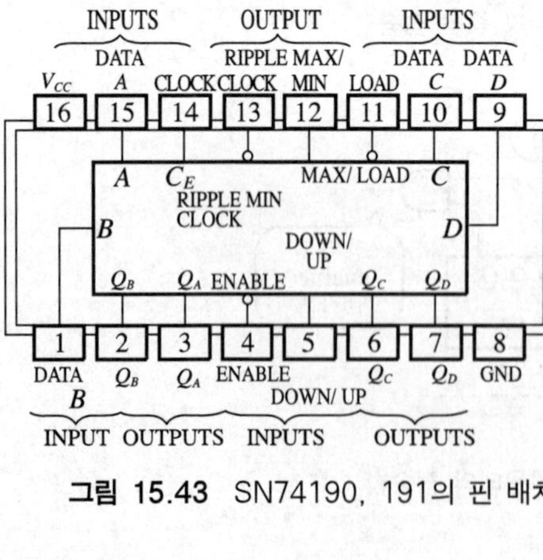

그림 15.43 SN74190, 191의 핀 배치

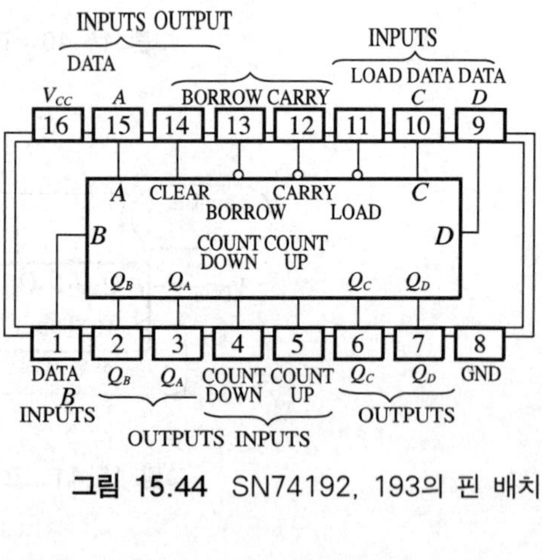

그림 15.44 SN74192, 193의 핀 배치

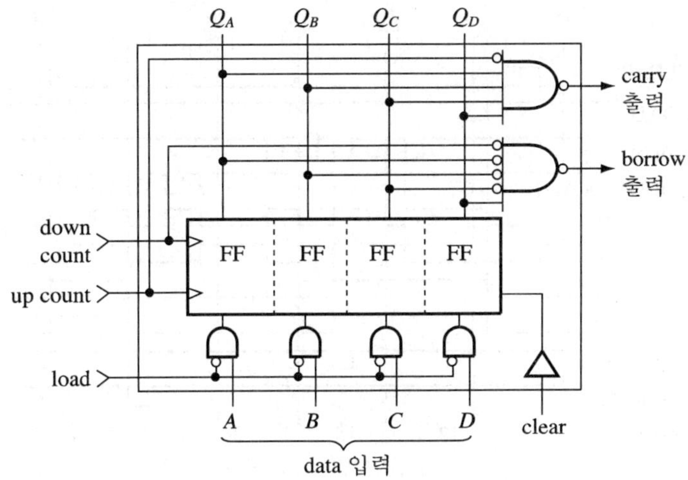

그림 15.45 SN74193의 내부구조

74193의 내부구조는 그림 15.45와 같이 되어 있다.

up 카운터 입력에 클록 펄스를 인가하면 그 rising edge에서 계수를 up하고, down 카운터 입력에 클록 펄스를 인가하면 펄스의 rising edge에서 계수를 down한다. 클리어 입력을 1로 하면 각 플립플롭은 모두 클리어되어 계수는 0이 된다.

입력단자 D, C, B, A(D가 MSD, A가 LSD)에 데이터 입력을 인가해 놓고 load 입력을 0으로 하면 데이터가 플립플롭에 세트된다.

그리고 다음 단 상위자리로의 접속 때문에 자리올림 출력과 borrow 출력 단자가 있는데 자리올림 출력은 계수가 $15_{10}(Q_D Q_C Q_B Q_A = 1111)$로 되고, 또한 클록이 0으로 될 때 부논리 출력이 나온다. 또한 클록의 rising에서 다음 단의 up 계수 입력을 트리거함과 동시에 계수는 0으로 된다. 그 동작을 time chart로 나타낸 것이 그림 15.46이다.

이것에 대해서 borrow 출력계수가 $0(Q_D Q_C Q_B Q_A = 0000)$으로 되고, 또한 클록이 0으로 될 때 부논리 출력을 낸다. 그리고 같은 클록의 rising edge에서 다음 단 상위자리의 down 계수 입력을 트리거함과 동시에 자신은 계수 15_{10}로 된다.

그림 15.46에서는 time 2의 시각에서 클리어하고, time 5의 시각에서 $13_{10}(Q_D Q_C Q_B Q_A = 1101)$을 load하고 있는 상태를 나타내고 있다.

지금 SN74192(10진 카운터)에서 자리올림 출력은 계수가 9_{10}일 때 출력되며, borrow 출력은 계수가 0일 때 출력되도록 되어 있는 것만이 다르다.

그림 15.47은 SN74192를 이용한 응용회로 예이다. 이것은 74192를 down 카운터로 이용하고 있고, 초기 설정한 10진 두 자리의 수를 펄스 입력마다 감소하게 하여 0으로 되었을 때 buzzer를 울리는 동작을 한다.

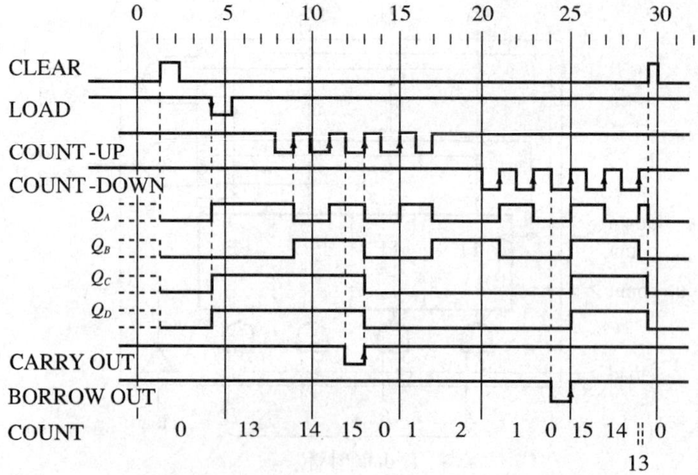

그림 15.46 SN74193의 동작 time chart

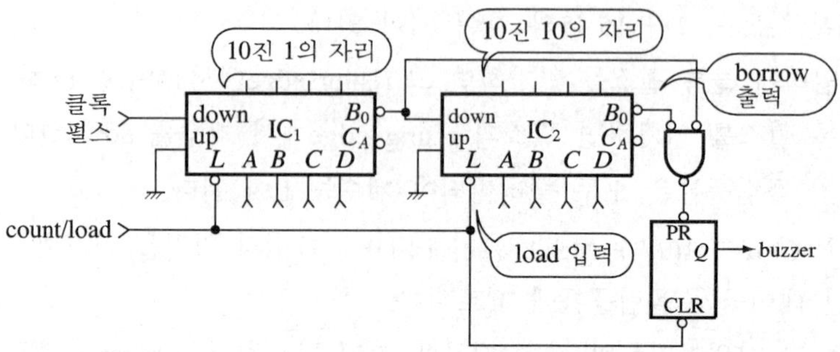

그림 15.47 SN74192(10진 up down 카운터)의 응용 예

우선 BCD 코드로 10진 두 자리의 수를 인가해 놓고, 계수/load를 0으로 하면 수가 프리셋됨과 동시에 buzzer용 플립플롭이 리셋된다. 그 후 계수/load를 1로 하면 계수가 가능하게 된다.

펄스 입력마다 계수가 감소되어서 양쪽의 IC가 계수 0으로 되면, borrow 출력의 AND 게이트가 enable되고, 플립플롭을 세트하여 buzzer를 울리는 것이다.

15.5 동기 카운터용 IC

앞 절의 presettable 동기식 up 카운터 IC 외에도 다음과 같은 동기식 presettable 카운터 IC가 있다.

SN74160 …… 비동기 클리어가 있는 동기 10진 카운터
SN74161 …… 비동기 클리어가 있는 동기 16진 카운터
SN74162 …… 동기 클리어가 있는 동기 10진 카운터
SN74163 …… 동기 클리어가 있는 동기 16진 카운터

이들 모두 그림 15.48과 같은 핀 배치를 갖고 있으며, 모두 임의의 데이터를 프리셋할 수 있고, 클리어 단자도 갖고 있다. 그러나 74162, 74163의 클리어 입력은 지금까지 설명해온 것과 같은 독립한 비동기식의 클리어와는 달리 클록 펄스에 동기하여 동작하는 클리어인 것이다.

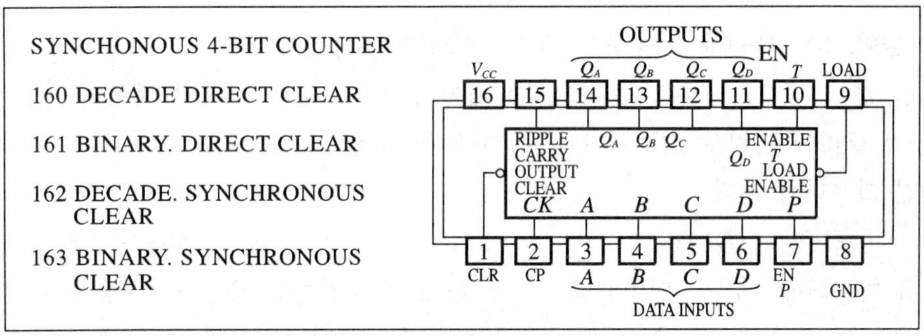

그림 15.48 SN74160, 161, 162, 163의 핀 배치

그러면 이러한 동기 클리어를 걸려면 어떠한 회로로 하면 좋을까를 생각해 보자. 그림 15.49는 8진 동기 카운터의 J, K 입력부에 특별한 제어회로를 설치한 것이다. 동기 클리어/계수를 0으로 하면 앞 단의 Q 출력이 다음 단으로 연결되어 통상의 계수 동작을 하지만 1로 하면 모든 플립플롭에 $J=0$, $K=1$이 입력되어 클록 펄스가 들어오면 동시에 리셋되도록 되어 있다.

이와 같은 클리어의 부착형태를 동기 클리어라 하며, 이 동기 클리어 방식을 이용하면

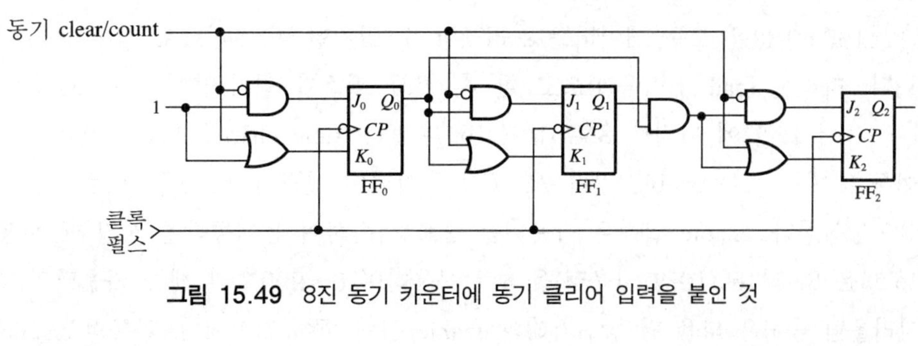

그림 15.49 8진 동기 카운터에 동기 클리어 입력을 붙인 것

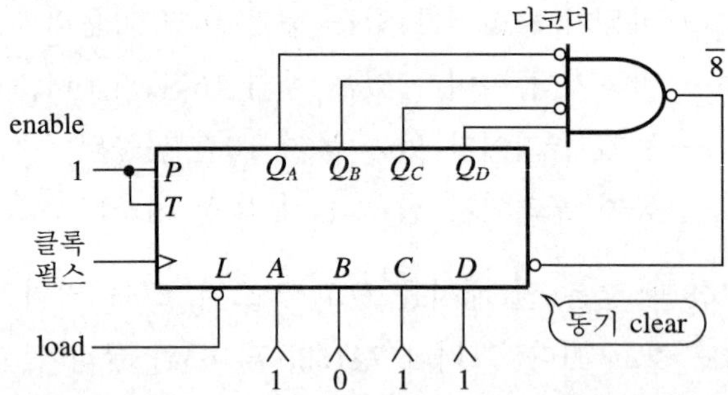

그림 15.50 SN74163을 이용한 9진 카운터 회로

간단히 N진 카운터를 만들 수 있는 장점이 있다.

예를 들어, SN74163을 이용하여 그림 15.50에 나타낸 회로를 만들었을 때 카운터가 $Q_D Q_C Q_B Q_A = 1000\ (= 8_{10})$에서 NAND 게이트 출력이 0으로 되기 때문에 이것이 부논리의 동기 클리어 단자로 입력된다. 그러면 다음 클록의 rising에서 카운터는 클리어되어 결국 9진 카운터가 된다.

만약, 데이터 입력 $DCBA$에 $1101 (= 13_{10})$을 인가하고, load 입력을 0으로 하면 다음 클록에서 카운터에 13_{10}이 입력된다. 그 후 load 입력을 1로 하면 계수 동작이 개시되어 13, 14, 15, 0, 1, 2, …, 8, 0, 1, 2로 계수된다. 이 상태도를 그림 15.51에 나타내었다.

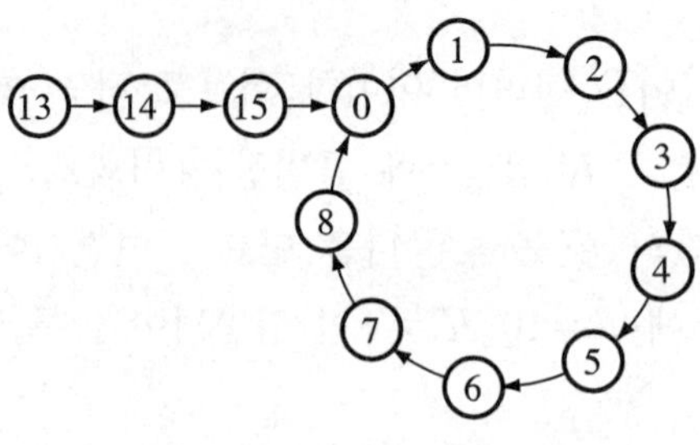

그림 15.51 그림 15.50 회로의 상태도

지금 74160~163은 모두 데이터를 프리셋할 수 있지만 이 프리셋도 실은 동기 프리셋인 것이다. 따라서 load 입력을 0으로 한 후 클록 펄스가 인가되면 그 rising edge에서 load된다. 그림 15.52에 나타낸 SN74161, 163의 동작 time chart를 나타내었다.

또 이들 IC에는 모두 enable 입력 P, T가 준비되어 있으며 P, T를 모두 1로 해야만 카운터가 동작한다. enable 입력은 카운터를 종속 접속하여 동기동작을 시킬 때 사용된다. 그림 15.53은 SN74160(10진 카운터)을 3단 사용하여 0~999까지 세는 카운터의 접속도로서 자리올림 출력은 다음 단 상위자리의 enable 입력 T에 결선되며, 한쪽의 enable 입력

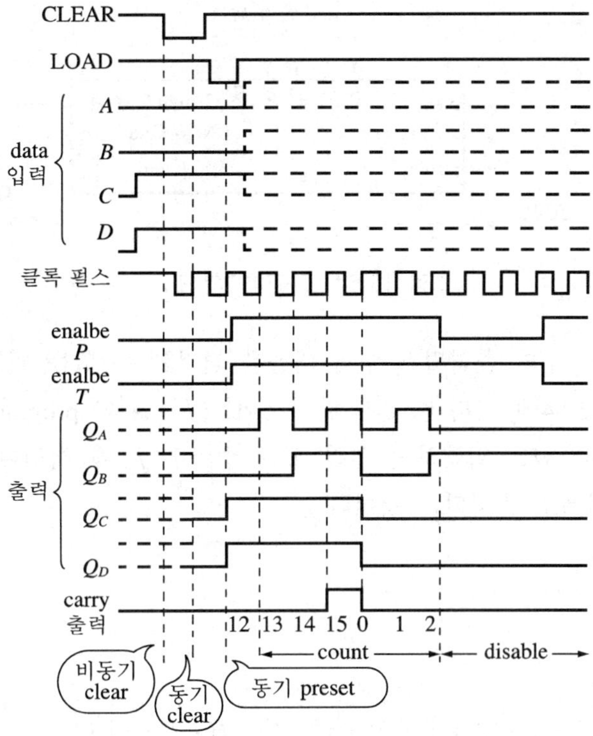

그림 15.52 SN74161, 163의 동작 time chart

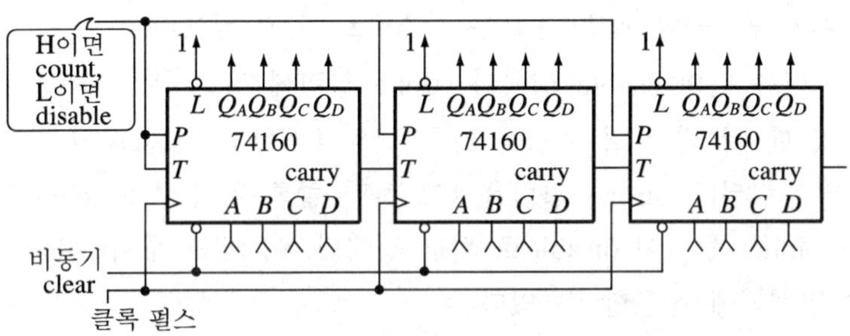

그림 15.53 3자리의 10진 카운터 접속법

P를 카운터 전체의 제어용으로 이용하고 있다.

74160은 74192와는 달리 $Q_D Q_C Q_B Q_A = 1001(=9_{10})$로 되면 carry 출력(리플 자리올림 출력단자)이 1로 된다. 이것이 다음 단 IC의 계수동작을 enable로 하기 때문에 다음 클록의 rising에서 자신의 카운터는 0으로 클리어됨과 동시에 다음 단의 카운터가 1 증가된다.

마지막으로 약간 변형한 rate multiplier라는 IC SN7497에 대해 알아보자. 이것은 최고 동작주파수가 32 MHz인 동기식 programmable 카운터로서 미리 program해 둔 rate 입력

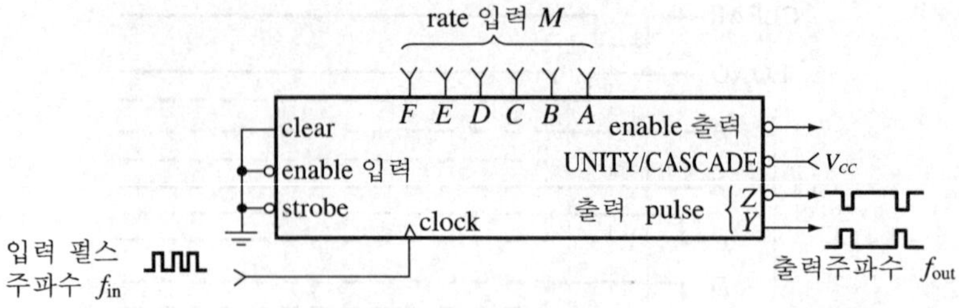

그림 15.54 SN7497의 구성

M에 의해 입력 펄스 수와 출력펄스 수의 비율을 결정할 수 있는 기능을 갖고 있다.

그 구성은 그림 15.54에 나타낸 것과 같이 6비트($F \sim A$)의 programmable 입력단자에 $0 \sim 63_{10}$까지의 2진수 M을 입력하면 입력 펄스 주파수 f_{in}에 대하여 출력 펄스 주파수 f_{out}이 다음 식의 관계로 출력되는 것이다.

$$f_{\text{out}} = \frac{M}{64} f_{\text{in}}$$

여기서,

$$M = F \cdot 2^5 + E \cdot 2^4 + D \cdot 2^3 + C \cdot 2^2 + B \cdot 2^1 + A \cdot 2^0$$

예를 들어, $M = 110010(= 50_{10})$을 입력하면 입력주파수 f_{in}은 50/64로 되어 Y 또는 Z 단자에서 출력된다. 단, 출력 펄스는 같은 간격으로 되지 않는다.

enable 출력을 다음 단의 enable 입력과 strobe 입력에 접속하면 M을 12비트까지 증가시킬 수 있다. 이 때 각 단의 Z 출력을 다른 단의 UNITY/CASCADE에 접속하면, 다음 단의 Y단자에서 출력된다. strobe 입력을 1로 하면 클록 입력이 disable되고, enable 입력을 1로 하면 multiplier 동작이 disable로 되는 것이다. 이 IC는 주파수비(ratio) 검출기, 연산회로, 주파수 합성기에 응용할 수 있다.

그림 15.55는 주파수 합성기의 응용 예이다. 이 회로에서는 기준주파수 f_{ref}를 우선 4배하고, 이것을 SN7497로 M/64로 한 후 4로 나누는 방법을 이용하였는데 그 이유는 단지 SN7497로 주파수를 낮추면 펄스 열이 같은 간격으로 되지 않기 때문이다.

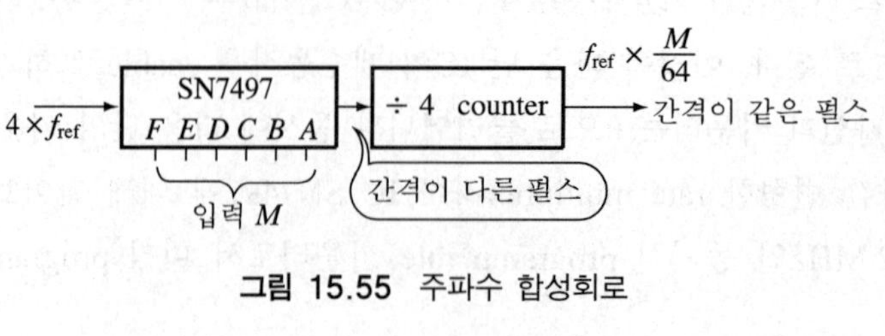

그림 15.55 주파수 합성회로

그리고 단순히 입력주파수를 2^N으로 분주할 목적이면 다음의 IC가 편리하다.

SN74292 …… programmable 주파수 분주기/timer($2^2 \sim 2^{31}$으로 분주)
SN74294 …… programmable 주파수 분주기/timer($2^2 \sim 2^{15}$으로 분주)

여기서 클록 주파수를 2^N으로 분주하기 위해서 74292는 5비트, 74294는 4비트의 programmable 입력단자를 갖고 있다. 74292는 $N = 2 \sim 31$까지 가능하다. 예를 들어, programmable 입력을 $P_4P_3P_2P_1P_0 = 10100(= 20_{10})$으로 하면 입력 클록 주파수는 $1/2^{20}$로 분주할 수 있다.

연습문제

1. 4단 리플 카운터를 이용하여 14_{10}를 디코더하는 회로를 만들어라.

2. positive edge 트리거 D 플립플롭을 이용하여 8진 리플 카운터를 만들어라.

3. 비동기 7진 카운터를 JK 플립플롭으로 만들어라.

4. 동기식 7진 카운터를 다음의 플립플롭을 이용하여 만들어라.
(1) D 플립플롭 (2) JK 플립플롭

5. 다음의 순서로 계수하는 동기식 5진 카운터를 JK 플립플롭을 이용하여 만들어라.
0, 1, 4, 5, 6, 0, ⋯

6. 다음의 순서로 계수하는 동기식 6진 카운터를 JK 플립플롭을 이용하여 만들어라.
0, 3, 5, 7, 9, 11, 0, ⋯

7. 그림 15.56에 나타낸 회로의 계수 상태표를 만들고, 이 회로가 자기 start 6진 카운터인 것을 증명하라. 그리고 $Q_2Q_1Q_0 = 000$에서 시작하는 상태도도 그려라.

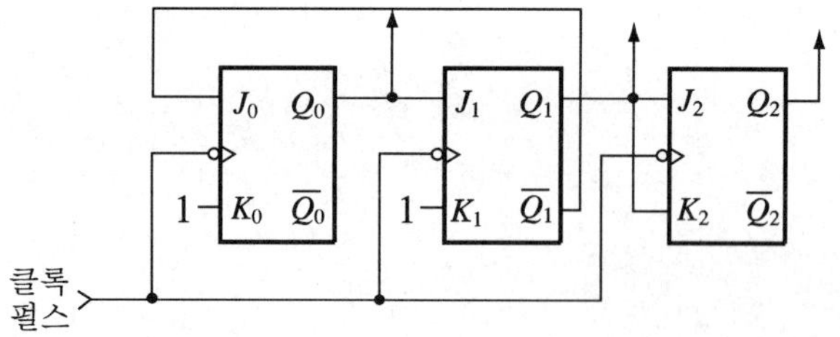

그림 15.56

8. 그림 15.57에 나타낸 회로의 계수 상태표를 만들고, 이 회로가 자기 start 5진 카운터인 것을 증명하라. 그리고 $Q_2Q_1Q_0 = 111$에서 시작하는 상태도도 그려라.

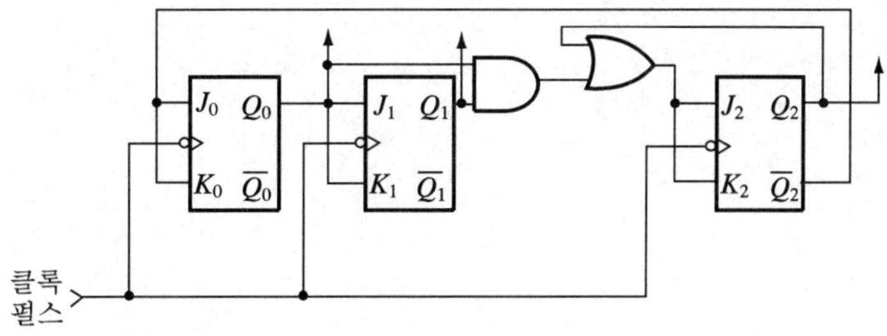

그림 15.57

9. 그림 15.58의 상태도에 따른 동기식 자기 start 5진 카운터 회로를 설계하라.

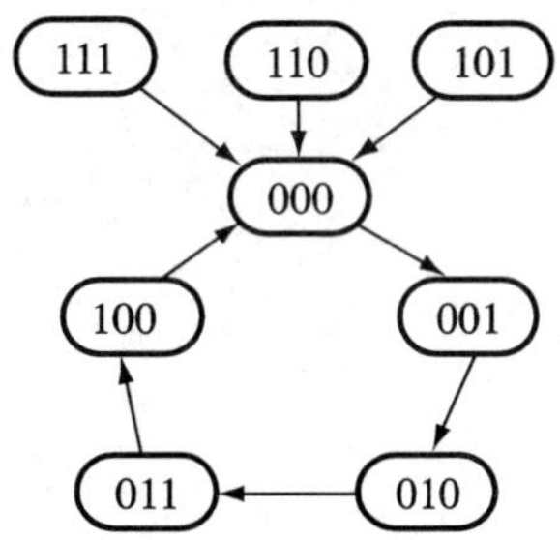

그림 15.58

10. 1 MHz의 clock을 25 kHz의 clock으로 분주하는 회로를 만들어라.

16장 시프트 레지스터

시프트 레지스터(shift register)는 카운터와 함께 디지털 장치에 가장 많이 사용되고 있는 회로이다. 카운터의 상태도는 루프 상태로 반복되지만 시프트 레지스터의 상태도는 체인과 같이 시프트되어가는 차이가 있다.

레지스터의 기본 구성은 일련의 플립플롭을 나열한 기억창고와 같은 것으로서 시프트 레지스터란 이 일련의 플립플롭에 기억된 데이터를 우로 자리이동 또는 좌로 자리이동할 수 있도록 한 레지스터이다. 플립플롭과 마찬가지로 시프트 레지스터를 이용하면 카운터와 같은 동작을 시킬 수 있고, 임의의 펄스열을 얻는 sequence generator에도 응용할 수 있다.

이 장에서는 시프트 레지스터의 기본 구성에서부터 시작하여 시프트 레지스터용 IC와 그 응용회로에 대하여 살펴본다.

16.1 기본 시프트 레지스터

시프트 레지스터는 클록 입력마다 기억된 일련의 비트열을 차례로 옆의 플립플롭으로 시프트되도록 만들어진 레지스터이다. 그 기본 구성을 그림 16.1에 나타냈는데 그림 (a)는 D 플립플롭으로 만든 시프트 레지스터이고, 그림 (b)는 JK 플립플롭으로 만든 시프트 레지스터이다.

시프트 레지스터의 동작은 예를 들어, 표 16.1과 같은 8비트의 레지스터에서 초기 데이터 10101101이 있을 때 클록 펄스가 들어올 때마다 차례로 우측으로 시프트해가는데 이것을 시프트 right라 한다. 이 예에서 좌측의 플립플롭에서는 0이 입력되고 있지만 새로운 데이터를 입력할 수도 있다.

8비트 레지스터는 8개의 클록 펄스에 의해 레지스터의 내용은 모두 새로운 데이터로 갱신된다.

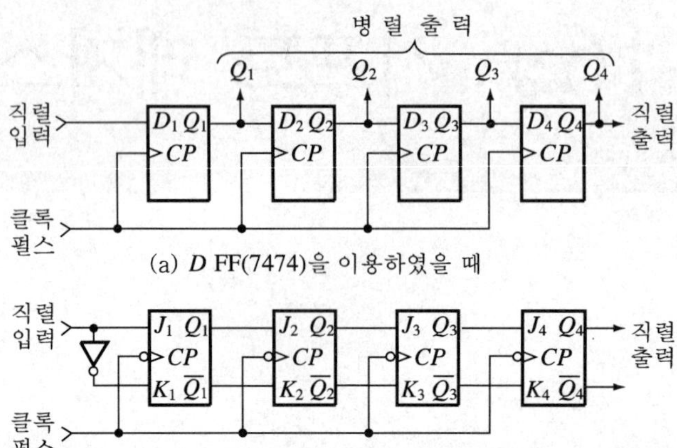

(a) *D* FF(7474)을 이용하였을 때

(b) *JK* FF(74107)을 이용하였을 때

그림 16.1 시프트 레지스터의 기본 구성

▶**표 16.1** 시프트 레지스터의 동작

초기 데이터	1	0	1	0	1	1	0	1
클록 1	0	1	0	1	0	1	1	0
2	0	0	1	0	1	0	1	1
3	0	0	0	1	0	1	0	1
4	0	0	0	0	1	0	1	0
5	0	0	0	0	0	1	0	1
6	0	0	0	0	0	0	1	0
7	0	0	0	0	0	0	0	1
8	0	0	0	0	0	0	0	0

계수회로와 마찬가지로 2진수의 데이터가 레지스터에 입력, 저장되는 순서는 통상 좌측에 LSD, 우측에 MSD가 들어온다. 이 나열방법은 수의 나열순서와는 역으로 되어 있다.

그림 16.1의 시프트 레지스터는 데이터가 좌에서 우로 자리이동되므로 우 시프트(shift right) 레지스터라 한다. 그리고 새로운 데이터가 입력단자로부터 직렬로 입력되므로 이 형식을 직렬입력형이라 한다.

한편 출력은 최종단 플립플롭의 Q_4 출력으로부터 직렬로 얻어지므로 이 형식을 직렬출력형이라 한다. 그러나 각 플립플롭의 Q_1 Q_2 Q_3 Q_4로부터 병렬로 출력을 얻는 것도 가능하며, 이 형식을 병렬출력형이라 한다.

그 밖에 시프트 레지스터에는 데이터를 시프트 left할 수 있는 것과 각 플립플롭에 병렬로 데이터를 입력할 수 있는 것 등이 있다. 이들을 분류하면 다음과 같다.

① 입력형식에 의한 분류 { 직렬입력형 / 병렬입력형

② 출력형식에 의한 분류 { 직렬출력형 / 병렬출력형

③ 시프트 방향에 의한 분류 { 시프트 right형 / 시프트 left형

그러면 병렬입력형의 시프트 레지스터를 만들려면 어떻게 하면 좋을까? 그것은 그림 16.2와 같이 각 플립플롭의 입력부에 제어회로를 부가하는 것이다. 제어입력 C를 1로 하면 AND 게이트 I군이 enable되므로 클록 입력과 동시에 데이터 $D_0 \sim D_3$가 플립플롭에 세트되는 셈이다. 이것을 동기 preset형이라 한다. 또 제어입력 C를 0으로 하면 AND 게이트 I은 disable됨과 동시에 AND 게이트 II가 enable 상태로 되어 통상 직렬입력의 시프트 right 동작을 할 수 있다. 이러한 의미에서 이 제어입력 C를 load/시프트 입력이라 한다.

다음에 클록 펄스마다 데이터를 좌측으로 시프트하려면 어떻게 하면 좋을까? 이렇게 하려면 그림 16.3과 같이 플립플롭의 접속을 단지 좌우 반대로 하면 되므로 원리는 간단하다. 그러나 실제의 시프트 레지스터용 IC에서는 시프트 right와 시프트 left 모두 사용할 수 있는 구조로 되어 있으며, 그 회로는 그림 16.4와 같이 mode control 단자로 제어하고 있다.

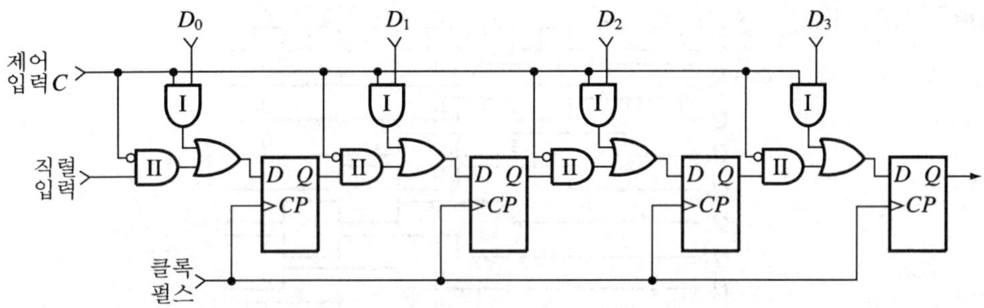

그림 16.2 병렬입력형 시프트 레지스터의 동작

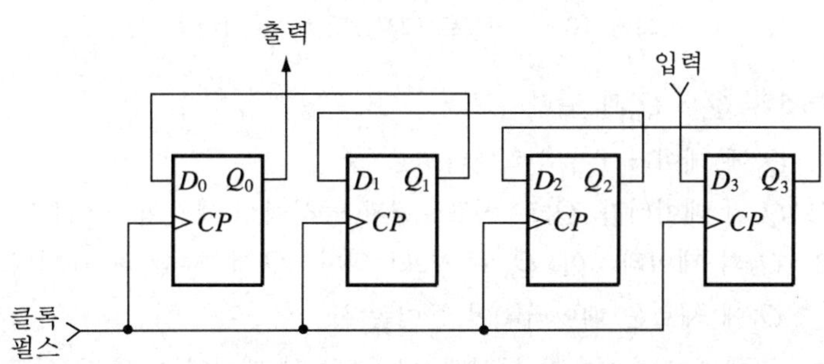

그림 16.3 시프트 left의 원리

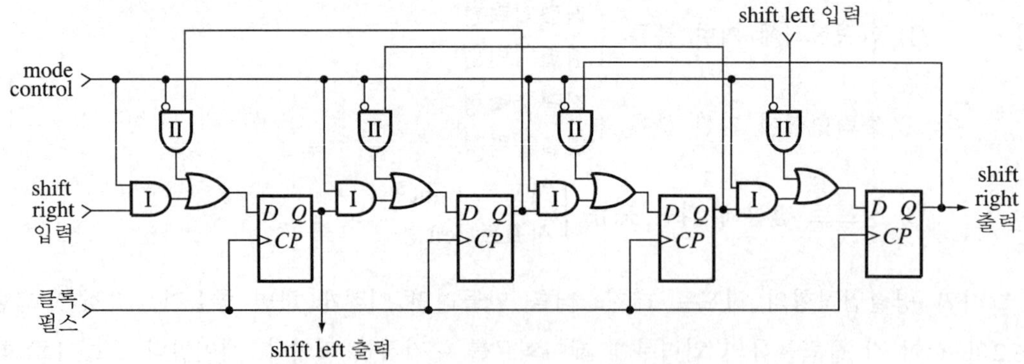

그림 16.4 시프트 left, 시프트 right가 가능한 시프트 레지스터

이 단자를 1로 하면 AND 게이트 I군이 enable되므로 시프트 right 동작으로 되고, 0으로 하면 AND 게이트 II군이 enable되어 시프트 left 동작으로 바꿀 수 있다.

예제 16.1 8비트 시프트 right 레지스터의 직렬 입력단자에 그림 16.5와 같은 클록의 타이밍으로 $D = 11010000$을 입력하였을 때 각 플립플롭의 Q 출력파형을 그려라. 단, 데이터는 MSD부터 입력해 가는 것으로 한다.

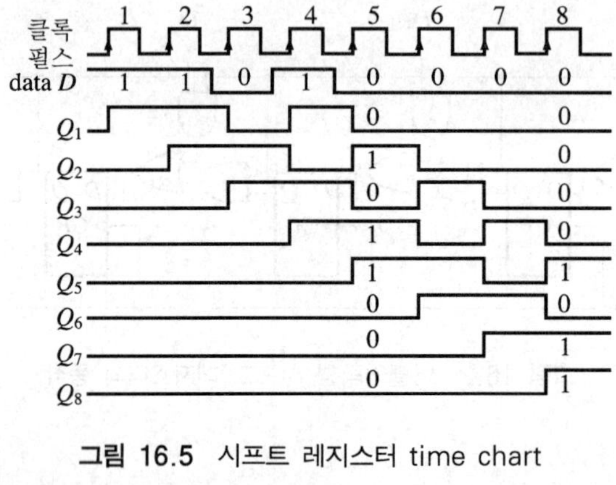

그림 16.5 시프트 레지스터 time chart

풀이 그림 16.5의 $Q_1 \sim Q_8$과 같다.

클록 1: Q_1에 데이터 1이 입력된다.

클록 2: Q_1의 데이터가 Q_2로 시프트됨과 동시에 Q_1에 1이 들어온다.

클록 3: Q_2의 데이터 1이 Q_3로 시프트되며, Q_2에는 Q_1의 데이터 1이 시프트되고, Q_1에 새로운 데이터 0이 들어온다.

클록 4: Q_1에 1이 들어옴과 동시에 $Q_1Q_2Q_3$의 데이터는 $Q_2Q_3Q_4$로 시프트된다.

클록 5: $Q_1Q_2Q_3Q_4Q_5$에 데이터 01011이 저장된다.

클록 8: $Q_1Q_2Q_3Q_4Q_5Q_6Q_7Q_8$에 데이터 00001011이 저장된다.

이상과 같이 데이터 D의 MSD가 Q_8에, LSD가 Q_1에 저장된다. ■

예제 16.2 2진수는 시프트 레지스터를 이용함으로써 간단히 2^N배 또는 $1/2^N$으로 할 수 있다고 하는데 그 원리를 설명하라.

풀이 예를 들어, 8비트의 시프트 레지스터에 10011000(= 25_{10})이 들어 있는 것으로 한다. 단, 좌측을 LSD, 우측을 MSD로 한다.

이 데이터를 8배(= 2^3)하려면 3회 시프트 right하면 된다. 왜냐하면 이 때 데이터는 00010011로 되며, 이것은 200_{10}으로 되기 때문이다. 물론 데이터가 레지스터를 벗어나지 않는 것이 조건이다.

또 4로 나누려면 2회 시프트 left하면 된다. 그 때 데이터는 01100000(= 6_{10})으로 되기 때문이다. 단, 시프트에 의해 LSD와 그 다음의 비트가 레지스터를 벗어나므로 소수 이하가 삭제되는 것에 주의해야 한다. ■

16.2 시프트 레지스터용 IC

시프트 레지스터는 실제로 D 플립플롭이나 JK 플립플롭을 이용하여 만든 것은 거의 없고, MSI로 시판되고 있는 IC를 이용한다.

여기서는 통상 많이 사용되고 있는 대표적인 TTL의 시프트 레지스터용 IC를 몇 가지 소개한다.

1. 직렬입력-직렬출력형 SN7491

이것은 그림 16.6에 나타낸 핀 접속과 내부구조를 가진 8비트 시프트 레지스터이다. 각각의 플립플롭은 RS 플립플롭이지만 내용은 D 플립플롭이 8단 나열되어 있는 것과 같다. 입력단자는 AND 게이트를 통하여 A와 B 두 개가 나오므로 1개를 제어용으로 하고, 1개를 데이터 입력용으로 사용할 수 있다.

이 시프트 레지스터는 클록 펄스의 rising edge에서 동작하고, 8번째의 클록 펄스에서 데이터 입력이 Q_H, $\overline{Q}_H$로 출력된다.

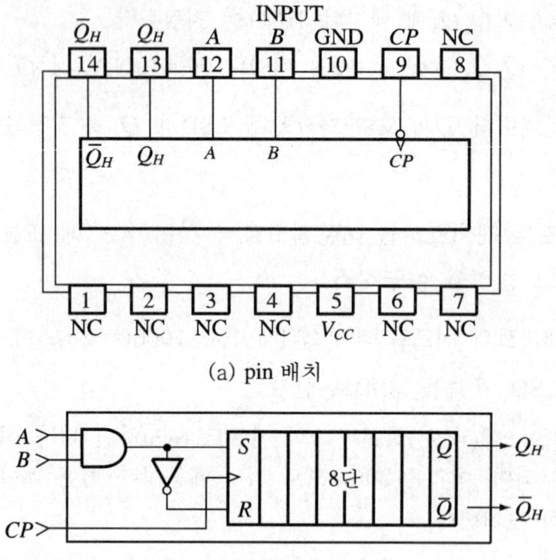

(a) pin 배치

(b) 내부구조

그림 16.6 SN7491의 핀 배치와 내부구조

2. 직렬입력-병렬출력형 SN74164

이것은 그림 16.7과 같은 핀 배치와 내부구조의 8비트 시프트 레지스터이다. 전체의 구성은 거의 그림 16.6과 같지만 비동기 클리어 입력단자가 추가되어 있어 동시에 리셋할 수 있다.

이 회로의 용도는 직렬 데이터를 병렬로 변환하는 직렬-병렬 변환이지만 Q_H로부터 직렬 데이터를 읽어내므로 직렬입력-직렬출력형 시프트 레지스터로도 사용이 가능하다.

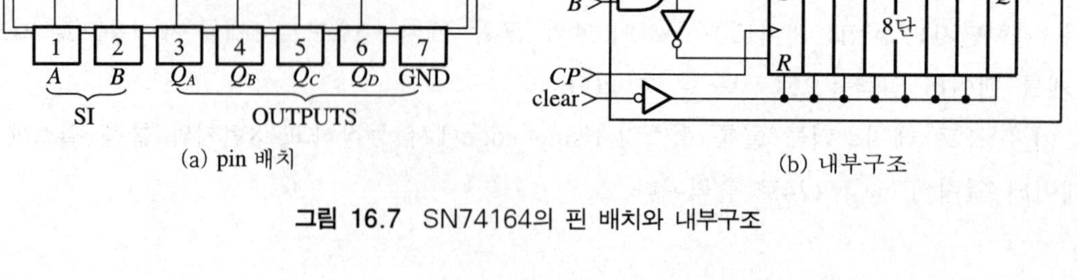

(a) pin 배치

(b) 내부구조

그림 16.7 SN74164의 핀 배치와 내부구조

3. 병렬입력-직렬출력형 SN74165, SN74166

이것은 모두 8비트의 병렬입력-직렬출력형 시프트 레지스터이지만 병렬입력방법이 조금 다르다. SN174165는 그림 16.8과 같이 $A \sim H$의 8비트 데이터를 병렬로 load하고, 이것을 시프트 right하여 Q_H, $\overline{Q}_H$로 직렬출력하는 회로이다.

시프트/load 입력을 0으로 하면 데이터가 병렬입력되며, 1로 하면 시프트 right 동작을 한다. 그리고 CI(Clock Inhibit) 입력단자는 이 핀을 1로 하면 플립플롭의 클록 입력이 1로 되어 버리므로 클록 펄스 입력이 무효로 된다. 결국 시프트 레지스터의 기억 내용을 유지하는 경우에 이용된다. 시프트일 때는 0으로 해둔다.

이 IC는 클리어 단자가 없지만 병렬입력 데이터 $A \sim H$를 모두 0으로 하여 load하면 클

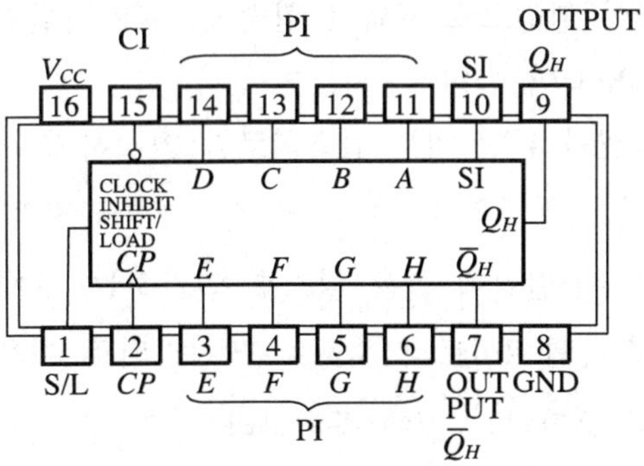

(a) pin 배치

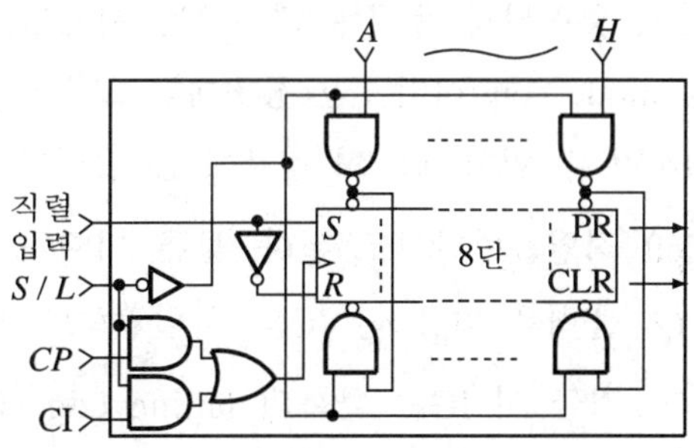

(b) 내부구조

그림 16.8 SN74165의 핀 배치와 내부구조

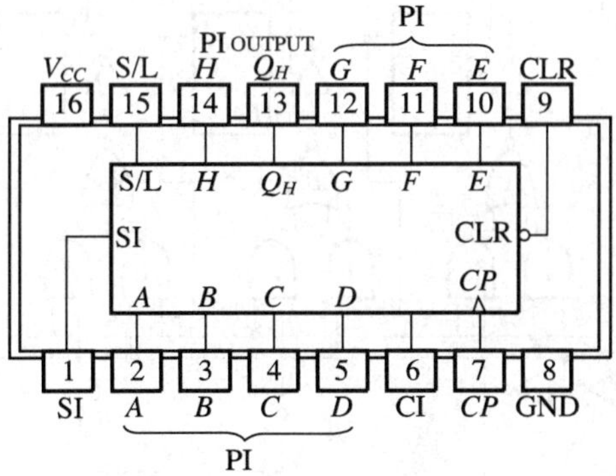

SN54LSI166A(J, W)
SN74166(J, W)

그림 16.9 SN74166의 핀 배치

리어할 수 있다. 프리셋(preset), 클리어(clear) 입력은 모두 비동기 동작이다.

SN74166은 따로 비동기의 클리어 단자를 갖고 있는 외에, 병렬입력방법이 클록에 동기하여 load된다는 차이가 있다. 그 밖의 구조는 그림 16.9의 74165와 거의 같고, 직렬입력, 시프트/load 입력, 클록 inhibit 입력단자를 갖고 있다. 물론 병렬입력 동안 직렬입력은 금지된다.

4. 병렬입력-병렬출력형 SN7495

이것은 그림 16.10과 같이 *RS* 플립플롭 4단으로 구성된 4비트 시프트 레지스터이고, mode control을 1로 하면 AND 게이트 II군이 열려 클록 2 입력에 의해 병렬 데이터 *A*~*D*를 동기 입력할 수 있다.

mode control을 0으로 하면 AND 게이트 I군이 열리므로 클록 1 입력에 의해 직렬입력이 Q_A로 출력됨과 동시에 데이터는 시프트 right되어 간다.

지금 mode control이 1인 경우에는 그림의 점선과 같이 외부 접속회로를 연결하면 시프트 left시킬 수 있다. 단, 이 경우에 *D* 입력단자가 직렬입력단자로 되며, Q_A 출력단자가 시프트 left 직렬출력단자로 된다. 물론 이때는 클록 2단자에 클록 펄스를 인가하는 것이다.

또 Q_D 출력을 다음 단 IC의 직렬입력에 접속하면 8비트의 시프트 레지스터로 이용할 수 있다. 지금 이 IC는 클록의 falling edge에서 동작하는 것에 주의하라.

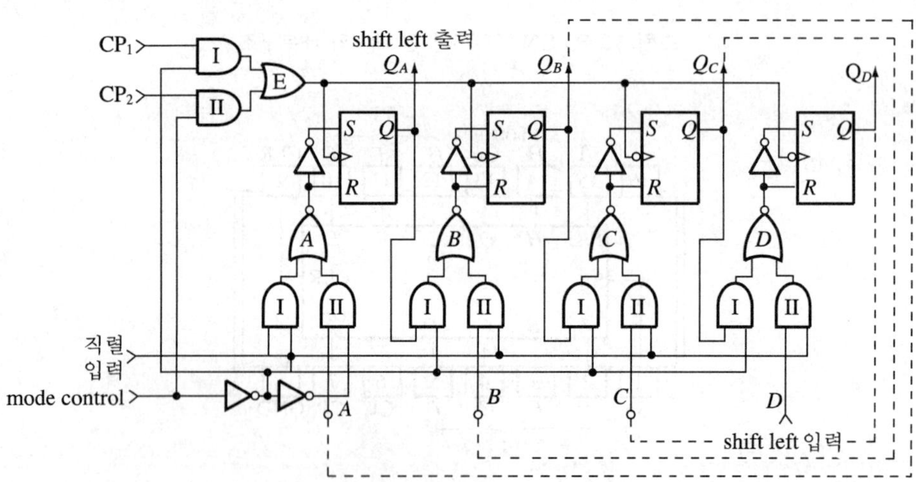

그림 16.10 SN7495의 회로도

5. 쌍방향성 만능형 SN74194

이것은 직 · 병렬입력과 직 · 병렬출력 단자를 가진 외에 시프트 right, 시프트 left도 제어할 수 있는 4비트 만능형 시프트 레지스터이다. 그 핀 배치를 그림 16.11에 나타내었다.

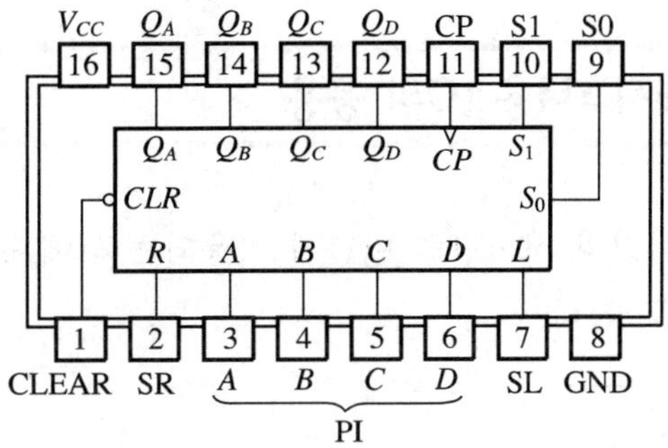

그림 16.11 SN74194의 핀 배치

S_0, S_1이 mode control 단자이고, 이 입력을 조작함으로써 다음과 같이 동작한다.

① $S_0=1$, $S_1=1$일 때

4비트의 데이터 $A \sim D$가 클록에 동기하여 병렬입력된다.

② $S_0=0$, $S_1=1$일 때

클록의 rising edge에서 시프트 left 동작을 한다. 입력을 시프트 left L(핀 7)에 인가하면 첫 번째 클록에서 Q_D로 데이터가 들어온다.

③ $S_0=1$, $S_1=0$일 때

클록으로 shift right 동작을 한다. 입력은 shift right R(핀 2)에 인가한다.

④ $S_0=0$, $S_1=0$일 때

각 플립플롭의 클록 입력이 무효로 되며, 시프트 동작은 하지 않고 데이터는 보존된다.

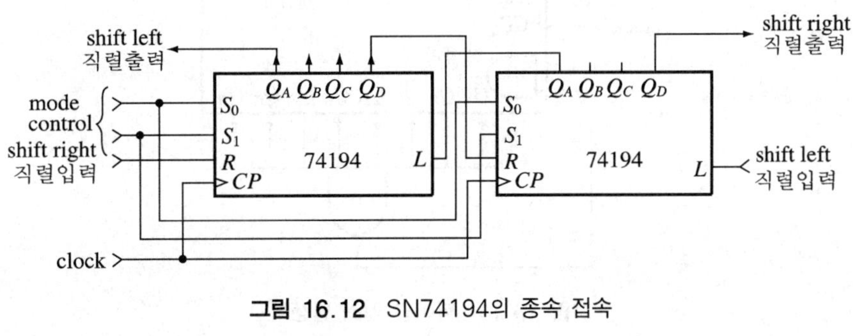

그림 16.12 SN74194의 종속 접속

클리어 입력을 0으로 하면 모든 플립플롭을 비동기로 리셋할 수 있다. 8비트 구성으로 사용할 때는 그림 16.12와 같이 접속하거나 SN74198, 199(8비트 쌍방향성 만능형)를 이용하여도 된다.

16.3 시프트 레지스터용 IC의 응용

시프트 레지스터는 데이터의 직·병렬 변환에 이용되는 외에도 여러 가지 응용 예가 있지만 다음에 세 가지 예를 든다.

1. 타이밍 펄스 발생기

그림 16.13과 같이 시프트 레지스터 SN74164를 이용하여 음(−)의 펄스가 Q_A에서 Q_H까지 주사해 가는 회로를 만들 수 있다.

이러한 펄스는 타이밍 제어회로나 sequence 제어에 응용할 수 있으므로 여기에는 일정 주파수의 클록 펄스가 필요하다. 회로에서 $Q_A \sim Q_G$까지는 NAND 게이트에 접속되어 있지만 Q_H는 개방하고, 그 대신에 「1」을 NAND 게이트에 입력하고 있다.

지금 만약 $Q_A \sim Q_G$ 중 어느 하나를 0으로 하면 NAND 출력은 1이기 때문에 직렬입력 단자로부터 클록마다 1이 입력되어 간다. 그리고 $Q_A \sim Q_G$까지 모두가 1로 되었을 때 비로소 NAND 출력이 0으로 되므로 다음 클록에서 0이 입력되어 $Q_A = 0$으로 된다. 이것이 그림 16.14의 클록 2의 시각이다.

그러나 $Q_A = 0$으로 되든 되지 않든 NAND 출력은 1로 바뀌므로 다음의 클록 3에서는 $Q_A = 1$로 된다. 그 때 Q_B는 0으로 바뀐다. 이것이 차례로 시프트 right되어 클록 9에서는 Q_H를 제외하고, $Q_A \sim Q_G$ 모두가 1로 되면 다시 NAND 출력은 0으로 된다.

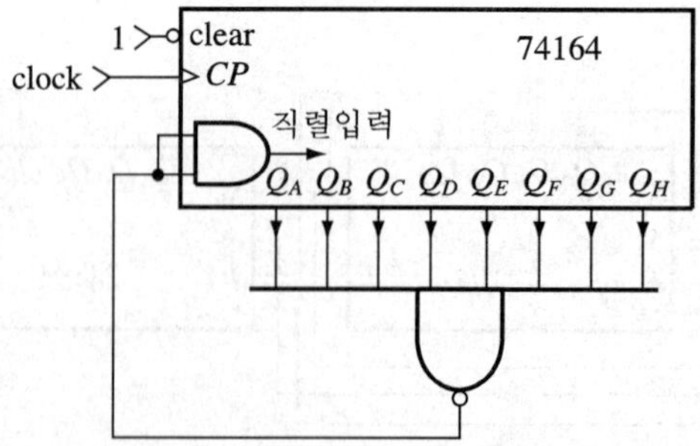

그림 16.13 타이밍 펄스 발생기

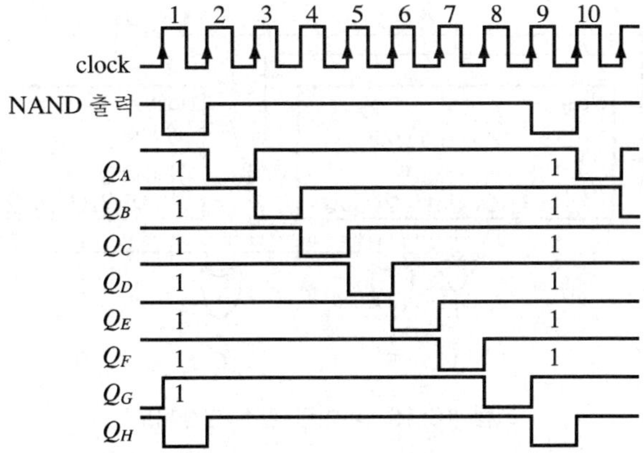

그림 16.14 그림 16.3 회로의 time chart

이상과 같이 각 Q출력에는 타이밍이 하나씩 지연된 음의 펄스가 발생한다.

2. 타이밍 회로

타이밍 펄스 발생기 회로에 exclusive OR 게이트를 이용하면 펄스폭이 다른 여러 가지의 타이밍 펄스를 발생시킬 수 있다.

그림 16.15는 A, B, C, D 4개의 타이밍 펄스의 발생 순서이고, 제각각 1인 동안은 다음과 같이 되어 있는 것으로 한다.

A　0 ~ 20 μs
B　15 ~ 45 μs
C　35 ~ 60 μs
D　55 ~ 70 μs

결국 70 μs마다 그림 16.15와 같은 반복 펄스를 발생시키려고 한다. 이러한 펄스를 만들

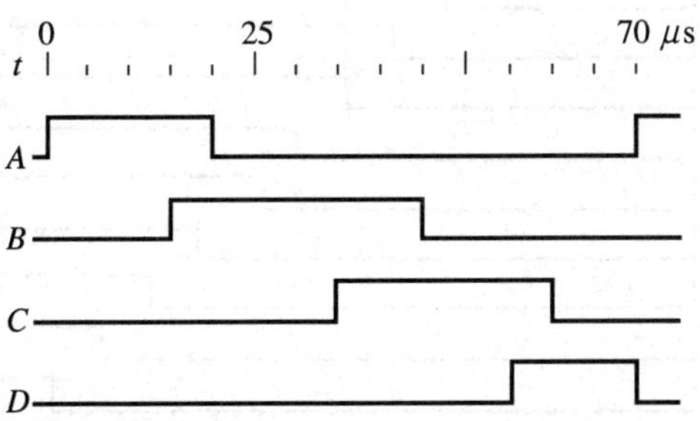

그림 16.15 A, B, C, D의 타이밍 펄스

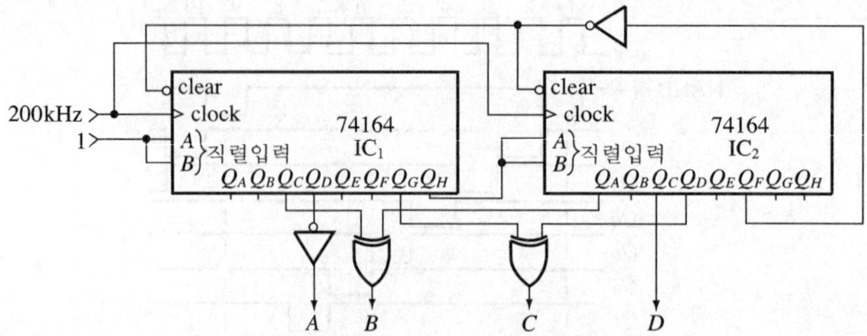

그림 16.16 타이밍 펄스 발생회로

려면 어떻게 하면 좋을까?

우선 A, B, C, D 각 펄스는 5 μs를 단위로 구성되어 있기 때문에 200 kHz의 클록을 사용하면 좋다는 것을 알 수 있다. 결국 시프트 레지스터의 클록으로 200 kHz를 사용한다.

다음에 모든 cycle은 70 μs이기 때문에 14개의 출력단자가 필요한 것을 알 수 있고, 이것은 SN74164를 두 개 사용해서 그림 16.16과 같이 직렬접속하여 구성한다.

그리고 두 개의 시프트 레지스터는 $t=0$일 때 클리어되어 있는 것으로 하고, IC_1의 직렬입력 A, B에는 1을 입력해 둔다.

그러면 그림 16.17의 time chart를 보면서 그 동작을 알아보자. 최초의 $t=5\ \mu$s인 시각의 rising edge에서 Q_{A1}은 1인 것을 알 수 있다.

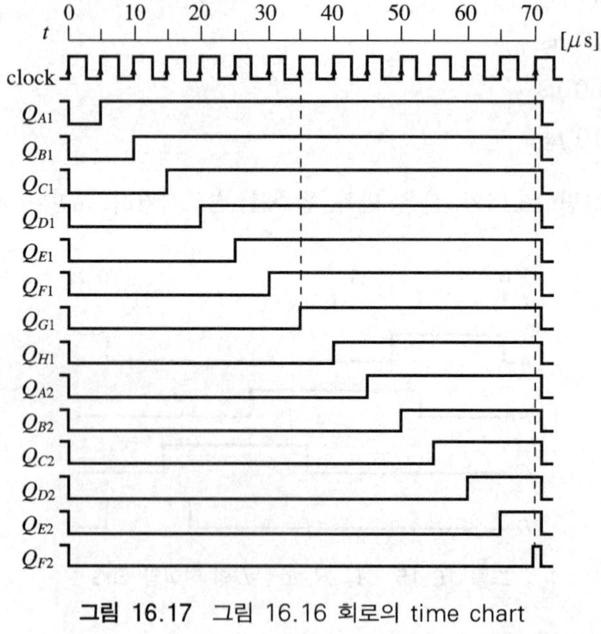

그림 16.17 그림 16.16 회로의 time chart

다음의 $t = 10\,\mu s$인 시각의 클록에서는 $Q_{B1} = 1$로 되며, 이하 Q_{C1}, Q_{D1}, ⋯, Q_{E2}까지는 그림 16.17과 같이 $5\,\mu s$씩 지연되어 1로 변화해 간다.

마지막으로 $t = 70\,\mu s$인 시각에서 $Q_{F2} = 1$로 변하지만 그 순간에 클리어가 동작하여 모든 Q출력은 0으로 된다. 따라서 Q_{F2}는 glitch가 나타나게 된다.

여기서 A 출력파형은 Q_{D1} 출력을 반전시키는 것만으로 얻어진다. 왜냐하면 Q_{D1}은 $t = 0$에서 0으로 되며, $t = 20\,\mu s$에서 1로 변하고 있기 때문이다.

다음에 D 출력은 Q_{C2} 출력으로부터 직접 취할 수 있다. 왜냐하면 Q_{C2}는 $t = 55\,\mu s$에서 1로 되고, $t = 70\,\mu s$에서 0으로 되어 있기 때문이다. B 출력은 Q_{C1} 출력과 Q_{A2} 출력을 exclusive OR 게이트에 입력하면 된다. 이것에 의해 $t = 15\,\mu s$에서 $t = 45\,\mu s$까지 1로 된 출력이 얻어진다. 또한 C 출력은 B 출력과 같은 방법으로 Q_G 출력과 Q_{D2} 출력을 exclusive OR 게이트에 입력하면 되는 것을 알 수 있다.

3. refresh memory

대기억용량의 MOS형 dynamic 시프트 레지스터에서는 기억된 내용을 주기적으로 재입력해야만 데이터가 소멸되지 않는다.

그래서 그림 16.18과 같은 귀환회로를 만들어 데이터를 읽어냄과 동시에 재입력해야 한다.

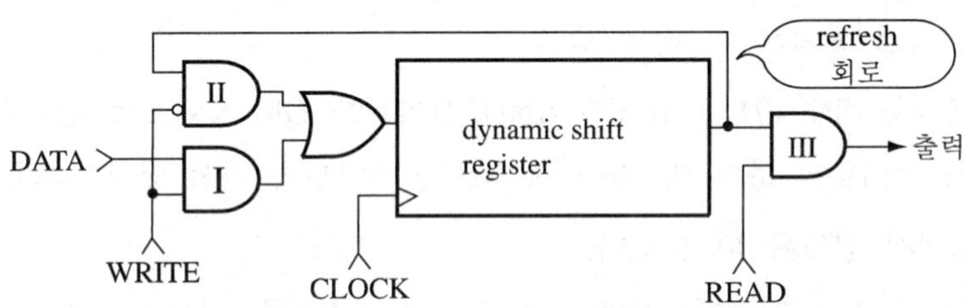

그림 16.18 dynamic 시프트 레지스터를 이용한 refresh memory

WRITE 입력을 1로 하면 DATA가 AND 게이트 I을 통하여 클록과 함께 입력되지만, 모든 데이터의 입력 후에 WRITE 입력을 0으로 하면 시프트 레지스터에 기억된 데이터는 다시 AND 게이트 II를 통해 입력되어 이것을 반복하게 된다. 이 조작을 refresh라 한다.

기억된 데이터를 읽어내려면 READ 입력을 1로 하면 된다. 이 time chart를 그림 16.19에 나타내었다.

그림 16.20은 SN7491을 이용한 8비트의 refresh memory이다. SN7491은 기억된 데이터가 소멸하지 않으므로 이 회로에서는 주기적인 8비트의 데이터를 반복하여 출력할 수 있다.

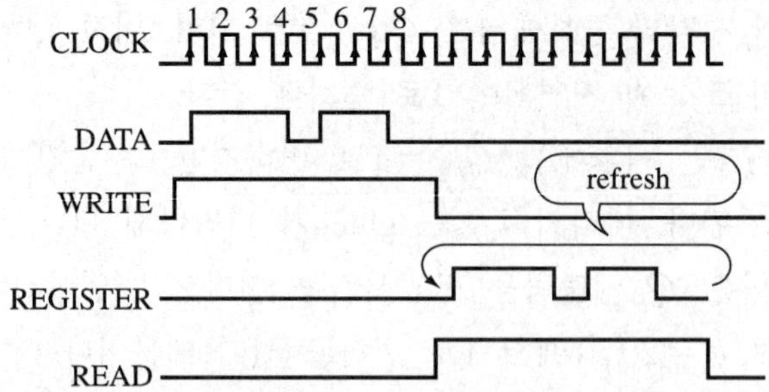

그림 16.19 그림 16.18 회로의 time chart

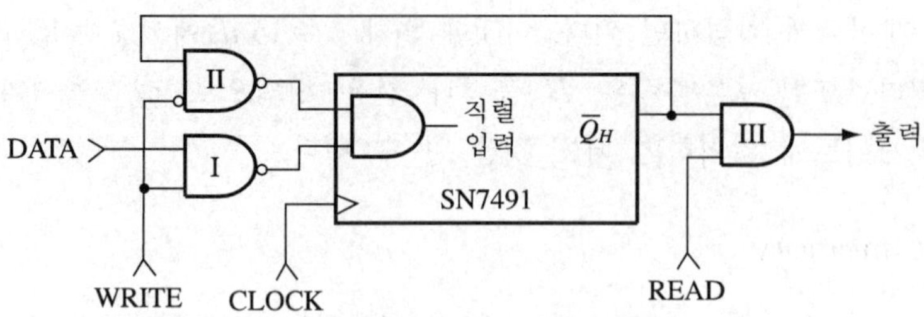

그림 16.20 SN7491을 이용한 8비트 refresh memory

처음에 WRITE 입력을 1로 하여 새로운 8비트의 데이터를 읽어내고, 다음에 WRITE 입력을 0으로 하면 데이터는 레지스터 속을 순환하므로 READ 입력을 1로 하면 몇 번이라도 같은 데이터를 출력할 수 있게 된다.

그림 16.20에서는 SN7491의 입력부 AND 게이트를 OR 게이트로 동작시키기 위해서 앞 단을 NAND 게이트로 하여 데이터의 보수를 기억하도록 하고 있다. 따라서 출력은 Q_H가 아니라 $\overline{Q}_H$에서 얻도록 되어 있다.

또한 기억용량을 늘리고 싶을 때에는 시프트 레지스터를 필요한 수만큼 cascade(종속접속)로 접속한다. 이 회로는 sequential memory로 이용할 수 있다.

16.4 링 카운터와 존슨 카운터

이번에는 시프트 레지스터를 카운터로 사용하는 방법에 대하여 알아보자. N진 카운터를 만들려면 $2^n > N$의 식을 만족하는 n개의 플립플롭을 필요로 하고, 또 임의의 수의 계수 출력을 얻으려면 디코더가 필요하였다. 그러나 디코더를 이용하면 출력에 glitch가 생기는 결점이 있고, 특히 리플 카운터에서는 glitch가 문제였다.

링 카운터와 존슨 카운터는 여러 개의 플립플롭을 필요로 하는 난점은 있지만 glitch가 없는 디코더 출력을 얻을 수 있는 특징이 있다.

N진 링 카운터는 N개, N진 존슨 카운터는 $N/2$개의 플립플롭이 필요하기 때문에 통상의 카운터보다 비경제적이다.

1. 링 카운터

그림 16.21은 5단 시프트 레지스터로 구성한 링 카운터이며, 단지 최종단의 Q출력을 초단의 D 입력에 접속하고 있을 뿐이다.

지금 초기 상태를 $Q_1Q_2Q_3Q_4Q_5 = 10000$으로 하고, 이 링 카운터의 동작을 살펴보자.

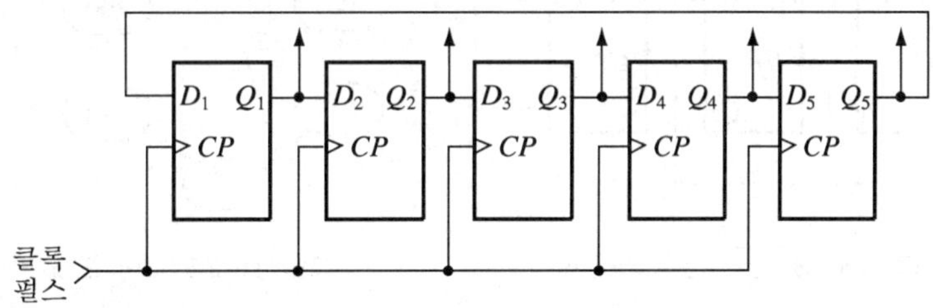

그림 16.21 5단 링 카운터

첫 번째 클록으로 $Q_1Q_2Q_3Q_4Q_5 = 01000$으로 되고, 두 번째 클록에서는 $Q_1Q_2Q_3Q_4Q_5 = 00100$으로 된다. 같은 방법에 의하여 00010, 00001, 10000으로 되어서 초기 상태로 되돌아가 이 과정을 반복하는 셈이다. 이 회로는 디코더가 필요없으므로 glitch가 없는 계수 출력이 얻어진다. 그러나 초기 상태를 preset해야 한다.

그래서 일반적으로는 그림 16.22와 같이 NOR 게이트를 붙여서 초기 상태를 클리어해 주면 다음 클록으로부터 10000, 01000, …으로 시프트해 가므로 lockout이 생기지 않도록 할 수 있다.

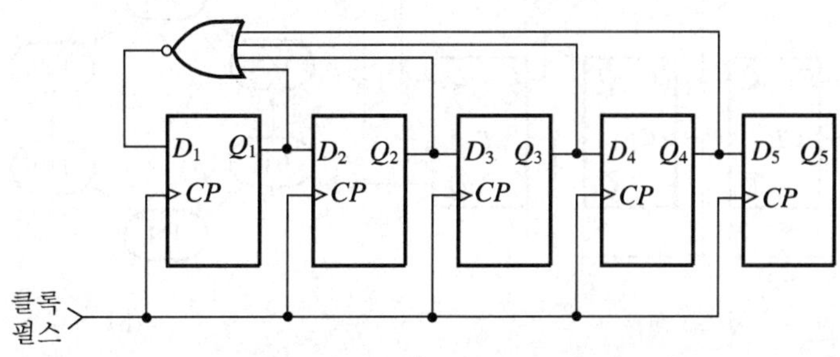

그림 16.22 lock out이 없는 링 카운터

2. 존슨 카운터

링 카운터의 플립플롭을 반으로 절약한 회로가 존슨 카운터이며, 그림 16.23은 3단이지만 6진 카운터의 동작을 한다.

링 카운터와 다른 것은 최종단 플립플롭의 $\overline{Q}_3$ 출력에서 초단의 D 입력으로 귀환하고 있는 점뿐이다. 이 회로의 동작은 그림 16.24의 상태도에서 알 수 있듯이 000, 100, 110, 111, 011, 001, 000으로 반복된다. 주의할 것은 만약 010, 101의 상태가 발생하면 정상인 계수를 루프로 복귀할 수 없는 것이다. 즉, lockout 상태가 된다.

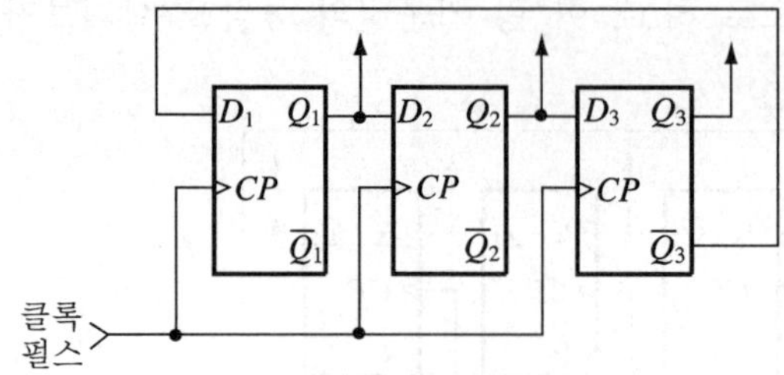

그림 16.23 3단 존슨 카운터

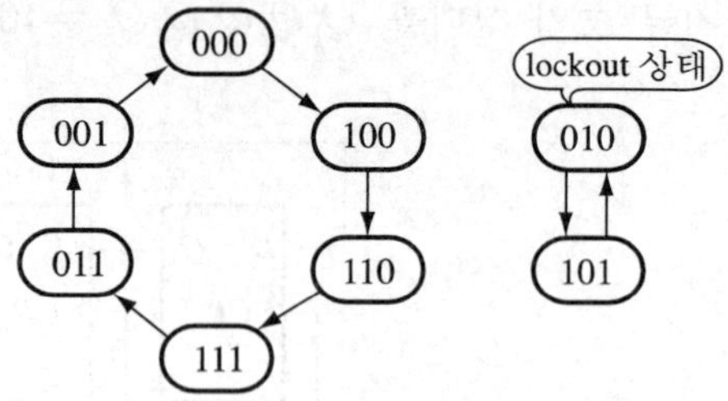

그림 16.24 3단 존슨 카운터의 상태도

그래서 lockout을 받지 않도록 개선한 회로가 그림 16.25이다. 이렇게 하면 그림 (b)와 같은 상태도로 동작하므로 안심할 수 있다. 이 회로의 동작 time chart를 그림 16.26에 나타내었다. 각 Q 출력은 모두 duty factor(한 주기에서 1인 기간의 비율)가 50 %로 되어 있는 것에 주의하라.

링 카운터에서는 디코더 회로가 필요없지만 존슨 카운터에서는 그림 16.27과 같은 디코더가 필요하다. 디코더 회로는 그림의 진리표로부터 카르노도를 그리면 구해진다.

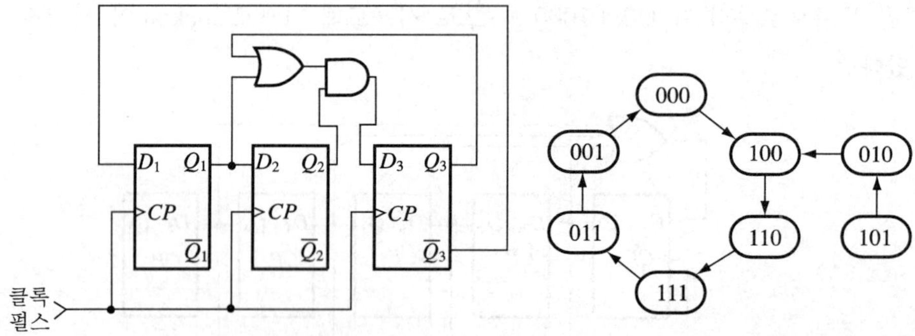

(a) 회로 (b) 상태도

그림 16.25 lockout이 없는 3단 존슨 카운터

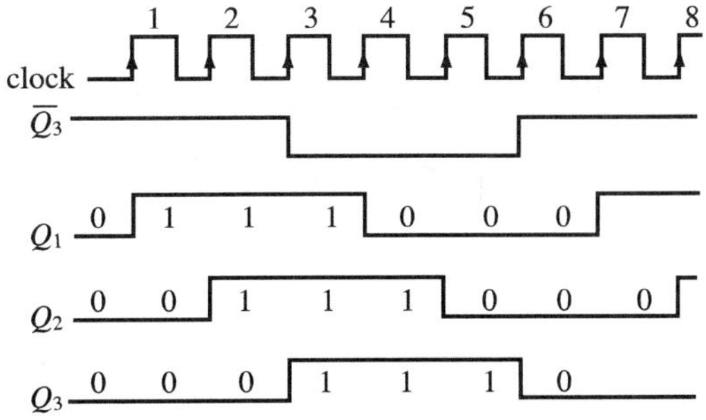

그림 16.26 3단 존슨 카운터의 time chart

Q_1	Q_2	Q_3	OUT_0	OUT_1	OUT_2	OUT_3	OUT_4	OUT_5
0	0	0	1	0	0	0	0	0
1	0	0	0	1	0	0	0	0
1	1	0	0	0	1	0	0	0
1	1	1	0	0	0	1	0	0
0	1	1	0	0	0	0	1	0
0	0	1	0	0	0	0	0	1

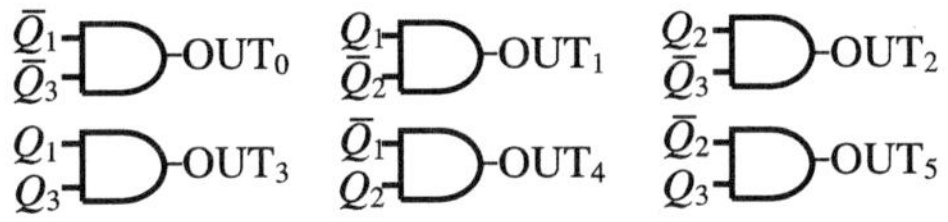

그림 16.27 존슨 카운터 회로의 디코더 회로

이 디코더에서 두 개의 플립플롭이 동시에 변화할 수 없기 때문에 glitch가 발생하지 않는다.

CMOS 4017B는 D 플립플롭을 5단 이용한 자기 start 10진 존슨 카운터용 IC이며, 그림 16.28과 같은 핀 배치를 갖고 있다. 클록 또는 $\overline{CE}$ (clock enable) 입력에 인가된 계수 펄

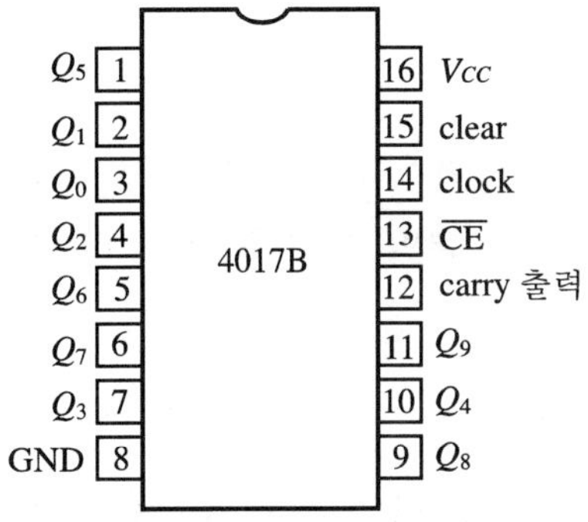

그림 16.28 CMOS 4017B의 핀 배치

스의 수에 의해 $Q_0 \sim Q_9$의 디코더 출력이 차례로 1로 되어 간다.

클리어 입력을 1로 하면 클록과 $\overline{CE}$에 관계없이 $Q_0 = 1$, $Q_1 \sim Q_9 = 0$으로 프리셋된다. 자리올림 출력은 Q_9가 1→0으로 변화할 때 1 상태로 되며, Q_4가 0으로 변화할 때까지 1을 유지한다.

16.5 sequence generator

시프트 레지스터는 sequence generator에도 응용된다. sequence generator란 결정된 순서에 따라 클록에 동기한 펄스열을 출력하는 회로인 것이다.

이것은 카운터나 타이밍용 분주기, 코드 발생기에 이용된다. 그림 16.29는 sequence generator의 기본 구성이다.

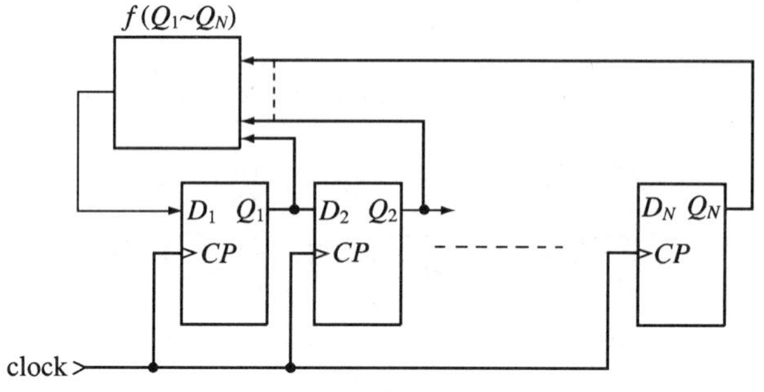

그림 16.29 sequence generator의 기본 구성도

sequence의 길이란 같은 pattern이 반복되는 연속한 비트의 수이다. 예를 들면 111011101110…은 4비트의 sequence이지만 이것은 1110의 비트 pattern 반복이라고 볼 수도 있고, 1101이나 1011이나 0111의 pattern으로 볼 수도 있다. 이들은 모두 같은 sequence를 구성하고 있다.

그림 16.29는 N단의 시프트 레지스터를 이용한 sequence generator이며, 링 카운터와 비슷하지만 초단의 D_1 입력이 Q_N뿐만 아니라 다른 Q 출력에 의해 결정된다는 차이가 있다. 이것을 식으로 나타내면

$$D_1 = f(Q_1, Q_2, \cdots, Q_N)$$

으로 된다. sequence pattern은 각각 플립플롭의 Q 출력에 나타나지만 1클록만큼 시간지연이 있다. 그리고 길이 S의 sequence를 만들려면 $S \leq 2^N - 1$의 조건을 만족하는 N단의

플립플롭이 필요하다.

예를 들면 sequence $S=100010011010111$을 만드는 경우에 대해서 살펴보자. $S=15$이기 때문에 4단의 플립플롭이 필요하다.

우선 표 16.2와 같이 sequence의 클록 간격에 따라 Q_1항에 sequence list를 기입한다. 물론 Q_2, Q_3, Q_4 각 항의 sequence는 Q_1보다 1클록, 2클록, 3클록 지연된 같은 sequence이다.

그런데 D_1입력의 sequence는 Q_1 출력의 1클록 전의 값인 것이다. 예를 들면 $K=5$인 타이밍에서 Q_1은 1이다. 그 때문에 $K=4$인 타이밍의 D_1은 1이어야 한다.

이 상태표로부터 카르노도를 이용하면 D_1은

$$D_1 = Q_3 \oplus Q_4$$

로 구해진다. 이렇게 해서 얻어진 회로가 그림 16.30이다.

표 16.2를 보면 $K=1$에서 $Q_1Q_2Q_3Q_4=1111$이고, $K=2$에서 $Q_1Q_2Q_3Q_4=0111$로 되어가지만 주의할 것은 $Q_1Q_2Q_3Q_4=0000$인 경우만은 제외한다는 것이다. 만약, 0000으로

▶**표 16.2** sequence 상태도

D_1	Q_1	Q_2	Q_3	Q_4	K
0	1	1	1	1	1
0	0	1	1	1	2
0	0	0	1	1	3
1	0	0	0	1	4
0	1	0	0	0	5
0	0	1	0	0	6
1	0	0	1	0	7
1	1	0	0	1	8
0	1	1	0	0	9
1	0	1	1	0	10
0	1	0	1	1	11
1	0	1	0	1	12
1	1	0	1	0	13
1	1	1	0	1	14
1	1	1	1	0	15

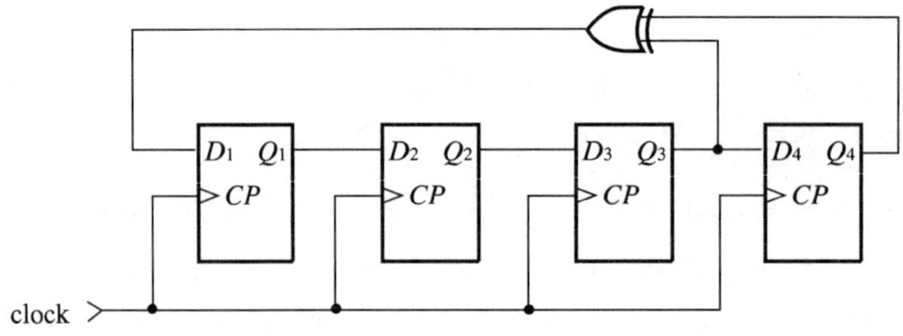

그림 16.30 sequence generator의 일례

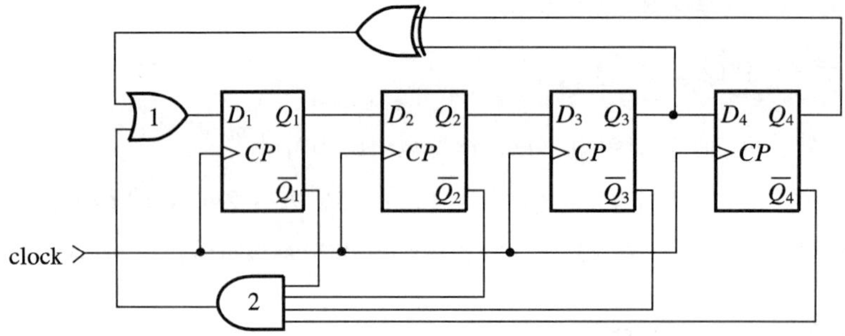

그림 16.31 $Q_1 Q_2 Q_3 Q_4 = 0000$을 제외한 회로

되면 $D_1 = 0$으로 되어 lock out 상태가 되므로 sequence가 성립하지 않기 때문이다.

그래서 이러한 상태가 생기지 않도록 하려면 다음 클록에서 D_1에 1이 들어가도록 하면 된다. 이것이 그림 16.31이다. 모든 플립플롭이 0으로 되면 AND 게이트 2가 동작하여 D_1입력에 1이 인가되므로 정상의 sequence로 복귀시킬 수 있다.

연습문제

1. 12비트 시프트 레지스터의 내용이 다음과 같을 때 물음에 답하라.

```
10010 11 01101
↑           ↑
LSD         MSD
```

(a) 3회 우측으로 자리이동했을 때의 수는 얼마인가?

(b) 4회 좌측으로 자리이동했을 때의 수는 얼마인가?

2. *JK* 플립플롭을 이용하여 우 시프트와 좌 시프트도 할 수 있는 시프트 레지스터를 만들어 보라.

3. 16비트 시프트 레지스터에 65_{10}가 들어 있다. 이것을 16배 하려면 어떻게 하면 좋을까?

4. 그림 16.32에 나타낸 time chart의 출력 A, B, C, D, E를 얻기 위한 타이밍 회로를 설계하라.

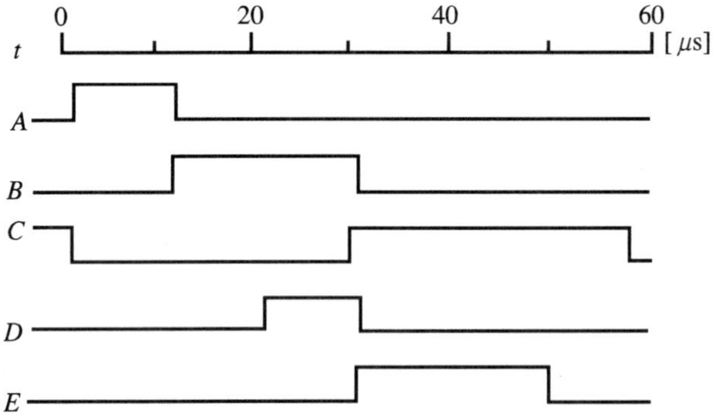

그림 16.32 문제 4의 time chart

5. 그림 16.33의 회로에 대한 출력 X, Y, Z의 반복 파형을 그려라. 단, SN74164는 클리어 상태에서 시작하는 것으로 한다.

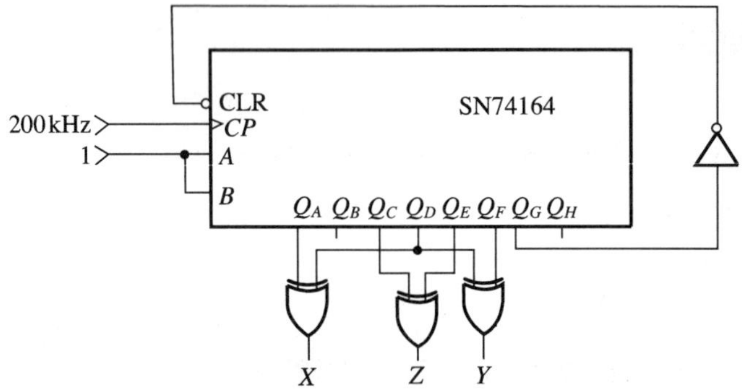

그림 16.33

6. 4개의 램프 L_1, L_2, L_3, L_4가 있다. 이것을 1초 간격으로 표 16.3과 같은 순서로 점등시켜 가려면 어떻게 하면 좋을까?

단, 클록 입력은 60 Hz의 구형파로 한다.

▶**표 16.3** 램프의 점등순서

t[s]	L_1	L_2	L_3	L_4
0~1	OFF	OFF	OFF	OFF
1~2	ON	OFF	OFF	OFF
2~3	ON	ON	OFF	OFF
3~4	ON	ON	ON	OFF
4~5	ON	ON	ON	ON
5~6	OFF	OFF	OFF	OFF
0~1	OFF	OFF	OFF	OFF

7. 그림 16.34는 4단 자기 start 링 카운터이다. 상태도를 그리고, 자기 start형인 것을 확인하라.

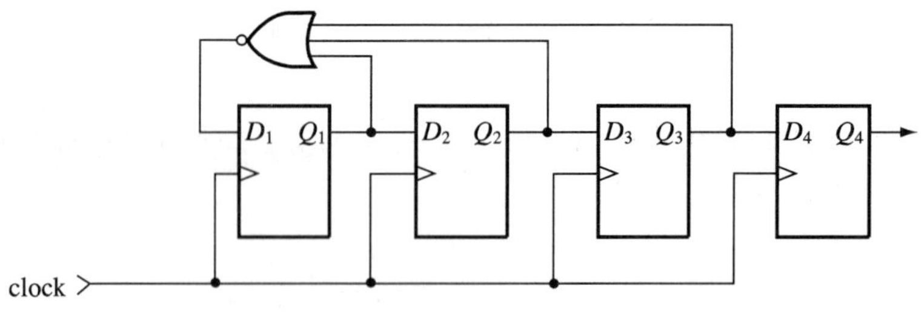

그림 16.34

8. 그림 16.35는 4단 자기 start 존슨 카운터이다. 상태도를 그리고, 자기 start형인 것을 확인하라.

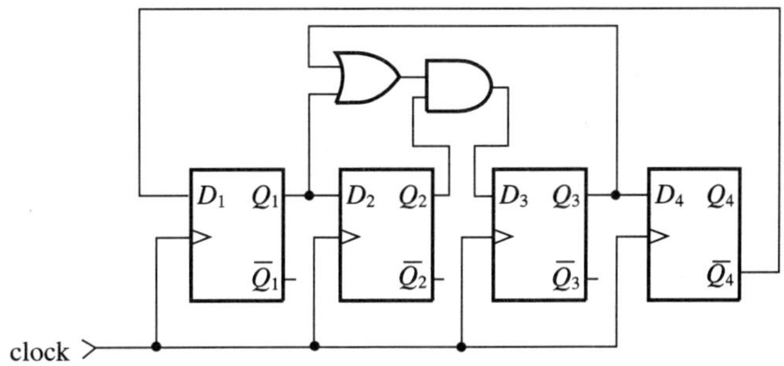

그림 16.35

9. 문제 8의 time chart를 그리고, 디코더 회로를 설계하라.

10. sequence $S = 1011110$일 때 shift register를 이용하여 sequence generator를 만들어라.

Digital Engineering

17장 순서논리회로

순서논리회로는 비동기식과 동기식 순서논리회로로 구분되는데, 동기식 순서논리회로가 적합하지 않은 경우는 다음과 같다.

(1) 입력이 클록에 동기화되지 않고, 어떤 시간에도 변화를 시켜야 하는 경우

(2) 신호가 선을 따라 전달되는 시간이 중요한 요소를 차지하는 경우

(3) 가능한 한 빨리 수행되어 입력 변화 후에 클록 펄스를 기다리는 것을 원하지 않는 경우

이런 경우들에는 비동기식 순서논리회로를 이용할 필요가 있다. 비동기식 순서논리회로는 그 출력 상태가 클록 펄스 입력을 기다리지 않고, 즉시 변화하므로 만일 여러 개의 플립플롭 출력들이 동시에 변화되어야 할 때는 이것들이 동기된다는 보장을 할 수가 없다.

이처럼 비동기식 순서논리회로의 설계는 타이밍 문제를 고려해야 하기 때문에 동기식 순서논리회로보다 설계하기가 무척 까다롭다는 단점이 있다.

위의 세 가지 경우 외에는 동기식 순서논리회로로 대부분의 디지털 시스템을 구성하고 있고, 그 이용도 광범위하므로 이 장에서는 이에 대한 구체적인 설계방법을 설명한다.

17.1 순서논리회로의 해석

동기식 순서논리회로의 동작은 입력, 출력 그리고 플립플롭의 상태에 따라서 결정되며, 회로의 출력과 플립플롭의 다음 상태는 입력과 플립플롭의 현재 상태에 의해서 결정된다. 순서논리회로의 해석은 입력, 출력 그리고 내부 상태들의 시간 순서에 대한 표나 도식을 얻음으로써 이루어진다. 또한 회로의 동작을 나타내는 불대수식을 사용할 수도 있으며, 이 대수식들이 필요한 시간 순서를 포함하여야 한다.

논리회로가 플립플롭을 포함하고 있으면 순서논리회로로 인식되며, 플립플롭은 어떤 형의 것도 사용할 수 있고, 그 회로는 조합논리 게이트를 포함할 수도 포함하지 않을 수도 있다.

이 절에서는 순서논리회로의 예를 들어 그 동작원리를 표현하는 여러 가지 방법을 설명한다.

1. 순서논리회로의 예

클록이 있는 순서논리회로의 예를 그림 17.1에 나타내었으며, 그 회로는 두 개의 D 플립플롭 A와 B, 하나의 입력 x, 하나의 출력 y로 구성되어 있다. 상태방정식은 D 플립플롭의 다음 상태를 결정하며, 다음과 같다.

$$A(t+1) = A(t)x(t) + B(t)x(t)$$
$$B(t+1) = \overline{A}(t)x(t)$$

상태방정식은 플립플롭의 상태전이에 대한 조건을 명시하는 대수식이다. 그 방정식의 왼쪽은 플립플롭의 다음 상태를 나타내고, 오른쪽 부분은 다음 상태를 1로 만드는 현재 상태와 입력 조건을 명시하는 불함수이다. 불함수에서 모든 변수들은 현재 상태의 함수이므로 편의상 각 변수 다음의 기호(t)를 생략할 수 있고, 앞의 방정식들은 다음과 같이 보다 간결한 형태로 표현할 수 있다.

$$A(t+1) = Ax + Bx$$
$$B(t+1) = \overline{A}x$$

다음 상태에 대한 불 표현식은 그 순서논리회로의 조합논리회로 부분을 구성하는 게이트들로부터 직접 구할 수 있다. 조합논리회로의 출력들이 플립플롭의 D 입력들에 인가되고, D 입력값들은 다음 상태를 결정한다.

출력의 현재 상태값은 다음과 같이 대수적으로 표현할 수 있다.

$$y(t) = [A(t) + B(t)]\,\overline{x}(t)$$

현재 상태에 대한 기호(t)를 제거하여 출력 불함수를 얻는다.

$$y(t) = (A+B)\overline{x}$$

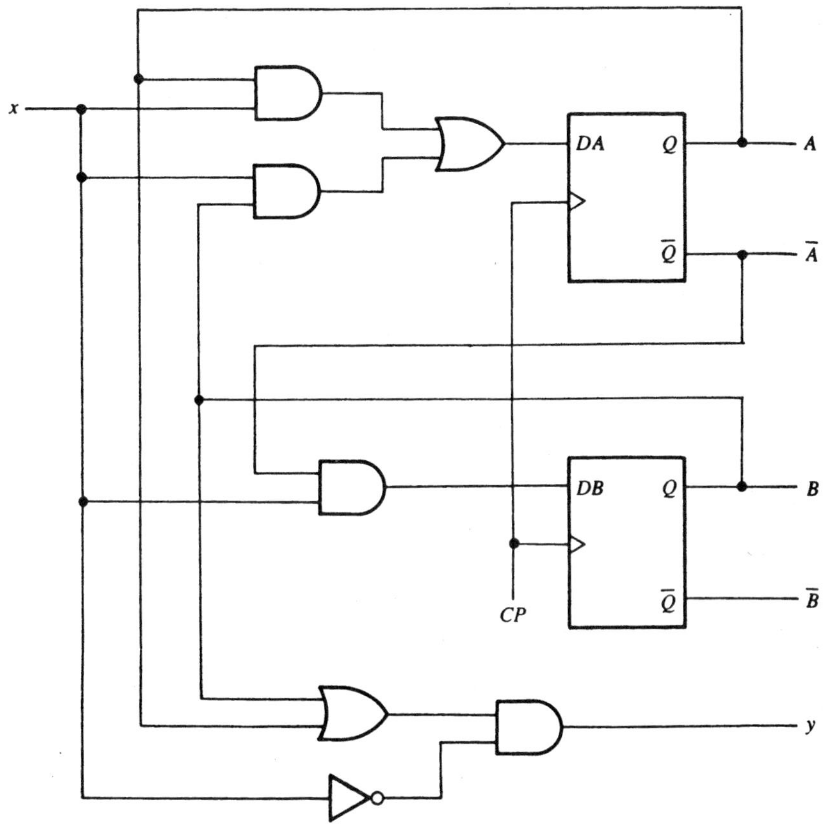

그림 17.1 순서논리회로의 예

2. 상태표

입력, 출력, 그리고 플립플롭 상태들의 시간적 순서관계를 상태표에 나타낼 수 있으며, 그림 17.1 회로에 대한 상태표를 표 17.1에 나타내었다. 상태표는 현재 상태, 입력, 다음 상태, 그리고 출력의 4개 부분으로 구성된다. 현재 상태 부분은 주어진 시간 t에서 플립플롭 A와 B의 상태를 보여주고 있고, 입력 부분은 각각의 가능한 현재 상태에 대한 x의 값을 보여주고 있다. 다음 상태 부분은 한 클록 후인 $t+1$에서 플립플롭의 상태들을 보여주고 있고, 출력 부분은 각 현재 상태에 대한 y의 값을 보여주고 있다.

상태표의 유도는 우선 현재 상태와 입력들의 모든 가능한 2진 조합들의 표를 작성하는 것으로 구성된다. 이 경우 000부터 111까지 8가지의 2진 조합들을 얻을 수 있다. 다음 상태값들은 논리도나 상태방정식으로부터 결정된다. 플립플롭 A의 다음 상태는 다음의 상태방정식을 만족하여야 한다.

▶**표 17.1** 그림 17.1의 회로에 대한 상태표

현재 상태		입력	다음 상태		출력
A	B	x	A	B	y
0	0	0	0	0	0
0	0	1	0	1	0
0	1	0	0	0	1
0	1	1	1	1	0
1	0	0	0	0	1
1	0	1	1	0	0
1	1	0	0	0	1
1	1	1	1	0	0

$$A(t+1)=Ax+Bx$$

상태표에서 다음 상태 부분은 열 A 아래에 3개의 1을 가진다. 이때 현재 상태와 입력이 A의 현재 상태와 입력 x가 모두 1로서 같든가 또는 B의 현재 상태와 입력 x가 모두 1로서 같다는 조건을 만족시킨다. 그리고 플립플롭 B의 다음 상태는 다음의 상태방정식으로부터 유도되고, A의 현재 상태가 0이고, 입력 x가 1일 때 1이 된다.

$$B(t+1)=\overline{A}x$$

출력열은 다음과 같은 출력식으로부터 유도된다.

$$y(t)=(A+B)\overline{x}=A\overline{x}+B\overline{x}$$

D 플립플롭을 갖는 어떤 순서논리회로의 상태표는 다음에 간략하게 설명된 절차에 따라 구해진다. 일반적으로 m개의 플립플롭과 n개의 입력을 갖는 순서논리회로는 상태표에 2^{m+n}개의 줄을 필요로 한다. 0에서 $(2^{m+n}-1)$까지의 2진 숫자가 현재 상태와 입력열에 나열된다.

다음 상태 부분은 각 플립플롭 1개에 대하여 m개의 열을 가지며, 다음 상태에 대한 2진값은 D 플립플롭 입력식으로부터 직접 유도된다. 출력 부분은 출력변수만큼의 열을 가지며, 출력의 2진값은 불함수로부터 회로나 진리표와 같은 방법으로 유도된다. 이 장에서의 예제들은 하나의 입력과 하나의 출력을 가지는 것으로 한다.

상태표를 조금 다른 형태로 나타내는 것이 때로는 편리할 수도 있다. 다른 형태의 구성에서 상태표는 3개의 부분, 즉 현재 상태, 다음 상태, 그리고 출력 부분을 가진다. 입력 조

건은 다음 상태와 출력 부분들 밑에 열거되며, 표 17.1의 상태표를 다른 형태로 나타내면 표 17.2와 같다. 각각의 현재 상태에 대하여 2개의 가능한 다음 상태와 출력들이 있는데, 이것들은 입력값에 종속된다. 상태표는 두 가지 형태 중 편리한 것을 선택하여 사용할 수 있다.

▶**표 17.2** 상태표의 두 번째 형태

현재 상태		다음 상태				출 력	
		$x=0$		$x=1$		$x=0$	$x=1$
A	B	A	B	A	B	y	y
0	0	0	0	0	1	0	0
0	1	0	0	1	1	1	0
1	0	0	0	1	0	1	0
1	1	0	0	1	0	1	0

3. 상태도

상태표에서 유용한 정보는 상태도의 형태로 도식적으로 나타낼 수 있다. 이러한 형태의 다이어그램에서 상태는 원으로 표시되고, 상태 사이의 전이는 원을 연결하는 화살표로 표시된다. 그림 17.2에 나타낸 상태도는 그림 17.1과 표 17.2에 나타낸 순서논리회로에 대한 것이다. 상태도는 상태표와 동일한 정보를 제공하며, 상태표로부터 직접 얻어진다. 각 원 안에 있는 2진수는 플립플롭의 상태를 나타내고, 화살표는 사선(slash)으로 분리된 2개의 2진수로 표시된다. 사선 앞에 있는 것은 현재 상태 동안의 입력이고, 사선 뒤에 있는 것은

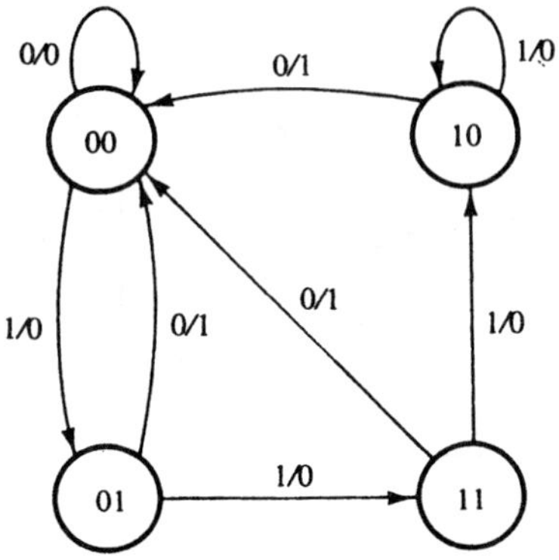

그림 17.2 그림 17.1의 상태도

주어진 입력을 갖는 현재 상태가 적용되는 동안의 출력값을 나타낸다. 예를 들어 상태 00에서 상태 01로의 화살표는 1/0으로 표시된다. 이것은 순서논리회로가 현재 상태 00에 있고, 입력이 1일 때 출력이 0이라는 것을 의미하고, 다음의 클록 전이 후에 다음 상태 01인 원으로 간다. 만약 입력이 0으로 변하면 출력은 1이 되지만 입력이 1이면 출력은 0으로 남는다. 이러한 정보는 상태 01인 원에서 나온 두 개의 화살표를 따라가는 상태도로부터 얻어진다. 원을 그 자신으로 연결시키는 화살표는 상태의 변화가 일어나지 않는다는 것을 나타낸다.

상태표와 상태도는 표현하는 방식 이외에는 차이가 없다. 상태표는 주어진 논리도와 입력식으로부터 쉽게 유도되고, 상태도는 상태표로부터 직접 얻을 수 있다. 상태도는 상태 전이를 그림으로 보여주며, 이것은 회로의 동작을 이해하는 데 적합한 형태이다. 그림 17.2의 상태도는 상태 00에서 시작하여 입력이 1을 유지하는 동안 출력은 0인 것을 보여준다. 1들의 입력 후 첫 번째 0의 입력은 1의 출력을 나타내며, 그 회로는 초기 상태 00으로 되돌아간다.

4. 입력함수

플립플롭의 입력함수는 순서논리회로의 논리도를 간편한 대수식으로 나타낼 수 있다. 이것은 입력함수의 첫 문자가 플립플롭의 종류를 나타내고, 그것은 플립플롭을 구동하는 조합논리회로를 규정한다. 시간은 이 방정식에 포함되어 있지 않지만 클록 펄스 동작에 포함되어 있다. 순서논리회로는 회로의 출력함수와 플립플롭의 입력함수로 표시하는 것이 논리도를 그리는 것보다 때로는 편리하다.

순서논리회로의 동작을 이해하기 위해서는 플립플롭의 입력을 불함수로 표시하는 것이 편리한 경우가 있는데, 이러한 함수를 플립플롭의 입력함수라 한다.

그림 17.3의 회로로부터 다음과 같은 입력함수를 구할 수 있다.

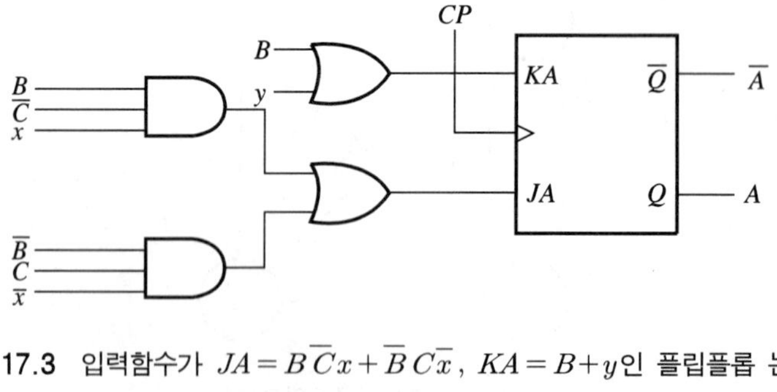

그림 17.3 입력함수가 $JA = B\overline{C}x + \overline{B}C\overline{x}$, $KA = B + y$인 플립플롭 논리도

$$JA = B\overline{C}x + \overline{B}C\overline{x}$$
$$KA = B + y$$

JA, KA는 각각 플립플롭 A의 J, K 입력을 나타내고, 오른쪽에 있는 불함수가 각각의 입력에 인가되는 입력함수가 된다.

그림 17.1의 순서논리회로에는 하나의 입력 x, 하나의 출력 y, 그리고 A와 B라는 이름이 붙은 두 개의 D 플립플롭이 있다. 논리도는 두 개의 플립플롭 입력함수와 하나의 출력함수를 사용하여 다음과 같은 대수식으로 나타낼 수 있다.

$$DA = Ax + Bx$$
$$DB = \overline{A}x$$
$$y = (A + B)\overline{x}$$

불함수의 이러한 조합이 순서논리회로의 논리도를 그리기 위한 모든 필요한 정보를 제공한다. 기호 DA는 A라고 표시된 D 플립플롭을 규정하고, DB는 B라고 표시된 D 플립플롭을 규정한다. 이러한 변수들과 관련된 불 표현식과 출력 y에 대한 표현식이 순서논리회로의 조합논리회로 부분을 규정한다.

플립플롭 입력함수는 순서논리회로의 논리도를 규정하는 데 편리하게 이용할 수 있는 대수적인 형태를 가지고 있다. 그 함수는 입력변수의 첫 글자로부터 플립플롭의 형을 암시하여 주며, 플립플롭을 구동하는 조합논리회로를 규정한다. 이 방정식에서는 시간이 뚜렷하게 포함되어 있지 않지만 클록 펄스 작동에서 암시된다. 순서논리회로를 규정하는 데 있어서 논리도를 그리는 것보다 회로의 출력함수와 플립플롭의 입력함수를 사용하여 대수식으로 표현하는 것이 편리한 경우가 있다.

5. 특성표

D 형 이외의 플립플롭을 가진 순서논리회로의 해석은 플립플롭의 입력과 다음 상태 사이의 관계가 단순하지 않기 때문에 복잡하다. 이러한 관계는 상태방정식보다는 특성표에 의하여 가장 잘 설명된다. 순서논리회로를 해석할 때 네 가지 형태의 특성표를 알아야 하며, 이 특성표를 표 17.3에 나타내었다.

▶표 17.3 플립플롭의 특성표

(a) JK

J	K	$Q(t+1)$	동작 상태
0	0	$Q(t)$	불변
0	1	0	리셋
1	0	1	세트
1	1	$\overline{Q}(t)$	토글

(b) RS

S	R	$Q(t+1)$	동작 상태
0	0	$Q(t)$	불변
0	1	0	리셋
1	0	1	세트
1	1	?	부정

(c) D

D	$Q(t+1)$	동작 상태
0	0	리셋
1	1	세트

(d) T

T	$Q(t+1)$	동작 상태
0	$Q(t)$	불변
1	$\overline{Q}(t)$	토글

플립플롭들은 다음 상태를 입력과 현재 상태의 함수로서 정의한다. $Q(t)$는 한 클록의 적용 전인 현재 상태를 나타내고, $Q(t+1)$은 한 클록 주기가 늦은 다음 상태를 나타낸다. 클록 펄스 입력이 특성표에 나열되어 있지 않지만 시간 t와 $t+1$ 사이에서 발생되는 것으로 암시된다는 점에 유의하라.

JK 플립플롭에 대한 특성표는 다음 상태가 입력 J와 K가 모두 0일 때 현재 상태와 같다는 것을 보여준다. 이것은 클록 펄스가 상태의 변화를 발생시키지 않는다는 것을 나타내는 $Q(t+1)=Q(t)$로 표현될 수 있다. $J=0$이고, $K=1$일 때 클록 펄스는 플립플롭을 리셋시키며, $Q(t+1)=0$이 된다. $J=1$이고, $K=0$일 때 플립플롭은 세트되며, $Q(t+1)=1$이 된다. J와 K가 모두 1일 때 다음 상태는 현재 상태의 보수로 되며, $Q(t+1)=\overline{Q}(t)$로 나타낼 수 있다.

부정 상태를 제외한다면 RS 플립플롭은 S가 J로 대치되고, R이 K로 대치되었을 때 JK 플립플롭과 비슷하다. S와 R이 모두 1일 때 다음 상태는 예측할 수 없는 상태(부정)로 된다.

D 플립플롭의 다음 상태는 단지 D 입력에만 의지하면 현재 상태와는 관계가 없으며, $Q(t+1)=D$로 표현될 수 있다. 이것은 다음 상태값이 D 입력의 2진 논리값으로부터 직접 얻어질 수 있다는 것을 의미한다. D 플립플롭은 무변화 조건을 갖지 않는다는 점에 유의하라. 플립플롭의 상태가 같은 값을 유지하여야 할 때 이러한 무변화 조건은 클록 펄스를 동작시키지 않든가 또는 클록 펄스를 남겨 두고, 출력을 D 입력으로 연결함으로써 수행될 수 있다.

T 플립플롭은 입력 J와 K가 함께 묶여질 때 JK 플립플롭으로부터 얻어지며, 특성표는 두 가지 조건만을 갖는다. $T=0(J=K=0)$일 때 클록 펄스는 상태를 바꾸지 않는다. $T=1(J=K=1)$일 때 클록 펄스는 플립플롭의 상태를 보수화한다.

6. *JK* 플립플롭을 이용한 해석

D 플립플롭을 가진 순서논리회로의 다음 상태값은 입력함수로부터 직접 구할 수 있다는 것을 앞에서 보였다. *JK*와 같이 다른 종류의 플립플롭을 갖는 회로에 대한 다음 상태값은 다음과 같은 절차를 통하여 구해진다.

1. 현재 상태와 입력변수들의 항으로 각 플립플롭 입력함수의 2진값을 구한다.
2. 다음 상태는 표 17.3에서 해당 플립플롭의 특성표를 이용하여 구한다.

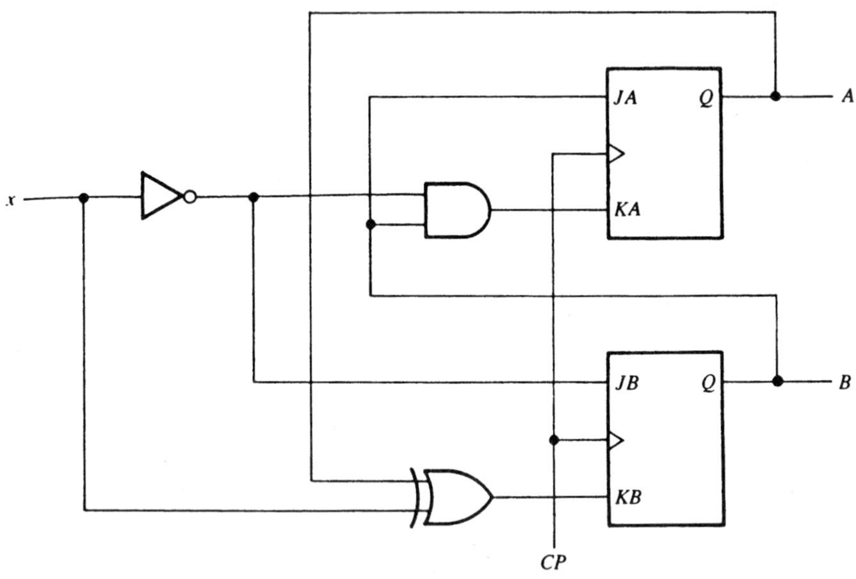

그림 17.4 *JK* 플립플롭을 가진 순서논리회로

이러한 과정을 설명하기 위하여 두 개의 *JK* 플립플롭인 A와 B, 그리고 하나의 입력 x를 가진 그림 17.4의 순서논리회로를 고려하여 보자. 이 회로는 출력을 갖지 않기 때문에 상태표는 출력열을 필요로 하지 않는다(이 경우 플립플롭의 출력들이 출력들로 고려될 수 있다.).

$$JA=B \qquad KA=B\overline{x}$$

$$JB=\overline{x} \qquad KB=\overline{A}x+A\overline{x}$$

이 회로에 대한 상태표는 표 17.4에 나타내었다. '플립플롭 입력'이라고 표시된 열 아래에 열거된 2진값들을 유도한다.

▶표 17.4 *JK* 플립플롭을 가진 순서논리회로에 대한 상태표

현재 상태		입력	다음 상태		플립플롭 입력			
A	B	x	A	B	JA	KA	JB	KB
0	0	0	0	1	0	0	1	0
0	0	1	0	0	0	0	0	1
0	1	0	1	1	1	1	1	0
0	1	1	1	0	1	0	0	1
1	0	0	1	1	0	0	1	1
1	0	1	1	0	0	0	0	0
1	1	0	0	0	1	1	1	1
1	1	1	1	1	1	0	0	0

이러한 열들은 상태표의 부분은 아니지만 그들은 과정의 1단계에서 규정된 다음 상태를 계산하기 위하여 필요하다. 2진값들은 대수식으로부터 진리표를 구하는 것과 비슷한 방법으로 4개의 입력 플립플롭 함수로부터 직접 구해진다. 각 플립플롭의 다음 상태는 대응하는 J, K 입력과 표 17.3에 열거된 JK 플립플롭의 특성표로부터 계산된다. 고려해야 할 네 가지 경우가 있는데 $J=1$이고, $K=0$일 때 다음 상태는 1이다. $J=0$이고, $K=1$일 때 다음 상태는 0이다. $J=K=0$일 때 상태의 변화는 없고, 다음 상태값은 현재 상태와 같다. $J=K=1$일 때 다음 상태는 현재 상태의 보수이다. 마지막 두 경우의 예는 표에서 현재 상태와 입력(A, B, x)이 100일 때 나타난다. JA와 KA가 모두 0이고, A의 현재상태는 1이다. 그러므로 A의 현재 상태는 같은 상태로 남아 있고 1과 같다. 표의 같은 줄에 있는 JB와 KB는 모두 1이다. B의 현재 상태는 0이므로 B의 다음 상태는 보수화되어 1로 변한다.

순서논리회로의 상태도를 그림 17.5에 나타내었다. 이 회로는 출력을 갖고 있지 않으므로 원으로부터의 화살표는 입력 x의 값을 가리키기 위하여 단지 하나의 2진수로 표시되었음에 유의하라.

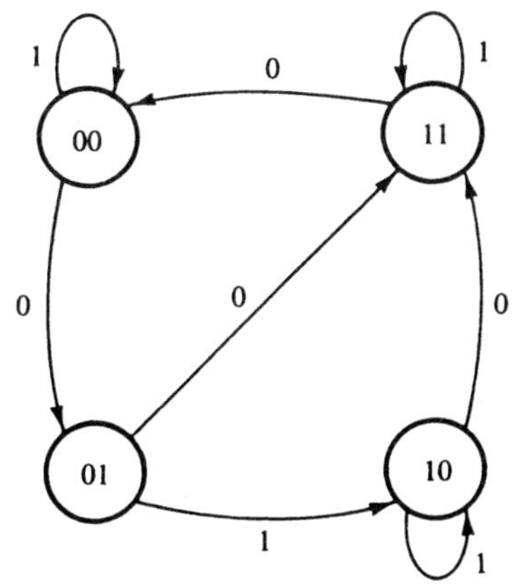

그림 17.5 그림 17.4의 상태도

7. Mealy 모델과 Moore 모델

순서논리회로는 대체로 입력, 출력, 그리고 내부 상태를 가지고 있다. 일반적으로 순서논리회로는 Mealy 모델과 Moore 모델로 나누어진다. Mealy 모델의 경우 출력은 입력과 현재 상태의 함수이고, Moore 모델의 경우 출력은 오직 현재 상태만의 함수이다. Mealy 모델에 해당하는 상태도는 그림 17.2와 같이 원들 사이의 화살표를 따라서 입력값과 출력값을 가지고 있다. Moore 모델의 출력으로는 $A \oplus B$와 같은 플립플롭 변수의 조합이 될 수도 있다. 이런 경우에도 비록 부가적인 exclusive OR 게이트가 필요하다 하더라도 출력은 현재 상태만의 함수이다.

Mealy 모델의 순서논리회로의 상태표는 입력과 현재 상태의 함수인 출력부를 가지고 있어야만 한다. 그러나 출력이 플립플롭으로부터 직접 구해지는 경우 출력은 상태표의 현재 상태 열과 같으므로 상태표의 출력부는 생략할 수 있다.

Moore 모델의 순서논리회로에는 출력부가 있으나 그것은 현재 상태만의 함수이다. Moore 모델의 경우 출력이 클록에 동기화되어 있는 플립플롭에 의존하므로 출력은 클록에 동기화되어 나타난다. 그러나 Mealy 모델은 입력이 클록 펄스 주기 내에 변하는 경우에도 출력이 변한다. 그러므로 입력이 변한 후에 출력이 변화하기까지는 시간지연이 있어서 순간적으로 잘못된 출력이 나올 수 있다. Mealy 모델의 회로를 동기화하려면 순서논리회로의 입력을 클록에 동기화시키고, 출력은 클록 펄스 전이시에만 샘플링하여야 한다.

17.2 상태 축소와 상태 지정

순서논리회로 설계시에 게이트와 플립플롭의 수를 줄이는 데 사용할 순서논리회로의 특성에 대하여 설명하기로 한다.

1. 상태 축소(state reduction)

순서논리회로에서 플립플롭의 수를 줄이는 것을 상태 축소라 한다. 상태 축소 알고리즘은 외부의 입출력 요구 조건을 변화시키지 않고, 상태표에서 상태의 수를 줄이는 절차에 관련되어 있다.

n개의 플립플롭이 2^n개의 상태를 만들기 때문에 상태 수의 감소는 플립플롭의 수를 줄일 수도 있다. 플립플롭 수의 축소에서 생기는 예기치 못한 효과는 때때로 등가회로가 더 많은 조합 게이트를 필요로 할지도 모른다.

예를 들어, 상태도가 그림 17.6과 같이 주어진 순서논리회로의 예에서는 오직 입출력 순서만 중요하다. 내부 상태는 원하는 순서를 제공하는 데만 사용되므로 원 안에 표시된 상태는 2진값 대신에 문자로 표시되어 있다.

이러한 회로에 가해질 수 있는 입력순서(sequence)는 여러 가지가 있을 수 있으나 초기 상태 a에서 시작하여 입력순서가 01010110100으로 들어온다고 가정하면 상태의 변이는 다음과 같다.

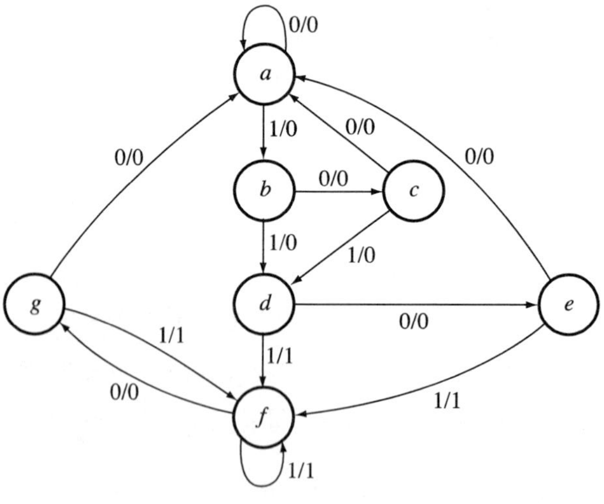

그림 17.6 상태도

상 태	a	a	b	c	d	e	f	f	g	f	g	a
입 력	0	1	0	1	0	1	1	0	1	0	0	
출 력	0	0	0	0	0	1	1	0	1	0	0	

같은 입력순서가 두 개의 회로에 인가되었을 때 모든 입력순서에 대하여 같은 출력이 나오면 이 두 개의 회로는 서로 등가이며, 한 회로는 다른 것으로 대체될 수 있다. 상태 축소는 이러한 입출력 관계가 성립되는 등가회로 중에서 상태의 수가 가장 적은 회로를 찾아내는 작업이다.

이 회로의 상태표가 표 17.5에 있으며, 그림 17.6의 상태도에서 직접 얻어진다. 등가적인 상태란 모든 종류의 입력신호에 대해서 다음 상태와 출력이 같은 상태를 말한다. 표 17.5에서 상태 g, e는 서로 등가적인 상태이다. 등가적인 상태에 있는 것들은 어느 하나만을 남겨 놓고 모두 제거해도 입출력 관계에는 영향을 미치지 않으므로 상태 g를 상태표에서 제거하고, 상태표의 다음 상태에 있는 상태 g를 모두 e로 치환하면 표 17.6과 같다.

▶**표 17.5** 그림 17.6의 상태표

현재 상태	다음 상태		출 력	
	$x=0$	$x=1$	$x=0$	$x=1$
a	a	b	0	0
b	c	d	0	0
c	a	d	0	0
d	e	f	0	1
e	a	f	0	1
f	g	f	0	1
g	a	f	0	1

▶**표 17.6** 상태표의 축소

현재 상태	다음 상태		출 력	
	$x=0$	$x=1$	$x=0$	$x=1$
a	a	b	0	0
b	c	d	0	0
c	a	d	0	0
d	e	~~f~~ d	0	1
e	a	~~f~~ d	0	1
~~f~~	~~g~~ e	f	0	1
~~g~~	a	f	0	1

▶**표 17.7** 축소된 상태표

현재 상태	다음 상태		출 력	
	$x=0$	$x=1$	$x=0$	$x=1$
a	a	b	0	0
b	c	d	0	0
c	a	d	0	0
d	e	d	0	1
e	a	d	0	1

표 17.6에서 d와 f가 등가관계에 있으므로 마찬가지로 f를 제거해 주었다. 이렇게 축소된 결과를 표 17.7에 나타내었다.

표 17.7에 있는 상태표를 상태도로 바꾼 것이 그림 17.7이고, 상태가 7개에서 5개로 줄어들었다.

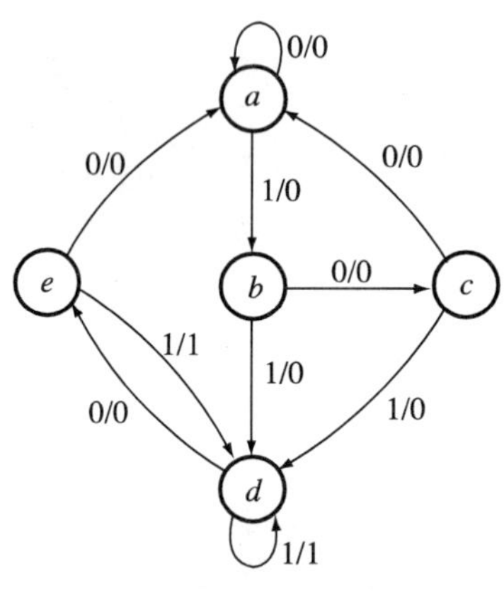

그림 17.7 축소된 상태도

그림 17.7에 앞에서와 같은 입력순서를 인가했을 때 출력순서는 다음과 같다.

상 태	a	a	b	c	d	e	d	d	e	d	e	a
입 력	0	1	0	1	0	1	1	0	1	0	0	
출 력	0	0	0	0	0	1	1	0	1	0	0	

입출력의 관계만을 고려하고, 회로 내부의 상태 변화가 문제시되지 않는 경우에 상태 축소는 의미 있는 일이다.

이 예의 경우 상태 수는 5개로 감소되었지만 플립플롭의 수는 여전히 세 개가 필요하게 되나 8개의 상태 중에서 5개만 사용되므로 나머지 세 개는 don't care 조건이 되어 불함수를 간소화하는 데 도움이 된다.

2. 상태 지정(state assignment)

순서논리회로 내에 있는 조합논리회로는 카르노도나 기타 간소화 작업으로 줄일 수 있는데, 이 절에서는 cost를 줄이는 또다른 방법에 대해서 살펴보겠다.

상태 지정은 순서논리회로의 플립플롭을 동작시키는 조합논리회로의 cost가 최소로 되도록 각각의 상태에 2진수를 할당하는 방법이다.

표 17.8에는 앞에서 구성한 상태표의 상태에 할당할 수 있는 여러 가지 예 중에서 세 개의 예를 나타내었다. 할당 1은 순서대로 2진수를 부여하였고, 나머지 두 개는 random하게 하였다.

표 17.9에는 할당 1을 이용하였을 때의 상태표를 나타내었다. 다른 할당을 이용했다면 상태표의 2진수는 다르게 되며, 조합논리회로의 복잡도는 어떤 경우를 선택하느냐에 따라 달라지게 된다.

▶**표 17.8** 2진 상태 할당의 3가지 예

상 태	할당 1	할당 2	할당 3
a	001	000	000
b	010	010	100
c	011	011	010
d	100	101	101
e	101	111	011

▶**표 17.9** 2진 상태 할당 1을 가진 축소된 상태표

현재 상태	다음 상태		출 력	
	$x=0$	$x=1$	$x=0$	$x=1$
001	001	010	0	0
010	011	100	0	0
011	001	100	0	0
100	101	100	0	1
101	001	100	0	1

17.3 플립플롭 여기표

플립플롭의 특성은 입력신호에 따른 출력신호의 변화로 표시할 수 있으며, 표 17.3에 플립플롭에 대한 특성표를 나타내었다. $Q(t)$는 현재 상태를 나타내고, $Q(t+1)$은 클록 펄스가 가해진 후의 상태를 표시한다. 특성표는 순서논리회로를 설계할 때 중요한 역할을 하고, 또한 설계과정에서 출력이 원하는 대로 변화하기 위해서 어떠한 입력신호가 필요한가를 알 필요가 있다.

이런 이유에서 상태 변화와 입력신호 사이의 관계를 나타내는 표를 만들었는데 이것을 여기표(excitation table)라 한다.

표 17.10에 네 개의 플립플롭에 대한 여기표를 나타내었다. 기호 ×는 don't care 조건을 나타내므로 이 경우 입력이 0 또는 1 중 어느 것이 들어와도 상관이 없다.

1. *RS* 플립플롭 여기표

RS 플립플롭의 여기표는 표 17.10(a)에 나타내었다. $Q(t)=0$에서 $Q(t+1)=0$으로 변하는 경우에 *SR* 입력은 두 가지 경우로 생각할 수 있다. 즉, 출력이 변하지 않았으므로 $S=0$, $R=0$인 경우와 $Q(t+1)=0$이 되었으므로 $S=0$, $R=1$인 경우가 될 수 있다. 따라서, 이 경우에는 $S=0$, $R=0$인 입력이나 $S=0$, $R=1$인 입력이 들어올 수 있으므로 $S=0$, $R=\times$로 표시하였다.

▶표 17.10 플립플롭 여기표

(a) *RS*

$Q(t)$	$Q(t+1)$	S	R
0	0	0	×
0	1	1	0
1	0	0	1
1	1	×	0

(b) *JK*

$Q(t)$	$Q(t+1)$	J	K
0	0	0	×
0	1	1	×
0	1	×	1
1	1	×	0

(c) *D*

$Q(t)$	$Q(t+1)$	D
0	0	0
0	1	1
1	0	0
1	1	1

(d) *T*

$Q(t)$	$Q(t+1)$	T
0	0	0
0	1	1
1	0	1
1	1	0

또한 $Q(t)=1$에서 $Q(t+1)=1$이 되는 경우도 출력이 변하지 않았으므로 $S=0$, $R=0$인 입력이 들어올 수 있고, $Q(t+1)=1$이므로 출력이 1이 되는 $S=1$, $R=0$인 입력이 인가될 수 있으므로, $S=\times$, $R=0$인 입력으로 표시되었다.

2. *JK* 플립플롭 여기표

JK 플립플롭의 여기표는 표 17.10(b)에 나타내었다. $Q(t)=0$에서 $Q(t+1)=0$으로 되는 경우는 출력이 변하지 않았다고 생각할 수도 있고, $Q(t+1)$이 0으로 되었다고 할 수도 있다. 그러므로 $J=K=0$인 입력신호가 필요하고, 또 $J=0$, $K=1$인 입력신호가 필요하므로 $J=0$, $K=\times$로 표시할 수 있다. 마찬가지로 $Q(t)=0$에서 $Q(t+1)=1$로 변하는 경우는 출력이 toggle되었으므로 $J=K=1$, 또는 $Q(t+1)=1$이 되므로 $J=1$, $K=0$인 입력이 필요하게 되어서 $J=1$, $K=\times$로 표시되었다. 나머지 두 경우도 같은 방법으로 생각할 수 있다.

3. D 플립플롭 여기표

D 플립플롭의 여기표는 표 17.10(c)에 나타내었다. 표 17.3(c)의 특성표에서 다음 상태는 항상 현재 상태에 관계 없이 D 입력과 같다. 따라서 $Q(t+1)$이 0을 갖기 위해서는 $Q(t)$가 값에 관계 없이 $D=0$이고, $Q(t+1)$이 1이 되기 위해서는 $D=1$이어야 한다.

4. T 플립플롭 여기표

T 플립플롭의 여기표는 표 17.10(d)에 나타내었다. 표 17.3(d)의 특성표에서 $T=1$일 때 플립플롭은 보수 상태를 취하며, $T=0$일 때 플립플롭의 상태는 변하지 않는다. 그러므로 플립플롭의 상태가 변하지 않을 때는 $T=0$이어야 하고, 플립플롭의 상태가 변할 때는 $T=1$이어야 한다.

17.4 순서논리회로의 설계

디지털 순서논리회로의 설계는 설계 사양의 기술에서 시작하여 논리도나 논리도를 얻을 수 있는 불함수를 얻는 것으로 끝난다. 조합논리회로는 진리표로 표시되는 반면에 순서논리회로는 그의 사양에 대한 상태표를 필요로 한다. 순서논리회로 설계의 첫 단계는 상태표나 상태도 또는 상태방정식을 얻는 것이다.

동기식 순서논리회로는 플립플롭과 조합논리 게이트로 구성되어 있다. 동기식 순서논리회로의 설계는 플립플롭을 선택하고, 그 플립플롭과 함께 서술된 사양을 만족시키는 조합논리 게이트 구조를 찾는 것이다. 플립플롭의 수는 회로에서 필요한 상태의 수로서 결정되며, 조합논리회로는 상태표에서 얻어진다. 플립플롭의 형과 수가 결정되면 설계절차는 순서논리회로를 조합논리회로로 바꾸는 문제로 바뀌므로 여기에 조합논리회로 설계기법이 적용된다.

먼저 일반적인 설계과정을 설명하고, 예를 들어 순서논리회로를 설계하도록 한다. 설계과정은 다음과 같이 연속적인 단계로 짧게 요약할 수 있다.

① 설계할 순서논리회로의 동작을 정확하게 정의하고, 회로의 상태도, time chart 등을 이용한다.

② ①에서 정의된 회로의 상태표를 얻는다.

③ 순서논리회로가 상태의 수에 무관하고, 입출력 관계만으로 정의된다면 상태 축소방법에 의해 상태의 수를 줄인다.

④ 상태표가 문자기호를 갖고 있으면 각 상태에 2진값을 할당한다.

⑤ 필요한 플립플롭의 수와 종류를 결정하고, 각각에 문자기호를 부여한다.

⑥ 상태표로부터 여기표와 출력표를 유도한다.

⑦ 카르노도나 기타 방식을 이용하여 출력함수와 플립플롭의 입력함수를 구한다.

⑧ 논리도를 그린다.

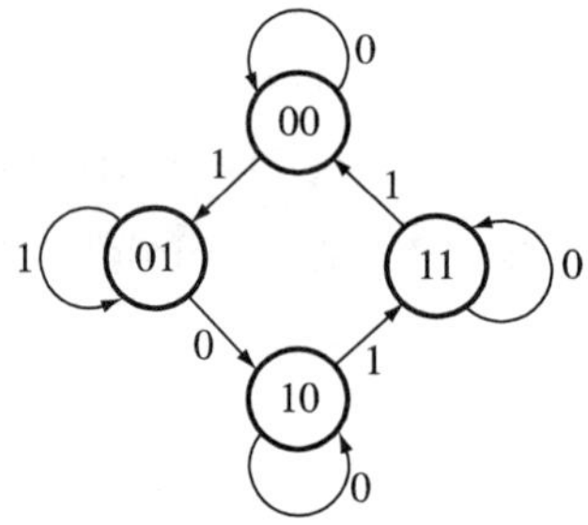

그림 17.8 상태도

그림 17.8에 있는 상태도로 동작하는 순서논리회로를 JK 플립플롭으로 설계해 보자.

상태도에서 보면 알 수 있듯이 /가 없고 2진수만 하나 있으므로 이 회로는 출력변수가 없다는 것을 알 수 있다. 또한 네 개의 상태가 존재하므로 2개의 플립플롭 A, B가 필요하고, 이때 입력변수를 x라 하자.

표 17.11에는 그림 17.8로부터 구한 상태표가 있다. 앞에서 나온 여러 상태표와 다른 점

은 출력표가 없다는 점이다. 표 17.11과 표 17.10(b)에 있는 *JK* 플립플롭의 여기표를 이용하여 만든 회로의 여기표가 표 17.12에 있다. 표 17.12에서 알 수 있듯이 설계하고자 하는 순서논리회로는 2개의 플립플롭과 조합논리회로로 구성되어 있다. 표 17.12를 이용하여 회로의 블록도를 작성한 것이 그림 17.9에 있는데, 조합논리회로로의 출력이 플립플롭의 입력과 회로의 출력으로 동작하고, 조합논리회로의 입력은 플립플롭의 현재 상태와 외부 입력으로 결정된다.

그러므로 조합논리회로만 구성하면 전체 순서논리회로를 설계할 수 있으며, 이것은 표 17.12에 있는 여기표를 이용하면 된다. 두 개의 *JK* 플립플롭의 입력신호를 간소화한 것이 그림 17.10에 있고, 그것과 그림 17.9를 이용하여 설계한 순서논리회로가 그림 17.11에 있다.

▶표 17.11 상태표

현재 상태		다음 상태			
		$x=0$		$x=1$	
A	B	A	B	A	B
0	0	0	0	0	1
0	1	1	0	0	1
1	0	1	0	1	1
1	1	1	1	0	0

▶표 17.12 여기표

조합논리회로의 입력			다음 상태		조합논리회로의 출력			
현재 상태		입력			플립플롭 입력			
A	B	x	A	B	JA	KA	JB	KB
0	0	0	0	0	0	×	0	×
0	0	1	0	1	0	×	1	×
0	1	0	1	0	1	×	×	1
0	1	1	0	1	0	×	×	0
1	0	0	1	0	×	0	0	×
1	0	1	1	1	×	0	1	×
1	1	0	1	1	×	0	×	0
1	1	1	0	0	×	1	×	1

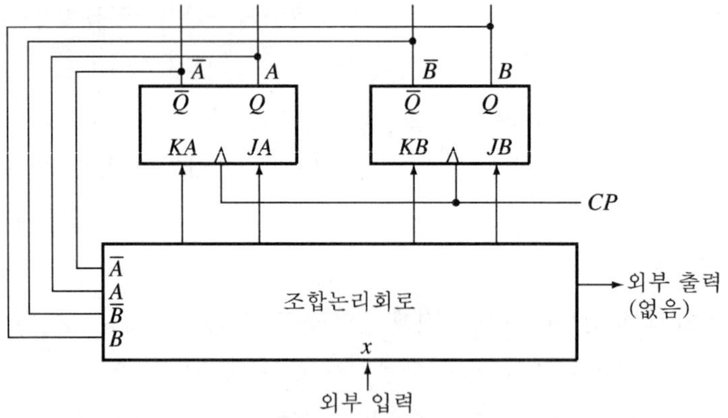

그림 17.9 순서논리회로의 블록도

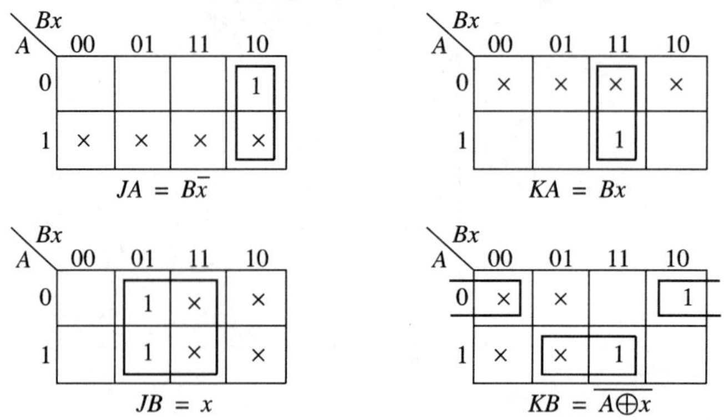

그림 17.10 조합논리회로의 간소화

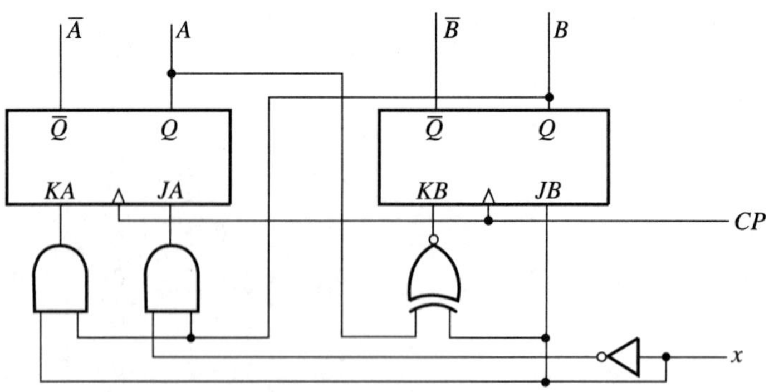

그림 17.11 순서논리회로의 논리도

예제 17.1 17.2절(상태 축소와 상태 지정)에 있는 순서논리회로의 설계를 완성하라.

풀이 RS 플립플롭을 사용하고, 표 17.8의 할당 1을 이용한다고 가정하자. 표 17.9의 상태표를 표 17.13과 같이 표시할 수 있다. RS 플립플롭 세 개를 이용함으로써 8개의 상태가 존재할 수 있는데, 표 17.13에는 5개의 상태만 사용하였다. 사용하지 않는 상태 000, 110, 111은 don't care 조건으로 두었다. 각각의 don't care 조건에 대하여 입력변수 ×가 0 또는 1이 될 수 있으므로 don't care 최소항은 0, 1, 12, 13, 14, 15가 된다.

그림 17.12에 표 17.13을 이용하여 플립플롭의 입력신호와 회로의 출력신호를 구하는 카르노도를 나타내었다. 위에서 설명한 최소항 0, 1, 12, 13, 14, 15를 don't care 조건으로 이용하였다.

이 카르노도의 결과를 이용하여 순서논리회로를 구성하면 그림 17.13과 같다.

▶**표 17.13** 예제 17.1의 여기표

현재 상태			입력	다음 상태			플립플롭의 입력						출력
A	B	C	x	A	B	C	SA	RA	SB	RB	SC	RC	y
0	0	1	0	0	0	1	0	×	0	×	×	0	0
0	0	1	1	0	1	0	0	×	1	0	0	1	0
0	1	0	0	0	1	1	0	×	×	0	1	0	0
0	1	0	1	1	0	0	1	0	0	1	0	×	0
0	1	1	0	0	0	1	0	×	0	1	×	0	0
0	1	1	1	1	0	0	1	0	0	1	0	1	0
1	0	0	0	1	0	1	×	0	0	×	1	0	0
1	0	0	1	1	0	0	×	0	0	×	0	×	1
1	0	1	0	0	0	1	0	1	0	×	×	0	0
1	0	1	1	1	0	0	×	0	0	×	0	1	1

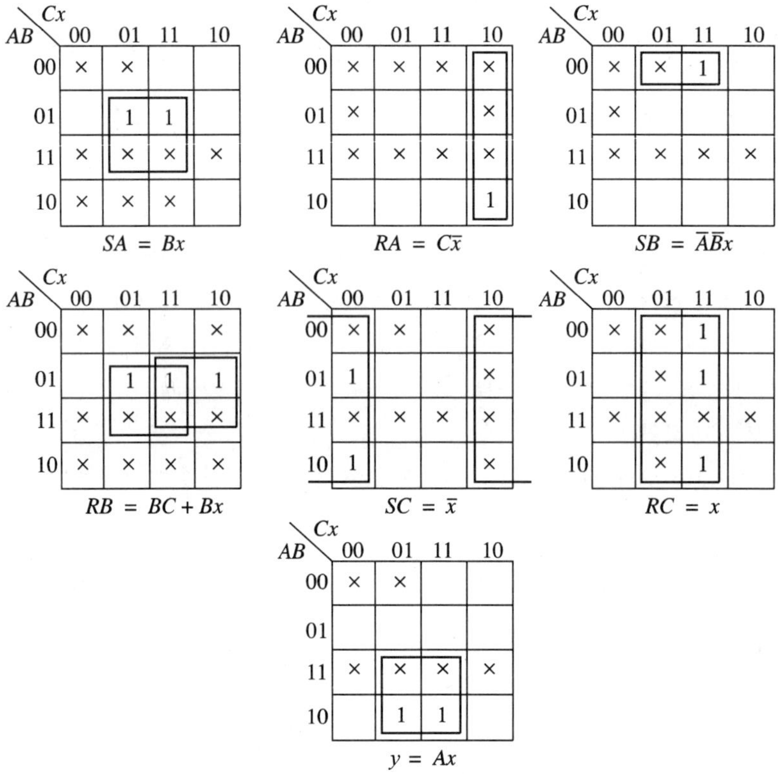

그림 17.12 예제 17.1의 순서논리회로의 간소화

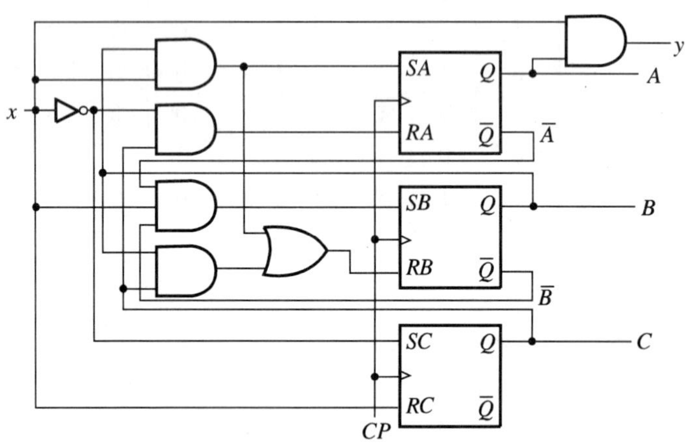

그림 17.13 예제 17.1의 논리도

17.5 카운터의 설계

클록 펄스가 들어올 때마다 미리 정해진 순서대로 상태가 변하는 순서논리회로를 카운터라 한다. 카운터는 디지털회로에서 많이 사용되는 장치로서 클록 펄스의 수를 세거나, 제어회로에서 중요한 역할을 한다. 카운터는 쓰이는 용도에 따라서 여러 종류가 있는데 여기서는 카운터의 동작원리와 설계에 대해서 설명하기로 한다. 가장 간단한 카운터로는 2진 카운터(binary counter)를 들 수 있으며, n bit 2진 카운터는 n개의 플립플롭으로 구성되고, 0에서 $2^n - 1$까지 셀 수 있다.

그림 17.14에 3비트 2진 카운터의 상태도를 나타내었다. 앞의 상태도와 다른 점은 입력변수와 출력변수가 없다는 점인데, 카운터는 클록 펄스가 들어올 때마다 상태가 변하므로 이 두 변수가 필요없다.

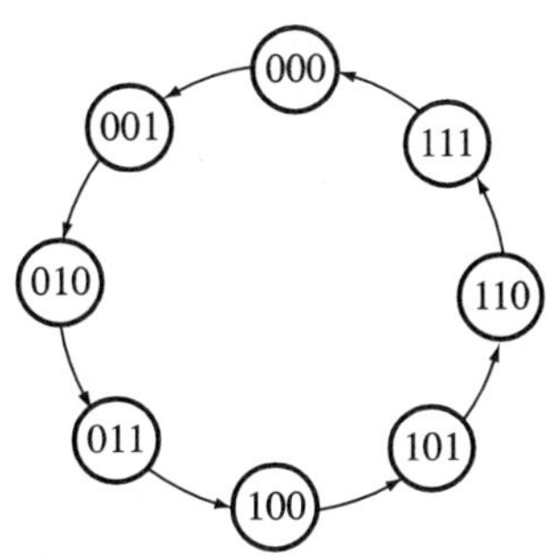

그림 17.14 3비트 2진 카운터의 상태도

표 17.14에 3비트 2진 카운터의 카운터 순서와 T플립플롭을 사용하였을 때 입력신호에 대한 여기표를 나타내었다. 표 17.14의 왼쪽에 있는 순서가 3비트 2진 카운터의 카운트 순서를 나타낸다. 카운터의 상태가 000에서 001로 바뀔 때를 보면 세 개의 플립플롭 중에서 A_0의 상태만 바뀌었으므로 A_0 플립플롭의 입력신호만 1이 된다.

마찬가지로 카운터의 상태가 001에서 010으로 바뀔 때는 플립플롭 A_1과 A_0의 출력이 바뀌었으므로 A_1과 A_0의 입력신호만 1이 되었다.

그림 17.15에서는 플립플롭의 입력신호를 간소화하였고, 그림 17.16에는 T플립플롭을 이용한 3비트 카운터의 논리도를 나타내었다.

▶표 17.14 3비트 2진 카운터의 여기표

계수 순서			플립플롭 입력		
A_2	A_1	A_0	TA_2	TA_1	TA_0
0	0	0	0	0	1
0	0	1	0	1	1
0	1	0	0	0	1
0	1	1	1	1	1
1	0	0	0	0	1
1	0	1	0	1	1
1	1	0	0	0	1
1	1	1	1	1	1

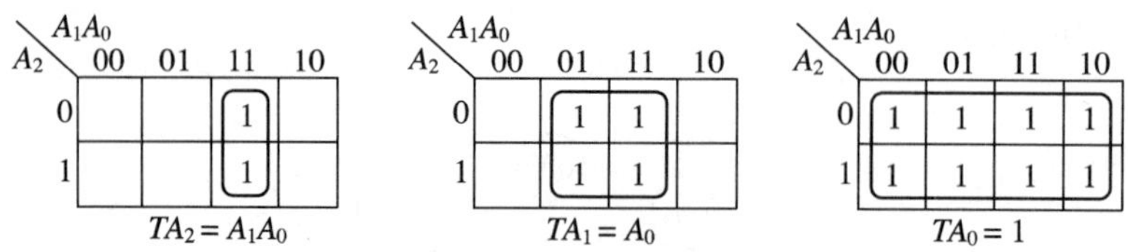

그림 17.15 3비트 2진 카운터의 카르노도

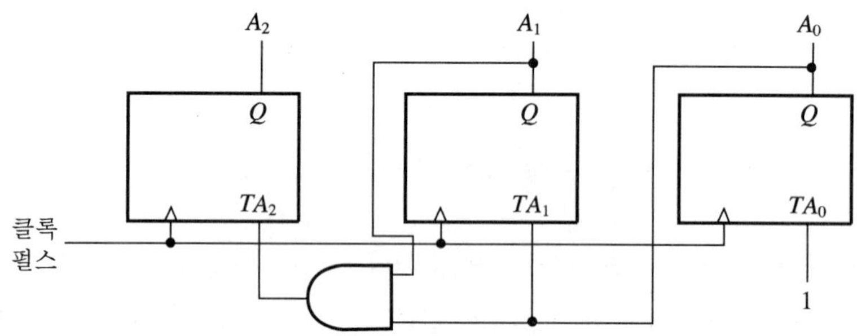

그림 17.16 3비트 2진 카운터의 논리도

예제 17.2 표 17.15와 같이 동작하는 카운터를 설계하라.

풀이 표 17.15를 분석하면 플립플롭 B와 C는 00, 01, 10을 반복하고, 플립플롭 A는 클록 펄스가 세 번 들어올 때마다 출력이 0, 1로 바뀌게 된다. 또한 상태 011과 111은 사용하고 있지 않다. JK 플립플롭을 이용하기로 하고, 플립플롭의 여기표를 표 17.15에 나타내었다. 입력신호 KB와 KC는 don't care 조건을 모두 1로 하면 모든 입력이 1이 되므로 $KB = KC = 1$이 된다.

입력신호들을 카르노도로 간소화하면 다음과 같다.

$$JA = B \qquad KA = B$$
$$JB = C \qquad KB = 1$$
$$JC = \overline{B} \qquad KC = 1$$

▶**표 17.15** 예제 17.2의 여기표

계수 순서			플립플롭 입력					
A	*B*	*C*	*JA*	*KA*	*JB*	*KB*	*JC*	*KC*
0	0	0	0	×	0	×	1	×
0	0	1	0	×	1	×	×	1
0	1	0	1	×	×	1	0	×
1	0	0	×	0	0	×	1	×
1	0	1	×	0	1	×	×	1
1	1	0	×	1	×	1	0	×

카운터의 회로도는 그림 17.17(a)에 나타내었다. 2개의 사용하지 않는 상태가 있기 때문에 그들의 영향을 알아보기 위해 이 회로를 분석해야 한다. 해석에서 얻어진 상태

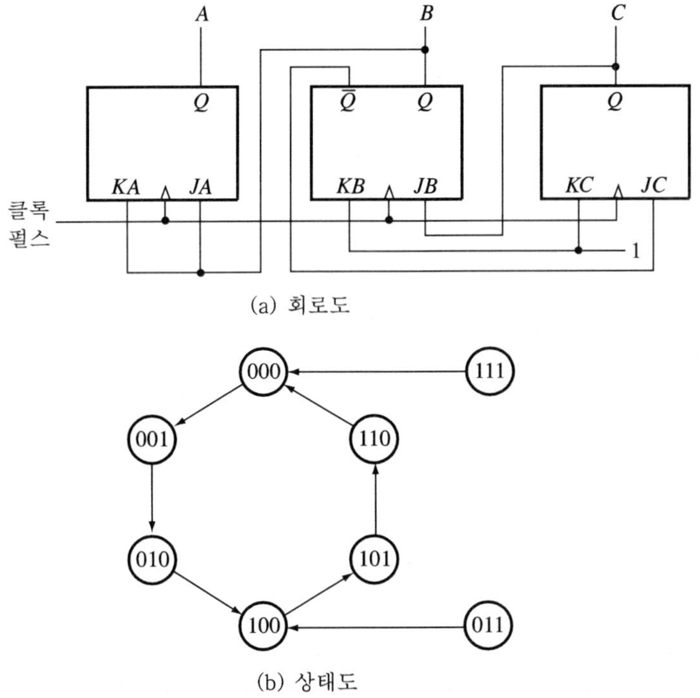

그림 17.17 예제 17.2의 카운터

도를 그림 17.17(b)에 나타내었다.

카운트가 허용되지 않는 상태를 가질 때 클록 펄스가 들어오면 허용되는 상태 중의 어느 한 상태로 변화하여 계속 카운트하는 카운터를 자기 start 카운터라 한다. ■

17.6 상태방정식을 이용한 설계

순서논리회로는 여기표가 아닌 상태방정식으로도 설계할 수 있다. 상태방정식은 현재 상태와 입력변수의 함수로서 다음 상태에 관한 조건이 주어지는 대수식이다. 순서논리회로의 상태방정식은 이 회로에 관한 상태표에 표시된 정보와 똑같은 내용을 대수적으로 표시하고 있다.

상태방정식 방법은 이미 회로가 이런 형태로 표시되어 있거나 상태방정식을 상태표에서 쉽게 유도할 수 있을 때 편리하다. D 플립플롭을 사용할 때는 이 방식이 더 좋으며, 때때로 이 방식은 JK 플립플롭을 사용하는 것이 편리할 때도 있다. RS나 T 플립플롭을 가진 회로에도 이 방식을 적용할 수 있으나 상당히 많은 양의 대수적 처리가 필요하다. 여기서 이 방법을 D 또는 JK 플립플롭으로 구성하는 순서논리회로에 응용해 보겠다.

1. *D* 플립플롭을 사용한 순서논리회로

D 플립플롭의 특성방정식은 $Q(t+1)=D$이다. 이 방정식은 플립플롭의 다음 상태가 현재 상태의 값에 관계없이 입력 D의 현재값과 같다는 것을 나타낸다. 그러므로 입력 정보를 여기표의 다음 상태란에서 이용할 수 있기 때문에 플립플롭 입력조건을 유도할 필요가 없다.

예를 들어 표 17.11에 주어진 상태표를 생각해 보자. A에 관한 상태란은 4개의 1을 갖고 있으며, B의 다음 상태란도 똑같다. 이 회로를 D 플립플롭으로 설계하기 위해서 상태방정식과 대응한 D 입력을 다음과 같은 등식으로 놓는다.

$$A(t+1)=DA(A,\ B,\ x)=\sum(2,\ 4,\ 5,\ 6)$$

$$B(t+1)=DB(A,\ B,\ x)=\sum(1,\ 3,\ 5,\ 6)$$

여기서 DA와 DB는 D 플립플롭의 A와 B의 입력함수이며, 각 함수는 4개의 최소항의 합으로 되어 있다. 두 개의 3변수 카르노도에 의해 간소화된 함수를 얻을 수 있는데 그 함수는 다음과 같다.

$$DA = A\overline{B} + B\overline{x}$$

$$DB = \overline{A}x + \overline{B}x + AB\overline{x}$$

만약 순서논리회로에서 사용이 안 되는 상태가 있다면 그것들은 don't care 조합으로 입력과 함께 고려해야 한다. 그렇게 해서 얻은 don't care 최소항은 D 플립플롭 입력함수의 상태방정식을 간단히 하는 데 사용된다. 이 예의 카르노도와 논리도는 그림 17.18과 같다.

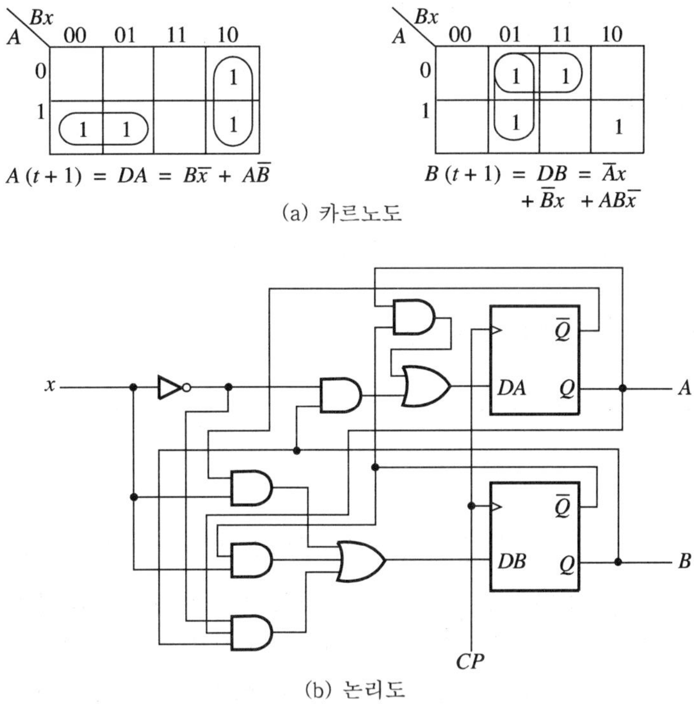

그림 17.18 카르노도와 D 플립플롭을 사용한 논리도

예제 17.3 4개의 플립플롭 A, B, C, D를 가진 순서논리회로를 설계하라. 단, B, C 그리고 D의 다음 상태는 각각 A, B, C의 현재 상태와 같다. A의 다음 상태는 C와 D의 현재 상태의 exclusive OR와 같다.

풀이 다음의 상태방정식을 구할 수 있다.

$$A(t+1) = C \oplus D$$
$$B(t+1) = A$$
$$C(t+1) = B$$

$$D(t+1) = C$$

이 회로는 feedback 자리이동 레지스터를 나타낸다. feedback 자리이동 레지스터에서 각 플립플롭은 클록 펄스가 들어올 때 그 내용을 이웃 레지스터로 이동시키며, 첫 번째 플립플롭(A)의 다음 상태는 다음 플립플롭들의 현재 상태의 어떤 함수이다. 상태방정식이 매우 간단하기 때문에 사용하기 가장 편리한 플립플롭은 D형이다.

이 회로에 대한 플립플롭 입력함수는 다음과 같이 상태 변수를 플립플롭의 입력변수로 대체하면 상태방정식에서 바로 얻을 수 있다.

$$DA = C \oplus D$$
$$DB = A$$
$$DC = B$$
$$DD = C$$

이 회로는 4개의 D 플립플롭과 1개의 exclusive OR 게이트를 사용하여 구성할 수 있다. ■

2. *JK* 플립플롭을 사용한 순서논리회로

JK 플립플롭의 특성방정식은 다음과 같다.

$$Q(t+1) = (J)\overline{Q} + (\overline{K})Q$$

순서논리회로는 여기표를 작성할 필요 없이 상태방정식에서 바로 유도할 수 있다. 이것은 각 플립플롭에 관한 상태방정식과 JK 플립플롭의 일반적인 특성방정식을 맞추어가는 과정을 수행함으로써 순서논리회로가 구성된다. 이 과정은 각 상태방정식이 특성방정식의 형태로 되기까지 조작하는 것이다. 일단 이 작업이 행해지면 입력 J와 K에 관한 함수가 유도되고 간소화될 수 있다. 이 과정은 나열된 각 상태방정식에 대하여 행해지며, 특성방정식의 문자 Q는 그 플립플롭의 명칭인 A, B, C 등으로 대체되어야 한다.

$Q(t+1)$에 관하여 주어진 상태방정식은 Q와 $\overline{Q}$의 함수로 표시되지만, 가끔 Q나 $\overline{Q}$ 또는 둘 다 불함수에 없을 수도 있다. 그러면 Q와 $\overline{Q}$ 모두가 대수식에 포함될 때까지 대수적으로 수식을 만들어내야 한다. 다음의 예제 17.4에서는 있을 수 있는 모든 가능한 경우를 설명한다.

예제 17.4 다음의 상태방정식을 만족하는 JK 플립플롭을 가진 순서논리회로를 설계하라.

$$A(t+1) = \overline{A}\,\overline{B}CD + \overline{A}\,\overline{B}C + ACD + A\overline{C}\,\overline{D}$$

$$B(t+1) = \overline{A}C + C\overline{D} + \overline{A}B\overline{C}$$
$$C(t+1) = B$$
$$D(t+1) = \overline{D}$$

풀이 플립플롭 A에 관한 입력함수는 다음과 같이 상태방정식과 특성방정식을 맞추어 일치시킨다.

$$\begin{aligned} A(t+1) &= (\overline{B}CD + \overline{B}C)\overline{A} + (CD + \overline{C}\,\overline{D})A \\ &= (J)\overline{A} + (\overline{K})A \end{aligned}$$

두 방정식이 일치하므로 플립플롭 A의 입력함수는 다음과 같다.

$$J = \overline{B}CD + \overline{B}C = \overline{B}C$$
$$K = (\overline{CD + \overline{C}\,\overline{D}}) = C\overline{D} + \overline{C}D$$

플립플롭 B에 관한 상태방정식은 다음과 같이 쓸 수 있다.

$$B(t+1) = (\overline{A}C + C\overline{D}) + (\overline{A}\,\overline{C})B$$

그러나 이 형태는 변수 $\overline{B}$가 없기 때문에 특성방정식과 맞추어 일치시키기에 부적당하다. 우변의 첫 번째 항에 $(B + \overline{B}) = 1$을 AND시키면 방정식은 변수 $\overline{B}$를 포함하게 된다.

$$\begin{aligned} B(t+1) &= (\overline{A}C + C\overline{D})(\overline{B} + B) + (\overline{A}\,\overline{C})B \\ &= (\overline{A}C + C\overline{D})\overline{B} + (\overline{A}C + C\overline{D} + \overline{A}\,\overline{C})B \\ &= (J)\overline{B} + (\overline{K})B \end{aligned}$$

두 방정식의 등호로부터 플립플롭 B에 관한 입력함수를 얻을 수 있다.

$$J = \overline{A}C + C\overline{D}$$
$$K = (\overline{\overline{A}C + C\overline{D} + \overline{A}\,\overline{C}}) = A\overline{C} + AD$$

플립플롭 C에 관한 상태방정식은 다음과 같이 된다.

$$\begin{aligned} C(t+1) &= B = B(\overline{C} + C) = B\overline{C} + BC \\ &= (J)\overline{C} + (\overline{K})C \end{aligned}$$

플립플롭 C에 관한 입력함수는

$$J = B$$
$$K = \overline{B}$$

이다.

마지막으로 플립플롭 D에 관한 상태방정식은 다음과 같이 특성방정식과 일치시킨다.

$$D(t+1) = \overline{D} = 1 \cdot \overline{D} + 0 \cdot D$$
$$= (J)\overline{D} + (\overline{K})D$$

따라서 입력함수는 다음과 같다.

$$J = K = 1$$

유도된 입력함수를 종합하면 다음과 같다. 위의 유도에 사용되지 않은 플립플롭의 입력변수를 나타내면 다음과 같다.

$$JA = \overline{B}C \qquad KA = C\overline{D} + \overline{C}D$$
$$JB = \overline{A}C + C\overline{D} \qquad KB = A\overline{C} + AD$$
$$JC = B \qquad KC = \overline{B}$$
$$JD = 1 \qquad KD = 1$$

■

여기에서 소개된 설계 절차는 JK 플립플롭을 사용해서 순서논리회로의 플립플롭 입력함수를 결정하기 위한 또 다른 방법이었다. 먼저 상태도나 상태표가 명시되어 있는 문제에서 이 방법을 적용하려면 동기식 순서논리회로 해석에서 소개된 절차에 의해 상태방정식을 먼저 유도할 필요가 있다. 상태방정식은 don't care 조건으로 간주되어 쓰이지 않는 상태를 포함하기 위해서 확장할 수 있다. don't care 최소항은 상태방정식의 형태로 쓰여져서 채택한 특정 플립플롭에 관한 상태방정식의 형태로 될 때까지 변형된다. 그러면 don't care 상태방정식으로 된 J와 K 함수들은 플립플롭 입력함수를 간소화할 때 don't care 최소항으로 취급하면 된다.

연습문제

1. 표 17.16의 상태표에서 상태도를 구하라.

▶표 17.16

현재 상태		다음 상태				출력	
		$x=0$		$x=1$		$x=0$	$x=1$
A	B	A	B	A	B	y	y
0	0	0	0	0	1	0	0
0	1	1	1	0	1	0	0
1	0	1	0	0	0	0	1
1	1	1	0	1	1	0	0

2. 그림 17.19의 전가산기는 외부 입력 x, y와 D 플립플롭의 출력에서 나오는 입력 z를 가지고 있다. 자리올림 출력은 매 클록 펄스마다 플립플롭으로 전송된다. 외부 출력 S는 x, y, z의 합이다. 이 순서논리회로의 상태표와 상태도를 구하라.

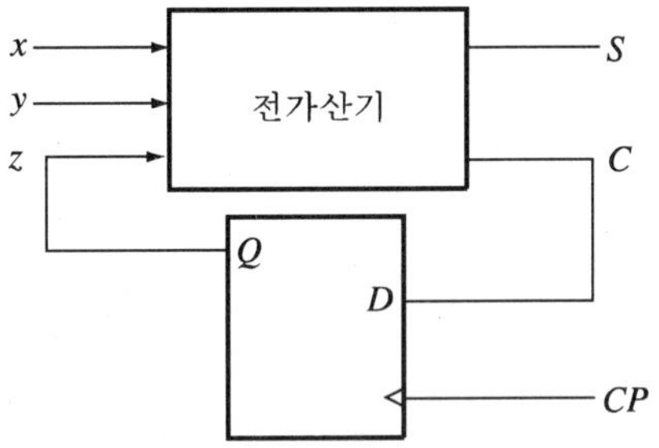

그림 17.19

3. 표 17.17과 같은 상태표를 간소화하여 상태의 수를 줄이고 간소화된 상태표를 작성하라.

▶표 17.17

현재 상태	다음 상태		출력	
	$x=0$	$x=1$	$x=0$	$x=1$
a	f	b	0	0
b	d	c	0	0
c	f	e	0	0
d	g	a	1	0
e	d	c	0	0
f	f	b	1	1
g	g	h	0	1
h	g	a	1	0

4. 문제 3의 축소된 상태표에서 상태도를 구하라.

5. 문제 3의 축소된 상태표에서 2진상태 할당 1을 가진 축소된 상태표를 구하라.

6. 표 17.18과 같이 동작하는 순서논리회로를 RS 플립플롭, D 플립플롭, JK 플립플롭으로 각각 설계하라.

▶표 17.18

현재 상태		입력			
		$x=0$		$x=1$	
A	B	A	B	A	B
0	0	0	1	1	0
1	1	0	1	1	0
1	0	0	0	0	0
0	1	1	0	1	0

7. 0, 1, 3, 2, 6, 4, 5, 7이 반복되는 계수순서를 가진 카운터를 JK 플립플롭으로 설계하라.

8. 그림 17.20과 같이 동작하는 순서논리회로를 T 플립플롭, RS 플립플롭, JK 플립플롭으로 각각 설계하라.

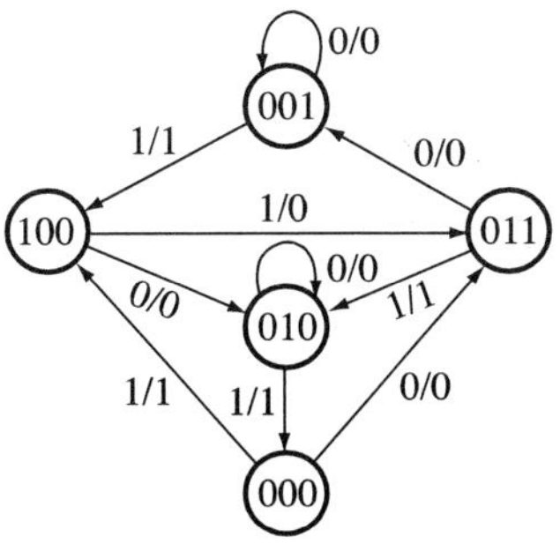

그림 17.20

9. 순서논리회로가 3개의 플립플롭 A, B, C와 1개의 입력 x를 갖고 있으며, 상태방정식은 다음과 같다.

$$A(t+1) = (\overline{B}C + B\overline{C})x + (BC + \overline{B}\,\overline{C})\overline{x}$$
$$B(t+1) = A$$
$$C(t+1) = B$$

(a) 상태 $ABC = 001$에서 시작해서 $x = 1$일 때, 상태의 순서를 구하라.

(b) 상태 $ABC = 000$에서 시작해서 $x = 0$일 때, 상태의 순서를 구하라.

10. 다음의 상태방정식을 만족하는 JK 플립플롭을 가진 순서논리회로를 설계하라.

$$A(t+1) = xAB + y\overline{A}B + xy$$
$$B(t+1) = xAC + \overline{y}B\overline{C}$$
$$C(t+1) = \overline{x}B + yA\overline{B}$$

Digital Engineering

18장 D/A 변환기

자연계 현상의 대부분은 온도, 전압, 압력, 속도 등의 아날로그 신호이다. 이 신호를 디지털 시스템에 입력하려면 디지털 신호로 변환해야 하는데 이러한 변환장치를 A/D 변환기(아날로그 디지털 변환기)라 한다.

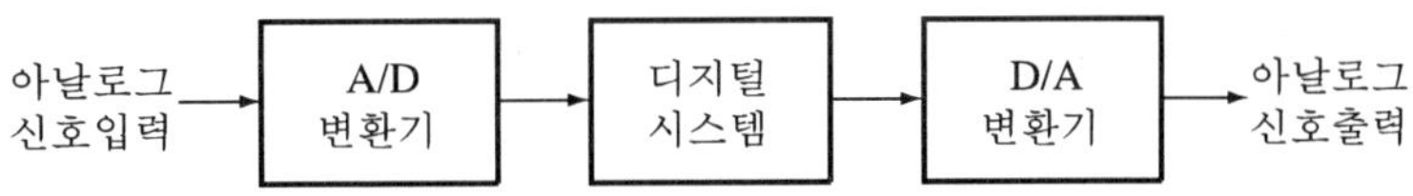

그림 18.1 아날로그 입력/출력을 위한 디지털 시스템의 기본 구성도

한편 디지털 시스템에 의해서 처리된 결과를 원래의 아날로그 신호로 변환하기 위해서는 D/A 변환기(디지털 아날로그 변환기)가 필요하다. 이들의 관계를 그림 18.1에 나타내었다.

이 장에서는 먼저 D/A 변환기의 기본회로와 실제 사용 예에 대해서 설명하고, A/D 변환기에 대해서는 다음 장에서 설명하기로 한다. D/A 변환기를 먼저 취급하는 이유는 A/D 변환기보다도 구성이 간단하고, 알기 쉬울 뿐만 아니라 A/D 변환기에는 내부에 D/A 변환기를 포함하고 있어서 설명하기 좋기 때문이다.

D/A 변환기의 기본적인 구성요소로는 하중 저항과 OP 앰프(operational amplifier : 연산증폭기)가 있는데 우선 OP 앰프의 기초부터 습득하기로 한다.

18.1 OP 앰프

D/A 변환기의 가산증폭기로는 통상 OP 앰프가 이용된다. OP 앰프는 그림 18.2에 나타낸 것과 같이 삼각형으로 나타내며, (+)와 (−)의 기호가 붙은 2개의 입력단자와 1개의 출력단자를 갖고 있다.

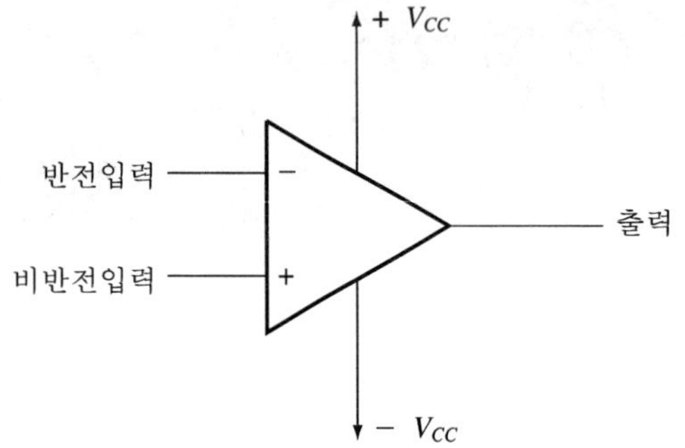

그림 18.2 OP 앰프 기호

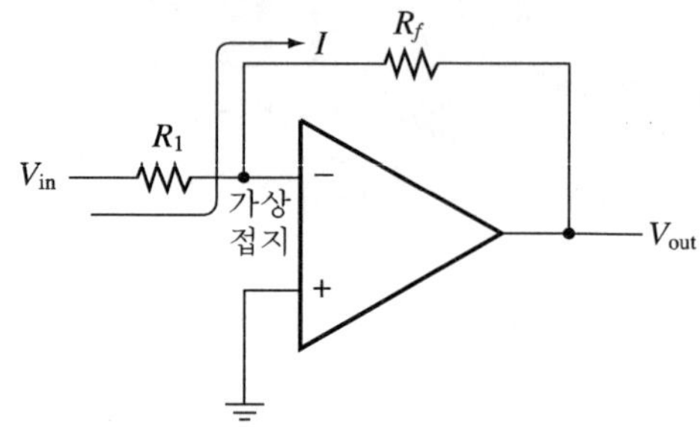

그림 18.3 OP 앰프의 사용 예

(−)입력은 반전입력(inverting input)이고, (+)입력은 비반전입력(noninverting input)이다. 그것은 (−)입력에 인가된 신호는 역상으로 출력에 나타나고, (+)입력에 인가된 신호는 동위상으로 출력에 나타내기 때문이다.

OP 앰프는 삼각형(OP 앰프 기호)의 상하에 나타낸 것과 같이 두 개의 직류전원(통상 $V_{CC}=\pm 15\,\text{V}$)을 필요로 한다. 그러나 회로도상에서는 보통 V_{CC} 기호를 생략한다.

이상적인 OP 앰프는 다음의 특징을 갖고 있다.

(1) 고입력 임피던스(수 100 kΩ ~ 수 MΩ)

(2) 높은 개방루프(open loop) 이득(80 ~ 100 dB)

(3) 낮은 출력 임피던스(수 10 Ω)

(4) 넓은 주파수 특성(직류 ~ 수 MHz)

그러나 실제의 OP 앰프는 괄호 내에 표시한 정도의 크기이며, OP 앰프는 일반적으로 그림 18.3과 같이 저항 R_1, R_f를 외부에 붙여서 사용한다.

비반전입력은 접지하고, 반전입력단자측에 입력신호 V_{in}을 인가하면 전압증폭도 A_v는 다음 식으로 주어진다.

$$A_v = \frac{V_{out}}{V_{\in}} = -\frac{R_f}{R_1} \tag{18.1}$$

즉, OP 앰프 본체의 전압증폭도와는 무관하게 외부 저항 R_1과 R_f의 비에 따라 전압증폭도가 결정되는 것이다. 이것은 일종의 부귀환회로이며, R_f는 귀환저항이라 한다.

예를 들어, $R_1 = 1\,\text{k}\Omega$, $R_f = 100\,\text{k}\Omega$이라 하면 전압증폭도 A_v는

$$A_v = -\frac{R_f}{R_1} = -\frac{100\,\text{k}\Omega}{1\,\text{k}\Omega} = -100$$

으로 된다. 단, (−)부호는 입력과 출력이 역위상으로 되는 것을 나타내고 있다.

예제 18.1 그림 18.3에서 $R_1 = 2\,\text{k}\Omega$, $R_f = 40\,\text{k}\Omega$으로 하였을 때 입력전압 $V_{\text{in}} = 0.2\text{ V}$를 인가하면 출력전압 V_{out}은 얼마일까?

풀이 식 (18.1)로부터 $A_v = -R_f/R_1$이기 때문에 전압증폭도 A_v는

$$A_v = \frac{V_{\text{out}}}{V_{\in}} = -\frac{R_f}{R_1} = -\frac{40\,\text{k}\Omega}{2\,\text{k}\Omega} = -20$$

이 된다. 따라서 $V_{\text{out}} = -A_v V_{\text{in}}$이기 때문에

$$V_{\text{out}} = A_v V_{\in} = -20 \times 0.2 = -4\text{V}$$ ■

그런데 OP 앰프에는 흥미 있는 성질이 있다. 그 하나는 입력 임피던스가 매우 높기 때문에 그림 18.3에 나타낸 것과 같이 입력신호 V_{in}을 따라서 흐르는 신호전류 I는 OP 앰프 본체로 흘러들어가는 것이 아니라 R_1에서 R_f를 통하여 출력단자를 향하여 흐르는 것이라고 생각하면 된다.

또 하나는 OP 앰프 본체의 전압이득이 매우 크기 때문에 반전입력단자의 전압은 출력전압에 비하여 아주 작다고 생각된다. 따라서 입력신호 V_{in}은 R_1의 우측 단자에서 접지되어 있다고 볼 수 있으므로 이 동작을 가상접지(imaginary earth)라 한다.

그러면 이상 두 가지 특징을 기초로 하여 식 (18.1)을 유도해 보자. 그림 18.3에서 R_1의 우측은 접지이기 때문에 입력신호전압 V_{in}은 모두 R_1의 양단에 인가된다. 따라서

$$V_{\text{in}} = R_1 I \tag{18.2}$$

다음에 신호전류 I는 R_f를 통하여 출력단자로 흐르며, 그 단자전압 IR_f가 출력전압 V_{out}이라고 간주된다. 왜냐하면 R_f의 좌측은 접지전위이기 때문이다. 단, 전압강하의 방향은 역방향이다.

$$\therefore\ V_{\text{out}} = -R_f I \tag{18.3}$$

이 두 개의 식으로부터 전압증폭도 A_v는

$$A_v = \frac{V_{\text{out}}}{V_{\text{in}}} = \frac{-R_f I}{R_1 I} = -\frac{R_f}{R_1} \tag{18.4}$$

로 되어 식 (18.1)과 같게 된다.

예제 18.2 그림 18.4에 나타낸 회로의 출력전압 V_{out}을 구하라.

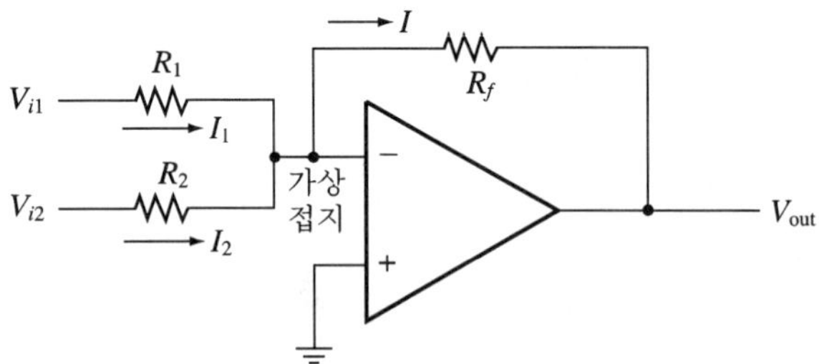

그림 18.4 전류 가산회로

풀이 R_f를 흐르는 전류 I는 $I_1(=V_{i1}/R_2)$과 $I_2(=V_{i2}/R_2)$의 합성전류이다. 따라서 출력전압 V_{out}은 다음 식으로 된다.

$$V_{out} = -R_f I = -R_f(I_1 + I_2)$$
$$= -R_f\left(\frac{V_{i1}}{R_1} + \frac{V_{i2}}{R_2}\right)$$ ■

그러면 그림 18.5에 나타낸 적분회로로 응용한 경우의 동작에 대해서 생각해 보자. 이것은 그림 18.3의 귀환저항 R_f를 콘덴서 C로 치환한 회로이다.

OP 앰프의 반전입력단자는 가상접지이기 때문에 입력전류 I는 V_{in}/R이다. 그리고 이 전류는 OP 앰프 내로는 흐르지 않고 모두 콘덴서 C로 흐른다. 그 결과 콘덴서 양단 전압 V_C는

$$V_C = \frac{1}{C}\int Idt$$

로 된다. 그러나 출력전압 V_{out}은 반전입력단자를 접지로 생각해도 좋기 때문에

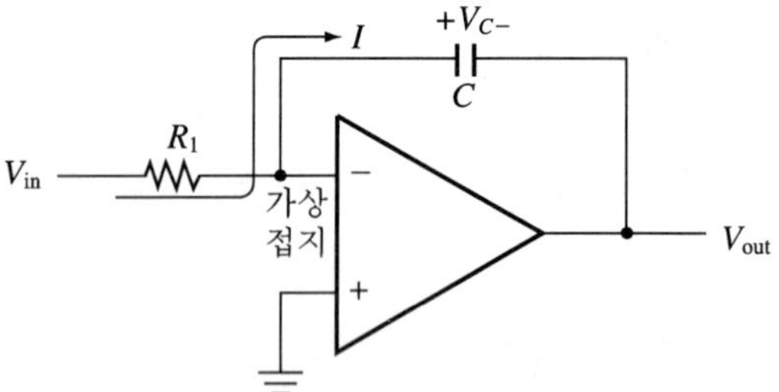

그림 18.5 적분회로

$$V_{out} = -V_C = -\frac{1}{C}\int I dt = -\frac{1}{CR}\int V_{\in}\, dt$$

로 된다. V_{in}이 일정한 상수라면 $V_{out} = -(1/CR)\cdot V_{\in}\cdot t$ 로 되며, 출력전압은 시간 t 에 비례하여 직선적으로 증대 또는 감소한다. V_{in}이 (+)의 값이면 V_{out}은 시간과 더불어 (−) 전압의 크기로 증대해간다.

18.2 D/A 변환기의 기본회로

가장 기본적인 D/A 변환기로서 그림 18.6에 나타낸 하중전류 가산형 D/A 변환기에 대하여 알아보자.

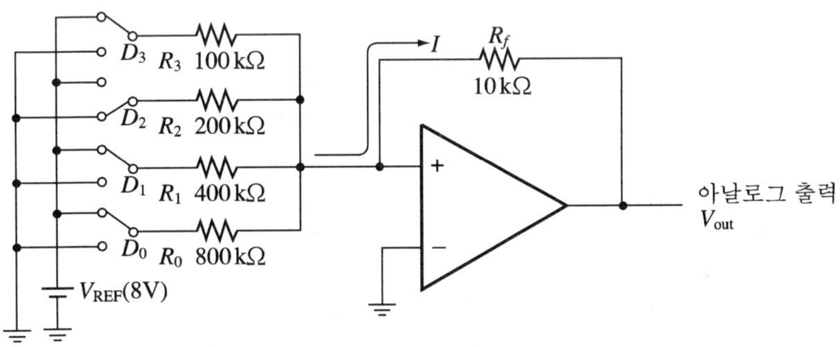

그림 18.6 하중전류 가산형 D/A 변환기

이것은 표 18.1과 같이 2진 입력 $D_3 D_2 D_1 D_0$가 1 증가하면 아날로그 출력전압의 크기가 0.1 V만큼 감소하도록 만들어져 있다. 디지털 입력 $D_3 D_2 D_1 D_0$에 따라서 스위치를 ON, OFF하면 기준전압 V_{REF}(8 V) 또는 0 V가 저항에 인가되어 각 저항의 가중치에 반비례한 전류의 합계값이 귀환저항 R_f를 통하여 흐른다. 출력전압 V_{out}은

$$\begin{aligned} V_{out} &= -R_f I = -R_f\left(\frac{V_{REF}}{R_3}D_3 + \frac{V_{REF}}{R_2}D_2 + \frac{V_{REF}}{R_1}D_1 + \frac{V_{REF}}{R_0}D_0\right) \\ &= -R_f V_{REF}\left(\frac{8D_3}{R_0} + \frac{4D_2}{R_0} + \frac{2D_1}{R_0} + \frac{D_0}{R_0}\right) \\ &= -V_{REF}\frac{R_f}{R_0}(8D_3 + 4D_2 + 2D_1 + D_0) \end{aligned} \tag{18.5}$$

단, D는 1 또는 0이다.

▶**표 18.1** D/A 변환기 진리표

행	2진 입력				아날로그 출력전압 V_{out} [V]
	D_3	D_2	D_1	D_0	
1	0	0	0	0	0.0
2	0	0	0	1	−0.1
3	0	0	1	0	−0.2
4	0	0	1	1	−0.3
5	0	1	0	0	−0.4
6	0	1	0	1	−0.5
7	0	1	1	0	−0.6
8	0	1	1	1	−0.7
9	1	0	0	0	−0.8
10	1	0	0	1	−0.9
11	1	0	1	0	−1.0
12	1	0	1	1	−1.1
13	1	1	0	0	−1.2
14	1	1	0	1	−1.3
15	1	1	1	0	−1.4
16	1	1	1	1	−1.5

예를 들어, 표 18.1의 7행째에서 디지털 입력은 $D_3 D_2 D_1 D_0 = 0110$이기 때문에 아날로그 출력전압 V_{out}은

$$
\begin{aligned}
V_{out} &= -V_{REF}\frac{R_f}{R_0}(8D_3 + 4D_2 + 2D_1 + D_0) \\
&= -8\,\text{V} \times \frac{10\,\text{k}\Omega}{800\,\text{k}\Omega}(0+4+2+0) \\
&= -0.1\,\text{V} \times 6 = -0.6\,\text{V}
\end{aligned}
$$

가 된다. 이런 방식의 D/A 변환기는 입력 비트 수가 많아지면 점점 더 저항값에 하중치를 인가하는 것이 어렵게 되기 때문에 보통 8비트 정도까지의 D/A 변환에 사용한다.

예제 18.3 그림 18.6에서 귀환저항 R_f를 $20\,\text{k}\Omega$으로 하고, 2진 입력을 $D_3 D_2 D_1 D_0 = 1111$로 한 경우의 출력전압 V_{out}을 구하라.

풀이 $R_f = 20\,\text{k}\Omega$으로 하면 식 (18.5)로부터 출력전압은 2배로 되며 0.2 V step으로 변화한

다. $D_3 D_2 D_1 D_0 = 1111$인 경우 출력전압 V_{out}은

$$
\begin{aligned}
V_{out} &= -V_{REF}\frac{R_f}{R_0}(8D_3 + 4D_2 + 2D_1 + D_0) \\
&= -8\,\mathrm{V}\times\frac{20\,\mathrm{k\Omega}}{800\,\mathrm{k\Omega}}(8+4+2+1) \\
&= -0.2\,\mathrm{V}\times 15 = -3\,\mathrm{V}
\end{aligned}
$$

■

한편, 그림 18.6의 동작원리를 응용하면 BCD 입력 데이터를 아날로그 전압으로 변환시킬 수 있다. 그림 18.7은 BCD 두 자리 디지털 신호의 D/A 변환기이다.

지금 두 자리의 BCD 입력 데이터가 다음의 비트열 $N = b_3b_2b_1b_0\,a_3a_2a_1a_0$로 나타났다고 하면, 이것은 다음 식을 의미한다.

$$
\begin{aligned}
N &= (b_3 2^3 + b_2 2^2 + b_1 2^1 + b_0 2^0)\times 10^1 + (a_3 2^3 + a_2 2^2 + a_1 2^1 + a_0 2^0)\times 10^0 \\
&= 80b_3 + 40b_2 + 20b_1 + 10b_0 + 8a_3 + 4a_2 + 2a_1 + a_0
\end{aligned}
$$

따라서 각 자릿값은 80, 40, 20, 10, 8, 4, 2, 1로 되어 있다. 이 자릿값에 대응하는 전류를 흘리는 데 필요한 각 저항값은 $R/80$, $R/40$, $R/20$, $R/10$, $R/8$, $R/4$, $R/2$, R로 되어야 하고, 그림 18.7이 이 조건을 만족하고 있다.

그림 18.6에서 디지털 입력 $D_3D_2D_1D_0$가 부호가 붙어 있는 데이터인 경우에는 어떠한가 살펴보자. 음수, 즉 2의 보수 표시 입력이 인가되면 음(−)의 아날로그 전압이 출력되어야 하므로 그림 18.8에 나타낸 것과 같은 회로가 요구된다.

이 회로가 그림 18.6과 다른 것은 위상 반전용 OP 앰프를 추가하였기 때문에 V_{out}은 표

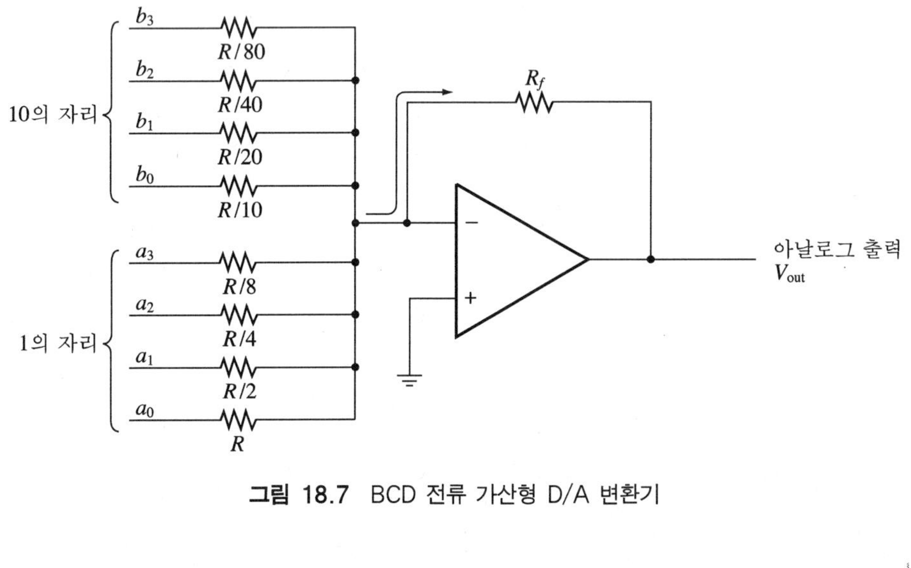

그림 18.7 BCD 전류 가산형 D/A 변환기

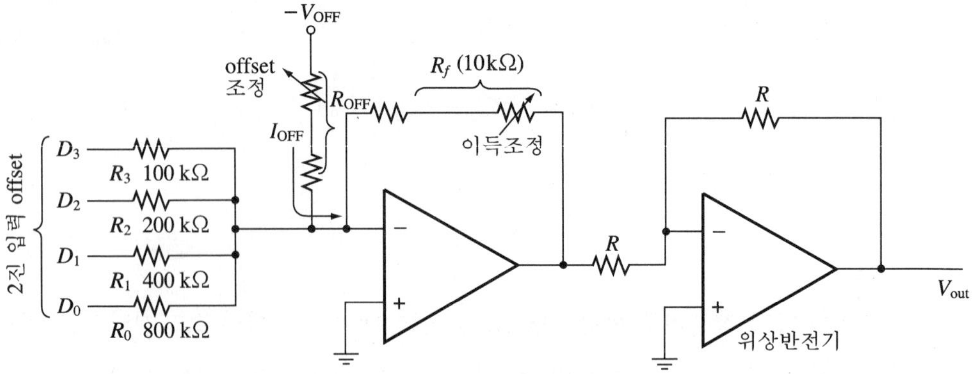

그림 18.8 offset된 D/A 변환기

18.2와 같이 정수값으로 얻어진다는 것이다. 그리고 초단 OP 앰프의 반전입력단자에 offset용 전압 ($-V_{OFF}$)와 가변저항기 R_{OFF}를 부가한다.

여기서 offset 저항 조정에 의해 offset 전류 I_{OFF}를 귀환저항 R_f에 흘려주면 이 전류분만큼 출력전압을 음의 방향으로 움직여 놓을 수 있다.

▶**표 18.2** D/A 변환기의 진리표

행	2진 입력				아날로그 출력전압 V_{out} [V]
	D_3	D_2	D_1	D_0	
1	1	1	1	1	1.5
2	1	1	1	0	1.4
3	1	1	0	1	1.3
4	1	1	0	0	1.2
5	1	0	1	1	1.1
6	1	0	1	0	1.0
7	1	0	0	1	0.9
8	1	0	0	0	0.8
9	0	1	1	1	0.7
10	0	1	1	0	0.6
11	0	1	0	1	0.5
12	0	1	0	0	0.4
13	0	0	1	1	0.3
14	0	0	1	0	0.2
15	0	0	0	1	0.1
16	0	0	0	0	0.0

이때의 offset 전압 V_0는 다음 식으로 주어진다.

$$V_0 = I_{\mathrm{OFF}} R_f = -\frac{V_{\mathrm{OFF}}}{R_{\mathrm{OFF}}} \cdot R_f \tag{18.6}$$

따라서 아날로그 출력전압 V_{out}은

$$V_{\mathrm{out}} = -V_{\mathrm{REF}} \cdot \frac{R_f}{R_0}(8D_3 + 4D_2 + 2D_1 + D_0) + V_0$$

가 된다.

예를 들어, 디지털 입력이 $D_3 D_2 D_1 D_0 = 1000$일 때 아날로그 출력 V_{out}이 0 volt가 되도록 −0.8 V 낮추면 표 18.3과 같은 offset된 출력이 얻어진다. 즉, 0~1.5 V의 범위에 있던 출력이 −0.8~+0.7 V의 출력으로 offset 조정이 된다.

여기서 표 18.3의 2열과 3열을 살펴보면 3열의 디지털 수치가 현재의 입력이며, 이것을 offset 2진수라 한다. 이에 대해서 2열은 2의 보수 표현의 부호가 있는 디지털 입력이 된다. 1열은 이것을 10진수로 나타낸 것이다.

▶**표 18.3** 2의 보수와 offset 2진수

10진수	2의 보수 표현	offset 2진수	출력[V]
+7	0111	1111	0.7
+6	0110	1110	0.6
+5	0101	1101	0.5
+4	0100	1100	0.4
+3	0011	1011	0.3
+2	0010	1010	0.2
+1	0001	1001	0.1
0	0000	1000	0.0
−1	1111	0111	−0.1
−2	1110	0110	−0.2
−3	1101	0101	−0.3
−4	1100	0100	−0.4
−5	1011	0011	−0.5
−6	1010	0010	−0.6
−7	1001	0001	−0.7
−8	1000	0000	−0.8

이상으로부터 알 수 있듯이 부호가 있는 디지털 데이터로부터 아날로그 신호를 얻으려면 일단 offset 2진수로 변환하고 이것을 그림 18.8과 같은 offset D/A 변환기에 인가해야만 한다.

그리고 2의 보수형식을 offset 2진 형식으로 변환하는 방법은 표 18.3에서와 같이 최상위 비트의 0은 1로, 1은 0으로 변환시키기만 하면 되므로 매우 간단하다는 것을 알 수 있다.

예를 들어, 8비트의 부호가 있는 데이터를 D/A 변환하였을 때에도 MSB만을 인버터로 반전시켜, offset된 D/A 변환기에 인가하면 된다.

18.3 *R*−2*R* 사다리형 D/A 변환기

앞 절에서 설명한 자릿값을 갖는 전류 가산형 D/A 변환기는 간단하지만 비트 수가 많아지면 소요되는 저항값의 범위가 넓어져 실현하기 곤란해지는 단점이 있다. 예를 들어, 12비트의 D/A 변환기를 만들기 위하여 MSB의 저항값을 2 kΩ으로 하면 LSB의 저항값은 $2\,\mathrm{k\Omega} \times 2^{11} = 4.096\,\mathrm{M\Omega}$이 된다.

따라서 이렇게 광범위한 정밀 저항값을 구한다는 것은 매우 어렵고 또한 LSB의 저항에 흐르는 전류가 너무 적게 되므로 잡음의 영향을 받기가 쉽다. 그래서 고안된 것이 그림 18.9에 나타낸 것과 같은 사다리형 회로이다. 이 회로는 4비트 D/A 변환기의 예이지만 R과 $2R$ 두 종류의 저항값만으로 회로를 구성할 수 있는 장점이 있다. 따라서 수 비트의 D/A 변환기를 만드는 것이 아주 용이하다.

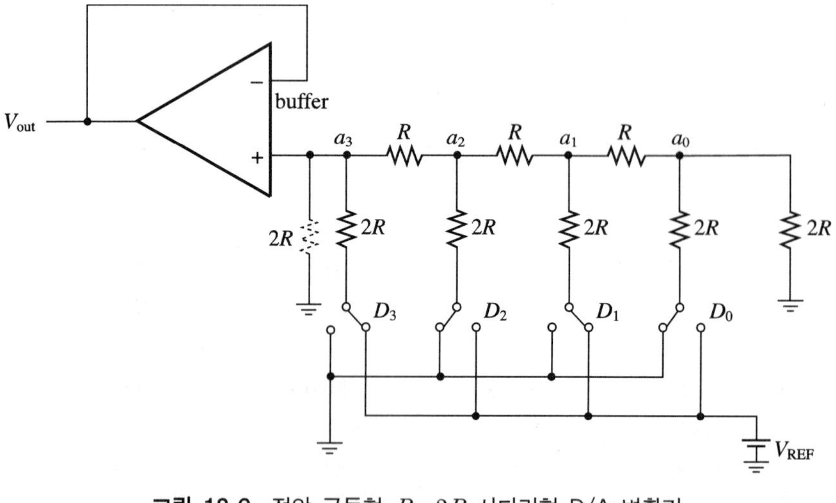

그림 18.9 전압 구동형 $R-2R$ 사다리형 D/A 변환기

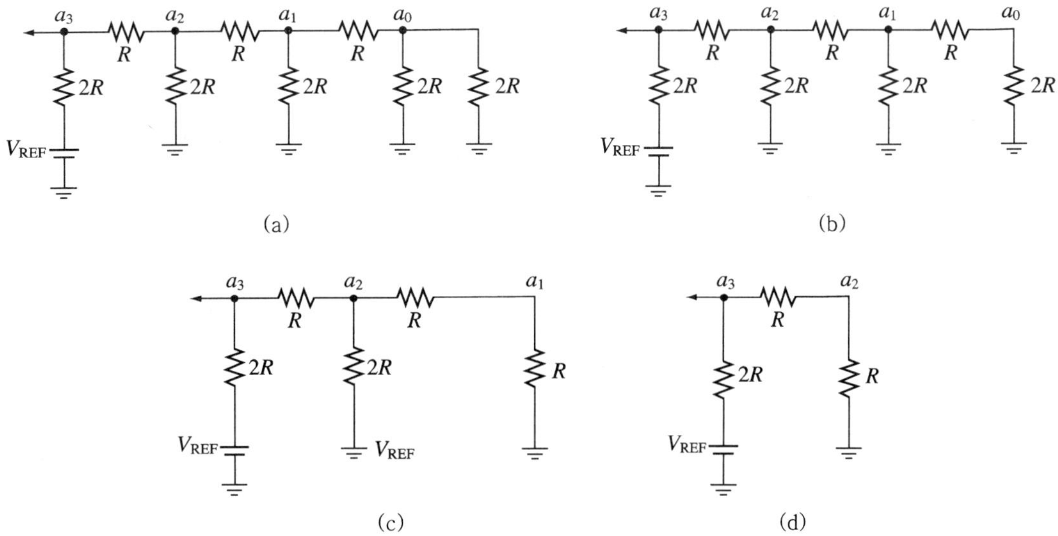

그림 18.10 $D_3D_2D_1D_0 = 1000$일 때의 동작

그림 18.9는 전압 구동형 D/A 변환기 회로로서 OP 앰프는 단지 고입력 임피던스 buffer로 동작하고 있고 전압증폭도는 1이다.

그러면 이 회로의 동작을 살펴보자. 디지털 입력 $D_3D_2D_1D_0$에 따라 각 스위치가 ON, OFF되면 기준전압 V_{REF} 또는 0 V의 전압이 transfer 스위치 접점을 통하여 $2R$을 지나 $a_3a_2a_1a_0$의 각 점에 전달된다. 예를 들어, 디지털 입력이 $D_3D_2D_1D_0 = 1000$이라고 하면 a_3점에는 $V_{REF}/2$의 전압이 발생한다. 왜냐하면 그림 18.10과 같이 $a_3a_2a_1a_0$의 각 점으로부터 우측을 본 임피던스는 항상 $2R$로 되고, 최종적으로는 그림 18.10(d)와 같이 간단한 등가회로로 치환되기 때문이다.

다음에 $D_3D_2D_1D_0 = 0100$인 경우에는 그림 18.11과 같이 생각하면 a_3점에는 $V_{REF}/4$의 전압이 발생한다. 같은 방법으로 디지털 입력이 0010인 경우에는 a_3점에는 $V_{REF}/8$의 전압이 발생하고, $D_3D_2D_1D_0 = 0001$인 경우에는 a_3에 $V_{REF}/16$의 전압이 발생한다.

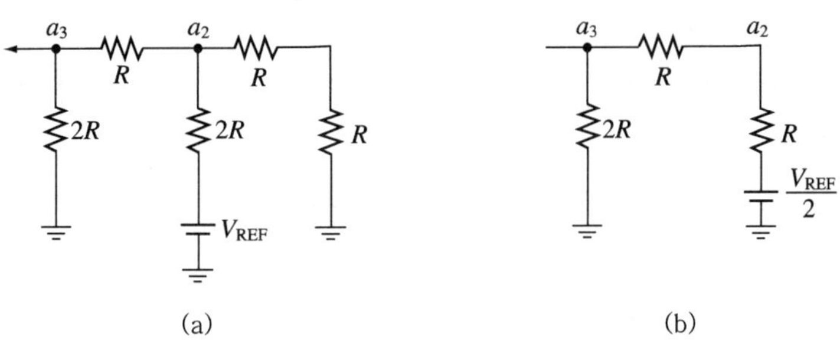

그림 18.11 $D_3D_2D_1D_0 = 0100$일 때의 동작

이와 같이 각각의 디지털 입력이 a_3점에 주는 전압은 각 입력에 따른 자릿값으로 부여됨을 알 수 있다. 따라서 a_3점의 합계 전압, 즉 아날로그 출력전압 V_{out}은 다음과 같이 나타낼 수 있다.

$$V_{out} = \frac{V_{REF}}{2}\left(D_3 + \frac{1}{2}D_2 + \frac{1}{4}D_1 + \frac{1}{8}D_0\right)$$
$$= \frac{V_{REF}}{2^4}(8D_3 + 4D_2 + 2D_1 + D_0) \tag{18.7}$$

그림 18.9의 OP 앰프 비반전입력단자에 점선으로 기입된 저항($2R$)을 삽입하면 각 스위치에서 본 입력 저항을 $3R$로 일정하게 할 수 있는 이점이 있지만 a_3점의 전압은 $V_{REF}/2$에서 $V_{REF}/3$로 낮아진다.

예제 18.4 5단 사다리형 회로에서 $V_{REF} = 6.4\,\mathrm{V}$로 하였을 때 다음의 디지털 입력을 인가하였을 때 아날로그 출력 V_{out}을 구하라.

(1) 10000 (2) 01000 (3) 00100 (4) 10101

풀이 5비트 D/A 변환기인 사다리형 회로의 아날로그 출력전압 V_{out}은 다음 식으로 나타낼 수 있다.

$$V_{out} = \frac{V_{REF}}{2^5}(2^4 D_4 + 2^3 D_3 + 2^2 D_2 + 2^1 D_1 + D_0) \tag{18.8}$$

따라서 각 디지털 입력에 대한 아날로그 출력 V_{out}은

(1) $V_{out} = 6.4\,\mathrm{V}/32(2^4 + 0 + 0 + 0 + 0) = 3.2\,\mathrm{V}$

(2) $V_{out} = 0.2(0 + 2^3 + 0 + 0 + 0) = 1.6\,\mathrm{V}$

(3) $V_{out} = 0.2(0 + 0 + 2^2 + 0 + 0) = 0.8\,\mathrm{V}$

(4) $V_{out} = 0.2(2^4 + 0 + 2^2 + 0 + 1) = 4.2\,\mathrm{V}$ ■

예제 18.5 그림 18.12는 CD 4050A(hexa CMOS buffer)를 이용한 6비트 D/A 변환기이다. 디지털 입력이 $D_5 D_4 D_3 D_2 D_1 D_0 = 100101$인 경우의 아날로그 출력 V_{out}을 구하라.

풀이 이 회로에서는 CMOS buffer의 전원전압 V_{DD}가 기준전압 V_{REF}와 같다. 왜냐하면 CMOS의 $V_{OL} \fallingdotseq 0$으로 되기 때문이다. 예제에서 $V_{DD} = 5.12\,\mathrm{V}$이다. 아날로그 출력 V_{out}은 다음과 같다.

$$V_{out} = \frac{V_{REF}}{2^6}(2^5 D_5 + 2^4 D_4 + 2^3 D_3 + 2^2 D_2 + 2^1 D_1 + D_0) \tag{18.9}$$

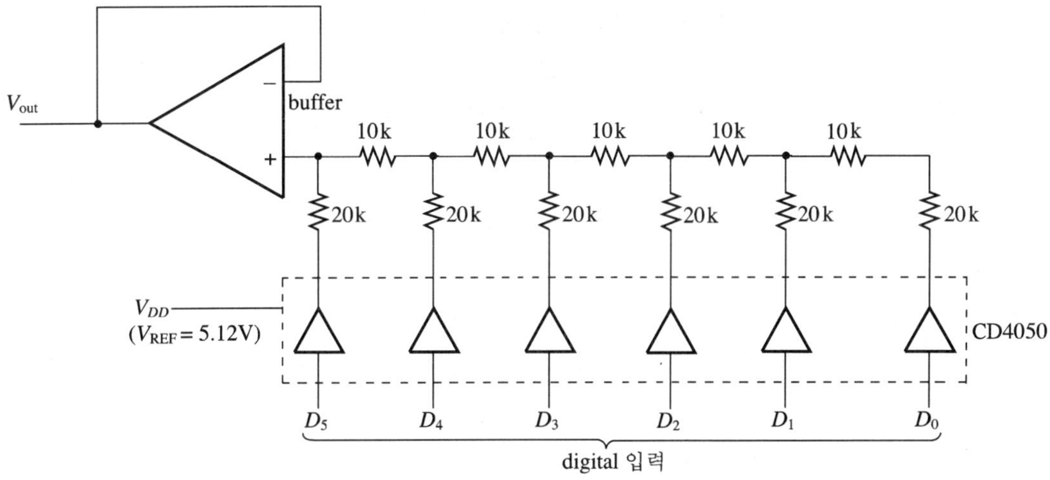

그림 18.12 6비트 D/A 변환기

따라서 $D_5\,D_4\,D_3\,D_2\,D_1\,D_0 = 100101$인 경우의 출력전압 V_{out}은

$$V_{\text{out}} = \frac{5.12\,\text{V}}{2^6}(2^5 + 2^2 + 1) = 0.08\,\text{V} \times 37 = 2.96\,\text{V}$$ ■

그런데 그림 18.9의 회로는 디지털 입력에 따라서 스위치를 ON, OFF시켜 기준전압 V_{REF}를 공급하는 전압 구동형이었다. 이에 대해서 그림 18.13에 나타낸 사다리형 회로는 전류 구동형 D/A 변환회로이다.

통상 이들 스위치 소자로는 트랜지스터를 이용하지만 전압 구동형 회로에서는 트랜지스터의 포화현상 때문에 스위칭 속도를 빠르게 할 수 없는 단점이 있다. 그러나 그림 18.13의

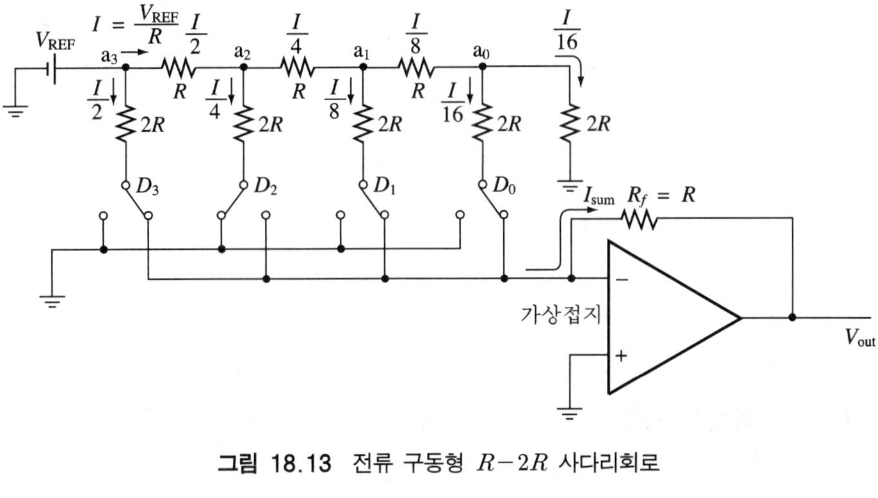

그림 18.13 전류 구동형 $R-2R$ 사다리회로

전류 구동형에서는 스위치의 ON, OFF에 관계없이 $2R$를 흐르는 전류를 항상 일정하게 할 수 있기 때문에 전류 spark가 발생하지 않는다는 이점이 있다. 왜냐하면 $2R$ 저항의 하단부 전위는 스위치가 ON, OFF의 어떠한 경우에도 접지 상태로 되어 있기 때문이다.

그림 18.13에서 a_3점에서 우측을 본 임피던스는 R이다. 따라서 기준전압 V_{REF}로부터 흘러들어온 전류 I는 $I = V_{\text{REF}}/R$로 된다. 이 전류는 a_3점에서 2등분되므로 a_3점의 아래쪽 $2R$을 흐르는 전류는 $I/2$로 된다.

다음에 a_2점으로 향해 흘러들어온 전류 $I/2$는 여기서 2등분하여 a_2점의 아래쪽 $2R$에는 $I/4$의 전류가 흐른다. 같은 방법으로 a_1점 아래의 $2R$에는 $I/8$, a_0점 아래의 $2R$에는 $I/16$의 전류가 흐른다. 이들 전류가 모두 가산되어 I_{sum}으로 되어 OP 앰프의 귀환저항 $R_f(=R)$를 흐르면 출력전압 V_{out}이 발생한다.

전류의 합계 I_{sum}은

$$\begin{aligned} I_{\text{sum}} &= \frac{I}{2^4}(2^3 D_3 + 2^2 D_2 + 2D_1 + D_0) \\ &= \left(\frac{V_{\text{REF}}}{R}\right)\frac{1}{2^4}(2^3 D_3 + 2^2 D_2 + 2D_1 + D_0) \end{aligned}$$

따라서 아날로그 출력전압 V_{out}은

$$\begin{aligned} V_{\text{out}} &= -R_f I_{\text{sum}} = -R\left(\frac{V_{\text{REF}}}{R}\right)\frac{1}{2^4}(2^3 D_3 + 2^2 D_2 + 2D_1 + D_0) \\ &= -\frac{V_{\text{REF}}}{2^4}(2^3 D_3 + 2^2 D_2 + 2D_1 + D_0) \end{aligned} \tag{18.10}$$

로 되어 앞의 전압 구동형에서 구한 식 (18.7)~(18.9)와 거의 같은 결과를 얻을 수 있다.

그림 18.14는 전류 구동형 고속 D/A 변환기의 일례이다. 이 회로를 보면 전류 스위치 회로에 ECL형 차동증폭기를 이용하고 있는 것을 알 수 있다. 이 때문에 트랜지스터를 포화시키지 않고 전류를 전환할 수 있다. 단, 이 회로에서는 기준전압 V_{REF}가 $-V_{\text{REF}}$이므로 V_{out}은 양(+)의 값으로 된다.

또 하나 그림 18.13과 다른 점은 우단의 LSB저항 $2R$를 접지하지 않고, $V_B{}'$에 접속하고 있는데 이것은 다음의 두 가지 기능을 수행시키기 위해서이다.

① LSB의 $2R$ 하단부 전위를 $V_{E0}(=V_{E1}=V_{E2}=V_{E3})$로 만들기 위해서는 그림 18.13에서 $2R$의 하단은 모두 접지전위로 되어 있었지만 이 회로에서는 V_{E0}가 공통 접지 전위에 상당하므로 이것에 맞출 필요가 있다.

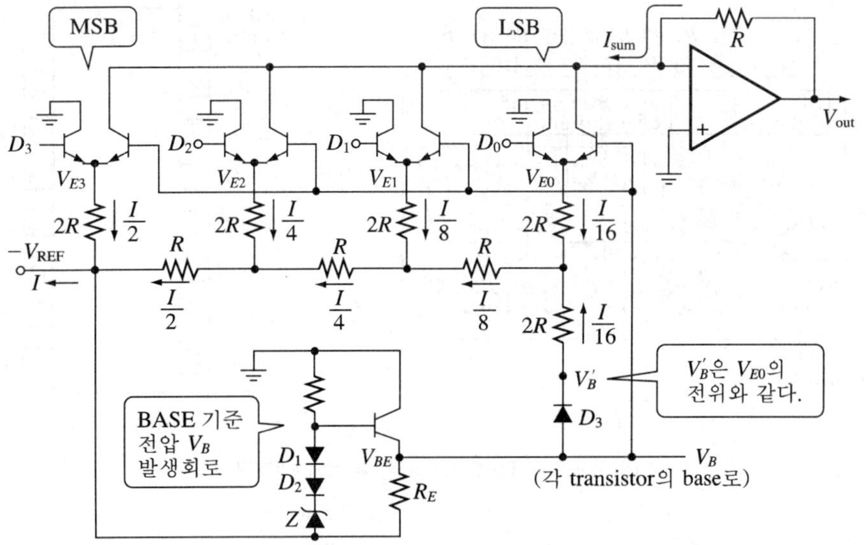

그림 18.14 전류 구동형 고속 D/A 변환기

결국 diode D_3는 ON 상태인 transistor의 V_{BE}에 해당된다.

② V_B'의 전위는 $-V_{REF}+V_Z$로 되어 온도 특성을 받을 수 없게 된다. V_B'을 구해보면 다음 식으로 된다.

$$V_B' = -V_{REF} + V_Z + V_{D1} + V_{D2} - V_{BE} - V_{D3} \tag{18.11}$$

여기서 다이오드의 단자전압은 모두 같고, transistor의 V_{BE}도 같으면 $V_B' = -V_{REF} + V_Z$로 되기 때문이다.

지금 이 회로에서는 디지털 논리입력이 L일 때 우측의 차동전류 트랜지스터가 ON으로 되어 전류가 가산된다. 즉, 부논리의 입력 동작으로 되어 있다.

18.4 DAC 08 D/A 변환기

DAC 08 시리즈는 Motolora사의 고속 8비트 전류구동형 D/A 변환기이며, 그림 18.15에 그 핀 배치와 내부구조를 나타내었다.

두 개의 전류 출력단자 I_{out}, $\overline{I}_{out}$은 complementary 출력으로 되어 있으므로 차동적인 사용도 가능하고, peak to peak로 출력 진폭을 두 배 증가시킬 수도 있다. 통상은 다음 단에 OP 앰프를 접속하지 않고 부하 저항을 연결하는 것만으로도 아날로그 출력전압으로

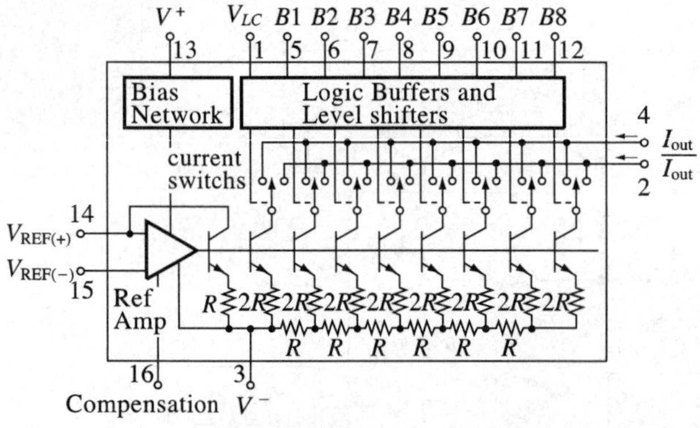

(a) 내부구조

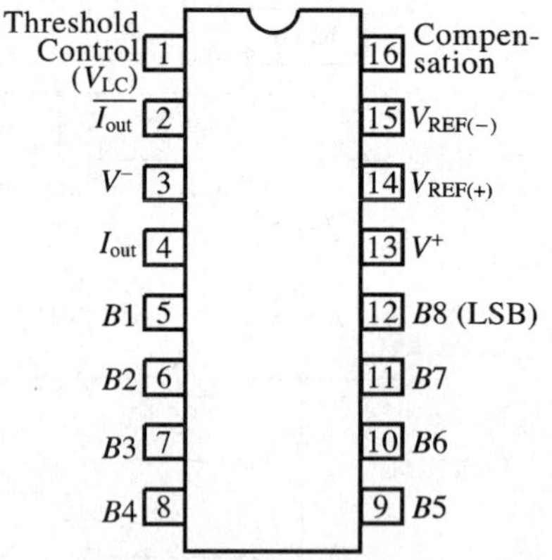

(b) pin 배치

그림 18.15 DAC 08의 핀 배치와 내부구조

변환할 수 있다.

논리 문턱값 제어단자 V_{LC}(핀 1)는 DTL과 TTL level에서는 접지하면 되고, 다른 논리 family인 CMOS나 ECL로 사용할 때는 각각에 따른 level 전압을 인가해야 한다. 결국이 D/A 변환기는 TTL, DTL, CMOS, ECL, pMOS 등의 디지털 입력에도 대응할 수 있도록 만들어져 있다.

전원전압은 ±4.5 ~ ±18 V의 범위에서 사용 가능하고, 전원 소비전력도 약 33 mW ($V_{CC}=\pm 5\,\text{V}$)로 매우 적다.

기준전압 V_{REF}(핀 14, 15)는 전원전압값까지 인가할 수 있지만 통상 5 V나 10 V를 사용한다.

그림 18.16은 전원전압 ±15 V, 기준전압 $V_{\text{REF}}=10\,\text{V}$, 기준저항 $=5\,\text{k}\Omega$으로 사용한 예이다. 기준전류 I_{REF}는 $V_{\text{REF}}/R_{\text{REF}}=10\,\text{V}/5\,\text{k}\Omega=2\,\text{mA}$이므로 전류출력 I_{FR}(full scale range)은 디지털 입력 $B_1 \sim B_8$이 $\text{FF}_{16}(=11111111_2)$일 때

$$
\begin{aligned}
I_{\text{FR}} &= I_{\text{out}} + \bar{I}_{\text{out}} = \frac{V_{\text{REF}}}{R_{\text{REF}}} \cdot \frac{1}{2^8}\left(2^7 D_7 + 2^6 D_6 + \cdots + 2D_1 + D_0\right) \\
&= \frac{V_{\text{REF}}}{R_{\text{REF}}} \times \frac{255}{256} = I_{\text{REF}} \times \frac{255}{256} \\
&= \frac{10\,\text{V}}{5\,\text{k}\Omega} \times \frac{255}{256} = 1.992\,\text{mA}
\end{aligned}
\tag{18.12}
$$

로 된다. 그러나 그림 18.16에서는 offset 2진수 입력에 대하여 아날로그 출력 V_{out}이 ±5 V 얻어지도록 offset 전류 I_{OFF}(1 mA)를 흘리고 있다.

따라서 디지털 입력 $B_1 \sim B_8$이 FF_{16}일 때 full scale 전류 I_{FR}은

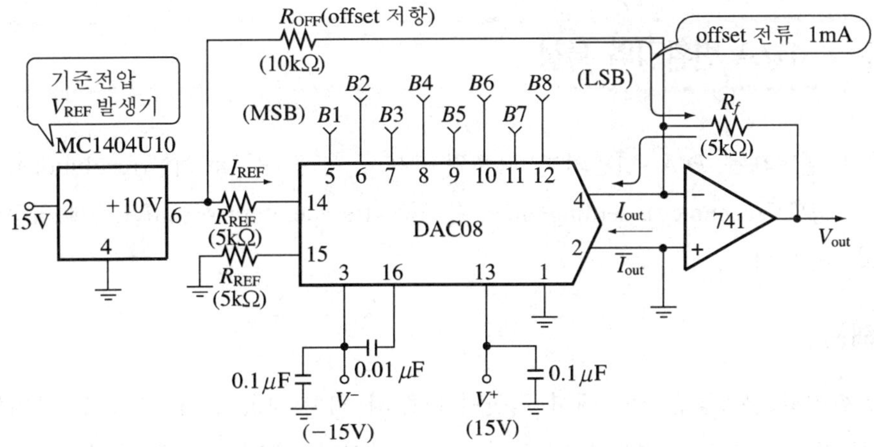

그림 18.16 DAC 08의 offset 2진 동작의 사용 예

$$
\begin{aligned}
I_{FR} = I_{out} &= \frac{V_{REF}}{R_{REF}} \cdot \frac{1}{2^8}(2^6 D_6 + 2^5 D_5 + \cdots + 2D_1 + D_0) \\
&= \frac{V_{REF}}{R_{REF}} \times \frac{127}{256} \\
&= \frac{10\ \text{V}}{5\ \text{k}\Omega} \times \frac{127}{256} \\
&= 0.992\ \text{mA}
\end{aligned} \tag{18.13}
$$

로 되기 때문에 OP 앰프의 귀환저항 $R_f = 5\,\text{k}\Omega$으로 하면 출력전압 V_{out}은 full scale에서 $0.992\,\text{mA} \times 5\,\text{k}\Omega = 4.960\,\text{V}$로 된다.

지금 디지털 입력 $B_1 \sim B_8$이 00_{16}일 때 출력전압 V_{out}은 $-5\,\text{V}$로 된다. 즉

$$
I_{FR} = -I_{REF} \times \frac{128}{256} = -1\,\text{mA}
$$

$$
\therefore\ V_{out} = I_{FR} \times R_f = -1\,\text{mA} \times 5\,\text{k}\Omega = -5\,\text{V}
$$

가 된다. 이들 관계를 표 18.4에 나타내었다.

▶**표 18.4** offset 2입력 $B_1 \sim B_8$과 출력전압 V_{out}

	B_1	B_2	B_3	B_4	B_5	B_6	B_7	B_8	V_{out} [V]
양의 full scale	1	1	1	1	1	1	1	1	+4.960
zero scale	1	0	0	0	0	0	0	0	0.000
음의 full scale+1 LSB	0	0	0	0	0	0	0	1	−4.960
음의 full scale	0	0	0	0	0	0	0	0	−5.000

18.5 D/A 변환기의 특성

지금까지 설명해온 D/A 변환기는 다음의 5가지 특성, 즉 분해능(resolution), 직선성(linearlity), 정확도(accuracy), settling time, 온도특성(temperature sensitivity)에 의하여 성능을 판단할 수 있다.

1. 분해능

D/A 변환기의 분해능은 출력에서 이산단계 수의 역수이며, 입력 비트 수에 의해 결정된다. 예를 들어, 4비트인 경우 1/15의 분해능을 가지며, 백분율(%)로 표시하면 $(1/15) \times 100 = 6.67\%$이다. 비트의 수가 n일 때 이산단계의 총 수는 $2^n - 1$이고, 분해능은 변환되는 비트 수로 표시할 수도 있다. 분해능은 디지털 입력 변화의 결과로 나타나는 아날로그 출력의 최소 변화로 정의된다. 각 출력 사이의 간격을 step size라 하며, 일반적으로 이것을 분해능이라 한다. 분해능을 백분율 분해능으로 표현하여 사용하기도 하는데 백분율 분해능은 최대 출력(Full Scale Range, FSR)에 대한 step size의 백분율로 나타내기도 하고, 총 단계의 수에 대한 백분율로 나타내기도 한다. 이것은 전적으로 입력 비트의 수에만 의존하므로 입력 비트의 수가 많을수록 우수한 분해능을 가진다고 할 수 있다. 그러나 분해능이 아무리 우수하다고 해도 step size의 최대 1/2까지 발생할 수 있는 양자화 오차는 피할 수 없다.

예제 18.6 4비트 D/A 변환기의 최대 출력(FSR)이 15 V인 경우 분해능과 백분율 분해능을 구하라.

풀이 ① 분해능은 다음과 같이 구할 수 있다.

$$\text{분해능(step size)} = \frac{\text{FSR}}{2^n - 1} = \frac{15}{2^4 - 1} = 1\,\text{V}$$

② 최대 출력에 대한 step size의 백분율 분해능은 다음과 같이 구할 수 있다.

$$\text{백분율 분해능} = \frac{\text{step size}}{\text{FSR}} = \frac{1}{15} \times 100 = 6.67\%$$

■

예제 18.7 8비트 D/A 변환기의 백분율 분해능을 구하라.

풀이 총 단계 수에 대한 백분율 분해능은 다음과 같이 구할 수 있다.

$$\text{백분율 분해능} = \frac{1}{2^n - 1} \times 100 = \frac{1}{2^8 - 1} \times 100 = \frac{1}{255} \times 100 = 0.392\%$$ ■

2. 직선성

이상적인 D/A 변환기에서는 디지털 입력의 수치 크기에 비례하여 아날로그 출력이 증가한다. 그러나 실제의 D/A 변환기에서는 그림 18.17의 점으로 나타낸 것과 같이 조금 벗어난다. 이 특성을 그리려면 D/A 변환기에 디지털 입력을 인가하고 그때의 아날로그 출력값을 plot하면 된다.

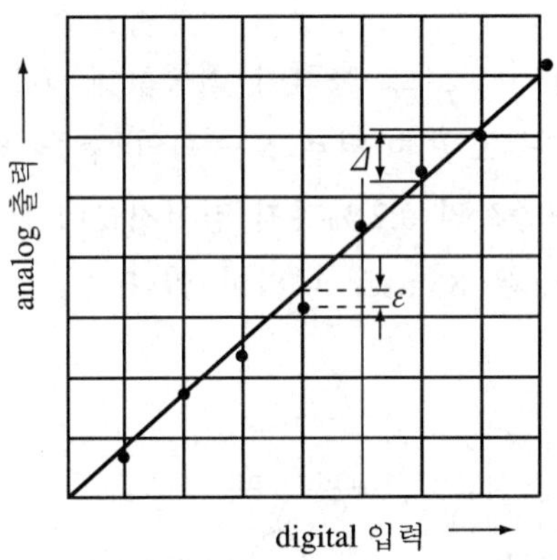

그림 18.17 D/A 변환기의 직선성

어떤 점에서는 ε만큼의 직선오차가 있다. 지금 디지털 입력인 LSB의 1비트 변화에 대한 아날로그 출력 변화량을 Δ라고 하면 변환기의 직선성은 ε/Δ에 의해 정의할 수 있다. 통상은 $|\varepsilon| < \Delta/2$, 즉 오차가 $\pm(1/2)$LSB 이내인 것이 필요조건이다.

이 오차는 조정이 불가능하기 때문에 양질의 변환기나 외부 부품을 선택하는 방법밖에 없다.

3. 정확도

변환기의 정확도란 실제 아날로그 출력과 이상적인 특성 출력과의 차를 기준으로 한다. 따라서 직선성의 결여도 정확도를 나쁘게 하고, 양자화 오차도 정확도를 나쁘게 한다. 일반적으로 정확도는 full scale에 대한 오차의 비율, 즉 상대 정도로 나타내는 경우가 많다.

정확도를 나쁘게 하는 오차의 원인으로서는 기준전압 V_{REF}나 증폭기의 이득, 증폭기의 offset 전류의 부정확 등이 많다.

따라서 이들 조정 가능의 오차는 자동 0(zero) 보상회로, 온도보상, 부귀환 기술을 사용하여 억제하는 것이 필요하다.

대표적인 상대 정도는 full scale의 0.2%±(1/2)LSB이다.

4. settling time

D/A 변환기에서 디지털 입력이 변화하면 아날로그 출력이 어떤 값에서 다음 값으로 jump한다. 이때 회로의 분포용량이나 lead선의 inductance 때문에 과도현상이 일어나 상당한 시간에 걸쳐 지속될 수 있다. 또 스위치 자체나 트랜지스터의 특성에 의해 과도적인 진동 전압이 발생한다. 이 상태를 그림 18.18에 나타내었다.

이것을 보면 최종 출력값에 도달할 때까지 일정시간이 필요할 뿐만 아니라 진동을 일으키고 있는 것을 알 수 있다.

디지털 입력의 변화로부터 아날로그 출력이 최종값에 충분히 가까워질 때까지의 시간 간격을 settling time이라 한다. 소위 아날로그 출력의 추종 성능이다.

일반 D/A 변환기에서는 최종값의 0.2 %까지 떨어지는데 100~500 ns 정도의 시간이 걸린다. DAC 08의 settling time은 85 ns로 나타나 있다.

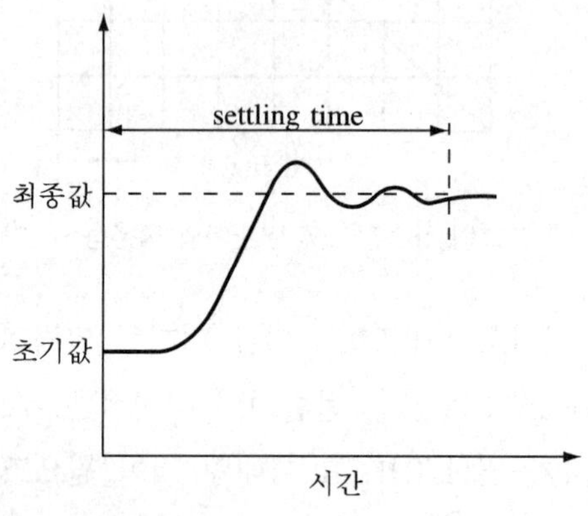

그림 18.18 D/A 변환기의 settling time

5. 온도 특성

디지털 입력이 변화하지 않고 일정해도 아날로그 출력은 온도와 함께 변화하는 요소를 갖고 있다. 온도 계수는 일반적으로 ±1.5 ppm/°C~±50 ppm/°C의 범위이다.

전체적인 온도 특성은 기준전압, 저항부품, OP 앰프, offset 전압의 온도 특성에 의존한다.

연습문제

1. 그림 18.3에 나타낸 OP 앰프 증폭회로에서 $R_1 = 10\ \mathrm{k\Omega}$, $R_f = 100\ \mathrm{k\Omega}$으로 했을 때 전압증폭도를 구하라. 또 입력단자에서 본 입력 임피던스는 얼마인가?

2. 2진 하중 저항에 의한 6비트 D/A 변환기가 있다. MSB의 저항값이 $10\ \mathrm{k\Omega}$일 때 LSB의 저항값은 얼마인가?

3. 그림 18.6을 참조하여 7비트 하중 전류가산형 D/A 변환기를 만들고, $V_{\mathrm{REF}} = 8\ \mathrm{V}$, $R_f = 10\ \mathrm{k\Omega}$, $R_0 = 400\ \mathrm{k\Omega}$으로 하였을 때, $D_6 \sim D_0 = 1011001$을 인가하였을 경우의 아날로그 출력을 구하라.

4. 그림 18.7을 토대로 $R = 800\ \mathrm{k\Omega}$, $V_{\mathrm{REF}} = 8\ \mathrm{V}$, $R_f = 20\ \mathrm{k\Omega}$인 BCD 두 자리의 D/A 변환기를 만들어라. 그리고 디지털 입력이 $b_3b_2b_1b_0\,a_3a_2a_1a_0 = 10010110$일 때의 아날로그 출력전압을 구하라.

5. 그림 18.8은 offset된 D/A 변환기이기 때문에 디지털 입력은 offset 2진수이어야 한다. 만약 이 회로에 2의 보수 표현인 디지털 입력을 인가했다면 아날로그 출력은 어떻게 될까?

6. 그림 18.12를 참고로 8비트의 $R-2R$ 사다리형 D/A 변환기를 만들어라. 단, $V_{\mathrm{REF}} = 10.2\ \mathrm{V}$가 되도록 하라. 또 이 회로에 디지털 입력 $D_7 \sim D_0 = \mathrm{BF}_{16}$을 인가한 경우의 아날로그 출력 V_{out}을 구하라.

7. 그림 18.13의 전류 구동형 $R-2R$ 사다리회로에서 $V_{\mathrm{REF}} = 10\ \mathrm{V}$, $R = 10\ \mathrm{k\Omega}$으로 하였을 때 $D_3D_2D_1D_0 = 1100$을 인가하였을 경우의 아날로그 출력 V_{out}을 구하라.

8. 그림 18.16의 회로는 offset된 D/A 변환기이다. offset 2진 입력 $B_1 \sim B_8 = A4_{16}$이 인가되었을 때의 아날로그 출력 V_{out}을 구하라.

9. 8비트 D/A 변환기의 최대 출력(FSR)이 15 V인 경우 분해능과 백분율 분해능을 구하라.

10. 16비트 D/A 변환기의 백분율 분해능을 구하라.

Digital Engineering

19장 A/D 변환기

A/D 변환기는 D/A 변환기와 반대로 아날로그 신호를 입력하면 이에 대응하는 2진 디지털 신호 출력이 얻어지는 장치로서, 대개 단독으로 사용하지 않고 그 주변회로가 필요하므로 D/A 변환기보다 회로가 복잡하고 그 종류도 다양하다. 대부분의 A/D 변환기는 D/A 변환기능을 포함하고 있다.

A/D 변환기의 성능은 입력 신호의 크기 변화에 대한 감지 정도를 나타내는 분해능과 신호를 수집하는 시간 간격을 의미하는 샘플링 주파수에 의해 결정된다.

이 장에서는 A/D 변환기의 기본 원리를 알아보고, 연속 근사(successive approximation), 플래시(flash), 카운터 램프(counter lamp)형, 이중 적분형 A/D 변환기의 특성을 소개한다.

19.1 A/D 변환기의 구성

A/D 변환기는 그림 19.1과 같이 연속된 아날로그 입력을 불연속적인 디지털 출력으로 변환하는 회로이다. 이때 중요한 것은 어느 범위 내의 아날로그 입력을 몇 비트의 디지털 값으로 변환할 수 있느냐 하는 것이다. 즉, A/D 변환의 분해능이다. A/D 변환기의 분해능이란 디지털 출력 1비트에 대응하는 아날로그 입력의 변화량, 즉 그림 19.1의 1 step에 해당하는 아날로그 전압의 최소단위인 것이다.

$$\text{A/D 변환기의 분해능} = \frac{\text{FSR}}{2^n}$$

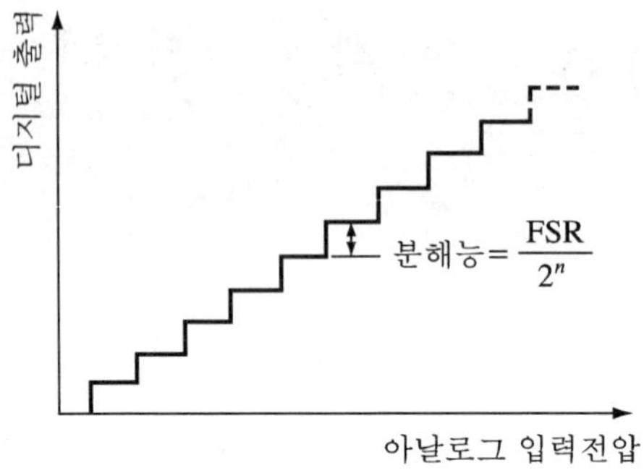

그림 19.1 A/D 변환기의 분해능

예제 19.1 입력전압의 범위 FSR(full scale range)이 $0 \sim 5$ V인 10비트 A/D 변환기의 분해능은 얼마인가?

풀이 10비트이기 때문에 디지털 출력의 step 수는 $2^{10} = 1024$이다. 따라서 1 step당 아날로그 전압의 변화량, 즉 분해능은 $\mathrm{FSR}/2^n = 5\,\mathrm{V}/1024 = 4.88\,\mathrm{mV}$ 이다. ■

그런데 아날로그 입력이 인가되고 나서 디지털 출력값이 얻어지기까지는 변환시간이 필요한데, 디지털 출력의 step 수가 많을수록 변환시간이 길어진다. A/D 변환기의 목적에 따라서 변환시간이 짧은 것이 요구될 수 있다. 그리고 단위시간당 A/D 변환 횟수를 변환율이라 하는데 분해능을 낮게 하면 변환율은 낮아진다.

A/D 변환기를 절약하기 위해서 복수개의 아날로그 입력을 하나의 A/D 변환기에 인가하는 경우가 있는데 이때에는 아날로그 멀티플렉서가 필요하다. 아날로그 멀티플렉서란 여러 개의 아날로그 입력 중에서 하나를 선택해서 출력하는 선택회로인 것이다.

그리고 선택된 아날로그 입력전압은 A/D 변환이 끝날 때까지 그 전압을 일정하게 유지해야 한다. 시시각각 변화해 가는 아날로그 전압의 어느 순간값을 표본화(sampling)하여

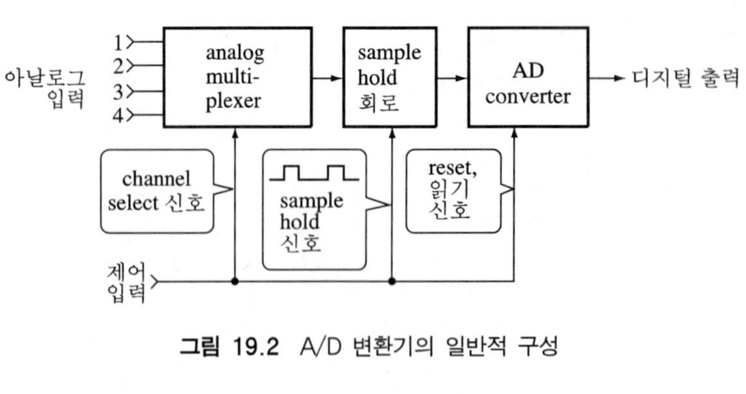

그림 19.2 A/D 변환기의 일반적 구성

이것을 일정 시간 hold하기 위한 회로가 sample and hold 회로이다. 이렇게 하여 변환시간 동안은 일정 전압으로 유지된 아날로그 입력을 다음의 A/D 변환기에 인가하는 것이다.

이상과 같이 A/D 변환기는 일반적으로 그림 19.2와 같은 구성도로 나타낼 수 있다. 물론 단일 아날로그 입력인 경우 아날로그 멀티플렉서는 필요하지 않고, sample and hold 회로가 필요하지 않은 적분형이나 병렬비교형 A/D 변환기도 있다.

1. 분해능과 양자화 오차

A/D 변환기에서 분해능과 변환속도는 가장 기본적인 성능지표이다. A/D 변환기는 신호의 최대 주파수에 의해 변환속도(sampling clock 주파수)가 결정되며, 신호를 어느 정도 세밀하게 분해할 수 있는가 하는 분해능은 2의 제곱 비트 수로 표시된다. 8비트의 A/D 변환기인 경우 $1/2^8 = 1/256 \fallingdotseq 0.4\,\%$의 세밀도로 신호를 분해할 수 있다.

예를 들어서 0~0.8 V 범위의 아날로그 전압을 3비트의 디지털 출력으로 변환하는 경우를 생각해 보자.

3비트의 디지털 출력은 2^3, 즉 8 step으로 된다. 이 변환특성을 도시하면 그림 19.3과 같이 두 종류의 경우가 있다. 그림 (a)는 절사형(잘라버림)이라는 변환특성으로서, 입력전압이 0.0~0.1 V인 범위를 디지털 출력 000, 0.1~0.2 V를 001, …등으로 변환하여 full scale인 0.8 V까지의 아날로그값으로 변환한다. 이 방법은 매우 간단하지만 변환오차가 크다는 단점이 있다.

따라서 변환오차를 작게 하려면 그림 (b)의 offset형 쪽이 우수하다. 두 개 모두 분해능은 $0.8\,\text{V}/8 = 0.1\,\text{V}$이다. 즉, A/D 변환된 디지털값은 1 LSB를 단위로 하여 8개의 불연속적인 값으로 되어 있다. 이것을 양자화(quantization)되었다고 한다.

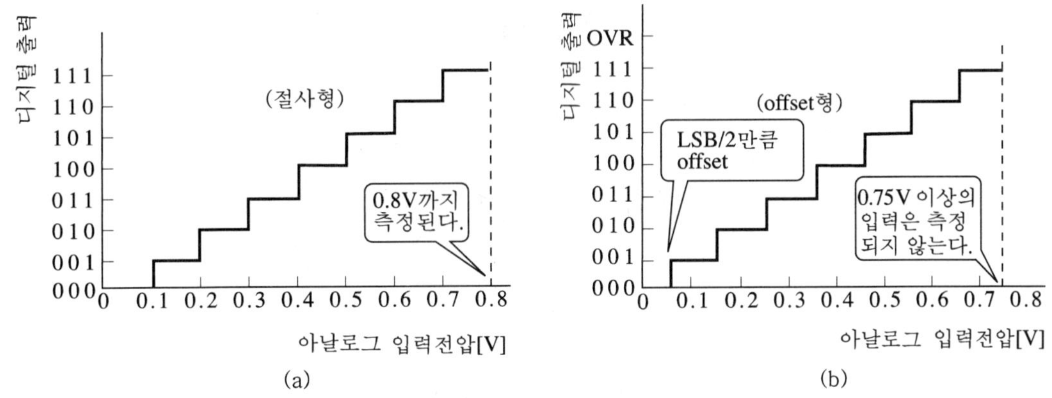

그림 19.3 A/D 변환기의 변환특성

양자화에 의해 연속적인 양을 불연속적인 양으로 변환하는 경우에는 반드시 오차가 생긴다. 위 예에서 이 오차의 최대값은 ±0.05 V이다. 결국 이 값은(1/2)·LSB에 상당한다. 이 오차를 양자화에 따른 피할 수 없는 오차라는 의미에서 양자화 오차라 한다.

그림 (b)의 offset형에서는 최대 입력전압이 0.8 V이어도 0.75 V까지밖에 변환할 수 없고, 이 이상의 아날로그 입력은 OVR(over range)로 되어 버린다. 예를 들면 아날로그 입력이 0.2 V±0.05V 범위의 전압을 offset형에서는 디지털값 010으로 변환하는 데 비해서 절사형에서는 입력이 0.2 V보다 조금이라도 작으면 출력은 001로 되기 때문에 offset형 쪽이 오차가 작다는 것을 알 수 있다. 단, offset형에서는 입력전압 범위를 full scale까지 이용할 수 없고, (full scale)−(1/2)LSB까지만 이용할 수 있다. 이것을 실현하는 구체적인 방법에 대해서는 다음 절에서 설명한다.

2. sample and hold 회로

sample and hold 회로는 그림 19.4에 나타낸 것과 같이 제어신호에 의해 sample과 hold 두 개의 동작을 수행하는 회로이다.

① sample 동작

그림 19.4(a)에서 스위치가 위쪽으로 ON된 기간이 sample 시간이고, 아날로그 전압을 출력에 전달하는 동작이다.

통상은 이 기간에 커패시터 C를 충전하며, 입력전압값을 동시에 기억하도록 하고 있다.

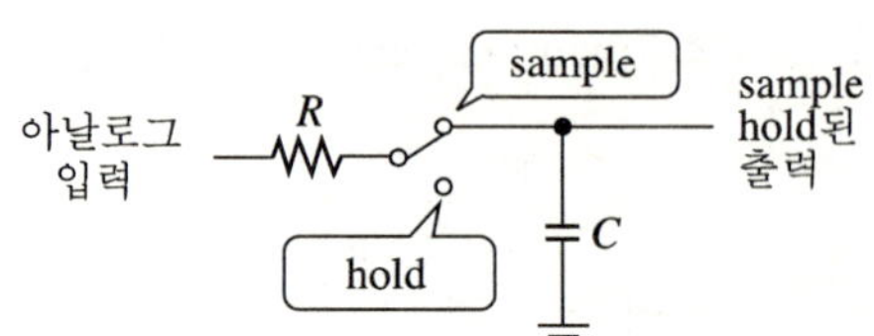

(a) 기본원리

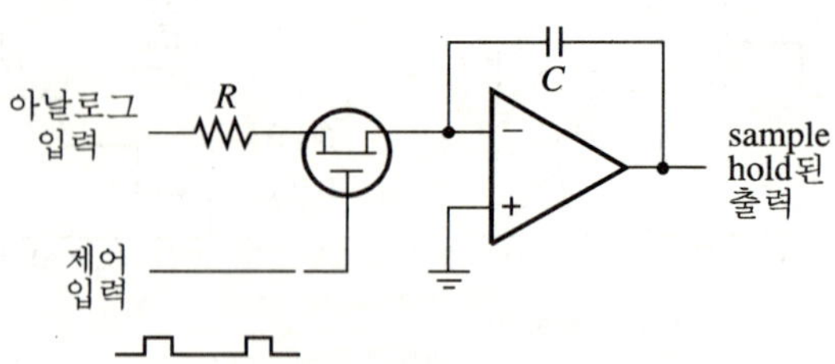

(b) MOS FET에 의한 switch

그림 19.4 sample and hold 회로

② hold 동작

그림 19.4(a)의 스위치가 아래쪽으로 ON된 기간이며, 아날로그 입력은 차단되고, 커패시터에 기억된 아날로그 전압을 일정하게 유지하는 동작이다.

구체적으로는 그림 19.4(b)와 같이 MOS FET 등의 gate에 제어신호를 인가함으로써 FET를 스위치 동작시키고 있다. 이 상태를 나타낸 것이 그림 19.5이다.

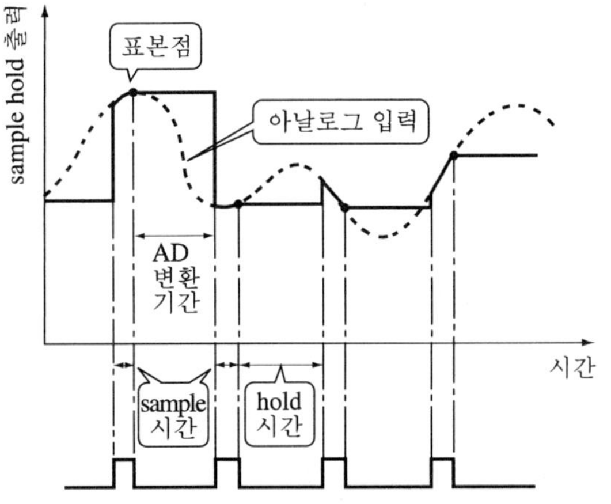

그림 19.5 sample and hold 회로의 출력파형

그림에서 점선파형이 아날로그 입력파형이다. 이 전압이 sample and hold 회로에 인가되면 실선 파형과 같이 된다. 즉, sample 기간에 아날로그 전압값을 표본화하고, hold 기간은 이 값을 일정하게 유지시키고 있는 것을 알 수 있다. 이 hold 기간 중에 A/D 변환기가 동작하여 A/D 변환이 수행되는 것이다.

그런데 이 sample and hold 회로의 출력파형을 좀더 상세하게 나타낸 것이 그림 19.6

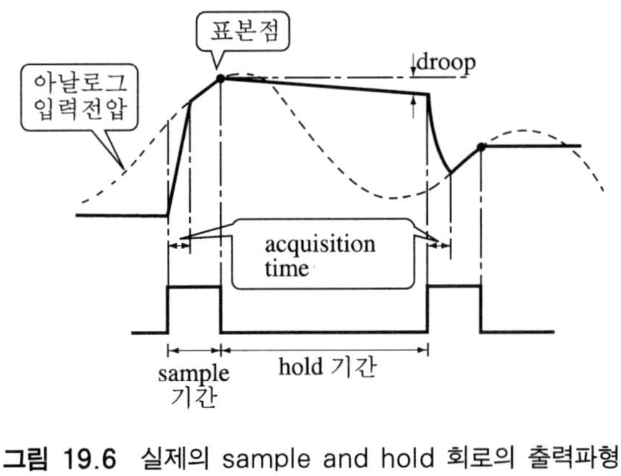

그림 19.6 실제의 sample and hold 회로의 출력파형

이다. 우선, 제어신호에 의해 sample 전압이 인가되었을 때 출력전압이 즉시 아날로그 입력전압을 따르지 않고 조금 지연된 후에 입력전압을 따르는 것이다. 이 지연시간을 취득시간(acquisition time)이라 한다.

이 원인은 hold용 커패시터 C를 충전하기 위해서 시간이 걸리기 때문이며, FET를 포함한 입력저항과 커패시터 C의 시상수로 결정된다.

따라서 제어신호의 sample 기간은 회로의 취득시간보다도 길게 해야 되는 것은 당연하다. 또 hold 시간은 A/D 변환기의 변환에 필요한 시간보다도 길게 해야 한다.

다음에 제어신호가 hold 기간에 있을 때 출력전압은 표본점의 전압값을 유지하고 있어야 하지만 실제로는 그림 19.6과 같이 서서히 감소해 가는 특성을 갖는다. 이것을 droop라 한다. 이 원인은 hold 커패시터 전하가 OP 앰프의 bias 전류나 FET의 누전에 의해 방전되어 단자전압이 낮아지기 때문이다. 이 droop는 직접 A/D 변환기의 변환오차가 되므로 양자화 오차 이내에서 제어할 필요가 있다.

19.2 카운터 ramp형 A/D 변환기

가장 간단한 원리의 A/D 변환기가 카운터 ramp형 A/D 변환기이며, 3비트인 경우의 구성을 그림 19.7에 나타내었다.

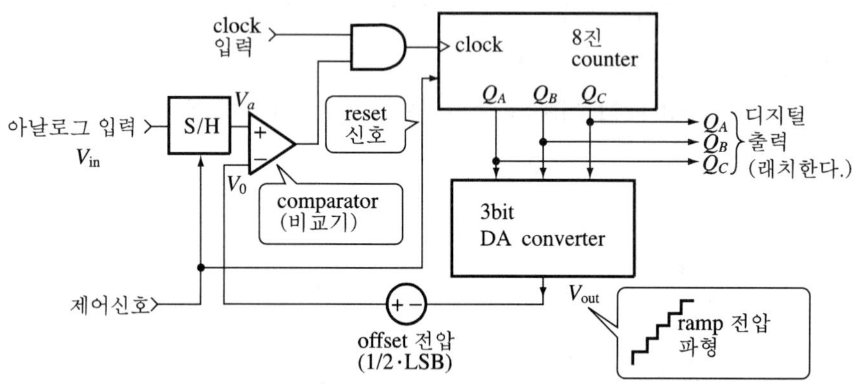

그림 19.7 3비트 카운터 ramp형 A/D 변환기

8진 카운터는 클록 입력마다 count up하지만 그 입력 펄스는 AND 게이트에 의해 제어되도록 되어 있다.

8진 카운터의 디지털 출력은 3비트 D/A 변환기에 의하여 아날로그 전압 V_{out}으로 변환되며, offset 전압[(1/2)LSB]을 가산한 후 비교기의 반전입력단자에 인가되고 있다. 이 전압 V_0와 sample and hold된 아날로그 입력전압 V_a가 OP 앰프의 비교기에서 비교된다. $V_a > V_0$이면 비교기의 논리 출력은 1, $V_a < V_0$이면 논리 출력은 0으로 된다.

따라서 $V_a > V_0$이면 AND 게이트 출력이 1이 되어 클록이 카운터에 인가되지만 $V_a < V_0$로 되면 AND 게이트 출력이 0이 되어 카운터는 정지한다.

그러면 그림 19.8의 동작 time chart를 보면서 이 A/D 변환기의 동작원리를 알아보기로 하자. 이 회로는 그림 19.3(b)의 offset형 A/D 변환특성을 가지고 있고, 이것을 종합한 것이 표 19.1이다.

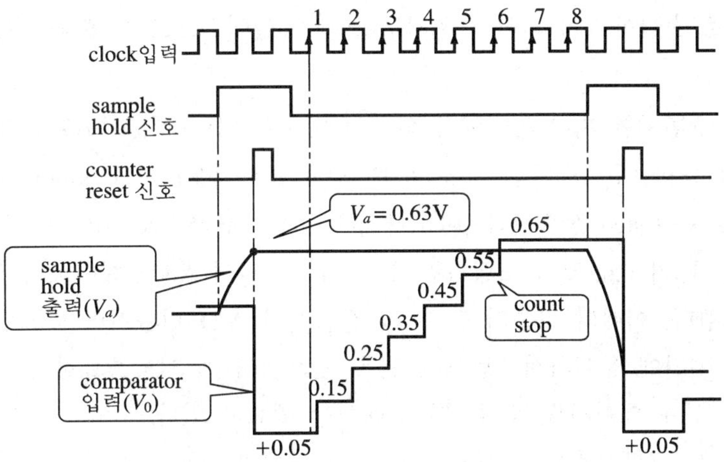

그림 19.8 카운터 ramp형 A/D 변환기의 동작 time chart

▶**표 19.1** 카운터 ramp형 A/D 변환기 각 부의 출력

행번호	아날로그 입력전압 V_{in} [V]	카운터 출력 (디지털 출력)			D/A 변환기 출력전압 V_{out} [V]	비교기 입력전압 V_0 [V]
		Q_C	Q_B	Q_A		
1	0.00~0.05	0	0	0	0.0	0.05
2	0.05~0.15	0	0	1	0.1	0.15
3	0.15~0.25	0	1	0	0.2	0.25
4	0.25~0.35	0	1	1	0.3	0.35
5	0.35~0.45	1	0	0	0.4	0.45
6	0.45~0.55	1	0	1	0.5	0.55
7	0.55~0.65	1	1	0	0.6	0.65
8	0.65~0.75	1	1	1	0.7	0.75

이 표를 보면 아날로그 입력전압 범위가 0~0.75 V이고, 이것에 대응하여 000~111까지의 디지털 출력이 얻어지도록 되어 있다. 카운터 출력 $Q_C Q_B Q_A$는 D/A 변환기에 의해 0~0.7 V의 아날로그 전압인 V_{out}으로 변환되며, 여기에 offset 전압 0.05 V[(1/2)LSB]를 더한 것이 비교기 입력 V_0로 되어 아날로그 입력 V_a와 비교된다.

처음에 카운터는 리셋되어 있고, 000의 상태에서 시작하는 것으로 하자. 이때 아날로그 입력 V_{in}도 sample and hold 신호에 의해 표본화되어 일정 전압으로 hold되어 있는 것으로 하고, 이 hold 전압 V_a를 0.63 V라고 가정하자.

최초의 카운터 출력은 000이기 때문에 D/A 변환기 출력도 0 V로 되지만 비교기 입력 V_0는 0.05 V로 된다. 이 V_0와 아날로그 입력 V_a가 비교되면 분명히 $V_a > V_0$이기 때문에 AND 게이트 출력이 1이 되어 카운터로 클록이 들어오므로 그 출력 $Q_C Q_B Q_A$는 001로 된다.

이것이 D/A 변환기를 지나 0.15 V가 되어서 비교기 입력단자로 귀환된다. 다시 여기서 V_a와 V_0가 비교되어 $V_a > V_0$인 것을 알 수 있으므로 카운터는 1 count up하고, D/A 변환기 출력 V_{out}도 1 step 상승한다. 비교기 입력 V_0는 0.25 V로 되어 다시 귀환된다.

이렇게 하여 V_0가 0.65 V에 도달하면 $V_a < V_0$로 되어 AND 게이트 출력이 0이 되어 카운터는 정지한다. 이때의 카운터 출력 $Q_C Q_B Q_A$가 A/D 변환기의 디지털 출력(110)이다. 결국 hold 기간에 들어와서 6번째의 클록 펄스에서 계수는 종료한다. 카운터는 바로 리셋되므로 그 전에 데이터를 레지스터로 래치할 필요가 있다.

그러나 이 A/D 변환기에서는 최대 입력전압시 8개의 클록이 종료하고 나서 hold 기간이 종료되고, 다음 sampling을 개시할 수 있다. 따라서 n비트에서는 클록 주기의 2^n배 변환시간이 필요하므로 고속화는 곤란하다. 이 특징을 종합하면 다음과 같다.

① 계수시간이 길다.

② 입력전압의 크기로 변환시간이 바뀌므로 일정하지 않다.

③ 회로는 간단하고 가격이 저렴하다.

④ 카운터 및 D/A 변환기로 이용할 수 있다.

만약, D/A 변환기 출력 V_{out}을 offset하지 않으면 어떻게 되는가 확인해 보자. 지금 V_a가 0 V보다 조금 높은 전압, 예를 들어 0.01 V라고 가정하자. 카운터는 000에서 시작하기 때문에 D/A 변환기 출력 V_{out}은 0 V이고, 비교기 입력 V_0도 0 V이다. 따라서 $V_a > V_0$로 되어 카운터에 1이 들어가 D/A 변환기 출력은 0.1 V로 되고, 카운터는 정지한다.

이 결과 디지털 출력 $Q_C Q_B Q_A$는 001로 된다. 여기서 양자화 오차가 거의 1 LSB로 되어버린다.

그래서 offset 전압에 (1/2)LSB(= 0.05 V)를 부여해 두면 $V_a > 0.05$ V로 될 때까지 계수하지 않고, 디지털 출력 000이 계속 유지된다.

예제 19.2 8비트 카운터 ramp형 A/D 변환기가 있다. 카운터의 전파지연시간 180 ns, D/A 변환기의 전파지연시간 200 ns, 비교기의 지연시간을 40 ns로 하여 다음 값을 구하라.

(1) 최대 클록 주파수 $f_{\max}$

(2) 아날로그 입력이 최대값일 때의 변환시간 t_c

(3) 변환율의 최소값

풀이 (1) 클록 주기의 최소값을 $T_{c\min}$이라 하면 $f_{\max} = 1/T_{c\min}$이다. 그런데 $T_{c\min}$은 각 회로의 지연시간 합이므로

$$T_{c\min} = (180 + 200 + 40)\,\text{ns} = 420\,\text{ns}$$

$$\therefore f_{\max} = \frac{1}{T_{c\min}} = \frac{1}{420\text{ns}} = 2.38\,\text{MHz}$$

(2) 아날로그 입력이 최대값인 경우 변환시간 t_c는

$$t_c = 2^n \times T_{c\min} = 2^8 \times 420\,\text{ns} = 107.5\mu\text{s}$$

(3) 변환율의 최소값은 최대 변환시간의 역수이기 때문에

$$\frac{1}{t_c} = \frac{1}{107.5\,\mu\text{s}} = 9.3\,\text{kHz}$$

이다. sampling 정리에 의하면 현재의 경우 $9.3\,\text{kHz}/2 = 4.65\,\text{kHz}$ 이상의 높은 주파수를 갖는 아날로그 전압은 변환할 수 없게 된다. ■

19.3 2중 적분형 A/D 변환기

이 형태의 A/D 변환기는 디지털 전압계 등에 응용되는 저속용의 것으로서 그 구성도를 그림 19.9에, 동작파형을 그림 19.10에 나타내었다.

입력전압 V_a와 기준전압 V_R 두 개의 전압이 각각 적분되므로 이것을 2중 적분형이라 한다.

이 회로는 적분회로, 비교기, 카운터회로, 스위치 등으로 구성되어 있고, 카운터 회로의 출력이 디지털 출력으로 된다. 지금 이 A/D 변환기는 시시각각 변화하는 아날로그 전압에 따라 A/D 변환하는 데 수십~수백 ms라는 매우 긴 시간을 요한다.

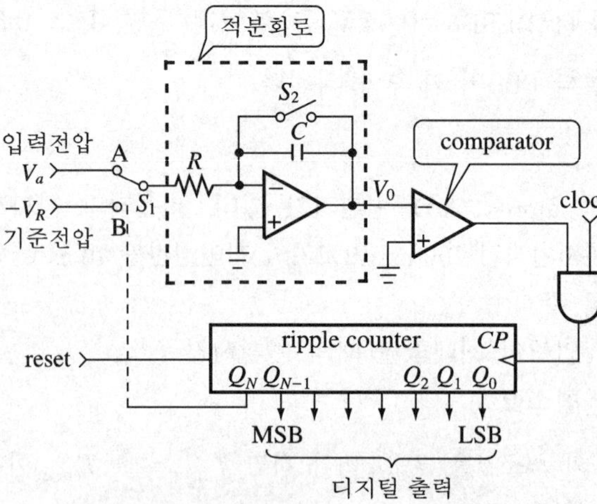

그림 19.9 2중 적분형 A/D 변환기

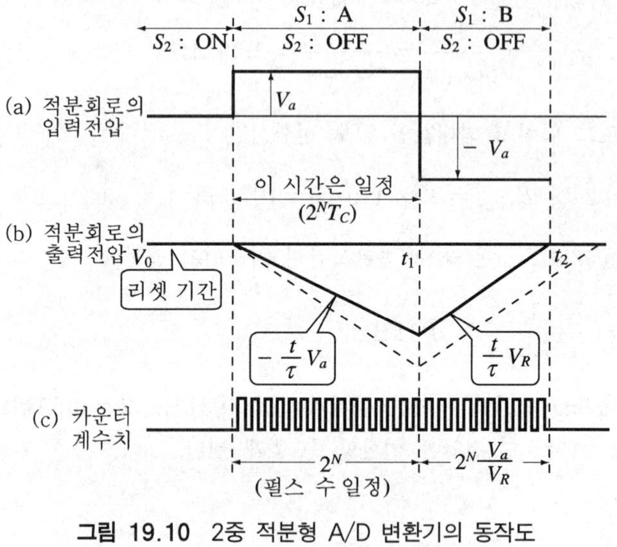

그림 19.10 2중 적분형 A/D 변환기의 동작도

그러면 이 회로의 동작을 살펴보자. 처음에 적분회로의 스위치 S_2는 ON으로 되어 있어 적분 커패시터 C의 전하는 방전되며, 또 카운터는 리셋되어 있는 상태에서 시작하자. 이 상태를 리셋 기간이라 한다.

다음에 변환과정의 처음 시각 $t=0$에서 스위치 S_2가 OFF되고, 스위치 S_1이 A점에 접속되면 아날로그 전압 V_a가 적분회로에 인가된다. 여기서 적분회로의 시상수를 τ라 하면 그 출력전압 V_0는 다음 식

$$V_0 = -\frac{t}{\tau}V_a \tag{19.1}$$

에 따라 시간과 더불어 음의 방향으로 증가해가게 된다.

이 변화를 나타낸 것이 그림 19.10(b)이다. 이때 비교기 출력은 H level로 되므로 AND 게이트 출력은 1이 되고, 클록 펄스는 카운터에 인가된다.

$Q_0 \sim Q_{N-1}$까지의 N비트 카운터는 점점 계수값을 늘려가서 결국 2^N으로 되면 자리올림수를 출력하고, 저절로 리셋되어 0으로 된다. 이것에 의해 Q_N이 세트되며, 스위치 S_1을 제어해서 B점으로 전환할 수 있다. 이 시각이 t_1이다.

스위치 S_1이 B점으로 바뀌면 이번에는 음의 기준전압 $-V_R$이 적분회로에 인가되기 때문에 적분회로의 출력전압 V_0는 양(+)방향으로 상승해간다. 이 기간도 비교기 출력은 H이기 때문에 AND 게이트 출력은 1이 되므로 카운터는 계수값을 증가해간다. 그리고 적분회로의 출력 V_0가 0 V를 넘는 시각 t_2에서 카운터 입력은 중지된다. 왜냐하면 이때 비교기 출력은 L로 되어 AND 게이트 출력이 0이 되기 때문이다.

이렇게 하여 $Q_0 \sim Q_{N-1}$까지의 N단 ripple 카운터에 기억된 계수값은 입력 아날로그 전압 V_a에 비례하지만 적분회로의 τ와는 무관하다.

지금 클록 주기를 T_c라 하면 카운터가 시각 0에서 t_1까지 사이에 계수한 시간은 $2^N \times T_c$이다. 따라서 시각 t_1에서 적분회로의 출력전압 V_0는 식 (19.1)로부터

$$V_0 = -\frac{t_1}{\tau} V_a = -\frac{V_a}{\tau} 2^N T_c \tag{19.2}$$

로 된다. 또 시간 t_1에서 t_2까지의 기간에서 V_0의 변화식은

$$V_0 = \frac{t}{\tau} V_R \tag{19.3}$$

로 된다. 명확히 $t = t_2$일 때 다시 $V_0 = 0$으로 되기 때문에

$$V = \frac{t_2 - t_1}{\tau} V_R \tag{19.4}$$

이것은 식 (19.2)와 크기가 같은 셈이다.

$$\frac{t_2 - t_1}{\tau} V_R = \frac{V_a}{\tau} 2^N T_c$$

$$\therefore\ t_2 - t_1 = \frac{V_a}{V_R} 2^N T_c \tag{19.5}$$

즉, $(t_2 - t_1)$ 사이의 시간 내에 카운터에 누적된 계수값 n은

$$n = \frac{V_a}{V_R} 2^N \tag{19.6}$$

으로 된다. $V_a < V_R$인 한 카운터에는 2^N 이내의 수치 n이 들어오므로 n의 값으로부터 V_a를 직독할 수 있다.

카운터가 멈추면 $Q_0 \sim Q_{N-1}$의 카운터 출력은 레지스터에 래치하도록 해둔다. 그 직후 모든 플립플롭은 리셋되며, 적분회로의 커패시터 C도 스위치 S_2에 의해 방전된다. 그리고 적당한 리셋 기간이 지난 후 다음의 A/D 변환이 행해진다.

지금 카운터는 2진 리플 카운터보다도 10진 N자리 카운터를 사용하는 것이 직독에는 편리하다.

이 A/D 변환기의 특징은 다음과 같다.

① 클록 주파수의 변동, 적분회로의 시상수 τ의 정도나 변동은 하나의 A/D 변환기간중에만 안정하면 변환의 정확도에 영향을 주지 않는다는 장점이 있다.

② 비교기의 offset 오차도 영향을 주지 않는다.

③ 아날로그 입력전압 V_a의 적분기간 내에 들어오는 주기적인 교류 noise는 적분되므로 영향을 주지 않는다.

④ 적분용 커패시터의 누설저항, 유전체 손실은 오차의 원인으로 된다.

⑤ A/D 변환시간은 입력전압 V_a의 크기에 비례해서 증가한다. 이것은 카운터 ramp형과 같다.

⑥ 변환하려고 하는 아날로그 입력과 기준전압은 역극성이어야 한다. 음, 양 양극성의 아날로그 입력을 A/D 변환하려면 음, 양 두 개의 기준전압이 필요하다.

예제 19.3 3½자리의 2중 적분형 디지털 멀티미터에서 클록 펄스 주파수를 100 kHz, 카운터의 최대 계수값을 2000으로 하면 최대 입력전압에서의 A/D 변환시간 t_c는 얼마인가?

풀이 아날로그 전압 V_a의 적분기간은 카운터의 최대 계수값에 클록 펄스 주기 T_c(=1/100 kHz)를 곱한 것이기 때문에

$$2000 \times 10\,\mu\text{s} = 0.02\,\text{s}$$

이다. 아날로그 입력전압이 최대일 때 기준전압의 적분기간도 동일시간이 걸리므로 모든 A/D 변환시간 t_c는 0.04 s로 된다. 실제로는 리셋 기간도 가산된다. ■

19.4 병렬비교형(플래시) A/D 변환기

축차비교형 A/D 변환기에서는 nT_c의 변환시간이 필요하고, 최고 400 ns 정도의 변환시간이 요구된다.

한편 영상신호의 디지털 처리나 고속 아날로그 전압 파형의 디지털 기억장치를 만들려면 수 ns~수십 ns의 고속변환이 필요하게 된다. 그래서 고안된 것이 병렬비교형 A/D 변환기이다.

병렬비교형의 동작원리는 그림 19.11에 나타낸 것과 같이 n비트의 예에서는 (2^n+1)개의 저항을 분할된 기준전압과 아날로그 입력전압을 2^n개의 비교기로 비교하여 입력전압에 가장 가까운 비교전압을 찾아내서 이것을 인코더에 인가하여 디지털 출력으로 변환하는 것이다.

그림 19.11에서 3비트이므로 9개의 저항과 8개의 비교기가 필요하다.

병렬비교형 A/D 변환기는 플래시(flash) 변환기라 하며, 그 특징은 변환의 고속성에 있다. 변환시간은 비교기와 인코더 회로의 전파지연시간으로 결정된다. 현재 변환시간이 6비트에서 10 ns, 8비트에서 35 ns, 9비트에서 45 ns인 변환기가 있다. sampling 정리에 의하면, 변환율이 100 MHz(변환시간 10 ns의 역수)인 변환기에서는 최고 50 MHz의 입력이 A/D 변환 가능한 셈이지만 실제로는 이보다 작다.

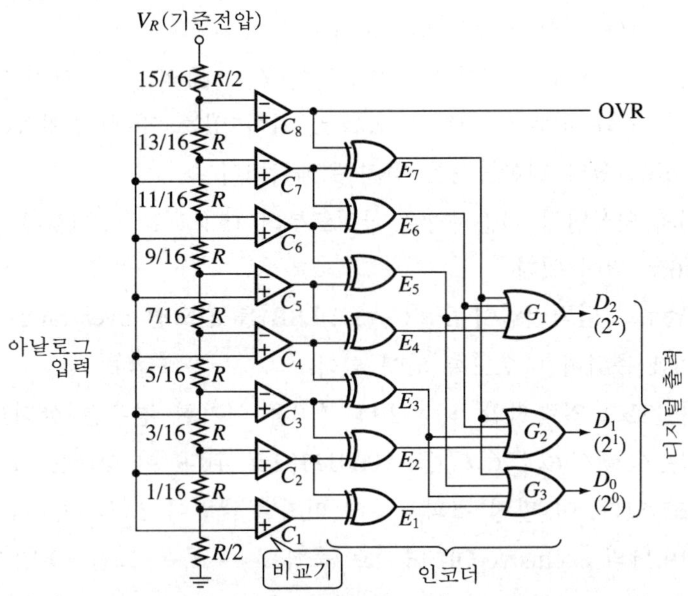

그림 19.11 3비트 병렬비교형 A/D 변환기

comparator 출력	C_8	0	0	0	0	0	0	0	0	1
	C_7	0	0	0	0	0	0	0	$1E_7$	1
	C_6	0	0	0	0	0	0	$1E_6$	1	1
	C_5	0	0	0	0	0	$1E_5$	1	1	1
	C_4	0	0	0	0	$1E_4$	1	1	1	1
	C_3	0	0	0	$1E_3$	1	1	1	1	1
	C_2	0	0	$1E_2$	1	1	1	1	1	1
	C_1	0	$1E_1$		1	1	1	1	1	1
2진 출력	2^2	0	0	0	0	1	1	1	1	O
	2^1	0	0		1	0	0	1	1	V
	2^0	0	1	0	1	0	1	1	1	R

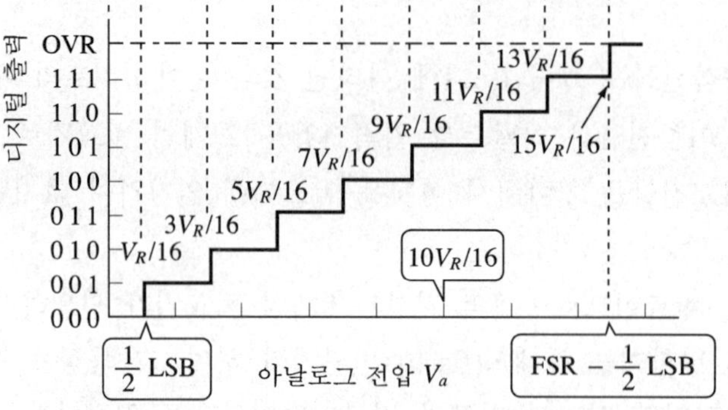

그림 19.12 3비트 병렬비교형 A/D 변환기의 동작

병렬비교형에서는 sample and hold 회로를 사용하지 않고 직접 입력한다. 이 회로의 결점은 비교기를 많이(2^n개) 필요로 하기 때문에 소비전력이 많다.

그러면 그림 19.11에 대한 동작을 살펴보자.

우선 기준전압 V_R은 9개의 저항으로 분압하여 $C_8 \sim C_1$의 각 비교기 역상 입력단자에 인가한다. 단, 최상위와 최하위 저항은 $R/2$로 되어 있는 것에 주의하라. 이것은 그림 19.12에 나타낸 offset형의 변환특성을 얻기 위해서이다.

따라서 비교기의 역상입력 기준전압은 상위로부터 $15\,V_R/16$, $13\,V_R/16$, $11\,V_R/16$, ⋯, $3\,V_R/16$, $V_R/16$로 되어 있다.

이 때문에 아날로그 입력전압이 (FSR$-$(1/2)LSB)를 넘으면 over range로 되며, 비교기 C_8에서 직접 OVR 출력이 나오도록 되어 있다.

예를 들면, 아날로그 입력전압 $V_a = 10\,V_R/16$을 인가한 경우를 살펴보자. 이것에 의해 비교기 출력은 $C_8C_7C_6C_5C_4C_3C_2C_1 = 00011111$로 된다. 이 상태는 그림 19.12 상부의 표 속에 나타내고 있다. 이 판정 결과로부터 디지털 출력이 $D_2D_1D_0 = 101$로 되면 된다.

그런데 그림 19.11의 exclusive-OR 게이트 출력 $E_7 \sim E_1$은 그림 19.12의 표 속에 기입한 부분의 논리출력을 의미하고 있다. 예를 들면, 출력 E_5는 C_6와 C_5의 exclusive-OR 출력이기 때문에 C_5행 좌단의 1에 속한다.

$D_2=1$로 되는 것은 표로부터 E_4, E_5, E_6, E_7 중 어느 하나가 1로 될 때이기 때문에 $D_2=E_4+E_5+E_6+E_7$로 나타낼 수 있다.

다음에 $D_1=1$로 되는 것은 E_2, E_3, E_6, E_7 중 어느 하나가 1로 될 때이기 때문에 $D_1=E_2+E_3+E_6+E_7$로 된다.

마지막으로 $D_0=1$로 되는 것은 E_1, E_3, E_5, E_7 중 어느 하나가 1로 될 때이기 때문에 $D_0=E_1+E_3+E_5+E_7$로 된다.

이와 같이 생각하면 그림 19.11의 인코더회로의 동작을 이해할 수 있다.

이상과 같이 하여 $C_8\sim C_1=00011111$일 때에는 $D_2D_1D_0=101$로 되는 셈이다. OVR 출력은 이 변환기 단독으로 사용하는 경우에는 필요하지 않고, 비교기 C_8도 생략할 수 있다. 그러나 그림 19.13과 같이 3비트 변환기 두 개를 직렬로 사용하여 4비트의 A/D 변환기를 만들 때 OVR 출력이 유용하다.

또한 수 비트의 변환기를 만들려면 6비트의 경우 상위 3비트와 하위 3비트로 나누어 2개의 A/D 변환기를 사용해서 비교기의 수를 절약하는 방법도 있다.

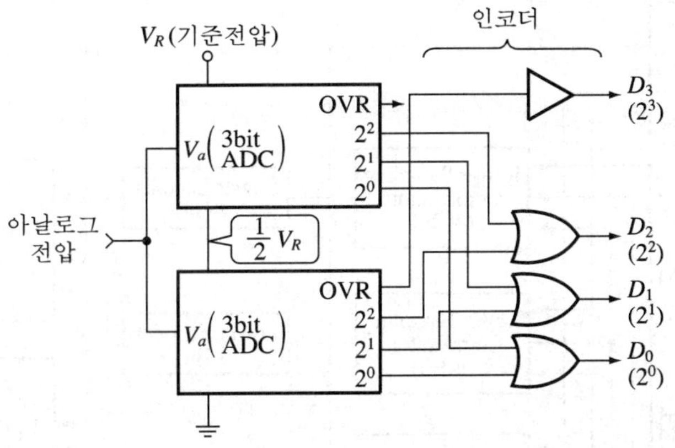

그림 19.13 4비트 병렬비교형 A/D 변환기

TLC5510

플래시 A/D 변환기의 예로 TLC5510을 들었다. TLC5510은 2 V 최대 범위의 아날로그 입력을 가지며, 8비트 분해능을 가진다. 초당 최대 20 M 샘플 정도의 변환율을 나타낸다.

플래시 방식으로 구동되며, 이러한 플래시 구조로 인하여 전력 소모를 줄일 수 있고, 2단계 변환과정으로 되어 있어 비교기 수를 현저히 줄일 수 있는 장점이 있다. TLC5510은 주로 디지털 TV, 의료 영상, 화상 회의, 고속 데이터 압축, QAM 복조기 등에 많이 이용

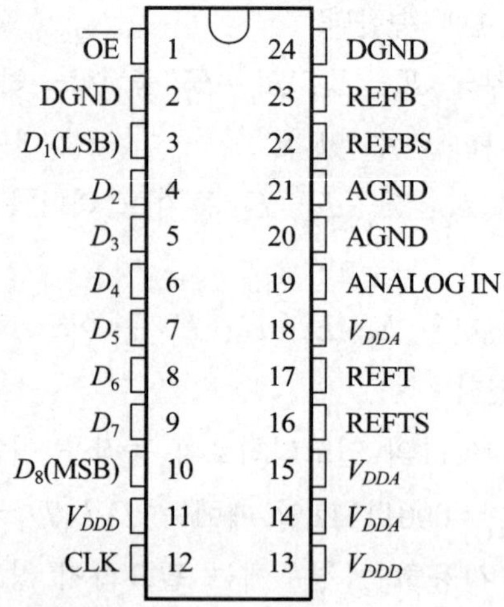

그림 19.14 TLC5510의 핀 배치도

되며, 그림 19.14에 핀 배치도를 나타내었다.

TLC5510의 기능 블록을 그림 19.15에 나타내었다.

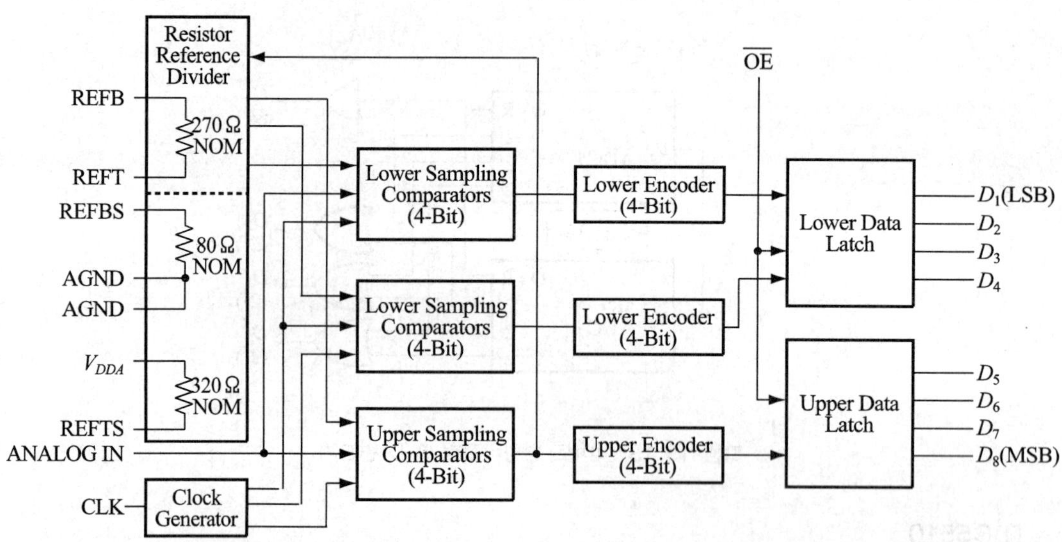

그림 19.15 TLC5510의 기능 블록도

19.5 연속 근사 A/D 변환기

연속 근사(successive approximation) A/D 변환기는 가장 널리 사용되는 A/D 변환기로서 플래시(flash) A/D 변환기를 제외한 다른 방식의 A/D 변환기에 비해 무척 빠른 변환시간을 가진다. 기본적인 구조를 그림 19.16에 나타내었다.

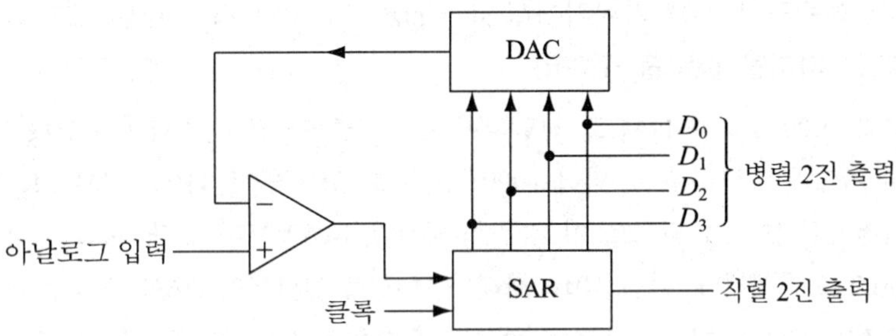

그림 19.16 연속 근사 A/D 변환기의 기본 구조(N=4)

연속 근사 A/D 변환기는 DAC, 연속 근사 레지스터(SAR), 비교기 등으로 이루어지며, 전압 범위를 연속적으로 반으로 나눔으로써 동작한다.

한 번에 하나씩 SAR의 MSB를 1로 세트하여 DAC의 출력전압과 아날로그 입력전압을 비교하게 된다. 만약 DAC 출력전압이 아날로그 입력전압보다 큰 경우는 비교기 출력이 L로 되어 SAR에 있는 해당 비트를 0으로 리셋시킨다. 또 DAC 출력전압이 아날로그 입력전압보다 작으면 비교기 출력이 H로 되어 SAR에 있는 해당 비트를 1로 유지하게 된다. 이 동작을 D_3부터 시작하여 D_0까지 반복하면 변환이 종료된다.

그림 19.16의 경우는 4비트 연속근사 A/D 변환기이다. 예를 들어 step size가 1 V이고, 아날로그 입력전압이 8.7 V인 경우 A/D 변환의 결과를 알아보자. 초기에 SAR의 각 비트는 0으로 세트된다($D_3D_2D_1D_0 = 0000$). D_3를 1로 세트하여 시작하게 되는데 이때 SAR은 $D_3D_2D_1D_0 = 1000$이므로 DAC 출력전압은 8 V가 된다. DAC 출력전압이 아날로그 입력전압보다 낮으므로(8 V $<$ 8.7 V) 비교기 출력은 H로 되어 SAR의 D_3는 1로 유지된다. 다음 D_2를 1로 세트하여 $D_3D_2D_1D_0 = 1100$인 상태가 DAC로 입력되어 DAC 출력은 12 V가 된다. 이 경우 아날로그 입력전압 8 V보다 높으므로 비교기 출력은 L로 되어 SAR의 D_2를 0으로 리셋시켜 $D_3D_2D_1D_0 = 1000$으로 된다. 다음에 D_1을 1로 세트하여 $D_3D_2D_1D_0 = 1010$이 DAC로 전달되어 DAC 출력전압이 10 V로 된다. 이 경우 DAC 출력전압이 아날로그 입력전압보다 높으므로 비교기 출력이 L로 되어 역시 D_1을 0으로 리셋시

켜 $D_3D_2D_1D_0 = 1000$으로 된다. SAR의 마지막 비트인 D_0를 1로 세트하여 $D_3D_2D_1D_0 = 1001$이 DAC로 전달되어 DAC 출력전압이 9 V이므로 아날로그 입력전압보다 높다. 따라서 비교기 출력이 L로 되어 마찬가지로 D_0를 0으로 리셋시켜 최종적인 SAR의 $D_3D_2D_1D_0 = 1000$ 상태가 A/D 변환 결과가 된다. 즉 8.7 V의 아날로그 입력전압은 8 V로 변환된다. 이처럼 연속 근사 A/D 변환기는 항상 입력전압보다 작은 전압으로 변환되는 특징이 있다.

예제 19.4 4비트 연속근사 A/D 변환기에서 step size가 1 V인 경우 아날로그 입력전압 10.6 V에 대한 디지털 출력을 구하라.

풀이 SAR의 1000 상태가 DAC로 전달되어 8 V가 출력되므로 입력전압 10.6 V보다 낮다. 따라서 비교기 출력은 H로 되어 1000을 유지한다. 다음에 1100이 DAC로 전달되어 DAC 출력전압이 12 V가 되므로 이 경우 입력전압 10.6 V보다 높다. 비교기 출력은 L로 되어 1000으로 리셋된다. 다음 1010 상태가 DAC로 전달되어 DAC 출력전압이 10 V로 되어 입력전압 10.6 V보다 낮으므로 비교기 출력은 H가 되어 1010을 유지한다. 마지막으로 1011 상태가 DAC로 전달되어 DAC 출력전압은 11 V가 된다. 이 경우 아날로그 입력전압 10.6 V보다 높으므로 비교기 출력이 L로 되어 1010으로 리셋된다. 최종적으로 아날로그 입력전압 10.6 V에 대한 A/D 변환기 출력은 1010이 된다.

연속근사 A/D 변환기에서는 SAR의 각 비트를 1 혹은 0으로 결정하는 데 한 클록 주기가 소요되므로 N 비트 연속근사 A/D 변환기의 전체 변환시간은 다음과 같다.

$$\text{연속근사 A/D 변환기의 변환시간} = N \times \text{클록주기}$$

예를 들어, 클록 주파수가 1 MHz인 8비트 연속근사 A/D 변환기의 변환시간은 다음과 같이 구한다.

$$\text{변환시간} = 8 \times 1\ \mu s = 8\ \mu s$$

■

ADC0804

비교적 많이 사용되는 8비트 연속근사 A/D 변환기인 ADC0804에 대해 알아보자.

ADC0804는 MOS와 TTL 레벨에 모두 인터페이스가 가능하고, 아날로그 입력은 0~5 V의 범위를 가지며, 차동 아날로그 입력을 가지는 20핀 IC이다.

그림 19.17에 핀 배치를 나타내었다.

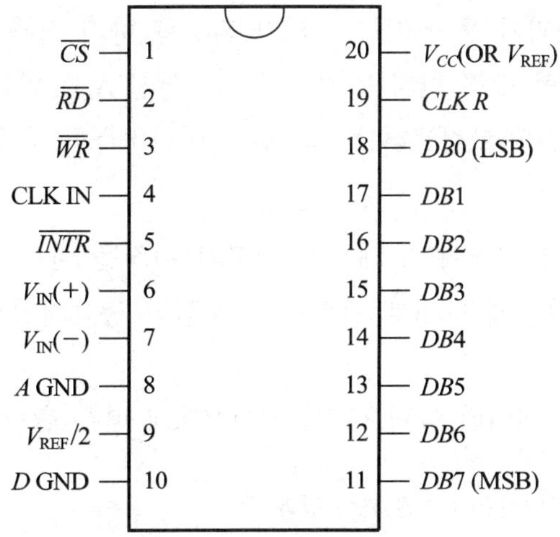

그림 19.17 ADC0804의 핀 배치도

ADC0804는 차동입력 $V_{IN}(+)$, $V_{IN}(-)$를 가지고 있다. 실제로 아날로그 입력은 $V_{IN}(+)$과 $V_{IN}(-)$의 차이, 즉 $V_{IN} = V_{IN}(+) - V_{IN}(-)$이다. 하나의 입력만 사용할 경우 $V_{IN}(+)$에 아날로그 입력이 공급되고, $V_{IN}(-)$는 아날로그 접지에 연결한다. 대부분 기준 전압으로 $V_{cc} = 5$ V를 이용한다.

변환시간은 640 kHz에서 103 ~ 114 μs 정도이다. 디지털 출력은 3상 버퍼로 되어 있어서 데이터 버스에 쉽게 접속할 수 있으며, 8비트 A/D 변환이므로 분해능은 5 V/255 = 19.6 mV이다.

또한 디지털과 아날로그 전압에 대해 각기 다른 접지를 가지고 있다. *A* GND는 아날로그 공통 기준점에 연결되는 아날로그 접지이며, *D* GND는 시스템 내에서 모든 디지털 소자에 의해 사용되는 디지털 접지이다. 분리된 아날로그 접지를 사용함으로써 A/D 변환기 내부에서 비교기가 너무 일찍 전환함에 따라 생기는 디지털 접지로부터의 잡음을 막아준다. 내부의 기준 전압을 줄여서 변환기가 조종할 수 있는 아날로그 입력의 범위를 변경할 수 있도록 하는 것이 $V_{REF}/2$ 단자(핀 9)이다. 이 입력이 개방되어 있으면 V_{cc}가 기준 전압으로 사용되기 때문에 2.5 V로 된다. 외부 전압을 이 핀에 연결하면 내부 기준 전압은 배로 되고, 아날로그 입력의 범위가 변하게 된다.

CLK IN은 외부 클록을 위해 사용되거나 내부 클록이 사용될 때 콘덴서 연결을 위해 이용된다. CLK R은 내부 클록을 사용하기 위해 저항을 연결한다.

$\overline{CS}$는 $\overline{RD}$나 $\overline{WR}$ 입력이 실행되기 위해 L 상태가 되어야 한다. H 상태가 되면 디지털 출력은 하이 임피던스 상태가 되어 변환이 일어나지 않게 된다.

$\overline{RD}$는 디지털 출력 버퍼가 동작 가능 상태가 되도록 하기 위해 사용된다. $\overline{CS}$와 $\overline{RD}$가 모두 low 상태이면 디지털 출력 단자는 최근에 이루어진 A/D 변환의 결과를 나타내는 논리 레벨이 된다. 이때 마이크로컴퓨터는 시스템 데이터버스를 통해 디지털 데이터를 가져올 수 있다.

$\overline{WR}$는 실제 변환 개시 입력이며, 새로운 변환의 시작을 알리기 위해 low가 공급된다.

$\overline{INTR}$는 변환이 시작될 때 high로 전환되고, 변환이 종료되었음을 알리기 위해 low로 돌아간다.

$DB_0 \sim DB_7$은 디지털 데이터 출력으로서 제어신호에 따른 출력 결과는 표 19.2와 같다.

▶표 19.2 제어신호에 따른 출력 결과

$\overline{CS}$	$\overline{WR}$	$\overline{RD}$	$DB_0 \sim DB_7$
low	low	high	Z(변환 시작 명령)
low	high	low	데이터 출력
low	high	high	Z
high	×	×	Z

그리고 내부 클록 발생 회로가 있어 내부 주파수를 생성할 수 있다.

$$f = \frac{1}{(1.1 \times RC)}$$

R과 C는 외부에서 접속된다.

ADC0804의 동작을 파악하기 위해 그림 19.18을 살펴보자. 그림 19.18을 보면, $V_{\mathrm{REF}}/2$ 단자(핀 9)에 2.560 V_{DC}를, V_{cc}에 5.12 V_{DC}를 연결하였다. 따라서 LSB는 20 mV가 된다. 만약 최대범위(full scale) 조정이 이루어진다면 $V_{\mathrm{IN}}(+)$에 5.090 $V_{DC}(5.120 - 1\frac{1}{2}LSB)$가 공급되어야 하며, $V_{\mathrm{IN}}(-)$는 접지되어야 한다. $V_{\mathrm{REF}}/2$ 입력전압은 디지털 출력코드가 1111 1110에서 1111 1111로 변화할 시점에서 조정되어야 한다.

디지털 출력 LED 표시는 8비트를 2개의 16진 코드(4개의 MS, 4개의 LS)로 나누어 디코딩된다. 표 19.3에 출력 LED 표시의 디코딩을 나타내었다.

VMS와 VLS의 값이 더해져서 출력값이 결정된다. 예를 들어, LED 표시가 1011 0110이라 하면, 출력전압은 3.520 + 0.120, 즉 3.640 V_{DC}가 된다.

ADC0804의 쓰기 동작과 읽기 동작의 타이밍 예를 그림 19.19와 그림 19.20에 나타내었다.

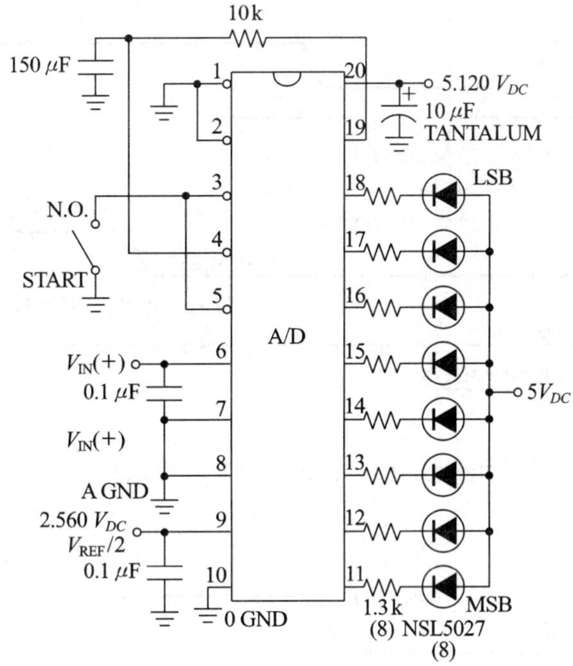

그림 19.18 A/D 동작을 위한 테스트 회로

▶표 19.3 출력 LED 표시의 디코딩

HEX	Binary	Fractional Binary Value For		OUTPUT Voltage Center Values with $V_{REF}/2 = 2.560\ V_{DC}$	
		MS Group	LS Group	VMS Group (Note 15)	VLS Group (Note 15)
F	1 1 1 1	15/16	15/256	4.800	0.300
E	1 1 1 0	7/8	7/128	4.480	0.280
D	1 1 0 1	13/16	13/256	4.160	0.260
C	1 1 0 0	3/4	3/64	3.840	0.240
B	1 0 1 1	11/16	11/256	3.520	0.220
A	1 0 1 0	5/8	5/128	3.200	0.200
9	1 0 0 1	9/16	9/256	2.880	0.180
8	1 0 0 0	1/2	1/32	2.560	0.160
7	0 1 1 1	7/16	7/256	2.240	0.140
6	0 1 1 0	3/8	3/128	1.920	0.120
5	0 1 0 1	5/16	5/256	1.600	0.100
4	0 1 0 0	1/4	1/64	1.280	0.080
3	0 0 1 1	3/16	3/256	0.960	0.060
2	0 0 1 0	1/8	1/128	0.640	0.040
1	0 0 0 1	1/16	1/256	0.320	0.020
0	0 0 0 0			0	0

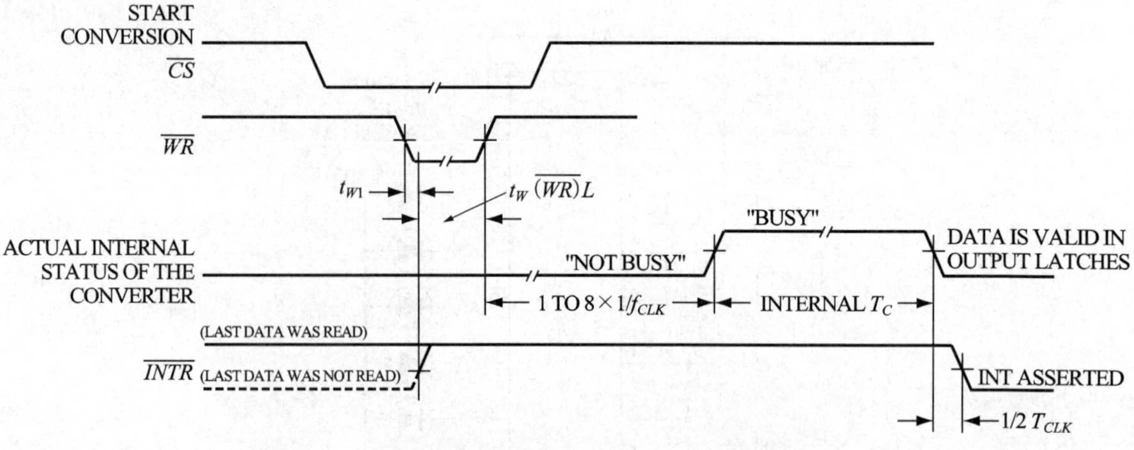

그림 19.19 ADC0804의 쓰기 타이밍 예

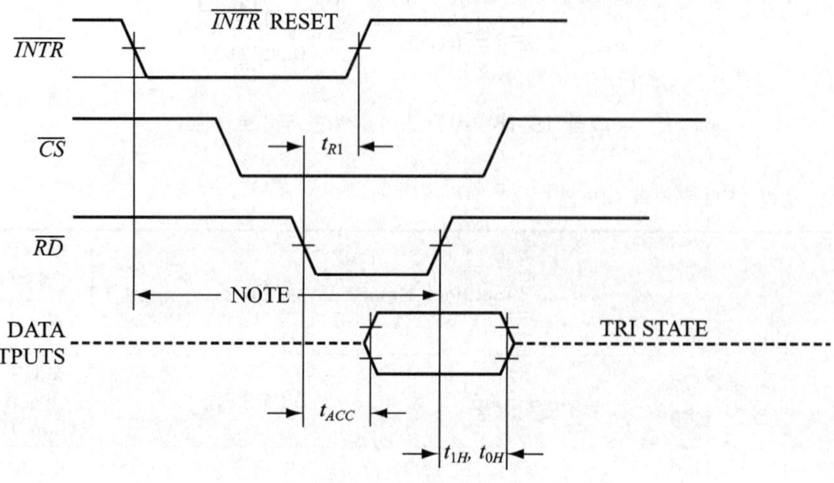

그림 19.20 ADC0804의 읽기 타이밍 예

연습문제

1. 입력전압의 범위가 0~10 V인 8비트 A/D 변환기의 분해능을 구하라.

2. full scale이 0~10 V인 12비트 A/D 변환기가 있다. 디지털 출력값 1 LSB에 상당하는 입력전압의 폭, 즉 분해능을 구하라.

3. 10비트 카운터 ramp형 A/D 변환기가 있다. 클록 주파수를 2 MHz로 할 때 최대 변환시간 t_c를 구하라.

4. 클록 주파수가 1 MHz 인 10비트 카운터 램프형 A/D 변환기의 평균 변환시간을 구하라.

5. 12비트 카운터 ramp형 A/D 변환기가 있다. 클록 최고 주파수 f_{max}, 최대 입력시의 변환시간 t_c, 변환율의 최소값을 구하라. 각 회로의 전파지연시간은 다음 값으로 한다.
2진 카운터 100 ns, 비교기 40 ns, D/A 변환기 100 ns

6. 8비트 카운터 램프형 A/D 변환기의 카운터 전파지연시간이 160 ns, DAC의 전파지연시간이 180 ns, 비교기의 지연시간이 40 ns라고 할 경우 클록 최고 주파수 f_{max}와 최대 입력시의 변환시간 t_c를 구하라.

7. 클록 주파수 200 kHz, 카운터의 최대 계수값 10000인 2중 적분형 A/D 변환기가 있다. 아날로그 입력전압이 최대일 때 변환시간 t_c는 얼마인가?

8. 4비트 연속근사 A/D 변환기에서 step size가 1 V인 경우 아날로그 입력전압 10.6 V에 대한 디지털 출력을 구하라.

9. 8비트 연속근사 A/D 변환기의 분해능이 10 mV라 한다. 아날로그 입력전압 3.2 V에 대한 디지털 출력을 구하라.

10. 500 kHz의 클록 주파수를 사용하는 10비트 연속근사 A/D 변환기와 카운터 램프 A/D 변환기의 변환시간을 구하여 비교하라.

Digital Engineering

찾아보기

ㅂ

ㅅ

ㅇ

ㅈ

■ 저자 소개

김 선 형 성균관대학교(공학박사)
순천향대학교 정보통신공학과 교수

이 두 성 성균관대학교(공학박사)
서일대학 컴퓨터전자과 교수

디지털공학(제3판)

2012년 2월 5일 제3판 2쇄 인쇄
2012년 2월 10일 제3판 2쇄 발행

지은이 김선형 · 이두성
펴낸이 류 제 동
펴낸곳 **청문각**

책임편집 안기용
표지디자인 유선영
마케팅 나상욱 · 함승형 · 송길배

우편번호 413-120
주소 경기도 파주시 문발로 116
전화 1644-0965
팩스 070-8650-0965
등록 2012.11.26. 제406-2012-000127호

홈페이지 www.cmgpg.com
전자우편 webmaster@cmgpg.com
ISBN 978-89-6364-106-5

값 28,000원

* 잘못된 책은 바꾸어 드립니다.